FRANZ GRASHOF

THEORIE
DER
ELASTICITÄT UND FESTIGKEIT
MIT BEZUG AUF IHRE
ANWENDUNGEN IN DER TECHNIK

Elibron Classics
www.elibron.com

Elibron Classics series.

ISBN 1-4212-2905-6 (paperback)
ISBN 1-4212-2904-8 (hardcover)

This Elibron Classics Replica Edition is an unabridged facsimile of the edition published in 1878 by Rudolf Gaertner, Berlin.

THEORIE

DER

ELASTICITÄT UND FESTIGKEIT

MIT BEZUG AUF IHRE

ANWENDUNGEN IN DER TECHNIK

VON

DR. F. GRASHOF,

GROSSH. BADISCHER GEHEIMER RATH UND PROFESSOR
AM POLYTECHNIKUM ZU CARLSRUHE.

ZWEITE ERWEITERTE, WESENTLICH UMGEARBEITETE AUFLAGE
DER
„FESTIGKEITSLEHRE".

MIT 69 IN DEN TEXT EINGEDRUCKTEN HOLZSCHNITTEN.

BERLIN 1878.
VERLAG VON RUDOLPH GAERTNER.

VORWORT.

Indem sich das vorliegende Buch als Erweiterung und wesentliche Umarbeitung meiner im Jahre 1866 erschienenen „Festigkeitslehre mit besonderer Rücksicht auf die Bedürfnisse des Maschinenbaues“ ankündigt, habe ich hier die getroffenen Aenderungen und ihre Gründe im Allgemeinen anzudeuten.

Vor Allem sind mehrfach geäussertem Wunsche entsprechend die mathematischen Entwickelungen weiter ausgeführt worden, so dass dadurch das Buch auch zum Selbststudium geeigneter geworden ist und Lesern, die in den Elementen der höheren Analysis bewandert sind, erhebliche Schwierigkeiten ferner kaum darbieten wird. Die knappe Form der früheren, vorwiegend als ein durch Vorträge näher zu erläuternder Leitfaden verfassten Auflage blieb übrigens insoweit erhalten, wie es mit jener gleichzeitigen Rücksichtnahme auf erleichtertes Selbststudium verträglich erschien.

Eine wesentliche Aenderung hat die Anordnung des Inhaltes erfahren, die ich selbst in der früheren Auflage als mehr durch die damaligen Bedürfnisse meines Unterrichtes am hiesigen Polytechnikum, wie als sachlich begründet hervorgehoben hatte. Nicht nur ist die allgemeine Theorie der Elasticität vorangestellt, sondern auch im Uebrigen die Eintheilung consequenter durchgeführt worden: in erster Reihe mit Bezug auf die Körperform, in zweiter mit Bezug auf die Art der Inanspruchnahme (Stützung und Belastung).

Wenn auch die Entwickelung der allgemeinen Gesetze an verschiedenen Stellen nicht unerheblich ergänzt und, wie ich glaube, verbessert wurde, so ist es doch namentlich die Vermehrung der

Beispiele, mit Bezug worauf das Buch als erweiterte Auflage bezeichnet werden durfte. Dass dadurch und durch die grössere Ausführlichkeit der Entwickelungen sein Umfang nicht in noch höherem Grade zugenommen hat, ist der Beseitigung mehrerer solcher Paragraphen der früheren Auflage zuzuschreiben, die von geringerem Werthe oder als durch die veränderte Anordnung überflüssig geworden erschienen, wie namentlich das Meiste der früheren ausführlichen Einleitung.

Ebenso wie der ganze Inhalt des Buches nach wie vor die Bedürfnisse der technischen Praxis im Auge hat, ist insbesondere auch die Auswahl der als Beispiele behandelten besonderen Probleme insoweit mit Bezug auf die Anwendungen in der Technik getroffen, wie es mit Rücksicht darauf thunlich schien, dass sie in erster Reihe die allgemeinen Gesetze und ihre Benutzung unter möglichst verschiedenartigen Umständen in lehrreicher Weise erläutern sollen. Die weitere Ausführung solcher Anwendungen in besonderen Disciplinen, wie Maschinenbau, Brückenbau u. s. w. entbehrlich zu machen, beansprucht indessen das Buch nach wie vor nicht, und will es vielmehr nur die wissenschaftliche Grundlage dazu bieten, weshalb ich auch geglaubt habe, der Angabe von Constructionsregeln mit empirischen Coefficienten noch mehr mich enthalten zu sollen, als es in der ersten Auflage geschehen war, zumal dergleichen in allgemein verbreiteten Taschenbüchern enthalten sind und ausserdem einer vielfach abweichenden, mit den Umständen veränderlichen und mehr auf praktischer Erfahrung, als theoretischer Motivirung beruhenden Uebung unterliegen. Selbst die Wiederholung der in allen bezüglichen Tabellenwerken und Regelsammlungen zu findenden Mittelwerthe von Elasticitäts- und Festigkeits-Constanten der vorzugsweise gebräuchlichen Constructionsmaterialien wurde aus gleichem Grunde für überflüssig erachtet mit Bezug auf den Charakter des Buches, den die Bezeichnung als „Theorie der Elasticität und Festigkeit“ bestimmter und zutreffender ausdrücken soll, als der frühere Titel.

Ob es gelungen ist, den Inhalt mit Rücksicht sowohl auf die Anforderungen wissenschaftlicher Strenge wie des praktischen Bedürfnisses angemessen zu begrenzen, wird je nach dem Standpunkte eine verschiedene Beurtheilung erfahren. Wenn indessen die letztere Rücksicht in den Vordergrund gestellt wird, können ohne wesentliche Schädigung des Verständnisses manche Entwickelungen übergangen werden, wie z. B. die allgemeinere Darstellung der Beziehungen zwischen dem Spannungs- und Deformationszustande in einem Körperpunkte (Nr. 14—20), die allgemeine Untersuchung des Spannungs- und Deformationszustandes eines belasteten prismatischen Stabes (Nr. 142—165) und Anderes. Bei der Benutzung des Buches als Leitfaden zu Vorlesungen wird eine derartige Beschränkung und besonders auch Auswahl unter den als Beispiele behandelten speciellen Problemen schon mit Rücksicht auf die verwendbare Zeit sich nöthig erweisen und leicht zu treffen sein, wie sie auch von mir geübt wird.

Carlsruhe, im Juli 1878.

F. Grashof.

BERICHTIGUNGEN.

Seite 21, Gl. (33) soll es heissen: $\gamma_1 = \pm(\varepsilon_2 - \varepsilon_3)$, $\gamma_2 = \pm(\varepsilon_3 - \varepsilon_1)$, $\gamma_3 = \pm(\varepsilon_1 - \varepsilon_2)$.
„ 27, Zeile 2 von unten: „den Gleichungen" statt „der Gleichung".
„ 41, „ 6 „ oben ist die Einschaltung: (und zwar als solche allein nicht = Null) zu streichen.
„ 68, „ 3 „ „ $(n-1)^2$ statt $(n_{n-1})^2$.
„ 100, „ 18 „ unten: $\delta_1, \delta_2, \delta_3 \ldots$ statt $\delta, \delta_1, \delta_2 \ldots$
„ 110, „ 10 „ oben soll es heissen: $\frac{dy}{dx} = \alpha$ statt $\frac{dy}{dx} = 0$.

INHALT.

EINLEITUNG.

Elasticität heisst die jedem Körper zukommende Eigenschaft, unter der Einwirkung äusserer Kräfte im Zustande der Ruhe eine Deformation (Aenderung seiner Form, d. h. im Allgemeinen seines Volumens und seiner Gestalt) zu erleiden, welche von der Beschaffenheit (Art und Aggregatzustand) des Körpers und von den äusseren Kräften in bestimmter Weise abhängig ist und bei dem Aufhören der Einwirkung dieser letzteren um so vollständiger wieder verschwindet, je kleiner sie war. Wenn die Einwirkung der Kräfte plötzlich beginnt und aufhört, oder wenn auch nur ihre Grössen nicht sehr allmählich sich ändern, so geräth der Körper in Schwingungen, einer periodischen Folge wechselnder Deformationszustände entsprechend, die nur nach und nach in Folge äusserer und innerer Widerstände an Grösse (Amplitude) abnehmen und den Körper in den Zustand relativer Ruhe übergehen lassen. Die statische Elasticitätslehre setzt diesen Ruhezustand als eingetreten voraus und lehrt die Beziehungen, welche dabei zwischen den äusseren Kräften, der Deformation des Körpers und den Elasticitäts-Constanten stattfinden, wodurch die ursprüngliche, d. h. die Beschaffenheit des Körpers vor seiner Deformation charakterisirt wird. Bei flüssigen Körpern (vollkommenen Flüssigkeiten) kommt die Deformation nur als Aenderung des Volumens in Betracht, bei festen Körpern, wie sie im Folgenden immer vorausgesetzt werden, begreift sie aber wesentlich auch eine Aenderung der Gestalt in sich.

Der Deformationszustand eines Körpers in einem gewissen Punkte ist bestimmt durch die Deformation eines diesen Punkt enthaltenden unendlich kleinen Körperelementes, letzteres verstanden als Inbegriff eines bestimmten unendlich kleinen Theils der materiellen Substanz des Körpers. Bei einer gewissen Deformation des Körpers im Ganzen ist der Deformationszustand in seinen verschiedenen Punkten im Allgemeinen verschieden. Davon, ob er in einzelnen Punkten gewisse Grenzen überschreitet, ist es als abhängig zu betrachten, ob die Deformation des Körpers im Ganzen sich zu einem grösseren oder kleineren Theil als bleibend erweist, wenn die äusseren Kräfte zu wirken aufhören, indem der Deformationszustand in einem Körperpunkte als bedingt zu betrachten ist durch eine gewisse Aenderung der Gruppirung der kleinsten gleichartigen materiellen Theilchen (Moleküle) des Körpers an der betreffenden Stelle, solche Gruppirungsänderung aber, je beträchtlicher sie ist, eine desto mehr veränderte bleibende Gruppirung, eine desto mehr veränderte neue relative Gleichgewichtslage der Moleküle in dem von äusseren Kräften nicht mehr angegriffenen Körper zur Folge hat. Bei fortgesetzter Steigerung des Deformationszustandes in einem gewissen Punkte ist endlich überhaupt keine relative Gleichgewichtslage der Moleküle mehr möglich; dann findet eine Trennung der Körpertheile an der betreffenden Stelle, ein Auseinanderrücken von Molekülen aus unmessbar kleiner in messbare Entfernung statt: die Festigkeit des Körpers wird überwunden.

Bei den als Glieder von Bau- und Maschinen-Constructionen technisch angewendeten Körpern ist im Allgemeinen zu verlangen, dass ihr Deformationszustand in jedem Punkte nicht nur unterhalb der Grenze bleibe, bei der die Festigkeit überwunden wird, sondern auch unterhalb einer solchen Grenze, womit eine bleibende Deformation des Körpers von merklicher Grösse verbunden wäre. Die Aufgabe der technischen Elasticitäts- und Festigkeitslehre besteht demnach nicht nur in der Entwickelung des Zusammenhanges zwischen der Deformation und der Belastung, d. i. der Inanspruchnahme durch äussere Kräfte, eines Körpers von gegebenem Material bei gewisser Gestalt und Grösse, sondern insbesondere auch darin, gewisse Dimensionen oder belastende Kräfte unter übrigens gegebenen Umständen so zu bestimmen, dass der Deformationszustand in keinem Punkte eine gewisse erfahrungsmässig als höchstens zulässig erachtete Grenze überschreite.

Streng genommen ist auch, abgesehen von schwingenden Bewegungen, die Beziehung zwischen Deformation und Belastung eines Körpers nicht ganz unabhängig von der Zeit, während welcher die Belastung gedauert hat; je grösser diese Dauer, desto kleiner die Bruchbelastung, d. h. die Belastung, bei der die Festigkeit überwunden wird. Noch merklicher, als diese sogenannte elastische Nachwirkung, ist aber der Einfluss vielmaliger Wiederholung von Belastung und Entlastung, und in noch höherem Grade von abwechselnder Belastung im einen und anderen Sinne, indem auch mit wachsender Zahl solcher Wiederholungen die Bruchbelastung abnimmt. Uebrigens ist die Kenntniss des Einflusses dieser Umstände, nur im Allgemeinen durch eine dauernde Aenderung der Molekulargruppirung und somit der Körperbeschaffenheit erklärlich, noch zu mangelhaft, als dass es möglich wäre, die Elasticitäts- und Festigkeitsconstanten als Functionen der die betreffenden Umstände charakterisirenden Argumente auszudrücken; einstweilen wird der fragliche Einfluss nur dadurch berücksichtigt, dass die Annahme der zulässigen Grenze des Deformationszustandes in irgend einem Punkte, ausser von manchen anderen, auch von den hier in Rede stehenden Umständen mit abhängig gemacht wird nach Regeln, die mehr in das Gebiet der constructiven Anwendungen, als der theoretischen Elasticitäts- und Festigkeitslehre fallen.

Die Lösung der oben bezeichneten Hauptaufgabe der technischen Elasticitäts- und Festigkeitslehre verlangt vor Allem die Bestimmung des Deformationszustandes in jedem Punkte eines gegebenen Körpers bei gegebener Belastung. Dazu ist es nöthig, nicht nur diesen Deformationszustand durch eine beschränkte Zahl mathematisch definirter Grössen zu charakterisiren, sondern auch innere Kräfte als Hülfsgrössen einzuführen, welche, indem sie einerseits durch die äusseren Kräfte bedingt werden und andererseits selbst den Deformationszustand bedingen, so auch die Beziehung zwischen letzterem und den äusseren Kräften vermitteln. Um aber die Methoden der höheren Analysis anwenden zu können, welche die Denkbarkeit der Zerlegung des Körpers in unendlich kleine continuirlich an einander grenzende Elemente von gleichartiger Beschaffenheit voraussetzen, sind jene inneren Kräfte nicht als solche in die Betrachtung einzuführen, die zwischen den Molekülen gegenseitig wirken, da diese, wenn auch unmessbar klein, doch ihrem Begriff zufolge nicht unendlich klein und ausserdem durch Zwischenräume getrennt sind; unter Abstraction von jener durch andere Erwägungen zwar motivirten, hier aber wie überhaupt zum Zweck analytischer Entwickelung unbrauchbaren Vorstellung einer discontinuirlichen Molekularconstitution der Körper, vielmehr auf Grund der Vorstellung einer continuirlichen Raumerfüllung durch die Materie, werden deshalb jene inneren Kräfte als sogenannte innere Flächenkräfte in die Betrachtung eingeführt, d. h. als Kräfte, mit denen die unendlich kleinen Körperelemente an ihren Berührungsflächen gegenseitig auf einander wirken, und zwar, insoweit sie hier allein in Betracht kommen, insoweit sie nämlich den Deformationszustand bedingen, als sogenannte Spannungen.

Diese Andeutungen begründen den Gang, der in dem folgenden ersten Abschnitte zur Vorbereitung der allgemeinen Lösung des Problems der Elasticitätslehre eingeschlagen ist, indem derselbe zunächst vom Spannungszustande, dann vom Deformationszustande in einem Körperpunkte und endlich von der Beziehung zwischen beiderlei Zuständen handelt. Während die den Spannungszustand betreffenden Gesetze ganz allgemeine Gültigkeit haben, die den Deformationszustand betreffenden wenigstens nur durch die zu Grunde liegende, bei den technischen Anwendungen stets genügend erfüllte Voraussetzung verhältnissmässig sehr kleiner Deformationen aller unendlich kleinen Körperelemente beschränkt sind, hängen die Beziehungen zwischen dem Spannungs- und dem Deformationszustande in demselben Körperpunkte wesentlich von der Beschaffenheit des Körpers, nämlich von den diese Beschaffenheit empirisch charakterisirenden Elasticitätsconstanten ab.

Gemäss der Vorstellung continuirlicher Raumerfüllung durch die Materie ist unter einem materiellen Punkt des Körpers die Grenze einer Fläche zu verstehen, die einen kleiner und kleiner werdenden Theil der Körpermaterie umschliesst, der Punkt nämlich, in dem solche Fläche verschwindet, wenn der von ihr umschlossene Theil der Körpersubstanz in die Grenze Null übergeht. Ein materieller Punkt ist ebenso wenig eine Grösse wie ein räumlicher Punkt, von dem er sich begrifflich nur dadurch unterscheidet, dass er immer in denselben materiellen Körperelementen gelegen ist. Bestimmt wird ein materieller Punkt durch drei Coordinaten in Bezug auf ein im Körper fixirtes Coordinatensystem, im Allgemeinen nämlich als Schnittpunkt von drei Flächen, die drei Flächenschaaren angehören, von denen je eine als Coordinatenfläche eine im Körper fixirte Lage hat. Wegen der Veränderlichkeit der Körperform kann diese Fixirung der Coordinatenflächen nur darin bestehen, dass ihnen bestimmte Lagen gegen drei willkürlich zu wählende, nur nicht in gerader Linie liegende materielle Punkte des Körpers angewiesen werden. Wenn, wie es in der Regel und namentlich im folgenden ersten Abschnitte geschehen soll, zu Coordinatenflächen drei Ebenen genommen werden, die sich rechtwinklig schneiden in den Axen OX, OY, OZ, so können sie behufs ihrer Fixirung im Körper so angenommen werden, dass ein materieller Punkt desselben, die durch ihn und durch einen zweiten Punkt gehende Gerade und endlich die durch diese Gerade und durch einen dritten materiellen Punkt gehende Ebene unveränderliche Lagen gegen die Coordinatenaxen haben. In Bezug auf solche drei rechtwinklige Axen seien x, y, z die ursprünglichen Coordinaten irgend eines materiellen Punktes des Körpers, d. h. seine Coordinaten vor der durch die Einwirkung äusserer Kräfte verursachten Deformation, durch welche vielmehr diese Coordinaten in $x+\xi$, $y+\eta$, $z+\zeta$ übergehen mögen.

Schliesslich ist zu bemerken, dass der Druck der atmosphärischen Luft oder der nahe ebenso grosse Druck eines anderen Mediums, worin sich der Körper befindet, sofern er nur gleichförmig an der ganzen Körperoberfläche stattfindet, nicht als Belastung gerechnet, dass also als ursprünglicher Zustand des Körpers stets derjenige betrachtet wird, in dem er sich unter der Einwirkung des gleichmässig an seiner ganzen Oberfläche stattfindenden Atmosphärendrucks befindet, weil die Elasticitäts- und Festigkeitsconstanten durch Versuche in der Atmosphäre als Medium gewonnen sind, ohne etwa nachträglich einer betreffenden Correction durch Reduction auf den leeren Raum unterworfen worden zu sein.

ERSTER ABSCHNITT.

Allgemeine Theorie der Elasticität.

A. Der Spannungszustand in einem Körperpunkte.

1. — Durch den beliebigen Punkt P des Körpers mit den rechtwinkligen Coordinaten x, y, z gehe eine Fläche F, deren Normale PN im Punkte P die Winkel α, β, γ mit den Coordinatenaxen bildet. Bei der Einwirkung von im Gleichgewicht befindlichen äusseren Kräften auf den Körper wird dann unter der Spannung p im Punkte P der Fläche F der auf die Flächeneinheit bezogene Zug oder Druck verstanden, den die an die Fläche F beiderseits angrenzenden Körpertheile bei P gegenseitig auf einander ausüben; ihrer Grösse nach wird sie erhalten, indem die betreffende innere Flächenkraft für ein den Punkt P enthaltendes unendlich kleines Element dF der Fläche F durch dF dividirt wird. Die der Richtung dieser Spannung p anhaftende Zweideutigkeit wird dadurch beseitigt, dass sie als diejenige innere Kraft betrachtet wird, die der im Sinne PN gelegene Körpertheil auf den jenseits F liegenden pro Flächeneinheit von F ausübt. Die so bestimmte Richtung von p bilde mit den Coordinatenaxen die Winkel λ, μ, ν, mit der Richtung PN den Winkel φ, der auch jeden Werth zwischen 0 und π haben kann.

Die Zerlegung von p nach normaler und tangentialer Richtung zur Fläche F liefert die Componenten

$$\sigma = p \cos\varphi \text{ und } \tau = p \sin\varphi.$$

Erstere heisst die Normalspannung im Punkte P der Fläche F oder auch die Normalspannung im Punkte P nach der Richtung PN; sie ist positiv oder negativ, absolut genommen eine Spannung im engeren Sinne oder eine Pressung, einem gegenseitigen Zuge oder Drucke der durch F geschiedenen Körpertheile entsprechend, je nachdem φ spitz oder stumpf ist. Die andere Componente τ heisst die Tangential- oder Schubspannung im Punkte P der Fläche F; sie ist absolut wie p, kann aber in der Berührungsebene von F in Componenten nach gewissen Richtungen zerlegt werden, die dann positiv oder negativ sind, jenachdem diese Richtungen mit der Richtung von τ spitze oder stumpfe Winkel bilden.

Werden durch den Punkt P insbesondere drei Ebenen

$$YPZ \qquad ZPX \qquad XPY$$

parallel den Coordinatenebenen gelegt, so seien

$$p_x \qquad p_y \qquad p_z$$

die Spannungen im Punkte P jener Ebenen, der Richtung nach betrachtet als Kräfte, die von den nach den Richtungen PX, PY, PZ gelegenen Körpertheilen auf die jenseits der bezeichneten Ebenen liegenden Körpertheile ausgeübt werden; p_x lässt sich zerlegen in eine Normalspannung σ_x und in eine Tangentialspannung, die wiederum nach den Richtungen PY und PZ in die Componenten τ_{xy} und τ_{xz} zerlegt werden möge, und wenn ebenso mit p_y und p_z verfahren wird, ergeben sich folgende neun Spannungscomponenten:

Ebene YPZ;	p_x mit den Componenten	σ_x	τ_{xy}	τ_{xz}
„ ZPX;	p_y „ „ „	τ_{yx}	σ_y	τ_{yz}
„ XPY;	p_z „ „ „	τ_{zx}	τ_{zy}	σ_z
	nach der Richtung	PX	PY	PZ.

2. — Diese neun Spannungscomponenten sind mit Rücksicht auf das Gleichgewicht der Kräfte an einem den Punkt P enthaltenden Körperelemente durch sechs Gleichungen verbunden. Denkt man nämlich vom Punkte P als Eckpunkt aus ein unendlich kleines Parallelepipedum im Körper abgegrenzt (Fig. 1), dessen Kanten $PA = P'A' = dx$, $PB = P'B' = dy$, $PC = P'C' = dz$ den Coordinatenaxen parallel sind, so sind die Kräfte, mit denen die das Parallelepipedum umgebende Körpermasse auf die Seitenflächen BPC, CPA, APB desselben nach den Richtungen PX, PY, PZ wirkt, bei Vernachlässigung unendlich kleiner Grössen dritter Ordnung:

Fig. 1.

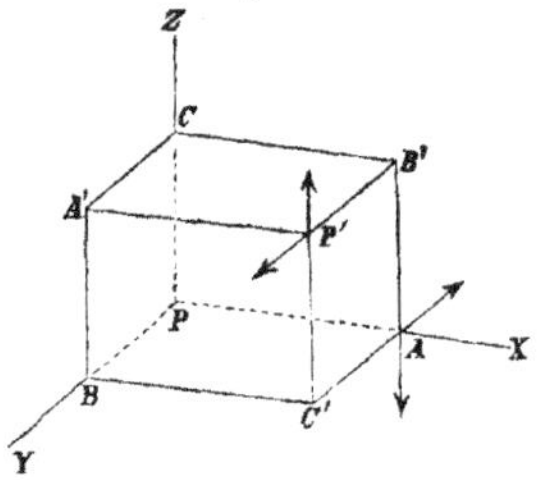

BPC;	$-\sigma_x\, dy\, dz$	$-\tau_{xy}\, dy\, dz$	$-\tau_{xz}\, dy\, dz$
CPA;	$-\tau_{yx}\, dz\, dx$	$-\sigma_y\, dz\, dx$	$-\tau_{yz}\, dz\, dx$
APB;	$-\tau_{zx}\, dx\, dy$	$-\tau_{zy}\, dx\, dy$	$-\sigma_z\, dx\, dy$
nach der Richtung	PX	PY	PZ.

Die Vorzeichen entsprechen dem Umstande, dass die diese Kräfte ausübenden Körpertheile von den betreffenden Flächen aus im Sinne der negativen Coordinatenaxen gelegen sind. Bezüglich der Kräfte, die auf die Seitenflächen $B'P'C'$, $C'P'A'$, $A'P'B'$ ausgeübt werden, verhält es sich in dieser Hinsicht umgekehrt, und es sind die algebraischen Summen dieser Kräfte und jener auf die Seitenflächen BPC, CPA, APB ausgeübten bei Vernachlässigung unendlich kleiner Grössen vierter Ordnung:

$$BPC \text{ und } B'P'C'; \quad \frac{\partial \sigma_x}{\partial x}\, dx\, dy\, dz \qquad \frac{\partial \tau_{xy}}{\partial x}\, dx\, dy\, dz \qquad \frac{\partial \tau_{xz}}{\partial x}\, dx\, dy\, dz$$

$$CPA \text{ und } C'P'A'; \quad \frac{\partial \tau_{yx}}{\partial y}\, dy\, dz\, dx \qquad \frac{\partial \sigma_y}{\partial y}\, dy\, dz\, dx \qquad \frac{\partial \tau_{yz}}{\partial y}\, dy\, dz\, dx$$

APB und $A'P'B'$; $\frac{\partial\tau_{zx}}{\partial z}dz\,dx\,dy$ $\frac{\partial\tau_{zy}}{\partial z}dz\,dx\,dy$ $\frac{\partial\sigma_z}{\partial z}dz\,dx\,dy$

nach der Richtung PX PY PZ.

Endlich kann auf die Masse des Parallelepipedum selbst noch eine äussere Kraft wirken (insbesondere z. B. die Schwerkraft), deren Componenten nach den Coordinatenaxen seien:

$$X\,dx\,dy\,dz \quad Y\,dx\,dy\,dz \quad Z\,dx\,dy\,dz,$$

unter X, Y, Z somit die Componenten dieser auf die Volumeneinheit des Körpers bezogenen Kraft verstanden.

Dem Gleichgewicht aller dieser Kräfte am Parallelepipedum entsprechen die bekannten sechs Gleichungen. Die drei ersten derselben, ausdrückend, dass die algebraischen Summen der Kräfte nach den Richtungen der Coordinatenaxen = Null sind, geben nach Division mit dem gemeinschaftlichen Factor $dx\,dy\,dz$:

$$\frac{\partial\sigma_x}{\partial x}+\frac{\partial\tau_{yx}}{\partial y}+\frac{\partial\tau_{zx}}{\partial z}+X=0$$

$$\frac{\partial\tau_{xy}}{\partial x}+\frac{\partial\sigma_y}{\partial y}+\frac{\partial\tau_{zy}}{\partial z}+Y=0$$

$$\frac{\partial\tau_{xz}}{\partial x}+\frac{\partial\tau_{yz}}{\partial y}+\frac{\partial\sigma_z}{\partial z}+Z=0.$$

Gemäss den drei übrigen Gleichgewichtsbedingungen ist die Momentensumme der Kräfte für drei sich schneidende und nicht in einer Ebene liegende Axen = Null. Werden diese Axen MX', MY', MZ' durch den Mittelpunkt M des Parallelepipedum parallel seinen Kanten angenommen, so sind z. B. für die Axe MX' nur diejenigen Kraftmomente unendlich klein dritter Ordnung, die von den Schubspannungen nach der Richtung PZ in den zu PY senkrechten Seitenflächen CPA und $C'P'A'$, sowie von den Schubspannungen nach der Richtung PY in den zu PZ senkrechten Seitenflächen APB und $A'P'B'$ (in Fig. 1 durch Pfeile angedeutet) herrühren. Die Richtungslinien aller anderen Kräfte gehen an MX' vorbei in kürzesten Abständen, die unendlich klein zweiter Ordnung sind, so dass die entsprechenden Momente für die Flächenkräfte unendlich klein vierter Ordnung, für die Massenkräfte $X\,dx\,dy\,dz$, $Y\,dx\,dy\,dz$, $Z\,dx\,dy\,dz$ unendlich klein fünfter Ordnung werden, insoweit sie nicht (für die mit der Axe MX' parallelen Kräfte nämlich) = Null sind. Bei Vernachlässigung unendlich kleiner Grössen vierter Ordnung (wobei dann auch die gleichartigen Spannungen in den gegenüber liegenden Seitenflächen hier einander gleich zu setzen sind), und wenn die Momente positiv oder negativ gesetzt werden, jenachdem sie dem Drehungssinne YZ oder ZY entsprechen, ist also die Momentengleichung für die Axe MX':

$$\tau_{yz}\,dz\,dx\,dy-\tau_{zy}\,dx\,dy\,dz=0,$$

und folgt daraus sowie aus den analogen Gleichungen für die Axen MY' und MZ':

$$\tau_{yz}=\tau_{zy};\quad \tau_{zx}=\tau_{xz};\quad \tau_{xy}=\tau_{yx}\quad \ldots\ldots \quad (1).$$

Wenn also diese Schubspannungen in der Folge kürzer

$$\tau_{yz}=\tau_{zy} \text{ mit } \tau_x,\ \tau_{zx}=\tau_{xz} \text{ mit } \tau_y,\ \tau_{xy}=\tau_{yx} \text{ mit } \tau_z$$

bezeichnet werden, so sind die jetzt nur noch sechs Spannungscomponenten σ_x, σ_y, σ_z, τ_x, τ_y, τ_z mit der äusseren Massenkraft durch die folgenden drei Gleichungen verbunden:

$$\left.\begin{array}{l} \frac{\partial \sigma_x}{\partial x} + \frac{\partial \tau_z}{\partial y} + \frac{\partial \tau_y}{\partial z} + X = 0 \\ \frac{\partial \tau_z}{\partial x} + \frac{\partial \sigma_y}{\partial y} + \frac{\partial \tau_x}{\partial z} + Y = 0 \\ \frac{\partial \tau_y}{\partial x} + \frac{\partial \tau_x}{\partial y} + \frac{\partial \sigma_z}{\partial z} + Z = 0 \end{array}\right\} \quad . \; . \; . \; . \; (2).$$

3. — Durch die sechs Grössen σ_x, σ_y, σ_z, τ_x, τ_y, τ_z ist der Spannungszustand im Punkte P des Körpers bestimmt, nämlich die Spannung p nach Grösse und Richtung (Winkel mit den Axen $= \lambda, \mu, \nu$), die im Punkte P einer beliebigen durch ihn hindurch gehenden Fläche F stattfindet, deren Normale PN die Winkel α, β, γ mit den Axen bilden mag. Schneidet man nämlich von der durch die Ebenen YPZ, ZPX, XPY begrenzten körperlichen Ecke ein unendlich kleines Tetraeder ab durch eine zu PN senkrechte, die Kanten PX, PY, PZ in den Punkten A, B, C schneidende Ebene, so sind, wenn die Seitenebene $ABC = f$ gesetzt wird, die drei übrigen:

$$BPC = f \cos \alpha, \quad CPA = f \cos \beta, \quad APB = f \cos \gamma,$$

und das Gleichgewicht der Kräfte an diesem Tetraeder führt zu den Gleichungen:

$$\left.\begin{array}{l} p \cos \lambda = \sigma_x \cos \alpha + \tau_z \cos \beta + \tau_y \cos \gamma \\ p \cos \mu = \tau_z \cos \alpha + \sigma_y \cos \beta + \tau_x \cos \gamma \\ p \cos \nu = \tau_y \cos \alpha + \tau_x \cos \beta + \sigma_z \cos \gamma \end{array}\right\} \quad . \; . \; (3).$$

Sie werden durch Division mit f aus den Gleichungen erhalten, welche ausdrücken, dass die algebraischen Summen der Kräfte nach Richtung der Axen = Null sind. Die auf die Masse des Tetraeders wirkende äussere Kraft kommt nicht darin vor, weil sie mit dem Volumen unendlich klein dritter Ordnung ist, während die auf die Begrenzungsflächen wirkenden Spannungskräfte mit diesen Flächen unendlich klein zweiter Ordnung sind. Durch die Gleichungen (3) in Verbindung mit

$$\cos^2 \lambda + \cos^2 \mu + \cos^2 \nu = 1$$

sind die vier Grössen p, λ, μ, ν bestimmt.

Indem die rechten Seiten der Gleichungen (3) gleich sind den Summen der nach der Richtung PN genommenen (d. h. mit den Cosinus der betreffenden Neigungswinkel multiplicirten) Componenten der Spannungen p_x, p_y, p_z (Nr. 1) im Punkte P der zu PX, PY, PZ senkrechten Ebenen, also auch gleich den nach PN genommenen Spannungen p_x, p_y, p_z selbst, während die linken Seiten beziehungsweise gleich sind der nach PX, PY, PZ genommenen Spannung p in der zu PN senkrechten Ebene, so liegt darin das Gesetz, dass in jedem Punkte, von dem zwei beliebige Richtungen ausgehen, die nach der ersten Richtung genommene Spannung in der zur zweiten senkrechten Ebene = ist der nach der zweiten Richtung genommenen Spannung in der zur ersten senkrechten Ebene. Es ist die Verallgemeinerung des Gesetzes, das für zwei sich rechtwinklig schneidende Richtungen durch die Gleichungen (1) ausgedrückt wurde.

4. — Zur Veranschaulichung des Gesetzes, nach dem sich die Grösse der Spannung p mit ihrer Richtung PP' (bedingt durch die Richtung PN der betreffenden Flächennormale) ändert, werde auf jeder solchen Spannungsrichtung vom Punkte P aus eine Strecke $PP' = p$ abgetragen und die Fläche bestimmt, die der Ort der Punkte P' ist, indem ihre Gleichung entwickelt wird für die Richtungslinien PP_x, PP_y, PP_z der Spannungen p_x, p_y, p_z als (im Allgemeinen schiefwinklige) Coordinatenaxen. Zu dem Ende kann man zunächst bemerken, dass, da

$$\sigma_x,\ \tau_z,\ \tau_y;\quad \tau_z,\ \sigma_y,\ \tau_x;\quad \tau_y,\ \tau_x,\ \sigma_z$$

die Componenten von p_x $\qquad$ p_y $\qquad$ p_z

beziehungsweise nach den Axen der x, y, z sind, sich für die Cosinus der Richtungswinkel

$$\lambda_x,\ \mu_x,\ \nu_x;\quad \lambda_y,\ \mu_y,\ \nu_y;\quad \lambda_z,\ \mu_z,\ \nu_z,$$

von $\qquad$ p_x $\qquad$ p_y $\qquad$ p_z

gegen die Axen der x, y, z folgende Ausdrücke ergeben:

$$\left.\begin{aligned} \cos\lambda_x &= \frac{\sigma_x}{p_x}, & \cos\mu_x &= \frac{\tau_z}{p_x}, & \cos\nu_x &= \frac{\tau_y}{p_x} \\ \cos\lambda_y &= \frac{\tau_z}{p_y}, & \cos\mu_y &= \frac{\sigma_y}{p_y}, & \cos\nu_y &= \frac{\tau_x}{p_y} \\ \cos\lambda_z &= \frac{\tau_y}{p_z}, & \cos\mu_z &= \frac{\tau_x}{p_z}, & \cos\nu_z &= \frac{\sigma_z}{p_z} \end{aligned}\right\} \quad . \quad . \quad (4).$$

Sind nun x', y', z' die Coordinaten des Punktes P' in Bezug auf die Axen PP_x, PP_y, PP_z, d. h. die Componenten von p nach diesen Axrichtungen, so ist die nach der x-Axe genommene Spannung p = der Summe ihrer nach derselben Axe genommenen Componenten:

$$p\cos\lambda = x'\cos\lambda_x + y'\cos\lambda_y + z'\cos\lambda_z = \sigma_x\frac{x'}{p_x} + \tau_z\frac{y'}{p_y} + \tau_y\frac{z'}{p_z},$$

woraus durch Vergleichung mit der ersten Gleichung (3) folgt:

$$\cos\alpha = \frac{x'}{p_x},\quad \cos\beta = \frac{y'}{p_y},\quad \cos\gamma = \frac{z'}{p_z},$$

$$\text{also}\quad \left(\frac{x'}{p_x}\right)^2 + \left(\frac{y'}{p_y}\right)^2 + \left(\frac{z'}{p_z}\right)^2 = 1 \quad . \quad . \quad . \quad (5).$$

Das ist die Mittelpunktsgleichung eines Ellipsoids in Bezug auf conjugirte Halbmesser p_x, p_y, p_z als Axen. Hiernach und mit Rücksicht darauf, dass die Axen der x, y, z beliebige zu einander senkrechte Richtungen sind, von denen der Spannungszustand im Punkte P und somit die Fläche (5) unabhängig ist, ergiebt sich, dass die von dem betreffenden Punkte aus auf ihren Richtungslinien als proportionale Strecken abgetragenen Spannungen die Halbmesser eines Ellipsoids sind, und dass je drei conjugirte Halbmesser desselben nach Grösse und Richtung die Spannungen für drei sich rechtwinklig schneidende Flächen darstellen. Dieses Ellipsoid heisse das Spannungsellipsoid.

5. — Die Normalspannung σ im Punkte P nach der Richtung PN bildet mit der resultirenden Spannung p in der zu PN senkrechten Fläche F einen Winkel φ, der als Function der Richtungswinkel α, β, γ von σ und λ, μ, ν von p bestimmt ist durch die Gleichung:

$$\cos\varphi = \cos\lambda\cos\alpha + \cos\mu\cos\beta + \cos\nu\cos\gamma.$$

Hiernach und mit Rücksicht auf die Gleichungen (3) ergiebt sich:

$$\sigma = p\cos\varphi = \sigma_x\cos^2\alpha + \sigma_y\cos^2\beta + \sigma_z\cos^2\gamma + $$
$$+ 2\tau_x\cos\beta\cos\gamma + 2\tau_y\cos\gamma\cos\alpha + 2\tau_z\cos\alpha\cos\beta \quad . \quad (6).$$

Wenn man auf der Geraden PN von P aus eine Strecke $PN = \frac{1}{\sqrt{\pm\sigma}}$ = dem reciproken Werthe der Quadratwurzel aus dem Absolutwerthe von σ abträgt, so sind die Coordinaten des Endpunktes N dieser Strecke:

$$x = \frac{\cos\alpha}{\sqrt{\pm\sigma}},\ y = \frac{\cos\beta}{\sqrt{\pm\sigma}},\ z = \frac{\cos\gamma}{\sqrt{\pm\sigma}},$$

und wenn man ebenso mit den Normalspannungen im Punkte P nach allen möglichen Richtungen verfährt, so ergiebt sich die Gleichung des Ortes der Punkte N aus Gleichung (6) durch Division mit $\pm\sigma$:

$$\pm 1 = \sigma_x x^2 + \sigma_y y^2 + \sigma_z z^2 + 2\tau_x yz + 2\tau_y zx + 2\tau_z xy,$$

d. i. die Mittelpunktsgleichung einer Fläche zweiten Grades. Eine solche hat drei zu einander senkrechte Hauptaxen, für welche als Coordinatenaxen die Glieder mit den Producten der Coordinaten aus der Gleichung der Fläche verschwinden, für welche also hier

$$\tau_x = \tau_y = \tau_z = 0$$

ist. (Durch Transformation der Coordinaten auf ein anderes System rechtwinkliger Axen, deren Lagen gegen die alten durch drei Winkel bestimmt sind, ergiebt sich die Gleichung der Fläche in derselben Form, und können dann jene drei Winkel so bestimmt werden, dass die Coefficienten der drei Glieder mit den Producten der Coordinaten verschwinden.) Daraus folgt, dass es in jedem Punkte P des Körpers drei zu einander senkrechte Ebenen giebt, in denen die Schubspannungen für diesen Punkt = Null und zu denen also die betreffenden Spannungen p senkrecht sind. Diese Spannungen, deren Richtungen mit den Hauptaxen der vorgenannten Fläche zweiten Grades zusammenfallen, heissen die Hauptspannungen für den betreffenden Punkt und seien algebraisch verstanden (d. h. als Normalspannungen, die positiv oder negativ sein können) mit

$$\sigma_1 \quad \sigma_2 \quad \sigma_3$$

bezeichnet. Dieselben, absolut verstanden als solche Spannungen p, die in drei sich rechtwinklig schneidenden Flächen stattfinden, sind conjugirte Halbmesser des Spannungsellipsoids (Nr. 4) und zwar, da sie selbst zu einander senkrecht sind, diejenigen conjugirten Halbmesser desselben, die mit seinen Hauptaxen zusammenfallen. Daraus folgt, dass absolut genommen eine der Hauptspannungen die grösste, eine andere die kleinste aller Spannungen ist, die im Punkte *P* beliebiger Flächen stattfinden.

Wenn die Schubspannung in allen Flächen = Null wäre, wie es namentlich bei vollkommenen Flüssigkeiten ihrem Begriffe zufolge der Fall ist, so müssten je drei zu einander senkrechte Gerade Hauptaxen des Spannungsellipsoids, müsste dieses folglich eine Kugel und somit die Normalspannung nach allen Richtungen gleich sein.

6. — Zur Bestimmung der Hauptspannungen nach Grösse und Richtung vermittels der auf beliebig gewählte rechtwinklige Axen der x, y, z bezogenen Spannungen σ_x, σ_y, σ_z, τ_x, τ_y, τ_z dient die Erwägung, dass in den Gleichungen (3)

$$p \cos \lambda = \sigma \cos \alpha, \quad p \cos \mu = \sigma \cos \beta, \quad p \cos \nu = \sigma \cos \gamma$$

ist, wenn p der Absolutwerth einer der Hauptspannungen σ, und somit die Richtung λ, μ, ν entweder mit der Richtung α, β, γ übereinstimmend oder ihr gerade entgegengesetzt ist. So erhält man die Gleichungen:

$$\left.\begin{aligned} (\sigma_x - \sigma) \cos \alpha + \tau_z \cos \beta + \tau_y \cos \gamma = 0 \\ \tau_z \cos \alpha + (\sigma_y - \sigma) \cos \beta + \tau_x \cos \gamma = 0 \\ \tau_y \cos \alpha + \tau_x \cos \beta + (\sigma_z - \sigma) \cos \gamma = 0 \end{aligned}\right\} \quad . \quad . \quad . \quad . \quad (7).$$

Die Elimination der Unbekannten $\cos \alpha$, $\cos \beta$, $\cos \gamma$ ergiebt die = Null gesetzte, aus den Coefficienten dieser Unbekannten gebildete Determinante, also die bezüglich auf σ cubische Gleichung:

$$(\sigma_x - \sigma)(\sigma_y - \sigma)(\sigma_z - \sigma) - (\sigma_x - \sigma)\tau_x^2 - (\sigma_y - \sigma)\tau_y^2 - (\sigma_z - \sigma)\tau_z^2 + 2\tau_x \tau_y \tau_z = 0 \quad . \quad (8)$$

oder nach Potenzen von σ geordnet:

$$\begin{aligned} &\sigma^3 - (\sigma_x + \sigma_y + \sigma_z)\sigma^2 \\ &+ (\sigma_y \sigma_z + \sigma_z \sigma_x + \sigma_x \sigma_y - \tau_x^2 - \tau_y^2 - \tau_z^2)\sigma \\ &- \sigma_x \sigma_y \sigma_z + \sigma_x \tau_x^2 + \sigma_y \tau_y^2 + \sigma_z \tau_z^2 - 2\tau_x \tau_y \tau_z = 0 \quad . \quad (9), \end{aligned}$$

deren nothwendig reelle Wurzeln

$$\sigma = \sigma_1, \quad \sigma = \sigma_2, \quad \sigma = \sigma_3$$

den Hauptspannungen gleich sind. Zur Bestimmung der Richtungswinkel α, β, γ irgend einer von ihnen ergiebt sich aus der Combination der zweiten mit der dritten und dieser mit der ersten der Gleichungen (7):

$$\left.\begin{aligned} \cos \alpha : \cos \beta &= (\sigma_y - \sigma)(\sigma_z - \sigma) - \tau_x^2 : \tau_x \tau_y - \tau_z(\sigma_z - \sigma) \\ &= \tau_x \tau_y - \tau_z(\sigma_z - \sigma) : (\sigma_z - \sigma)(\sigma_x - \sigma) - \tau_y^2 \end{aligned}\right\} \quad . \quad (10),$$

sowie aus der Combination der dritten mit der ersten und dieser mit der zweiten der Gleichungen (7):

$$\left.\begin{aligned} \cos \beta : \cos \gamma &= (\sigma_z - \sigma)(\sigma_x - \sigma) - \tau_y^2 : \tau_y \tau_z - \tau_x(\sigma_x - \sigma) \\ &= \tau_y \tau_z - \tau_x(\sigma_x - \sigma) : (\sigma_x - \sigma)(\sigma_y - \sigma) - \tau_z^2 \end{aligned}\right\} \quad . \quad . \quad (11)$$

und daraus mit den abgekürzten Bezeichnungen:

$$\left.\begin{aligned} A &= (\sigma_y - \sigma)(\sigma_z - \sigma) - \tau_x^2 \\ B &= (\sigma_z - \sigma)(\sigma_x - \sigma) - \tau_y^2 \\ C &= (\sigma_x - \sigma)(\sigma_y - \sigma) - \tau_z^2 \end{aligned}\right\} S = A + B + C$$

$$\cos^2 \alpha : \cos^2 \beta : \cos^2 \gamma = A : B : C$$

$$\cos \alpha = \pm \sqrt{\frac{A}{S}}; \quad \cos \beta = \pm \sqrt{\frac{B}{S}}; \quad \cos \gamma = \pm \sqrt{\frac{C}{S}} \quad . \quad (12).$$

Jenachdem in diesen Ausdrücken $\sigma = \sigma_1$ oder $= \sigma_2$ oder $= \sigma_3$ gesetzt wird, erhält man die Richtungswinkel $\alpha_1, \beta_1, \gamma_1$ oder $\alpha_2, \beta_2, \gamma_2$ oder $\alpha_3, \beta_3, \gamma_3$ der betreffenden dieser Hauptspannungen. Bei einer der drei Wurzelgrössen (12) kann das Vorzeichen beliebig genommen werden, wonach die Zeichen der beiden anderen durch die Proportionen (10) und (11) bestimmt sind.

In besonderen Fällen sind übrigens die Cosinus dieser Winkel α, β, γ einfacher und ohne Zweideutigkeit von Vorzeichen unmittelbar aus ihren durch zwei der Gleichungen (7) bestimmten Proportionalwerthen in Verbindung mit der Gleichung

$$\cos^2\alpha + \cos^2\beta + \cos^2\gamma = 1$$

zu erhalten.

7. — Die den Spannungszustand in einem Punkte P betreffenden Gleichungen werden vereinfacht, indem die Richtungslinien der Hauptspannungen $\sigma_1, \sigma_2, \sigma_3$ dieses Punktes als Coordinatenaxen der x, y, z benutzt werden. Die Gleichungen (3) gehen dadurch über in:

$$p\cos\lambda = \sigma_1 \cos\alpha, \quad p\cos\mu = \sigma_2 \cos\beta, \quad p\cos\nu = \sigma_3 \cos\gamma \quad . \quad . \quad (13),$$

woraus

$$p^2 = \sigma_1{}^2\cos^2\alpha + \sigma_2{}^2\cos^2\beta + \sigma_3{}^2\cos^2\gamma \quad . \quad . \quad . \quad . \quad (14)$$

folgt, die Gleichung (6) wird:

$$\sigma = \sigma_1 \cos^2\alpha + \sigma_2 \cos^2\beta + \sigma_3 \cos^2\gamma \quad . \quad . \quad . \quad . \quad (15).$$

Bildet man diese Gleichungen (14) und (15) für irgend drei in einem Punkte P sich rechtwinklig schneidende Flächen, so ergiebt sich durch Addition die Summe der drei Werthe von $p^2 = \sigma_1{}^2 + \sigma_2{}^2 + \sigma_3{}^2$, die Summe der drei Werthe von $\sigma = \sigma_1 + \sigma_2 + \sigma_3$, weil die Summe der drei Werthe von $\cos^2\alpha$, desgleichen die der drei Werthe von $\cos^2\beta$ und von $\cos^2\gamma = 1$ ist. In jedem Punkte ist also die Summe der Quadrate der Spannungen für je drei sich rechtwinklig schneidende Flächen, desgleichen die (algebraische) Summe der Normalspannungen nach je drei sich rechtwinklig schneidenden Richtungen gleich gross.

Die Richtungslinien der Hauptspannungen fallen nach Nr. 5 mit den Hauptaxen des Spannungsellipsoids zusammen, dessen Gleichung (5) in Bezug auf dieselben als Coordinatenaxen übergeht in:

$$\frac{x^2}{\sigma_1{}^2} + \frac{y^2}{\sigma_2{}^2} + \frac{z^2}{\sigma_3{}^2} = 1 \quad . \quad . \quad . \quad . \quad . \quad . \quad . \quad (16).$$

Während aber dieses Ellipsoid nur die Grösse einer Spannung p von gegebener Richtung bestimmt (durch die Länge des in diese Richtung fallenden Halbmessers), giebt es eine andere Fläche, mit deren Hülfe die Richtung einer Spannung p bestimmt werden kann, die in dem betreffenden Punkte P einer Fläche stattfindet, deren Normale gegebene Winkel α, β, γ mit den zu Coordinatenaxen genommenen Richtungen der Hauptspannungen bildet, und welche deshalb die Richtungsfläche der Spannungen heissen möge. Ihre Gleichung ist:

$$\frac{x^2}{\sigma_1} + \frac{y^2}{\sigma_2} + \frac{z^2}{\sigma_3} = \pm k^2 \quad . \quad . \quad . \quad . \quad . \quad . \quad . \quad (17),$$

unter k eine beliebige Constante verstanden. Sind nämlich a, b, c die

Richtungswinkel der Normale dieser Fläche in dem Punkte x, y, z, in dem sie von der Richtungslinie (λ, μ, ν) der Spannung p geschnitten wird, so verhält sich

$$\begin{aligned} \cos a : \cos b : \cos c &= \frac{x}{\sigma_1} : \frac{y}{\sigma_2} : \frac{z}{\sigma_3} \\ &= \frac{\cos\lambda}{\sigma_1} : \frac{\cos\mu}{\sigma_2} : \frac{\cos\nu}{\sigma_3} \end{aligned}$$

oder mit Rücksicht auf Gleichung (13):

$$\cos a : \cos b : \cos c = \cos\alpha : \cos\beta : \cos\gamma.$$

Daraus folgt, dass die Berührungsebene der Fläche (17) in ihrem Schnittpunkte mit der Richtungslinie der Spannung p parallel ist mit der Spannungsebene, worauf sich p bezieht (Berührungsebene im Punkte P der Fläche, in der die Spannung p stattfindet), oder dass umgekehrt die Spannung p nach dem dieser Spannungsebene conjugirten Durchmesser jener Fläche gerichtet ist.

Sind die Hauptspannungen alle drei positiv oder alle negativ, so gilt in Gleichung (17) vor k^2 im ersten Falle nur das Zeichen $+$, im zweiten nur das Zeichen $-$; die Richtungsfläche der Spannungen ist dann ein Ellipsoid, und es hat nach Gleichung (15) die Normalspannung nach jeder Richtung einerlei Zeichen mit den Hauptspannungen. Sind aber zwei der drei Hauptspannungen, z. B. σ_1 und σ_2 beide positiv oder negativ, während die dritte σ_3 negativ resp. positiv ist, so gelten in Gleichung (17) beide Vorzeichen, und besteht dann diese Richtungsfläche der Spannungen aus zwei durch einen gemeinsamen Asymptotenkegel

$$\frac{x^2}{\sigma_1} + \frac{y^2}{\sigma_2} + \frac{z^2}{\sigma_3} = 0$$

getrennten Hyperboloiden, einem einfachen, dessen Halbaxen proportional $\sqrt{\pm\sigma_1}$ und $\sqrt{\pm\sigma_2}$ sind, und einem zweifachen, dessen Halbaxe proportional $\sqrt{\mp\sigma_3}$ ist. Jeder Berührungsebene des Asymptotenkegels entspricht die Berührungslinie selbst als conjugirter Durchmesser, somit als zugehörige Spannungsrichtung. Die Spannungen p im Punkte P von Flächen, die den Asymptotenkegel berühren, sind also blosse Schubspannungen, oder die Normalspannungen nach den Richtungen der Normalen des Asymptotenkegels sind $=$ Null. Der Ort dieser Normalen im Punkte P ist selbst eine Kegelfläche, durch welche die Richtungen, nach denen σ positiv ist, von den Richtungen getrennt werden, nach denen σ negativ ist.

8. — Für die Schubspannung τ im Punkte P der Ebene, deren Normale unter den Winkeln α, β, γ gegen die Hauptspannungsrichtungen geneigt ist, erhält man aus Gleichung (14) und (15):

$$\left.\begin{aligned} \tau^2 = p^2 - \sigma^2 = a\sigma_1^2 + b\sigma_2^2 + c\sigma_3^2 - (a\sigma_1 + b\sigma_2 + c\sigma_3)^2 \\ \text{mit } a = \cos^2\alpha,\ b = \cos^2\beta,\ c = \cos^2\gamma \end{aligned}\right\} \quad . \ (18),$$

und es ist von Interesse, die Ebenen, also die Werthe von α, β, γ resp. a, b, c zu bestimmen, für welche τ^2 ein Maximum wird. Zu dem Ende muss

$$\begin{aligned} &\sigma_1^2\, da + \sigma_2^2\, db + \sigma_3^2\, dc \\ &\qquad - 2(a\sigma_1 + b\sigma_2 + c\sigma_3)(\sigma_1\, da + \sigma_2\, db + \sigma_3\, dc) = 0 \end{aligned}$$

sein, während da, db, dc an die Gleichung

$$a + b + c = 1, \quad \text{also} \quad da + db + dc = 0$$

gebunden sind. Wenn man diese letzte Differentialgleichung nach ihrer Multiplication mit einem unbestimmten Coefficienten k zur ersten addirt, so kann k so gewählt werden, dass die Coefficienten von da, db, dc einzeln = Null werden, dass also

$$k + \sigma_1{}^2 - 2(a\sigma_1 + b\sigma_2 + c\sigma_3)\,\sigma_1 = 0$$
$$k + \sigma_2{}^2 - 2(a\sigma_1 + b\sigma_2 + c\sigma_3)\,\sigma_2 = 0$$
$$k + \sigma_3{}^2 - 2(a\sigma_1 + b\sigma_2 + c\sigma_3)\,\sigma_3 = 0$$

ist, woraus durch Subtraction der zweiten und dritten, dritten und ersten, ersten und zweiten Gleichung folgt:

$$\sigma_2 + \sigma_3 \text{ resp. } \sigma_3 + \sigma_1 \text{ resp. } \sigma_1 + \sigma_2 = 2(a\sigma_1 + b\sigma_2 + c\sigma_3),$$

welche drei Gleichungen für beliebige Werthe von σ_1, σ_2, σ_3 nur erfüllt werden durch:

$$a = 0,\ b = c = \frac{1}{2}, \ \text{also}\ \alpha = 90^0,\ \beta = \pm\gamma = \pm 45^0,$$

$$b = 0,\ c = a = \frac{1}{2}, \ \text{„}\ \beta = 90^0,\ \gamma = \pm\alpha = \pm 45^0,$$

$$c = 0,\ a = b = \frac{1}{2}, \ \text{„}\ \gamma = 90^0,\ \alpha = \pm\beta = \pm 45^0.$$

D i e   S c h u b s p a n n u n g   i s t   a l s o   e i n   M a x i m u m   f ü r   d i e   s e c h s   E b e n e n ,   d i e   d u r c h   d i e   R i c h t u n g s l i n i e n   d e r   H a u p t s p a n n u n g e n   g e h e n   u n d   d i e   W i n k e l   d e r   j e   z w e i   a n d e r e n   d i e s e r   R i c h t u n g s l i n i e n   h a l b i r e n, und zwar ist sie gleich gross für die beiden durch die Richtungslinie von σ_1, ebenso für die beiden durch die Richtungslinie von σ_2 und für die beiden durch die Richtungslinie von σ_3 gehenden dieser Ebenen. Werden diese drei grössten Schubspannungen, die mit W i n k l e r*) die H a u p t s c h u b s p a n n u n g e n genannt werden sollen, beziehungsweise mit τ_1, τ_2, τ_3 bezeichnet, so ist nach Gleichung (18):

$$\tau_1{}^2 = \frac{\sigma_2{}^2 + \sigma_3{}^2}{2} - \left(\frac{\sigma_2 + \sigma_3}{2}\right)^2 = \frac{1}{4}\left(\sigma_2{}^2 + \sigma_3{}^2 - 2\sigma_2\sigma_3\right),$$

$$\text{also}\ \tau_1 = \pm\frac{\sigma_2 - \sigma_3}{2},\quad \tau_2 = \pm\frac{\sigma_3 - \sigma_1}{2},\quad \tau_3 = \pm\frac{\sigma_1 - \sigma_2}{2} \quad . \; . \; (19).$$

D a s s   d i e s e   H a u p t s c h u b s p a n n u n g e n   b e z i e h u n g s w e i s e   r e c h t w i n k l i g   g e g e n   d i e   H a u p t s p a n n u n g e n σ_1, σ_2, σ_3 g e r i c h t e t   s i n d, folgt daraus, dass nach den Gleichungen (13),

$$\text{wenn}\ \alpha = 90^0\ \text{oder}\ \beta = 90^0\ \text{oder}\ \gamma = 90^0\ \text{ist,}$$
$$\text{auch}\ \lambda = 90^0\ \text{resp.}\ \mu = 90^0\ \text{resp.}\ \nu = 90^0,$$

d. h. die Spannung p und somit auch jede ihrer Componenten σ, τ senkrecht beziehungsweise gegen σ_1, σ_2, σ_3 ist.

9. — Wenn mit Bezug auf beliebig angenommene rechtwinklige Axen der x, y, z

$$\sigma_x\sigma_y\sigma_z - \sigma_x\tau_x{}^2 - \sigma_y\tau_y{}^2 - \sigma_z\tau_z{}^2 + 2\tau_x\tau_y\tau_z = 0 \quad . \quad (20)$$

ist, so ist nach Gleichung (9) e i n e   H a u p t s p a n n u n g = N u l l,

*) „Die Lehre von der Elasticität und Festigkeit", 1. Theil, S. 12.

etwa $\sigma_3 = 0$, während die beiden anderen σ_1, σ_2 die Wurzeln der quadratischen Gleichung

$$\sigma^2 - (\sigma_x + \sigma_y + \sigma_z)\,\sigma + \sigma_y\,\sigma_z + \sigma_z\,\sigma_x + \sigma_x\,\sigma_y - \tau_x{}^2 - \tau_y{}^2 - \tau_z{}^2 = 0 \quad (21)$$

sind. Dieser Fall findet insbesondere dann statt, wenn von den sechs Spannungscomponenten σ_x, σ_y, σ_z, τ_x, τ_y, τ_z irgend drei solche = Null sind, die verschiedene Indices haben und weder alle Normalspannungen, noch alle Schubspannungen sind, also z. B., wenn

$$\sigma_y = \sigma_z = \tau_x = 0$$

ist, so dass σ_1 und σ_2 die Wurzeln der Gleichung

$$\sigma^2 - \sigma_x\,\sigma - \tau_y{}^2 - \tau_z{}^2 = 0 \quad . \quad . \quad . \quad . \quad . \quad (21\text{a})$$

werden, oder wenn

$$\sigma_x = \tau_y = \tau_z = 0$$

ist, wodurch Gleichung (21) übergeht in:

$$\sigma^2 - (\sigma_y + \sigma_z)\,\sigma + \sigma_y\,\sigma_z - \tau_x{}^2 = 0 \quad . \quad . \quad (21\text{b}).$$

Da mit $\sigma_3 = 0$ nach Gleichung (13) auch $\cos\nu = 0$ ist unabhängig vom Winkel γ, so folgt, dass die Richtungslinie der Spannung p für jede beliebige Fläche in der Ebene der Hauptspannungen σ_1, σ_2 liegt, die nicht = Null sind. Das Spannungsellipsoid (Nr. 4) und die Richtungsfläche der Spannungen (Nr. 7) reduciren sich auf begrenzte Ebenen, erstere begrenzt durch eine Ellipse (Spannungsellipse), deren Halbaxen den Absolutwerthen von σ_1 und σ_2 gleich sind, letztere begrenzt durch eine Linie zweiten Grades (Richtungscurve der Spannungen), deren Halbaxen den Quadratwurzeln der Absolutwerthe von σ_1 und σ_2 proportional sind, und welche in einer Ellipse oder in zwei Hyperbeln mit gemeinsamen Asymptoten besteht, jenachdem σ_1 und σ_2 gleichen oder ungleichen Zeichens sind. Diese Spannungsellipse und Richtungscurve der Spannungen können jetzt aber nur zur Darstellung von Grösse und Richtung solcher Spannungen p dienen, die in den durch die Richtungslinie der Hauptspannung $\sigma_3 = 0$ gehenden Ebenen, also allgemein in Flächen stattfinden, welche in dem betreffenden Punkte P von der Hauptspannungsrichtung $\sigma_3 = 0$ berührt werden; und zwar ist eine solche Spannung p gerichtet nach dem Durchmesser jener Richtungscurve, der dem Schnitt ihrer Ebene mit der betreffenden Spannungsebene conjugirt ist, während der in diese Richtung fallende Halbmesser der Spannungsellipse die Grösse von p darstellt.

Bemerkenswerth ist noch der hierher gehörige Specialfall, dass alle Spannungscomponenten σ_x, σ_y, σ_z, τ_x, τ_y, τ_z ausser einer Schubspannung = Null sind, dass etwa

$$\sigma_x = \sigma_y = \sigma_z = \tau_y = \tau_z = 0$$

ist, wodurch Gleichung (21b) übergeht in:

$$\sigma^2 - \tau_x{}^2 = 0, \text{ also } \sigma_1 = \tau_x, \; \sigma_2 = -\tau_x \text{ neben } \sigma_3 = 0 \quad . \; (21\text{c})$$

liefert. Was die Richtungen dieser beiden Hauptspannungen σ_1, σ_2 betrifft, so ist mit den Bezeichnungen von Nr. 6 hier:

$$A = \sigma^2 - \tau_x{}^2 = 0, \quad B = C = \sigma^2 = \tau_x{}^2,$$

$$\text{also } \cos\alpha = 0, \quad \cos^2\beta = \cos^2\gamma = \frac{1}{2},$$

woraus folgt, dass die Richtungslinien von σ_1 und σ_2 die Winkel der

Geraden halbiren, die vom Punkte P aus parallel mit der y-Axe und der z-Axe gezogen werden. Die Spannungsellipse ist in diesem Falle ein Kreis, während die Richtungscurve der Spannungen aus zwei gleichseitigen Hyperbeln besteht. —

Wenn die auf beliebige rechtwinklige Axen der x, y, z bezogenen Spannungen σ_x, σ_y, σ_z, τ_x, τ_y, τ_z ausser der Gleichung (20) auch der Gleichung

$$\sigma_y \sigma_z + \sigma_z \sigma_x + \sigma_x \sigma_y - \tau_x^2 - \tau_y^2 - \tau_z^2 = 0 \quad . \quad (22)$$

entsprechen, so sind zwei Hauptspannungen = Null, etwa σ_2 und $\sigma_3 = 0$, während nach Gleichung (21) dann

$$\sigma_1 = \sigma_x + \sigma_y + \sigma_z \quad . \quad . \quad . \quad . \quad . \quad (23)$$

ist. In diesem Falle, der insbesondere dann stattfindet, wenn die Spannungscomponenten σ_x, σ_y, σ_z, τ_x, τ_y, τ_z alle = Null sind ausser einer Normalspannung, die dann die Hauptspannung σ_1 ist, folgt aus den Gleichungen (13): $\cos\mu = \cos\nu = 0$, also $\cos\lambda = \pm 1$; die Richtungslinie jeder Spannung p liegt also in der Hauptspannungsrichtung σ_1. Für jede Fläche, deren Normale den Winkel α mit der Richtung von σ_1 bildet, ist:

$$p = \pm \sigma_1 \cos\alpha, \qquad \sigma = \sigma_1 \cos^2\alpha, \qquad \tau = \pm \frac{1}{2} \sigma_1 \sin 2\alpha \quad (24),$$

also τ am grössten $= \pm \frac{1}{2} \sigma_1$ in allen Ebenen, die unter 45^0 gegen die Richtung von σ_1 geneigt sind.

B. Der Deformationszustand in einem Körperpunkte.

10. — Es sei wieder P irgend ein materieller Punkt eines Körpers, PP' irgend eine von P aus gezogene Richtung, unter den Winkeln α, β, γ geneigt gegen die im Körper fixirten rechtwinkligen Axen der x, y, z. Ist dann Q ein dem Punkte P unendlich nahe gelegener materieller Körperpunkt in PP', ds die Länge der Strecke PQ im ursprünglichen Zustande des Körpers (d. h. vor seiner Deformation in Folge der Einwirkung äusserer Kräfte) und Δds die mit der Deformation verbundene Längenänderung der Strecke PQ, so heisst der Quotient

$$\varepsilon = \frac{\Delta ds}{ds}$$

die Dehnung (Ausdehnung) im Punkte P nach der Richtung PP'; sie ist positiv oder negativ, absolut genommen eine Ausdehnung im engeren Sinne oder eine Zusammenziehung, jenachdem sie einer Verlängerung oder Verkürzung der Strecke PQ entspricht, und wird hier immer als ein sehr kleiner Bruch vorausgesetzt.

Durch die Dehnungen ε, die im Punkte P nach allen Richtungen stattfinden, ist offenbar die Deformation jedes diesen Punkt enthaltenden Körperelementes, dessen sämmtliche Dimensionen unendlich klein sind, d. h. der Deformationszustand im Punkte P des Körpers bestimmt, analoger Weise wie die Spannungen p im Punkte P aller durch ihn hindurch gehenden Ebenen den Spannungszustand in diesem Punkte bestimmen. Ebenso aber wie letzterer schon durch 3 von einander unabhängige Grössen vollständig charakterisirt wird, indem die ihn unmittelbar bestimmenden 6 Spannungen σ_x, σ_y, σ_z, τ_x, τ_y, τ_z durch die 3 Gleichungen (2) verbunden sind, so auch der Deformationszustand, und zwar lassen sich solche 3 Grössen hier unmittelbar erkennen in den Aenderungen ξ, η, ζ, denen die ursprünglichen Coordinaten x, y, z der materiellen Punkte in Folge der Deformation des Körpers unterworfen sind, indem dadurch die Dehnung ε in dem beliebigen Punkte P nach der beliebigen Richtung PP' (α, β, γ) ausgedrückt werden kann. Sind nämlich

$$x + dx, \qquad y + dy, \qquad z + dz$$

die ursprünglichen Coordinaten des oben mit Q bezeichneten materiellen Punktes, so sind ihre Aenderungen bei der Deformation des Körpers:

$$\xi_1 = \xi + \frac{\partial \xi}{\partial x} dx + \frac{\partial \xi}{\partial y} dy + \frac{\partial \xi}{\partial z} dz$$

$$\eta_1 = \eta + \frac{\partial \eta}{\partial x} dx + \frac{\partial \eta}{\partial y} dy + \frac{\partial \eta}{\partial z} dz$$

$$\zeta_1 = \zeta + \frac{\partial \zeta}{\partial x} dx + \frac{\partial \zeta}{\partial y} dy + \frac{\partial \zeta}{\partial z} dz$$

und indem nun die Projectionen der Strecke PQ auf die Coordinatenaxen, die ursprünglich $= dx$, dy, dz waren, sich beziehungsweise um $\xi_1 - \xi$, $\eta_1 - \eta$, $\zeta_1 - \zeta$ geändert haben, während die Länge dieser Strecke selbst von ds in $ds\,(1 + \varepsilon)$ überging, ist

$$ds^2 (1 + \varepsilon)^2 = (dx + \xi_1 - \xi)^2 + (dy + \eta_1 - \eta)^2 + (dz + \zeta_1 - \zeta)^2.$$

Daraus folgt mit Rücksicht auf die Gleichung

$$ds^2 = dx^2 + dy^2 + dz^2$$

bei Vernachlässigung kleiner Grössen zweiter Ordnung:

$$\varepsilon = \frac{\xi_1 - \xi}{ds} \frac{dx}{ds} + \frac{\eta_1 - \eta}{ds} \frac{dy}{ds} + \frac{\zeta_1 - \zeta}{ds} \frac{dz}{ds}$$

und daraus durch Einsetzung der Ausdrücke von ξ_1, η_1, ζ_1 sowie mit

$$\frac{dx}{ds} = \cos\alpha, \qquad \frac{dy}{ds} = \cos\beta, \qquad \frac{dz}{ds} = \cos\gamma$$

$$\varepsilon = \frac{\partial \xi}{\partial x} \cos^2\alpha + \frac{\partial \eta}{\partial y} \cos^2\beta + \frac{\partial \zeta}{\partial z} \cos^2\gamma + \left(\frac{\partial \eta}{\partial z} + \frac{\partial \zeta}{\partial y}\right) \cos\beta \cos\gamma$$
$$+ \left(\frac{\partial \zeta}{\partial x} + \frac{\partial \xi}{\partial z}\right) \cos\gamma \cos\alpha + \left(\frac{\partial \xi}{\partial y} + \frac{\partial \eta}{\partial x}\right) \cos\alpha \cos\beta \quad . \quad (25).$$

11. — Nach Gleichung (25) ist ε beziehungsweise $= \frac{\partial \xi}{\partial x}, \frac{\partial \eta}{\partial y}, \frac{\partial \zeta}{\partial z}$, wenn $\alpha = 0$, $\beta = 0$ oder $\gamma = 0$ ist; diese partiellen Differentialquotienten von ξ nach x, von η nach y und von ζ nach z sind also die Dehnungen im Punkte P nach den Richtungen der Coordinatenaxen, die mit ε_x, ε_y, ε_z bezeichnet seien.

Was die Coefficienten der Cosinus-Producte in derselben Gleichung betrifft, so seien im ursprünglichen Zustande des Körpers von P aus die unendlich kleinen Geraden $PA = dx$ parallel der x-Axe, $PB = dy$ parallel der y-Axe, $PC = dz$ parallel der z-Axe gezogen und A, B, C als materielle Punkte wie P verstanden. Mit der Deformation ist dann (Fig. 2) eine Verschiebung von C gegen P im Sinne der y-Axe:

Fig. 2.

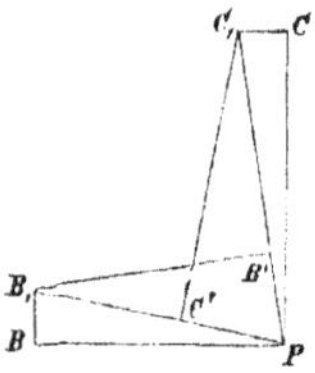

$$CC_1 = \frac{\partial \eta}{\partial z} dz$$

und eine Verschiebung von B gegen P im Sinne der z-Axe:

$$BB_1 = \frac{\partial \zeta}{\partial y} dy$$

verbunden, also eine Veränderung des ursprünglich rechten Winkels BPC um die kleine Winkelsumme:

$$CPC_1 + BPB_1 = \frac{\partial \eta}{\partial z} + \frac{\partial \zeta}{\partial y}.$$

Das ist der Coefficient von $\cos\beta \cos\gamma$ in Gleichung (25), der mit γ_x bezeichnet sei, ebenso wie der Coefficient von $\cos\gamma \cos\alpha$ mit γ_y, der von $\cos\alpha \cos\beta$ mit γ_z; jenachdem die dadurch ausgedrückten kleinen Aenderungen der Winkel BPC, CPA, APB Verkleinerungen oder Vergrösserungen derselben entsprechen, sind γ_x, γ_y, γ_z positiv oder negativ.

Diese Grössen γ_x, γ_y, γ_z sind ebenso den Schubspannungen τ_x, τ_y, τ_z analog wie die Dehnungen ε_x, ε_y, ε_z den Normalspannungen σ_x, σ_y, σ_z. Sind nämlich (Fig. 2) B' und C' die Projectionen von B_1 und C_1 beziehungsweise auf PC_1 und PB_1, so heisse

$$\frac{PB'}{PB_1} = \gamma_{yz}, \quad \frac{PC'}{PC_1} = \gamma_{zy}$$

ersteres Verhältniss die Schiebung im Punkte P der zur y-Axe senkrechten Ebene (CPA) im Sinne der z-Axe, letzteres die Schiebung im Punkte P der zur z-Axe senkrechten Ebene (APB) im Sinne der y-Axe; beide sind einander gleich und zwar, sofern sie sehr klein sind, bei Vernachlässigung kleiner Grössen zweiter Ordnung

$$= \frac{\pi}{2} - \text{Winkel } B_1PC_1 = \gamma_x,$$

analog wie nach Gleichung (1) die Schubspannungen τ_{yz} und τ_{zy} einander gleich gefunden wurden, so dass beide kürzer mit τ_x bezeichnet werden konnten. Ueberhaupt können nun γ_x, γ_y, γ_z als die Schiebungen oder Gleitungen bezeichnet werden, die in dem betreffenden Punkte beziehungsweise in den zur y- und z-Axe senkrechten Ebenen im Sinne der z- resp. y-Axe, in den zur z- und zur x-Axe senkrechten Ebenen im Sinne der x- resp. z-Axe, und in den zur x- und zur y-Axe senkrechten Ebenen im Sinne der y- resp. x-Axe stattfinden. Mit den erklärten Bezeichnungen:

$$\left.\begin{aligned}
\varepsilon_x &= \frac{\partial \xi}{\partial x}; & \gamma_x &= \frac{\partial \eta}{\partial z} + \frac{\partial \zeta}{\partial y} \\
\varepsilon_y &= \frac{\partial \eta}{\partial y}; & \gamma_y &= \frac{\partial \zeta}{\partial x} + \frac{\partial \xi}{\partial z} \\
\varepsilon_z &= \frac{\partial \zeta}{\partial z}; & \gamma_z &= \frac{\partial \xi}{\partial y} + \frac{\partial \eta}{\partial x}
\end{aligned}\right\} \quad \ldots\ldots \quad (26)$$

erhält Gleichung (25) die Form:

$$\varepsilon = \varepsilon_x \cos^2\alpha + \varepsilon_y \cos^2\beta + \varepsilon_z \cos^2\gamma + \gamma_x \cos\beta \cos\gamma + \gamma_y \cos\gamma \cos\alpha + \gamma_z \cos\alpha \cos\beta \quad . \quad (27).$$

12. — Denkt man sich im ursprünglichen Zustande des Körpers vom Punkte P als Eckpunkt aus ein unendlich kleines parallelepipedisches Massenelement abgegrenzt, dessen Kanten $PA = dx$, $PB = dy$, $PC = dz$ den Axen der x, y, z parallel sind (Fig. 1, Nr. 2), so geht dasselbe bei der Deformation des Körpers in ein etwas schiefwinkliges Parallelepipedum über, dessen Kantenlängen $= dx(1 + \varepsilon_x)$, $dy(1 + \varepsilon_y)$, $dz(1 + \varepsilon_z)$ und dessen Winkel an diesen dreierlei Kanten beziehungsweise um γ_x, γ_y, γ_z von rechten Winkeln verschieden sind, so dass z. B. die Winkel an den Kanten PA und $P'A' = \frac{\pi}{2} - \gamma_x$, an den Kanten BC' und $B'C = \frac{\pi}{2} + \gamma_x$ werden u. s. f. Diese Art der Deformation des Körperelementes, wobei es nach wie vor parallelepipedisch bleibt, charakterisirt also den Deformationszustand im Punkte P bei Vernachlässigung kleiner Grössen höherer Ordnung; bei Berücksichtigung der letzteren könnten die gegenüber liegenden Begrenzungsflächen des Körperelementes ausserdem gegenseitige Neigungen und Verdrehungen erfahren und in krumme Flächen übergehen.

Noch anschaulicher kann der Deformationszustand im Punkte P dargestellt werden durch die Deformation eines Massenelementes, das im ursprünglichen Zustande des Körpers von einer um P als Mittelpunkt mit einem unendlich kleinen Halbmesser ds beschriebenen Kugelfläche begrenzt wird. Sind PA, PB, PC die mit den Axen der x, y, z parallelen Halbmesser dieser Kugel und dx, dy, dz die ursprünglichen Coordinaten des Punktes Q der Kugelfläche in Beziehung auf PA, PB, PC als Axen, so sind (A, B, C, Q als materielle Punkte wie P verstanden)

$$dx_1 = dx(1 + \varepsilon_x), \qquad dy_1 = dy(1 + \varepsilon_y), \qquad dz_1 = dz(1 + \varepsilon_z)$$

die durch die Deformation veränderten Coordinaten des Punktes Q in Beziehung auf die veränderten Halbmesser PA, PB, PC als (im Allgemeinen jetzt etwas schiefwinklige) Axen. Aus der Gleichung

$$\frac{dx^2}{ds^2} + \frac{dy^2}{ds^2} + \frac{dz^2}{ds^2} = 1$$

folgt dann als Gleichung des geänderten Ortes der Punkte Q, d. h. als Gleichung der deformirten Kugelfläche in Beziehung auf die neuen Axen PA, PB, PC:

$$\left(\frac{dx_1}{ds(1+\varepsilon_x)}\right)^2 + \left(\frac{dy_1}{ds(1+\varepsilon_y)}\right)^2 + \left(\frac{dz_1}{ds(1+\varepsilon_z)}\right)^2 = 1 \quad (28),$$

d. i. die Gleichung eines Ellipsoids in Bezug auf die conjugirten Halbmesser $= ds(1 + \varepsilon_x)$, $ds(1 + \varepsilon_y)$, $ds(1 + \varepsilon_z)$ als Axen. Da die Axrichtungen der x, y, z beliebige zu einander senkrechte Richtungen sind, so folgt also, dass ein unendlich kleines kugelförmiges Körperelement durch die Deformation in ein Ellipsoid übergeht, dessen je drei conjugirte Durchmesser ursprünglich zu einander senkrecht waren; es heisse das Deformationsellipsoid.

13. Der Ausdruck (27) von ε hat in Beziehung auf α, β, γ dieselbe Form wie der Ausdruck (6) von σ, aus dem er durch Substitution von ε für σ und von $\frac{1}{2}\gamma$ für τ erhalten werden kann. Er gestattet deshalb auch ähnliche Folgerungen wie jener; insbesondere ergiebt sich durch eine Betrachtung, die der in Nr. 5 angestellten ganz analog ist, dass es in jedem Punkte des Körpers 3 zu einander senkrechte Richtungen giebt, für welche, wenn sie als Axen der x, y, z genommen werden, die Schiebungen γ_x, γ_y, γ_z = Null sind, so dass also ein unendlich kleines parallelepipedisches Körperelement, dessen Kanten diese Richtungen haben, auch bei der Deformation rechtwinklig bleibt. Die Dehnungen nach diesen Richtungen heissen die Hauptdehnungen für den betreffenden Punkt und seien mit

$$\varepsilon_1 \qquad \varepsilon_2 \qquad \varepsilon_3$$

bezeichnet. Die conjugirten Durchmesser des Deformationsellipsoids, mit denen sie nach Nr. 12 zusammenfallen, sind rechtwinklig gegen einander, also die Hauptaxen desselben, woraus weiter folgt, dass unter den Hauptdehnungen sich die grösste und die kleinste Dehnung (algebraisch verstanden) befindet, die in dem betreffenden Punkte nach irgend einer Richtung stattfindet.

Dieser Umstand, demzufolge eine Hauptdehnung als ein Maximal- oder Minimalwerth von ε charakterisirt werden kann, somit als eine Dehnung, die unverändert bleibt, wenn die Richtung unendlich wenig geändert wird, dient zur Bestimmung von ε_1, ε_2, ε_3 nach Grösse und Richtung vermittels der auf beliebig gewählte rechtwinklige Axen der x, y, z bezogenen Dehnungen ε_x, ε_y, ε_z und Schiebungen γ_x, γ_y, γ_z. Setzt man nämlich in Gleichung (27)

$$\varepsilon\,(\cos^2\alpha + \cos^2\beta + \cos^2\gamma) \text{ für } \varepsilon$$

und differenzirt die Gleichung nach einander in Beziehung auf $\cos\alpha$, $\cos\beta$, $\cos\gamma$, so wird, wenn man dabei die Dehnung ε als eine Constante behandelt, dieselbe eben dadurch als eine Hauptdehnung charakterisirt, für welche so die folgenden Gleichungen erhalten werden:

$$\left.\begin{array}{l} 2\,(\varepsilon_x - \varepsilon)\cos\alpha + \gamma_z\cos\beta + \gamma_y\cos\gamma = 0 \\ \gamma_z\cos\alpha + 2\,(\varepsilon_y - \varepsilon)\cos\beta + \gamma_x\cos\gamma = 0 \\ \gamma_y\cos\alpha + \gamma_x\cos\beta + 2\,(\varepsilon_z - \varepsilon)\cos\gamma = 0 \end{array}\right\} \quad . \quad . \quad (29).$$

Sie unterscheiden sich von den Gleichungen (7) zur Bestimmung der Hauptspannungen ebenso wie sich Gleichung (27) von Gleichung (6) unterscheidet, nämlich nur dadurch, dass ε an die Stelle von σ und $\frac{1}{2}\gamma$ an die Stelle von τ getreten ist; durch dieselben Substitutionen erhält man deshalb auch aus Gleichung (8) die folgende cubische Gleichung in ε:

$$\begin{array}{r} 4\,(\varepsilon_x - \varepsilon)\,(\varepsilon_y - \varepsilon)\,(\varepsilon_z - \varepsilon) - (\varepsilon_x - \varepsilon)\,\gamma_x^2 - (\varepsilon_y - \varepsilon)\,\gamma_y^2 \\ - (\varepsilon_z - \varepsilon)\,\gamma_z^2 + \gamma_x\gamma_y\gamma_z = 0 \quad . \quad (30), \end{array}$$

deren Wurzeln = ε_1, ε_2, ε_3 sind, sowie auch den dortigen entsprechende Ausdrücke von $\cos\alpha$, $\cos\beta$, $\cos\gamma$. —

Bei Benutzung der Hauptdehnungsrichtungen als Axrichtungen der x, y, z geht Gleichung (27) über in:

$$\varepsilon = \varepsilon_1 \cos^2 \alpha + \varepsilon_2 \cos^2 \beta + \varepsilon_3 \cos^2 \gamma \quad . \quad . \quad . \quad (31),$$

und es folgt daraus, analog den Folgerungen aus den Gleichungen (14) und (15) in Nr. 7 bezüglich auf p^2 und σ, dass in jedem Punkte die Summe der Dehnungen nach je drei zu einander senkrechten Richtungen gleich gross ist. Zugleich hat hier diese unveränderliche Summe eine bemerkenswerthe Bedeutung. Da nämlich das Volumen des parallelepipedischen Körperelementes $dx\, dy\, dz$ nur durch die Aenderungen der Entfernungen, nicht durch die gegenseitigen Verschiebungen seiner parallelen Seitenflächen sich ändert, so ist das geänderte Volumen bei Vernachlässigung kleiner Grössen höherer Ordnung:

$$dx(1+\varepsilon_x)\, dy\,(1+\varepsilon_y)\, dz\,(1+\varepsilon_z) = dx\, dy\, dz\,(1+\varepsilon_x+\varepsilon_y+\varepsilon_z),$$

und hat also die Summe

$$e = \varepsilon_x + \varepsilon_y + \varepsilon_z = \varepsilon_1 + \varepsilon_2 + \varepsilon_3 \quad . \quad . \quad . \quad (32)$$

die Bedeutung der verhältnissmässigen Volumenänderung, des Volumenausdehnungscoefficienten, in dem betreffenden Punkte.

Analog der Entwickelung in Nr. 8 lässt sich endlich nachweisen, dass die Schiebung ein Maximum wird in den 6 Ebenen, die durch die Richtungslinien der Hauptdehnungen gehen und die Winkel der je zwei anderen dieser Richtungslinien halbiren, sowie dass diese paarweise gleichen Hauptschiebungen die Werthe haben:

$$\gamma_1 = \pm \frac{\varepsilon_2 - \varepsilon_3}{2}, \quad \gamma_2 = \pm \frac{\varepsilon_3 - \varepsilon_1}{2}, \quad \gamma_3 = \pm \frac{\varepsilon_1 - \varepsilon_2}{2} \quad (33)$$

und rechtwinklig beziehungsweise gegen ε_1, ε_2, ε_3 gerichtet sind.

C. Beziehungen zwischen dem Spannungs- und dem Deformationszustande in einem Körperpunkte.

14. — Es sei wieder P ein materieller Punkt des Körpers, von welchem aus die Gerade PP' unter den Richtungswinkeln α, β, γ gegen die im Körper fixirten Axen der x, y, z gezogen ist; dm sei ein bei P' in der Entfernung $PP' = r$ von P befindliches Massenelement, dessen sämmtliche Dimensionen unendlich klein sind. Im Zustande der Belastung und entsprechenden Deformation des Körpers, wobei die Dehnung im Punkte P nach der Richtung $PP' = \varepsilon$ sei, übt das Massenelement dm auf ein im Punkte P zu PP' senkrechtes unendlich kleines Flächenelement pro Flächeneinheit desselben nach der Richtung PP' eine gewisse Kraft aus, die proportional dm und ausserdem von r, α, β, γ und ε abhängig, also $= F(r, \alpha, \beta, \gamma, \varepsilon)\, dm$ zu setzen ist. Sofern es sich hier aber nur um denjenigen Theil der fraglichen Kraft handelt, der durch die Deformation bedingt wird, also mit $\varepsilon = 0$ verschwindet, und ferner gemäss der Erfahrung, dass jede in gewisser Weise linear gemessene Deformation eines Körpers den belastenden Kräften und somit den ihnen entsprechenden betreffenden Spannungen um so genauer proportional gesetzt werden kann.

je kleiner diese sind, hinlänglich genau jedenfalls dann, wenn, wie hier immer vorausgesetzt wird, die Deformation (insoweit sie messbar) eine nur vorübergehende, mit der Belastung wieder verschwindende ist, kann die Function

$$F(r, \alpha, \beta, \gamma, \varepsilon) = \varepsilon f(r, \alpha, \beta, \gamma)$$

und somit jene specifische (d. h. auf die Flächeneinheit bezogene) Kraft $= f \varepsilon\, dm$ gesetzt werden, unter f eine übrigens unbekannte Function von r, α, β, γ verstanden, deren Werth für messbare Grössen von r verschwindend klein ist, und die in eine blosse Function von r übergeht, wenn der Körper nicht nur, wie hier stets vorausgesetzt wird, homogen, d. h. in allen Punkten gleich beschaffen, sondern auch isotrop, d. h. in jedem Punkte zugleich nach allen Richtungen gleich beschaffen ist.

Sind die Geraden PA, PB, PC parallel mit den Axen der x, y, z, so werden die Ebenen BPC, CPA, APB von einem Cylinder, dessen erzeugende Gerade parallel PP' ist, in Flächen geschnitten, die in den Verhältnissen $\frac{1}{a}$, $\frac{1}{b}$, $\frac{1}{c}$ grösser, als der Cylinderquerschnitt sind, wenn zur Abkürzung

$$a = \cos\alpha, \qquad b = \cos\beta, \qquad c = \cos\gamma$$

gesetzt wird; somit sind

$$f\varepsilon a\, dm, \qquad f\varepsilon b\, dm, \qquad f\varepsilon c\, dm$$

die specifischen Kräfte, mit denen das Massenelement dm nach der Richtung PP' auf die Ebenen BPC, CPA, APB im Punkte P wirkt, und von denen jede in Componenten nach den Richtungen der Coordinatenaxen zerlegt werden kann, deren Ausdrücke aus obigen durch Multiplication mit a, b, c erhalten werden. Aus diesen Componenten endlich ergeben sich die Spannungscomponenten σ_x, τ_{xy}, τ_{xz} im Punkte P der Ebene BPC, τ_{yx}, σ_y, τ_{yz} im Punkte P der Ebene CPA und τ_{zx}, τ_{zy}, σ_z im Punkte P der Ebene APB durch Summation der betreffenden Ausdrücke für die Kräfte, die von allen auf einer Seite der Ebene BPC, CPA, APB liegenden Massenelementen dm herrühren, also durch mehrfache Integration bezüglich auf r und auf die Winkel, welche die innerhalb je einer Halbkugel veränderliche Richtung PP' charakterisiren. So erhält man:

$$\sigma_x = \int f\varepsilon a^2\, dm; \quad \tau_{yz} = \tau_{zy} = \tau_x = \int f\varepsilon bc\, dm$$

$$\sigma_y = \int f\varepsilon b^2\, dm; \quad \tau_{zx} = \tau_{xz} = \tau_y = \int f\varepsilon ca\, dm$$

$$\sigma_z = \int f\varepsilon c^2\, dm; \quad \tau_{xy} = \tau_{yx} = \tau_z = \int f\varepsilon ab\, dm.$$

Dass die mehrfachen Integrale gleicher Form, die τ_{yz} und τ_{zy} ausdrücken, einander gleich sind, obschon sich das eine auf alle solche Richtungen bezieht, die mit der y-Axe, das andere auf alle solche, die mit der z-Axe spitze Winkel bilden, ist dadurch begründet, dass, wie auch übrigens die Function f sich mit der Richtung ändern mag, sie doch für gerade entgegengesetzte Richtungen denselben Werth hat; dieselbe Bemerkung betrifft die Ausdrücke von τ_{zx} und τ_{xz}, τ_{xy} und τ_{yx}.

Setzt man in diesen Ausdrücken von σ_x, σ_y, σ_z, τ_x, τ_y, τ_z nach Gleichung (27):

$$\varepsilon = a^2 \varepsilon_x + b^2 \varepsilon_y + c^2 \varepsilon_z + bc\, \gamma_x + ca\, \gamma_y + ab\, \gamma_z$$

und bezeichnet mit

$$\left.\begin{array}{lll} A_x = \int f a^4\, dm; & A_y = \int f b^4\, dm; & A_z = \int f c^4\, dm \\ B_{xy} = \int f a^3 b\, dm; & B_{yx} = \int f b^3 a\, dm; & B_{zx} = \int f c^3 a\, dm \\ B_{xz} = \int f a^3 c\, dm; & B_{yz} = \int f b^3 c\, dm; & B_{zy} = \int f c^3 b\, dm \\ G_x = \int f b^2 c^2\, dm; & G_y = \int f c^2 a^2\, dm; & G_z = \int f a^2 b^2\, dm \\ H_x = \int f a^2 bc\, dm; & H_y = \int f b^2 ca\, dm; & H_z = \int f c^2 ab\, dm \end{array}\right\} \quad . \quad (34)$$

gewisse Coefficienten, die von der materiellen Beschaffenheit des Körpers abhängig und im Allgemeinen verschieden sind, so ergiebt sich:

$$\left.\begin{array}{l} \sigma_x = A_x \varepsilon_x + G_z \varepsilon_y + G_y \varepsilon_z + H_x \gamma_x + B_{xz} \gamma_y + B_{xy} \gamma_z \\ \sigma_y = G_z \varepsilon_x + A_y \varepsilon_y + G_x \varepsilon_z + B_{yz} \gamma_x + H_y \gamma_y + B_{yx} \gamma_z \\ \sigma_z = G_y \varepsilon_x + G_x \varepsilon_y + A_z \varepsilon_z + B_{zy} \gamma_x + B_{zx} \gamma_y + H_z \gamma_z \\ \tau_x = H_x \varepsilon_x + B_{yz} \varepsilon_y + B_{zy} \varepsilon_z + G_x \gamma_x + H_z \gamma_y + H_y \gamma_z \\ \tau_y = B_{xz} \varepsilon_x + H_y \varepsilon_y + B_{zx} \varepsilon_z + H_z \gamma_x + G_y \gamma_y + H_x \gamma_z \\ \tau_z = B_{xy} \varepsilon_x + B_{yx} \varepsilon_y + H_z \varepsilon_z + H_y \gamma_x + H_x \gamma_y + G_z \gamma_z \end{array}\right\} \quad . \quad (35).$$

Die bei Vernachlässigung kleiner Grössen höherer Ordnung linearen Beziehungen zwischen den 6 Grössen σ, τ, die den Spannungszustand, und den 6 kleinen Grössen ε, γ, die den Deformationszustand in einem Körperpunkte charakterisiren, enthalten somit im Allgemeinen 15 verschiedene Elasticitätsconstanten.

I. Körper mit drei zu einander senkrechten Elasticitätsaxen.

15. — Wenn der Körper in jedem Punkte drei zu einander senkrechte Elasticitätsaxen hat, d. h. wenn sich von jedem Punkte P aus drei zu einander senkrechte Richtungen PA, PB, PC so ziehen lassen, dass die materielle Beschaffenheit des Körpers in P und somit die Function f für je zwei Richtungen PP' gleich ist, die in Bezug auf eine der Ebenen BPC, CPA, APB symmetrisch liegen, deren Winkel mit PA, PB resp. PC sich folglich zu 180^0 ergänzen, während ihre Winkel mit den je zwei anderen dieser Richtungen gleich sind, so sind für diese Elasticitätsaxen PA, PB, PC als Axrichtungen der x, y, z die Elementarbestandtheile der sechs Integrale B und der drei Integrale H, in denen die Richtungscosinus a, b, c mit ungeraden Exponenten vorkommen, paarweise entgegengesetzt gleich, so dass diese Constanten B, H verschwinden und die Gleichungen (35) übergehen in:

$$\left.\begin{array}{ll} \sigma_x = A_x \varepsilon_x + G_z \varepsilon_y + G_y \varepsilon_z; & \tau_x = G_x \gamma_x \\ \sigma_y = G_z \varepsilon_x + A_y \varepsilon_y + G_x \varepsilon_z; & \tau_y = G_y \gamma_y \\ \sigma_z = G_y \varepsilon_x + G_x \varepsilon_y + A_z \varepsilon_z; & \tau_z = G_z \gamma_z \end{array}\right\} \quad . \quad . \quad (36)$$

mit nur noch sechs Elasticitätsconstanten. Dieser Fall kann z. B. als stattfindend angenommen werden bei Holz (eine Elasticitätsaxe im Sinne der Fasern, die anderen dazu senkrechten tangential und radial bezüglich auf die Jahresringe), in geringerem Grade bei in gewisser Weise bearbeiteten Metallen, z. B. bei gewalztem Blech (Elasticitätsaxen entsprechend der Walzrichtung oder Länge, der Breite und der Dicke des Blechs).

Nach Gleichung (36) sind in Bezug auf die Elasticitätsaxen die Normalspannungen nur von den Dehnungen, die Schubspannungen nur von den Schiebungen und umgekehrt abhängig, erstere aber von sämmtlichen dieser drei Dehnungen, letztere nur von den gleichnamigen Schiebungen. Für die Dehnungen nach den Elasticitätsaxen als Functionen der betreffenden Normalspannungen ergiebt sich durch Auflösung der bezüglichen Gleichungen (36) nach ε_x, ε_y, ε_z:

$$\begin{aligned} D\varepsilon_x &= a_x\sigma_x + g_z\sigma_y + g_y\sigma_z \\ D\varepsilon_y &= g_z\sigma_x + a_y\sigma_y + g_x\sigma_z \\ D\varepsilon_z &= g_y\sigma_x + g_x\sigma_y + a_z\sigma_z, \end{aligned}$$

unter D die aus den Coefficienten jener Gleichungen zu bildende symmetrische Determinante und unter a_x, a_y, a_z, g_x, g_y, g_z die beziehungsweise den Elementen A_x, A_y, A_z, G_x, G_y, G_z derselben entsprechenden Unterdeterminanten verstanden, also

$$D = \begin{vmatrix} A_x & G_z & G_y \\ G_z & A_y & G_x \\ G_y & G_x & A_z \end{vmatrix} = \left\{ \begin{array}{c} A_x A_y A_z + 2\,G_x G_y G_z \\ -A_x G_x^2 - A_y G_y^2 - A_z G_z^2 \end{array} \right\}. \quad (37)$$

$$a_x = A_y A_z - G_x^2; \quad a_y = A_z A_x - G_y^2; \quad a_z = A_x A_y - G_z^2$$
$$g_x = G_y G_z - A_x G_x; \quad g_y = G_z G_x - A_y G_y; \quad g_z = G_x G_y - A_z G_z$$

Mit den Bezeichnungen:

$$\left. \begin{array}{l} E_x = \dfrac{D}{A_y A_z - G_x^2}; \quad E_y = \dfrac{D}{A_z A_x - G_y^2}; \quad E_z = \dfrac{D}{A_x A_y - G_z^2} \\ C_x = \dfrac{D}{G_y G_z - A_x G_x}; \quad C_y = \dfrac{D}{G_z G_x - A_y G_y}; \quad C_z = \dfrac{D}{G_x G_y - A_z G_z} \end{array} \right\} \quad (38)$$

erhalten die Ausdrücke der Dehnungen und Schiebungen als Functionen der Spannungen die folgenden Formen:

$$\left. \begin{array}{l} \varepsilon_x = \dfrac{\sigma_x}{E_x} + \dfrac{\sigma_y}{C_z} + \dfrac{\sigma_z}{C_y}; \quad \gamma_x = \dfrac{\tau_x}{G_x} \\ \varepsilon_y = \dfrac{\sigma_x}{C_z} + \dfrac{\sigma_y}{E_y} + \dfrac{\sigma_z}{C_x}; \quad \gamma_y = \dfrac{\tau_y}{G_y} \\ \varepsilon_z = \dfrac{\sigma_x}{C_y} + \dfrac{\sigma_y}{C_x} + \dfrac{\sigma_z}{E_z}; \quad \gamma_z = \dfrac{\tau_z}{G_z} \end{array} \right\} \quad . \quad . \quad (39).$$

Die Constanten E_x E_y E_z,

denen hiernach die Verhältnisse $\dfrac{\sigma_x}{\varepsilon_x}$ $\dfrac{\sigma_y}{\varepsilon_y}$ $\dfrac{\sigma_z}{\varepsilon_z}$ gleich sind,

wenn die Spannungen σ_y und σ_z, σ_z und σ_x, σ_x und σ_y = Null sind, heissen die Elasticitätsmodul nach den Richtungen PA, PB, PC der Elasticitätsaxen, während die Constanten G_x, G_y, G_z die Schubelasticitätsmodul beziehungsweise nach einer der Richtungen PB und PC, PC und PA, PA und PB für die zur anderen senkrechten Ebene heissen. Allgemein wird unter dem Elasticitätsmodul E nach irgend einer Richtung PP' das Verhältniss der Normalspannung σ_x und

Dehnung ε_x im Punkte P nach dieser Richtung verstanden, wenn, falls letzterer die x-Axe parallel genommen wird, $\sigma_y = \sigma_z = \tau_x = \tau_y = \tau_z = 0$ und somit (Nr. 9) σ_x eine Hauptspannung, jede der beiden anderen aber $=$ Null ist; unter dem Schubelasticitätsmodul G nach einer von zwei zu einander senkrechten Richtungen PP', PP'' für die zur anderen senkrechte Ebene das Verhältniss der Schubspanuung τ_x zur Schiebung γ_x, wenn, falls jene Richtungen zu den Axrichtungen der y und z genommen werden, $\sigma_x = \sigma_y = \sigma_z = \tau_y = \tau_z = 0$ ist, und somit (Nr. 9) die Richtungslinien von zwei Hauptspannungen die Winkel der Geraden PP', PP'' halbiren, während die dritte $=$ Null ist. Durch die Winkel der betreffenden Richtungen mit den Elasticitätsaxen und die auf letztere bezüglichen 6 Constanten können jene Grössen E, G allgemein ausgedrückt werden. Dass unter Umständen die im Allgemeinen nöthigen Voraussetzungen $\sigma_y = \sigma_z = \tau_x = \tau_y = \tau_z = 0$ resp. $\sigma_x = \sigma_y = \sigma_z = \tau_y = \tau_z = 0$ weniger eng gefasst werden können, lehren die Gleichungen (39), wonach, wenn die in Rede stehenden Richtungen mit den Elasticitätsaxen zusammenfallen, die Beziehung zwischen σ_x und ε_x von τ_x, τ_y, τ_z unabhängig, die Beziehung zwischen τ_x und γ_x sogar von allen übrigen Spannungen unabhängig ist.

II. Körper mit einer Elasticitätsaxe.

16. — Wenn der Körper in jedem Punkte P nur eine Elasticitätsaxe PA hat, d. h. wenn seine Beschaffenheit in P nach allen gegen diese Axe gleich geneigten Richtungen PP' gleich ist, so ist, wenn wieder PA, PB, PC parallel den Axen der x, y, z sind, PB mit PC beliebig vertauschbar und somit

$$A_y = A_z, \quad G_y = G_z, \quad \text{also auch } E_y = E_z, \quad C_y = C_z.$$

Dieser Fall findet näherungsweise bei Körpern von faseriger Textur statt (Holz, Schmiedeeisen etc.), sofern ihre Beschaffenheit nach verschiedenen zu den Fasern senkrechten Richtungen viel weniger verschieden ist, als nach einer solchen und nach der Faserrichtung selbst.

Mit den Bezeichnungen:

$$A_y = A_z = A_n; \quad G_y = G_z = G_n$$

gehen die Gleichungen (36) und (37) über in:

$$\left.\begin{aligned} \sigma_x &= A_x \varepsilon_x + G_n \varepsilon_y + G_n \varepsilon_z; & \tau_x &= G_x \gamma_x \\ \sigma_y &= G_n \varepsilon_x + A_n \varepsilon_y + G_x \varepsilon_z; & \tau_y &= G_n \gamma_y \\ \sigma_z &= G_n \varepsilon_x + G_x \varepsilon_y + A_n \varepsilon_z; & \tau_z &= G_n \gamma_z \end{aligned}\right\} \quad . \quad . \quad (40)$$

$$D = A_x A_n^2 + 2 G_x G_n^2 - A_x G_x^2 - 2 A_n G_n^2$$

sowie mit den Bezeichnungen:

$$E_y = E_z = E_n; \quad C_y = C_z = C_n$$

die Gleichungen (38) und (39) in:

$$E_x = \frac{D}{A_n^2 - G_x^2}; \qquad E_n = \frac{D}{A_x A_n - G_n^2}$$

$$C_x = \frac{D}{G_n^2 - A_x G_x}; \qquad C_n = \frac{D}{(G_x - A_n) G_n}$$

$$\left.\begin{aligned}\varepsilon_x &= \frac{\sigma_x}{E_x} + \frac{\sigma_y}{C_n} + \frac{\sigma_z}{C_n}; \quad \gamma_x = \frac{\tau_x}{G_x}\\ \varepsilon_y &= \frac{\sigma_x}{C_n} + \frac{\sigma_y}{E_n} + \frac{\sigma_z}{C_x}; \quad \gamma_y = \frac{\tau_y}{G_n}\\ \varepsilon_z &= \frac{\sigma_x}{C_n} + \frac{\sigma_y}{C_x} + \frac{\sigma_z}{E_n}; \quad \gamma_z = \frac{\tau_z}{G_n}\end{aligned}\right\} \quad . \quad . \quad . \quad (41).$$

Von den Constanten A_x, A_n, G_x, G_n, welche, da E_x, E_n, C_x, C_n Functionen derselben sind, nach Gleichung (40) und (41) die Beziehungen zwischen den Elementen des Spannungs- und des Deformationszustandes bestimmen, sind übrigens nur 3 unabhängig, wie die Ausdrücke (34) jener Constanten erkennen lassen. Ist nämlich PA' die Projection von PP' auf die Ebene BPC (Fig. 1, Nr. 2) und φ der Winkel BPA', so ist die den rechtwinkligen körperlichen Dreiecken, deren Kanten PP', PA', PB und PP', PA', PC sind, gemeinsame Seite $P'PA' = 90^0 - \alpha$, und somit

$$b = \cos(P'PB) = \sin\alpha\cos\varphi = a'\cos\varphi,$$
$$c = \cos(P'PC) = \sin\alpha\sin\varphi = a'\sin\varphi,$$

wenn zur Abkürzung $\sin\alpha = a'$ gesetzt wird, während $\cos\alpha$ schon früher mit a bezeichnet wurde. Ist ferner μ die constante specifische Masse des (als homogen vorausgesetzten) Körpers, so ist ein Massenelement desselben, das begrenzt wird 1) von zwei concentrischen Kugelflächen um P als Mittelpunkt mit den Radien r und $r + dr$, 2) von zwei Kegelflächen mit dem Mittelpunkte P, deren Seiten die Winkel α und $\alpha + d\alpha$ mit ihrer gemeinsamen Axe PA bilden, 3) von zwei durch PA gehenden, unter den Winkeln φ und $\varphi + d\varphi$ gegen die Ebene APB geneigten Ebenen:

$$dm = \mu \,.\, dr \,.\, r d\alpha \,.\, r\sin\alpha\, d\varphi = \mu r^2 a'\, dr\, d\alpha\, d\varphi.$$

Werden diese Werthe von b, c und dm in den Ausdrücken (34) von A_x, $A_n = A_y$ resp. A_z, G_x und $G_n = G_y$ resp. G_z substituirt, so sind dieselben als dreifache Integrale zu schreiben, und zwar ist die Integration nach φ auszuführen von 0 bis 2π, die nach α von 0 bis $\frac{1}{2}\pi$, während die Integration nach r von 0 bis zu irgend einem solchen Werthe zu geschehen hat, der die Wirkungsgrenze der Molekularkräfte überschreitet. Indem aber die übrigens unbekannte Function f hier nur von r und α, nicht von φ abhängt, kann die Integration nach φ ausgeführt werden, und ergiebt sich so wegen

$$\int_0^{2\pi} d\varphi = 2\pi; \quad \int_0^{2\pi} \sin^2\varphi\cos^2\varphi\, d\varphi = \frac{1}{4}\pi$$

$$\int_0^{2\pi} \sin^2\varphi\, d\varphi = \int_0^{2\pi}\cos^2\varphi\, d\varphi = \pi$$

$$\int_0^{2\pi} \sin^4\varphi\, d\varphi = \int_0^{2\pi}\cos^4\varphi\, d\varphi = \frac{3}{4}\pi,$$

wenn noch zu weiterer Abkürzung $R = \mu r^2 f$ gesetzt wird, unter R ebenso wie unter f eine unbekannte Function von r und α verstanden,

$$A_x = \iiint R\, a^4\, a'\, dr\, d\alpha\, d\varphi = 2\pi \iint R\, a^4\, a'\, dr\, d\alpha$$

$$A_n = \iiint R\, a'^5 \binom{cos^4\varphi}{sin^4\varphi} dr\, d\alpha\, d\varphi = \frac{3}{4}\pi \iint R\, a'^5\, dr\, d\alpha$$

$$G_x = \iiint R\, a'^5 \sin^2\varphi \cos^2\varphi\, dr\, d\alpha\, d\varphi = \frac{1}{4}\pi \iint R\, a'^5\, dr\, d\alpha$$

$$G_n = \iiint R\, a^2\, a'^3 \binom{sin^2\varphi}{cos^2\varphi} dr\, d\alpha\, d\varphi = \pi \iint R\, a^2\, a'^3\, dr\, d\alpha.$$

Hiernach ist $A_n = 3\, G_x$ . . . . (42)

und somit $D = 8\, A_x\, G_x^2 - 4\, G_x\, G_n^2 = 4\, G_x\, (2\, A_x\, G_x - G_n^2)$

$$\left.\begin{aligned} E_x &= \frac{2\, A_x\, G_x - G_n^2}{2\, G_x}; \quad E_n = 4\, G_x \frac{2\, A_x\, G_x - G_n^2}{3\, A_x\, G_x - G_n^2} \\ C_x &= -4\, G_x \frac{2\, A_x\, G_x - G_n^2}{A_x\, G_x - G_n^2}; \quad C_n = -2\frac{2\, A_x\, G_x - G_n^2}{G_n} \end{aligned}\right\} . \quad (43).$$

17. — Von den durch die 5 Gleichungen (42) und (43) verbundenen 8 Coefficienten A_x, A_n, G_x, G_n, E_x, E_n, C_x, C_n der Gleichungen (40) und (41) können die beiden Elasticitätsmodul E_x und E_n am unmittelbarsten empirisch bestimmt werden, beziehungsweise $= \frac{\sigma_x}{\varepsilon_x}$ für $\sigma_y = \sigma_z = 0$ und $= \frac{\sigma_y}{\varepsilon_y}$ für $\sigma_z = \sigma_x = 0$, durch Messung der Verlängerung $= \Delta l$, die ein prismatischer Stab (Länge $= l$, Querschnitt $= F$), dessen Längsaxe die Richtung der Elasticitätsaxe resp. eine dazu senkrechte Richtung hat, durch eine bekannte Zugkraft P erleidet, indem dann σ_x resp. $\sigma_y = \frac{P}{F}$ und ε_x resp. $\varepsilon_y = \frac{\Delta l}{l}$ ist. Mit der Verlängerung des Stabes ist zugleich eine Verkürzung seiner Querschnittsdimensionen verbunden, und zwar eine gleiche verhältnissmässige Verkürzung aller Querschnittsdimensionen, wenn die Längsaxe des Stabes die Richtung der Elasticitätsaxe hat; wird diese verhältnissmässige Verkürzung $= \frac{1}{m}\varepsilon_x$, also die algebraisch verstandene Dehnung nach jeder zur Elasticitätsaxe senkrechten Richtung $= -\frac{1}{m}\varepsilon_x$ gesetzt, so ist die verhältnissmässige Volumenänderung $e = \frac{\Delta(Fl)}{Fl}$, die durch Messung von $\Delta(Fl)$ bestimmbar ist, nach Gleichung (32):

$$e = \left(1 - \frac{2}{m}\right)\varepsilon_x, \quad \text{woraus} \quad \frac{2}{m} = 1 - \frac{e}{\varepsilon_x}; \quad m = \frac{2\varepsilon_x}{\varepsilon_x - e}$$

folgt. Indem nun aus der Gleichung (41) mit $\sigma_y = \sigma_z = 0$ folgt:

$$\varepsilon_y = \varepsilon_z = \frac{E_x}{C_n}\varepsilon_x,$$

so ergiebt sich, da diese Dehnungen ε_y und ε_z auch $= -\frac{1}{m}\varepsilon_x$ gesetzt wurden, die Gleichung $C_n = -m E_x$, wodurch in Verbindung mit den 5 Gleichungen (42) und (43) die 6 Constanten A_x, A_n, G_x, G_n, C_x, C_n durch die drei Constanten E_x, E_n und m bestimmt sind; und zwar findet man:

$$\left.\begin{aligned} G_n &= \frac{3m}{2}\,\frac{E_x E_n}{m^2 E_x - E_n}\,;\; G_x = \frac{m}{4} G_n \\ A_n &= \frac{3m}{4} G_n\,;\; A_x = E_x + \frac{2}{m} G_n \\ C_n &= -m E_x\,;\; C_x = -2m^2 \frac{E_x G_n}{m E_x - 2 G_n} \end{aligned}\right\} \quad . \; . \; (44).$$

Aus der Gleichsetzung des Ausdrucks (43) von C_n mit $-m E_x$ folgt nämlich zunächst:

$$2 A_x G_x - G_n^2 = \frac{m}{2} E_x G_n\,; \quad A_x G_x = \frac{1}{2} G_n \left(\frac{m}{2} E_x + G_n\right),$$

dann durch Einsetzung dieses Ausdruckes von $A_x G_x$ in die Gleichung (43) für E_x die Beziehung: $G_x = \frac{m}{4} G_n$; damit weiter G_n aus der Gleichung (43) für E_n; A_n aus Gleichung (42); A_x aus der obigen Gleichung für $A_x G_x$ und endlich C_x aus dem betreffenden Ausdrucke (43).

18. — Der Elasticitätsmodul E für eine unter dem Winkel α gegen die Elasticitätsaxe PA (die x-Axe) geneigte Richtung PP' ergiebt sich als Function von E_x, E_n, m, α durch folgende Betrachtung. Es sei σ eine in P nach dieser Richtung PP' stattfindende Hauptspannung, während die beiden anderen Hauptspannungen $=$ Null sind; nach Nr. 9 ist dann die Spannung p im Punkte P jeder Ebene nach PP' gerichtet und $= \sigma$ multiplicirt mit dem Cosinus des Winkels, den die Normale der Spannungsebene mit PP' bildet. Wird also (unbeschadet der Allgemeinheit) die Richtung PP' in der Ebene APB (parallel der xy-Ebene) angenommen, so ergeben sich folgende Ausdrücke der Spannungen p_x, p_y, p_z im Punkte P der Ebenen BPC, CPA, APB mit ihren Componenten

	nach den Richtungen PA	PB	PC:
$p_x = \sigma \cos\alpha$ mit	$\sigma_x = \sigma \cos^2\alpha$,	$\tau_z = \sigma \sin\alpha \cos\alpha$,	$\tau_y = 0$
$p_y = \sigma \sin\alpha$ „	$\tau_z = \sigma \sin\alpha \cos\alpha$,	$\sigma_y = \sigma \sin^2\alpha$,	$\tau_x = 0$
$p_z = 0$ „	$\tau_y = 0$	$\tau_x = 0$	$\sigma_z = 0$

Ihnen entsprechen nach Gleichung (41) die folgenden Dehnungen und Schiebungen:

$$\varepsilon_x = \sigma\left(\frac{\cos^2\alpha}{E_x} + \frac{\sin^2\alpha}{C_n}\right); \quad \gamma_x = 0$$

$$\varepsilon_y = \sigma\left(\frac{\cos^2\alpha}{C_n} + \frac{\sin^2\alpha}{E_n}\right); \quad \gamma_y = 0$$

$$\varepsilon_z = \sigma\left(\frac{\cos^2\alpha}{C_n} + \frac{\sin^2\alpha}{C_x}\right); \quad \gamma_z = \sigma\frac{\sin\alpha\cos\alpha}{G_n},$$

deren Einführung in Gleichung (27), Nr. 11, ergiebt: $\frac{\varepsilon}{\sigma} = \frac{1}{E}$

$$= \left(\frac{\cos^2\alpha}{E_x} + \frac{\sin^2\alpha}{C_n}\right)\cos^2\alpha + \left(\frac{\cos^2\alpha}{C_n} + \frac{\sin^2\alpha}{E_n}\right)\sin^2\alpha + \frac{\sin^2\alpha\cos^2\alpha}{G_n}$$

$$\frac{1}{E} = \frac{\cos^4\alpha}{E_x} + \frac{\sin^4\alpha}{E_n} + \left(\frac{1}{G_n} + \frac{2}{C_n}\right)\sin^2\alpha\cos^2\alpha \quad . \quad (45)$$

oder nach Gleichung (44) mit

$$\frac{1}{G_n} + \frac{2}{C_n} = \frac{2}{3m}\,\frac{m^2E_x - E_n}{E_xE_n} - \frac{2}{mE_x} = \frac{2}{3m}\left(\frac{m^2}{E_n} - \frac{4}{E_x}\right)$$

$$\frac{1}{E} = \left(\cos^2\alpha - \frac{8\sin^2\alpha}{3m}\right)\frac{\cos^2\alpha}{E_x} + \left(\sin^2\alpha + \frac{2m\cos^2\alpha}{3}\right)\frac{\sin^2\alpha}{E_n}$$

$$= \left(1 - \frac{3m+8}{3m}\sin^2\alpha\right)\frac{\cos^2\alpha}{E_x} + \left(1 + \frac{2m-3}{3}\cos^2\alpha\right)\frac{\sin^2\alpha}{E_n} \quad (46).$$

19. — Wäre gemäss einer Annahme de Saint-Vénant's

$$\frac{1}{G_n} + \frac{2}{C_n} = \frac{2}{3m}\left(\frac{m^2}{E_n} - \frac{4}{E_x}\right) = \frac{2}{\sqrt{E_xE_n}},$$

also $m^2 - 3m\sqrt{\frac{E_n}{E_x}} - 4\frac{E_n}{E_x} = \left(m + \sqrt{\frac{E_n}{E_x}}\right)\left(m - 4\sqrt{\frac{E_n}{E_x}}\right) = 0$

und somit, da m eine positive Zahl ist,

$$m = 4\sqrt{\frac{E_n}{E_x}} \quad . \; . \; . \; . \; . \; . \; . \; . \quad (47),$$

so wäre die rechte Seite von Gleichung (45) ein vollständiges Quadrat und

$$\frac{1}{\sqrt{E}} = \frac{\cos^2\alpha}{\sqrt{E_x}} + \frac{\sin^2\alpha}{\sqrt{E_n}} \quad . \; . \; . \; . \quad (48),$$

also $\sqrt[4]{E}$ = dem in die betreffende Richtung PP' fallenden Radius der Ellipse zum Mittelpunkte P, deren in PA und PB fallende Halbaxen beziehungsweise $= \sqrt[4]{E_x}$ und $\sqrt[4]{E_n}$ sind.

Die Coefficienten der auf die Elasticitätsaxe als x-Axe bezüglichen Gleichungen (40) und (41) erhielte man aus den Gleichungen (44) und (47) als Functionen der allein unabhängig bleibenden Constanten E_x und E_n:

$$\left.\begin{array}{lll} G_x = \frac{2}{5}E_n; & A_x = \frac{6}{5}E_x; & C_x = -4E_n \\ G_n = \frac{2}{5}\sqrt{E_xE_n}; & A_n = \frac{6}{5}E_n; & C_n = -4\sqrt{E_xE_n} \end{array}\right\} \quad (49).$$

Für Hölzer sind durch Versuche bestimmt insbesondere die Constanten E_x, E_n und G_n; letztere ist der Schubelasticitätsmodul nach der Richtung der Fasern für eine mit ihnen parallele Ebene, oder senkrecht zu den Fasern für eine zu ihnen senkrechte Ebene. Diese Constanten, unter E_n einen Mittelwerth der (freilich oft sehr verschiedenen) Elasticitätsmodul nach tangentialer und radialer Richtung bezüglich auf die Jahresringe verstanden, müssten näherungsweise in der Beziehung

$$G_n = \frac{2}{5}\sqrt{E_x E_n}$$

stehen, wenn obige Gleichungen (47) bis (49) für Holz hinlänglich zutreffend sein sollten. Thatsächlich wird aber jene Beziehung nur sehr unbefriedigend erfüllt, wie es bei der discontinuirlichen Beschaffenheit des Holzes, die es gar nicht als homogenen Körper erscheinen lässt, kaum anders zu erwarten ist. Die eigentlichen Holzfasern sind von wesentlich anderer Beschaffenheit, wie die sie verbindenden Gewebetheile, womit es auch zusammenhängt, dass die vorwiegend von der Beschaffenheit der Fasern selbst abhängige Constante E_x für verschiedene Hölzer viel weniger verschieden und vom Feuchtigkeitszustande des Holzes viel weniger abhängig ist, als die Constanten E_n und G_n, die vorwiegend oder wesentlich mit durch den Zusammenhang der Fasern bedingt werden. Unter diesen Umständen kann das Holz als Constructionsmaterial überhaupt kaum Gegenstand von allgemeineren Untersuchungen sein, können vielmehr bei seinen verschiedenartigen Verwendungen den betreffenden Rechnungen mit Sicherheit nur solche Erfahrungswerthe zu Grunde gelegt werden, die aus Versuchen unter Umständen abgeleitet wurden, die denen des betreffenden Falles der Anwendung ganz analog sind; und da andere Constructionsmaterialien, insbesondere Metalle, mit meistens genügender Annäherung als isotrop gelten können, so sind überhaupt die allgemeineren Untersuchungen der Elasticitätslehre im Wesentlichen nur für isotrope Körper von technischem Interesse.

III. Isotrope Körper.

20. — Wenn der Körper isotrop, d. h. in allen Punkten nach allen Richtungen gleich beschaffen ist, so ist

$$G_x = G_y = G_z = G, \quad A_x = A_y = A_z = A,$$

somit nach Gleichung (38) auch

$$E_x = E_y = E_z = E, \quad C_x = C_y = C_z = C,$$

und sind überhaupt die Elasticitätsconstanten für alle Richtungen resp. für alle Ebenen gleich. Nach Gleichung (44) ist dann

$$m = 4, \quad G = \frac{2}{5}E, \quad A = 3G, \quad C = -4E \quad . \quad (50),$$

und gehen damit die Gleichungen (36) und (39) für beliebige zu einander senkrechte Axrichtungen der x, y, z über in:

$$\left.\begin{aligned}
\sigma_x &= G(3\varepsilon_x + \varepsilon_y + \varepsilon_z); \quad \tau_x = G\gamma_x; \quad E\varepsilon_x = \sigma_x - \frac{\sigma_y + \sigma_z}{4}\\
\sigma_y &= G(\varepsilon_x + 3\varepsilon_y + \varepsilon_z); \quad \tau_y = G\gamma_y; \quad E\varepsilon_y = \sigma_y - \frac{\sigma_z + \sigma_x}{4}\\
\sigma_z &= G(\varepsilon_x + \varepsilon_y + 3\varepsilon_z); \quad \tau_z = G\gamma_z; \quad E\varepsilon_z = \sigma_z - \frac{\sigma_x + \sigma_y}{4}
\end{aligned}\right\} (51).$$

Indem der Werth $m = 4$ in Uebereinstimmung ist mit Gleichung (47), kann er als Stütze der dieser Gleichung zu Grunde liegenden Annahme gelten.

Da gemäss den betreffenden Gleichungen (51) die besonderen Werthe

$$\tau_x = 0, \quad \tau_y = 0, \quad \tau_z = 0$$
$$\text{und } \gamma_x = 0, \quad \gamma_y = 0, \quad \gamma_z = 0$$

sich gegenseitig bedingen, so folgt schliesslich noch, dass bei isotropen Körpern die Richtungen der Hauptspannungen immer mit denen der Hauptdehnungen zusammenfallen. Bei anderen Körpern kann das gemäss Gleichung (35) nicht behauptet werden; bei Körpern mit drei zu einander senkrechten Elasticitätsaxen nach Gleichung (36) nur dann, wenn die Hauptspannungs- oder die Hauptdehnungsrichtungen mit diesen Elasticitätsaxen für den betreffenden Punkt zusammenfallen; bei Körpern mit einer Elasticitätsaxe nach Gleichung (40) nur dann, wenn mit ihr eine der Hauptspannungs- oder der Hauptdehnungsrichtungen zusammenfällt.

21. — Versuche zur Bestimmung der Constanten m haben dieselbe meistens < 4 und mit der Körperart wechselnd ergeben; nicht geringer sind freilich die Verschiedenheiten, die verschiedene Beobachter für nahe gleichartige Körper gefunden haben. So fanden *) im Mittel

für Glas: Wertheim $m = 3$, Cornu nahe $m = 4$;

für Messing: Wertheim $m = 3{,}17$, Kirchhoff $m = 2{,}58$, wobei aber letzteren Falles zugegeben wird, dass das angewandte hart gezogene Messing nach der Zugrichtung eine merklich andere Elasticität, wie senkrecht dazu haben mochte;

Kirchhoff für glasharten Stahl $m = 3{,}40$, Okatow für verschiedene und auf verschiedene Weise behandelte Stahlarten $m = 3{,}05$ bis $3{,}64$, Schneebeli für weichen Stahl $m = 3{,}30$, für federharten $m = 3{,}38$.

Die Abweichung dieser Zahlen von dem theoretischen Werthe $m = 4$ kann theils von der Schwierigkeit, den unvermeidlichen Beobachtungsfehlern und Nebenumständen der Versuche, theils davon herrühren, dass die verwendeten Körper nicht wirklich isotrop waren, oder dass sie wenigstens, wenn sie es auch ursprünglich sein mochten, doch in Folge des einseitigen Zuges bei den Versuchen selbst es zu sein aufhörten. Welches auch die Ursachen sein mögen, so ist es rathsam, einstweilen als Thatsache gelten zu lassen, dass die Constante m für verschiedene, wenn auch im Uebrigen als isotrop zu betrachtende Körper einen verschiedenen Werth haben kann, und dann auch in den betreffenden Formeln über diesen Coefficienten vorerst nicht in bestimmter Weise zahlenmässig zu verfügen, sondern ihn als allgemeine Buchstabengrösse einzuführen vorbehaltlich des derselben jeweils beizulegenden Zahlenwerthes. Dann kann aber von den Gleichungen (36) bis (39) überhaupt nicht mehr ausgegangen werden, weil sie eben für isotrope Körper unvermeidlich zu

*) Dr. Ad. Wüllner. Lehrbuch der Experimentalphysik, Bd. I, 3. Aufl., § 51.

$m = 4$ führen; indessen sind dann die Beziehungen zwischen dem Spannungs- und dem Deformationszustande durch folgende Betrachtung zu erhalten.

22. — Wenn auf den isotropen Körper nur nach einer Richtung ein äusserer Zug (algebraisch verstanden, so dass der Absolutwerth eines negativen Zuges einen Druck bedeutet) ausgeübt wird, so ist die dadurch nach dieser Richtung, etwa nach der Richtung der x-Axe, hervorgerufene Normalspannung eine Hauptspannung $= \sigma_1$ und zwar $\sigma_1 = E\varepsilon_x$, sofern die Stärke des Zuges eine solche Grenze nicht überschreitet, dass das Verhältniss der Spannung zur entsprechenden Dehnung ε_x dem Elasticitätsmodul E gleich gesetzt werden darf; zugleich ist damit nach jeder zur Zugrichtung senkrechten Richtung eine Dehnung $= -\frac{\varepsilon_x}{m}$ verbunden. Ebenso ist für einen nur nach der Richtung der y-Axe ausgeübten Zug: $\sigma_2 = E\varepsilon_y$ und nach jeder dazu senkrechten Richtung die Dehnung $= -\frac{\varepsilon_y}{m}$, sowie für einen nur nach der Richtung der z-Axe ausgeübten Zug: $\sigma_3 = E\varepsilon_z$ und nach jeder dazu senkrechten Richtung die Dehnung $= -\frac{\varepsilon_z}{m}$.

Finden die genannten drei Züge gleichzeitig statt, so bleiben die Spannungen σ_1, σ_2, σ_3 Hauptspannungen, die Hauptdehnungen aber werden:

$$\varepsilon_1 = \varepsilon_x - \frac{\varepsilon_y + \varepsilon_z}{m}; \quad \varepsilon_2 = \varepsilon_y - \frac{\varepsilon_z + \varepsilon_x}{m}; \quad \varepsilon_3 = \varepsilon_z - \frac{\varepsilon_x + \varepsilon_y}{m},$$

vorausgesetzt, dass sie die nach den Richtungen der Hauptspannungen stattfindenden Dehnungen sind, woraus zur Bestimmung der Hauptdehnungen durch die Hauptspannungen die Gleichungen folgen:

$$E\varepsilon_1 = \sigma_1 - \frac{\sigma_2 + \sigma_3}{m}; \quad E\varepsilon_2 = \sigma_2 - \frac{\sigma_3 + \sigma_1}{m}; \quad E\varepsilon_3 = \sigma_3 - \frac{\sigma_1 + \sigma_2}{m}.$$

Zur umgekehrten Bestimmung der Hauptspannungen durch die Hauptdehnungen sind diese Gleichungen nach σ_1, σ_2, σ_3 aufzulösen. Durch Addition derselben folgt zunächst:

$$\left(1 - \frac{2}{m}\right)(\sigma_1 + \sigma_2 + \sigma_3) = E(\varepsilon_1 + \varepsilon_2 + \varepsilon_3) = Ee,$$

unter e die verhältnissmässige Volumenausdehnung verstanden, dann durch Addition der hieraus und aus der ersten von obigen drei Gleichungen folgenden

$$\left.\begin{array}{l} \sigma_1 + \sigma_2 + \sigma_3 = \dfrac{m}{m-2} Ee \\ \text{und } m\sigma_1 - \sigma_2 - \sigma_3 = mE\varepsilon_1 \end{array}\right\} : (m+1)\sigma_1 = mE\left(\varepsilon_1 + \frac{e}{m-2}\right)$$

oder mit der Bezeichnung: $G = \frac{1}{2}\frac{m}{m+1}E$ . . . . (52)

sowie mit Rücksicht auf die Symmetrie der Gleichungen bezüglich σ_1, σ_2, σ_3 und ε_1, ε_2, ε_3:

$$\sigma_1 = 2G\left(\varepsilon_1 + \frac{e}{m-2}\right); \quad \sigma_2 = 2G\left(\varepsilon_2 + \frac{e}{m-2}\right);$$

$$\sigma_3 = 2G\left(\varepsilon_3 + \frac{e}{m-2}\right).$$

Diese Gleichungen gelten aber nicht nur für die Richtungen der Hauptspannungen, sondern für beliebige drei zu einander senkrechte Richtungen; denn für eine beliebige Richtung, die mit denen der Hauptspannungen die Winkel α, β, γ bildet, ist ihnen zufolge:

$$\sigma = \sigma_1 \cos^2\alpha + \sigma_2 \cos^2\beta + \sigma_3 \cos^2\gamma \text{ nach Gleichung (15), Nr. 7,}$$

$$= 2G\left(\varepsilon_1 \cos^2\alpha + \varepsilon_2 \cos^2\beta + \varepsilon_3 \cos^2\gamma + \frac{e}{m-2}\right)$$

$$= 2G\left(\varepsilon + \frac{e}{m-2}\right) \text{ nach Gleichung (31), Nr. 13;}$$

insbesondere also auch für beliebige rechtwinklige Coordinatenaxen:

$$\left.\begin{aligned} \sigma_x &= 2G\left(\varepsilon_x + \frac{e}{m-2}\right); \quad E\varepsilon_x = \sigma_x - \frac{\sigma_y + \sigma_z}{m} \\ \sigma_y &= 2G\left(\varepsilon_y + \frac{e}{m-2}\right); \quad E\varepsilon_y = \sigma_y - \frac{\sigma_z + \sigma_x}{m} \\ \sigma_z &= 2G\left(\varepsilon_z + \frac{e}{m-2}\right); \quad E\varepsilon_z = \sigma_z - \frac{\sigma_x + \sigma_y}{m} \end{aligned}\right\} \quad . \quad . \quad (53)$$

$$e = \varepsilon_x + \varepsilon_y + \varepsilon_z.$$

Die Gleichungen für ε_x, ε_y, ε_z sind die Auflösungen der Gleichungen für σ_x, σ_y, σ_z nach ε_x, ε_y, ε_z. Mit $\sigma_y = \sigma_z = 0$ folgt daraus: $\varepsilon_y = \varepsilon_z = -\frac{1}{m}\varepsilon_x$.

Die Bedeutung der Constanten G endlich, die bei dieser Entwickelung zunächst nur als einfache Bezeichnung einer gewissen Function von E und m erscheint, ergiebt sich daraus, dass die Normalspannung σ nach einer Richtung, die mit den beliebigen Coordinatenaxen der x, y, z die Winkel α, β, γ bildet,

$$\sigma = 2G\left(\varepsilon + \frac{e}{m-2}\right) \text{ nach Gleichung (27), Nr. 11 auch}$$

$$= 2G\left[\varepsilon_x \cos^2\alpha + \varepsilon_y \cos^2\beta + \varepsilon_z \cos^2\gamma + \gamma_x \cos\beta\cos\gamma + \gamma_y \cos\gamma\cos\alpha \right.$$
$$\left. + \gamma_z \cos\alpha\cos\beta + \frac{e}{m-2}(\cos^2\alpha + \cos^2\beta + \cos^2\gamma)\right]$$

ist, während nach Gleichung (6), Nr. 5:

$$\sigma = \sigma_x \cos^2\alpha + \sigma_y \cos^2\beta + \sigma_z \cos^2\gamma + 2\tau_x \cos\beta\cos\gamma$$
$$+ 2\tau_y \cos\gamma\cos\alpha + 2\tau_z \cos\alpha\cos\beta$$

ist. Aus der Vergleichung beider Ausdrücke von σ ergiebt sich mit Rücksicht auf die Gleichungen (53):

$$(G\gamma_x - \tau_x)\cos\beta\cos\gamma + (G\gamma_y - \tau_y)\cos\gamma\cos\alpha + (G\gamma_z - \tau_z)\cos\alpha\cos\beta = 0$$

für jede Richtung α, β, γ, also:

$$G = \frac{\tau_x}{\gamma_x} = \frac{\tau_y}{\gamma_y} = \frac{\tau_z}{\gamma_z} \quad . \; . \; . \; . \; . \quad (54),$$

wodurch G als der Schubelasticitätsmodul und zugleich nachträglich erkannt wird, dass die durch $\gamma_x = \gamma_y = \gamma_z = 0$ charakterisirten Hauptdehnungen in der That nach denselben Richtungen stattfinden wie die durch $\tau_x = \tau_y = \tau_z = 0$ charakterisirten Hauptspannungen. —

Mit $m = 4$ stimmen die Gleichungen (52) — (54) mit den Gleichungen (50) und (51) überein.

D. Allgemeine Bestimmung der Hauptdehnungen für jeden Punkt eines in gegebener Weise gestützten und belasteten isotropen Körpers.

23. — In der Einleitung wurde es als die Hauptaufgabe der technischen Elasticitäts- und Festigkeitslehre bezeichnet, gewisse Dimensionen oder belastende Kräfte eines Körpers so zu bestimmen, dass der Deformationszustand desselben in keinem Punkte eine gewisse erfahrungsmässig als höchstens zulässig erachtete Grenze überschreite, eine Forderung, welche, da der Deformationszustand in einem Körperpunkte (Nr. 10) durch die Dehnungen ε bestimmt ist, die in demselben nach den verschiedenen Richtungen stattfinden, darauf hinauskommt, dass, wenn ε' eine positive, ε'' den Absolutwerth einer negativen Dehnung bedeutet, diese Grössen ε' und ε'' in jedem Punkte des Körpers höchstens gewissen Werthen gleich sein sollen, die bei isotropen Körpern von der Richtung unabhängig sind, unter sich aber verschieden sein können. Indem aber ferner (Nr. 13) unter den Hauptdehnungen sich die grösste und die kleinste Dehnung (algebraisch verstanden) befindet, die in dem betreffenden Punkte nach irgend einer Richtung stattfindet, unter den Absolutwerthen der Hauptdehnungen also der grösste Werth von ε' und von ε'', sofern überhaupt diese zweierlei Dehnungen in dem betreffenden Punkte vorkommen, so erfordert die allgemeine Lösung jener Hauptaufgabe vor Allem die Bestimmung der Hauptdehnungen für jeden Punkt P eines in gegebener Weise gestützten und belasteten Körpers, die bei isotroper Beschaffenheit desselben auf folgende Weise geschehen kann.

Sind x, y, z die ursprünglichen rechtwinkligen Coordinaten des Punktes P, und ξ, η, ζ ihre Aenderungen durch die Belastung und entsprechende Deformation des Körpers, so ist nach Gleichung (53), (54) und (26):

$$\left.\begin{aligned} \sigma_x &= 2\,G\left(\frac{\partial \xi}{\partial x} + \frac{e}{m-2}\right); \quad \tau_x = G\left(\frac{\partial \eta}{\partial z} + \frac{\partial \zeta}{\partial y}\right) \\ \sigma_y &= 2\,G\left(\frac{\partial \eta}{\partial y} + \frac{e}{m-2}\right); \quad \tau_y = G\left(\frac{\partial \zeta}{\partial x} + \frac{\partial \xi}{\partial z}\right) \\ \sigma_z &= 2\,G\left(\frac{\partial \zeta}{\partial z} + \frac{e}{m-2}\right); \quad \tau_z = G\left(\frac{\partial \xi}{\partial y} + \frac{\partial \eta}{\partial x}\right) \end{aligned}\right\} \quad . \; . \; (55)$$

$$\text{mit } e = \frac{\partial \xi}{\partial x} + \frac{\partial \eta}{\partial y} + \frac{\partial \zeta}{\partial z} \quad \text{und} \quad G = \frac{1}{2}\,\frac{m}{m+1}\,E.$$

Diese Ausdrücke der Spannungscomponenten σ_x, σ_y, σ_z, τ_x, τ_y, τ_z sind in die Gleichungen (2):

$$\frac{\partial \sigma_x}{\partial x} + \frac{\partial \tau_z}{\partial y} + \frac{\partial \tau_y}{\partial z} + X = 0$$

$$\frac{\partial \tau_z}{\partial x} + \frac{\partial \sigma_y}{\partial y} + \frac{\partial \tau_x}{\partial z} + Y = 0$$

$$\frac{\partial \tau_y}{\partial x} + \frac{\partial \tau_x}{\partial y} + \frac{\partial \sigma_z}{\partial z} + Z = 0$$

einzuführen, welche dadurch drei simultane partielle Differentialgleichungen zweiter Ordnung für die Functionen ξ, η, ζ der unabhängig Variablen x, y, z werden. Durch die Integration dieser Gleichungen werden Constante oder vielmehr im Allgemeinen Functionen eingeführt, die nur in Beziehung auf diejenige Veränderliche constant sind, d. h. diejenige Veränderliche nicht enthalten, nach welcher eben integrirt wird, und diese Functionen sind durch die Oberflächenbedingungen bestimmt, nämlich theils dadurch, dass die Spannungscomponenten

$$p \cos \lambda, \; p \cos \mu, \; p \cos \nu$$

in den Gleichungen (3):

$$p \cos \lambda = \sigma_x \cos \alpha + \tau_z \cos \beta + \tau_y \cos \gamma$$

$$p \cos \mu = \tau_z \cos \alpha + \sigma_y \cos \beta + \tau_x \cos \gamma$$

$$p \cos \nu = \tau_y \cos \alpha + \tau_x \cos \beta + \sigma_z \cos \gamma$$

für die Punkte der Körperoberfläche gegebene (durch die Belastung unmittelbar bestimmte) Werthe haben, theils dadurch, dass ξ, η, ζ selbst für gewisse Punkte gegeben, insbesondere = Null gegeben sind (feste Unterstützungspunkte) oder auch zu den betreffenden Pressungen in gewissen Beziehungen stehen (nachgiebige, elastische Unterlagen).

Wenn ξ, η, ζ als Functionen von x, y, z gefunden sind, findet man entweder

$$\sigma_x \quad \sigma_y \quad \sigma_z \quad \tau_x \quad \tau_y \quad \tau_z$$

nach (55), dann die Hauptspannungen als Wurzeln der Gleichung (8):

$$(\sigma_x - \sigma)(\sigma_y - \sigma)(\sigma_z - \sigma) - (\sigma_x - \sigma)\tau_x^2 - (\sigma_y - \sigma)\tau_y^2 - (\sigma_z - \sigma)\tau_z^2 + 2\tau_x \tau_y \tau_z = 0$$

und endlich die Hauptdehnungen nach Gleichung (53):

$$E\varepsilon_1 = \sigma_1 - \frac{\sigma_2 + \sigma_3}{m}; \quad E\varepsilon_2 = \sigma_2 - \frac{\sigma_3 + \sigma_1}{m}; \quad E\varepsilon_3 = \sigma_3 - \frac{\sigma_1 + \sigma_2}{m},$$

oder auch die Dehnungen und Schiebungen

$$\varepsilon_x \quad \varepsilon_y \quad \varepsilon_z \quad \gamma_x \quad \gamma_y \quad \gamma_z$$

mittels der Gleichungen (26):

$$\varepsilon_x = \frac{\partial \xi}{\partial x}; \quad \gamma_x = \frac{\partial \eta}{\partial z} + \frac{\partial \zeta}{\partial y}$$

$$\varepsilon_y = \frac{\partial \eta}{\partial y}; \quad \gamma_y = \frac{\partial \zeta}{\partial x} + \frac{\partial \xi}{\partial z}$$

$$\varepsilon_z = \frac{\partial \zeta}{\partial z}; \quad \gamma_z = \frac{\partial \xi}{\partial y} + \frac{\partial \eta}{\partial x}$$

und dann die Hauptdehnungen als Wurzeln der Gleichung (30):

$$4(\varepsilon_x - \varepsilon)(\varepsilon_y - \varepsilon)(\varepsilon_z - \varepsilon) - (\varepsilon_x - \varepsilon)\gamma_x^2 - (\varepsilon_y - \varepsilon)\gamma_y^2 - (\varepsilon_z - \varepsilon)\gamma_z^2 + \gamma_x \gamma_y \gamma_z = 0 .$$

So einfach im Princip übrigens dieses Verfahren auch erscheint, so schwierig kann es in der Ausführung sein bezüglich der Integration jener simultanen partiellen Differentialgleichungen, die nur in speciellen Fällen, zumal in einer für die technischen Anwendungen geeigneten Form, gelingt. Unter diesen Umständen ist es rathsam, mit den einfachsten Specialfällen zu beginnen und mit Benutzung der dafür gewonnenen Resultate zu weniger einfachen Fällen fortzuschreiten. Statt einer allgemeinen Integration jener partiellen Differentialgleichungen muss man sich dabei in der Regel begnügen, denselben durch geeignete Annahmen versuchsweise Genüge zu leisten.

ZWEITER ABSCHNITT.

Gerade stabförmige Körper.

---

24. — Denkt man sich die Form eines Körpers entstanden durch Bewegung einer ebenen Fläche längs einer Curve auf solche Weise, dass die bei dieser Bewegung im Allgemeinen veränderliche ebene Fläche beständig in ihrem Schwerpunkte rechtwinklig von der Curve geschnitten wird, so heisse letztere die Mittellinie und jeder zu ihr senkrechte ebene Schnitt (der erzeugenden Fläche in ihren verschiedenen Lagen entsprechend) ein Querschnitt des Körpers. Ein Körper, der auf solche Weise entstanden gedacht wird, soll ein stabförmiger Körper im weiteren Sinne genannt werden, und zwar ein gerader stabförmiger Körper, wenn die Mittellinie, die dann auch die Axe des Körpers heisst, eine gerade Linie ist.

Im weiteren Sinne kann hiernach zwar jeder Körper als stabförmig aufgefasst, doch soll im Folgenden diese Auffassung auf solche Fälle beschränkt werden, in denen zugleich die Belastung von solcher Art ist, dass in jedem Punkte P irgend eines Querschnitts mit Bezug auf rechtwinklige Axen der x, y, z, von denen die x-Axe senkrecht zu diesem Querschnitte ist, die Spannungscomponenten σ_y, σ_z und τ_x ohne wesentlichen Fehler $=$ Null gesetzt werden können, so dass die Untersuchung sich auf Spannungen in den verschiedenen Punkten eines Querschnitts beschränkt, die theils Normalspannungen σ_x, theils Schubspannungen τ_y und τ_z beziehungsweise im Sinne der z-Axe und der y-Axe sind, und denen bekanntlich ebenso grosse Schubspannungen im Sinne der x-Axe in den zur z-Axe und zur y-Axe senkrechten Ebenen entsprechen. Nach Nr. 9 ist dann eine Hauptspannung $\sigma_3 = 0$ und sind die beiden anderen die Wurzeln der Gleichung (21, a):

$$\sigma^2 - \sigma_x \sigma - \tau_y{}^2 - \tau_z{}^2 = 0 \quad . \quad . \quad . \quad (21, a),$$

ist also, unter $\tau = \sqrt{\tau_y{}^2 + \tau_z{}^2}$ die resultirende Schubspannung in dem betreffenden Punkte des Querschnitts verstanden,

$$\sigma_1 = \frac{\sigma_x + \sqrt{\sigma_x{}^2 + 4\tau^2}}{2}\,; \quad \sigma_2 = \frac{\sigma_x - \sqrt{\sigma_x{}^2 + 4\tau^2}}{2} \quad . \,(56).$$

Was die Richtungen dieser Hauptspannungen betrifft, so folgt aus den beiden ersten der Gleichungen (7), Nr. 6, mit $\sigma_y = \sigma_z = \tau_x = 0$:

$$\cos\alpha : \cos\beta : \cos\gamma =$$
$$= \tau_z \tau_x - \tau_y (\sigma_y - \sigma) : \tau_y \tau_z - \tau_x (\sigma_x - \sigma) : (\sigma_x - \sigma)(\sigma_y - \sigma) - \tau_z^2$$
$$= \tau_y \sigma : \tau_y \tau_z : \sigma^2 - \sigma_x \sigma - \tau_z^2,$$

also mit Rücksicht auf die für σ_1 und σ_2 gültige Gleichung (21, a), ferner mit $\sigma_3 = 0$, und wenn $\alpha_1, \beta_1, \gamma_1$ resp. $\alpha_2, \beta_2, \gamma_2$ resp. $\alpha_3, \beta_3, \gamma_3$ beziehungsweise die Richtungswinkel von $\sigma_1, \sigma_2, \sigma_3$ bedeuten,

$$\cos\alpha_1 : \cos\beta_1 : \cos\gamma_1 = \sigma_1 : \tau_z : \tau_y$$
$$\cos\alpha_2 : \cos\beta_2 : \cos\gamma_2 = \sigma_2 : \tau_z : \tau_y$$
$$\cos\alpha_3 : \cos\beta_3 : \cos\gamma_3 = 0 : \tau_y : -\tau_z$$

$$\left.\begin{array}{lll} \cos\alpha_1 = \dfrac{\sigma_1}{\sqrt{\sigma_1^2+\tau^2}}, & \cos\beta_1 = \dfrac{\tau_z}{\sqrt{\sigma_1^2+\tau^2}}, & \cos\gamma_1 = \dfrac{\tau_y}{\sqrt{\sigma_1^2+\tau^2}} \\ \cos\alpha_2 = \dfrac{\sigma_2}{\sqrt{\sigma_2^2+\tau^2}}, & \cos\beta_2 = \dfrac{\tau_z}{\sqrt{\sigma_2^2+\tau^2}}, & \cos\gamma_2 = \dfrac{\tau_y}{\sqrt{\sigma_2^2+\tau^2}} \\ \cos\alpha_3 = 0, & \cos\beta_3 = \dfrac{\tau_y}{\tau}, & \cos\gamma_3 = \dfrac{-\tau_z}{\tau} \end{array}\right\} \quad (57).$$

Diese Werthe von $\cos\alpha_3$, $\cos\beta_3$, $\cos\gamma_3$ lassen erkennen, dass die Richtungslinie der Hauptspannung $\sigma_3 = 0$ in der Querschnittsebene YPZ (Fig. 3) senkrecht zur resultirenden Schubspannung τ gerichtet ist, dass somit die Richtungslinien der Hauptspannungen σ_1 und σ_2 in der Ebene liegen, die in der Richtungslinie von τ die Querschnittsebene rechtwinklig schneidet; in dieser Ebene sind sie durch die Winkel α_1 und α_2 bestimmt.

Fig. 3.

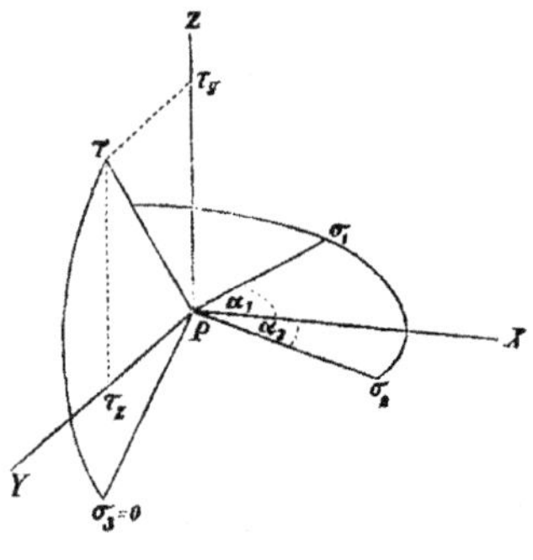

Für die Hauptdehnungen $\varepsilon_1, \varepsilon_2, \varepsilon_3$ nach den Richtungen von $\sigma_1, \sigma_2, \sigma_3$ ergeben sich mit $\sigma_3 = 0$ und mit den Werthen (56) von σ_1 und σ_2 bei Voraussetzung eines isotropen Körpers nach Gleichung (53) die Ausdrücke:

$$E\varepsilon_1 = \sigma_1 - \frac{1}{m}\sigma_2; \quad E\varepsilon_2 = \sigma_2 - \frac{1}{m}\sigma_1; \quad E\varepsilon_3 = -\frac{1}{m}(\sigma_1 + \sigma_2)$$

$$\left.\begin{array}{l} E\varepsilon_1 \\ E\varepsilon_2 \end{array}\right\} = \frac{m-1}{2m}\sigma_x \pm \frac{m+1}{2m}\sqrt{\sigma_x^2 + 4\tau^2}; \quad E\varepsilon_3 = -\frac{1}{m}\sigma_x \quad (58).$$

25. — Wenn die Mittellinie eines stabförmigen Körpers als Ort der im ursprünglichen Zustande darin liegenden materiellen Punkte aufgefasst wird, so soll dies dadurch ausgedrückt werden, dass sie als materielle Mittellinie bezeichnet wird, resp. als materielle Axe bei einem im ursprünglichen Zustande geraden stabförmigen Körper. Ebenso ist unter einem materiellen Querschnitte ein solcher verstanden, der als Ort der im ursprünglichen Zustande darin liegenden materiellen Punkte aufgefasst wird. Durch die Belastung des Körpers erfahren seine materielle Mittellinie und seine materiellen Querschnitte gewisse Deformationen, können insbesondere die letzteren zu krummen Flächen werden, und es sind selbstverständlich die materielle Mittellinie resp. die materiellen Querschnitte gemeint, wenn von der deformirten Mittellinie resp. von den deformirten Querschnitten des belasteten stabförmigen Körpers die Rede sein wird.

Um die Wirkungen zu untersuchen, die in einem Querschnitte F eines stabförmigen Körpers durch dessen Belastung hervorgerufen werden, ist es einerlei, ob man den einen oder den anderen der beiden durch diesen Querschnitt F getrennten Theile A, B des Körpers mit den an ihnen angreifenden äusseren Kräften in Betracht zieht; beide Systeme von Kräften sind mit einander im Gleichgewichte durch Vermittelung der gleichen und entgegengesetzt gerichteten inneren Kräfte in den Flächenelementen von F. Das gerade in Betracht gezogene dieser beiden Systeme von Kräften soll das System der äusseren Kräfte für den Querschnitt F genannt werden; ist es dasjenige, welches an dem Körpertheile B angreift, so werden die Spannungen im Querschnitte F verstanden im Sinne von Kräften, die von dem Körpertheile B auf den Körpertheil A ausgeübt werden.

Die äusseren Kräfte lassen sich ersetzen durch eine im Schwerpunkte O des Querschnitts F angreifende resultirende Kraft R und ein resultirendes Kräftepaar M. Die Resultante R werde in zwei zu einander senkrechte Componenten R_1 und R_2 zerlegt, von denen erstere senkrecht zu F gerichtet ist und positiv oder negativ gesetzt werde, jenachdem sie die Richtung von A gegen B oder von B gegen A hat. Ebenso werde das resultirende Paar M in zwei Componentenpaare M_1 und M_2 zerlegt, von deren zu einander senkrechten Axen die des ersten senkrecht zu F ist. (Die Axe eines Kräftepaares ist eine zu dessen Ebene senkrechte Gerade, auf der in bestimmtem Sinne eine dem Moment des Kräftepaares proportionale Strecke abgetragen wird, so dass sie das Kräftepaar bezüglich auf die Richtung seiner Ebene, den Sinn seiner Drehung und die Grösse seines Momentes darstellt.) Ist nun F' ein dem materiellen Querschnitte F unendlich nahe benachbarter des Körpertheils A, so haben die Kräfte R_1, R_2 und Kräftepaare M_1, M_2 einzeln die folgenden Wirkungen.

Die Kraft R_1 verursacht, jenachdem sie positiv oder negativ ist, positive oder negative Normalspannungen in den Flächenelementen von F, die der Grösse nach so vertheilt sind, dass ihre Resultante durch O geht und $= R_1$ ist. Die entsprechenden positiven oder negativen Dehnungen haben eine Zunahme oder Abnahme der gegenseitigen Entfernung der materiellen Querschnitte F und F' zur Folge.

Das Kräftepaar M_2 verursacht Normalspannungen, die in den Flächenelementen von F der Grösse nach so vertheilt sind, dass sie sich auf ein dem Paare M_2 gleichwerthiges Kräftepaar reduciren lassen. Die entsprechenden, theils positiven, theils negativen Dehnungen haben eine Aenderung der gegenseitigen Neigung von F und F' zur Folge.

Die Kraft R_2 verursacht Schubspannungen in den Flächenelementen von F, die der Richtung und Grösse nach so vertheilt sind, dass sie eine durch O gehende, nach Richtung und Grösse mit R_2 übereinstimmende Resultante haben. Die entsprechenden Schiebungen haben eine gegenseitige Verschiebung von F und F' zur Folge.

Das Kräftepaar M_1 verursacht Schubspannungen, die in den Flächenelementen von F' der Richtung und Grösse nach so vertheilt sind, dass sie sich auf ein dem Paare M_1 gleichwerthiges Kräftepaar reduciren lassen. Die entsprechenden Schiebungen haben eine gegenseitige Verdrehung von F und F' zur Folge.

Während so die angeführten Hauptwirkungen, bestehend in Aenderungen der Entfernung oder der Neigung, in einer gegenseitigen Verschiebung oder Verdrehung der materiellen Querschnitte F, F', durch die Art der in diesen stattfindenden Dehnungen und Schiebungen bedingt werden, ist die gleichzeitig erfolgende Krümmung der Querschnitte von den Gesetzen abhängig, nach denen sich die Dehnungen und Schiebungen von Punkt zu Punkt in F, sowie von den Punkten des Querschnitts F zu den entsprechenden Punkten von F' ändern.

26. — Bei (im ursprünglichen Zustande) geraden stabförmigen Körpern, von denen allein in diesem Abschnitte weiterhin die Rede sein soll, ist die Belastungsweise oft von solcher Art, dass im Vergleich mit der Wirkung einer der Kräfte R_1, R_2 oder eines der Kräftepaare M_1, M_2 die Einflüsse der übrigen dieser Grössen auf den Spannungs- und den Deformationszustand in den Querschnitten des Stabes und auf die Deformation seiner Mittellinie ohne wesentlichen Fehler vernachlässigt werden können, dass also in Betreff der Art und Weise, wie die Elasticität des Stabes sich äussert, einer der folgenden vier einfachen Fälle vorausgesetzt werden kann, deren Kennzeichnung sich auf den ursprünglichen Zustand des Körpers bezieht, in dem seine materiellen Querschnitte eben sind.

1) Zug- oder Druck-Elasticität. Die äusseren Kräfte lassen sich für jeden Querschnitt des betrachteten Stabes oder Stabtheils durch eine Resultante (R_1 nach der Bezeichnung in Nr. 25) ersetzen, deren Richtungslinie in die Stabaxe fällt; jenachdem sie ziehend auswärts oder drückend einwärts wirkt, wird dadurch der Körper verlängert und event. zerrissen oder verkürzt und event. zerdrückt.

2) Biegungselasticität. Die äusseren Kräfte lassen sich für jeden Querschnitt durch ein resultirendes Kräftepaar (M_2 nach der Bezeichnung in Nr. 25) ersetzen, dessen Ebene den Querschnitt rechtwinklig schneidet; der Körper wird dadurch verbogen und event. zerbrochen.

3) Schubelasticität. Die äusseren Kräfte lassen sich für jeden Querschnitt durch eine Resultante (R_2 nach der Bezeichnung in Nr. 25) ersetzen, deren Richtungslinie in den Querschnitt fällt und durch dessen Schwerpunkt geht; der Körper wird in sich verschoben und event. in einem Querschnitte abgeschoben.

4) Drehungselasticität. Die äusseren Kräfte lassen sich für jeden Querschnitt durch ein resultirendes Kräftepaar (M_1 nach der Be-

zeichnung in Nr. 25) ersetzen, dessen Ebene dem Querschnitte parallel ist; der Körper wird um seine Axe verdreht und event. abgedreht.

Bei dem ersten und zweiten der obigen einfachen Fälle und bei den ihrer Combination entsprechenden Specialfällen handelt es sich nur um Normalspannungen σ und Dehnungen ε im Sinne der Stabaxe, die dann Hauptspannungen resp. Hauptdehnungen (und zwar als solche allein nicht = Null) und, sofern sie hinlänglich klein sind, mit Rücksicht auf die Abstraction von Normalspannungen senkrecht zur Axe in der Beziehung stehen: $\sigma = E\varepsilon$, unter E den Elasticitätsmodul des homogenen Materials im Sinne der Stabaxe verstanden; als isotrop braucht dabei dieses nicht, sondern nur vorausgesetzt zu werden, dass es nach der Richtung der Stabaxe in allen Punkten gleich beschaffen ist. Die Forderung, dass ε' und ε'' (Nr. 23) gewisse Werthe nicht überschreiten sollen, kann dann ersetzt werden durch die Forderung, dass, wenn σ' eine positive Spannung σ (eine Spannung im engeren Sinne), σ'' den Absolutwerth einer negativen Spannung σ (eine Pressung) bedeutet, diese Grössen σ' und σ'' höchstens gewisse erfahrungsmässig zulässige Werthe haben sollen, die in der Folge mit k' resp. k'' bezeichnet werden oder auch einfach mit k, falls $k' = k''$ gesetzt wird oder eine Unterscheidung der vorkommenden Spannungen in Beziehung auf ihren Charakter als Spannungen im engeren Sinne oder Pressungen der Natur der betreffenden Aufgabe gemäss nicht in Betracht kommt.

Bei dem dritten und vierten der obigen einfachen Fälle und bei den durch Combination derselben hervorgehenden Specialfällen kommen als Spannungen nur die Schubspannungen τ in den verschiedenen Punkten der Querschnitte in Betracht, die zu den betreffenden Schiebungen γ in der Beziehung $\tau = G\gamma$ stehen, unter G den Schubelasticitätsmodul für die Querschnitte verstanden; damit derselbe nach allen Richtungen in diesen gleich sei, muss vorausgesetzt werden, dass das Material des Stabes, wenn auch nicht isotrop, so doch homogen mit einer Elasticitätsaxe im Sinne der Stabaxe sei. In solchen Fällen sind nach Nr. 9, Gleichung (21, c) die Hauptspannungen:

$$\sigma_1 = \tau, \quad \sigma_2 = -\tau, \quad \sigma_3 = 0,$$

somit auch die Hauptdehnungen nur von τ abhängig, insbesondere bei isotropem Materiale nach Gleichung (53):

$$\varepsilon_1 = \frac{m+1}{m}\frac{\tau}{E}, \quad \varepsilon_2 = -\frac{m+1}{m}\frac{\tau}{E}, \quad \varepsilon_3 = 0 \quad . \quad (59),$$

so dass die Forderung, betr. die Nichtüberschreitung gewisser Werthe von ε' und ε'', hier dadurch erfüllt werden kann, dass man die Schubspannung τ höchstens einen gewissen erfahrungsmässig zulässigen Werth annehmen lässt.

In allen anderen Fällen, also immer dann, wenn zugleich Normal- und Schubspannungen in den Querschnitten vorkommen, wird der Körper als isotrop vorausgesetzt. In solchen Fällen ist es wesentlich, daran festzuhalten, dass principiell nicht sowohl σ', σ'' und τ, sondern die Ausdehnungen und Zusammenziehungen ε' und ε'' gewisse Werthe nicht überschreiten sollen; weil aber einmal die oben mit k' und k'' bezeichneten Werthe in der technischen Elasticitätslehre sich eingebürgert haben, so möge der den zusammengesetzteren Aufgaben zu Grunde zu legenden Forderung auch die Fassung gegeben werden, dass die Produkte $E\varepsilon'$ und $E\varepsilon''$ in allen Punkten des Körpers höchstens gewissen Werthen k' resp. k'' gleich sein sollen; diese sind dieselben wie die oben bemerkten zulässigen Grenzwerthe von σ' und σ'' einer Normalspannung oder Pressung, wenn sie als allein von Null verschiedene Hauptspannung in dem isotropen Körper vorkommt.

A. Einfache Fälle der Elasticität gerader stabförmiger Körper.

I. Zug- oder Druck-Elasticität.

27. — Indem dieser Fall erfordert, dass die Resultante der äusseren Kräfte für jeden Querschnitt in der Stabaxe liegt, müssen diese Kräfte theils selbst in Punkten der Axe angreifend längs derselben gerichtet sein, theils für jedes zwischen zwei unendlich nahe benachbarten Querschnitten enthaltene scheibenförmige Körperelement eine in die Axe fallende Resultante haben, wie es insbesondere dann der Fall ist, wenn der Stab an den Enden von zwei gleichen und längs der Axe entgegengesetzt wirkenden Kräften angegriffen wird, während die Schwerkräfte der Körperelemente nur dann jener Forderung entsprechen, wenn die Stabaxe vertical ist, widrigenfalls von den zur Axe senkrechten Componenten dieser Schwerkräfte abstrahirt werden müsste.

Wenn die Spannung σ in Ermangelung genügender Anhaltspunkte für eine anderweitige Bestimmung ihres Vertheilungsgesetzes als gleich für alle Punkte eines Querschnitts vorausgesetzt wird (was um so zutreffender sein wird, je weiter der Querschnitt von den Stabenden, überhaupt von den Angriffspunkten endlich grosser Kräfte entfernt ist), so ist sie für den Querschnitt $= F$, für den die Resultante der äusseren Kräfte $= R$ ist,

$$\sigma = \frac{R}{F}, \text{ und ist } k = max\left(\frac{R}{F}\right) \quad . \quad . \quad . \quad (60)$$

die Bedingungsgleichung dafür, dass σ höchstens $= k$ sein soll. Ist x die Entfernung irgend eines Querschnittes F von einem Ende des Stabes, und E der Elasticitätsmodul nach der Axrichtung desselben, so ist die Längenänderung der (nach wie vor geraden) Stabaxe, deren ursprüngliche Länge $= l$ sei,

$$\Delta l = \int_0^l \varepsilon\, dx = \int_0^l \frac{\sigma}{E}\, dx = \frac{1}{E}\int_0^l \frac{R}{F}\, dx \quad . \quad . \quad (61).$$

Insbesondere für den Fall eines prismatischen Stabes ($F =$ Const.), der nur an den Enden von entgegengesetzt gleichen, längs seiner Axe wirkenden Kräften P ($R =$ Const. $= P$) angegriffen wird, ist

$$\sigma = \frac{P}{F} = k \text{ und } \Delta l = \frac{Pl}{EF} \quad . \quad . \quad . \quad . \quad (62).$$

28. — Diese letzte Gleichung kann zur experimentellen Bestimmung des Elasticitätsmodul

$$E = \frac{P\,l}{F\,.\,\Delta l}$$

dienen, indem die Verlängerungen Δl gemessen werden, die ein aus dem betreffenden Material bestehender prismatischer Stab von bekannter Länge l und bekanntem Querschnitte F (bezogen auf den ursprünglichen Zustand) durch ziehend wirkende Belastungen P erfährt, die so lange vergrössert werden, als die entsprechenden Werthe von E noch keine Abhängigkeit von P deutlich erkennen lassen; indem dann die Unterschiede dieser aufeinander folgend gefundenen Werthe den unvermeidlichen Beobachtungsfehlern und zufälligen Nebenumständen zuzuschreiben sind, ist ihr arithmetisches Mittel mit um so grösserer Wahrscheinlichkeit als der wahre Werth von E zu betrachten, je zahlreicher und je weniger im Resultat verschieden die einzelnen Versuche sind. Damit Letzteres in hinlänglichem Grade erwartet werden könne, müssen die Stäbe möglichst lang genommen werden, indem dann einem gewissen absoluten Beobachtungsfehler von Δl ein möglichst kleiner verhältnissmässiger Fehler dieser Grösse und somit von E entspricht. Aus diesem Grunde sind Compressionsversuche (drückend wirkenden Belastungen P und negativen Werthen von Δl entsprechend) weniger geeignet wegen der Schwierigkeit, dabei die Biegung eines längeren Stabes ohne Einführung anderweitiger störender Einflüsse zu verhindern.

Ist insbesondere P' die ziehend wirkende Belastung, durch die der prismatische Stab zerrissen, P'' die drückend wirkende, durch die er zerdrückt wird, so heissen

$$K' = \frac{P'}{F} \text{ und } K'' = \frac{P''}{F},$$

unter F immer die ursprüngliche Grösse des Querschnitts verstanden, beziehungsweise die Zugfestigkeit und die Druckfestigkeit des betreffenden Materials nach der Längenrichtung des Stabes.

Zur Bestimmung von K' brauchen die Stäbe nicht sehr lang zu sein, und ist nur hauptsächlich Sorge zu tragen, dass die Richtungslinien der belastenden Kraft am einen und der Widerstandskraft am anderen Ende möglichst genau mit der Axe des Stabes zusammenfallen; auch ist es zweckmässig, diese Enden etwas zu verstärken, damit der Riss an einer solchen mittleren Stelle erfolgt, wo eine gleichförmige Vertheilung der Spannung im Querschnitte mit genügender Sicherheit vorausgesetzt werden darf.

Bei den Versuchen zur Bestimmung von K'' wurden die Körper meistens in Form von Würfeln oder niedrigen Cylindern (Höhe wenig verschieden vom Durchmesser) angewendet, wobei dann besondere Sorgfalt und geeignete Hülfsmittel (weichere Zwischenlagen etc.) nöthig sind, um eine hinlänglich gleichförmige Vertheilung des Druckes in den Querschnitten zu erzielen. Trotzdem bleiben aber die Versuchswerthe von K'' unsicherer und schwankender, als die von K', theils wegen des störenden Einflusses der Reibung an den gedrückten Endflächen des Versuchskörpers, die seiner seitlichen Ausdehnung entgegenwirkt, theils wegen des verschiedenen und eigenthümlichen Verhaltens verschiedener Körper beim Zerdrücken; während einige, wie namentlich weichere Metalle, sich blos zusammendrücken lassen, ohne in Stücke zu zerfallen, werden andere, wie Gusseisen, Hölzer, Steine, gänzlich zertrümmert, zeigen aber gewöhnlich schon lange vorher Sprünge und Risse, so dass es im einen wie im anderen Falle gar keine bestimmt angebbare Grenze giebt, bei welcher der Körper als eben zerdrückt zu bezeichnen wäre.

29. — Befindet sich ein prismatischer stabförmiger Körper in verticaler Lage, so kann es bei grosser Länge l desselben nöthig sein, die eigene Schwere $= G$ als äussere Kraft mit zu berücksichtigen. Wird dann der hängende Stab unten durch die ziehende, oder der stehende oben durch die drückende Kraft P angegriffen, die also in beiden Fällen abwärts gerichtet ist wie die Schwere, so nimmt die Resultante der äusseren Kräfte von dem durch P angegriffenen nach dem anderen Stabende hin von P bis $P + G$ zu, ist also $max\, R = P + G$ und

$$max\, \sigma = k = \frac{P+G}{F}.$$

Ist ferner x die Entfernung eines Querschnitts F von dem durch P angegriffenen Ende des Stabes, so ist nach Gleichung (61):

$$\Delta l = \frac{1}{EF}\int_0^l \left(P + \frac{G}{l}\,x\right) dx = \frac{\left(P + \frac{1}{2}G\right) l}{EF}.$$

Von dem in der Entfernung x zu dem in der Entfernung $x + dx$ vom angegriffenen Ende liegenden Querschnitte ändert sich die Gesammtspannung um das Gewicht des zwischen beiden liegenden scheibenförmigen Körperelements, also um

$$d(F\sigma) = s\,F\,dx,$$

wenn s das specifische Gewicht der Körpersubstanz bedeutet. Soll nun die Spannung σ in allen Querschnitten gleich $= k$ sein, so muss F eine Function von x sein, bestimmt durch die Gleichung:

$$k\,dF = s\,F\,dx,$$

woraus $ln\, F = \text{Const.} + \frac{sx}{k}$; $F = \text{Const.}\; e^{\frac{sx}{k}}$

folgt, unter e die Basis der natürlichen Logarithmen verstanden. Indem aber dann die $x = 0$ entsprechende Endfläche $= \frac{P}{k}$ sein muss, ergiebt sich schliesslich

$$F = \frac{P}{k}\, e^{\frac{sx}{k}} \quad \ldots\ldots\ldots \quad (63).$$

Diese Gleichung könnte u. A. zur Formgebung langer Schachtgestänge Anwendung finden, wenn nicht die stetige Veränderlichkeit des Querschnitts hierbei praktisch unausführbar wäre. Näherungsweise lässt sich aber der Zweck erreichen, indem man das Gestänge aus verschiedenen prismatischen Stücken, von unten an gerechnet etwa mit den Längen l_1, l_2, l_3 . . . zusammensetzt und deren Querschnitte F_1, F_2, F_3 . . . so wählt, dass in den obersten Querschnitten aller Stücke die Spannung $\sigma = k$ ist. Dieser Forderung entspricht allgemein die Gleichung:

$$k F_n = k F_{n-1} + s F_n l_n; \quad F_n = \frac{k}{k - s l_n} F_{n-1},$$

worin nur für $n = 1$ die am Ende angreifende Kraft P statt $k F_0$ zu setzen ist. So ergiebt sich

$$F_1 = \frac{P}{k - s l_1}; \quad F_2 = \frac{P k}{(k - s l_1)(k - s l_2)};$$

$$F_3 = \frac{P k^2}{(k - s l_1)(k - s l_2)(k - s l_3)} \ldots$$

Insbesondere mit $l_1 = l_2 = l_3 \ldots = l$ wird

$$F_n = \frac{P}{k} \left(\frac{k}{k - s l}\right)^n \quad \ldots \ldots \quad (64).$$

30. — Von hierher gehörigen specielleren Beispielen technischen Interesses möge zunächst die Zugfestigkeit gezogener (durch Ziehen hergestellter) Drähte erwähnt werden, die insofern ein eigenthümliches Verhalten darbietet, als durch das Ziehen eine vorzugsweise oberflächliche Verdichtung des Metalls verursacht wird, und somit der Draht kein homogener stabförmiger Körper, sondern als aus einem Kern mit einer härteren Kruste bestehend zu betrachten ist. Ist dann F_1 der Querschnitt, E_1 der Elasticitätsmodul des Kerns, F_2 der Querschnitt und E_2 der Elasticitätsmodul der Kruste, so sind auch die durch eine Zugkraft P hervorgerufenen Spannungen σ_1 und σ_2 beider Theile verschieden, indem sie, da die Dehnungen gleich sind, in der Beziehung stehen:

$$\frac{\sigma_1}{E_1} = \frac{\sigma_2}{E_2} \text{ oder } \sigma_1 : \sigma_2 = E_1 : E_2.$$

Daraus und aus der Gleichung: $F_1 \sigma_1 + F_2 \sigma_2 = P$

$$\text{folgt: } \sigma_1 = \frac{E_1 P}{E_1 F_1 + E_2 F_2}; \quad \sigma_2 = \frac{E_2 P}{E_1 F_1 + E_2 F_2}.$$

Da die Kruste weniger dehnbar ist, als der Kern, so wird bei zunehmender Belastung und entsprechender Dehnung das Zerreissen des Drahtes in der Weise stattfinden, dass zuerst die Kruste reisst und dann der nun durch die ganze Belastung angespannte Kern nachfolgt. Indem es somit ein gewisser Grenzwerth K_2 von σ_2 ist, der als maassgebend für die Zugfestigkeit des Drahtes betrachtet werden muss, ist die den Draht zerreissende Kraft P', falls obige Beziehungen als unbeschränkt gültig betrachtet werden,

$$P' = \frac{K_2}{E_2} (E_1 F_1 + E_2 F_2)$$

oder, wenn d der Durchmesser des Drahtes und $\frac{1}{2} \delta$ die Dicke der Kruste, diese aber klein genug ist, um δ^2 gegen d^2 vernachlässigen zu dürfen, mit

$$F_1 = \frac{\pi}{4} (d - \delta)^2 = \frac{\pi}{4} (d^2 - 2 \delta d)$$

und $$F_2 = \frac{\pi}{4} d^2 - F_1 = \frac{\pi}{4} \cdot 2\delta d:$$

$$P' = \frac{\pi}{4} \frac{K_2}{E_2} [E_1 d^2 + 2\delta (E_2 - E_1) d].$$

Ist auch diese Entwickelung ungenau, weil die zu Grunde liegende Proportionalität von Spannung und Dehnung nicht bis zum Bruch streng gültig bleibt, und weil es auch keine scharfe Grenze zwischen Kern und Kruste giebt, in der That vielmehr eine stetige Abnahme der Verdichtung von der Oberfläche gegen das Innere hin stattfinden wird, so bestätigt doch die Erfahrung, dass die Zugfestigkeit gezogener Drähte

$$P' = A d^2 + B d$$

gesetzt werden kann, unter A und B Coefficienten verstanden, die durch das Ausglühen der Drähte kleiner werden, und zwar B in höherem Grade, als A. So ist z. B. aus Versuchen von Karmarsch, wenn P' in Kilogrammen, d in Millimetern ausgedrückt ist,

für Stahldraht: $A = 50,\ B = 21$; geglüht: $A = 45,\ B = 3$,
besten Eisendraht: $A = 50,\ B = 12{,}5$; „ $A = 26,\ B = 3$,
gewöhnlichen „ $A = 36,\ B = 18$; „ $A = 22{,}5,\ B = 5$

zu folgern. Dass durch das Ausglühen B in höherem Grade abnimmt, als A, ist in Uebereinstimmung mit obiger Formel, sofern E_2 dadurch abnimmt, E_1 aber kaum verändert wird; dass auch A kleiner wird, deutet darauf hin, dass K_2 verhältnissmässig mehr abnimmt, als E_2.

Wollte man (z. B. mit Winkler: „Die Lehre von der Elasticität und Festigkeit“, § 55) einen gewissen Grenzwerth K_1 von σ_1 als maassgebend für die Zugfestigkeit des Drahtes annehmen, so erhielte man

$$P' = \frac{K_1}{E_1}(E_1 F_1 + E_2 F_2) = \frac{\pi}{4} \frac{K_1}{E_1} [E_1 d^2 + 2\delta (E_2 - E_1) d];$$

es wäre dann aber die beträchtliche Abnahme des Coefficienten A durch das Ausglühen kaum erklärlich, da K_1 nur wenig dadurch verändert werden kann.

31. — Der Draht einer oberirdischen Telegraphenleitung werde getragen von Stangen in den Entfernungen $A A_1 = 2a$ (Fig. 4); zwischen ihnen bildet er flache Bögen $A O A_1$, deren Pfeilhöhe h von der Lufttemperatur abhängt. Mit abnehmender Temperatur nimmt die Länge des Drahtes, damit auch h ab und die Spannung zu, und es ist die Aufgabe, bei der Anlage der Drahtleitung den einzelnen Drahtbögen diejenige Pfeilhöhe zu geben, welche zur Folge hat, dass erst dann, wenn die Temperatur bis zur kleinsten erfahrungsmässigen Lufttemperatur des betreffenden Ortes abnimmt, die Spannung den mit Rücksicht auf die Festigkeit des Drahtes zulässigen grössten Werth erreicht.

Fig. 4.

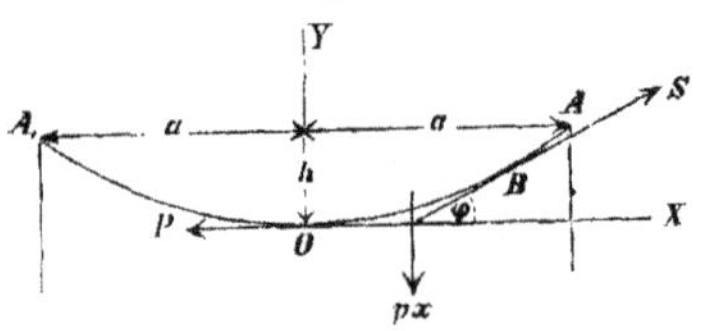

Ist O der Scheitelpunkt, B irgend ein anderer Punkt der Drahtmittellinie mit den Coordinaten x, y in Beziehung auf die horizontale Axe

OX und verticale Axe OY, φ ihr Neigungswinkel im Punkte B gegen die x-Axe, p das Gewicht der Längeneinheit des Drahtes, P die totale Drahtspannung im Querschnitte bei O, S dieselbe im Querschnitte bei B, so entsprechen mit Rücksicht darauf, dass der Drahtbogen flach genug ist, um das Gewicht der Strecke OB desselben ohne in Betracht kommenden Fehler dem Gewichte einer seiner Horizontalprojection x gleichen Drahtlänge gleich setzen zu können, dem Gleichgewicht der Kräfte P, S und px an der Drahtstrecke OB die Gleichungen:

$$S\cos\varphi = P; \quad S\sin\varphi = px,$$

woraus folgt:

$$tg\,\varphi = \frac{dy}{dx} = \frac{px}{P}$$

$$y = \frac{px^2}{2P}; \quad h = \frac{pa^2}{2P}; \quad \frac{y}{x^2} = \frac{h}{a^2}.$$

Mit jener Annäherung bildet also der Drahtbogen eine Parabel, dessen halbe Bogenlänge mit entsprechender Näherung:

$$OA = s = \int_0^a dx\sqrt{1+\left(\frac{dy}{dx}\right)^2} = \int_0^a dx\sqrt{1+\left(\frac{px}{P}\right)^2}$$

$$= \int_0^a dx\sqrt{1+\left(\frac{2y}{x}\right)^2} = \int_0^a dx\left(1+2\frac{y^2}{x^2}\right)$$

$$= \int_0^a dx\left(1+2\frac{h^2}{a^4}x^2\right) = a\left(1+\frac{2}{3}\frac{h^2}{a^2}\right)$$

gesetzt werden kann. Ist P die höchstens zulässige Scheitelspannung, entsprechend der Pfeilhöhe $h_0 = \dfrac{pa^2}{2P}$ und der Maximalspannung $S = \sqrt{P^2 + (pa)^2}$ bei A und A_1, die nur wenig $> P$ ist, so muss, wenn die Anlage der Leitung bei einer Temperatur geschieht, die um t Grad höher, als die niedrigste vorkommende Wintertemperatur ist, die den Drahtbögen zu gebende Pfeilhöhe h von solcher Grösse sein, dass die entsprechende halbe Bogenlänge s derjenigen gleich ist, zu welcher sich die der Pfeilhöhe h_0 entsprechende halbe Bogenlänge durch eine Temperaturzunahme um t Grad vergrössert; es muss also, wenn α der Längenausdehnungscoefficient des Drahtes ist, h der Gleichung entsprechen:

$$a\left(1+\frac{2}{3}\frac{h^2}{a^2}\right) = a\left(1+\frac{2}{3}\frac{h_0^2}{a^2}\right)(1+\alpha t),$$

woraus bei Vernachlässigung kleiner Grössen höherer Ordnung folgt:

$$\frac{2}{3}\frac{h^2}{a^2} = \frac{2}{3}\frac{h_0^2}{a^2} + \alpha t$$

$$h = \sqrt{h_0^2 + 1{,}5\,\alpha t a^2} = a\sqrt{\left(\frac{pa}{2P}\right)^2 + 1{,}5\,\alpha t} \quad . \quad (65).$$

Hiernach lässt sich eine Tabelle zusammengehöriger Werthe von t und h berechnen, nach der man sich bei dem Ausspannen und Befestigen des

Drahtes an den Stangen je nach der gerade herrschenden Temperatur zu richten hat, indem der Draht, nachdem er bei A_1 befestigt ist, vor seiner Befestigung bei A insoweit angezogen wird, bis die Strecke, die von ihm und von der Visirlinie AA_1 auf einem in der y-Axe vertical gestellten Maasstabe abgeschnitten wird, dem betreffenden Werthe von h gleich ist.

32. — Wie bei der vorigen Aufgabe können auch in anderen Fällen gekrümmte stabförmige Körper ebenso wie gerade auf Zug- oder Druckelasticität berechnet werden, wenn die Krümmungsradien ihrer Mittellinie gross im Vergleich mit den Dimensionen ihrer Querschnitte sind, z. B. auch bei der folgenden Aufgabe.

Ein Locomotivrad sei herzustellen aus einem durch $2n$ schmiedeiserne Speichen (mittlerer Querschnitt $= S$, Länge $= s$) mit der Nabe verbundenen schmiedeisernen Radkranze (Querschnitt $= R$), auf den ein stählerner Radreif (Querschnitt $= R_1$) in glühend heissem Zustande so aufgetrieben werden soll, dass die Dehnung des wieder erkalteten Stahlreifs $= \varepsilon_1$ ist. Zu dem Ende muss, wenn vorher der äussere Halbmesser des Radkranzes $= r$ war, der innere Halbmesser des noch kalten Reifs etwas $< r$, etwa $= r(1-\varrho)$ sein, und es handelt sich um die jener Forderung entsprechende Bestimmung des kleinen Bruchs ϱ sowie der specifischen Zusammendrückung, die der Radkranz und die Speichen durch das Aufziehen des Reifs nach dessen Erkaltung erleiden.

Ist der Elasticitätsmodul des Schmiedeisens $= E$, des Stahls $= E_1$, und ε die specifische Zusammendrückung der Speichen, so ist, abgesehen von der geringen Deformation der Nabe, die specifische Zusammendrückung des Radkranzes $= \frac{s}{r}\varepsilon$; mit Rücksicht darauf, dass bei dem fertigen Rade der innere Halbmesser des Reifs dem äusseren des Kranzes gleich ist, muss also

$$r(1-\varrho)(1+\varepsilon_1) = r\left(1-\frac{s}{r}\varepsilon\right)$$

oder bei Vernachlässigung kleiner Grössen höherer Ordnung

$$1-\varrho+\varepsilon_1 = 1-\frac{s}{r}\varepsilon; \qquad \varrho = \varepsilon_1+\frac{s}{r}\varepsilon$$

sein. Wenn nun das fertige Rad durch einen axialen Schnitt halbirt gedacht wird, und zur Herstellung des Gleichgewichtes bei unverändertem Deformationszustande an den zwei diametral gegenüber liegenden Schnittflächen des Reifs einer Radhälfte die äusseren normalen Zugkräfte $E_1 R_1 \varepsilon_1$, an den Schnittflächen des Kranzes die Druckkräfte $ER\frac{s}{r}\varepsilon$ angebracht, die n Speichen dieser Radhälfte aber durch die radial auswärts auf den Radkranz wirkenden n Kräfte $ES\varepsilon$ ersetzt und diese (mit um so kleinerem Fehler, je grösser n ist) so in Rechnung gebracht werden, als ob sie bei derselben Gesammtgrösse $= nES\varepsilon$ gleichförmig und stetig längs des inneren Umfangs vertheilt wären, so entspricht dem Gleichgewicht der Kräfte an der fraglichen Radhälfte die Gleichung:

$$2E_1 R_1 \varepsilon_1 = 2ER\frac{s}{r}\varepsilon + \frac{2}{\pi}nES\varepsilon$$

und folgt daraus:

$$\left.\begin{aligned}\frac{\varepsilon}{\varepsilon_1} &= \frac{E_1}{E}\,\frac{R_1}{\frac{s}{r}R + \frac{n}{\pi}S} \quad \ldots\ldots \\ \frac{\varrho}{\varepsilon_1} &= 1 + \frac{s}{r}\,\frac{\varepsilon}{\varepsilon_1} = 1 + \frac{s}{r}\,\frac{E_1}{E}\,\frac{R_1}{\frac{s}{r}R + \frac{n}{\pi}S}\end{aligned}\right\} \quad . \quad (66).$$

Ist α der lineare Wärme-Ausdehnungscoefficient des Stahls, so ist die Temperatur, zu welcher der Stahlreif erhitzt werden muss, um auf den kalten Radkranz aufgeschoben werden zu können, $\overline{\gtrless}\ \frac{\varrho}{\alpha}$ Grad.

33. — Eine massive cylindrische Walze von der Länge l und vom Halbmesser a liege mit horizontaler Axe auf einer horizontalen ebenen Platte von gleichförmiger Dicke a_1, die ihrerseits auf einer festen horizontalen Ebene ruht; $P_1 l$ sei der Druck, den die Walze in Folge ihres Gewichts und sonstiger Belastung auf die Unterlage ausübt. Wegen der Elasticität des Materials findet die Berührung nicht in einer Linie, sondern in einer schmalen Fläche statt, in der die Pressung σ von ihren parallelen Rändern nach ihrer Mittellinie hin stetig von Null bis zu einer gewissen Grösse k zunimmt, und es sei die Aufgabe, die Beziehung zwischen P_1, a, a_1 und k zu finden, wenn der Elasticitätsmodul der Walze $= E$, der Platte $= E_1$ ist.

Fig. 5.

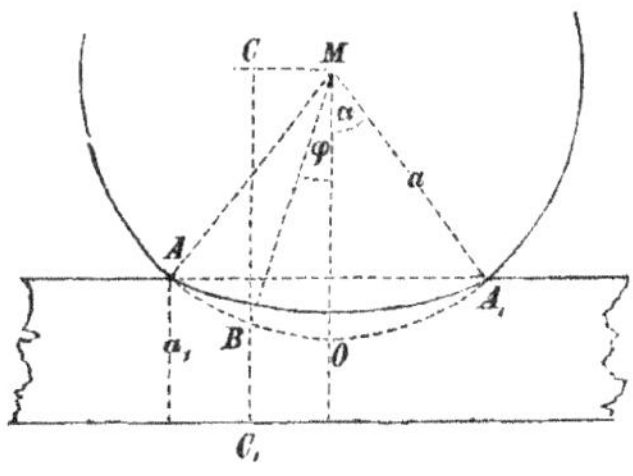

In Figur 5, die einen zur Walzenaxe senkrechten Durchschnitt darstellt, ist M der Mittelpunkt des Querschnitts der Walze, AA_1 die (übertrieben gross gezeichnete) Breite der Berührungsfläche, und es sei der Winkel $AMA_1 = 2\alpha$. Die Durchschnittslinie der Berührungsfläche ist ein gewisser flacher Bogen AA_1, enthalten zwischen der geraden Linie AA_1 und dem Kreisbogen AA_1 vom Halbmesser a; O sei der Mittelpunkt, B ein beliebiger Punkt dieses Kreisbogens, entsprechend dem Winkel $OMB = \varphi$. Zieht man durch B eine Lothrechte CBC_1 und bezeichnet mit x das Stück derselben, das zwischen dem Kreisbogen AA_1, mit x_1 das Stück derselben, das zwischen der Geraden AA_1 und dem Querschnitte AA_1 der Berührungsfläche enthalten ist, so sind x und x_1 die Zusammendrückungen beziehungsweise der Walze und der Unterlagsplatte an der Stelle B, und wenn man annimmt, dass sich die Wirkung von x als specifische Zusammendrückung $= \frac{x}{a}$

gleichmässig bis zur Mitte der Walze bei C, die Wirkung von x_1 als specifische Zusammendrückung $= \frac{x_1}{a_1}$ gleichmässig bis zur unteren Fläche der Platte bei C_1 erstreckt, so ist die Pressung σ bei B:

$$\sigma = E\frac{x}{a} = E_1\frac{x_1}{a_1} \text{ oder } \sigma = ex = e_1 x_1$$

mit den abgekürzten Bezeichnungen: $e = \frac{E}{a}$ und $e_1 = \frac{E_1}{a_1}$.

Nun ist mit Rücksicht darauf, dass die (in Bogenmaass ausgedrückten) Winkel α und φ klein genug sind, um

$$\cos\alpha = 1 - \frac{\alpha^2}{2} \text{ und } \cos\varphi = 1 - \frac{\varphi^2}{2}$$

setzen zu können,

$$x + x_1 = a(\cos\varphi - \cos\alpha) = a\,\frac{\alpha^2 - \varphi^2}{2},$$

also mit $x_1 = x\frac{e}{e_1}$: $x\frac{e+e_1}{e_1} = a\frac{\alpha^2 - \varphi^2}{2}$

$$\sigma = ex = \frac{ee_1}{e+e_1}\,a\,\frac{\alpha^2 - \varphi^2}{2};\quad max\,\sigma = k = \frac{ee_1}{e+e_1}\,\frac{a\alpha^2}{2}$$

für $\varphi = 0$. Indem aber P_1 = dem Druck in der ganzen Berührungsfläche pro Längeneinheit der Walze

$$= 2\int_0^\alpha \sigma\,a\,d\varphi = \frac{ee_1}{e+e_1}\,a^2\int_0^\alpha(\alpha^2 - \varphi^2)\,d\varphi = \frac{ee_1}{e+e_1}\,a^2 \cdot \frac{2}{3}\,\alpha^3$$

ist, so folgt

$$k^3 = \left(\frac{ee_1}{e+e_1}\,\frac{a}{2}\right)^3 \cdot \left(\frac{3}{2}\,\frac{P_1}{a^2}\,\frac{e+e_1}{ee_1}\right)^2 = \left(\frac{9}{32}\,\frac{ee_1}{e+e_1}\right)\frac{P_1{}^2}{a}$$

und mit Rücksicht auf die Bedeutungen von e und e_1:

$$P_1{}^2 = \frac{32}{9}\,k^3 a\left(\frac{a}{E} + \frac{a_1}{E_1}\right) \quad . \quad . \quad . \quad . \quad (67).$$

Im Falle einer massiven Kugel vom Halbmesser a, die auf der Platte von der Dicke a_1 liegt, ist bei analoger Bedeutung der Buchstaben wie oben:

$$\sigma = \frac{ee_1}{e+e_1}\,a\,\frac{\alpha^2 - \varphi^2}{2};\quad max\,\sigma = k = \frac{ee_1}{e+e_1}\,\frac{a\alpha^2}{2};$$

aber wenn jetzt P den ganzen Druck zwischen der Kugel und der Platte bedeutet, so ist

$$P = \int_0^\alpha \sigma \cdot 2\pi a\varphi \cdot a\,d\varphi = \pi\,\frac{ee_1}{e+e_1}\,a^3\int_0^\alpha(\alpha^2 - \varphi^2)\,\varphi\,d\varphi = \pi\,\frac{ee_1}{e+e_1}\,a^3\,\frac{\alpha^4}{4},$$

somit $$k^2 = \left(\frac{ee_1}{e+e_1}\cdot\frac{a}{2}\right)^2 \frac{4}{\pi}\frac{P}{a^3}\frac{e+e_1}{ee_1} = \frac{1}{\pi}\frac{ee_1}{e+e_1}\frac{P}{a}$$

$$P = \pi k^2 a\left(\frac{a}{E}+\frac{a_1}{E_1}\right) \quad . \quad . \quad . \quad . \quad . \quad (68).$$

Die dieser Rechnung zu Grunde liegenden Annahmen sind übrigens insofern nicht ganz zutreffend, als der in der Berührungsfläche stattfindende Druck sich bei seiner Fortpflanzung einerseits bis zur unteren Fläche der Platte, andererseits bis zur horizontalen Mittelebene der Walze oder Kugel nach und nach auf immer grössere Flächen vertheilt, indem die verticale Zusammendrückung zugleich mit horizontaler Dehnung und mit Schiebungen verbunden ist, die ausserhalb längs dem Rande der Berührungsfläche eine wulstförmige Erhebung der oberen Plattenfläche und Krümmungsverstärkung der Walze resp. Kugel zur Folge haben. In Folge dessen werden dann auch die Zusammendrückungen x und x_1 sich nicht als gleichmässige, sondern als abnehmende specifische Zusammendrückungen in die beiden Körper hinein erstrecken, so dass in den Gleichungen (67) und (68) unter E und E_1 Coefficienten verstanden werden müssen, die nicht ohne Weiteres den bekannten Elasticitätsconstanten gleich gesetzt werden dürfen, sondern einer besonderen erfahrungsmässigen Bestimmung bedürfen, oder dass, indem $\sigma = ex = e_1 x_1$ gesetzt wurde, unter e und e_1 Coefficienten zu verstehen sind, die den Elasticitätsconstanten E und E_1 höchstens proportional sein mögen, übrigens aber bezüglich ihrer auch von den Dimensionen a und a_1 abhängigen Werthe nur durch Erfahrung zuverlässig zu bestimmen sind. Diese letztere Auffassungsweise ist besonders auch dann am Platze, wenn die Walze resp. Kugel nicht massiv ist, und somit zugleich ihre grössere oder kleinere Wanddicke das Resultat wesentlich beeinflussen kann, ohne dass dieser Einfluss mit hinlänglicher Einfachheit und Sicherheit theoretisch zu veranschlagen wäre. In solchen Fällen mag (gemäss den Gleichungen, die den obigen Gleichungen (67) und (68) unmittelbar vorhergehen)

für die Walze: $P_1 = C_1 k^{\frac{3}{2}}\sqrt{a}$, für die Kugel: $P = Ck^2 a$. (69)

gesetzt werden vorbehaltlich erfahrungsmässiger Bestimmung der Constanten

$$C_1 = \sqrt{\frac{32}{9}\left(\frac{1}{e}+\frac{1}{e_1}\right)} \quad \text{resp.} \quad C = \pi\left(\frac{1}{e}+\frac{1}{e_1}\right)$$

in besonderen Fällen.

34. — Behufs Verallgemeinerung der Gleichungen (69) mit Rücksicht auf solche Fälle, *in denen beide sich berührende Körper* K, K_1 *und zwar beliebig gekrümmt sind*, seien im ursprünglichen Zustande derselben a, b und a_1, b_1 die Hauptkrümmungshalbmesser beziehungsweise von K und K_1 für den Punkt O, in dem die Richtungslinie des Drucks P die Oberfläche der Körper trifft, und auf den sich ihre Berührung beschränken würde, wenn sie absolut starr wären; dabei sei die gegenseitige Lage der Körper eine solche, *dass die Ebenen der Krümmungshalbmesser* a *und* a_1, *folglich auch die dazu senkrechten der Krümmungshalbmesser* b *und* b_1 *zusammenfallen.*

Ist NON_1 die gemeinsame Normale, E die gemeinsame Berührungsebene der Oberflächen beider Körper im Punkte O, so lange die Berührung nur in diesem Punkte stattfindet, und sind B, B_1 solche correspondirende Punkte dieser Oberflächen, die in einer mit der Geraden NN_1 in der sehr kleinen Entfernung r parallelen Geraden liegen, ferner ϱ und ϱ_1 die Krümmungshalbmesser für den Punkt O der Normalschnitte NOB, $N_1 OB_1$, deren gemeinschaftliche Ebene den Winkel φ mit der Ebene der Hauptkrümmungen $\frac{1}{a}$ und $\frac{1}{a_1}$ bilde, so ist bekanntlich

$$\frac{1}{\varrho} = \frac{\cos^2\varphi}{a} + \frac{\sin^2\varphi}{b}, \quad \frac{1}{\varrho_1} = \frac{\cos^2\varphi}{a_1} + \frac{\sin^2\varphi}{b_1}$$

und können die Entfernungen z, z_1 der Punkte B, B_1 von der Ebene E gesetzt werden:

$$z = \frac{r^2}{2\varrho}, \quad z_1 = \frac{r^2}{2\varrho_1}.$$

Wenn nun die Körper durch den Druck P so deformirt werden, dass sie sich in einer kleinen Fläche rings um O berühren, und x, x_1 ihre parallel mit NN_1 gemessenen linearen Zusammendrückungen in den jetzt zusammenfallenden Punkten B, B_1 bedeuten, so ist die specifische Pressung in diesen Punkten

$$\sigma = ex = e_1 x_1$$

zu setzen, wo e und e_1 Coefficienten sind, die von den Beschaffenheiten und Formen beider Körper abhängen. Dabei ist, unter c die Summe $x + x_1$ der Zusammendrückungen für $r = 0$, d. h. bei O verstanden, und sofern z, z_1 positiv gesetzt werden, falls B und B_1 auf entgegengesetzten Seiten der Ebene E liegen,

$$x + x_1 = c - (z + z_1)$$

und folgt daraus in Verbindung mit der Proportion $x : x_1 = e_1 : e$

$$x = \frac{e_1}{e + e_1}[c - (z + z_1)]$$

$$\sigma = ex = \frac{c - (z + z_1)}{s} \text{ mit } s = \frac{1}{e} + \frac{1}{e_1}; \quad max\,\sigma = k = \frac{c}{s},$$

$$\text{also auch } \sigma = k - \frac{z + z_1}{s} = k - \frac{r^2}{2s}\left(\frac{1}{\varrho} + \frac{1}{\varrho_1}\right) \quad . \quad (\sigma).$$

Die dem Rande der Berührungsfläche angehörigen Maximalwerthe R von r entsprechen $\sigma = 0$, also der Gleichung:

$$R^2\left(\frac{1}{\varrho} + \frac{1}{\varrho_1}\right) = 2ks \quad . \quad . \quad . \quad . \quad . \quad . \quad (R)$$

oder mit Rücksicht auf obige Ausdrücke von $\frac{1}{\varrho}$ und $\frac{1}{\varrho_1}$ und mit den Bezeichnungen $\xi = R\cos\varphi$, $\eta = R\sin\varphi$

der Gleichung: $$\left(\frac{1}{a} + \frac{1}{a_1}\right)\xi^2 + \left(\frac{1}{b} + \frac{1}{b_1}\right)\eta^2 = 2ks,$$

welche lehrt, dass die Berührungsfläche (eigentlich ihre Projection auf die zur Druckrichtung senkrechte Ebene E) eine Ellipse ist mit den Halbaxen

$$A = \sqrt{\frac{2ks}{\frac{1}{a} + \frac{1}{a_1}}} \text{ und } B = \sqrt{\frac{2ks}{\frac{1}{b} + \frac{1}{b_1}}}.$$

Mit Rücksicht auf die Gleichungen (σ) und (R) ergiebt sich nun der Gesammtdruck:

$$P = \int_0^{2\pi}\int_0^R \sigma r d\varphi dr = \int_0^{2\pi} d\varphi \int_0^R \left[k - \frac{r^2}{2s}\left(\frac{1}{\varrho} + \frac{1}{\varrho_1}\right)\right] r dr$$

$$= \int_0^{2\pi} d\varphi \left[k - \frac{R^2}{4s}\left(\frac{1}{\varrho} + \frac{1}{\varrho_1}\right)\right]\frac{R^2}{2} = \frac{k}{2}\int_0^{2\pi} \frac{R^2}{2} d\varphi$$

oder, da das übrig gebliebene Integral = dem Inhalte der als Ellipse erkannten Berührungsfläche, also $= \pi A B$ ist,

$$P = \frac{Ck^2}{\sqrt{\left(\frac{1}{a} + \frac{1}{a_1}\right)\left(\frac{1}{b} + \frac{1}{b_1}\right)}} \text{ mit } C = \pi s = \pi\left(\frac{1}{e} + \frac{1}{e_1}\right) \quad (70).$$

Unter übrigens gleichen Umständen ist hiernach allgemein die Maximalpressung k der Quadratwurzel des Drucks P proportional.

Im Falle einer Kugel auf ebener Unterlage ist $a = b$, $a_1 = b_1 = \infty$, folglich

$$P = Ck^2 a$$

in Uebereinstimmung mit Gleichung (69).

Im Falle von zwei Cylindern mit rechtwinklig gekreuzten Axen oder allgemein, wenn von den Hauptkrümmungshalbmessern jedes Körpers derjenige unendlich gross ist, der mit dem Hauptkrümmungshalbmesser endlicher Grösse des anderen in derselben Ebene liegt, also etwa $a_1 = b = \infty$, ist

$$P = Ck^2\sqrt{ab_1} \quad . \; . \; . \; . \; . \; . \; . \quad (71).$$

Dieser Gleichung entspricht z. B. der Druck eines Locomotivrades auf die Schiene, wenn b_1 der Krümmungshalbmesser des Schienenprofils an der Berührungsstelle und a der Halbmesser des Rades ist (eigentlich die Länge der bis zur Radaxe gerechneten Normale der etwas conischen Radoberfläche), und zwar bezieht sich die Gleichung auf den ungünstigsten Fall, dass das Rad sich gerade über einer Unterstützungsstelle der Schiene befindet, durch deren Biegung anderen Falls die Berührungsoberfläche etwas vergrössert, also der specifische Maximaldruck verkleinert wird.

Bei zwei Cylindern mit parallelen Axen gilt Gleichung (70) nicht; die Gleichungen (σ) und (R) gelten aber für die zur Axe senkrechten Querschnitte, und ist also, wenn a und a_1 die betreffenden Krümmungshalbmesser sind,

$$\sigma = k - \frac{r^2}{2s}\left(\frac{1}{a} + \frac{1}{a_1}\right); \quad R^2\left(\frac{1}{a} + \frac{1}{a_1}\right) = 2ks.$$

Mit Rücksicht hierauf ist dann der Druck P_1 pro Längeneinheit der schmalen Berührungsfläche von der Breite $2R$

$$=2\int_0^R \sigma dr = 2R\left[k - \frac{R^2}{6s}\left(\frac{1}{a}+\frac{1}{a_1}\right)\right] = \frac{4}{3}kR = \frac{4}{3}k\sqrt{\frac{2ks}{\frac{1}{a}+\frac{1}{a_1}}}$$

$$P_1 = \frac{C_1 k^{\frac{3}{2}}}{\sqrt{\frac{1}{a}+\frac{1}{a_1}}} \text{ mit } C_1 = \frac{4}{3}\sqrt{2s} = \sqrt{\frac{32}{9}\left(\frac{1}{e}+\frac{1}{e_1}\right)} \quad . \quad (72).$$

Hier ist also die Maximalpressung k der dritten Wurzel des Quadrats des Druckes P_1 proportional. Für die Walze auf ebener Unterlage erhält man mit $a_1 = \infty$ die betreffende Gleichung (69) wieder.

II. Biegungselasticität.

35. — Von den äusseren Kräften, die theils gegebene, theils Widerstandskräfte von Stützen des geraden stabförmigen Körpers sind, wird vorausgesetzt, dass ihre Richtungslinien die Stabaxe rechtwinklig schneiden; die Schwerkräfte der scheibenförmigen Körperelemente zwischen den auf einander folgenden Querschnitten entsprechen dieser Voraussetzung bei horizontaler Lage der Stabaxe, anderen Falls nur bezüglich ihrer zur Axe senkrechten Componenten, die dann allein hier berücksichtigt werden. Das System solcher äusseren Kräfte für einen Querschnitt F (Nr. 25) lässt sich durch ein resultirendes Kräftepaar M, dessen Ebene durch die Stabaxe geht, im Allgemeinen zwar nicht allein, sondern nur in Verbindueg mit einer resultirenden Kraft R ersetzen, deren Richtungslinie die Stabaxe im Schwerpunkte O von F rechtwinklig schneidet; doch soll von der Wirkung dieser Kraft R hier einstweilen abgesehen werden, was (wie später näher geprüft werden wird) mit um so kleinerem Fehler geschehen kann, je grösser die Länge in Vergleich mit den Querschnittsdimensionen des Stabes ist.

Während jene Voraussetzungen hinsichtlich der Belastungsweise des Körpers sich auf den ursprünglichen Zustand beziehen, in dem seine materielle Axe gerade ist, geht diese durch die Belastung in eine krumme Linie über, die hier die elastische Linie heissen soll. Der Ort aller Tangenten der elastischen Linie heisse die Biegungsfläche, jede Normale der Biegungsfläche in einem Punkte der elastischen Linie eine Biegungsaxe, der Ort aller Biegungsaxen die elastische Fläche. Die elastische Fläche wird also von der Biegungsfläche in der elastischen Linie, von den Querschnitten des gebogenen Stabes in deren Biegungsaxen rechtwinklig geschnitten, wobei unter einem Querschnitte des gebogenen Stabes ein zur elastischen Linie senkrechter ebener Schnitt desselben verstanden wird im Gegensatze zu den materiellen Querschnitten (Nr. 25), von deren Untersuchung hier einstweilen abgesehen wird. Jedenfalls sind letztere nur sehr wenig gekrümmt, wenn die Krümmung der elastischen Linie sehr gering ist; diese wird hier stets als so klein vorausgesetzt, dass, wenn φ den Winkel bedeutet, den irgend eine Tangente der elastischen Linie mit der ursprünglichen Stabaxe oder mit einer anderen Tangente bildet, ohne in Betracht kommenden Fehler $\cos\varphi = 1$, $\sin\varphi = tg\varphi = \varphi$ gesetzt werden kann.

36. — Das Gesetz, nach dem sich die Dehnungen ε und Normalspannungen $\sigma = E\varepsilon$ (unter E den Elasticitätsmodul nach der Axrichtung verstanden) von Punkt zu Punkt eines Querschnitts F des belasteten und gebogenen Stabes ändern, mag zwar streng genommen von der Krümmung der Querschnitte mit abhängig sein; mit derselben Annäherung indessen, mit welcher zwei unendlich nahe benachbarte materielle Querschnitte als gleich gekrümmt und als gleich gelegen gegen die elastische Linie betrachtet werden können, ist jenes Aenderungsgesetz dasselbe, als ob die ebenen Querschnitte des gebogenen Stabes materielle Querschnitte wären. Nun schneiden sich zwei unendlich nahe benachbarte solche ebene Querschnitte F, F' als Normalebenen der elastischen Linie für zwei unendlich nahe benachbarte Punkte O, O' derselben in der sogenannten Krümmungsaxe für den Punkt O der elastischen Linie, die senkrecht zu ihren Tangenten OT, $O'T'$ und somit parallel mit der Biegungsaxe OB des Querschnitts F ist in einer Entfernung = dem Krümmungshalbmesser ϱ für den Punkt O der elastischen Linie. Um diese Krümmungsaxe werde mit dem Halbmesser $\varrho + \eta$ eine Cylinderfläche beschrieben, diese durch eine zur Krümmungsaxe senkrechte Ebene in einem Kreisbogen geschnitten, und es seien dann P, P' die Schnittpunkte des letzteren mit den Querschnitten F, F'. Ist nun ds die ursprüngliche Entfernung der materiellen Punkte O und O', P und P', ferner ε_0 die Dehnung im Punkte O, ε dieselbe im Punkte P des Querschnitts F, so ist im gebogenen Stabe:

$$OO' = ds(1+\varepsilon_0), \quad PP' = ds(1+\varepsilon),$$

und da diese Bogenelemente als zu demselben Mittelpunktswinkel gehörig sich wie die betreffenden Halbmesser verhalten, so folgt:

$$1+\varepsilon_0 : 1+\varepsilon = \varrho : \varrho + \eta = 1 : 1 + \frac{\eta}{\varrho}$$

$$\varepsilon = (1+\varepsilon_0)\left(1+\frac{\eta}{\varrho}\right) - 1 = \varepsilon_0 + (1+\varepsilon_0)\frac{\eta}{\varrho} \quad . \quad (73)$$

oder, da ε_0 und $\frac{\eta}{\varrho}$ sehr kleine Brüche sind, bei Vernachlässigung kleiner Grössen höherer Ordnung:

$$\varepsilon = \varepsilon_0 + \frac{\eta}{\varrho}; \quad \sigma = E\varepsilon \quad . \quad . \quad . \quad . \quad . \quad (74).$$

Da ε und σ sich hiernach im Querschnitte F nur mit der Entfernung η von der Biegungsaxe ändern (welche, wenn ϱ positiv genommen wird, positiv oder negativ zu setzen ist, jenachdem der betreffende Punkt P auf der convexen oder der concaven Seite der elastischen Fläche liegt), so sind die Dehnungen und Spannungen in allen Punkten einer mit der Biegungsaxe parallelen Geraden gleich gross. Insbesondere ist auch der Ort aller Punkte eines Querschnitts, in denen ε und σ = Null sind, eine mit der Biegungsaxe parallele Gerade desselben: seine sogenannte neutrale Axe.

37. — Nach Gleichung (74) erfordert die Bestimmung der Normalspannung

$$\sigma = E\left(\varepsilon_0 + \frac{\eta}{\varrho}\right)$$

in irgend einem Punkte P eines Querschnittes F die Kenntniss 1) der Entfernung η dieses Punktes von der Biegungsaxe OB, also der Lage von OB im Querschnitte, 2) der Dehnung ε_0 in den Punkten der Biegungsaxe, 3) des Krümmungshalbmessers ϱ für den Punkt O der elastischen Linie. Zur Vermittelung dieser Kenntniss dienen die Gleichungen, welche ausdrücken, dass das System der Spannungen = σdF für alle unendlich kleinen Flächenelemente zweiter Ordnung des Querschnitts (diese Spannungen verstanden in dem in Nr. 25 angegebenen Sinne) dem resultirenden Paare M der äusseren Kräfte äquivalent ist. Die vom Punkte O aus gezogene Axe dieses Paares habe die Richtung OA (Fig. 6), verstanden in dem Sinne, dass für den Anblick von A gegen O das Paar in seiner zu AO senkrechten Ebene rechts herum (im Sinne der Uhrzeigerbewegung) zu drehen strebt; OX, OY, OZ seien die positiven Theile rechtwinkliger Coordinatenaxen, von denen OY und OZ im Querschnitte so angenommen sind, dass für den Anblick von der positiven Axe OX aus eine rechtläufige Drehung von 90° die Richtung OY in die Richtung OZ bringt, während OX selbst gegen den Theil des stabförmigen Körpers hin gerichtet sein soll (in der Figur nach vorn gegen den Beschauer hin), an welchem das System der äusseren Kräfte für den betreffenden Querschnitt angreifend gedacht wird. Indem dann das Paar M (dargestellt zu denken durch eine auf seiner Axe OA abgetragene Strecke = seinem Momente M) in zwei Seitenpaare in den Ebenen ZX und XY zerlegt werden kann, deren Axen also in OY und OZ fallen und beziehungsweise = $M \cos \alpha$ und $M \sin \alpha$ sind, unter α den Winkel YOA verstanden, wird die Aequivalenz des Paares M und der Spannungen = σdF in den Flächenelementen des Querschnitts ausgedrückt durch die Gleichungen:

Fig. 6.

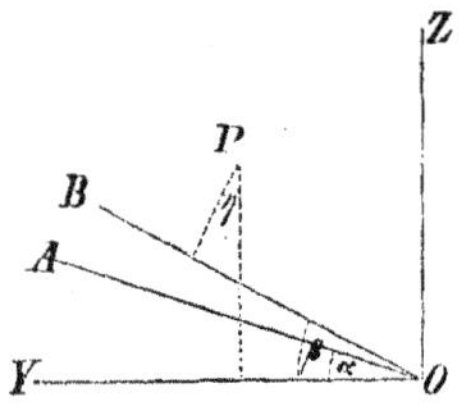

$$\int \sigma dF = 0\,;\; \int z\sigma dF = M \cos \alpha\,;\; \int y \sigma dF = -M \sin \alpha\,,$$

wenn y, z die Coordinaten des Punktes P (des Flächenelementes dF) sind und berücksichtigt wird, dass σ im Sinne OX positiv ist, bei positiven Werthen von σ, y, z folglich das Moment $z\sigma dF$ rechtsdrehend um OY, das Moment $y\sigma dF$ aber linksdrehend um OZ ist.

Ist ferner OB (Fig. 6) die Biegungsaxe des Querschnitts, von O aus in solchem Sinne gezogen, dass für den Anblick von B gegen O die Richtung OX um 90° rechtläufig gedreht werden muss, um in die Richtung des Krümmungshalbmessers ϱ zu fallen, und β der Winkel YOB, so ist der Abstand η des Punktes P von OB (positiv, wenn P auf der entgegengesetzten Seite von OB liegt, wie der Krümmungsmittelpunkt der elastischen Linie):

$$\eta = z \cos\beta - y \sin\beta,$$

wonach

$$\sigma = E\left(\varepsilon_0 + \frac{z \cos\beta - y \sin\beta}{\varrho}\right)$$

zu seiner Bestimmung die Ermittelung von ε_0, β und ϱ erfordert. Zu dem Ende ergiebt sich zunächst durch Einsetzung dieses Ausdrucks von σ in die erste der obigen drei Bestimmungsgleichungen mit Rücksicht darauf, dass O der Schwerpunkt von F, also

$$\int y dF = \int z dF = 0$$

ist,

$$E\varepsilon_0 \int dF = E\varepsilon_0 F = 0\,, \quad \text{also } \varepsilon_0 = 0\,,$$

woraus folgt, dass die Biegungsaxe mit der neutralen Axe des Querschnitts zusammenfällt. Die Einsetzung von

$$\sigma = \frac{E}{\varrho}(z \cos\beta - y \sin\beta)$$

in die beiden anderen Gleichungen liefert dann:

$$M \cos\alpha = \frac{E}{\varrho}\left(\cos\beta \int z^2 dF - \sin\beta \int yz dF\right) = \frac{E}{\varrho}(B \cos\beta - A' \sin\beta)$$

$$M \sin\alpha = -\frac{E}{\varrho}\left(\cos\beta \int yz dF - \sin\beta \int y^2 dF\right) = \frac{E}{\varrho}(C \sin\beta - A' \cos\beta)$$

mit den Bezeichnungen:

$$A' = \int yz dF, \quad B = \int z^2 dF, \quad C = \int y^2 dF,$$

von welchen Grössen B und C die Trägheitsmomente des Querschnitts beziehungsweise für die Axen OY und OZ genannt werden.

38. — Die beiden letzten, zur Bestimmung von β und ϱ dienenden Gleichungen können durch passende Wahl der Coordinatenaxen vereinfacht werden gemäss der folgenden allgemeinen Bemerkung:

Ist O (Fig. 6) ein beliebiger Punkt in einer ebenen Fläche F, angenommen als Anfangspunkt rechtwinkliger Coordinatenaxen OY, OZ, und OB eine unter dem Winkel β gegen OY geneigte Gerade in dieser Fläche F, so ist das Trägheitsmoment der letzteren für die Gerade OB:

$$J = \int \eta^2 dF = \int (z \cos\beta - y \sin\beta)^2 dF$$
$$= B \cos^2\beta + C \sin^2\beta - 2A' \cos\beta \sin\beta$$

mit den obigen Bedeutungen der Buchstaben B, C, A'. Auf der Geraden OB werde von O aus die Strecke

$$OB_1 = \frac{1}{\sqrt{J}}$$

abgetragen, und es seien

$$y_1 = \frac{\cos\beta}{\sqrt{J}}, \quad z_1 = \frac{\sin\beta}{\sqrt{J}}$$

die Coordinaten des Punktes B_1. Verfährt man ebenso mit allen Geraden, die durch O in der ebenen Fläche gezogen werden können, so ergiebt sich die Gleichung des Ortes aller so erhaltenen Punkte B_1 aus obiger Gleichung für J:

$$1 = By_1^2 + Cz_1^2 - 2A'y_1z_1 \,.$$

Das ist die Mittelpunktsgleichung einer Ellipse. Durch Drehung der Coordinatenaxen so, dass sie mit den Hauptaxen dieser Ellipse zusammenfallen, verschwindet aus ihrer Gleichung das Glied mit y_1z_1, wird also $A' = 0$, und da von ihren Halbaxen b, c die eine der grösste, die andere der kleinste Halbmesser ist, so ist von den entsprechenden Trägheitsmomenten $B = \frac{1}{b^2}$ und $C = \frac{1}{c^2}$ das eine ein Minimum, das andere ein Maximum.

Durch jeden Punkt einer ebenen Fläche F können also immer zwei zu einander senkrechte Gerade in derselben so gezogen werden, dass das Trägheitsmoment von F für die eine kleiner, für die andere grösser, als für irgend eine andere durch jenen Punkt gehende Gerade in der Ebene ist. Diese Geraden, die auch die Eigenschaft haben, dass in Bezug auf sie als Axen der y, z das über die ganze Fläche ausgedehnte Integral

$$\int yz\,dF = 0$$

ist, heissen die Hauptträgheitsaxen oder kürzer die Hauptaxen der Fläche für den fraglichen Punkt O, die betreffenden Trägheitsmomente B, C der Fläche ihre Hauptträgheitsmomente für diesen Punkt. Ihr Trägheitsmoment für eine in ihrer Ebene durch O gehende Gerade, die mit der Axe des Hauptträgheitsmomentes B den Winkel β bildet, ist

$$J = B\cos^2\beta + C\sin^2\beta \quad \ldots\ldots \quad (75).$$

39. — Werden nun also die Hauptaxen für den Schwerpunkt O des Querschnitts als Axen der y und z angenommen, so gehen die zu Ende von Nr. 37 erhaltenen Gleichungen zur Bestimmung von β und ϱ wegen $A' = 0$ über in:

$$M\cos\alpha = \frac{EB}{\varrho}\cos\beta\,, \quad M\sin\alpha = \frac{EC}{\varrho}\sin\beta\,,$$

woraus folgt:

$$tg\beta = \frac{B}{C}\,tg\alpha \quad \ldots\ldots \quad (76)$$

$$\frac{1}{\varrho} = \frac{M}{E}\sqrt{\frac{\cos^2\alpha}{B^2} + \frac{\sin^2\alpha}{C^2}} \quad \ldots\ldots \quad (77)$$

$$\sigma = \frac{E}{\varrho}(z\cos\beta - y\sin\beta) = M\left(\frac{z\cos\alpha}{B} - \frac{y\sin\alpha}{C}\right) \quad (78)$$

oder auch

$$\sigma = E\frac{\eta}{\varrho} = M\eta\sqrt{\frac{\cos^2\alpha}{B^2} + \frac{\sin^2\alpha}{C^2}} \quad \ldots \quad (79).$$

Ist $B > C$ und α ein spitzer Winkel, so ist nach Gleichung (76) β ein grösserer spitzer Winkel; die Biegungsaxe liegt also in dem spitzen Winkel zwischen der Axe des Kraftmomentes M und der Hauptaxe des kleinsten Trägheitsmomentes des Querschnitts. Hat dieser eine sehr längliche Form, so können

B und C so sehr verschieden sein, dass β nahe $= 90^0$, obgleich α nahe $= 0$ ist.

Ist aber $\alpha = 0$, so ist, einerlei ob $B \gtrless C$,

$$\beta = 0 = \alpha; \quad \frac{1}{\varrho} = \frac{M}{EB}; \quad \sigma = \frac{M\eta}{B} \quad . \quad . \quad . \quad (80);$$

es fällt dann also die Biegungsaxe mit der Axe des Paares M zusammen. Dasselbe ist der Fall, und gelten dieselben Gleichungen (80) für ϱ und σ, wenn $B = C$ ist; die Ellipse, mit deren Hauptaxen die Hauptträgheitsaxen zusammenfallen, wird dann ein Kreis, und haben alle Schwerpunktsaxen in der Querschnittsebene den der Gleichung

$$\int yz\,dF = 0$$

entsprechenden Charakter von Hauptaxen, für die dann nach Gleichung (75) die Trägheitsmomente alle gleich gross sind.

40. — Im Folgenden wird vorausgesetzt, dass die Richtungslinien aller äusseren Kräfte in einer Ebene liegen, die alle Querschnitte des stabförmigen Körpers in Hauptaxen für ihre Schwerpunkte schneidet, wie es insbesondere dann der Fall ist, wenn alle Schwerpunktsaxen der Querschnitte gleichwerthige Hauptaxen (Hauptaxen gleichen Trägheitsmomentes) sind, oder wenn die Ebene der Kräfte eine Symmetrieebene des Körpers, ihr Schnitt mit jedem Querschnitte folglich eine Symmetrieaxe des letzteren ist; für jeden Punkt der Symmetrieaxe (somit auch für den darin liegenden Schwerpunkt O), wenn sie als eine der Axen OY, OZ, z. B. als Axe der z angenommen wird, ist nämlich das über den ganzen Querschnitt ausgedehnte Integral

$$\int yz\,dF = 0,$$

weil gleichen Flächenelementen dF paarweise entgegengesetzte Coordinaten y bei gleichen Coordinaten z zukommen, und somit die Elementarbestandtheile jenes Integrals sich paarweise aufheben.

Unter diesen Umständen fallen nach voriger Nummer alle Biegungsaxen mit den Axen der betreffenden Kräftepaare M zusammen, die ihrerseits alle parallel, nämlich senkrecht zur Ebene der Kräfte sind. Die elastische Linie ist also eine Curve von einfacher Krümmung, die Biegungsfläche eine Biegungsebene, die mit der Ebene der Kräfte zusammenfällt, die elastische Fläche eine dazu senkrechte cylindrische Fläche. Wird dann das Trägheitsmoment eines Querschnitts für die Biegungsaxe, die zugleich neutrale Axe ist, mit J bezeichnet, so ist nach Gleichung (80):

$$\sigma = \frac{M\eta}{J}; \quad \frac{EJ}{\varrho} = M \quad . \quad . \quad . \quad . \quad . \quad . \quad (81).$$

Die Grösse $\frac{EJ}{\varrho}$ = dem Moment des Kräftepaares, auf welches das System der Spannungen in den Flächenelementen eines Querschnitts reducirt werden kann, und welches erhalten wird in der Momentensumme dieser Spannungen für die Biegungsaxe (oder eine damit parallele Axe), soll hinfort das Spannungsmoment des Querschnitts genannt werden. Die zweite der Gleichungen (81), die somit ausdrückt, dass für jeden Querschnitt das Spannungsmoment dem Moment der äusseren Kräfte gleich ist und deshalb kurz als Momentengleichung bezeichnet werden soll, dient zur Bestimmung der elastischen Linie. Wird nämlich diese auf rechtwinklige Coordinatenaxen der x und y in ihrer Ebene bezogen, so ist bekanntlich

$$\varrho = \frac{\left[1 + \left(\frac{dy}{dx}\right)^2\right]^{\frac{3}{2}}}{\pm \frac{d^2y}{dx^2}},$$

wobei, da ϱ absolut verstanden wird, im Nenner das obere oder untere Vorzeichen gilt, jenachdem $\frac{d^2y}{dx^2}$ positiv oder negativ, die elastische Linie also an der betreffenden Stelle concav im Sinne der positiven oder der negativen y-Axe gekrümmt ist. Wegen der Voraussetzung über die Geringfügigkeit dieser Krümmung (Nr. 35) ist aber, falls die x-Axe in der ursprünglichen Stabaxe oder parallel mit irgend einer Tangente der elastischen Linie angenommen wird, $\left(\frac{dy}{dx}\right)^2$ gegen 1 zu vernachlässigen, somit

$$\frac{1}{\varrho} = \pm \frac{d^2y}{dx^2} \quad \text{und} \quad \pm EJ\frac{d^2y}{dx^2} = M \quad . \quad . \quad . \quad (82)$$

als Momentengleichung zu setzen, welche, während im Allgemeinen M und J Functionen von x sind, durch zweimalige Integration die angenäherte Gleichung der elastischen Linie liefert.

41. — Ist für irgend einen Querschnitt

e' der grösste Werth eines positiven, e'' der grösste Absolutwerth eines negativen η,

σ' der grösste Werth eines positiven, σ'' der grösste Absolutwerth eines negativen σ,

so ist nach Gleichung (81):

$$\sigma' = \frac{Me'}{J}, \quad \sigma'' = \frac{Me''}{J}.$$

Beide Werthe ändern sich im Allgemeinen von einem zum anderen Querschnitte, und der Forderung (Nr. 26), dass dabei σ' höchstens $= k'$, σ'' höchstens $= k''$ sei, wird entsprochen durch eine solche Wahl der Verhältnisse, wodurch der grössere der beiden Quotienten

$$\frac{max\ \sigma'}{k'} \quad \text{und} \quad \frac{max\ \sigma''}{k''}$$

$= 1$ wird; der Querschnitt, in dem es der Fall ist, heisst der Bruchquerschnitt. Um sowohl die Zug-, als die Druckfestigkeit des Materials bis zum zulässigen Maximalbetrage k' resp. k'' zu verwerthen, sind die Verhältnisse so zu wählen, dass gleichzeitig

$$\frac{max\ \sigma'}{k'} = \frac{max\ \sigma''}{k''} = 1$$

wird, was in zwei verschiedenen Querschnitten der Fall sein kann, die dann beide Bruchquerschnitte sind.

Die Zug- und die Druckfestigkeit des Materials werden in allen Querschnitten in gleichem Verhältnisse benutzt, wenn für alle

$$\sigma' : k' = \sigma'' : k''$$

ist, was durch eine der Bedingung

$$e' : k' = e'' : k''$$

entsprechende Querschnittsform bewirkt werden kann. Dann wird auch in demselben Querschnitte, der demnach alleiniger Bruchquerschnitt ist, zugleich

$$\frac{max\ \sigma'}{k'} = \frac{max\ \sigma''}{k''} = 1\,.$$

Immerhin aber würde es im Allgemeinen nur dieser einzige Querschnitt sein, in welchem die Widerstandsfähigkeit des Materials gegen Zug und gegen Druck möglichst vollständig ausgenutzt wird; damit es in allen der Fall sei und dadurch ein sogenannter Körper von gleichem Widerstande hervorgehe, müsste noch der Querschnitt entsprechend der Veränderlichkeit des Kraftmomentes M selbst so veränderlich gemacht werden, dass in jedem Querschnitte

$$\frac{\sigma'}{k'} = \frac{\sigma''}{k''} = 1\,, \quad \text{also} \quad \frac{Me'}{Jk'} = \frac{Me''}{Jk''} = 1$$

oder

$$\frac{e'}{k'} = \frac{e''}{k''} = \frac{e' + e''}{k' + k''} = \frac{J}{M} \quad . \quad . \quad . \quad . \quad . \quad (83)$$

ist. Selbst dann wird nur in den äussersten, von der Biegungsaxe entferntesten Punkten aller Querschnitte die Widerstandsfähigkeit des Materials in zulässiger Vollständigkeit verwerthet, in den übrigen aber um so weniger, je näher sie der Biegungsaxe liegen. Das ist ein unvermeidlicher Mangel bei einem auf Biegung in Anspruch genommenen einfachen stabförmigen Körper, und es lässt sich die dadurch bedingte Materialverschwendung nur bis zu gewissem Grade vermindern, indem die Masse des Körpers in möglichst grosser Entfernung von der elastischen Fläche beiderseits angehäuft wird. Bei einem aus einzelnen stabförmigen Theilen zusammengesetzten Träger indessen lässt es sich erreichen, und es ist das eben der Zweck einer solchen, freilich nur bei grösseren Dimensionen (z. B. bei Brückenträgern) sich lohnenden Construction, dass alle Theile fast nur gezogen oder gedrückt werden, dass also in den Querschnitten der einzelnen Theile die Spannungen oder Pressungen fast gleichförmig vertheilt sind, und somit die Widerstandsfähigkeit des Materials gegen Zug resp. Druck bei angemessener Grösse der einzelnen Querschnitte fast überall bis zum zulässigen Maximalbetrage verwerthet wird.

42. — Die Anwendung der in den vorigen Nummern enthaltenen allgemeinen Gleichungen der Biegungselasticität auf specielle Aufgaben erfordert die Kenntniss der betreffenden Trägheitsmomente J, die deshalb für einige der am häufigsten vorkommenden Querschnittsformen hier entwickelt werden mögen. Dabei ist es oft am einfachsten, dieses Trägheitsmoment J für die durch den Schwerpunkt des Querschnitts vom Flächeninhalte F gehende Axe nicht unmittelbar zu berechnen, sondern aus dem anderweitig bekannten oder leichter zu berechnenden Trägheitsmomente J_1 für eine in einem gewissen Abstande a mit jener parallele Axe in der Ebene von F abzuleiten. Ist nämlich dF ein in der Entfernung x von der Schwerpunktsaxe mit derselben paralleler Flächenstreifen von F, so ist, wenn x positiv oder negativ gesetzt wird, jenachdem dF auf der entgegengesetzten oder auf derselben Seite der Schwerpunktsaxe wie jene andere Axe gelegen ist, das Trägheitsmoment für letztere:

$$J_1 = \int (a+x)^2 dF = a^2 \int dF + 2a \int x dF + \int x^2 dF$$
$$= Fa^2 + J \quad \ldots \ldots \ldots \quad (84)$$

wegen $\int x dF = 0$. Auch kann die Bestimmung von J resp. J_1 oft dadurch erleichtert werden, dass die Fläche F als algebraische Summe von Bestandtheilen betrachtet wird, deren betreffende Trägheitsmomente bekannt und dann nur gleichfalls algebraisch summirt zu werden brauchen, um J resp. J_1 zu finden. Geradlinig begrenzte Flächen können insbesondere als algebraische Summen von Rechtecken und Dreiecken dargestellt werden, und sind zu dem Ende die Ausdrücke der Trägheitsmomente J_1 dieser Elementarfiguren für ihre Grundlinien $= b$ bei gegebenen Höhen $= h$ zu bemerken. Durch Zerlegung in mit der Grundlinie parallele Flächenstreifen, von denen irgend einer den Abstand x von der Grundlinie und die Breite dx habe, ergiebt sich für das Rechteck

$$J_1 = \int_0^h x^2 b dx = \frac{bh^3}{3}$$

und für das Dreieck, bei dem die Länge eines solchen Flächenstreifens $= \frac{h-x}{h} b$ ist,

$$J_1 = \int_0^h x^2 \frac{h-x}{h} b dx = \frac{bh^3}{3} - \frac{bh^3}{4} = \frac{bh^3}{12}.$$

43. — Von solchen Querschnittsformen, die in Beziehung auf die Biegungsaxe symmetrisch sind, und für welche die dann gleichen Grössen e', e'' (Nr. 41) mit e bezeichnet seien, ist das Rechteck die einfachste; dafür (Fig. 7, worin, wie in den folgenden Figuren, mit J die Axe bezeichnet ist, auf die sich das ebenso bezeichnete Trägheitsmoment bezieht) ergiebt sich aus voriger Nummer:

Fig. 7.

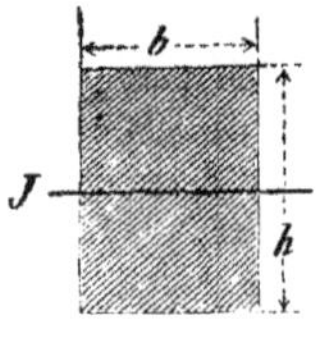

$$J = 2 \cdot \frac{1}{3} b \left(\frac{h}{2}\right)^3 = \frac{bh^3}{12}; \quad e = \frac{h}{2}.$$

Bei gegebenem Inhalte $F = bh$ eines solchen rechteckigen Querschnitts ist $\sigma' = \sigma'' = \frac{Me}{J}$ um so kleiner, je grösser

$$\frac{J}{e} = \frac{bh^2}{6} = \frac{Fh}{6},$$

also je grösser h ist. Um aber durch die mit der Vergrösserung von h verbundene Verkleinerung von $b = \frac{F}{h}$ die nöthige Widerstandsfähigkeit gegen die zufällige Einwirkung von Seitenkräften nicht übermässig zu vermindern, sind oft die folgenden vom Rechteck abgeleiteten Querschnittsformen vorzuziehen:

Fig. 8.

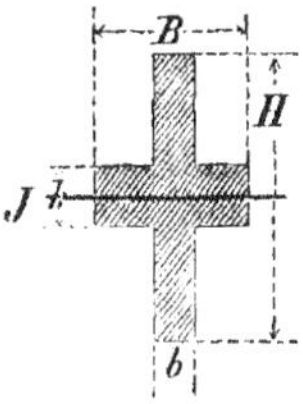

Fig. 9.

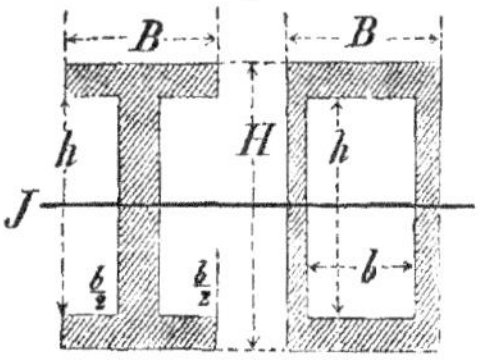

Fig. 10.

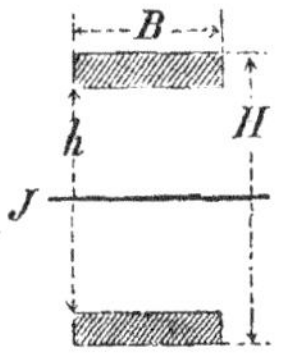

Die Ausdrücke von J für dieselben ergeben sich leicht mit Rücksicht auf Nr. 42, und zwar ist für den kreuzförmigen Querschnitt (Fig. 8):

$$J = \frac{bH^3 + (B - b)h^3}{12}; \quad e = \frac{H}{2},$$

für den doppelt-T-förmigen und den hohlen rechteckigen Querschnitt (Fig. 9):

$$J = \frac{BH^3 - bh^3}{12}; \quad e = \frac{H}{2},$$

für den doppelt-rechteckigen Querschnitt (Fig. 10), wobei eine Verbindung beider Theile durch Verstrebung vorausgesetzt ist, deren geringer Einfluss auf das Trägheitsmoment des resultirenden Querschnitts vernachlässigt wird:

$$J = \frac{B(H^3 - h^3)}{12}; \quad e = \frac{H}{2}.$$

Bei einem rechteckigen Balken von Holz, der aus einem runden Stamme geschlagen werden soll, ist das erreichbare Maximum der Function $\frac{J}{e}$ ein durch jene Bedingung beschränktes, und kommt die Aufgabe darauf hinaus, in einem Kreise vom Durchmesser d ein Rechteck so zu zeichnen, dass, unter b die kleinere seiner Seiten b, h verstanden, die Function $bh^2 = b(d^2 - b^2)$ ein Maximum wird; die Lösung ist:

$$d^2 - 3b^2 = 0; \quad b = d\sqrt{\frac{1}{3}}; \quad h = d\sqrt{\frac{2}{3}}.$$

Aus $b = \sqrt{d \cdot \frac{d}{3}}$ folgt, dass die Projection der Seite b auf den von einem ihrer Endpunkte ausgehenden Durchmesser des Kreises $= \frac{d}{3}$ ist.

Wenn man also einen Durchmesser in drei gleiche Theile theilt und in den Theilpunkten auf entgegengesetzten Seiten Senkrechte zu ihm errichtet, so sind ihre Schnittpunkte mit der Peripherie des Kreises nebst den Endpunkten jenes Durchmessers die vier Eckpunkte eines der Aufgabe entsprechenden Rechtecks.

44. — Um das Trägheitsmoment J eines regulären Polygons, dessen Seitenzahl $= n$ und Seitenlänge $= s$ sei, für irgend eine durch seinen Mittelpunkt O in seiner Ebene gehende Gerade OX zu finden, kann es durch die Verbindungsgeraden des Mittelpunkts mit den Eckpunkten in n congruente gleichschenklige Dreiecke getheilt werden, deren Trägheitsmomente für OX dann zu summiren sind. Ist AOB (Fig. 11) eins dieser Dreiecke, $OC = a$ das Perpendikel von O auf $AB = s$, φ der Winkel XOC, und betrachtet man dieses Dreieck als Differenz der Dreiecke AOD, BOD mit den Höhen

Fig. 11.

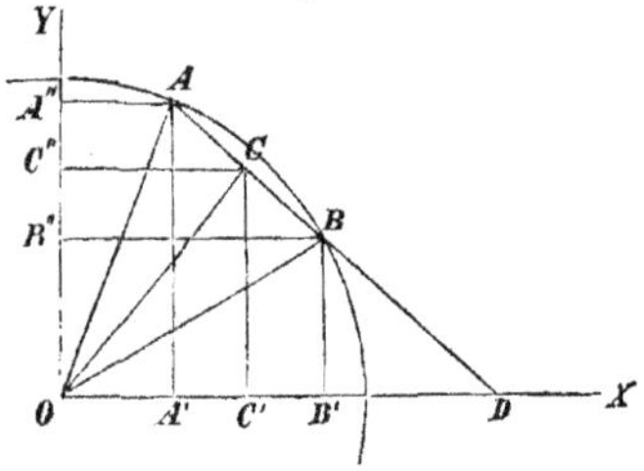

$$AA' = a \sin\varphi + \frac{s}{2}\cos\varphi,$$

$$BB' = a \sin\varphi - \frac{s}{2}\cos\varphi$$

und der gemeinsamen Grundlinie $OD = \dfrac{a}{\cos\varphi}$, so ist sein Trägheitsmoment für OX nach Nr. 42:

$$J_1 = \frac{OD}{12}\left(\overline{AA'}^3 - \overline{BB'}^3\right) = \frac{1}{12}\frac{a}{\cos\varphi}\cdot 2\left(3a^2\sin^2\varphi\frac{s}{2}\cos\varphi + \frac{s^3}{8}\cos^3\varphi\right)$$

$$= \frac{1}{12}\left(3a^2 . a\sin\varphi . s\sin\varphi + \frac{s^2}{4} . a\cos\varphi . s\cos\varphi\right)$$

oder, wenn mit $y = CC' = a\sin\varphi$, $x = CC'' = a\cos\varphi$ die Coordinaten des Punktes C in Beziehung auf OX und die dazu senkrechte Axe OY, mit

$$s' = A'B' = s\sin\varphi,\quad s'' = A''B'' = s\cos\varphi$$

die Projectionen von $AB = s$ auf OX und OY bezeichnet werden,

$$J_1 = \frac{1}{12}\left(3a^2 y s' + \frac{s^2}{4} x s''\right).$$

Durch Summirung der gleich gebildeten Ausdrücke für die Trägheitsmomente J_1, J_2 . . . J_n aller n congruenten gleichschenkligen Dreiecke, die das Polygon zusammensetzen, ergiebt sich das Trägheitsmoment des letzteren:

$$J = \frac{1}{12}\left(3a^2 \Sigma ys' + \frac{s^2}{4}\Sigma xs''\right).$$

Das Product ys' ist, jenachdem der Punkt D ausserhalb der Strecke AB oder in derselben liegt, der Inhalt des Trapezes $A'ABB'$ oder die Differenz der Inhalte der Dreiecke $A'AD$, DBB', und die Summe dieser

Producte ist offenbar der Inhalt des ganzen Polygons $= F$. Dasselbe gilt von $\Sigma x s''$, und folgt somit

$$J = \frac{F}{12}\left(3a^2 + \frac{s^2}{4}\right) = \frac{F}{12}\left(3r^2 - \frac{s^2}{2}\right),$$

wenn $r = \sqrt{a^2 + \frac{s^2}{4}}$ der Radius des umbeschriebenen Kreises ist. Aus dem Umstande, dass weder φ noch von φ abhängige Grössen in diesem Ausdrucke vorkommen, folgt die Gleichheit der Trägheitsmomente für alle in der Ebene des regulären Polygons durch seinen Mittelpunkt gehende Geraden.

Der Kreis ist als Grenze eines regulären Polygons zu betrachten bei wachsender Seitenzahl und entsprechender Abnahme der Seitenlänge. Mit $s = 0$ erhält man also das Trägheitsmoment eines Kreises vom Radius r für jeden Durchmesser $= d$:

$$J = \frac{1}{4} F r^2 = \frac{\pi r^4}{4} = \frac{\pi d^4}{64}.$$

Daraus ergiebt sich weiter das Trägheitsmoment einer Ellipse mit den Halbaxen a, b für die Hauptaxe $2a$:

$$J = \frac{\pi a^4}{4}\left(\frac{b}{a}\right)^3 = \frac{\pi a b^3}{4}.$$

Wird nämlich über der Hauptaxe $2a$ als Durchmesser ein Kreis beschrieben, so haben von den (als Rechtecke zu betrachtenden) unendlich schmalen Flächenstreifen, in welche die Ellipse und der Kreis durch eine Schaar von senkrechten Geraden zu jener Axe getheilt werden können, je zwei zwischen denselben Senkrechten enthaltene das Längenverhältniss $\frac{b}{a}$, ihre Trägheitsmomente folglich das Verhältniss $\left(\frac{b}{a}\right)^3$.

45. — Unter den in Beziehung auf die Biegungsaxe nicht symmetrischen Querschnitten (bei vorhandener Symmetrie bezüglich der zur Biegungsaxe senkrechten Schwerpunktsaxe als Durchschnittslinie mit der Biegungsebene) ist der allgemeine doppelt T-förmige Querschnitt der gewöhnlichste, wenigstens als Grundform anderer, durch Specialisirung oder Zusammensetzung abgeleiteter Formen ähnlichen Charakters.

Fig. 12.

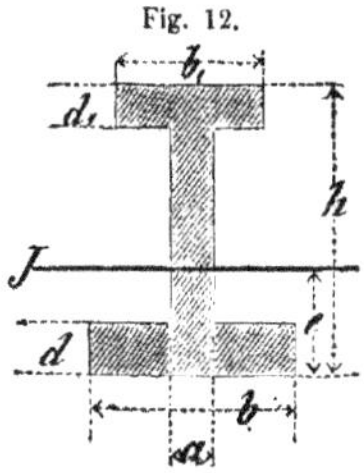

Bei demselben ist mit Rücksicht auf Fig. 12 die Lage der Biegungsaxe bestimmt durch:

$$e = \frac{1}{2}\,\frac{ah^2 + (b-a)d^2 + (b_1 - a)d_1(2h - d_1)}{ah + (b-a)d + (b_1 - a)d_1}$$

$=$ der durch ihre Inhaltssumme dividirten Momentensumme (Summe der Producte aus Inhalt und Schwerpunktsabstand von der Grundlinie b) der Flächentheile, als welche die aus den Gliedern des Nenners obigen Ausdruckes erkennbaren Rechtecke angenommen sind. Mit

$$e_1 = h - e, \quad f = e - d, \quad f_1 = e_1 - d_1$$

ergiebt sich dann ferner gemäss Nr. 42 bei der Auffassung des Querschnitts als algebraische Summe von Rechtecken auf der Biegungsaxe als gemeinsamer Grundlinie:

$$J = \frac{1}{3}\left[be^3 + b_1 e_1{}^3 - (b-a)f^3 - (b_1 - a)f_1{}^3\right].$$

Fig. 13.

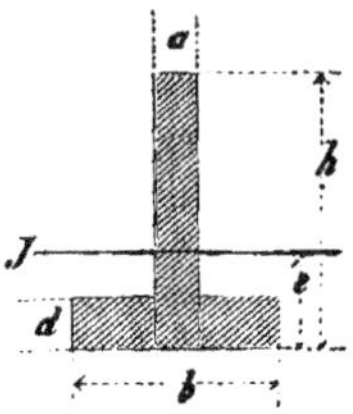

Mit $b_1 = a$ erhält man hieraus für den T-förmigen Querschnitt (Fig. 13):

$$e = \frac{1}{2}\,\frac{ah^2 + (b-a)d^2}{ah + (b-a)d}$$

$$J = \frac{1}{3}\left[be^3 + ae_1{}^3 - (b-a)f^3\right];$$

sowie mit $a = 0$ für den allgemeinen doppelt-rechteckigen Querschnitt:

$$e = \frac{1}{2}\,\frac{bd^2 + b_1 d_1 (2h - d_1)}{bd + b_1 d_1}$$

$$J = \frac{1}{3}\left[b(e^3 - f^3) + b_1(e_1{}^3 - f_1{}^3)\right].$$

Ist ein solcher Querschnitt durch n Elemente bestimmt, so kann man im Allgemeinen $n-2$ Verhältnisse zwischen ihnen annehmen und ein weiteres gemäss der Forderung bestimmen, dass

$$\sigma' : k' = \sigma'' : k'', \quad \text{also } e' : k' = e'' : k'' \quad \text{(Nr. 41)}$$

sein soll; hiernach sind alle Elemente durch eins derselben bestimmt, welches davon abhängt, dass $\frac{\sigma'}{k'} = \frac{\sigma''}{k''}$ im Bruchquerschnitte (oder bei einem Körper von gleichem Widerstande in allen Querschnitten) $= 1$ sein soll.

Nimmt man z. B. bei dem durch die vier Elemente a, b, d, h bestimmten T-förmigen Querschnitte (Fig. 13)

$$d = a, \quad h = 12a, \quad b = xa,$$

so ist

$$e = \frac{a}{2}\,\frac{144 + x - 1}{12 + x - 1} = \frac{a}{2}\,\frac{143 + x}{11 + x},$$

und wenn bei solcher Lage des betreffenden, z. B. gusseisernen Trägers, bei welcher $e = e'$, $e_1 = e''$ ist,

$$e' : e'' = k' : k'' = 1 : 2, \quad \text{also } e' = \frac{1}{3}h = 4a$$

sein soll, so folgt

$$143 + x = 8(11 + x); \quad x = \frac{55}{7}, \quad \text{d. i. } b \text{ nahe } = 8a.$$

46. — Wenn der Querschnitt von einer weniger einfach definirten oder gar nur empirisch gegebenen Linie begrenzt wird, wie z. B. der Querschnitt einer Eisenbahnschiene, so kann die Bestimmung von J mittels einer der üblichen Näherungsformeln zur Berechnung eines bestimmten Integrals geschehen. Insbesondere ist dazu die bekannte Simpson'sche Formel geeignet, derzufolge

$$\int_{x_0}^{x_n} f(x)\,dx = \frac{x_n - x_0}{3n}[f(x_0) + 4f(x_1) + 2f(x_2) + 4f(x_3) + \ldots$$

$$\ldots + 2f(x_{n-2}) + 4f(x_{n-1}) + f(x_n)]$$

mit $x_1 - x_0 = x_2 - x_1 = x_3 - x_2 \ldots = x_n - x_{n-1} = \frac{x_n - x_0}{n}$ gesetzt wird, unter n eine gerade Zahl verstanden; sind

$y_0 \quad y_1 \quad y_2 \ldots y_n$

die den Abscissen $x_0 \quad x_1 \quad x_2 \ldots x_n$

entsprechenden Ordinaten der Curve $y = f(x)$, so liefert sie das Integral mit derjenigen Annäherung, mit welcher das zwischen y_0 und y_2 liegende Stück dieser Curve durch eine Parabel ersetzt werden kann, deren Hauptaxe parallel der y-Axe ist und die durch die Punkte $x_0 y_0$, $x_1 y_1$, $x_2 y_2$ geht, das Curvenstück zwischen y_2 und y_4 durch eine solche Parabel, die durch die Punkte $x_2 y_2$, $x_3 y_3$, $x_4 y_4$ geht u. s. f.

Fig. 14.

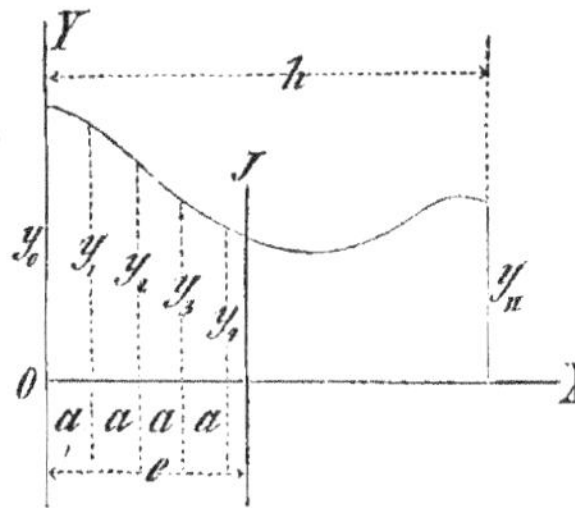

Behufs der Anwendung dieser Formel zur Berechnung des Trägheitsmomentes J für die Biegungsaxe wird die Höhe h des Querschnitts, d. i. die Entfernung der ihn berührend zwischen sich fassenden mit der Biegungsaxe parallelen Geraden, in eine gerade Anzahl n gleicher Theile $a = \frac{1}{n} h$ getheilt, und werden die Breiten (die mit der Biegungsaxe parallelen Sehnen) des Querschnitts

$= y_0 \quad y_1 \quad y_2 \quad y_3 \ldots y_n$

in den Abständen $0 \quad a \quad 2a \quad 3a \ldots na$

von der Grundlinie OY (Fig. 14), nämlich von einer jener beiden parallelen Berührungs- resp. Begrenzungslinien des Querschnitts gemessen. Ist dann y die Breite in der beliebigen Entfernung x von dieser Grundlinie, so ist nach obiger Formel unmittelbar

$$F = \int_0^h y\,dx = \frac{a}{3}(y_0 + 4y_1 + 2y_2 + 4y_3 + 2y_4 + \ldots + 4y_{n-1} + y_n).$$

Um ferner die Entfernung e des Schwerpunktes und somit der Biegungsaxe von der Grundlinie:

$$e = \frac{1}{F}\int_0^h xy\,dx$$

zu finden, ist xy statt y als die Function $f(x)$ zu betrachten, deren

$x = 0 \quad a \quad 2a \ldots na$

entsprechende Werthe $= 0 \quad ay_1 \quad 2ay_2 \ldots nay_n$

sind, so dass sich ergiebt:

$$e = \frac{a^2}{3F}(4y_1 + 2.2y_2 + 4.3y_3 + 2.4y_4 + \ldots + 4(n-1)y_{n-1} + ny_n).$$

Ferner ist das Trägheitsmoment für die Grundlinie OY, nämlich

$$J_1 = \int_0^h x^2 y\,dx \text{ mit } f(x) = x^2 y:$$

$$J_1 = \frac{a^3}{3}(4y_1 + 2\,.\,2^2 y_2 + 4\,.\,3^2 y_3 + 2\,.\,4^2 y_4 + \ldots + 4(n_{n-1})^2 y_{n-1} + n^2 y_n)$$

und ergiebt sich dann endlich mit den Werthen von F, e und J_1 nach Nr. 42 das Trägheitsmoment für die Biegungsaxe:

$$J = J_1 - Fe^2.$$

47. — Bei den im Folgenden näher betrachteten Specialfällen wird die in Nr. 40 gemachte Voraussetzung noch weiter eingeschränkt durch die Annahme, dass die gegebenen äusseren Kräfte alle in gleichem Sinne wirken, wie es z. B. der Fall ist, wenn sie bei horizontaler Lage der Stabaxe Schwerkräfte sind. Von den beiden Coordinatenaxen, auf welche die elastische Linie bezogen wird, soll dann immer die eine als Ordinatenaxe parallel mit diesen Kräften und positiv im Sinne derselben angenommen werden, während die andere als Abscissenaxe in der ursprünglichen Stabaxe liegt.

Wenn ferner als äussere Kräfte für einen Querschnitt X, dessen Abscisse (Entfernung vom Anfangspunkte der Coordinaten) $= x$ ist, diejenigen Kräfte angenommen werden, die an dem von diesem Querschnitte aus im Sinne der negativen x-Axe gelegenen Theil des Stabes angreifen, so soll die Resultante dieser Kräfte, deren Absolutwerth im Vorhergehenden mit R bezeichnet wurde, algebraisch verstanden mit X bezeichnet und positiv oder negativ gesetzt werden, jenachdem sie die Richtung der negativen oder der positiven Ordinatenaxe hat. Desgleichen wird die Momentensumme der äusseren Kräfte für diesen Querschnitt, deren Absolutwerth $= M$ ist, algebraisch verstanden mit (X) bezeichnet (gelesen: Moment X im Gegensatz zu: Kraft X oder Querschnitt X) und positiv oder negativ gesetzt, jenachdem die elastische Linie an der betreffenden Stelle im Sinne der negativen oder der positiven Ordinatenaxe concav gebogen ist. Indem dann also, falls die Ordinatenaxe als y-Axe bezeichnet wird, (X) und $\frac{d^2y}{dx^2}$ unter entgegengesetzten Umständen positiv oder negativ sind, wird die Momentengleichung (82):

$$-EJ\frac{d^2y}{dx^2} = (X) \quad \ldots\ldots \quad (85).$$

Fig. 15.

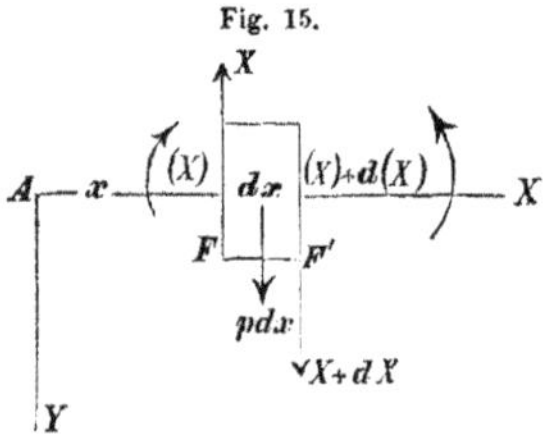

Zwischen den Grössen X und (X) besteht eine einfache Beziehung. Sind nämlich F und F' (Fig. 15) zwei Querschnitte mit den Abscissen x und $x + dx$, so muss an dem dazwischen liegenden scheibenförmigen Körperelement Gleichgewicht stattfinden zwischen den Kräften X und $X + dX$, die in F und F' im Sinne der in Fig. 15 beigesetzten Pfeile wirkend angebracht werden, ferner den Kräftepaaren (X) und $(X) + d(X)$, im Sinne der beigesetzten krummen

Pfeile auf Drehung wirkend, und der gegebenen Belastung $= p\,dx$ des Stabelementes FF', unter p die specifische Belastung (Belastung pro Längeneinheit) an der betreffenden Stelle verstanden. Dem Gleichgewicht dieser Kräfte und Kräftepaare entsprechen die Gleichungen:

$$X + dX = X - p\,dx$$

$$(X) + d(X) = (X) + X\,dx - p\,dx\frac{dx}{2},$$

woraus bei Vernachlässigung des unendlich kleinen Gliedes zweiter Ordnung folgt:

$$\frac{d(X)}{dx} = X; \quad \frac{d^2(X)}{dx^2} = \frac{dX}{dx} = -p \quad . \quad . \quad . \quad (86).$$

Hiernach ist für solche Querschnitte, für welche $X = 0$ (also $R = 0$) ist, (X) ein Maximum, also auch M ein Maximum, falls (X) positiv, d. h. die elastische Linie concav im Sinne der negativen Ordinatenaxe (im entgegengesetzten Sinne der gegebenen Kräfte) gekrümmt ist; anderen Falls würde $X = 0$ zwar auch einem Maximum von (X), aber einem Minimum von M entsprechen.

48. — Wenn eine belastende Kraft P längs einer sehr kleinen Strecke der Stablänge vertheilt angreift, so wird sie der Einfachheit wegen so in Rechnung gestellt, als ob sie in einem Punkte (Querschnitte) concentrirt angriffe. Die belastenden Kräfte werden also unterschieden als dergleichen örtlich concentrirt angreifende Kräfte P und als stetig längs grösseren Stabstrecken vertheilt angreifende Belastungen; letztere werden pro Längeneinheit mit p bezeichnet. Dabei kann p constant, einer gleichförmig vertheilten Belastung entsprechend, oder eine Function der Abscisse, diese Function auch an gewissen Stellen unstetig sein, einer plötzlichen Aenderung von p um eine endliche Grösse Δp entsprechend.

Stetigkeitsunterbrechungen der elastischen Linie können hiernach verursacht werden entweder durch eine plötzliche Aenderung des Querschnitts F, oder durch eine örtlich concentrirt angreifende Kraft P, oder durch eine unstetige Aenderung von p, und zwar sind diese dreierlei Arten von Stetigkeitsunterbrechungen beziehungsweise von der zweiten, dritten oder vierten Ordnung, wenn ihre Ordnung n durch diejenige des Differentialquotienten $\frac{d^n y}{dx^n}$ charakterisirt wird, der an der betreffenden Stelle sich um Endliches ändert, während die Differentialquotienten niederer Ordnung unendlich kleine Aenderungen bei der Aenderung von x um dx erfahren. Aendert sich nämlich F und damit J um eine endliche Grösse, so gilt dasselbe nach der Momentengleichung (85) von $\frac{d^2y}{dx^2}$, ist also die Stetigkeitsunterbrechung der elastischen Linie von zweiter Ordnung. An der Angriffsstelle einer Kraft P ändert sich dagegen $X = \frac{d(X)}{dx}$ um P, nach Gleichung (85) folglich erst $\frac{d^3y}{dx^3}$ um eine endliche Grösse. Eine unstetige Aenderung von p endlich entspricht nach

Gleichung (86) einer solchen von $\frac{d^2(X)}{dx^2}$, also nach Gleichung (85) erst einer solchen von $\frac{d^4y}{dx^4}$.

Von welcher Art und Ordnung übrigens auch die Stetigkeitsunterbrechungen sein mögen, die der elastischen Linie in gewissen Punkten zukommen, so wird sie durch dieselben in Strecken abgetheilt, denen verschiedene Gleichungen entsprechen; denn in den Momentengleichungen

$$\frac{d^2y}{dx^2} = -\frac{(X)}{EJ} = f(x),$$

durch deren zweimalige Integration jene Gleichungen erhalten werden, sind die Functionen $f(x)$ für die verschiedenen jener Strecken verschieden.

Die Widerstandskräfte von Stützen des Stabes, die als secundäre von den gegebenen als primären Kräften abhängen, werden auch als in Punkten (Querschnitten) concentrirt angreifend betrachtet, so dass dadurch eine Stetigkeitsunterbrechung dritter Ordnung der elastischen Linie bedingt wird. Wenn zwei solche Stützen, von entgegengesetzten Seiten her den Körper stützend, einander sehr nahe sind (Fig. 16), so kann von ihrer Entfernung ganz abgesehen werden, wenn nur berücksichtigt wird, dass sie zusammen nicht nur, wie eine einzelne Stütze, der betreffenden Ordinate der elastischen Linie eine bestimmte Grösse, sondern auch ihrer Tangente eine bestimmte Richtung anweisen. Der Stab soll in diesem Falle als eingeklemmt an der betreffenden Stelle bezeichnet werden im Gegensatze zu seiner Bezeichnung als gestützt im Falle einer einzelnen Stütze. Immer wird dabei hier vorläufig der Stab als reibungslos gleitbar längs den Stützen gedacht, weil die Erschwerung dieses Gleitens durch Reibung oder seine Verhinderung durch Befestigung (statt blosser Einklemmung) des Stabes eine Längenspannung desselben verursachen würde, welche seine Inanspruchnahme als Combination von Zug- oder Druckelasticität mit Biegungselasticität erscheinen lesse, wie sie erst später in Betracht gezogen werden soll.

Fig. 16.

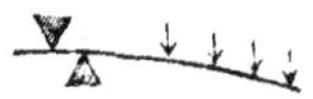

Hinsichtlich der Stützungsweise eines auf Biegung in Anspruch genommenen Stabes werden hiernach folgende Fälle unterschieden werden:

1) Einklemmung an einem Ende des übrigens freien Stabes,

2) Stützung oder Einklemmung an jedem Ende,

3) Stützung zugleich an mittleren Stellen des übrigens an den Enden gestützten oder eingeklemmten Stabes.

Der zweite Fall umfasst drei Specialfälle, jenachdem der Stab an beiden Enden gestützt, an beiden eingeklemmt, oder am einen gestützt und am anderen eingeklemmt ist. Dieselben Specialfälle können auch bei dem dritten Hauptfalle unterschieden werden, ausserdem aber noch Einzelfälle je nach der Zahl der mittleren Stützen. Der Ersatz einer solchen mittleren Stütze durch ein Stützenpaar (Einklemmung) würde nicht zu einer weiteren Verallgemeinerung führen, weil die beiderseits von dieser Stelle liegenden Stabtheile unabhängig von einander zu untersuchen wären.

a. Prismatischer stabförmiger Körper.

49. — Wenn der Körper prismatisch ist, alle Querschnitte also congruent und gegen die Biegungsebene gleich liegend sind, so ist J eine Constante, und wenn zugleich die elastische Linie überall in gleichem Sinne gebogen ist, so haben auch e' und e'' (Nr. 41) für alle Querschnitte gleiche Werthe, sind also

$$\sigma' = \frac{Me'}{J} \quad \text{und} \quad \sigma'' = \frac{Me''}{J}$$

in dem Querschnitte (als Bruchquerschnitt) am grössten, für welchen M am grössten ist. Der Forderung, dass σ' höchstens $= k'$, σ'' höchstens $= k''$ sei, wird dann dadurch entsprochen, dass $max\, M$ der kleineren der beiden Grössen

$$k' \frac{J}{e'} \quad \text{und} \quad k'' \frac{J}{e''}$$

gleich gesetzt wird, die das Widerstandsmoment des Stabes für den betreffenden Sinn der Biegung genannt und mit W bezeichnet werde.

Ist $k' = k'' = k$ oder $e' = e'' = e$, so ist

$$W = k \frac{J}{e},$$

unter e im ersten Falle den grösseren der Werthe e' und e'', unter k im zweiten Falle den kleineren der Werthe k' und k'' verstanden.

Ist der Forderung entsprochen, dass die Zug- und die Druckfestigkeit des Materials in allen Querschnitten in gleichem Verhältnisse in Anspruch genommen werden, so ist das Widerstandsmoment

$$W = k' \frac{J}{e'} = k'' \frac{J}{e''}.$$

Hat aber die elastische Linie Wendepunkte, so tauschen e' und e'' für die entgegengesetzt gebogenen Stabstrecken ihre Werthe um, und ist deshalb das Widerstandsmoment $= W'$ für die im einen Sinne gebogenen Stabtheile im Allgemeinen von demjenigen $= W''$ für die im anderen Sinne gebogenen Stabtheile verschieden; ist dann $max\, M'$ der grösste Werth von M für die ersteren, $max\, M''$ der grösste Werth von M für die letzteren Stabstrecken, so wird der Forderung, dass σ' höchstens $= k'$, σ'' höchstens $= k''$ sein soll, dadurch entsprochen, dass der grössere der beiden Quotienten

$$\frac{max\, M'}{W'} \quad \text{und} \quad \frac{max\, M''}{W''}$$

$= 1$ gesetzt wird; der betreffende Querschnitt, wo dieser Maximalwerth $= 1$ stattfindet, ist der Bruchquerschnitt.

Ist in diesem Falle $k' = k'' = k$ oder $e' = e'' = e$, so ist

$$W' = W'' = k \frac{J}{e},$$

wenn im ersten Falle unter e der grössere der beiden Werthe e' und e'', im zweiten unter k der kleinere der beiden Werthe k' und k'' verstanden wird, und der Bruchquerschnitt ist derjenige, für welchen M am grössten, einerlei ob daselbst der Stab im einen oder im anderen Sinne gebogen ist.

In diesem Falle des Vorhandenseins von Wendepunkten der elastischen Linie kann der Forderung, dass die Zug- und die Druckfestigkeit in allen Querschnitten in gleichem Verhältnisse verwerthet werden, durch einen prismatischen Stab nur dann genügt werden, wenn $k' = k''$, also $e' = e''$ ist. Anderen Falls müsste der nach wie vor constante Querschnitt in den entgegengesetzt gebogenen Stabtheilen entgegengesetzt gegen die Biegungsaxe liegen; der Stab wäre dann nicht mehr prismatisch, aber doch wieder $W' = W''$ und der Bruchquerschnitt derjenige, für welchen M am grössten ist.

1. Der Stab ist an einem Ende eingeklemmt, übrigens frei.

50. — A sei das eingeklemmte, B das freie Ende des Stabes, die Länge $AB = l$. Gemäss der Voraussetzung (Nr. 47), dass die gegebenen äusseren Kräfte alle in gleichem Sinne wirken, ist ihre Momentensumme M am grössten für den Querschnitt bei A. Hat z. B. der Stab eine gleichförmig über seiner ganzen Länge vertheilte Belastung Q, während er ausserdem

in den Abständen $a_1 \quad a_2 \quad a_3 \; \ldots$ vom Ende A
durch die Kräfte $P_1 \quad P_2 \quad P_3 \; \ldots$ angegriffen wird,

so ist $max\, M = P_1 a_1 + P_2 a_2 + P_3 a_3 + \ldots + \frac{Ql}{2}$.

Die angenäherte Gleichung der elastischen Linie mag beispielsweise für den Fall entwickelt werden, dass ausser der gleichförmig vertheilten Belastung Q nur eine am freien Ende concentrirt angreifende Kraft P vorhanden ist. Mit Bezug auf das aus Fig. 17 ersichtliche Coordinatensystem (AX Tangente der elastischen Linie AB im Punkte A) ist nach der Momentengleichung (82), Nr. 40, worin wegen der im Sinne der positiven y-Axe concaven Krümmung der elastischen Linie das obere Vorzeichen gilt,

Fig. 17.

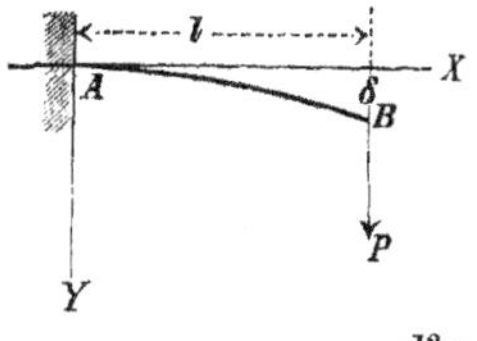

$$EJ\frac{d^2y}{dx^2} = M = P(l-x) + Q\frac{(l-x)^2}{2l}$$

und folgt daraus durch zweimalige Integration mit Rücksicht darauf, dass $x = 0$, $\frac{dy}{dx} = 0$, $y = 0$ zusammengehörige Werthe sind:

$$EJ\frac{dy}{dx} = P\left(lx - \frac{x^2}{2}\right) + \frac{Q}{2l}\left(l^2x - lx^2 + \frac{x^3}{3}\right)$$

$$EJy = P\left(\frac{lx^2}{2} - \frac{x^3}{6}\right) + \frac{Q}{2l}\left(\frac{l^2x^2}{2} - \frac{lx^3}{3} + \frac{x^4}{12}\right).$$

Für das freie Stabende B ergiebt sich mit $x = l$ aus der Gleichung für $\frac{dy}{dx}$ die Neigung β gegen die x-Axe, und aus der Gleichung für y die Durchbiegung δ:

$$\beta = \frac{P + \frac{1}{3}Q}{EJ}\frac{l^2}{2}; \quad \delta = \frac{P + \frac{3}{8}Q}{EJ}\frac{l^3}{3} \quad \ldots \quad (87).$$

$$\left.\begin{array}{l} \text{Insbesondere für } Q = 0 \text{ ist } \delta = \frac{P}{EJ}\frac{l^3}{3} = \frac{2}{3}l\beta \\ \quad\quad\quad\quad\quad\;\; \text{„} \quad P = 0 \text{ ist } \delta = \frac{Q}{EJ}\frac{l^3}{8} = \frac{3}{4}l\beta \end{array}\right\} \quad \ldots \quad (88).$$

Die Tangente der elastischen Linie in B trifft die x-Axe in einem Punkte, der im ersten Falle um $\frac{1}{3}l$, im zweiten um $\frac{1}{4}l$ von A entfernt ist.

51. — Wenn der Stab AB nach irgend einem anderen Gesetze belastet ist, wobei im Allgemeinen von A nach B gerechnet

an gewissen Stellen $C_1 \quad C_2 \quad C_3 \ldots$
in den Abständen $a_1 \quad a_2 \quad a_3 \ldots$ von A

eine der zweierlei in Nr. 48 bemerkten Stetigkeitsunterbrechungen der Belastung stattfinden kann, so kommen der elastischen Linie daselbst entsprechende Stetigkeitsunterbrechungen (dritter oder vierter Ordnung) zu, und es haben die einzelnen Strecken AC_1, C_1C_2, $C_2C_3 \ldots$ derselben ihre besonderen Gleichungen, die auf folgende Weise gefunden werden, wenn

bei $C_1 \quad C_2 \quad C_3 \ldots$
$\gamma_1 \quad \gamma_2 \quad \gamma_3 \ldots$ die Neigungswinkel der elastischen Linie gegen AX
und $\delta_1 \quad \delta_2 \quad \delta_3 \ldots$ die betreffenden Ordinaten oder Durchbiegungen sind.

Bei gegebener Belastung und gegebenem Querschnitte ergiebt sich aus der Momentengleichung:

$$\frac{d^2y}{dx^2} = \text{einer bekannten Function } f(x),$$

die für die verschiedenen Strecken AC_1, $C_1C_2 \ldots$ verschieden ist. Ist nun für die Strecke AC_1

$$\frac{d^2y}{dx^2} = f_1(x), \text{ so folgt daraus durch Integration:}$$

$$\frac{dy}{dx} = \varphi_1(x), \text{ Constante bestimmt durch: } x = 0, \frac{dy}{dx} = 0;$$

$$y = \psi_1(x), \text{ Constante bestimmt durch: } x = 0, \; y = 0;$$

daraus mit $x = a_1$: $\gamma_1 = \varphi_1(a_1)$, $\delta_1 = \psi_1(a_1)$.

Ist dann für die zweite Strecke C_1C_2:

$$\frac{d^2y}{dx^2} = f_2(x), \text{ so folgt für dieselbe:}$$

$$\frac{dy}{dx} = \varphi_2(x), \text{ Constante bestimmt durch: } x = a_1, \frac{dy}{dx} = \gamma_1;$$

$$y = \psi_2(x), \text{ Constante bestimmt durch: } x = a_1, \ y = \delta_1;$$

daraus mit $x = a_2$: $\gamma_2 = \varphi_2(a_2)$, $\delta_2 = \psi_2(a_2)$ u. s. f. —

Die Neigung oder Durchbiegung der elastischen Linie an einer gewissen Stelle findet man auch durch Summation der Antheile, mit denen sich die einzelnen Bestandtheile der Belastung daran betheiligen, ebenso wie β und δ nach Gleichung (87) als Summen von je zwei Gliedern erscheinen, die beziehungsweise von den Belastungsbestandtheilen P und Q herrühren. Nach diesen Gleichungen bewirkt z. B. eine in der Entfernung a von A angreifende Kraft P im Angriffspunkte eine Durchbiegung $= \frac{P}{EJ}\frac{a^3}{3}$ und eine Neigung $= \frac{P}{EJ}\frac{a^2}{2}$, somit am Ende B die Durchbiegung:

$$\delta = \frac{P}{EJ}\frac{a^3}{3} + (l-a)\frac{P}{EJ}\frac{a^2}{2} = \frac{P}{EJ}\frac{(3l-a)a^2}{6}.$$

Die durch beliebig viele solche, an verschiedenen Stellen concentrirt angreifende Kräfte P und durch eine auf der ganzen Länge $AB = l$ gleichförmig vertheilte Belastung Q zusammen verursachte Durchbiegung am Ende B wäre hiernach:

$$\delta = \frac{1}{EJ}\left(\frac{1}{6}\Sigma[P(3l-a)a^2] + \frac{1}{8}Ql^3\right).$$

52. — Als einfache Beispiele des in Rede stehenden Falles können u. A. die cylindrischen Tragzapfen von Wellen gelten. In dem gewöhnlichen Falle eines im Lagergehäuse unbeweglichen Futters ist zwar der Druck desselben auf den Zapfen ungleichförmig längs diesem vertheilt, auch im Falle eines geschlossenen (mit Deckel versehenen) Lagers nicht nur von einer Seite, insbesondere z. B. bei einer horizontal liegenden Welle von unten her, wirkend (mit abnehmender Stärke von der Welle nach aussen), sondern zugleich von der anderen Seite (mit zunehmender Stärke von der Welle nach aussen), so dass letzteren Falles der Zapfen sich ähnlich einem eingeklemmten stabförmigen Körper (Fig. 16) verhält; indessen nimmt mit fortschreitender Abnutzung im Betriebe diese Ungleichförmigkeit der Druckvertheilung mehr und mehr ab, so dass für die Rechnung der gesammte Zapfendruck P als gleichförmig längs der Zapfenlänge vertheilt von einer Seite her wirkend vorausgesetzt werden mag, wie es übrigens von vorn herein der Fall ist, wenn die Futter mit kugelförmigen Flächen im Lager drehbar sind behufs ihrer beständigen Anpassung an den Zapfen je nach dessen durch die Biegung der Welle bedingten Neigung. Ist dann d der Durchmesser, $l = \lambda d$ die Länge des Zapfens, so erhält man durch Gleichsetzen von

$$max\, M = P\frac{\lambda d}{2} \text{ mit } W = k\frac{J}{e} = k\frac{\pi d^3}{32} \text{ (Nr. 49 u. 44)}$$

$$d = \sqrt{\frac{16\lambda}{\pi k}P} = 2{,}26\sqrt{\frac{\lambda}{k}P} \quad . \quad . \quad . \quad . \quad (89),$$

worin λ und k nach empirischen Constructionsregeln anzunehmen sind.

53. — Als anderes Beispiel aus dem Gebiete des Maschinenbaues sind die Zähne von Zahnrädern zu erwähnen, sofern wenigstens von der Verschiedenheit ihrer Dicke in verschiedenen Entfernungen vom Theilrisse abgesehen und der betreffende Zahndruck P als rechtwinklig gegen die Länge (radiale Dimension) des Zahnes gerichtet angenommen wird. Am meisten angestrengt ist ein solcher Zahn zu Anfang und zu Ende seiner periodisch wiederkehrenden Eingriffszeit, wenn also der Zahndruck an der äusseren Kante BB_1 (Fig. 18) angreift. Ist dann

a die Zahndicke (Dicke im Theilrisse),
l die Länge, nach der Richtung des Radius gemessen,
b die Breite des Zahns = der Radbreite,

so sind bei Abstraction von dem Winkel, unter dem die Richtungslinie des Zahndrucks P in dem fraglichen Augenblicke gegen die Normale zur Längenrichtung (gegen die betreffende Tangente des Theilrisses) geneigt ist, und unter der Voraussetzung, dass er in der äusseren Zahnkante längs der ganzen Zahnbreite $BB_1 = b$ gleichförmig vertheilt angreift, die Zahndimensionen der Gleichung:

$$Pl = k\frac{J}{e} = k\frac{ba^2}{6}$$

anzupassen, woraus insbesondere die Zahndicke

$$a = \sqrt{\frac{6l}{kb}P} = \sqrt{\frac{6\lambda}{k\beta}P} \quad . \quad . \quad . \quad . \quad . \quad (90)$$

folgt mit $\lambda = \frac{l}{a}$, $\beta = \frac{b}{a}$.

Uebrigens kann sich bei ungenauer Lagerung der Wellen, mangelhafter Ausführung der Räder oder beim Dazwischenkommen eines kleinen Körpers der in der Regel noch ungünstigere Fall ereignen, dass der Druck P sich an einer Zahnecke concentrirt und dieselbe abzubrechen droht, am wahrscheinlichsten in einer Bruchfläche ACC' (Fig. 18), die unter einem solchen Winkel α gegen die Stirnfläche ABB' des Zahns geneigt ist, dass der ihr und dem gegebenen Maximalwerthe k von σ' oder σ'' entsprechende Werth der Zahndicke a ein Maximum ist. Dieser Werth von a ergiebt sich, unter BD das Perpendikel von B auf die Bruchfläche ACC' verstanden, aus Gleichung (90) durch Substitution von

Fig. 18.

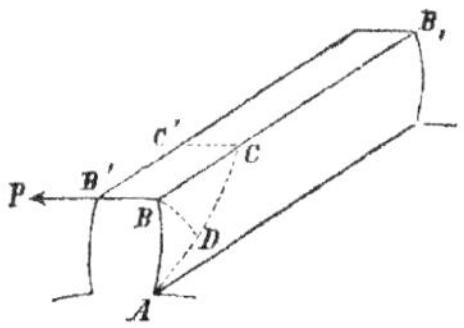

$$BD = l\sin\alpha \text{ für } l \text{ und } AC = \frac{l}{\cos\alpha} \text{ für } b:$$

$$a = \sqrt{\frac{6l\sin\alpha}{kl:\cos\alpha}P} = \sqrt{\frac{3}{k}\sin 2\alpha P}.$$

Sein Maximum für $\alpha = 45^0$ ist: $a = \sqrt{\frac{3}{k}P}$ . . . . . . (91)

und ist hiernach die nöthige Zahndicke grösser, als nach Gleichung (90), wenn, was meistens der Fall, $b > 2l$ ist.

2. Der Stab ist an jedem Ende gestützt oder eingeklemmt.

54. — In Betreff der Belastung wird zunächst angenommen, sie bestehe aus einer an einer beliebigen Stelle C in den Entfernungen $AC=a$ vom Stabende A, $BC=b$ vom Stabende B concentrirt angreifenden Kraft P und einer auf der ganzen Länge $AB=l$ gleichförmig vertheilten Last $Q=pl$.

Im Uebrigen werde zunächst der Fall behandelt, dass der Stab beiderseits eingeklemmt ist, weil aus den dafür geltenden Gesetzen, wie sich demnächst zeigen wird, nicht nur die der beiden anderen hierher gehörigen Specialfälle (des einerseits gestützten, andererseits eingeklemmten, und des beiderseits gestützten Stabes), sondern auch die für weniger einfache Unterstützungsarten gültigen Gesetze abgeleitet werden können, sofern nur dieser zunächst zu betrachtende Specialfall in möglichster Allgemeinheit, nämlich unter der Voraussetzung behandelt wird, dass in Folge der Einklemmung die Tangenten in den Endpunkten A und B der elastischen Linie beliebige kleine Winkel mit der Geraden AB bilden.

Entsprechend der Stetigkeitsunterbrechung, die der elastischen Linie im Angriffspunkte C der Kraft P zukommt (Nr. 48), werde das Stück AC derselben (Fig. 19) auf ein Coordinatensystem der x und z mit dem Anfangspunkte A bezogen, dessen positive x-Axe die Richtung AB und dessen positive z-Axe die Richtung der Kräfte P, Q hat, das Stück BC auf ein Coordinatensystem der y und z mit dem Anfangspunkte B, dessen positive y-Axe die Richtung BA und dessen positive z-Axe wieder die Richtung der Kräfte P, Q hat.

Fig. 19.

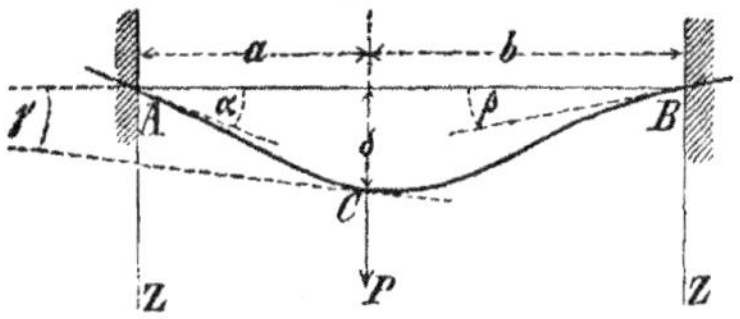

X bezeichne einen Punkt der Strecke AC der elastischen Linie resp. einen Querschnitt der Stabstrecke AC im Abstande x vom Ende A des Stabes, zugleich auch die Resultante der von A bis X auf den Stab wirkenden Kräfte, (X) das Spannungsmoment im Querschnitte X. Diese Grössen, Kraft X und Moment (X), werden in der Weise algebraisch verstanden, dass sie unter den in Nr. 47 angeführten Umständen positiv oder negativ sind; A und (A) seien ihre Werthe für den Endquerschnitt A, die somit auch positiv oder negativ sein können; α endlich sei der Werth von $\frac{dz}{dx}$ für den Punkt A der elastischen Linie, also ihr gleichfalls algebraisch verstandener Neigungswinkel daselbst gegen die Gerade AB.

Für die Strecke BC sollen Y (Y) B (B) β
dieselben Bedeutungen haben wie X (X) A (A) α
für die Strecke AC bei Substitution der nach BA gerichteten y-Axe für die nach AB gerichtete x-Axe.

Für den Punkt C sei γ der Werth von $\frac{dz}{dx}$ oder $-\frac{dz}{dy}$, δ der Werth von z.

Die Figur 19 ist beispielsweise so gezeichnet, dass sie positiven Werthen von A, B, α, β, γ, δ und negativen Werthen von (A), (B) entspricht.

55. — Für einen zwischen A und C liegenden Querschnitt des Stabes ist nun nach den Gleichungen (86), Nr. 47:

$$\frac{dX}{dx} = -p\text{, also } X = A - px \quad . \quad . \quad . \quad (92,a)$$

mit Rücksicht auf die in voriger Nummer erklärte Bedeutung von A als des Werthes der Kraft X für $x = 0$. Aus der anderen Gleichung (86):

$$\frac{d(X)}{dx} = X = A - px \text{ folgt dann: } (X) = (A) + Ax - \frac{px^2}{2} \quad (93,a)$$

und daraus wegen $(X) = -EJ\frac{d^2z}{dx^2}$ nach der Momentengleichung (85) durch wiederholte Integration:

$$EJ\left(\alpha - \frac{dz}{dx}\right) = (A)x + \frac{Ax^2}{2} - \frac{px^3}{6} \quad . \quad . \quad (94,a)$$

$$EJ(\alpha x - z) = \frac{(A)x^2}{2} + \frac{Ax^3}{6} - \frac{px^4}{24} \quad . \quad . \quad (95,a),$$

wobei die Integrations-Constanten mit Rücksicht darauf bestimmt sind, dass

$$x = 0\,,\ X = A\,,\ (X) = (A)\,,\ \frac{dz}{dx} = \alpha\,,\ z = 0$$

zusammengehörige Werthe sind. Analoge Gleichungen gelten für die Strecke BC des Stabes, die aus obigen durch Substitution von y für x, B für A, β für α erhalten werden:

$$Y = B - py \quad . \quad . \quad . \quad . \quad . \quad . \quad . \quad (92,b)$$

$$(Y) = (B) + By - \frac{py^2}{2} \quad . \quad . \quad . \quad (93,b)$$

$$EJ\left(\beta - \frac{dz}{dy}\right) = (B)y + \frac{By^2}{2} - \frac{py^3}{6} \quad . \quad . \quad (94,b)$$

$$EJ(\beta y - z) = \frac{(B)y^2}{2} + \frac{By^3}{6} - \frac{py^4}{24} \quad . \quad . \quad (95,b).$$

Vermittels dieser Gleichungen würde man für jeden Querschnitt resp. für jeden Punkt der elastischen Linie des Stabes die Resultante der äusseren Kräfte, das resultirende Moment derselben = dem Spannungsmoment, die Neigung und die Durchbiegung der elastischen Linie berechnen können, wenn ausser den durch die Beschaffenheit, Form, Belastung und Einklemmung des Stabes bestimmten Grössen E, J, p, α, β auch die vier Grössen A, (A), B, (B) bekannt wären. Zu ihrer Bestimmung dient aber die Bemerkung, dass die beiden Werthe von X und Y, welche beziehungsweise $x = a$ und $y = b$ entsprechen, zusammen $= P$ sein müssen, ferner dass für das Spannungsmoment (C) im Querschnitte C sich derselbe Werth ergeben muss, mag man ihn als der Strecke AC oder der Strecke BC des Stabes angehörig betrachten, endlich dass die beiden Theile AC und BC der elastischen Linie im Punkte C eine gemeinsame Tangente und eine gemeinsame Ordinate haben, also das System der folgenden Gleichungen:

$$X_a + Y_b = P;\ (X)_a = (Y)_b;\ \left(\frac{dz}{dx}\right)_a = -\left(\frac{dz}{dy}\right)_b;\ z_a = z_b \quad (96),$$

in denen die Indices a und b die betreffenden Grössen als für $x=a$ resp. $y=b$ genommen andeuten sollen. Werden diese Gleichungen (96) mit Hülfe der Gleichungen (92)—(95) gebildet, so können etwa die zwei ersten dazu dienen, die Unbekannten B und (B) durch gegebene Grössen und die Unbekannten A, (A) auszudrücken, um dann durch Substitution dieser Ausdrücke in den zwei letzten der Gleichungen (96) diese in zwei Gleichungen zur Berechnung der Grössen A und (A) zu verwandeln, aus deren Ausdrücken schliesslich die der Grössen B, (B) durch Vertauschung von a mit b, α mit β erhalten werden. So findet man:

$$\left.\begin{aligned} A &= P\frac{(3a+b)b^2}{l^3} + \frac{Q}{2} + \frac{6EJ}{l^2}(-\alpha+\beta) \\ B &= P\frac{a^2(a+3b)}{l^3} + \frac{Q}{2} + \frac{6EJ}{l^2}(\alpha-\beta) \end{aligned}\right\} \quad . \quad (97)$$

$$\left.\begin{aligned} (A) &= -P\frac{ab^2}{l^2} - \frac{Ql}{12} + \frac{2EJ}{l}(2\alpha-\beta) \\ (B) &= -P\frac{a^2b}{l^2} - \frac{Ql}{12} + \frac{2EJ}{l}(-\alpha+2\beta) \end{aligned}\right\} \quad . \ . \ . \quad (98).$$

Bei Benutzung der Ausdrücke von A und (A) ergiebt sich aus den Gleichungen (93, a)—(95, a) mit $x=a$, oder bei Benutzung der Ausdrücke von B und (B) aus den Gleichungen (93, b)—(95, b) mit $y=b$:

$$(C) = P\frac{2a^2b^2}{l^3} + \frac{p}{12}(-a^2+4ab-b^2)$$
$$+ \frac{2EJ}{l^2}[(-a+2b)\alpha + (2a-b)\beta] \quad (99)$$

$$EJ\gamma = P\frac{a^2b^2(-a+b)}{2l^3} + p\frac{ab(-a+b)}{12}$$
$$+ \frac{EJ}{l^2}[(-2ab+b^2)\alpha + (-a^2+2ab)\beta] \quad (100)$$

$$EJ\delta = P\frac{a^3b^3}{3l^3} + p\frac{a^2b^2}{24} + \frac{EJab}{l^2}(b\alpha + a\beta) \quad . \ . \ . \ . \quad (101).$$

Die Momente (A), (B), (C) stehen in der folgenden von α und β unabhängigen Beziehung zu einander:

$$l(C) - b(A) - a(B) = \left(P + \frac{Q}{2}\right)ab \quad . \ . \ . \ . \quad (102),$$

die entweder durch Elimination von α und β zwischen den Gleichungen für diese drei Momente, oder einfacher durch Combination der zwei Gleichungen

$$(C) = (A) + Aa - \frac{pa^2}{2} \text{ und } (C) = (B) + Bb - \frac{pb^2}{2}$$

gefunden wird, indem dieselben addirt werden nach Multiplication der ersten mit b, der zweiten mit a unter Berücksichtigung der Gleichungen:

$$A+B=P+Q \text{ und } Q=pl=p(a+b).$$

56. — Von ausgezeichneten Punkten der elastischen Linie sind bemerkenswerth:

die relativen Bruchpunkte, nämlich die Schwerpunkte der relativen Bruchquerschnitte, d. h. derjenigen Querschnitte, für welche der Absolutwerth M des Spannungsmomentes ein relatives Maximum ist;

die Wendepunkte, in denen der Krümmungshalbmesser ϱ der elastischen Linie unendlich gross ist und der Sinn ihrer Krümmung sich umkehrt;

die Punkte grösster oder kleinster Durchbiegung, in denen die Ordinate z ein Maximum oder Minimum, die Tangente der elastischen Linie also parallel der Abscissenaxe AB ist.

1) Relative Bruchpunkte können zunächst die Endpunkte A, B der elastischen Linie sein, und zwar ist der Endpunkt A ein solcher, wenn die Kraft A und das Moment (A), der Endpunkt B dann, wenn die Kraft B und das Moment (B) entgegengesetzte Vorzeichen haben. Es folgt dies daraus, dass die Gleichung (86):

$$\frac{d(X)}{dx}=X \text{ resp. } \frac{d(Y)}{dy}=Y$$

mit den Absolutwerthen M von (X) resp. (Y) und R von X resp. Y auch geschrieben werden kann:

$$\frac{dM}{dx}=\pm R \text{ resp. } \frac{dM}{dy}=\pm R,$$

wobei das Zeichen $+$ oder $-$ gilt, jenachdem (X) und X resp. (Y) und Y gleiche oder entgegengesetzte Vorzeichen haben, und woraus dann ersichtlich ist, dass letzteren Falles M mit wachsendem x resp. y abnimmt.

Ausser diesen relativen Bruchpunkten an den Enden des Stabes kann es im vorliegenden Falle (Fig. 19) noch einen mittleren relativen Bruchpunkt geben, der nach Nr. 47 dadurch charakterisirt ist, dass für ihn X resp. $Y=0$ und (X) resp. (Y) positiv ist. Wird also die Abscisse desselben in der Strecke AC mit x_0, in BC mit y_0, das entsprechende Spannungsmoment mit (X_0) resp. (Y_0) bezeichnet, so ist nach Gleichung (92) und (93):

$$x_0=\frac{A}{p};\quad (X_0)=(A)+Ax_0-\frac{px_0^{\,2}}{2}=(A)+\frac{A^2}{p}-\frac{A^2}{2p},$$

also

$$\left.\begin{aligned} x_0&=\frac{A}{p};\quad (X_0)=(A)+\frac{A^2}{2p}\\ y_0&=\frac{B}{p};\quad (Y_0)=(B)+\frac{B^2}{2p}\end{aligned}\right\}\quad\ldots\quad(103).$$

und ebenso

Es liegt dieser Punkt in AC, wenn $0<x_0<a$ und (X_0) positiv,
in BC, wenn $0<y_0<b$ und (Y_0) positiv

ist. Jedenfalls giebt es nicht mehr, als einen solchen mittleren Bruchpunkt, weil, wenn zugleich $x_0<a$ und $y_0<b$ sein sollte,

$$A + B < p(a + b)\,, \text{ d. i. } < Q$$

sein müsste, während thatsächlich $A + B = P + Q$ ist. Wohl aber kann es der Fall sein, dass weder $x_0 < a$ noch $y_0 < b$ ist; der mittlere Bruchpunkt liegt dann in C, falls (C) positiv ist, widrigenfalls er ganz fehlen, d. h. nur A und B oder auch nur einer dieser beiden Punkte relativer (letzteren Falles absoluter) Bruchpunkt sein würde.

2) Wendepunkte sind ebensowohl durch $M\left(=\frac{EJ}{\varrho}\right) = 0$ wie durch $\varrho = \infty$ zu charakterisiren. Wird also die Abscisse eines solchen in der Strecke AC mit x_1, in BC mit y_1 bezeichnet, so sind x_1 und y_1 mit Rücksicht auf Gleichung (93) die beziehungsweise zwischen 0 und a, 0 und b liegenden Wurzeln der Gleichungen:

$$(A) + Ax_1 - \frac{px_1^2}{2} = 0\,; \quad (B) + By_1 - \frac{py_1^2}{2} = 0 \qquad (104).$$

Mit $x_0 = \frac{A}{p}$, $y_0 = \frac{B}{p}$ können sie auch geschrieben werden:

$$x_1^2 - 2x_0 x_1 - 2\frac{(A)}{p} = 0\,; \quad y_1^2 - 2y_0 y_1 - 2\frac{(B)}{p} = 0\,,$$

woraus $x_1 = x_0 \pm \sqrt{x_0^2 + 2\frac{(A)}{p}}$; $y_1 = y_0 \pm \sqrt{y_0^2 + 2\frac{(B)}{p}}$. (105)

folgt. Zwischen zwei Wendepunkten (X) resp. $(Y) = 0$ liegt ein Punkt (X) resp. $(Y) = max.$, d. h. X resp. $Y = 0$, und da letzterer hier nur einfach vorkommen kann, sind in AC und BC zusammen höchstens zwei Wendepunkte vorhanden.

3) Wird die Abscisse eines Punktes grösster oder kleinster Durchbiegung in AC mit x', in BC mit y' bezeichnet, so sind x' und y' nach Gleichung (94) die beziehungsweise zwischen 0 und a, 0 und b liegenden Wurzeln der Gleichungen:

$$EJ\alpha = (A)x' + \frac{Ax'^2}{2} - \frac{px'^3}{6}\,; \quad EJ\beta = (B)y' + \frac{By'^2}{2} - \frac{py'^3}{6} \qquad (106).$$

Die entsprechenden Ordinaten z' werden durch Einsetzung der gefundenen Wurzelwerthe x' und y' für x resp. y in den Gleichungen (95) gefunden, die aber mit Rücksicht auf Gleichung (106) sich reduciren auf:

$$\left.\begin{array}{l} EJz' = \left\{\begin{array}{l} (A)x'^2 + \frac{Ax'^3}{2} - \frac{px'^4}{6} \\ -\frac{(A)x'^2}{2} - \frac{Ax'^3}{6} + \frac{px'^4}{24} \end{array}\right\} = x'^2\left(\frac{(A)}{2} + \frac{Ax'}{3} - \frac{px'^2}{8}\right) \\ \text{und ebenso } EJz' = y'^2\left(\frac{(B)}{2} + \frac{By'}{3} - \frac{py'^2}{8}\right) \end{array}\right\} \quad (107).$$

Da zwischen zwei solchen Punkten ein Wendepunkt liegt, so sind ihrer höchstens drei vorhanden. Sind α und β beide positiv, wie in Fig. 19, so giebt es offenbar nur einen solchen Punkt, und ist das betreffende z' positiv und ein Maximum. Ist einer der Winkel α, β negativ, so giebt es zwei Punkte fraglicher Art, und sind für beide die Absolutwerthe von z' relativ grösste Durchbiegungen. Wären α und β beide negativ, so gäbe es drei solche Punkte; die Absolutwerthe von z' für die zwei äusseren derselben wären relative Maxima der Durchbiegung, der Absolutwerth von z' für den mittleren wäre ein Maximum oder Minimum, jenachdem dieses z' positiv oder negativ ist.

Ist α oder $\beta = 0$, so ist der Endpunkt A resp. B selbst ein Punkt der in Rede stehenden Art, und sind die Abscissen x', y' der übrigen etwa in AC resp. BC liegenden die zwischen 0 und a resp. 0 und b enthaltenen Wurzeln der Gleichung:

$$0 = (A) + \frac{Ax'}{2} - \frac{px'^2}{6} \text{ resp. } 0 = (B) + \frac{By'}{2} - \frac{py'^2}{6} \quad (108).$$

57. — Die Voraussetzung beliebiger kleiner Neigungswinkel α, β der elastischen Linie in ihren Endpunkten A, B gegen die Gerade AB war in den vorigen Nummern hauptsächlich nur mit Rücksicht auf die Verwendung der Resultate für andere Unterstützungsarten des Stabes und überhaupt bei verschiedenartigen Aufgaben gemacht worden, wie sie im Folgenden sich mehrfach darbieten werden. Bei einem thatsächlich an den Enden eingeklemmten stabförmigen Körper kann in der Regel

$$\alpha = \beta = 0$$

vorausgesetzt werden, ist wenigstens diese einfachste Voraussetzung die angemessenste in Ermangelung genügender Anhaltspunkte für eine andere.

1) Wird dabei auch $Q = 0$, also die den Stab bei C angreifende Kraft P als einzige Belastung angenommen, was bei horizontaler Lage des Stabes die Vernachlässigung seines Eigengewichtes voraussetzt, so ist nach Gleichung (97) — (99):

$$A = P\frac{(3a+b)b^2}{l^3};\quad B = P\frac{a^2(a+3b)}{l^3} \quad . \quad . \quad (109)$$

$$(A) = -P\frac{ab^2}{l^2};\quad (B) = -P\frac{a^2b}{l^2};\quad (C) = P\frac{2a^2b^2}{l^3} \quad (110).$$

Da (C) positiv ist, während $x_0 = \frac{A}{p}$ und $y_0 = \frac{B}{p}$ unendlich gross sind, so ist C der mittlere Bruchpunkt, und weil A und (A), desgleichen B und (B) entgegengesetzte Vorzeichen haben, so sind A, B, C relative Bruchpunkte, deren zugehörige Spannungsmomente absolut genommen sich verhalten:

$$-(A):(C):-(B) = \frac{1}{2a}:\frac{1}{l}:\frac{1}{2b}.$$

Sie folgen in dieser Ordnung nach abnehmender Grösse, wenn $a < b$ ist.

Die Wendepunkte liegen je einer in jeder der Strecken AC und BC; ihre Entfernungen von den Endpunkten A, B sind nach Gleichung (104):

$$x_1 = \frac{-(A)}{A} = \frac{a}{3a+b}l;\quad y_1 = \frac{-(B)}{B} = \frac{b}{a+3b}l \quad (111).$$

Für den Angriffspunkt C der Kraft P ist nach Gleichung (100) und (101):

$$\gamma = \frac{P}{EJ}\frac{a^2b^2(b-a)}{2l^3}; \quad \delta = \frac{P}{EJ}\frac{a^3b^3}{3l^3} \quad . \; . \quad (112).$$

Der im Falle $a < b$ positive Werth von γ lässt erkennen, dass dann der Punkt grösster Durchbiegung zwischen B und C liegt. Seine Entfernung von B ist nach Gleichung (108):

$$y' = 2\frac{-(B)}{B} = 2y_1 = \frac{2b}{a+3b}l \quad . \; . \; . \; . \quad (113)$$

und mit Rücksicht hierauf die zugehörige grösste Durchbiegung selbst nach Gleichung (107):

$$z' = \frac{y'^2}{EJ}\left(-\frac{By'}{4} + \frac{By'}{3}\right) = \frac{B}{EJ}\frac{y'^3}{12} = \frac{P}{EJ}\frac{2a^2b^3}{3(a+3b)^2} \quad (114).$$

Ihr Verhältniss zu δ ist: $\frac{z'}{\delta} = 1 \quad 1{,}10 \quad 1{,}28 \quad 1{,}48 \quad 1{,}69$

für $\frac{b}{a} = 1 \quad 2 \quad 3 \quad 4 \quad 5$

Wenn insbesondere die Kraft P in der Mitte des Stabes angreift, also $a = b$ ist, so wird

$$\left.\begin{aligned} A = B = \frac{P}{2}; \quad -(A) = -(B) = (C) = \frac{Pl}{8} \\ x_1 = y_1 = \frac{l}{4}; \quad \delta = \frac{P}{EJ}\frac{l^3}{4.48} = z' \end{aligned}\right\} \quad . \quad (115).$$

2) Im Falle $P = 0$, d. h. wenn die gleichförmig längs dem ganzen Stabe vertheilte Belastung $Q = pl$ die einzige ist, ergiebt sich aus Gleichung (97) und (98):

$$A = B = \frac{Q}{2}; \quad (A) = (B) = -\frac{Ql}{12} \quad . \; . \quad (116).$$

Es kann jetzt die ganze elastische Linie auf das Coordinatensystem der x, z bezogen werden, und folgt aus Gleichung (103):

$$x_0 = \frac{A}{p} = \frac{l}{2}; \quad (X_0) = (A) + \frac{A^2}{2p} = \frac{Ql}{24} \quad . \quad (117).$$

Nach Gleichung (105) ist:

$$x_1 = \left(1 \pm \sqrt{\frac{1}{3}}\right)\frac{l}{2} = 0{,}2113\,l \text{ und } 0{,}7887\,l \qquad (118)$$

und ergiebt sich die grösste Durchbiegung, die natürlich in der Mitte $\left(x' = \frac{l}{2}\right)$ stattfindet, aus Gleichung (107):

$$z' = \frac{Q}{EJ}\frac{l^3}{8.48} \quad . \; . \; . \; . \; . \; . \quad (119).$$

Wenn eine gleich grosse Belastung einmal in der Mitte concentrirt, das andere Mal gleichförmig vertheilt angreift, so ist also im letzteren Falle der grösste Absolutwerth des Spannungsmomentes nur $\frac{2}{3}$ so gross, die grösste Durchbiegung nur $\frac{1}{2}$ so gross wie im ersten.

58. — Wenn der Stab nur an einem Ende eingeklemmt, am anderen dagegen gestützt ist, etwa bei A eingeklemmt, bei B gestützt (Fig. 20), so ist damit das Spannungsmoment $(B) = 0$ gegeben, und findet man den Winkel β aus der Gleichung, durch die der allgemeine Ausdruck (98) von $(B) =$ Null gesetzt wird:

Fig. 20.

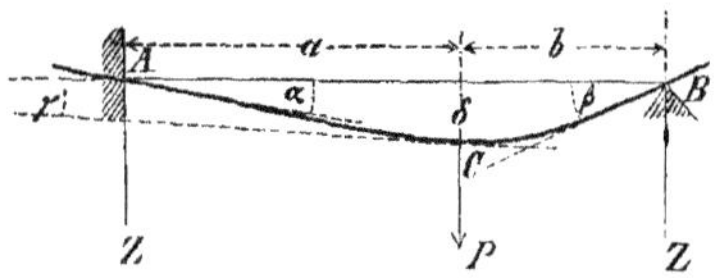

$$EJ\beta = P\frac{a^2b}{4l} + \frac{Ql^2}{48} + \frac{EJ\alpha}{2} \quad . \; . \; . \; . \quad (120).$$

Die Substitution dieses Ausdruckes von β in Gleichung (97)—(101) giebt dann:

$$A = P\frac{(3a^2 + 6ab + 2b^2)b}{2l^3} + \frac{5}{8}Q - \frac{3EJ\alpha}{l^2} \quad . \; . \quad (121)$$

$$B = P\frac{a^2(2a + 3b)}{2l^3} + \frac{3}{8}Q + \frac{3EJ\alpha}{l^2} \quad . \; . \; . \; . \; . \quad (122)$$

$$(A) = -P\frac{ab(a + 2b)}{2l^2} - \frac{Ql}{8} + \frac{3EJ\alpha}{l} \quad . \; . \; . \; . \; . \quad (123)$$

$$(C) = P\frac{a^2b(2a + 3b)}{2l^3} + Q\frac{(3a - b)b}{8l} + \frac{3EJb\alpha}{l^2} \quad (124)$$

$$EJ\gamma = P\frac{a^2b(2b^2 - a^2)}{4l^3} + p\frac{a(-a^2 - 3ab + 6b^2)}{48}$$
$$+ \frac{-a^2 - 2ab + 2b^2}{2l^2}EJ\alpha \quad (125)$$

$$EJ\delta = P\frac{a^3b^2(3a + 4b)}{12l^3} + p\frac{a^2b(a + 3b)}{48} + \frac{ab(a + 2b)}{2l^2}EJ\alpha \quad (126).$$

Vermittels der hiernach bekannten Werthe von A, B, (A), β und der durch die Beschaffenheit, Form, Belastung und Einklemmung des Stabes bestimmten Grössen E, J, p, α kann man nun wieder mit Hülfe der Gleichungen (92)—(95), in denen $(B) = 0$ zu setzen ist, für jeden Querschnitt resp. für jeden Punkt der elastischen Linie des Stabes die Resultante der äusseren Kräfte, das resultirende Moment derselben = dem Spannungsmoment, die Neigung und die Durchbiegung berechnen. —

Was die ausgezeichneten Punkte der elastischen Linie betrifft, so hat sie jetzt höchstens zwei relative Bruchpunkte: A, falls Kraft A und Moment (A) entgegengesetzte Vorzeichen haben (Nr. 56), und einen zweiten, dessen Lage und zugehöriges Spannungsmoment nach Gleichung (103) in der Strecke AC (Fig. 20) bestimmt sind durch:

$$x_0 = \frac{A}{p}; \quad (X_0) = (A) + \frac{A^2}{2p},$$

wenn $0 < x_0 < a$ und (X_0) positiv ist, in der Strecke BC durch:

$$y_0 = \frac{B}{p}; \quad (Y_0) = \frac{B^2}{2p} \quad . \; . \; . \; . \quad (127),$$

wenn $0 < y_0 < b$ ist. Ist Beides nicht der Fall, so liegt dieser mittlere Bruchpunkt in C, falls (C) positiv ist, widrigenfalls A der einzige oder absolute Bruchpunkt wäre.

Der höchstens einzige Wendepunkt (ausser dem Punkte B, der hier ja auch den durch $\varrho = \infty$, $M = 0$ bestimmten Charakter eines solchen besitzt) ist nach Gleichung (104) und (105) in der Strecke AC durch die zwischen 0 und a liegende Wurzel der Gleichung:

$$(A) + A x_1 - \frac{p x_1^2}{2} = 0 \text{ oder } x_1 = x_0 \pm \sqrt{x_0^2 + 2\frac{(A)}{p}}$$

bestimmt, in der Strecke BC dagegen durch:

$$y_1 = 2\frac{B}{p} = 2 y_0 \quad \ldots \ldots \quad (128).$$

Die Abscissen der höchstens zwei Punkte grösster Durchbiegung endlich sind in AC die zwischen 0 und a liegenden Wurzeln der Gleichung (106):

$$EJ\alpha = (A)x' + \frac{A x'^2}{2} - \frac{p x'^3}{6},$$

in BC die zwischen 0 und b liegenden Wurzeln der Gleichung:

$$EJ\beta = \frac{B y'^2}{2} - \frac{p y'^3}{6} \quad \ldots \ldots \quad (129).$$

Die entsprechenden Ordinaten sind nach Gleichung (107):

$$z' = \frac{x'^2}{EJ}\left(\frac{(A)}{2} + \frac{A x'}{3} - \frac{p x'^2}{8}\right) \text{ resp. } = \frac{y'^3}{EJ}\left(\frac{B}{3} - \frac{p y'}{8}\right) \quad (130).$$

59. — Von besonderen Fällen des einerseits eingeklemmten, andererseits gestützten Stabes (Fig. 20) sind wieder solche bemerkenswerth, in denen

$$a = 0 \text{ und zugleich } Q = 0 \text{ oder } P = 0 \text{ ist.}$$

1) Wenn $Q = 0$, also die den Stab bei C angreifende Kraft P seine einzige Belastung ist (bei Abstraction vom Eigengewichte des horizontal liegenden Stabes), ergeben sich die Ausdrücke von β, A, B, (A), (C), γ, δ aus Gleichung (120)—(126) einfach durch Weglassung der Glieder mit Q resp. p und mit α. Indem ferner A und (A) entgegengesetzte Vorzeichen haben, x_0 und y_0 unendlich gross, also $> a$ resp. $> b$ sind, und (C) positiv ist, sind A und C relative Bruchpunkte; das Verhältniss der Absolutwerthe ihrer zugehörigen Spannungsmomente

$$\frac{-(A)}{(C)} = \frac{l(a+2b)}{a(2a+3b)} \text{ ist} \lesseqgtr 1, \text{ jenachdem } \frac{b}{a} \lesseqgtr \sqrt{\frac{1}{2}}$$

ist. Wegen $y_1 = \infty > b$ liegt der Wendepunkt zwischen A und C in der Entfernung

$$x_1 = \frac{-(A)}{A} = \frac{a(a+2b)}{3a^2 + 6ab + 2b^2}\, l \quad \ldots \quad (131)$$

von A. Der Factor $(2b^2 - a^2)$ im Ausdrucke von γ lässt erkennen, dass γ negativ oder positiv, der Punkt grösster Durchbiegung also in der

Strecke AC oder BC gelegen ist, jenachdem $\frac{b}{a} \lesseqgtr \sqrt{\frac{1}{2}}$ ist. Die Coordinaten dieses Punktes sind,

$$\left.\begin{array}{l} \text{wenn } \frac{b}{a} < \sqrt{\frac{1}{2}} : x' = 2\frac{-(A)}{A} = 2\,x_1\,;\quad z' = \frac{A}{EJ}\frac{x'^3}{12} \\ \text{wenn } \frac{b}{a} > \sqrt{\frac{1}{2}} : y' = \sqrt{\frac{2\,EJ\beta}{B}} = l\sqrt{\frac{b}{2a+3b}}\,;\quad z' = \frac{B}{EJ}\frac{y'^3}{3} \end{array}\right\} \quad (132).$$

2) Im Falle $P = 0$, d. h. **wenn die gleichförmig längs dem ganzen Stabe vertheilte Belastung $Q = pl$ die einzige ist**, ergiebt sich zunächst aus Gleichung (120)—(123):

$$\beta = \frac{Q}{EJ}\frac{l^2}{48}\,;\quad A = \frac{5}{8}Q\,;\quad B = \frac{3}{8}Q\,;\quad (A) = -\frac{Ql}{8} \quad (133).$$

A ist ein relativer Bruchpunkt. Die Entfernung des anderen von der Stütze B und sein zugehöriges Spannungsmoment sind:

$$y_0 = \frac{3}{8}l\,;\quad (Y_0) = \frac{9}{16}\frac{Ql}{8} = -\frac{9}{16}(A) \quad . \quad . \quad (134).$$

Der Wendepunkt liegt im Abstande $y_1 = 2y_0 = \frac{3}{4}l$ von der Stütze B.

Die Coordinaten des Punktes grösster Durchbiegung endlich sind:

$$y' = \frac{1+\sqrt{33}}{16}\,l = 0{,}422\,l\,;\quad z' = 1{,}04\cdot\frac{Q}{EJ}\frac{l^3}{4\,.\,48} = 1{,}04\,\delta \quad (135),$$

unter δ die Durchbiegung in der Mitte des Stabes verstanden, wo die Neigung der elastischen Linie: $\gamma = \frac{1}{4}\beta$ ist.

Alle diese Resultate ergeben sich so einfach aus den Angaben im vorigen Paragraphen, dass sie einer weiteren Erklärung nicht bedürfen.

60. — **Wenn der Stab an beiden Enden gestützt ist** (Fig. 21), so sind die Spannungsmomente (A), (B) beide $= 0$, die Winkel α, β nicht gegeben. Aus der Gleichung $(A) = (B)$ folgt mit Rücksicht auf die allgemeinen Ausdrücke (98):

Fig. 21.

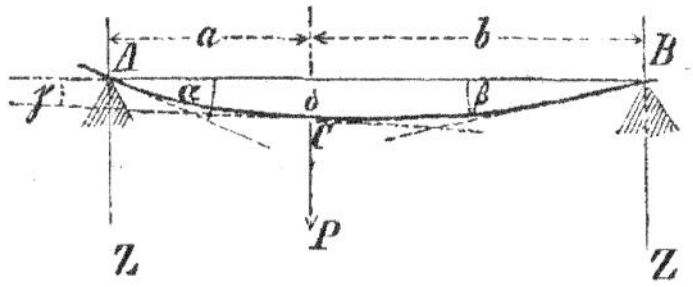

$$\alpha - \beta = \frac{P}{EJ}\frac{ab(b-a)}{6\,l}$$

und daraus durch Substitution in Gleichung (97):

$$A = P\frac{b}{l} + \frac{Q}{2}\,;\quad B = P\frac{a}{l} + \frac{Q}{2} \quad . \quad . \quad . \quad (136),$$

Ausdrücke, die hier zwar auch unmittelbar aus dem Gesetze des Hebels folgen, die indessen, wie obige Ableitung zeigt, allgemein gelten, wenn die Spannungsmomente (A), (B) gleich sind, ohne dass sie $=$ Null zu sein brauchen. Aus $(A) = (B) = 0$ aber folgt nach Gleichung (98) weiter:

$$\left.\begin{aligned} EJ\alpha &= P\frac{ab(a+2b)}{6l} + \frac{Ql^2}{24} \\ EJ\beta &= P\frac{ab(2a+b)}{6l} + \frac{Ql^2}{24} \end{aligned}\right\} \quad . \quad . \quad . \quad . \quad (137).$$

Die Substitution dieser Ausdrücke von α und β in Gleichung (99) ergiebt:

$$(C) = \left(P + \frac{Q}{2}\right)\frac{ab}{l},$$

wie auch einfacher aus Gleichung (102) folgt, und ihre Substitution in Gleichung (100) und (101):

$$\left.\begin{aligned} EJ\gamma &= \left(P + \frac{l^2 + 2ab}{8ab}Q\right)\frac{ab(b-a)}{3l} \\ EJ\delta &= \left(P + \frac{l^2 + ab}{8ab}Q\right)\frac{a^2b^2}{3l} \end{aligned}\right\} \quad . \quad (138).$$

Für jeden Querschnitt X oder Y der Strecke AC resp. BC (Fig. 21) des Stabes findet man nun die Resultante der äusseren Kräfte, das resultirende Moment derselben = dem Spannungsmoment, die Neigung und Durchbiegung der elastischen Linie nach Gleichung (92)—(95) vermittels der Gleichungen:

$$X = A - px \qquad\qquad Y = B - py$$

$$(X) = Ax - \frac{px^2}{2} \qquad\qquad (Y) = By - \frac{py^2}{2}$$

$$EJ\left(\alpha - \frac{dz}{dx}\right) = \frac{Ax^2}{2} - \frac{px^3}{6} \qquad\qquad EJ\left(\beta - \frac{dz}{dy}\right) = \frac{By^2}{2} - \frac{py^3}{6}$$

$$EJ(\alpha x - z) = \frac{Ax^3}{6} - \frac{px^4}{24} \qquad\qquad EJ(\beta y - z) = \frac{By^3}{6} - \frac{py^4}{24}$$

Die elastische Linie ist nur im Sinne der negativen z-Axe (im entgegengesetzten Sinne der Kräfte P, Q) concav gekrümmt und hat nur einen B r u c h p u n k t, der, wenn $a < b$ ist, nach Gleichung (103) wegen

$$x_0 = \frac{A}{p} = \frac{l}{2} + \frac{P}{Q}b > a$$

nicht zwischen A und C liegen kann. Er liegt aber zwischen B und C in der Entfernung

$$y_0 = \frac{B}{p} = \frac{l}{2} + \frac{P}{Q}a \quad . \quad . \quad . \quad . \quad . \quad . \quad (139)$$

von B, wenn dieses $y_0 < b$, wenn also

$$\frac{P}{Q} < \frac{b - \frac{l}{2}}{a} \quad \text{oder} \quad \frac{P}{Q} < \frac{m}{a}$$

ist, unter m die Entfernung des Angriffspunktes C von der Mitte des Stabes verstanden; anderen Falls ist C der Bruchpunkt. Somit ist

$$\left.\begin{array}{l}\text{im Falle } \dfrac{P}{Q} < \dfrac{m}{a} : max\, M = (Y_0) = \dfrac{B^2}{2p} \\ \text{im Falle } \dfrac{P}{Q} > \dfrac{m}{a} : max\, M = (C) = \left(P + \dfrac{Q}{2}\right)\dfrac{ab}{l}\end{array}\right\} \quad (140).$$

Ein Wendepunkt ist nicht vorhanden. Der einzig vorhandene Punkt grösster Durchbiegung liegt, weil γ mit $a < b$ positiv ist, in der grösseren Strecke BC; seine Coordinaten y', z' sind nach Gleichung (106) und (107) bestimmt durch:

$$EJ\beta = \frac{By'^2}{2} - \frac{py'^3}{6};\ z' = \frac{y'^3}{EJ}\left(\frac{B}{3} - \frac{py'}{8}\right) \quad . \quad (141),$$

unter y' die zwischen 0 und b liegende Wurzel der ersten dieser Gleichungen verstanden.

61. — Wenn der beiderseits gestützte stabförmige Körper 1) nur durch die bei C angreifende Kraft P belastet ist, so ist $\dfrac{P}{Q} = \infty > \dfrac{m}{a}$, somit C der Bruchpunkt und

$$A = P\frac{b}{l};\ B = P\frac{a}{l};\ max\, M = (C) = P\frac{ab}{l} \quad . \quad (142).$$

Ferner ist:

$$\alpha = \frac{P}{EJ}\frac{ab(a+2b)}{6l};\ \beta = \frac{P}{EJ}\frac{ab(2a+b)}{6l} \quad . \quad (143)$$

$$\gamma = \frac{P}{EJ}\frac{ab(b-a)}{3l} = 2(\alpha - \beta);\ \delta = \frac{P}{EJ}\frac{a^2b^2}{3l} \quad . \quad (144)$$

und sind die Coordinaten y', z' des zwischen B und C liegenden Punktes grösster Durchbiegung:

$$y' = \sqrt{\frac{2EJ\beta}{B}} = \sqrt{\frac{b(2a+b)}{3}};\ z' = \frac{P}{EJ}\frac{a}{l}\frac{y'^3}{3} \quad (145).$$

2) Wenn der Stab ausser der auf seiner ganzen Länge gleichförmig vertheilten Last Q durch die in der Mitte C $(a = b)$ concentrirt angreifende Kraft P belastet ist, so sind alle Verhältnisse symmetrisch in Beziehung auf die Mitte, und es ergiebt sich:

$$A = B = \frac{P+Q}{2};\ max\, M = (C) = \left(P + \frac{Q}{2}\right)\frac{l}{4} \quad . \quad (146)$$

$$\alpha = \beta = \frac{P + \frac{2}{3}Q}{EJ}\frac{l^2}{16};\ \delta = \frac{P + \frac{5}{8}Q}{EJ}\frac{l^3}{48} = z' \quad . \quad (147).$$

Diese Formel für δ ist vorzugsweise geeignet und vielfach benutzt worden zur Bestimmung des Elasticitätsmodul E solcher Körper, die sich nicht wohl in Form von Drähten oder genügend langen und dünnen Stäben herstellen lassen, wie sie zu einfachen Dehnungsversuchen (Nr. 28) nöthig sind. Der Stab erhält behufs sicherer Berechnung von J aus den gemessenen Querdimensionen einen einfach gestalteten (rechteckigen oder kreisförmigen) Querschnitt und wird, auf zwei stumpfkantigen Stützen mit dem Abstande l liegend, in der Mitte durch nach und nach vergrösserte Kräfte P belastet. Vermittels der durch gewisse vergrössernde Hülfsmittel (Fühlhebel, Keilmaass etc.) jedesmal gemessenen Durchbiegung δ findet man dann, unter Q das Eigengewicht des Stabes verstanden, den Elasticitätsmodul

$$E = \frac{P + \frac{5}{8}Q}{J\delta}\frac{l^3}{48},$$

so lange der Stab keine merkliche bleibende Durchbiegung zeigt und die gefundenen Werthe von E nur solche Unterschiede erkennen lassen, die den Beobachtungsfehlern der einzelnen Versuche zugeschrieben werden können. —

Ob der Elasticitätsmodul eines gegebenen prismatischen Stabes (nach der Axrichtung desselben) zuverlässiger durch Biegungsversuche von der hier in Rede stehenden Art oder durch einfache Dehnungsversuche bestimmt werden kann, hängt hauptsächlich davon ab, ob im einen Falle die grösste Durchbiegung δ oder im anderen die totale Dehnung Δl grösser und folglich mit kleinerem verhältnissmässigen Fehler messbar ist bei gleicher absoluter Grösse des wahrscheinlichen Messungsfehlers und bei gleicher Anstrengung des Materials, d. h. bei gleicher grösster specifischer Dehnung ε in beiden Fällen. Letztere ist im Falle der Biegung bei Voraussetzung einer solchen Querschnittsform, dass $e' = e'' = e$ ist, nach Gleichung (146):

$$\varepsilon = \frac{1}{E} \cdot max\, M \cdot \frac{e}{J} = \frac{1}{E}\left(P + \frac{Q}{2}\right)\frac{l}{4}\frac{e}{J}.$$

Sofern aber bei solchen Versuchen das Eigengewicht Q des Stabes nur klein im Vergleich mit der fremden Belastung P ist, kann hieraus mit grosser Annäherung

$$\frac{P + \frac{5}{8}Q}{EJ}\frac{l}{4} = \frac{\varepsilon}{e}$$

gefolgert werden, und daraus in Verbindung mit dem Ausdrucke (147) von δ:

$$\delta = \frac{\varepsilon}{e}\frac{l^2}{12}.$$

Das Verhältniss dieser Durchbiegung zu der Dehnung $\Delta l = l\varepsilon$ des bis zu demselben Werthe von ε seiner Länge nach gezogenen Stabes ist:

$$\frac{\delta}{\Delta l} = \frac{l}{12e}, \text{ somit} \gtrless 1, \text{ jenachdem } l \gtrless 12e$$

ist. Mit Rücksicht auf die Messungsfehler von δ und Δl sind hiernach Biegungsversuche im Vortheil, sofern nur die Länge der Stäbe mehr als das sechsfache ihrer Dicke $(2e)$ beträgt.

62. — Bevor die in Rede stehende Aufgabe, betreffend das Verhalten eines an den Enden gestützten oder eingeklemmten prismatischen Stabes,

durch Erweiterung der seitherigen Voraussetzung hinsichtlich der Belastung des Stabes verallgemeinert wird, mag an einem Beispiele gezeigt werden, wie die bisher gewonnenen Resultate auch zur Lösung solcher Aufgaben dienen können, welche andere Unterstützung arten des Stabes betreffen, indem dadurch die sonst zur Lösung nöthigen Integrationen erspart werden.

Fig. 22.

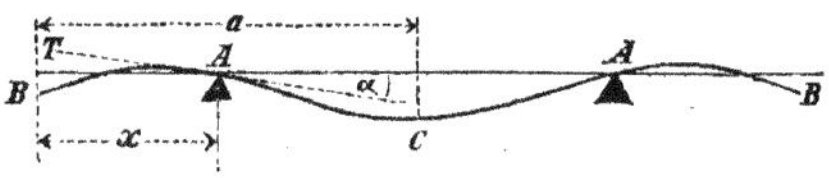

Ein gerader prismatischer Stab BB von der Länge $l = 2a$ (Fig. 22), gleichförmig auf seiner ganzen Länge mit p pro Längeneinheit (z. B. durch seine eigene Schwere) belastet, liege auf zwei Stützen A, A in gleichen Entfernungen $AB = x$ von den Enden. Die elastische Linie ist dann symmetrisch in Beziehung auf die Lothrechte durch den Mittelpunkt C, und es seien α ihre Neigungswinkel in den Punkten A gegen die Gerade AA (positiv oder negativ, jenachdem die Tangenten AT sich unterhalb, wie in Fig. 22, oder oberhalb AA schneiden), ferner ihre Durchbiegungen (positive oder negative Senkungen unter AA) im Mittelpunkte $C = \delta$, in den Endpunkten B, $B = \delta_1$, während E, J, (A), (C) die aus dem Vorhergehenden bekannten Bedeutungen haben, die Spannungsmomente insbesondere wieder positiv oder negativ gesetzt werden, jenachdem die elastische Linie concav nach oben oder nach unten gekrümmt ist.

Die Beziehung zwischen α und x ergiebt sich durch Gleichsetzung der beiden Ausdrücke, die für das Spannungsmoment im Querschnitte bei A gefunden werden, jenachdem derselbe als Endquerschnitt der Strecke AB oder der Strecke AA des Stabes betrachtet wird, letzteren Falles mit Rücksicht auf Gleichung (98), worin nur

$$P = 0, \quad l = 2(a-x), \quad Q = 2(a-x)p, \quad \beta = \alpha$$

zu setzen ist. So ergiebt sich:

$$-(A) = \frac{px^2}{2} = \frac{p(a-x)^2}{3} - \frac{EJ}{a-x}\alpha$$

$$6\,EJ\alpha = p(a-x)\left[2(a-x)^2 - 3x^2\right] \quad . \quad . \quad (148).$$

Die elastische Linie wird im Punkte A von der Geraden AA berührt, wenn $\alpha = 0$, d. h. wenn

$$\frac{a-x}{x} = \sqrt{\frac{3}{2}}\,; \quad \frac{x}{l} = \frac{1}{2}\,\frac{x}{a} = \sqrt{\frac{3}{2}} - 1 = 0{,}225$$

ist. Das Spannungsmoment im mittleren Querschnitte C ergiebt sich aus Gleichung (99) durch die Substitutionen:

$$P = 0, \quad a = b = a - x, \quad l = 2(a-x), \quad \beta = \alpha:$$

$$(C) = \frac{p(a-x)^2}{6} + \frac{EJ}{a-x}\alpha - \frac{p}{2}\left[(a-x)^2 - x^2\right]$$

mit Rücksicht auf Gleichung (148). Hiernach findet man

$$(C) = -(A) - \frac{px^2}{2} \text{ für } \frac{x}{l} = \frac{1}{2}\,\frac{x}{a} = \frac{\sqrt{2}-1}{2} = 0{,}207\,.$$

Die Durchbiegung δ bei C ergiebt sich aus Gleichung (101) mit den obigen Substitutionen und mit Rücksicht auf Gleichung (148):

$$\delta = \frac{p}{EJ}\frac{(a-x)^4}{24} + \frac{a-x}{2}\alpha = \frac{p(a-x)^2}{24EJ}[5(a-x)^2 - 6x^2]$$

und daraus $\delta = 0$ für $\frac{x}{l} = \frac{1}{2}\frac{x}{a} = \frac{\sqrt{30}-5}{2} = 0{,}239$.

Was die Senkung δ_1 eines Endpunktes B unter die Gerade AA betrifft, so ist sie um $x\alpha$ kleiner, als ihre Senkung unter die Tangente AT, die durch Gleichung (88) bestimmt ist. Somit und mit Rücksicht auf Gleichung (148) ergiebt sich:

$$\delta_1 = \frac{px}{EJ}\frac{x^3}{8} - x\alpha = \frac{px}{24EJ}(-x^3 - 12ax^2 + 24a^2x - 8a^3)$$

$$= \frac{px}{24EJ}(-x^3 - 6lx^2 + 6l^2x - l^3).$$

Die Bestimmung des Verhältnisses $\frac{x}{l}$, bei welchem $\delta_1 = 0$ wird, führt somit auf die Auflösung einer Gleichung dritten Grades, deren einzige zwischen 0 und $\frac{1}{2}$ liegende Wurzel:

$$\frac{x}{l} = 0{,}214$$

gefunden wird. Die Forderung: $\delta = \delta_1$ endlich führt durch Gleichsetzung der Ausdrücke von δ und δ_1 ebenfalls zu einer cubischen Gleichung:

$$4x^3 - 12a^2x + 5a^3 = 0,$$

von deren Wurzeln $\frac{x}{a}$ nur die zwischen 0 und 1 liegende hier in Betracht kommt. Ihr entspricht:

$$\frac{x}{l} = \frac{1}{2}\frac{x}{a} = 0{,}223.$$

Somit hat sich ergeben:

	$-(A)=(C)$	$\delta_1 = 0$	$\delta_1 = \delta$	$\alpha = 0$	$\delta = 0$
für $\frac{x}{l} =$	0,207	0,214	0,223	0,225	0,239

und sind also schon kleine Lagenänderungen der Stützen A, A ausreichend, um nach und nach die verschiedenen hier erwähnten Umstände zur Folge zu haben.

63. — Während bisher ausser der gleichförmig vertheilten Last $Q = pl$ nur eine Kraft P an einer gewissen Stelle C angreifend vorausgesetzt wurde, werde nun angenommen, dass solcher Kräfte beliebig viele: P_1, P_2, P_3 ... vorhanden sind, angreifend in den Punkten C_1, C_2, C_3 ... (Fig. 23), deren Entfernungen von den Stabenden A und B beziehungsweise mit a_1 und b_1, a_2 und b_2, a_3 und b_3 ... bezeichnet seien. Von den sechs Grössen

Fig. 23.

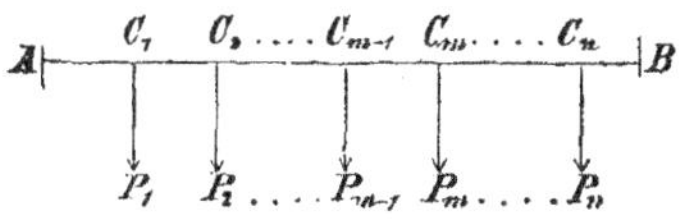

$$A,\ (A),\ \alpha \text{ und } B,\ (B),\ \beta,$$

die den Zustand des Stabes an den Enden bestimmen und von denen zwei durch die Bedingungen der Aufgabe gegeben sind (α und β im Falle des beiderseits eingeklemmten, $(B) = 0$ und α im Falle des bei A eingeklemmten und bei B gestützten, $(A) = (B) = 0$ im Falle des beiderseits gestützten Stabes), können dann die vier übrigen berechnet werden durch Formeln, die aus einer sich unmittelbar darbietenden Verallgemeinerung früherer Formeln hervorgehen. Indem nämlich in den Ausdrücken (97) und (98) von

$$A \quad (A) \quad B \quad (B)$$

für den Fall des beiderseits eingeklemmten Stabes, ferner in den Ausdrücken (120)—(123) von

$$A \quad (A) \quad B \quad \beta$$

für den Fall des bei A eingeklemmten, bei B gestützten Stabes, endlich in den Ausdrücken (136) und (137) von

$$A \quad \alpha \quad B \quad \beta$$

für den Fall des beiderseits gestützten Stabes die Kraft P nur in je einem Gliede vorkommt, das im ersten Falle von Q, α, β, im zweiten von Q, α, im dritten von Q unabhängig, nämlich von der Form: $Pf(a, b)$ ist, unter $f(a, b)$ eine gewisse Function der Abstände a, b des Angriffspunktes C der Kraft P von den Stabenden A, B verstanden, so ist offenbar jetzt an die Stelle dieses Gliedes eine Summe analog gebildeter Glieder:

$$\Sigma[Pf(a, b)] = P_1 f(a_1, b_1) + P_2 f(a_2, b_2) + \dots$$

zu setzen, und ergiebt sich somit

1) für den Fall des beiderseits eingeklemmten Stabes:

$$\left.\begin{aligned}
A &= \Sigma\left[P\frac{(3a+b)b^2}{l^3}\right] + \frac{Q}{2} + \frac{6EJ}{l^2}(-\alpha+\beta)\\
B &= \Sigma\left[P\frac{a^2(a+3b)}{l^3}\right] + \frac{Q}{2} + \frac{6EJ}{l^2}(\alpha-\beta)\\
(A) &= -\Sigma\left(P\frac{ab^2}{l^2}\right) - \frac{Ql}{12} + \frac{2EJ}{l}(2\alpha-\beta)\\
(B) &= -\Sigma\left(P\frac{a^2b}{l^2}\right) - \frac{Ql}{12} + \frac{2EJ}{l}(-\alpha+2\beta)
\end{aligned}\right\} \quad (149),$$

2) für den Fall des bei A eingeklemmten, bei B gestützten Stabes:

$$\left.\begin{aligned} A &= \Sigma\left[P\frac{(3a^2+6ab+2b^2)b}{2l^3}\right]+\frac{5}{8}Q-\frac{3EJ\alpha}{l^2} \\ B &= \Sigma\left[P\frac{a^2(2a+3b)}{2l^3}\right]+\frac{3}{8}Q+\frac{3EJ\alpha}{l^2} \\ (A) &= -\Sigma\left[P\frac{ab(a+2b)}{2l^2}\right]-\frac{Ql}{8}+\frac{3EJ\alpha}{l} \\ EJ\beta &= \Sigma\left(P\frac{a^2b}{4l}\right)+\frac{Ql^2}{48}+\frac{EJ\alpha}{2} \end{aligned}\right\} \quad (150),$$

3) für den Fall des beiderseits gestützten Stabes:

$$\left.\begin{aligned} A &= \Sigma\left(P\frac{b}{l}\right)+\frac{Q}{2} \\ B &= \Sigma\left(P\frac{a}{l}\right)+\frac{Q}{2} \\ EJ\alpha &= \Sigma\left[P\frac{ab(a+2b)}{6l}\right]+\frac{Ql^2}{24} \\ EJ\beta &= \Sigma\left[P\frac{ab(2a+b)}{6l}\right]+\frac{Ql^2}{24} \end{aligned}\right\} \quad . \; . \; . \; (151).$$

Wenn so die Werthe von A, (A), α und B, (B), β in jedem Falle bekannt sind, so sind damit unmittelbar die Resultante der äusseren Kräfte und das Spannungsmoment für jeden Querschnitt bestimmbar, sowie dann auch die Neigung und Durchbiegung für jeden Punkt der elastischen Linie nach und nach in den Strecken

$$AC_1 \quad C_1C_2 \quad C_2C_3 \; . \; . \; .$$

Sind nämlich, was diese letztere Bestimmung betrifft, mit Bezug auf ein Coordinatensystem mit dem Anfangspunkte A, dessen x-Axe die Richtung AB und dessen z-Axe die Richtung der Kräfte P hat,

$$\gamma_1 \quad \gamma_2 \quad \gamma_3 \; . \; . \; . \text{ die Werthe von } \frac{dz}{dx},$$

$$\delta_1 \quad \delta_2 \quad \delta_3 \; . \; . \; . \text{ die Werthe von } z$$

in den Punkten $C_1 \quad C_2 \quad C_3 \; . \; . \; .$

so folgt durch Integration aus der Momentengleichung $\frac{d^2z}{dx^2}=f_1(x)$ für die Strecke AC_1:

$$\frac{dz}{dx}=\varphi_1(x), \text{ Constante bestimmt durch } x=0, \; \frac{dz}{dx}=\alpha,$$

$$z=\psi_1(x), \quad \text{„} \quad \text{„} \quad \text{„} \quad x=0, \; z=0,$$

$$\text{daraus mit } x=a_1: \; \gamma_1=\varphi_1(a_1) \text{ und } \delta_1=\psi_1(a_1);$$

dann aus der Momentengleichung $\frac{d^2z}{dx^2}=f_2(x)$ für die Strecke C_1C_2:

$$\frac{dz}{dx}=\varphi_2(x), \text{ Constante bestimmt durch } x=a_1, \; \frac{dz}{dx}=\gamma_1,$$

$$z=\psi_2(x), \quad \text{„} \quad \text{„} \quad \text{„} \quad x=a_1, \; z=\delta_1,$$

daraus mit $x = a_2$: $\gamma_2 = \varphi_2(a_2)$ und $\delta_2 = \psi_2(a_2)$ u. s. f.
Statt vom Endpunkte A kann man natürlich auch vom anderen Endpunkte B ausgehen oder auch für einen Theil AC_m des Stabes von A, für den anderen BC_m von B ausgehend die aufeinander folgenden Integrationen verrichten. —

Auch kann die Neigung oder Durchbiegung der elastischen Linie an einer gewissen Stelle als Summe der Antheile dargestellt werden, womit sich die einzelnen Belastungsbestandtheile daran betheiligen, gemäss demselben (in Nr. 51 auf den Fall des einerseits eingeklemmten und übrigens freien Stabes angewandten) Princip, auf dem die Summationen in den Gleichungen (147)—(151) beruhen. Wenn z. B. der Stab an beiden Enden gestützt ist, so ist die Durchbiegung eines zwischen C_{m-1} und C_m in der Entfernung x von A liegenden Punktes der elastischen Linie, insoweit sie durch die gleichförmig vertheilte Belastung verursacht wird, nach Nr. 60 bestimmt durch die Gleichung:

$$EJz = EJ\alpha x - \frac{Ax^3}{6} + \frac{px^4}{24}$$

$$\text{mit } EJ\alpha = \frac{pl^3}{24} \text{ und } A = \frac{pl}{2},$$

$$\text{also } EJz = \frac{p}{24}(l^3 - 2lx^2 + x^3)x \quad . \; . \; . \; . \quad (z_1).$$

Insoweit dagegen die Durchbiegung an der fraglichen Stelle von einer der Kräfte $P_m \; . \; . \; . \; P_n$ herrührt, entspricht sie nach Nr. 60 der Gleichung:

$$EJz = EJ\alpha x - \frac{Ax^3}{6}$$

$$\text{mit } EJ\alpha = P\frac{ab(a+2b)}{6l} \text{ und } A = P\frac{b}{l},$$

woraus sich mit Rücksicht auf die Kräfte $P_m \; . \; . \; . \; P_n$ zusammen

$$EJz = \frac{x}{6l}\sum_m^n [Pab(a+2b)] - \frac{x^3}{6l}\sum_m^n (Pb) \quad . \; . \; . \quad (z_2)$$

ergiebt, und daraus durch Vertauschung von x mit $y (= l - x)$ und von a mit b für den von den Kräften $P_1 \; . \; . \; . \; P_{m-1}$ herrührenden Antheil:

$$EJz = \frac{y}{6l}\sum_1^{m-1} [Pab(2a+b)] - \frac{y^3}{6l}\sum_1^{m-1} (Pa) \quad . \; . \; . \quad (z_3).$$

Die Summe der durch die Gleichungen (z_1), (z_2) und (z_3) bestimmten Werthe von z ist die resultirende Durchbiegung. —

Schliesslich hat es keine Schwierigkeit, die ausgezeichneten Punkte der elastischen Linie: die relativen Bruchpunkte, die Wendepunkte und die Punkte grösster oder kleinster Durchbiegung sowie die Ordinaten der letzteren zu bestimmen. Was insbesondere die relativen Bruchpunkte betrifft, so ist ein Endpunkt A oder B ein solcher, wenn der Stab an diesem Ende eingeklemmt ist und wenn A, (A) resp. B, (B) entgegengesetzte Vorzeichen haben. Der ausserdem vorhandene mittlere Bruchpunkt liegt, wenn

$$\sum_1^{m-1} P + p a_{m-1} < A < \sum_1^m P + p a_m$$

ist, in der Strecke $C_{m-1} C_m$ in der durch die Gleichung:

$$\sum_1^{m-1} P + p x = A$$

bestimmten Entfernung x vom Stabende A, falls dieses $x < a_m$ ist, widrigenfalls C_m der mittlere Bruchpunkt wäre, vorausgesetzt dass das betreffende Spannungsmoment (C_m) positiv ist.

64. — Auch die in voriger Nummer angenommene Belastung entspricht bezüglich der Voraussetzung eines für die ganze Stablänge $AB = l$ constanten Werthes von p immer noch einem sehr speciellen Fall. Wird aber jetzt (mit Bezug auf das in Nr. 54 festgesetzte Coordinatensystem der x, z oder y, z) p als beliebige Function von x resp. y vorausgesetzt, die auch für gewisse Strecken $= 0$ und in gewissen Punkten unstetig sein kann (der plötzlichen Aenderung von p um eine endliche Grösse Δp entsprechend), so sind zur Bestimmung der vier nicht gegebenen von den sechs Grössen

$$A, \quad (A), \quad \alpha \quad \text{und}\ B, \quad (B), \quad \beta,$$

die den Zustand an den Stabenden charakterisiren, die bisherigen Formeln nicht zu gebrauchen. Gemäss dem in voriger Nummer angedeuteten Verfahren kann man dann aber, ausgehend vom Ende A und nach und nach von einer zur folgenden solchen Abtheilung der elastischen Linie fortschreitend, innerhalb welcher sie weder durch eine in einem Punkt angreifende Kraft P noch durch eine sprungweise Aenderung von p eine Stetigkeitsunterbrechung (dritter resp. vierter Ordnung nach Nr. 48) erfährt, für jeden Querschnitt X in der Entfernung x von A die Grössen

$$X \quad (X) \quad \frac{dz}{dx} \quad z$$

als Functionen gegebener Elemente und der zwei Unbekannten A, (A) resp. A, α ausdrücken, ebenso auch, von B ausgehend, für jeden Querschnitt Y in der Entfernung y von B die Grössen

$$Y \quad (Y) \quad \frac{dz}{dy} \quad z$$

als Functionen gegebener Elemente und der zwei Unbekannten B, (B) resp. B, β. Zur Berechnung der vier Unbekannten dienen dann die Gleichungen:

$$X = -Y; \ (X) = (Y); \ \frac{dz}{dx} = -\frac{dz}{dy}; \ z = z \quad . \quad (152),$$

falls die hierdurch gleich gesetzten Ausdrücke auf denselben Querschnitt bezogen werden, der beliebig gewählt werden kann, nur, was die erste dieser Gleichungen betrifft, nicht so, dass er durch den Angriffspunkt einer der Kräfte P geht.

Ist der Stab beiderseits gestützt, so können übrigens A und B auch unmittelbar durch das Hebelgesetz gefunden werden, und ist dann nur zur Berechnung von α und β die Gleichsetzung der auf denselben Punkt der elastischen Linie bezogenen Ausdrücke von

$$\frac{dz}{dx} \text{ und } -\frac{dz}{dy}, \; z \text{ und } z$$

erforderlich.

Durch die hiernach bekannten Werthe von A, (A), α und B, (B), β sind nun die in den Ausdrücken von X, Y, (X), (Y), $\frac{dz}{dx}$, $\frac{dz}{dy}$, z vorkommenden Coefficienten vollständig bekannt, und können also auch der durch $X = 0$ resp. $Y = 0$ bestimmte höchstens einzelne mittlere Bruchquerschnitt nebst zugehörigem Spannungsmoment, die durch $(X) = 0$ resp. $(Y) = 0$ bestimmten höchstens zwei Wendepunkte, und die durch $\frac{dz}{dx} = 0$ resp. $\frac{dz}{dy} = 0$ bestimmten höchstens drei Punkte grösster oder kleinster Durchbiegung sowie die entsprechenden Ordinaten gefunden werden. —

Das Verfahren würde dasselbe bleiben, wenn schliesslich auch noch die bisherige Voraussetzung fallen gelassen würde, dass alle gegebenen Kräfte in gleichem Sinne wirken (Nr. 47), um so die allgemeinste Belastungsweise zu erhalten, die durch Kräfte möglich ist, deren Richtungslinien, in einer Ebene liegend, die Stabaxe rechtwinklig schneiden. Nur würde es dann mehr als einen mittleren Bruchpunkt, mehr als zwei Wendepunkte, mehr als drei Punkte grösster oder kleinster Durchbiegung geben können. —

Zur Vermeidung übermässig langer Ausdrücke bei der Ausführung des in Rede stehenden Verfahrens im Falle einer zusammengesetzten Belastung des Stabes kann wieder die Bemerkung dienen, dass in Folge der hier zu Grunde liegenden Voraussetzung einer sehr geringen Biegung und der Vernachlässigung kleiner Grössen höherer Ordnung alle jene durch die Gleichungen (152) einander gleich gesetzten Ausdrücke, desgleichen auch die daraus zu berechnenden vier Unbekannten der Grössen A, (A), α, B, (B), β als Summen von Gliedern erscheinen, deren jedes den Einfluss eines Bestandtheiles der Belastung auf die betreffende Grösse unabhängig von den übrigen Bestandtheilen darstellt, dass man somit die diesen Belastungsbestandtheilen entsprechenden Glieder der betreffenden Grössen einzeln berechnen kann, um sie schliesslich erst zur Gewinnung des Gesammtresultats zu summiren. Der Antheil, den eine gleichförmig auf der ganzen Länge vertheilte Belastung, oder den in Punkten concentrirt angreifende Kräfte auf das Gesammtresultat haben, kann dabei mit Hülfe früherer Formeln beurtheilt werden.

65. — Als Beispiel des in voriger Nummer erklärten Verfahrens diene zunächst ein an den Enden A, B gestützter Stab von der Länge l, der auf seiner ganzen Länge gleichförmig mit Q, ausserdem aber von C_1 bis C_2 (Fig. 24) noch mit P gleichförmig belastet ist. Die Mitte C dieser Strecke C_1C_2 habe die

Fig. 24.

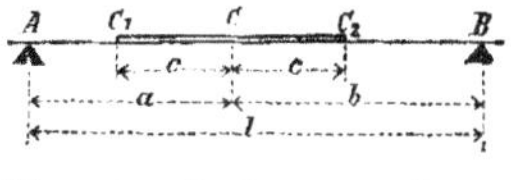

Entfernungen a, b $(a<b)$ von den Stabenden A, B; ihre Länge sei $=2c$.

Unmittelbar ergiebt sich hier:

$$A=P\frac{b}{l}+\frac{Q}{2};\quad B=P\frac{a}{l}+\frac{Q}{2}$$

unabhängig von c, also auch ebenso gross, wie wenn P in C concentrirt angriffe. Wegen $a<b$ ist $A>\frac{P+Q}{2}$, die resultirende Kraft X folglich von A bis C positiv. Der Bruchpunkt kann also nur zwischen B und C liegen, und zwar zwischen B und C_2 oder zwischen C und C_2, jenachdem die Resultante der äusseren Kräfte von B bis C_2:

$$B-\frac{Q}{l}(b-c)\lesseqgtr 0$$

ist, oder mit Rücksicht auf den Ausdruck von B jenachdem

$$\frac{P}{Q}\lesseqgtr\frac{b-c-\frac{l}{2}}{a}$$

ist. Wäre $\frac{P}{Q}$ kleiner, als dieses Verhältniss, so läge der Bruchpunkt in der Entfernung $y=\frac{B}{p}$ vom Ende B und wäre $max\ M=\frac{B^2}{2p}$.

Ist aber, wie es in der Regel der Fall sein wird, $\frac{P}{Q}$ grösser, als jenes Verhältniss, so liegt der Bruchpunkt in der Strecke CC_2 in einer Entfernung x vom Punkte C, die durch die Gleichung

$$A-\frac{P}{2c}(c+x)-\frac{Q}{l}(a+x)=0$$

bestimmt ist; man findet daraus mit Rücksicht auf den Ausdruck von A:

$$x=\frac{(P+Q)(b-a)}{Pl+2Qc}c \quad \ldots\ldots \quad (153)$$

und damit das entsprechende Spannungsmoment:

$$max\ M=A(a+x)-\frac{P}{2c}\frac{(c+x)^2}{2}-\frac{Q}{l}\frac{(a+x)^2}{2}$$

$$=\left(P+\frac{Q}{2}\right)\frac{ab}{l}-P\frac{c}{4}+(P+Q)\frac{(b-a)x}{4l} \quad (154).$$

Wäre $c=0$, also $x=0$, so wäre

$$max\ M=\left(P+\frac{Q}{2}\right)\frac{ab}{l},\ \text{falls}\ \frac{P}{Q}>\frac{b-\frac{l}{2}}{a}$$

ist: in Uebereinstimmung mit Gleichung (140) in Nr. 60.

Ist P die einzige Belastung, so liegt der Bruchpunkt jedenfalls zwischen C und C_2 in der Entfernung von C:

$$x = \frac{b-a}{l}c, \text{ und findet man } max\,M = P\frac{ab}{l}\frac{l-c}{l} \quad (155),$$

d. i. nach Gleichung (142) im Verhältnisse $\frac{l-c}{l}$ kleiner, als wenn P im Punkte C concentrirt angriffe.

Ist $a = b$, so liegt der Bruchpunkt in der Mitte ($x = 0$) und ist

$$max\,M = \left(P + \frac{Q}{2}\right)\frac{l}{4} - P\frac{c}{4} = P\frac{l-c}{4} + \frac{Ql}{8} \quad (156),$$

ein Ausdruck, dessen erstes Glied im Verhältnisse $\frac{l-c}{l}$ kleiner ist, als das Glied mit P in Gleichung (146).

Um auch die Biegung des Stabes zu untersuchen, bedarf es der Bestimmung von α, β, wobei aber die Beschränkung auf den Bestandtheil P der Belastung genügt, da der Einfluss von Q nach dem Früheren bekannt ist. Dann folgt aus der Momentengleichung für die Strecke AC_1:

$$-EJ\frac{d^2z}{dx^2} = Ax$$

durch zweimalige Integration:

$$\left.\begin{aligned} EJ\left(\alpha - \frac{dz}{dx}\right) &= \frac{Ax^2}{2} \\ EJ(\alpha x - z) &= \frac{Ax^3}{6} \end{aligned}\right\} \quad (157),$$

und aus der Momentengleichung für die Strecke C_1C_2 mit $p = \frac{P}{2c}$:

$$-EJ\frac{d^2z}{dx^2} = Ax - \frac{p}{2}(x-a+c)^2,$$

indem die Integrationsconstanten mit Rücksicht darauf bestimmt werden, dass die beiden Theile AC_1 und C_1C_2 der elastischen Linie in C_1 eine gemeinsame Tangente und eine gemeinsame Ordinate haben:

$$\left.\begin{aligned} EJ\left(\alpha - \frac{dz}{dx}\right) &= \frac{Ax^2}{2} - \frac{p}{6}(x-a+c)^3 \\ EJ(\alpha x - z) &= \frac{Ax^3}{6} - \frac{p}{24}(x-a+c)^4 \end{aligned}\right\} \quad . \quad (158).$$

Analoge Gleichungen erhält man hieraus für $\frac{dz}{dy}$ und z durch Vertauschung von x mit y, a mit b, A mit B, α mit β, und durch Gleichsetzung der auf den Punkt C ($x = a$ resp. $y = b$) bezogenen Ausdrücke von $\frac{dz}{dx}$ und $-\frac{dz}{dy}$, sowie der beiden Ausdrücke von z ergeben sich dann die folgenden Gleichungen zur Berechnung von α, β:

$$EJ\alpha - \frac{Aa^2}{2} + \frac{pc^3}{6} = -EJ\beta + \frac{Bb^2}{2} - \frac{pc^3}{6}$$

$$EJ\alpha a - \frac{Aa^3}{6} = EJ\beta b - \frac{Bb^3}{6}.$$

Man findet daraus mit $A = P\frac{b}{l}$, $B = P\frac{a}{l}$, $p = \frac{P}{2c}$:

$$\alpha = \frac{P}{EJ}\frac{b(a^2+2ab-c^2)}{6l}; \; \beta = \frac{P}{EJ}\frac{a(b^2+2ab-c^2)}{6l} \quad (159),$$

für $c = 0$ in Uebereinstimmung mit Gleichung (143). Vermittels der Gleichungen (157) und (158) und derjenigen, die aus ersteren durch Vertauschung von x mit y, A mit B, α mit β für die Strecke BC_2 hervorgehen, sind nun für jeden Punkt der elastischen Linie ihre Neigung und Durchbiegung zu berechnen.

Ist insbesondere $a = b = \frac{l}{2}$, so wird

$$\alpha = \beta = \frac{P}{EJ}\frac{3l^2 - 4c^2}{48} \quad . \; . \; . \; . \; . \quad (160).$$

In diesem Falle findet die grösste Durchbiegung $z = \delta$ in der Mitte statt und ergiebt sich aus der zweiten Gleichung (158) mit

$$x = \frac{l}{2}, \; A = \frac{P}{2}, \; p = \frac{P}{2c}: \; \delta = \frac{P}{EJ}\frac{l^3 - (2l-c)c^2}{48} \quad (161),$$

für $c = 0$ übereinstimmend mit Gleichung (147).

Ist ausser der von C_1 bis C_2 gleichförmig vertheilten Belastung P noch eine auf der ganzen Stablänge gleichförmig vertheilte Last Q vorhanden, so ist

nach Gl. (137) in Gl. (159) und (160) das Glied $\frac{Q}{EJ}\frac{l^2}{24}$

und nach Gl. (147) in Gl. (161) das Glied $\frac{5}{8}\frac{Q}{EJ}\frac{l^3}{48}$ hinzuzufügen,

Ausdrücke, die auch aus Gleichung (160) und (161) mit $c = \frac{l}{2}$, $P = Q$ hervorgehen. —

Wäre der Stab von A bis C_1 mit P_0, von C_1 bis C_2 mit P_1, von C_2 bis C_3 mit $P_2 \ldots$, von C_n bis B mit P_n gleichförmig belastet, so wäre mit

$$\begin{array}{llll} AC_1 = 2c_0 & C_1C_2 = 2c_1 & C_2C_3 = 2c_2 \; \ldots\ldots & C_nB = 2c_n \\ a_0 = c_0 & a_1 = 2c_0 + c_1 & a_2 = 2(c_0+c_1)+c_2 \; \ldots & a_n = l - c_n \\ b_0 = l - c_0 & b_1 = l - a_1 & b_2 = l - a_2 \; \ldots\ldots\ldots & b_n = c_n \end{array}$$

$$A = \frac{\Sigma(Pb)}{l}; \; \alpha = \frac{\Sigma[Pb(a^2+2ab-c^2)]}{6EJl},$$

worin die Summenzeichen bedeuten, dass die Grössen P, a, b nach und nach mit dem Index 0, 1, 2 . . . n genommen und die betreffenden Ausdrücke summirt werden sollen. Nachdem so A und α (resp. B und β, aus obigen Gleichungen bei Vertauschung von a mit b zu erhalten) gefunden sind, hat die Bestimmung von X, (X), $\frac{dz}{dx}$, z resp. von Y, (Y), $\frac{dz}{dy}$, z für jede Stelle des Stabes keine Schwierigkeit.

66. — Wenn die vorige Aufgabe dahin abgeändert wird, dass der Stab AB (Fig. 24) an beiden Enden eingeklemmt ist, und zwar so, dass $\alpha = \beta = 0$ ist, so gelten mit alleiniger Rücksicht auf die von C_1 bis C_2 gleichförmig vertheilte Belastung $P = 2cp$ für die Strecke AC_1 des Stabes die Gleichungen:

$$X = A;\ (X) = -EJ\frac{d^2z}{dx^2} = (A) + Ax$$

$$EJ\frac{dz}{dx} = -(A)x - \frac{Ax^2}{2};\ EJz = -\frac{(A)x^2}{2} - \frac{Ax^3}{6}$$

und für die Strecke C_1C_2:

$$X = A - p(x-a+c);\ (X) = (A) + Ax - \frac{p}{2}(x-a+c)^2$$

$$EJ\frac{dz}{dx} = -(A)x - \frac{Ax^2}{2} + \frac{p}{6}(x-a+c)^3$$

$$EJz = -\frac{(A)x^2}{2} - \frac{Ax^3}{6} + \frac{p}{24}(x-a+c)^4.$$

Aus diesen letzten Gleichungen erhält man Ausdrücke von Y, (Y), $\frac{dz}{dy}$, z für dieselbe Strecke C_1C_2 durch Vertauschung von x, a, A, (A) beziehungsweise mit y, b, B, (B). Die zur Berechnung von A, (A), B, (B) dienenden Gleichungen (152), Nr. 64, bezogen auf den Querschnitt C ($x = a$ resp. $y = b$), ergeben sich somit wie folgt:

$$A - pc = -B + pc$$

$$(A) + Aa = (B) + Bb$$

$$(A)a + \frac{Aa^2}{2} - \frac{pc^3}{6} = -(B)b - \frac{Bb^2}{2} + \frac{pc^3}{6}$$

$$\frac{(A)a^2}{2} + \frac{Aa^3}{6} = \frac{(B)b^2}{2} + \frac{Bb^3}{6}.$$

Durch Elimination von B und (B) erhält man hieraus zwei Gleichungen mit den Unbekannten A, (A), für die sich folgende Ausdrücke ergeben:

$$A = P\frac{(3a+b)b^2 + (a-b)c^2}{l^3} \quad . \quad . \quad . \quad (162)$$

$$(A) = -P\frac{3ab^2 + (a-2b)c^2}{3l^2} \quad . \quad . \quad . \quad (163),$$

daraus natürlich die von B und (B) durch Vertauschung von a mit b. Für $c = 0$ sind sie in Uebereinstimmung mit Gl. (109) und (110), Nr. 57.

In obigen Gleichungen für X, (X), $\frac{dz}{dx}$, z und in den analogen für Y, (Y), $\frac{dz}{dy}$, z sind nun alle Coefficienten bekannt, und bedarf danach die Beantwortung sonstiger an das Verhalten des Stabes zu stellender Fragen keiner weiteren Erklärung. Es sei nur noch bemerkt, dass A und B relative Bruchpunkte, d. h. die Absolutwerthe von (A) und (B) relativ grösste Spannungsmomente sind, und dass dem mittleren

Bruchpunkt, in der Strecke $C_1 C_2$ in der Entfernung $\frac{A}{p}$ von C_1 liegend, das Spannungsmoment entspricht:

$$(A)+A\left(a-c+\frac{A}{p}\right)-\frac{p}{2}\frac{A^2}{p^2}=(A)+A\,(a-c)+\frac{A^2}{2p} \quad (164).$$

In dem allgemeineren Falle gleichförmiger Belastung mit P_0, $P_1 \ldots P_n$ beziehungsweise von A bis C_1, von C_1 bis $C_2 \ldots$, von C_n bis B (Nr. 65) sind A und (A) als Summen von Gliedern zu berechnen, die nach Analogie der Gleichungen (162) und (163) gebildet werden.

3. Der an den Enden gestützte oder eingeklemmte Stab ist ausserdem an mittleren Stellen gestützt.

67. — Während die Endpunkte der elastischen Linie wie bisher mit A, B bezeichnet und als Anfangspunkte der Coordinaten x, z resp. y, z angenommen werden (Nr. 54), seien von A aus gerechnet die mittleren Stützpunkte oder vielmehr die betreffenden Punkte der elastischen Linie mit

	C_1	C_2	C_3	$\ldots C_n$
die Werthe von $\frac{dz}{dx}$ daselbst mit	γ_1	γ_2	γ_3	$\ldots \gamma_n$
" " " z " "	δ_1	δ_2	δ_3	$\ldots \delta_n$
die Längen der Abtheilungen	AC_1	C_1C_2	C_2C_3	$\ldots C_nB$
mit	l	l_1	l_2	$\ldots l_n$
bezeichnet, endlich mit	λ	λ_1	λ_2	$\ldots \lambda_n$
die Neigungen der Geraden	AC_1	C_1C_2	C_2C_3	$\ldots C_nB$

gegen die Gerade AB, bestimmt durch die Gleichungen:

$$\lambda=\frac{\delta_1}{l},\quad \lambda_1=\frac{\delta_2-\delta_1}{l_1},\quad \lambda_2=\frac{\delta_3-\delta_2}{l_2}\ \ldots\ \lambda_n=\frac{-\delta_n}{l_n}.$$

Die Grössen $l, l_1, l_2 \ldots, \delta, \delta_1, \delta_2 \ldots$ und somit $\lambda, \lambda_1, \lambda_2 \ldots$ seien ebenso wie die belastenden Kräfte, der Querschnitt und die materielle Beschaffenheit des Stabes gegeben; haben ferner

$$A,\ (A),\ \alpha \text{ und } B,\ (B),\ \beta$$

die früheren (in Nr. 54 erklärten) Bedeutungen bezüglich des Zustandes, in dem sich der Stab an den Enden befindet, so sind auch von ihnen zwei durch die Bedingungen der Aufgabe gegeben: (A) oder α, jenachdem bei A, (B) oder β, jenachdem bei B einfache Stützung oder Einklemmung stattfindet. Ausser den übrigen vier jener sechs Grössen sind nun zwar auch die Reactionen

$$C_1 \quad C_2 \quad C_3 \ldots C_n$$

der gleich bezeichneten Zwischenstützen zunächst unbekannt, doch lassen sich durch sie und durch die gegebenen Elemente nach Nr. 64 jene ersteren vier Unbekannten ausdrücken, und indem man dann damit auch die z-Coordinate für jeden Punkt der elastischen Linie ausdrücken kann, dieselbe aber für die mittleren Stützen $= \delta_1, \delta_2 \ldots \delta_n$ gegeben ist, erhält man eben so viel Gleichungen, wie zur Bestimmung der noch übrigen Unbekannten nöthig sind. Sind sie gefunden, so kann für jede Stelle die Resultante der äusseren Kräfte, das Spannungsmoment, die Neigung und die Durchbiegung der elastischen Linie ausgedrückt und somit jede der hinsichtlich ihrer ausgezeichneten Punkte in früheren Fällen besprochenen Fragen auch hier beantwortet werden.

68. — *Wenn die Belastung jeder Abtheilung* AC_1, C_1C_2 ... *des Stabes in einer gleichförmig auf ihrer ganzen Länge vertheilten Last und in solchen Kräften* P *besteht, die in gewissen Punkten concentrirt angreifen*, so lässt sich die Berechnung der zur weiteren Untersuchung nöthigen Unbekannten einfacher auf Grund der Gleichungen (149) in Nr. 63 ausführen mit Hülfe daraus herzuleitender Relationen zwischen den Spannungsmomenten (C_1), (C_2), (C_3) in den Querschnitten über drei aufeinander folgenden Stützpunkten. Sind nämlich (Fig. 25) C_1 und C_2 die Punkte der elastischen Linie über den gleich bezeichneten Stützen, und ist C_1H_1 parallel AB, C_1T_1 tangential an die elastische Linie, beide im Sinne von C_1 gegen C_2 gezogen, ferner C_2H_2 parallel AB, C_2T_2 tangential an die elastische Linie, beide im Sinne von C_2 gegen C_1 gezogen, so sind bei den in der Figur angenommenen relativen Lagen der betreffenden Geraden die Winkel

Fig. 25.

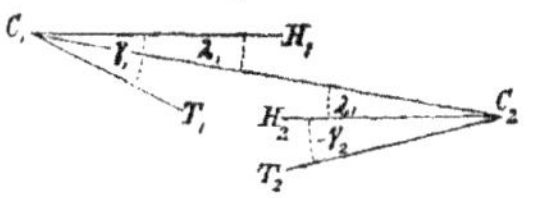

$$H_1C_1C_2 = H_2C_2C_1 = \lambda_1; \quad H_1C_1T_1 = \gamma_1; \quad H_2C_2T_2 = -\gamma_2,$$

und man kann nun das Stück C_1C_2 des Stabes als einen Stab betrachten, der an seinen Enden unter den Winkeln

$$C_2C_1T_1 = \gamma_1 - \lambda_1 \text{ und } C_1C_2T_2 = \lambda_1 - \gamma_2$$

gegen die Gerade C_1C_2 geneigt eingeklemmt ist. Somit besteht zwischen den Unbekannten (C_1), (C_2), γ_2 eine Beziehung analog derjenigen, die aus den Gleichungen (149) für (A) und (B) durch Elimination von α erhalten werden kann, wenn darin $\beta = \lambda_1 - \gamma_2$ gesetzt wird. Ebenso kann eine entsprechende Beziehung zwischen den Unbekannten (C_2), (C_3), γ_2 gebildet werden, um dann schliesslich aus beiden durch Elimination von γ_2 die gewünschte Gleichung zwischen (C_1), (C_2), (C_3) zu erhalten.

Setzt man nun diese Gleichung n mal, d. h. so viel mal an, als je drei aufeinander folgende Stützpunkte (die Endpunkte A, B mitgerechnet) vorhanden sind, so hat man in Verbindung mit zwei weiteren, von denen die eine zwischen (A), (C_1), α, die andere zwischen (C_n), (B), β nach dem Muster der obigen Beziehung zwischen (C_1), (C_2), γ_2 gebildet werden kann, im Ganzen $n + 2$ Gleichungen, wodurch die n Spannungsmomente (C_1), (C_2) ... (C_n) und die zwei nicht gegebenen der Grössen (A), α, (B), β bestimmbar sind.

Was dann die Kräfte A, B und die Reactionen C_1, C_2 ... der gleichnamigen Mittelstützen betrifft, so ist zu berücksichtigen, dass

C_1 durch die Belastungen beider Abtheilungen AC_1 und C_1C_2,
C_2 „ „ „ „ „ C_1C_2 „ C_2C_3

u. s. w. verursacht wird. Sind also S_1 S_2 ...
diejenigen Theile der Reactionen C_1 C_2 ...

die von den Belastungen der Abtheilungen	C_1C_2	C_2C_3	...	
herrühren, sind ferner	R	R_1	R_2	...
die Resultirenden der die Abtheilungen	AC_1	C_1C_2	C_2C_3	...
belastenden Kräfte und	M	M_1	M_2	...
ihre Momente für die Punkte ...	C_1	C_2	C_3	..

so muss an der (durch Schnitte bei A und C_1) isolirt gedachten Stabstrecke AC_1 Gleichgewicht bestehen zwischen ihrer gegebenen Belastung und den Kräften und Kräftepaaren:

A und (A), an der Endfläche bei A,
$R-A$ und (C_1), „ „ „ „ C_1 angreifend,

desgleichen an der isolirt gedachten Stabstrecke C_1C_2 zwischen ihrer gegebenen Belastung und den Kräften und Kräftepaaren:

S_1 und (C_1), an der Endfläche bei C_1,
R_1-S_1 und (C_2), „ „ „ „ C_2 angreifend u. s. f.

Dem Gleichgewicht entsprechen die Gleichungen:

$$(C_1)=(A)+Al-M;\quad (C_2)=(C_1)+S_1l_1-M_1 \text{ etc.},$$

und ergeben sich daraus die folgenden Bestimmungen der Unbekannten A, C_1, C_2 ... C_n, B:

$$\left.\begin{array}{ll} A=\frac{M}{l}+\frac{(C_1)-(A)}{l} & \\ S_1=\frac{M_1}{l_1}+\frac{(C_2)-(C_1)}{l_1}; & C_1=R-A+S_1 \\ S_2=\frac{M_2}{l_2}+\frac{(C_3)-(C_2)}{l_2}; & C_2=R_1-S_1+S_2 \\ \vdots & \vdots \end{array}\right\} \quad . \quad (165).$$

Somit sind dann wieder die $n+4$ Unbekannten A, C_1, C_2 ... C_n, B und (A) resp. α, (B) resp. β gefunden, zugleich als Hülfsgrössen die Spannungsmomente in den Querschnitten über den Mittelstützen, die übrigens als relativ grösste zur Beurtheilung der Anstrengung des Stabes ohnehin zu berechnen gewesen wären.

69. — Ausgeführt werde das so eben erklärte Verfahren beispielsweise für den Fall, dass der Stab auch an den Enden A, B ebenso wie in den Zwischenpunkten C_1, C_2 ... nur einfach gestützt, und dass er in den einzelnen Abtheilungen nur gleichförmig belastet ist:

mit	p	p_1	p_2	... pro Längeneinheit
in den Abtheilungen =	l	l_1	l_2	...

Aus den Gleichungen (98) in Nr. 55, nämlich mit $P=0$ und $Q=pl$ aus den Gleichungen:

$$(A)=-\frac{pl^2}{12}+\frac{2EJ}{l}(2\alpha-\beta)$$

$$(B)=-\frac{pl^2}{12}+\frac{2EJ}{l}(-\alpha+2\beta)$$

folgt nun durch Elimination von α resp. β:

$$\left.\begin{aligned}(A)+2(B)&=-\frac{pl^2}{4}+\frac{6\,EJ}{l}\beta\\ 2(A)+(B)&=-\frac{pl^2}{4}+\frac{6\,EJ}{l}\alpha\end{aligned}\right\}\quad . \quad . \quad . \quad (166).$$

Analog der ersten dieser Gleichungen ist mit $\beta=\lambda_1-\gamma_2$ (Fig. 25):

$$(C_1)+2(C_2)=-\frac{p_1 l_1{}^2}{4}+\frac{6\,EJ}{l_1}(\lambda_1-\gamma_2)$$

und analog der zweiten mit $\alpha=\gamma_2-\lambda_2$:

$$2(C_2)+(C_3)=-\frac{p_2 l_2{}^2}{4}+\frac{6\,EJ}{l_2}(\gamma_2-\lambda_2).$$

Aus beiden zusammen folgt durch Elimination von γ_2:

$$l_1(C_1)+2(l_1+l_2)(C_2)+l_2(C_3)=-\frac{p_1 l_1{}^3+p_2 l_2{}^3}{4}+6\,EJ(\lambda_1-\lambda_2)\quad (167),$$

$$\text{worin } \lambda_1=\frac{\delta_2-\delta_1}{l_1}\,,\quad \lambda_2=\frac{\delta_3-\delta_2}{l_2} \text{ ist.}$$

Analoger Weise lassen sich hiernach n Gleichungen von folgender Form bilden, in denen H_1, H_2, H_3 . . . H_n bekannte Grössen sind:

$$\begin{aligned}2(l+l_1)(C_1)+l_1(C_2)&=H_1\\ l_1(C_1)+2(l_1+l_2)(C_2)+l_2(C_3)&=H_2\\ l_2(C_2)+2(l_2+l_3)(C_3)+l_3(C_4)&=H_3\\ &\ \vdots\\ l_{n-1}(C_{n-1})+2(l_{n-1}\pm l_n)(C_n)\quad&=H_n\,.\end{aligned}$$

Addirt man diese Gleichungen, nachdem

$$\begin{aligned}&\text{die zweite mit } \mu_2=-2\frac{l+l_1}{l_1}\\ &\text{die dritte mit } \mu_3=-\frac{l_1}{l_2}-2\frac{l_1+l_2}{l_2}\mu_2\\ &\text{die vierte mit } \mu_4=-\frac{l_2}{l_3}-2\frac{l_2+l_3}{l_3}\mu_3 \text{ etc.}\end{aligned}$$

multiplicirt wurde, so fallen alle Unbekannten ausser (C_n) fort, die somit aus der resultirenden Gleichung gefunden werden kann, darauf (C_{n-1}) aus der letzten, (C_{n-2}) aus der vorletzten u. s. f. der einzelnen n Gleichungen.

Danach findet man gemäss Gleichung (165) nach und nach:

$$\begin{aligned}A&=\frac{pl}{2}+\frac{(C_1)}{l}\\ S_1&=\frac{p_1 l_1}{2}+\frac{(C_2)-(C_1)}{l_1};\quad C_1=pl-A+S_1\\ S_2&=\frac{p_2 l_2}{2}+\frac{(C_3)-(C_2)}{l_2};\quad C_2=p_1 l_1-S_1+S_2 \text{ etc.}\end{aligned}$$

Sind ferner . . . . $D \quad D_1 \quad D_2$ . . . die mittleren Bruchpunkte
in den Abtheilungen $l \quad l_1 \quad l_2$ . . .
und $d \quad d_1 \quad d_2$ . . . ihre Entfernungen
von den Punkten . $A \quad C_1 \quad C_2$ . . .
so ist nach Nr. 56, Gleichung (103):

$$d = \frac{A}{p}\,; \quad (D) = \frac{A^2}{2p}$$

$$d_1 = \frac{S_1}{p_1}\,; \quad (D_1) = (C_1) + \frac{S_1{}^2}{2p_1}$$

$$d_2 = \frac{S_2}{p_2}\,; \quad (D_2) = (C_2) + \frac{S_2{}^2}{2p_2} \quad \text{etc.}$$

Diese $n+1$ Spannungsmomente (D), (D_1) . . . und die absoluten Werthe von (C_1), (C_2) . . . sind die relativen Maxima des Spannungsmomentes M.

Ferner sind nach Nr. 56, Gl. (105) die Abstände $f \quad f_1 \quad f_2$ . . .
der Wendepunkte $F \quad F_1 \quad F_2$ . . .
von den Stützpunkten $A \quad C_1 \quad C_2$ . . .

$$f = 2d\,; \quad f_1 = d_1 \pm \sqrt{d_1{}^2 + 2\frac{(C_1)}{p_1}}$$

$$f_2 = d_2 \pm \sqrt{d_2{}^2 + 2\frac{(C_2)}{p_2}} \quad \text{etc.,}$$

und entsprechen die doppelten Vorzeichen je zwei solchen Punkten in jeder mittleren Abtheilung.

Schliesslich ergeben sich die Winkel α, γ_1, γ_2 . . . aus den nach Analogie der zweiten Gleichung (166) gebildeten Gleichungen:

$$(C_1) = -\frac{pl^2}{4} + \frac{6\,EJ}{l}(\alpha - \lambda)$$

$$2(C_1) + (C_2) = -\frac{p_1 l_1{}^2}{4} + \frac{6\,EJ}{l_1}(\gamma_1 - \lambda_1)$$

$$2(C_2) + (C_3) = -\frac{p_2 l_2{}^2}{4} + \frac{6\,EJ}{l_2}(\gamma_2 - \lambda_2) \quad \text{etc.}$$

und damit die Gleichungen der einzelnen Abtheilungen der elastischen Linie. So folgt z. B. für die Abtheilung $C_1 C_2$, wenn der Anfangspunkt der Coordinaten x, z in dem über C_1 liegenden Punkte von AB angenommen wird, aus der Momentengleichung

$$-EJ\frac{d^2z}{dx^2} = (C_1) + S_1 x - \frac{p_1 x^2}{2}$$

durch zweimalige Integration:

$$EJ\left(\gamma_1 - \frac{dz}{dx}\right) = (C_1)x + \frac{S_1 x^2}{2} - \frac{p_1 x^3}{6}$$

$$EJ(\delta_1 + \gamma_1 x - z) = \frac{(C_1)x^2}{2} + \frac{S_1 x^3}{6} - \frac{p_1 x^4}{24}.$$

70. — Wenn insbesondere alle Stützen gleich hoch und in gleichen Entfernungen liegen und die Belastung auf der ganzen Länge des Stabes gleichförmig vertheilt ist, also im Falle

$$\delta_1 = \delta_2 = \delta_3 \ldots = 0; \quad \lambda = \lambda_1 = \lambda_2 \ldots = 0$$
$$l = l_1 = l_2 \ldots \quad ; \quad p = p_1 = p_2 \ldots$$

ergeben sich beispielsweise für 3, 4 und 5 Stützen die folgenden Resultate, die, weil in gleichen Abständen beiderseits von der Mitte des Stabes gleich, nur für die dem Endpunkte A zunächst liegende Stabhälfte angegeben sind.

1) Bei 3 Stützen $A \quad C_1 \quad B$ ist:

$$(C_1) = -\frac{pl^2}{8}; \quad A = \frac{3}{8}pl; \quad C_1 = \frac{5}{4}pl$$

$$d = \frac{3}{8}l; \quad (D) = 0{,}0703\,pl^2; \quad f = 0{,}75\,l.$$

2) Bei 4 Stützen $A \quad C_1 \quad C_2 \quad B$ ist:

$$(C_1) = -\frac{pl^2}{10}; \quad A = \frac{2}{5}pl; \quad C_1 = \frac{11}{10}pl$$

$$d = \frac{2}{5}l; \quad (D) = 0{,}08\,pl^2; \quad d_1 = \frac{1}{2}l; \quad (D_1) = 0{,}025\,pl^2$$

$$f = 0{,}8\,l; \quad f_1 = 0{,}276\,l.$$

3) Bei 5 Stützen $A \quad C_1 \quad C_2 \quad C_3 \quad B$ ist:

$$(C_1) = -\frac{3}{28}pl^2; \quad (C_2) = -\frac{1}{14}pl^2$$

$$A = \frac{11}{28}pl; \quad C_1 = \frac{8}{7}pl; \quad C_2 = \frac{13}{14}pl$$

$$d = \frac{11}{28}l; \quad (D) = 0{,}0772\,pl^2; \quad d_1 = \frac{15}{28}l; \quad (D_1) = 0{,}0364\,pl^2$$

$$f = 0{,}786\,l; \quad f_1 = 0{,}266\,l \text{ und } 0{,}805\,l.$$

71. — Die $n+1$ Längen $l \quad l_1 \quad l_2 \ldots l_n$
und $n+1$ Winkel $\lambda \quad \lambda_1 \quad \lambda_2 \ldots \lambda_n$,
wodurch die Lagen der n Zwischenstützpunkte gegen die Gerade AB, nämlich ihre Ordinaten (Senkungen unter AB im Falle eines durch Schwerkräfte belasteten horizontal liegenden Stabes) durch

$$\delta_1 = l\lambda; \quad \delta_2 = \delta_1 + l_1\lambda_1; \quad \delta_3 = \delta_2 + l_2\lambda_2 \text{ etc.} \quad . \quad (168)$$

bestimmt sind, können so gewählt werden, dass dadurch ausser den Gleichungen:

$$\left.\begin{array}{l} l + l_1 + l_2 + \ldots + l_n = AB \\ l\lambda + l_1\lambda_1 + l_2\lambda_2 + \ldots + l_n\lambda_n = 0 \end{array}\right\} \quad . \quad . \quad (169),$$

wodurch sie ihren Bedeutungen zufolge verbunden sind, noch $2n$ Bedingungen erfüllt werden, dass z. B. die Spannungsmomente in $2n+1$ relativen Bruchquerschnitten einander gleich werden, oder dass, wenn die

Widerstandsmomente W', W'' (Nr. 49) des Stabes für den einen und den umgekehrten Biegungssinn verschieden sind, die unter sich gleichen relativ grössten Spannungsmomente für die im ersteren Sinne gebogenen Stabtheile dasselbe Verhältniss zu W' wie die unter sich gleichen relativ grössten Spannungsmomente für die im anderen Sinne gebogenen Stabtheile zu W'' haben, um so die grössten Spannungen für alle diese relativen Bruchquerschnitte gleich gross zu erhalten. Ist der Stab auch an den Enden A, B nur einfach gestützt, so sind überhaupt nicht mehr als $2n+1$ relative Bruchquerschnitte vorhanden: je einer bei den n Zwischenstützen und in den durch sie begrenzten $n+1$ Abtheilungen. Wäre aber der Stab bei A oder bei B oder an beiden Enden eingeklemmt, so kämen die Spannungsmomente daselbst als relativ grösste hinzu, und müsste dann noch der betreffende Einklemmungswinkel α resp. β oder jeder von ihnen zu Hülfe genommen werden, um durch entsprechende Bestimmung die verlangte Gleichheit der grössten Spannungen in allen relativen Bruchquerschnitten zu erzielen.

Beispielsweise seien für den in Nr. 69 behandelten Fall eines an den Enden und in n Zwischenpunkten gestützten und in den einzelnen Abtheilungen gleichförmig belasteten Stabes die Lagen der Zwischenstützen so zu bestimmen, dass die $2n+1$ relativ grössten Spannungsmomente einander gleich werden. Für die Grösse

$$M=(D)=(D_1)=(D_2)\ \ldots\ =-(C_1)=-(C_2)\ \ldots$$

dieser Spannungsmomente ergiebt sich zunächst aus den Ausdrücken von (D) und A in Nr. 69:

$$M=\frac{1}{2p}\left(\frac{pl}{2}-\frac{M}{l}\right)^2=\frac{pl^2}{8}-\frac{M}{2}+\frac{M^2}{2pl^2}$$

$$M^2-3pl^2M+\frac{p^2l^4}{4}=0;\quad M=\left(\frac{3}{2}-\sqrt{2}\right)pl^2=0{,}0858\,pl^2 \quad (170).$$

Dass nicht etwa $M=\left(\frac{3}{2}+\sqrt{2}\right)pl^2$ der Aufgabe entsprechen könne, folgt daraus, dass wegen

$$A=\frac{pl}{2}-\frac{M}{l}>0 \text{ jedenfalls } M<\frac{pl^2}{2}$$

sein muss. Aus den Gleichungen für (D_1), (D_2) ... und S_1, S_2 ... in Nr. 69 ergiebt sich nun weiter:

$$M=\left(\frac{3}{2}-\sqrt{2}\right)pl^2=\frac{S_1^{\,2}}{4p_1}=\frac{S_2^{\,2}}{4p_2}\ldots=\frac{S_{n-1}^{\,2}}{4p_{n-1}}=\frac{1}{2p_n}\left(\frac{p_nl_n}{2}-\frac{M}{l_n}\right)^2$$

$$=\frac{p_1l_1^{\,2}}{16}=\frac{p_2l_2^{\,2}}{16}\ldots=\frac{p_{n-1}l_{n-1}^{\,2}}{16}=\left(\frac{3}{2}-\sqrt{2}\right)p_nl_n^{\,2} \quad . (171),$$

wodurch die Längenverhältnisse $\frac{l_1}{l}$, $\frac{l_2}{l}$ ... und mit Rücksicht auf die erste Gleichung (169) die Längen l, l_1, l_2 ... selbst bestimmt sind. Aus den nach Analogie von (167) gebildeten Gleichungen für (C_1), (C_2) ... folgt dann:

$$\left.\begin{aligned}
M &= \frac{1}{2l+3l_1}\left[\frac{pl^3+p_1l_1^{\,3}}{4} - 6EJ(\lambda-\lambda_1)\right]\\
&= \frac{1}{3(l_1+l_2)}\left[\frac{p_1l_1^{\,3}+p_2l_2^{\,3}}{4} - 6EJ(\lambda_1-\lambda_2)\right]\\
&= \frac{1}{3(l_2+l_3)}\left[\frac{p_2l_2^{\,3}+p_3l_3^{\,3}}{4} - 6EJ(\lambda_2-\lambda_3)\right]\\
&\;\vdots\\
&= \frac{1}{3l_{n-1}+2l_n}\left[\frac{p_{n-1}l_{n-1}^{\,3}+p_nl_n^{\,3}}{4} - 6EJ(\lambda_{n-1}-\lambda_n)\right]
\end{aligned}\right\}\quad (172),$$

und sind dadurch mit Rücksicht auf Gleichung (170) zunächst die Winkeldifferenzen:

$$\lambda-\lambda_1,\quad \lambda_1-\lambda_2,\quad \lambda_2-\lambda_3\;\ldots,$$

dann mit Rücksicht auf die zweite Gleichung (169) die Winkel λ, λ_1, λ_2 ... selbst, und endlich nach Gleichung (168) die Grössen δ_1, δ_2 ... bestimmt.

72. — Wenn insbesondere $p=p_1=p_2$ ... ist, so entspricht der in voriger Nummer behandelten Aufgabe eine solche Anordnung der Stützen, dass

$$l=l_n,\quad l_1=l_2\;\ldots=l_{n-1}$$

$$\lambda+\lambda_n=\lambda_1+\lambda_{n-1}\;\ldots=0;\quad \delta_1=\delta_n,\ \delta_2=\delta_{n-1}\;\ldots$$

ist. Aus Gleichung (171) folgt dann:

$$\frac{l_1}{l}=4\sqrt{\frac{3}{2}-\sqrt{2}}=1{,}1717;\quad \frac{l}{l_1}=0{,}8535$$

und wenn $AB=2l+(n-1)l_1=(n+1)l'$

gesetzt wird, so ist $l_1=\dfrac{n+1}{n+0{,}707}l'$.

Damit und mit dem Werth von M nach Gleichung (170) ergiebt sich aus Gleichung (172):

$$\lambda-\lambda_1=\lambda_{n-1}-\lambda_n=\frac{1}{6EJ}\left[\frac{p(l^3+l_1^{\,3})}{4}-(2l+3l_1)M\right]$$

$$=0{,}02982\,\frac{pl^3}{EJ}$$

$$\lambda_1-\lambda_2=\lambda_2-\lambda_3\;\ldots=\lambda_{n-2}-\lambda_{n-1}=\frac{1}{6EJ}\left(\frac{pl_1^{\,3}}{2}-6l_1M\right)$$

$$=0{,}03352\,\frac{pl^3}{EJ}$$

und durch Addition aller dieser Gleichungen für $\lambda-\lambda_1$, $\lambda_1-\lambda_2$, ... $\lambda_{n-1}-\lambda_n$:

$$\lambda-\lambda_n=2\lambda=[2\,.\,0{,}02982+(n-2)\,0{,}03352]\,\frac{pl^3}{EJ},$$

also

$$\lambda=(0{,}01676\,n-0{,}0037)\,\frac{pl^3}{EJ},$$

wonach λ_1, λ_2 ... der Reihe nach aus den Gleichungen für $\lambda - \lambda_1$, $\lambda_1 - \lambda_2$ ... gefunden werden. Ist $M' = mpl'^2$ das grösste Spannungsmoment, das unter übrigens gleichen Umständen dann stattfinden würde, wenn alle Stützen gleich hoch und in gleichen Entfernungen ($= l'$) lägen, so dass nach Nr. 70 insbesondere

$$\text{für } n = 1 \quad 2 \quad 3$$

$$m = \frac{1}{8} \quad \frac{1}{10} \quad \frac{3}{28}$$

ist, so lässt das Verhältniss

$$\frac{M}{M'} = \frac{0{,}0858}{m}\left(\frac{l}{l'}\right)^2$$

erkennen, in welchem Grade durch diese vortheilhafteste in Vergleich mit jener einfachsten Anordnung der Stützen die Anstrengung des Materials verkleinert wird.

Hiernach findet man z. B. für 3 Stützen ($n = 1$):

$$l = l_1 = l'; \quad \delta_1 = 0{,}01306 \frac{pl^4}{EJ}; \quad M = 0{,}686\, M';$$

für 4 Stützen ($n = 2$):

$$l = l_2 = 0{,}9459\, l'; \quad l_1 = 1{,}1082\, l'$$

$$\delta_1 = \delta_2 = 0{,}02982 \frac{pl^4}{EJ}; \quad M = 0{,}768\, M';$$

für 5 Stützen ($n = 3$):

$$l = l_3 = 0{,}921\, l'; \quad l_1 = l_2 = 1{,}079\, l'$$

$$\delta_1 = \delta_3 = 0{,}04658 \frac{pl^4}{EJ}; \quad \delta_2 = 0{,}06622 \frac{pl^4}{EJ}; \quad M = 0{,}679\, M'.$$

b. Gerader stabförmiger Körper von veränderlichem Querschnitte.

73. — Wenn der im ursprünglichen (spannungslosen) Zustande gerade stabförmige Körper, der gemäss Nr. 40 als symmetrisch in Beziehung auf eine die Richtungslinien aller äusseren Kräfte enthaltende Ebene vorausgesetzt wird (oder wenigstens als so gestaltet, dass seine Querschnitte in Hauptaxen für ihre Schwerpunkte von der Kraftebene geschnitten werden), einen veränderlichen (an verschiedenen Stellen verschiedenen) Querschnitt hat, so kann seine Anstrengung (die in seinen verschiedenen Punkten stattfindende Spannung σ) und seine Biegung für gegebene Stützungs- und Belastungsweisen des Stabes nach denselben Methoden gefunden werden, wie sie für den Fall eines prismatischen, also eines stabförmigen Körpers von überall gleichem Querschnitte im Vorhergehenden erklärt und benutzt wurden; nur wird ihre Anwendung weniger einfach. Auch können dann ausser solchen Stetigkeitsunterbrechungen der elastischen Linie, die durch örtlich concentrirt angreifende Kräfte P oder durch unstetige Aenderungen der specifischen, d. i. der auf die Längeneinheit bezogenen Belastung p verursacht werden, noch solche vorkommen, die von unstetigen Aenderungen des Querschnitts an gewissen Stellen des Stabes herrühren und von der zweiten Ordnung sind, d. h. einer sprungweisen Aenderung des zweiten Differentialquotienten der Ordinate nach der Abscisse der elastischen Linie, nämlich einer sprungweisen Aenderung ihres Krümmungshalbmessers ϱ entsprechen. (Nr. 48.)

74. — Beispielsweise habe ein Stab von der Länge $AB = l$ einen so veränderlichen Querschnitt, dass dessen Trägheitsmoment für seine Biegungsaxe der dritten Potenz einer gewissen Dimension proportional ist, die von dem Werthe h bei A bis zum Werthe $h_1 = nh$ bei B proportional dem Abstande x von A abnimmt, so dass sie in diesem Abstande

$$= h - (h - h_1)\frac{x}{l} = h\left(1 - \frac{1-n}{l}x\right)$$

und somit das entsprechende Trägheitsmoment $= JX^3$ ist, wenn es für den Querschnitt bei A mit J bezeichnet und zur Abkürzung

$$1 - \frac{1-n}{l}x = X$$

gesetzt wird. Dieser Voraussetzung entspricht u. A. ein rechteckiger Querschnitt von constanter Breite, dessen Höhe (mit der Biegungsebene parallele Seite) von h bei A bis h_1 bei B gleichförmig abnimmt, oder ein elliptischer Querschnitt, dessen zur Biegungsebene senkrechte Hauptaxe constant ist, während die andere von h bei A bis h_1 bei B gleichförmig abnimmt.

Ein solcher Stab sei an den Enden so eingeklemmt, dass daselbst die elastische Linie unter gewissen kleinen Winkeln α und β gegen die als x-Axe (mit A als Anfangspunkt) angenommene Gerade AB geneigt ist, welche Winkel positiv oder negativ gesetzt werden, jenachdem sie von der x-Axe aus auf der Seite der positiven (Fig. 26) oder der negativen y-Axe liegen, die im Punkte A senkrecht zur x-Axe angenommen ist. Wäre der Stab prismatisch (das Verjüngungsverhältniss $n = \frac{h_1}{h} = 1$),

Fig. 26.

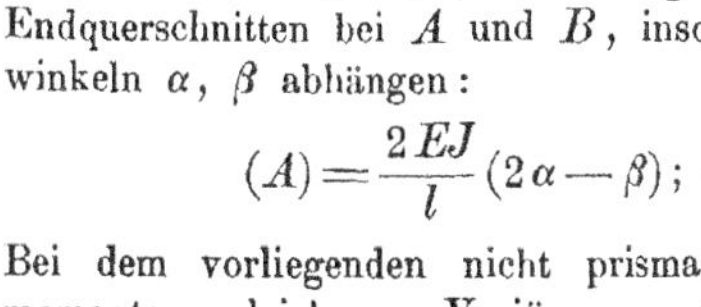

so wären nach Nr. 55, Gleichung (98) die Spannungsmomente in den Endquerschnitten bei A und B, insoweit sie nur von den Einklemmungswinkeln α, β abhängen:

$$(A) = \frac{2EJ}{l}(2\alpha - \beta); \quad (B) = \frac{2EJ}{l}(2\beta - \alpha).$$

Bei dem vorliegenden nicht prismatischen Stabe sind diese Spannungsmomente zugleich vom Verjüngungsverhältnisse n abhängig, und es sei die Aufgabe, ihre Ausdrücke zu entwickeln, deren Kenntniss u. A. für ein in folgender Nummer zu besprechendes Problem des Maschinenbaues von Interesse ist.

Ist zu dem Ende noch A die am gleichnamigen Stabende wirkende Reactionskraft, ebenso wie (A) nur mit Rücksicht auf den Einfluss der Einklemmungswinkel und algebraisch verstanden in dem bisherigen (in

Nr. 54 erklärten) Sinne, so ist die Momentengleichung (Differentialgleichung zweiter Ordnung) der elastischen Linie:

$$-EJX^3\frac{d^2y}{dx^2}=(A)+Ax \text{ oder } -EJ\frac{d^2y}{dx^2}=\frac{(A)+Ax}{X^3}.$$

Die erste Integration derselben giebt mit Rücksicht darauf, dass, wenn

$$X=a+bx\left(\text{hier ist } a=1,\ b=-\frac{1-n}{l}\right)$$

gesetzt wird,
$$\int\frac{dx}{X^3}=\frac{1}{b}\int\frac{dX}{X^3}=-\frac{1}{2bX^2}$$

$$\int\frac{x\,dx}{X^3}=\frac{1}{b^2}\int\frac{(X-a)\,dX}{X^3}=\frac{1}{b^2}\left(-\frac{1}{X}+\frac{a}{2X^2}\right)$$

ist, und indem die Integrationsconstante mit Rücksicht darauf bestimmt wird, dass $x=0$, $\frac{dy}{dx}=0$ zusammengehörige Werthe sind:

$$\frac{EJ}{l}(1-n)^2\left(\alpha-\frac{dy}{dx}\right)=\frac{(1-n)(A)+Al}{2}\left(\frac{1}{X^2}-1\right)+Al\left(\frac{1}{X}-1\right),$$

woraus durch abermalige Integration mit Rücksicht auf

$$\int\frac{dx}{X^2}=\frac{1}{b}\int\frac{dX}{X^2}=-\frac{1}{bX}$$

$$\int\frac{dx}{X}=\frac{1}{b}\int\frac{dX}{X}=\frac{1}{b}\,ln\,X$$

und darauf, dass $x=0$, $y=0$ zusammengehörige Werthe sind, gefunden wird:

$$\frac{EJ}{l}(1-n)^3(\alpha x-y)=$$

$$=\frac{(1-n)(A)+Al}{2}\left[l\left(\frac{1}{X}-1\right)-(1-n)x\right]+Al[l.\,ln\,X+(1-n)x].$$

Wenn in diesen zwei durch die erste und die zweite Integration gefundenen Gleichungen

$$x=l,\ X=1-(1-n)=n,\ \frac{dy}{dx}=-\beta,\ y=0$$

gesetzt wird, so gehen sie über in:

$$\frac{2EJ}{l}n^2(\alpha+\beta)=(1+n)(A)+Al$$

$$\frac{2EJ}{l}n(1-n)^3\alpha=(1-n)^3(A)+(1-n^2+2n\,ln n)Al,$$

woraus sich durch Elimination von A ergiebt:

$$(A)=\frac{EJ}{l}\frac{\left[(1-n)(3n-1)-2n^2\,ln\frac{1}{n}\right]\alpha+n\left(1-n^2-2n\,ln\frac{1}{n}\right)\beta}{2(1-n)-(1+n)\,ln\frac{1}{n}} \quad (173).$$

Für $n = 1$ wird diese Gleichung, wie es sein muss:

$$(A) = \frac{EJ}{l}\frac{0}{0} = \frac{2EJ}{l}(2\alpha - \beta),$$

wenn der Werth des zunächst in unbestimmter Form erscheinenden Ausdrucks auf bekannte Weise bestimmt wird. Aus dem Ausdrucke von (A) erhält man endlich den von (B) durch Substitution von α für β, β für α, $\frac{1}{n}$ für n und $n^3 J$ (als Trägheitsmoment des Querschnittes B) für J (d. h. für das Trägheitsmoment des Querschnittes A):

$$(B) = \frac{EJ}{l} n^2 \frac{\left(\frac{1-n^2}{n} - 2\,ln\frac{1}{n}\right)\alpha + \left[(1-n)(3-n) - 2\,ln\frac{1}{n}\right]\beta}{2(1-n) - (1+n)\,ln\frac{1}{n}} \quad (174).$$

75. — Im Falle des in voriger Nummer betrachteten Stabes AB befinden sich die Arme von Transmissionsrädern (Zahnrädern, Riemenrollen etc.), überhaupt von Rädern, an deren Umfange eine Kraft wirkt, die den Radkranz gegen die Nabe zu verdrehen strebt und dadurch die mit beiden Theilen fest verbundenen Arme auf Biegung in Anspruch nimmt. Ist AB_1 (Fig. 27) die ursprüngliche Axe eines solchen Radarms und B_1CB der Winkel, um welchen der Radkranz gegen die Nabe verdreht wird, so wird dadurch der Arm so gebogen, dass seine elastische Linie den Radius CB_1 bei A, den Radius CB bei B berührt, und ist er somit als ein stabförmiger Körper zu betrachten, der bei A unter dem Winkel BAB_1, bei B unter dem Winkel ABC gegen die Gerade AB geneigt eingeklemmt ist, jener auf der einen, dieser auf der anderen Seite von AB liegend, so dass ersterer gemäss den in voriger Nummer angewandten Bezeichnungen $= -\alpha$ zu setzen ist, wenn letzterer $= \beta$ gesetzt wird. Die elastische Linie hat unter diesen Umständen einen Wendepunkt, von dem aus ihre Krümmung nach den Enden hin zunimmt, woselbst die Gefahr des Bruches am grössten ist. Es sei die Aufgabe, *die übliche und nach Art der Voraussetzung in Nr. 74 stattfindende Verjüngung der Arme von A bis B so zu bestimmen, dass die grösste Spannung in beiden Endquerschnitten gleich gross ist.*

Fig. 27.

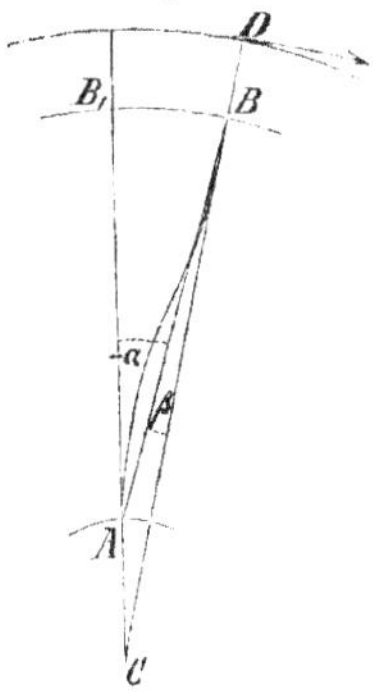

Zu dem Ende ergiebt sich aus den Gleichungen (173) und (174) das Verhältniss der Spannungsmomente in diesen Querschnitten als Function der Winkel α, β und des gesuchten Verjüngungsverhältnisses n:

$$\frac{(B)}{(A)} = n^2 \frac{\left(\frac{1-n^2}{n} - 2\,ln\frac{1}{n}\right)\alpha + \left[(1-n)(3-n) - 2\,ln\frac{1}{n}\right]\beta}{\left[(1-n)(3n-1) - 2n^2\,ln\frac{1}{n}\right]\alpha + n\left(1 - n^2 - 2n\,ln\frac{1}{n}\right)\beta}.$$

Von denselben ist hier (A) negativ, so dass, wenn die grösste Entfernung eines Punktes von der Biegungsaxe im Querschnitte $A = e$, also im Querschnitte $B = ne$ ist, der obigen Forderung die Gleichung entspricht:

$$-(A)\frac{e}{J} = (B)\frac{ne}{n^3 J} \quad \text{oder} \quad \frac{(B)}{(A)} = -n^2,$$

woraus durch Gleichsetzung mit obigem Ausdrucke desselben Verhältnisses gefunden wird:

$$-\frac{\alpha}{\beta} = \frac{(1-n)(3+n^2) - 2(1+n^2)\,ln\,\frac{1}{n}}{\frac{(1-n)(1+3n^2)}{n} - 2(1+n^2)\,ln\,\frac{1}{n}}.$$

Ist aber (Fig. 27) die Armlänge $AB_1 = l$ und der Radius AC der Nabe $= a$, so folgt aus dem Dreiecke ABC mit Rücksicht darauf, dass $-\alpha$ und β sehr kleine Winkel sind:

$$\frac{\sin(-\alpha)}{\sin\beta} = -\frac{\alpha}{\beta} = \frac{l+a}{a}$$

$$\frac{l}{a} = -\frac{\alpha}{\beta} - 1 = \frac{(1-n)^4}{2n(1+n^2)\,ln\,\frac{1}{n} - (1-n)(1+3n^2)} \quad (175),$$

$$\text{z. B.} \quad \frac{l}{a} = 1{,}05 \qquad 1{,}64 \qquad 2{,}68 \qquad 3{,}96$$

$$\text{für} \quad n = \frac{4}{5} \qquad \frac{3}{4} \qquad 0{,}7 \qquad \frac{2}{3}$$

Für $n = 1$ ergiebt sich $\frac{l}{a} = \frac{0}{0} = 0$, während $\frac{l}{a} = \infty$ der Gleichung:

$$2n(1+n^2)\,ln\,\frac{1}{n} - (1-n)(1+3n^2) = 0$$

entspricht, woraus man

$$n = 0{,}577 \ldots \text{ sehr nahe} = \sqrt{\frac{1}{3}}$$

findet. Um in Ermangelung allgemeiner Auflösbarkeit der Gleichung (175) nach n das einem gegebenen Verhältnisse $\frac{l}{a}$ entsprechende Verjüngungsverhältniss durch eine Näherungsformel auszudrücken, kann man im Anschlusse an die zusammengehörigen Grenzwerthe

$$\frac{l}{a} = 0, \; n = 1 \text{ und } \frac{l}{a} = \infty, \; n = \sqrt{\frac{1}{3}}$$

$$n = \sqrt{\frac{l + xa}{3l + xa}}$$

setzen und darin dem Coefficienten x einen solchen Werth beilegen, dass diese Formel sich ausserdem für ein mittleres Verhältniss der Dimensionen

l und a mit Gleichung (175) in naher Uebereinstimmung befindet. Soll sie z. B. $n = \frac{2}{3}$ für $\frac{l}{a} = 4$ geben, so findet man $x = \frac{12}{5}$ und somit

$$n = \sqrt{\frac{5l + 12a}{15l + 12a}}; \quad \frac{l}{a} = \frac{12(1 - n^2)}{5(3n^2 - 1)} \quad . \quad . \quad (176),$$

z. B. für $n =$	$\frac{4}{5}$	$\frac{3}{4}$	0,7	$\frac{2}{3}$
$\frac{l}{a} =$	0,94	1,53	2,60	4
statt	1,05	1,64	2,68	3,96.

Ist nun P die an einem Hebelarme $CD > CB$ (Fig. 27) auf Verdrehung des Radkranzes gegen die Nabe wirkende Kraft, und z die Anzahl der Arme, so kann die auf den einzelnen Arm AB entfallende, bei D im Sinne des Pfeils (Fig. 27) angreifende Kraft $= \frac{P}{z}$ durch eine gleich grosse und gleich gerichtete in B angreifende Kraft und durch ein Kräftepaar ersetzt werden, dessen Wirkung, in relativer Verschiebung der concentrischen Schichten des Radkranzes bestehend, hier nicht in Betracht kommt, und es ergiebt sich somit das Spannungsmoment im Querschnitte bei A als Resultat der Kraft $= \frac{P}{z}$ und des Kräftepaares $= (B)$, die zusammen in einer Schnittfläche des Arms bei B angebracht werden müssten, um ihn in ungeändertem Gleichgewichtszustande zu erhalten:

$$-(A) = \frac{P}{z} l - (B),$$

also mit $(B) = -n^2(A)$ bei Voraussetzung des durch Gleichung (175) resp. (176) bestimmten Verjüngungsverhältnisses n:

$$-(A) = \frac{Pl}{(1 + n^2)z}.$$

Dieses Spannungsmoment muss $= k\frac{J}{e}$ sein, wenn k die höchstens zulässige specifische Spannung oder Pressung ist, und ergiebt sich daraus für die Querschnittsdimensionen bei A die Bedingung:

$$\frac{J}{e} = \frac{Pl}{(1 + n^2)zk} \quad . \quad . \quad . \quad . \quad . \quad . \quad . \quad (177).$$

Ist z. B. der Querschnitt des Arms (abgesehen von etwa seitlich vortretenden Verstärkungsrippen) rechteckig von constanter Breite $= mh$, während die Höhe von h bei A bis nh bei B gleichförmig abnimmt, so ist:

$$\frac{J}{e} = \frac{mh \cdot h^2}{6}, \quad \text{also } h = \sqrt[3]{\frac{6Pl}{m(1 + n^2)zk}} \quad . \quad (178).$$

76. — Stabförmige Körper von veränderlichem Querschnitte sind besonders als sogenannte K ö r p e r v o n g l e i c h e m W i d e r s t a n d e von Interesse, d. h. als Körper, in deren sämmtlichen Querschnitten die gegebene Belastung eine gleich grosse Maximalspannung $\sigma' = k'$ und Maximalpressung $\sigma'' = k''$ verursacht. Nach Nr. 41 entsprechen dieser Forderung die Gleichungen:

$$\frac{e'}{k'} = \frac{e''}{k''} = \frac{e' + e''}{k' + k''} = \frac{J}{M} \quad . \quad . \quad . \quad . \quad (179),$$

woraus sich in Verbindung mit der Momentengleichung

$$\frac{EJ}{\varrho} = M \text{ und mit } e' + e'' = h$$

der Krümmungsradius der elastischen Linie eines solchen Körpers von gleichem Widerstande:

$$\varrho = \frac{EJ}{M} = \frac{Ee'}{k'} = \frac{Ee''}{k''} = \frac{Eh}{k' + k''} \quad . \quad . \quad . \quad (180),$$

also proportional der Höhe h des betreffenden Querschnitts ergiebt.

Im Folgenden sollen einige Beispiele solcher Körper von gleichem Widerstande betrachtet werden, die der Voraussetzung

$$e' = e'' = e, \text{ also } k' = k'' = k$$

entsprechen. Das Aenderungsgesetz des Querschnitts und der Krümmungsradius der elastischen Linie werden dann ausgedrückt durch die Gleichungen:

$$\frac{J}{e} = \frac{M}{k}; \ \varrho = \frac{Ee}{k} = \frac{Eh}{2k} \quad . \quad . \quad . \quad . \quad (181).$$

Wenn hiernach solche Querschnitte, für welche M verschwindend klein ist, sich selbst verschwindend klein ergeben, so ist zu bemerken, dass sie in Wirklichkeit doch schon deswegen eine endliche Grösse erhalten müssen, weil die hier einstweilen vernachlässigte resultirende Kraft R einen verhältnissmässig um so grösseren Einfluss ausübt, je kleiner M ist, dass sie also vorzugsweise oder selbst allein maassgebend wird, wo M sehr klein oder gar = Null ist. Die betreffende Correction der hier zu bestimmenden Körper von gleichem Widerstande bleibt späteren Untersuchungen vorbehalten. Immerhin sind es in der Regel nur kleine Querschnittsdimensionen, wodurch diesem Einflusse genügend Rechnung zu tragen ist, so dass, wenn für einen mittleren Querschnitt $M = 0$ wird, einem Wendepunkte der elastischen Linie entsprechend, der Stab daselbst durchschnitten und die Verbindung beider Theile ohne Störung des Gleichgewichtszustandes durch ein Gelenk hergestellt werden könnte.

Fig. 28.

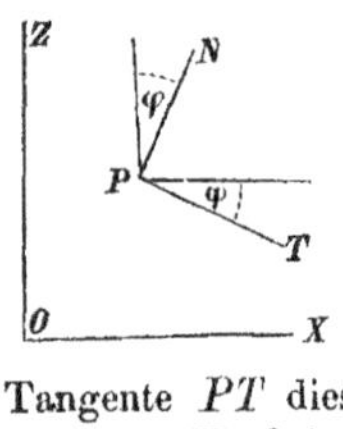

Die blosse Berücksichtigung von Normalspannungen in den Flächenelementen der Querschnitte und besonders in den von der Biegungsaxe entferntesten Punkten derselben kann übrigens streng genommen schon an und für sich in Folge veränderlicher Höhe des Querschnitts einer Correction bedürftig sein. Ist nämlich OX (Fig. 28) die Stabaxe, XOZ die Kraftebene, P ein Punkt der Durchschnittslinie dieser Ebene mit der Körperoberfläche, φ der Winkel, unter welchem die Tangente PT dieser Durchschnittslinie gegen die Stabaxe geneigt ist, ist ferner die Kraftebene Symmetrieebene des Stabes, so dass sie die Normale PN

der Körperoberfläche im Punkte P enthält und deren Neigungswinkel α, β, γ gegen die rechtwinkligen Coordinatenaxen der x, y, z:

$$\alpha = 90^0 - \varphi, \quad \beta = 90^0, \quad \gamma = \varphi$$

sind, so müssen, wenn eine äussere Kraft an dieser Stelle der Körperoberfläche nicht angreift, die Spannungscomponenten daselbst den Gleichungen

$$0 = \sigma_x \sin\varphi + \tau_y \cos\varphi$$
$$0 = \tau_z \sin\varphi + \tau_x \cos\varphi$$
$$0 = \tau_y \sin\varphi + \sigma_z \cos\varphi$$

entsprechen, in welche die Gleichungen (3), Nr. 3, mit $p = 0$ und obigen Werthen von α, β, γ übergehen. Daraus folgt, dass zwar σ_y, τ_x und $\tau_z = $ Null gesetzt werden können, dass aber

$$\tau_y = -\sigma_x tg\varphi \text{ und } \sigma_z = -\tau_y tg\varphi = \sigma_x tg^2\varphi$$

ist, dass also, sofern σ_x nicht $= 0$ ist, τ_y und σ_z nur dann verschwinden, wenn, wie bei einem prismatischen oder allgemeiner bei einem stabförmigen Körper von constanter Querschnittshöhe h, der Winkel $\varphi = 0$ ist. Mit $\sigma_y = \tau_x = \tau_z = 0$ geht nun die Gleichung (8), Nr. 6, zur Bestimmung der Hauptspannungen σ über in:

$$-(\sigma_x - \sigma)\,\sigma\,(\sigma_z - \sigma) + \sigma\tau_y^2 = 0,$$

woraus folgt, dass *eine* Hauptspannung $= 0$ ist, während die anderen die Wurzeln der quadratischen Gleichung:

$$(\sigma_x - \sigma)(\sigma_z - \sigma) - \tau_y^2 = \sigma^2 - (\sigma_x + \sigma_z)\,\sigma + \sigma_x\sigma_z - \tau_y^2 = 0$$

sind. Indem aber gemäss den obigen Ausdrücken von σ_z und τ_y

$$\sigma_x\sigma_z - \tau_y^2 = 0$$

ist, so ist auch eine zweite Hauptspannung $= 0$, und die dritte:

$$\sigma = \sigma_x + \sigma_z = (1 + tg^2\varphi)\,\sigma_x \quad . \quad . \quad . \quad . \quad (182).$$

Um sie ohne wesentlichen Fehler $= \sigma_x$ setzen zu dürfen, wie im Folgenden geschehen soll, muss angenommen werden, *dass die Durchschnittslinie der Körperoberfläche mit der Kraftebene überall unter einem nur kleinen Winkel gegen die Stabaxe geneigt ist.* Aus ähnlichen Gründen ist überhaupt die diesem ganzen, von geraden stabförmigen Körpern handelnden Abschnitte zu Grunde liegende Annahme: $\sigma_y = \sigma_z = \tau_x = 0$ (Nr. 24) an die Voraussetzung gebunden, dass die Durchschnittslinien der Körperoberfläche mit Ebenen, welche durch die (als x-Axe angenommene) Stabaxe gelegt werden, überall unter kleinen Winkeln gegen diese Axe geneigt sind. —

Schliesslich ist zu bemerken, dass, wenn die Veränderlichkeit des Querschnitts eines auf Biegung in Anspruch genommenen stabförmigen Körpers zugleich eine solche der Querschnittshöhe $h = e' + e''$ in sich begreift, die Voraussetzung einer von den Richtungslinien der äusseren Kräfte rechtwinkelig geschnittenen geraden Mittellinie des in Bezug auf die Kraftebene symmetrischen Stabes streng genommen solche Neigungen φ' und φ'' der

Axe gegen beide Durchschnittslinien der Körperoberfläche mit der Kraftebene erfordert, dass für denselben Querschnitt

$$tg\,\varphi' : tg\,\varphi'' = e' : e'' \quad \ldots\ldots \quad (183)$$

ist. Ist diese Voraussetzung nicht erfüllt, so treffen die Regeln (179) bis (181) für Körper gleichen Widerstandes und überhaupt die Biegungsgesetze gerader stabförmiger Körper auch nur angenähert zu. Wenn z. B. ein aus einer verticalen Wand hervorragender, durch Schwerkräfte zu belastender consolartiger Träger (Fig. 29 und Fig. 31) von rechteckigem Querschnitte oben durch eine horizontale Ebene begrenzt ist, so ist bei einer geneigten Ebene als unterer Begrenzung (Fig. 31) zwar die Mittellinie noch gerade, aber nicht mehr horizontal, also auch nicht senkrecht zur Richtung der äusseren Kräfte; würde gar die untere Begrenzung durch eine krumme cylindrische Fläche gebildet (Fig. 29), so würde auch die Mittellinie eine krumme Linie. Indessen ist der Fehler, der dadurch begangen wird, dass man in beiden Fällen die durch die Belastung verursachten Spannungen ebenso beurtheilt, als ob der Träger oben und unten durch solche Cylinderflächen begrenzt würde, wie sie der Bedingung (183), also einer horizontalen geraden Mittellinie bei demselben Aenderungsgesetze des Querschnitts entsprechen, wiederum nur klein, wenn der Querschnitt nur sehr langsam längs der Mittellinie des Stabes veränderlich ist.

77. — Soll z. B. der Körper AB (Fig. 29) von der Länge l, der bei A eingeklemmt und durch die am freien Ende B angreifende Kraft P belastet ist, als ein Körper gleichen Widerstandes gebildet werden mit rechteckigem Querschnitte von constanter Breite b, so sind dessen Höhen h bei A und y in der Entfernung x von B nach Gleichung (181) bestimmt durch:

Fig. 29.

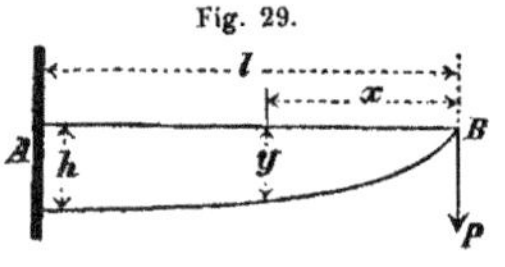

$$k = M\frac{e}{J} = Pl\frac{6}{bh^2} = Px\frac{6}{by^2},$$

woraus

$$h = \sqrt{\frac{6\,Pl}{kb}} \text{ und } \frac{y^2}{h^2} = \frac{x}{l} \quad \ldots\ldots \quad (184)$$

folgt. Wird freilich der Körper, wie Fig. 29 darstellt, so gestaltet, dass er nur unten durch eine parabolisch-cylindrische Fläche, oben aber durch eine Ebene begrenzt ist, so entspricht er der Forderung gemäss den Bemerkungen in Nr. 76 nur angenäherter und zwar gegen das Ende B in abnehmendem Grade angenäherter Weise, nicht allein wegen einstweiliger Abstraction von den durch die Kraft P verursachten Schubspannungen, sondern auch mit Rücksicht darauf, dass schon die ursprüngliche Mittellinie nicht gerade ist, und dass der Winkel φ in Gleichung (182) gegen B hin sogar bis 90^0 wachsen würde ohne die (später zu bestimmende) Vergrösserung von y an dieser Stelle.

Abgesehen von dem Einflusse dieser Umstände hat man zur Berechnung der Durchbiegung δ bei B nach Gleichung (181):

$$\varrho = \frac{Ey}{2k} = \frac{Eh}{2k}\sqrt{\frac{x}{l}} = a\sqrt{x} \text{ mit } a = \frac{Eh}{2k\sqrt{l}},$$

Fig. 30.

also mit Bezug auf das aus Fig. 30 ersichtliche Coordinatensystem der x, z (x-Axe parallel der Tangente der elastischen Linie im Punkte A):

$$\frac{d^2 z}{dx^2} = -\frac{1}{\varrho} = -\frac{1}{a\sqrt{x}}$$

$$\frac{dz}{dx} = -\frac{2}{a}\sqrt{x} + Const. = \frac{2}{a}\left(\sqrt{l} - \sqrt{x}\right)$$

$$z = \frac{2}{a}\left(x\sqrt{l} - \frac{2}{3}x\sqrt{x}\right);$$

daraus mit $x = l$ und gemäss der Bedeutung von a:

$$\delta = \frac{2}{3}\frac{l\sqrt{l}}{a} = \frac{2}{3}l\sqrt{l}\,\frac{2k\sqrt{l}}{Eh} = \frac{4}{3}\frac{k}{E}\frac{l^2}{h} \quad . \quad . \quad (185)$$

oder mit dem aus Gleichung (184) folgenden Werthe von k:

$$\delta = \frac{4}{3E}\,\frac{6Pl}{bh^2}\,\frac{l^2}{h} = \frac{8Pl^3}{Ebh^3} = 2\frac{P}{EJ}\frac{l^3}{3} \quad . \quad . \quad . \quad (186),$$

d. i. doppelt so gross wie unter übrigens gleichen Umständen die Durchbiegung eines prismatischen Stabes von constanter Höhe h, also constantem Trägheitsmomente $J = \frac{bh^3}{12}$ seines rechteckigen Querschnitts: siehe Gl. (88), Nr. 50. —

Wird die Aufgabe dahin abgeändert, dass statt der bei B concentrirt angreifenden Kraft P eine auf der ganzen Länge AB gleichförmig vertheilte Belastung $= pl$ vorhanden sein soll, so ergiebt sich bei übrigens unveränderten Bedeutungen der Buchstaben durch eine der obigen analoge Entwickelung:

Fig. 31.

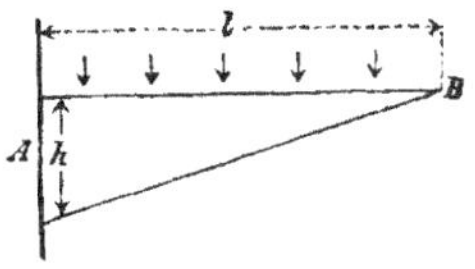

$$k = M\frac{e}{J} = \frac{pl^2}{2}\frac{6}{bh^2} = \frac{px^2}{2}\frac{6}{by^2}$$

$$h = l\sqrt{\frac{3p}{kb}};\quad \frac{y}{h} = \frac{x}{l} \quad . \ (187),$$

entsprechend einer durch Fig. 31 dargestellten Körperform. Ferner mit Bezug auf Fig. 30:

$$\varrho = \frac{Ey}{2k} = \frac{Eh}{2kl}x = ax \text{ mit } a = \frac{Eh}{2kl}$$

$$\frac{d^2 z}{dx^2} = -\frac{1}{\varrho} = -\frac{1}{ax}$$

$$\frac{dz}{dx} = \frac{1}{a}\,ln\frac{l}{x} \text{ mit Rücksicht auf } \frac{dz}{dx} = 0 \text{ für } x = l,$$

$$z = \frac{x}{a}\left(ln\frac{l}{x} + 1\right) \text{ mit Rücksicht auf } z = 0 \text{ für } x = 0$$

und weil der Grenzwerth von $x\,ln\,x$ für $x = 0$:

$$lim\,(x\,ln\,x) = lim\,\frac{ln\,x}{\frac{1}{x}} = lim\,\frac{\frac{1}{x}}{-\frac{1}{x^2}} = lim\,(-x) = 0$$

ist. Aus der Gleichung für z folgt mit $x = l$:

$$\delta = \frac{l}{a} = 2\frac{k}{E}\frac{l^2}{h} = \frac{2}{E}\frac{3pl^2}{bh^2}\frac{l^2}{h} = \frac{6pl^4}{Ebh^3} = 4\frac{pl}{EJ}\frac{l^3}{8} \quad (188)$$

= dem Vierfachen der Durchbiegung, die nach Gleichung (88) einem Stabe mit constantem Querschnitte $= bh$ unter übrigens gleichen Umständen zukommt.

Wenn auch mit Rücksicht auf die vernachlässigten Schubspannungen hier eine Verstärkung des Körpers am Ende B in minderem Grade nöthig ist, weil hier die Schubkraft $R = px$ zusammen mit dem Spannungsmomente $M = \frac{px^2}{2}$ nur allmählich von B gegen A wächst, so muss doch bemerkt werden, dass die gefundene Biegungsweise, welcher ohne solche Verstärkung $\frac{dz}{dx} = \infty$ für $x = 0$ entspricht, nicht vollkommen realisirt werden könnte, und damit dann auch nicht die verlangte Gleichheit der grössten Spannungen aller Querschnitte.

78. — Soll der bei A eingeklemmte und bei B durch die Kraft P belastete stabförmige Körper von der Länge $AB = l$ einen rechteckigen Querschnitt von constanter Höhe h erhalten, so sind dessen Breiten b bei A und y in der Entfernung x von B bestimmt durch:

$$k = M\frac{e}{J} = Pl\frac{6}{bh^2} = Px\frac{6}{yh^2},$$

woraus sich ergiebt:
$$b = \frac{6Pl}{kh^2};\quad \frac{y}{b} = \frac{x}{l} \quad \ldots\ldots \quad (189).$$

Die elastische Linie ist jetzt ein Kreisbogen mit dem Radius $\varrho = \frac{Eh}{2k}$, also die Durchbiegung bei B:

$$\delta = \frac{l^2}{2\varrho} = \frac{k}{E}\frac{l^2}{h} = \frac{6Pl^3}{Ebh^3} = \frac{3}{2}\frac{P}{EJ}\frac{l^3}{3} \quad \ldots \quad (190)$$

mit $J = \frac{bh^3}{12}$, d. h. 1,5 mal so gross, wie sie unter sonst gleichen Umständen bei constanter Breite b sein würde. —

Bei gleichförmig auf der ganzen Länge vertheilter Belastung $= pl$ erhielte man aus

$$k = \frac{pl^2}{2}\frac{6}{bh^2} = \frac{px^2}{2}\frac{6}{yh^2}$$

$$b = \frac{3pl^2}{kh^2};\quad \frac{y}{b} = \frac{x^2}{l^2} \quad \ldots\ldots \quad (191).$$

Die elastische Linie wäre nach wie vor kreisförmig mit dem Radius $\varrho = \frac{Eh}{2k}$, folglich

$$\delta = \frac{l^2}{2\varrho} = \frac{k}{E}\frac{l^2}{h} = \frac{3pl^4}{Ebh^3} = 2\frac{pl}{EJ}\frac{l^3}{8} \quad . \quad . \quad (192)$$

= dem Doppelten der Durchbiegung eines prismatischen Stabes von der Breite b unter übrigens gleichen Umständen. —

Von diesen beiden Fällen findet namentlich der erste, einer bei B angreifenden Kraft P entsprechende, Anwendung bei zusammengesetzten Federwerken, Schichtfedern, die aus der durch Gleichung (189) bestimmten einfachen Dreiecksfeder gBg' (Fig. 32) durch folgende Erwägung abgeleitet werden können,

Fig. 32.

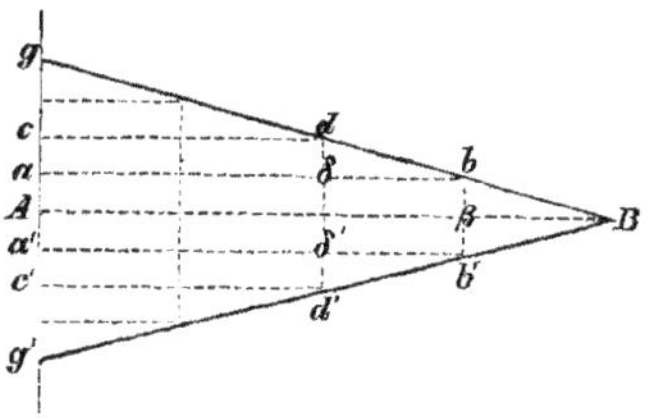

nachdem die Geraden bb', dd' ... parallel mit der Grundlinie $gg' = b$ des gleichschenkligen Dreiecks gBg' in gleichen Entfernungen $= \frac{1}{n} l$, ferner ab, $a'b'$, cd, $c'd'$ ... parallel mit der Mittellinie AB gezogen wurden mit den aus der Figur erkennbaren Durchschnittspunkten β, δ, δ' ... Bezeichnet P' eine Kraft, die der bei B angreifenden und zur Dreiecksebene gBg' senkrechten Kraft P gleich, aber entgegengesetzt gerichtet ist, so wird der Gleichgewichtszustand der Dreiecksfeder offenbar dadurch nicht geändert, dass bei β die Kraft P', bei b und b' die Kräfte $\frac{1}{2} P$, bei δ und δ' die Kräfte $\frac{1}{2} P'$, bei d und d' die Kräfte $\frac{1}{2} P$ ... hinzugefügt werden, und man kann sich dann den Spannungs- und Biegungszustand der Dreiecksfeder dadurch vermittelt denken, dass der rechteckige Theil $abb'a'$ des mittleren Streifens von der Breite $bb' = \frac{1}{n} b$ durch das bei B und β angreifende Kräftepaar P, P' gebogen wird, dass ferner die dreieckigen Endstücke $bd\delta$ und $b'd'\delta'$ der beiderseits folgenden Streifen von der Breite $d\delta = d'\delta' = \frac{1}{2n} b$ durch die bei b und b' angreifenden Kräfte $\frac{1}{2} P$, ihre rechteckigen Theile $acd\delta$ und $a'c'd'\delta'$ dagegen durch die beziehungsweise bei b und δ, b' und δ' angreifenden Kräftepaare $\frac{1}{2} P$, $\frac{1}{2} P'$ etc. gebogen werden. Diese Uebertragungsweise der Wirkung von Streifen zu Streifen findet nun thatsächlich statt bei einer Schichtfeder, die aus der Dreiecksfeder gBg' dadurch hervorgeht, dass dieselbe längs ab, $a'b'$, cd, $c'd'$ ... zerschnitten wird, je zwei correspondirende Streifen, wie z. B. $abdc$ und $a'b'd'c'$ zu einem Streifen von doppelter Breite vereinigt, und alle diese n Streifen von gleicher Breite $= \frac{1}{n} b$ über einander geschichtet werden, wie Fig. 33 beispielsweise für $n = 4$ in Seitenansicht und unterer Ansicht darstellt. Eine solche Schichtfeder, wie sie verdoppelt und an jedem Ende durch eine Kraft P belastet, in der Mitte durch eine Fassung zusammen gehalten, u. A. bei Eisenbahnfahrzeugen Anwendung findet, kann also im Wesentlichen (vorbehaltlich des Ersatzes der zugeschärften durch abgestumpfte Enden der einzelnen Schichten) nach denselben Formeln bezüglich ihrer Anstrengung und Biegung beurtheilt werden, wie eine einfache Dreiecksfeder, wenn nur darin nb für b gesetzt wird, unter b jetzt die Breite der Schichtfeder und unter n die Zahl ihrer Schichten verstanden. Sind dann also P, b, l, δ, E, k gegeben, so findet man aus Gleichung (190) die Dicke der einzelnen Schichten:

Fig. 33.

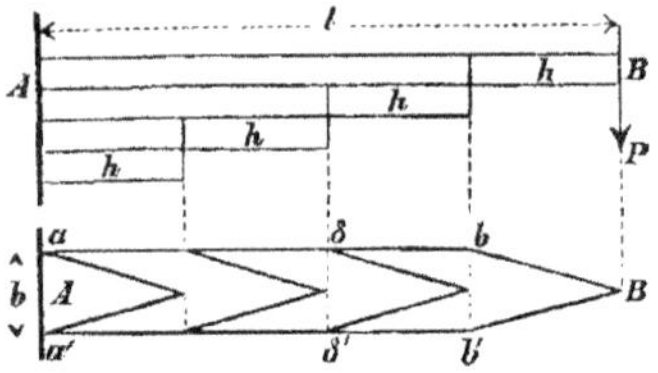

$$h = \frac{k}{E}\frac{l^2}{\delta}, \text{ dann aus Gl. (189): } n = \frac{6\,Pl}{kbh^2} \quad . \quad (193),$$

wofür natürlich eine der beiden diesem Ausdrucke von n zunächst kommenden ganzen Zahlen (vorbehaltlich entsprechender Modification von b) zu setzen ist. Indem hiernach h umgekehrt proportional δ, somit n proportional δ^2 ist, so folgt, dass die Schichtfeder aus um so dünneren Schichten in um so grösserer Anzahl gebildet werden muss, je grösser unter übrigens gleichen Umständen ihre Biegsamkeit sein soll.

79. — Wenn alle Querschnitte einer gegebenen Figur ähnlich sein sollen, z. B. einem Rechtecke von gegebenem Seitenverhältnisse, einer Ellipse von gegebenem Axenverhältnisse, insbesondere einem Kreise etc., so sind durch eine einzige Dimension eines Querschnitts alle anderen Dimensionen desselben bestimmt. Ist y diese bestimmende Dimension für den Querschnitt in der Entfernung x vom freien Ende B des andererseits bei A eingeklemmten Körpers, so kann die Function

$$\frac{J}{e} = my^3$$

gesetzt werden, unter m eine von der Querschnittsform abhängige Verhältnisszahl verstanden, z. B. für ähnliche rechteckige Querschnitte:

$$m = \frac{1}{6}\frac{z}{y}, \text{ wenn } y \text{ die Höhe, } z \text{ die Breite,}$$

für kreisförmige Querschnitte:

$$m = \frac{\pi}{32}, \text{ wenn } y \text{ den Durchmesser}$$

bedeutet. Ist also h der Werth von y für den Querschnitt bei A, so ergiebt sich im Falle der Belastung durch die bei B angreifende Kraft P aus

$$k = M\frac{c}{J} = \frac{Pl}{mh^3} = \frac{Px}{my^3}$$

$$h = \sqrt[3]{\frac{Pl}{km}}; \quad \frac{y^3}{h^3} = \frac{x}{l} \quad . \quad . \quad . \quad . \quad . \quad (194).$$

Was die Durchbiegung betrifft, so ist nach Gleichung (181), unter y, wie bei obigen Beispielen, die Höhe des Querschnitts $= 2c$ verstanden,

$$\varrho = \frac{Ey}{2k} = \frac{Eh}{2k}\sqrt[3]{\frac{x}{l}} = ax^{\frac{1}{3}} \quad \text{mit } a = \frac{Eh}{2kl^{\frac{1}{3}}},$$

also mit Bezug auf das Coordinatensystem von Fig. 30:

$$\frac{d^2z}{dx^2} = -\frac{1}{\varrho} = -\frac{1}{a}x^{-\frac{1}{3}}$$

$$\frac{dz}{dx} = -\frac{3}{2a}x^{\frac{2}{3}} + Const. = \frac{3}{2a}\left(l^{\frac{2}{3}} - x^{\frac{2}{3}}\right)$$

$$z = \frac{3}{2a}\left(x\,l^{\frac{2}{3}} - \frac{3}{5}x^{\frac{5}{3}}\right)$$

und somit für $x = l$:

$$\delta = \frac{3}{5a}l^{\frac{5}{3}} = \frac{3}{5}\frac{2kl^{\frac{1}{3}}}{Eh}l^{\frac{5}{3}} = \frac{6}{5}\frac{k}{E}\frac{l^2}{h} \quad . \quad . \quad . \quad (195)$$

oder mit Rücksicht auf Gleichung (194):

$$\delta = \frac{6}{5E}\frac{Pl}{mh^3}\frac{l^2}{h} = \frac{6Pl^3}{5Emh^4} = \frac{9}{5}\frac{P}{EJ}\frac{l^3}{3} \quad . \quad . \quad (196),$$

unter $J = mh^3e = \frac{mh^4}{2}$ das Trägheitsmoment des Querschnitts bei A verstanden. Die Durchbiegung ist also 1,8 mal so gross, wie sie unter sonst gleichen Umständen bei constanter Höhe h des Querschnitts sein würde. —

Wäre der Körper an beiden Enden A und B gestützt bei Belastung durch die Kraft P an einer mittleren Stelle C in der Entfernung $AC = a$, $BC = b$ von den Enden, so verhielte sich der Theil AC wie ein bei C eingeklemmter und bei A durch die Kraft $P\frac{b}{a+b}$, der Theil BC wie ein bei C eingeklemmter und bei B durch die Kraft $P\frac{a}{a+b}$ belasteter Körper. Dieser Fall kommt u. A. vor bei Tragaxen, die bei A und B mit Zapfen in Lagern ruhen. Bei kreisförmigen Querschnitten besteht dann der fragliche Körper von gleichem Widerstande aus zwei Umdrehungskörpern mit den Scheiteln A und B, die bei C in einem Kreise vom Durchmesser

$$h = \sqrt[3]{\frac{P\frac{b}{a+b}a}{k\frac{\pi}{32}}} = \sqrt[3]{\frac{P\frac{a}{a+b}b}{k\frac{\pi}{32}}} = \sqrt[3]{\frac{32\,Pab}{\pi k(a+b)}}$$

zusammenstossen, und deren Durchmesser y in der Entfernung x von A resp. $B = h\sqrt[3]{\frac{x}{a}}$ resp. $= h\sqrt[3]{\frac{x}{b}}$ sind. Die Ausführung der Tragaxe kann dieser theoretischen Form wenigstens näherungsweise angepasst werden, insoweit es die (nach besonderen Regeln zu bestimmenden) cylindrischen Zapfen an den Enden und ein cylindrisches Mittelstück bei C (der Nabe eines daselbst aufzukeilenden Maschinentheils entsprechend) zulassen, und indem auch die danach zwischen A und C resp. B und C übrig bleibenden conoidischen Körperformen durch zwei sie berührend umschliessende abgekürzte Kegel ersetzt werden.

80. — Bei gleichförmig auf der ganzen Länge $AB = 2a$ vertheilter Belastung des beiderseits gestützten Stabes ist das Spannungsmoment des Querschnitts in der Entfernung x von der Mitte:

$$M = pa(a-x) - p\frac{(a-x)^2}{2} = p\frac{a^2-x^2}{2}$$

und wird somit die Forderung, dass die Maximalspannung in jedem Querschnitte $= k$ sein soll, ausgedrückt durch die Gleichung:

$$k = M\frac{e}{J} = p\frac{a^2-x^2}{2}\frac{e}{J}.$$

Insbesondere z. B. bei Voraussetzung eines rechteckigen Querschnitts von constanter Breite b sind dessen Höhen h und y in der Mitte und in der Entfernung x von der Mitte bestimmt durch:

$$k = p\frac{a^2}{2}\frac{6}{bh^2} = p\frac{a^2-x^2}{2}\frac{6}{by^2},$$

woraus folgt:

$$h = a\sqrt{\frac{3p}{kb}} \text{ und } \frac{a^2}{h^2} = \frac{a^2-x^2}{y^2} \text{ oder } \frac{x^2}{a^2} + \frac{y^2}{h^2} = 1 \quad . \quad (197).$$

Es ist also y die der Abscisse x (vom Mittelpunkte aus gerechnet) entsprechende Ordinate einer Ellipse, deren Halbaxen a und h sind. —

Wenn die Belastung P des beiderseits gestützten Stabes von der Länge $2a$ in einem beweglichen Punkte C angreift, der jede Lage zwischen A und B annehmen kann, so ist es zwar nicht möglich, dass bei jeder Lage in jedem Querschnitte die Maximalspannung

$$\frac{Me}{J} = k$$

wird; allein es lässt sich dann der Forderung entsprechen, dass diese Gleichung in dem jedesmaligen Bruchquerschnitte, d. h. im jedesmaligen Querschnitte C erfüllt sein soll. Für denselben, wenn er in der Entfernung x von der Mitte liegt, ist nach Gleichung (142), Nr. 61, das Spannungsmoment:

$$M = P\frac{(a+x)(a-x)}{2a} = P\frac{a^2-x^2}{2a}$$

= dem obigen mit $p = \frac{P}{a}$; mit dieser Substitution ergeben sich somit aus Gleichung (197) für einen rechteckigen Querschnitt von constanter Breite b die Höhen h und y desselben in der Mitte und in der Entfernung x davon:

$$h = \sqrt{\frac{3\,Pa}{kb}}\,; \quad \frac{x^2}{a^2} + \frac{y^2}{h^2} = 1 \quad . \quad . \quad . \quad . \quad (198).$$

III. Schubelasticität.

81. — Nach Nr. 26 wird unter dieser Bezeichnung die Inanspruchnahme eines stabförmigen Körpers in einem gewissen Querschnitte F durch eine Kraft R verstanden, deren Richtungslinie, in der Ebene dieses Querschnittes liegend, durch seinen Schwerpunkt O geht. Die dadurch verursachten Schubspannungen können sich von Punkt zu Punkt im Querschnitte nach Grösse und nach Richtung ändern unbeschadet dessen, dass sie für alle Flächenelemente dF zusammen die Resultante R haben.

Um die Schubspannung τ für jeden Punkt des Querschnittes auszudrücken, werde die Kraft R von einem auf Biegung wirkenden Kräftepaare begleitet angenommen, nämlich ein stabförmiger Körper von endlicher Länge vorausgesetzt, auf welchen äussere Kräfte wirken in solcher Weise, dass sie sich für den betrachteten Querschnitt F ersetzen lassen durch die Resultante R nebst einem Kräftepaare M, dessen Ebene den Querschnitt in der Richtungslinie von R rechtwinkelig schneidet, wie es dann der Fall ist, wenn die Richtungslinien aller äusseren Kräfte, die Stabaxe rechtwinkelig schneidend, in einer Ebene liegen. Dabei sei diese Ebene, die Kraftebene, als Symmetrieebene des Stabes, ihr Schnitt mit F folglich, d. i. die Richtungslinie von R als Symmetrieaxe von F, und zudem der Stab als prismatisch vorausgesetzt.

82. — Ein rechtwinkeliges Coordinatensystem (Fig. 34), dessen Anfangspunkt O der Schwerpunkt des betreffenden Querschnittes ist, werde so angenommen, dass die x-Axe in die Stabaxe fällt und die z-Axe die Richtung der Kraft R hat, die y-Axe folglich mit der Axe des in der Ebene XOZ wirkenden Kräftepaares M und zugleich mit der Biegungsaxe des Querschnittes zusammenfällt. B_1AB_1 sei ein Theil des Umfanges dieses Querschnittes, B ein Punkt desselben mit den Coordinaten y, z, $OA = e$ die Entfernung des mit B auf derselben Seite liegenden Scheitelpunktes A von der Biegungsaxe, $B_1B_1 = 2y_1$ die durch B gehende mit der

Fig. 34.

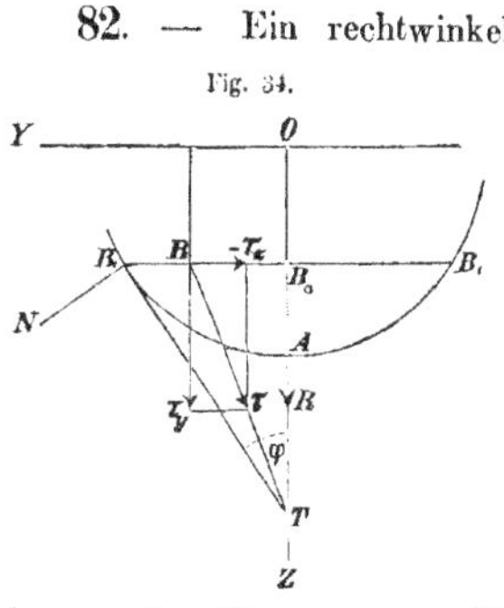

Biegungsaxe parallele Sehne, $B_1 T$ tangential an den Umfang im Punkte B_1, und der Winkel $B_1 T B_0 = \varphi$. Nach Gleichung (86), Nr. 47, besteht zwischen den absolut verstandenen Grössen R und M die Beziehung:

$$\frac{dM}{dx} = \pm R, \text{ und zwar } \frac{dM}{dx} = R,$$

wenn die Axe OX in solchem Sinne positiv angenommen wird, dass ZX der Drehungssinn des Paares M ist, da dieses dann beim Uebergange von dem betreffenden zu einem im Sinne OX folgenden, um dx entfernten Querschnitte durch das Moment $= Rdx$ der Kraft R vergrössert wird. Zugleich ist dann

$$\sigma_x = \frac{Mz}{J}$$

die durch M verursachte Normalspannung im Punkte B, positiv mit dessen Ordinate z.

Die Schubspannung τ im Punkte B des Querschnittes habe die Componenten τ_y im Sinne OZ und τ_z im Sinne OY, also $-\tau_z$ im Sinne YO. Die Ausdrücke dieser Spannungscomponenten müssen zusammen mit dem Ausdrucke von σ_x den allgemeinen Gleichungen (2) in Nr. 2 entsprechen; sie sollen aber hier auf Grund gewisser Annahmen entwickelt werden vorbehaltlich nachträglicher Prüfung ihrer Zulässigkeit mit Rücksicht auf jene Gleichungen (2).

Was zunächst die Richtung der resultirenden Schubspannung τ betrifft, die das Verhältniss ihrer Componenten τ_y und τ_z bestimmt, so muss τ im Punkte B_1 die Richtung $B_1 T$ haben, überhaupt in allen Punkten des Umfanges tangential an denselben gerichtet sein. Denn hätte sie daselbst diese Richtung nicht, so hätte sie eine Componente nach der Richtung der Normale $B_1 N$, die nicht $=$ Null und nach der in Nr. 2 ursprünglich festgesetzten Bezeichnungsweise mit τ_{xn} zu bezeichnen wäre als eine Schubspannung in der zur x-Axe senkrechten Ebene nach der Richtung der n-Axe $B_1 N$; dann wäre sie aber nach den Gleichungen (1) von einer ebenso grossen Schubspannung τ_{nx} in der zu $B_1 N$ senkrechten Ebene, d. h. in der Berührungsebene der Körperoberfläche nach der Richtung der Körperaxe begleitet, was ohne eine in gleichem Sinne an dieser Oberfläche angreifende äussere Kraft nicht möglich ist. Indem nun aber τ im Punkte B_0 offenbar die Richtung $B_0 T$ hat, weil bei der Symmetrie des Querschnittes in Bezug auf die z-Axe kein Grund denkbar wäre, weshalb sie hier eher nach der einen, als nach der anderen Seite von dieser Richtung abweichen sollte, so geht die Richtung von τ für die Punkte B der Sehne $B_1 B_1$ von B_0 bis B_1 allmählich von $B_0 T$ in $B_1 T$ über, und liegt es nahe, anzunehmen, dass sie dabei beständig gegen denselben Punkt T der z-Axe hin gerichtet bleibt, entsprechend der Gleichung:

$$-\tau_z = \tau_y \, tg(BTB_0) = \tau_y \frac{y}{y_1} tg\,\varphi \quad . \quad . \quad . \quad (199).$$

Hierdurch wird τ_z auf τ_y zurückgeführt, so dass nur noch letztere Spannungscomponente auszudrücken bleibt. Zu dem Ende kann man bemerken, dass diese Schubspannung τ_y, die im Punkte B in der zur

x-Axe senkrechten Querschnittsebene nach der Richtung der z-Axe stattfindet, von einer ebenso grossen Schubspannung, in demselben Punkte der zur z-Axe senkrechten Ebene nach der x-Axe gerichtet, begleitet wird. Betrachtet man also das Körperelement, das vom Querschnitte F, von einem im Abstande dx davon entfernten zweiten Querschnitte F' und von der Ebene begrenzt wird, die durch $B_1 B_1$ parallel mit der Körperaxe gelegt wird, so findet in letzterer Begrenzungsebene $= 2y_1\,dx$ dieses Körperelementes, wenn ausserdem τ_y als unabhängig von y, d. h. als gleich in allen Punkten von $B_1 B_1$ angenommen wird, eine totale Schubspannung

$$= \tau_y \,.\, 2y_1\,dx$$

statt, welche, da nach der x-Axe gerichtete äussere Kräfte auf das Körperelement nicht wirken, dem Unterschiede der totalen Normalspannungen

$$= \int_z^e \sigma_x\,dF \text{ und } = \int_z^e \sigma_x\,dF + \frac{d}{dx}\left(\int_z^e \sigma_x\,dF\right)dx$$

gleich sein muss, die in den beiden in F und F' liegenden Begrenzungsebenen des fraglichen Körperelementes stattfinden. Um Vorzeichen hat man sich dabei nicht zu kümmern, weil τ_y, im Sinne von R, d. i. der positiven z-Axe gerichtet, eine positive Grösse ist. Somit ergiebt sich:

$$\tau_y \,.\, 2y_1 = \frac{d}{dx}\left(\int_z^e \sigma_x\,dF\right) = \frac{d}{dx}\left(\frac{M}{J}\int_z^e z\,dF\right)$$

oder, da J und $\int_z^e z\,dF$ gemäss der vorausgesetzten prismatischen Körperform unabhängig von x sind, ferner $\frac{dM}{dx} = R$ und $dF = 2y_1\,dz$ ist,

$$\tau_y = \frac{R}{2y_1 J}\int_z^e z\,dF = \frac{R}{y_1 J}\int_z^e y_1 z\,dz \quad . \; . \; . \quad (200).$$

Aus Gleichung (199) folgt die resultirende Schubspannung im Punkte B:

$$\tau = \sqrt{\tau_y^2 + \tau_z^2} = \tau_y \sqrt{1 + \left(\frac{y}{y_1}\,tg\,\varphi\right)^2}\,.$$

Sie ist in der Sehne $B_1 B_1$ am grössten für ihre Endpunkte ($y = \pm y_1$), und zwar mit Rücksicht auf Gleichung (200):

$$\tau_1 = \frac{\tau_y}{\cos\varphi} = \frac{R}{2y_1 J \cos\varphi}\int_z^e z\,dF \quad . \; . \; . \quad (201).$$

83. — Da die für τ_z und τ_y gefundenen Ausdrücke (199) und (200) theilweise auf willkürlichen Annahmen beruhen, so bleibt zu ihrer nachträglichen Rechtfertigung noch zu prüfen, ob sie sich zusammen mit dem Ausdrucke

$$\sigma_x = \frac{Mz}{J}, \text{ woraus } \frac{\partial \sigma_x}{\partial x} = \frac{Rz}{J} \quad . \quad . \quad . \quad (202)$$

folgt, mit den allgemeinen Gleichungen (2) in Nr. 2 nicht in Widerspruch befinden. Von diesen Gleichungen sind aber diejenigen hier unwesentlich, welche vernachlässigte Spannungscomponenten enthalten, so dass es sich hauptsächlich nur um die erste jener Gleichungen handelt, nämlich bei Abstraction von äusseren Massenkräften um die Gleichung:

$$\frac{\partial \sigma_x}{\partial x} + \frac{\partial \tau_z}{\partial y} + \frac{\partial \tau_y}{\partial z} = 0 \quad . \quad . \quad . \quad . \quad . \quad . \quad (2).$$

Aus Gleichung (199), worin τ_y, y_1 und $tg\,\varphi$ unabhängig von y sind, folgt aber:

$$\frac{\partial \tau_z}{\partial y} = -\tau_y \frac{tg\,\varphi}{y_1} \quad . \quad . \quad . \quad . \quad . \quad . \quad . \quad (203);$$

ferner aus Gleichung (200) wegen

$$\frac{\partial}{\partial z}\int_z^e y_1 z\,dz = -y_1 z \text{ und } \frac{\partial \frac{1}{y_1}}{\partial z} = -\frac{1}{y_1{}^2}\frac{dy_1}{dz}$$

$$\frac{\partial \tau_y}{\partial z} = \frac{R}{J}\left\{\frac{1}{y_1}(-y_1 z) - \frac{1}{y_1{}^2}\frac{dy_1}{dz}\int_z^e y_1 z\,dz\right\}$$

$$\text{oder wegen } \frac{dy_1}{dz} = tg\,(ZTB_1) = -tg\,\varphi$$

$$\frac{\partial \tau_y}{\partial z} = -\frac{Rz}{J} + \frac{tg\,\varphi}{y_1}\frac{R}{y_1 J}\int_z^e y_1 z\,dz = -\frac{Rz}{J} + \tau_y \frac{tg\,\varphi}{y_1} \quad (204),$$

und erkennt man, dass durch Substitution der Ausdrücke (202), (203) und (204) die Gleichung (2) in der That erfüllt wird. —

Wenn auch hier bei der Ableitung der Ausdrücke für die Schubspannungscomponenten neben der Schubkraft R ein Biegungsmoment M vorausgesetzt wurde, so ist doch über die Grösse des letzteren keine Annahme gemacht worden, so dass dieselben Ausdrücke der Schubspannungscomponenten auch noch in der Grenze als zutreffend zu betrachten sind, wenn M verschwindend klein ist, wie z. B. in denjenigen Querschnitten eines stabförmigen Körpers, die den Wendepunkten seiner elastischen Linie entsprechen, oder auch in solchen Fällen, in denen bei verschwindend kleiner freier Länge des stabförmigen Körpers überhaupt keine merkliche Biegung desselben zu Stande kommt, wie z. B. bei Keilen oder Bolzen, die zur Verbindung zweier plattenförmiger Körper dienen und durch ihre Schubfestigkeit einer durch eine äussere Kraft angestrebten gegenseitigen Verschiebung dieser Körper Widerstand leisten sollen.

Wenn ferner der Entwickelung in voriger Nummer zwar die Voraussetzung einer prismatischen Körperform zu Grunde lag, so werden doch die gefundenen Ausdrücke von τ_y und τ_z auch für nicht prismatische Körper mit einem ähnlichen Grade der Annäherung zutreffend sein, womit die Normalspannungen σ_y und σ_z gegen σ_x vernachlässigt werden können, nämlich gemäss den Bemerkungen in Nr. 76 mit Bezug auf Gleichung (182) daselbst um so zutreffender, unter je kleineren Winkeln die Durchschnittslinien der Körperoberfläche mit durch die Körperaxe gelegten Ebenen gegen diese Axe geneigt sind.

Mit Vorsicht müssen aber die Gleichungen in solchen Fällen benutzt werden, in denen die von z abhängigen Grössen φ und y_1 stellenweise unstetig sind. So kann z. B. bei dem doppelt-Tförmigen Querschnitte (Fig. 35, Nr. 84) die Schubspannung τ_1 in dem mittleren Theile von der Breite $2y_1 = a$ nach Gleichung (201) bestimmt werden, und zwar ist dabei $\cos\varphi = 1$; beim Uebergange in einen der äusseren Theile von der Breite b wird aber die Annahme eines von y unabhängigen Werthes von τ_y offenbar unzulässig.

84. — In der grössten Entfernung ($z = e$) von der Biegungsaxe ist die Schubspannung = Null, und ist deshalb eine Querschnittsform, für welche τ_1 constant wäre, nicht möglich. Aus Gleichung (201) kann nämlich zwar zunächst

$$\text{für } z = e, \text{ also} \int_z^e z\,dF = 0 \text{ nur } \tau_1 = \frac{0}{0}$$

gefolgert werden, wenn für $z = e$ zugleich y_1 oder $\cos\varphi = 0$ ist. Allein dann ist

$$\text{für } z = e - dz: \int_z^e z dF = e dF = e\,.\,2y_1 dz$$

zu setzen und somit wegen $\cos\varphi = \frac{dz}{ds}$, unter ds ein Bogenelement der Umfangslinie des Querschnittes verstanden,

$$\tau_1 = \frac{R}{2y_1 J}\frac{ds}{dz}e\,.\,2y_1 dz = \frac{Re}{J}ds,$$

verschwindend klein mit ds. Für $z = 0$ ist dagegen $\int_z^e z dF$ am grössten und in Folge dessen auch τ_1 in der Regel ein Maximum; doch kann es auch der Fall sein, dass mit wachsender Entfernung von der Biegungsaxe τ_1 zunächst zunimmt und seinen Maximalwerth erst in einer gewissen Entfernung beiderseits von der Biegungsaxe erreicht. —

Z. B. für einen rechteckigen Querschnitt mit den Seiten b und $2e$, letztere parallel mit der Richtungslinie von R, ist

$$F = b\,.\,2e\,,\ J = \frac{2}{3}be^3 = \frac{Fe^2}{3},\ y_1 = \frac{b}{2},\ \cos\varphi = 1\,,$$

also nach Gleichung (201):

$$\left.\begin{aligned} \tau_1 = \frac{3R}{bFe^2}\int_z^e zb dz = \frac{3R}{Fe^2}\frac{e^2 - z^2}{2} = \frac{3}{2}\frac{R}{F}\left(1 - \frac{z^2}{e^2}\right) \\ max\,\tau = \frac{3}{2}\frac{R}{F} \text{ für } z = 0 \end{aligned}\right\} \quad (205).$$

Für einen kreisförmigen Querschnitt vom Radius e ist:

$$F = \pi e^2,\quad J = \frac{\pi e^4}{4} = \frac{Fe^2}{4},\quad y_1 = e\cos\varphi,\quad z = e\sin\varphi,$$

$$\text{also } \tau_1 = \frac{4R}{2e\cos\varphi\, Fe^2\cos\varphi}\int_{\varphi}^{\frac{\pi}{2}} e\sin\varphi\,.\,2e\cos\varphi\, d(e\sin\varphi)$$

$$= \frac{4R}{F\cos^2\varphi}\int_{\varphi}^{\frac{\pi}{2}}\sin\varphi\cos^2\varphi\, d\varphi = \frac{4R}{F\cos^2\varphi}\int_{\frac{\pi}{2}}^{\varphi}\cos^2\varphi\, d\cos\varphi$$

$$\left.\begin{aligned} &= \frac{4R}{F\cos^2\varphi}\,\frac{\cos^3\varphi}{3} = \frac{4}{3}\,\frac{R}{F}\cos\varphi = \frac{4}{3}\,\frac{R}{F}\sqrt{1-\frac{z^2}{e^2}} \\ &\qquad\qquad max\,\tau = \frac{4}{3}\,\frac{R}{F} \text{ für } z = 0 \end{aligned}\right\} \quad (206).$$

Für einen quadratischen Querschnitt, mit dessen einer Diagonale $= 2e$ die Richtungslinie von R zusammenfällt, ist

$$F = 2e^2,\quad J = 4\,\frac{e^4}{12} = \frac{Fe^2}{6},\quad y_1 = e - z,\quad \cos\varphi = \frac{1}{\sqrt{2}},$$

$$\text{also } \tau_1 = \frac{R}{2(e-z)}\,\frac{6\sqrt{2}}{Fe^2}\int_{z}^{e} z\,.\,2(e-z)\,dz$$

$$= \frac{6R\sqrt{2}}{Fe^2(e-z)}\left(e\,\frac{e^2-z^2}{2} - \frac{e^3-z^3}{3}\right) = \frac{R\sqrt{2}}{Fe^2}\left[3e(e+z) - 2(e^2+ez+z^2)\right]$$

$$\left.\begin{aligned} &= \frac{R}{F}\sqrt{2}\left(1 + \frac{z}{e} - 2\,\frac{z^2}{e^2}\right) \\ max\,\tau &= \frac{R}{F}\sqrt{2}\left(1+\frac{1}{4}-\frac{1}{8}\right) = \frac{9\sqrt{2}}{8}\,\frac{R}{F} = 1{,}59\,\frac{R}{F} \end{aligned}\right\} \quad (207)$$

für $\dfrac{1}{e} - \dfrac{4z}{e^2} = 0$, also $z = \dfrac{e}{4}$. —

Fig. 35.

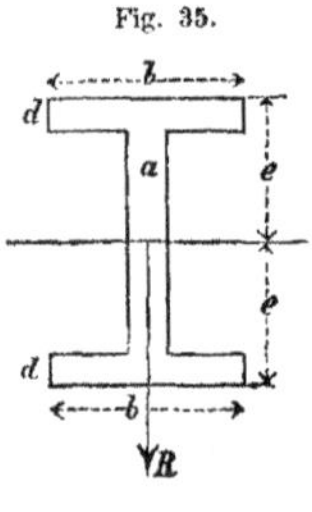

Das Maximum von τ kann besonders dann erheblich $> \frac{R}{F}$ werden, wenn in der Biegungsaxe die Breite des Querschnittes am kleinsten ist, wie z. B. bei einem doppelt-Tförmigen Querschnitte. Für einen solchen, wenn er nicht nur in Bezug auf die Richtungslinie von R, sondern auch in Bezug auf die Biegungsaxe symmetrisch ist, hat man mit den in Fig. 35 eingetragenen Bezeichnungen und mit $f = e - d$:

$$F = 2\,[be - (b-a)f]\,;\quad J = \frac{2}{3}\,[be^3 - (b-a)f^3]$$

$$\int_0^e z\,dF = \frac{1}{2}\,[be^2 - (b-a)f^2]\,;\quad \cos\varphi = 1 \text{ für } z < f,$$

also für $z = 0$: $max\,\tau = \frac{3}{4}\frac{R}{a}\frac{be^2 - (b-a)f^2}{be^3 - (b-a)f^3}$. (208)

oder mit $\frac{a}{b} = \alpha$ und $\frac{d}{e} = \delta$, also $\frac{f}{e} = 1 - \delta$, und mit $2e = h$:

$$max\,\tau = \frac{3}{2}\frac{R}{ah}\frac{1-(1-\alpha)(1-\delta)^2}{1-(1-\alpha)(1-\delta)^3}$$

und näherungsweise, wenn α und δ kleine Brüche sind:

$$max\,\tau = \frac{3}{2}\frac{R}{ah}\frac{1-(1-\alpha-2\delta)}{1-(1-\alpha-3\delta)} = \frac{3}{2}\frac{R}{ah}\frac{\alpha+2\delta}{\alpha+3\delta} \quad (209),$$

d. i. $> \frac{R}{ah}$. Mit entsprechender Annäherung ist auch:

$$F = 2be[1-(1-\alpha)(1-\delta)] = bh(\alpha+\delta) = ah\frac{\alpha+\delta}{\alpha},$$

$$max\,\tau = \frac{3}{2}\frac{R}{F}\frac{(\alpha+\delta)(\alpha+2\delta)}{\alpha(\alpha+3\delta)},\ \text{z. B.} = \frac{9}{4}\frac{R}{F} \text{ für } \alpha = \delta = \frac{1}{10}.$$

85. — Wenn die einen stabförmigen Körper belastenden Kräfte in einem gewissen Querschnitte desselben zugleich eine Schubkraft R und ein auf Biegung wirkendes Kraftmoment M liefern, so wird durch das Zusammenwirken der jener Kraft R entsprechenden Schubspannung τ mit der diesem Kraftmomente M entsprechenden Normalspannung σ in jedem Punkte des Querschnittes eine gewisse grösste Dehnung ε verursacht, die für die Anstrengung des Körpers in diesem Punkte maassgebend ist. Soll aber die Anstrengung näherungsweise nur mit Rücksicht auf eine dieser zweierlei Spannungen beurtheilt werden, wie es dieser von der Schubelasticität und der vorhergehende von der Biegungselasticität handelnde Abschnitt voraussetzen, so hat es mit Rücksicht auf diejenige von beiden zu geschehen, die den grösseren Maximalwerth von ε nach irgend einer Richtung in irgend einem Punkte zur Folge hat. Indem aber nach Nr. 26, Gleichung (59), im Falle isotroper Körpersubstanz der Schubspannung τ eine grösste Dehnung $\varepsilon = \frac{m+1}{m}\frac{\tau}{E}$ entspricht, während die der Normalspannung σ entsprechende Dehnung $= \frac{\sigma}{E}$ ist, unter E den Elasticitätsmodul und unter m die bezüglich ihrer erfahrungsmässigen Werthe in Nr. 21 besprochene Constante verstanden, so folgt, dass ein isotroper stabförmiger Körper unter den vorausgesetzten Umständen auf Schub- oder auf Biegungselasticität zu berechnen ist, jenachdem (unter σ und τ Absolutwerthe verstanden)

$$\frac{max\,\tau}{max\,\sigma} \gtrless \frac{m}{m+1}$$

ist, dass aber die Vernachlässigung der einen dieser zweierlei Spannungen gegen die andere um so fehlerhafter ist, je weniger sich das Verhältniss ihrer Maximalwerthe von $\frac{m}{m+1}$ entfernt.

Setzt man für einen gewissen Querschnitt, unter ϱ einen von der Form desselben abhängigen Coefficienten verstanden,

$$max\,\tau = \varrho\frac{R}{F} \text{ und } max\,\sigma = \frac{Me}{J}, \text{ also } \frac{max\,\tau}{max\,\sigma} = \varrho\frac{R}{M}\frac{J}{Fe},$$

wo F, J und e die bekannten Bedeutungen haben, setzt man ferner

$$\frac{J}{e} = \beta Fh \text{ und } \frac{M}{R} = \lambda l,$$

unter h die Höhe des Querschnittes, β einen von der Form desselben abhängigen Coefficienten, l die Länge des Stabes, λ einen von der Belastungs- und Stützungsweise desselben abhängigen Coefficienten verstanden, so wird

$$\frac{max\,\tau}{max\,\sigma} = \varrho\frac{\beta}{\lambda}\frac{h}{l},$$

und einer gleichen Anstrengung durch die Schub- und die Normalspannungen entspricht das Verhältniss:

$$\frac{l}{h} = \varrho\frac{\beta}{\lambda}\frac{m+1}{m} \quad \ldots\ldots \quad (210),$$

während bei kleinerer Stablänge die Schubspannungen, bei grösserer die Normalspannungen die grössere Anstrengung in dem betreffenden Querschnitte bedingen. Bei prismatischen Stäben kann diese Betrachtung auf den ganzen Körper (statt auf einen Querschnitt desselben) bezogen werden, indem dann unter R und M Maximalwerthe verstanden werden, die in verschiedenen Querschnitten stattfinden können.

So ist z. B. für einen rechteckigen Querschnitt, mit dessen Seiten h die Richtungslinie von R und die Ebene von M parallel sind,

$$\varrho = \frac{3}{2} \text{ und } \beta = \frac{1}{6},$$

also mit $m = 3$ das durch Gleichung (210) bestimmte Grenzverhältniss:

$$\frac{l}{h} = \frac{1}{3\lambda} \quad \ldots\ldots\ldots \quad (211).$$

Was λ betrifft, so ist bei gleichförmig vertheilter Belastung $= p$ pro Längeneinheit des ganzen prismatischen Stabes, jenachdem derselbe 1) einerseits eingeklemmt, oder 2) beiderseits gestützt, oder 3) beiderseits eingeklemmt ist:

$$max\,M = \frac{pl^2}{2} \qquad \frac{pl^2}{8} \qquad \frac{pl^2}{12}$$

$$max\,R = pl \qquad \frac{pl}{2} \qquad \frac{pl}{2}$$

$$\lambda = \frac{1}{l}\frac{max\,M}{max\,R} = \frac{1}{2} \qquad \frac{1}{4} \qquad \frac{1}{6}$$

$$\text{also } \frac{l}{h} = \frac{2}{3} \qquad \frac{4}{3} \qquad 2$$

Man erkennt daraus, wie verhältnissmässig klein bei rechteckigen und um so mehr bei solchen Querschnitten, die in der Biegungsaxe am breitesten sind, die freie Länge eines stabförmigen Körpers schon sein darf, bevor die Vernachlässigung der Schubkraft R bei den Aufgaben der Biegungselasticität erheblich fehlerhaft wird, und dass deshalb auch bei den dort bestimmten „Körpern von gleichem Widerstande" (Nr. 77—Nr. 80) die vorbehaltene Correction der Querschnitte mit Bezug auf die Wirkung der Kraft R (Nr. 86) sich auf die Querschnitte, für welche $M = 0$ ist, und ihre nächste Nachbarschaft beschränken darf.

Wesentlich grösser kann sich freilich jenes Grenzverhältniss $\frac{l}{h}$ für solche Querschnittsformen ergeben, deren Breite in der Biegungsaxe am kleinsten ist. So ist für den doppelt-Tförmigen Querschnitt (Fig. 35) nach voriger Nummer mit den dort benutzten Bezeichnungen, wenn die Verhältnisse $\frac{a}{b} = \alpha$ und $\frac{d}{e} = \delta$ sehr klein sind,

$$\varrho = \frac{3}{2}\frac{(\alpha+\delta)(\alpha+2\delta)}{\alpha(\alpha+3\delta)} \quad \text{und} \quad F = ah\frac{\alpha+\delta}{\alpha},$$

$$\frac{J}{e} = \frac{2}{3}be^2[1-(1-\alpha)(1-\delta)^3] = \frac{2}{3}\frac{a}{\alpha}\frac{h^2}{4}(\alpha+3\delta)$$

$$= \frac{1}{6}\frac{Fh}{\alpha+\delta}(\alpha+3\delta),$$

folglich

$$\beta = \frac{1}{6}\frac{\alpha+3\delta}{\alpha+\delta}$$

und mit $m = 3$ nach Gleichung (210): $\frac{l}{h} = \frac{1}{3\lambda}\frac{\alpha+2\delta}{\alpha}$ (212),

d. i. im Verhältnisse $\frac{\alpha+2\delta}{\alpha}$ grösser, als im Falle des rechteckigen Querschnittes.

86. — Was die so eben erwähnte Correction der hinsichtlich ihrer Inanspruchnahme auf Biegung früher bestimmten Körper gleichen Widerstandes betrifft, so werde für die dort betrachteten Beispiele hier nachträglich die variable Dimension y für diejenigen Querschnitte bestimmt, für die das Kraftmoment $M = 0$ ist und deshalb mit alleiniger Rücksicht auf die Normalspannungen sich auch $y = 0$ ergeben hatte; und zwar soll sie so bestimmt werden, dass der in einem solchen Querschnitte durch die Schubkraft R verursachten grössten Schubspannung $= t$ eine ebenso grosse Anstrengung der Körpersubstanz entspricht wie der in allen Querschnitten zugelassenen grössten Normalspannung $= k$, dass also nach voriger Nummer

$$t = \frac{m}{m+1} k$$

ist. Unter der Voraussetzung, dass die Körperlänge l wesentlich grösser, als der Grenzwerth ist, der mit Bezug auf den Querschnitt, für welchen M am grössten ist, der Gleichung (210) entspricht, genügt es dann, die Körperform nach Schätzung so zu modificiren, dass die früher bestimmte Dimension y einen Zuwachs erhält, der von einem Querschnitte $M = max$ bis zu einem Querschnitte $M = 0$ stetig von Null bis zu demjenigen Werthe zunimmt, der für letzteren Querschnitt hier eben bestimmt werden soll.

Wenn insbesondere der Körper AB bei A eingeklemmt und am freien Ende B durch eine Kraft P senkrecht zur Längenrichtung $AB = l$ angegriffen ist, so ergiebt sich

1) für den Fall eines rechteckigen Querschnittes von constanter Breite b (Nr. 77), dessen Höhe von h bei A bis h_1 bei B abnimmt, wegen

$$t = \frac{3}{2} \frac{P}{bh_1} \text{ nach Gleichung (205) und } k = \frac{6Pl}{bh^2} \text{ nach Gleichung (184)}$$

$$\text{aus } \frac{t}{k} = \frac{1}{4} \frac{h^2}{lh_1} = \frac{m}{m+1} : \frac{h_1}{h} = \frac{m+1}{4m} \frac{h}{l} \quad . \quad (213),$$

wonach mit möglichstem Anschlusse an Gleichung (184) die Höhe y in der Entfernung x von B bestimmt werden kann durch die Gleichung:

$$y^2 = h_1{}^2 + \frac{x}{l}(h^2 - h_1{}^2) \quad . \quad . \quad . \quad . \quad (214);$$

2) für den Fall eines rechteckigen Querschnittes von constanter Höhe h (Nr. 78), dessen Breite von b bei A bis b_1 bei B abnimmt, wegen

$$t = \frac{3}{2} \frac{P}{b_1 h} \text{ nach Gleichung (205) und } k = \frac{6Pl}{bh^2} \text{ nach Gleichung (189)}$$

$$\text{aus } \frac{t}{k} = \frac{1}{4} \frac{bh}{lb_1} = \frac{m}{m+1} : \frac{b_1}{b} = \frac{m+1}{4m} \frac{h}{l} \quad . \quad (215)$$

und die Breite y in der Entfernung x von B im Anschlusse an Gleichung (189):

$$y = b_1 + \frac{x}{l}(b - b_1) \quad . \quad . \quad . \quad . \quad (216);$$

3) für den Fall eines kreisförmigen Querschnittes (Nr. 79), dessen Durchmesser von d bei A bis d_1 bei B abnimmt, wegen

$$t = \frac{4}{3} \frac{4P}{\pi d_1{}^2} \text{ nach Gleichung (206) und } k = \frac{32Pl}{\pi d^3} \text{ nach Gleich. (194)}$$

$$\text{aus } \frac{t}{k} = \frac{1}{6} \frac{d^3}{ld_1{}^2} = \frac{m}{m+1} : \frac{d_1}{d} = \sqrt{\frac{m+1}{6m} \frac{d}{l}} \quad . \quad (217)$$

und für den Durchmesser y in der Entfernung x von B im Anschlusse an Gleichung (194):

$$y^3 = d_1{}^3 + \frac{x}{l}(d^3 - d_1{}^3) \quad . \quad . \quad . \quad . \quad (218).$$

Bei gleichförmig auf der ganzen Länge $AB = 2a$ vertheilter Belastung $= 2ap$ des beiderseits gestützten Stabes (Nr. 80) und bei rechteckigem Querschnitte von constanter Breite b mit einer von h in der Mitte bis h_1 an den Enden abnehmenden Höhe ergiebt sich mit

$$t = \frac{3}{2}\frac{pa}{bh_1} \text{ nach Gleichung (205) und } k = \frac{3pa^2}{bh^2} \text{ nach Gleichung (197)}$$

$$\text{aus } \frac{t}{k} = \frac{1}{2}\frac{h^2}{ah_1} = \frac{m}{m+1} : \frac{h_1}{h} = \frac{m+1}{2m}\frac{h}{a} \quad . \quad (219),$$

und kann dann die Höhe y in der Entfernung x von der Mitte im Anschlusse an Gleichung (197) aus der Gleichung bestimmt werden:

$$\frac{x^2}{a^2}\left(1 - \frac{h_1^{\,2}}{h^2}\right) + \frac{y^2}{h^2} = 1 \quad . \quad . \quad . \quad . \quad (220).$$

IV. Drehungselasticität.

87. — Unter dieser Bezeichnung wird nach Nr. 26 die Inanspruchnahme eines stabförmigen Körpers durch Kräfte verstanden, die sich für jeden Querschnitt durch ein resultirendes Kräftepaar ersetzen lassen, dessen Ebene dem Querschnitte parallel ist und dessen Moment hier mit M bezeichnet werden soll. Vollkommen ist dieser Fall verwirklicht, wenn, wie angenommen werde, der gerade Stab von Kräftepaaren angegriffen wird, deren Ebenen die Stabaxe rechtwinkelig schneiden. Für jeden Querschnitt eines zwischen den Ebenen zweier auf einander folgenden dieser Kräftepaare liegenden Stückes AB des Körpers ist das resultirende Moment M gleich gross = der algebraischen Summe der Momente der von dort bis zum Ende des Körpers angreifenden Kräftepaare. Die im Folgenden vorausgesetzte prismatische Form eines solchen Körperstückes AB ist dann zugleich die einfachste und insofern vortheilhafteste, als sie der Forderung eines Körpers von gleichem Widerstande entspricht.

Sind P und P' zwei gleich gelegene materielle Punkte der unendlich nahe benachbarten materiellen Querschnitte F und F', so lässt sich die durch M bewirkte relative Verdrehung dieser Querschnitte betrachten als das Resultat eines gewissen Systems von Schiebungen $\gamma \left(= \frac{PP''}{PP'}\right.$, unter P'' die ursprünglich in P fallende Projection von P' auf F verstanden), die der Grösse und Richtung nach mit der Lage des Punktes P im Querschnitte F sich ändern, und von denen eine für einen gewissen Punkt, den Drehungsmittelpunkt, = Null ist. Letzterer hat in allen Querschnitten des prismatischen Stabstückes AB dieselbe Lage, und der Ort dieser Punkte, die Drehungsaxe, ist somit eine mit der geometrischen Stabaxe parallele Gerade. Wenn insbesondere, wie vorausgesetzt werden soll, der Querschnitt zwei sich rechtwinkelig kreuzende Symmetrieaxen hat, so ist a priori anzunehmen, dass die Drehungsaxe mit der geometrischen Axe zusammenfällt und dass die materiellen Symmetrieaxen irgend eines Querschnittes auch bei der Verdrehung stets zu einander und zur Stabaxe senkrechte gerade Linien bleiben, weil in der That unter solchen Umständen kein Grund denkbar ist, weshalb eine Abweichung von diesen Annahmen eher im einen, als im umgekehrten Sinne stattfinden sollte. Die Verdrehung eines Querschnittes gegen einen anderen wird dann gemessen durch den Winkel, den die homologen Symmetrieaxen beider mit einander bilden.

Den Schiebungen γ in den verschiedenen Punkten eines Querschnittes entsprechen ebenso gerichtete Schubspannungen τ, die der Grösse nach zu den betreffenden Schiebungen ein constantes Verhältniss haben, sofern, wie vorausgesetzt wird, der Körper entweder isotrop ist oder wenigstens eine Elasticitätsaxe im Sinne der Stabaxe hat. Es ist die Aufgabe, den Maximalwerth von τ zu finden, der in irgend einem Punkte des Querschnittes bei gegebener Form und Grösse desselben und bei gegebenem Drehungsmomente M stattfindet, sowie den specifischen Drehungswinkel ϑ, d. i. den Winkel, um welchen zwei Querschnitte gegen einander verdreht werden, deren Entfernung = der Längeneinheit ist, und welcher durch Division des Verdrehungswinkels zweier unendlich nahe benachbarter Querschnitte durch ihre Entfernung gefunden wird.

a. Die Spannungen.

88. — Mit Bezug auf ein rechtwinkeliges Coordinatensystem, dessen x-Axe in der Stabaxe liegt, während die y-Axe und die z-Axe mit den Symmetrieaxen eines gewissen Querschnittes des betrachteten Stabstückes zusammenfallen, sei im Punkte P (Fig. 36) mit den Coordinaten x, y, z

Fig. 36.

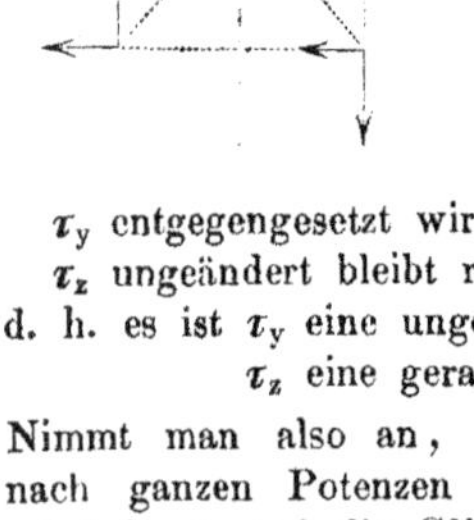

τ_y die Schubspannung im Sinne der z-Axe,

τ_z die Schubspannung im Sinne der y-Axe,

also $-\tau_z$ dieselbe im umgekehrten Sinne. Beide sind Functionen von y und z, und zwar der vorausgesetzten Symmetrie wegen offenbar solche Functionen, dass, wie Fig. 36 andeutet, jenachdem y oder z entgegengesetzt genommen werden,

τ_y entgegengesetzt wird resp. ungeändert bleibt,

τ_z ungeändert bleibt resp. entgegengesetzt wird;

d. h. es ist τ_y eine ungerade Function von y und gerade Function von z,

τ_z eine gerade Function von y und ungerade Function von z.

Nimmt man also an, es seien τ_y und τ_z in Reihen zu entwickeln, die nach ganzen Potenzen von y und z fortschreiten, so kann bei Beschränkung auf die Glieder von höchstens dem vierten Grade die Reihe für τ_y nur Glieder mit y oder mit y^3 enthalten, und kann dabei z nur als z^2 in einem Gliede mit y vorkommen, d. h. es ist

$$\left.\begin{aligned} \tau_y &= my + m_1 y z^2 + m_2 y^3 \\ \text{und analog}\quad \tau_z &= nz + n_1 y^2 z + n_2 z^3 \end{aligned}\right\} \quad \ldots\ldots \quad (221),$$

unter m, m_1, m_2, n, n_1, n_2 Coefficienten verstanden, zu deren Bestimmung die folgenden Bedingungen dienen:

1) die Bedingungen des Gleichgewichtes zwischen den Spannungen im ganzen Querschnitte und dem äusseren Kraftmomente M,

2) die Bedingungen des Gleichgewichtes der auf die Oberfläche eines unendlich kleinen Körperelementes wirkenden inneren Kräfte,

3) die Bedingung, dass die Spannung τ im Umfange des Querschnittes tangential an denselben gerichtet sein muss (aus demselben Grunde, aus welchem es nach Nr. 82 im Falle der Schubelasticität sich so verhalten musste).

Wenn die sechs Coefficienten sich diesen drei Bedingungen gemäss nicht bestimmen liessen, so müssten noch weitere Glieder mit höheren Potenzen von y und z hinzugenommen werden.

89. — Der ersten der in voriger Nummer genannten Bedingungen entsprechen, wenn die Spannungen in dem Sinne wirksam gedacht werden, in welchem sie für alle Elemente dF des Querschnittes zusammen dem Drehungsmomente M äquivalent sind, die Gleichungen:

$$\int \tau_y\, dF = 0\,; \quad \int \tau_z\, dF = 0\,; \quad \int (y\,\tau_y - z\,\tau_z)\, dF = M,$$

die Integrale ausgedehnt gedacht über den ganzen Querschnitt. Werden darin für τ_y und τ_z die Ausdrücke (221) substituirt, so finden sich die beiden ersten Gleichungen mit Rücksicht auf die Symmetrie des Querschnittes unabhängig von den Coefficienten m, m_1, m_2, n, n_1, n_2 erfüllt; die dritte Gleichung aber liefert, wenn mit

$$B = \int z^2\, dF\,; \quad C = \int y^2\, dF$$

die Trägheitsmomente des Querschnittes in Bezug auf seine Symmetrieaxen bezeichnet werden,

$$mC - nB + (m_1 - n_1)\int y^2 z^2\, dF + m_2 \int y^4\, dF - n_2 \int z^4\, dF = M \quad (222).$$

Dem Gleichgewichte der inneren Kräfte an einem unendlich kleinen Körperelemente entsprechen die Gleichungen (2), Nr. 2, die hier mit

$$\sigma_x = \sigma_y = \sigma_z = \tau_x = X = Y = Z = 0$$

übergehen in:

$$\frac{\partial \tau_z}{\partial y} + \frac{\partial \tau_y}{\partial z} = 0\,; \quad \frac{\partial \tau_z}{\partial x} = 0\,; \quad \frac{\partial \tau_y}{\partial x} = 0\,.$$

Aus der ersten folgt mit Rücksicht auf Gleichung (221):

$$m_1 + n_1 = 0 \quad \ldots\ldots\ldots \quad (223),$$

während die beiden anderen dadurch erfüllt sind, dass (im Bereiche des betrachteten Stabstückes, für welches M constant ist) die Coefficienten m, m_1, m_2, n, n_1, n_2 als unabhängig nicht nur von y und z, sondern auch von x vorausgesetzt werden.

Ist endlich, was die Bedingung unter 3) in voriger Nummer betrifft, φ der Winkel, den die Tangente des Querschnittsumfanges im Punkte y, z desselben mit der y-Axe bildet, verstanden als der Winkel, um welchen, um mit dieser Tangente parallel zu werden, die y-Axe in demselben Sinne gedreht werden muss, in welchem durch eine Drehung von 90^0 der positiven y-Axe die Richtung der positiven z-Axe ertheilt wird, so wird jene Bedingung ausgedrückt durch die Gleichung:

$$\frac{\tau_y}{-\tau_z} = tg(\pi - \varphi) = -tg\,\varphi, \quad \text{also} \quad \frac{\tau_y}{\tau_z} = tg\,\varphi = \frac{dz}{dy} \quad (224).$$

Sie führt zu verschiedenen Bedingungsgleichungen für die Coefficienten m, m_1, m_2, n, n_1, n_2 je nach der Umfangsgleichung des Querschnittes, so dass auch τ_y und τ_z je nach der Querschnittsform verschiedene Functionen der Coordinaten y, z sind.

90. — Der Querschnitt sei eine Ellipse mit den Halbaxen b und c beziehungsweise im Sinne der y-Axe und der z-Axe. Aus der Gleichung

$$\frac{y^2}{b^2} + \frac{z^2}{c^2} = 1$$

folgt dann: $$\frac{y\,dy}{b^2} + \frac{z\,dz}{c^2} = 0; \quad \frac{dz}{dy} = -\frac{c^2}{b^2}\frac{y}{z},$$

also nach Gleichung (224) mit Rücksicht auf die Ausdrücke (221) von τ_y und τ_z:

$$\frac{m + m_1 z^2 + m_2 y^2}{n + n_1 y^2 + n_2 z^2} = -\frac{c^2}{b^2}.$$

Dieser Gleichung wird für alle Punkte des elliptischen Umfanges entsprochen, wenn

$$m_1 = m_2 = n_1 = n_2 = 0 \quad \text{und} \quad mb^2 + nc^2 = 0 \quad . \quad (225)$$

gesetzt wird, oder wegen $B = \frac{\pi}{4} bc^3$ und $C = \frac{\pi}{4} b^3 c$:

$$mC + nB = 0 \quad . \; . \; . \; . \; . \; . \; . \quad (226).$$

Die Gleichung (223) findet sich dadurch erfüllt, während Gleichung (222) sich auf

$$mC - nB = M$$

reducirt, woraus in Verbindung mit Gleichung (226) folgt:

$$\left.\begin{array}{l} m = \frac{1}{2}\frac{M}{C}; \quad n = -\frac{1}{2}\frac{M}{B} \\ \text{also } \tau_y = \frac{1}{2}\frac{M}{C}y; \quad \tau_z = -\frac{1}{2}\frac{M}{B}z \end{array}\right\} \quad . \; . \quad (227),$$

und somit die resultirende Schubspannung in irgend einem Punkte y, z des Querschnittes:

$$\tau = \sqrt{\tau_y^2 + \tau_z^2} = \frac{1}{2} M \sqrt{\frac{y^2}{C^2} + \frac{z^2}{B^2}} = \frac{2}{\pi}\frac{M}{bc}\sqrt{\frac{y^2}{b^4} + \frac{z^2}{c^4}} \quad . \quad (228).$$

Der Werth dieses Ausdruckes wächst mit den Absolutwerthen der Coordinaten y, z bei jedem gegebenen Verhältnisse derselben, ist also in gewissen Punkten des Umfanges am grössten. Um zu erkennen, in welchen, werde der Ausdruck, unter y, z jetzt die Coordinaten eines Umfangspunktes verstanden und $b \gtrless c$ vorausgesetzt, auf die Form

$$\tau = \frac{2}{\pi} \frac{M}{b^2 c} \sqrt{\frac{y^2}{b^2} + \frac{b^2}{c^2} \frac{z^2}{c^2}}$$

gebracht, woraus sich wegen

$$\frac{y^2}{b^2} + \frac{z^2}{c^2} = 1, \text{ also } \frac{y^2}{b^2} + \frac{b^2}{c^2} \frac{z^2}{c^2} \gtrless 1$$

$$max\, \tau = \frac{2}{\pi} \frac{M}{b^2 c} \text{ für } y = \pm b,\ z = 0 \quad . \quad . \quad (229)$$

ergiebt. Der Maximalwerth von τ findet also in den Endpunkten der kleinen Axe statt. In den Endpunkten der grossen Axe ($y = 0$, $z = \pm c$) ist

$$\tau = \frac{2}{\pi} \frac{M}{b c^2} = \frac{b}{c} \cdot max\, \tau.$$

Insbesondere für den kreisförmigen Querschnitt ($b = c = r$) ist:

$$\tau = \frac{1}{2} \frac{M}{B} \sqrt{y^2 + z^2} = \frac{M}{A} \sqrt{y^2 + z^2},$$

unter $A = \int (y^2 + z^2)\, dF = B + C$, hier also $= 2B = \frac{\pi r^4}{2}$ das Trägheitsmoment des Querschnittes in Bezug auf die Stabaxe verstanden, und

$$max\, \tau = \frac{M r}{A} = \frac{2}{\pi} \frac{M}{r^3} \quad . \quad . \quad . \quad . \quad (230).$$

91. — Bei einem ringförmigen Querschnitte, aussen und innen von Ellipsen begrenzt, deren im Sinne der y-Axe und z-Axe liegende Halbaxen beziehungsweise $= b$, c und $= b_1$, c_1 sind, müssen die Coefficienten der Ausdrücke (221) von τ_y und τ_z ausser den Gleichungen (222) und (223) für alle Punkte der äusseren Ellipse der Gleichung (Nr. 90)

$$\frac{m + m_1 z^2 + m_2 y^2}{n + n_1 y^2 + n_2 z^2} = -\frac{c^2}{b^2}$$

und für alle Punkte der inneren Ellipse der Gleichung

$$\frac{m + m_1 z^2 + m_2 y^2}{n + n_1 y^2 + n_2 z^2} = -\frac{c_1^2}{b_1^2}$$

entsprechen. Soll das wieder mit

$$m_1 = m_2 = n_1 = n_2 = 0$$

geschehen können, so müssen m und n den drei Gleichungen

$$m b^2 + n c^2 = m b_1^2 + n c_1^2 = 0; \quad m C - n B = M$$

Genüge leisten, was mit den Werthen (227) dieser Coefficienten der Fall ist, wenn die innere der äusseren Ellipse ähnlich, also, unter α einen echten Bruch verstanden,

$$\frac{b_1}{b} = \frac{c_1}{c} = \alpha$$

ist, indem dann wegen

$$B = \frac{\pi}{4}(bc^3 - b_1 c_1{}^3) = \frac{\pi}{4} bc^3 (1 - \alpha^4)$$

$$C = \frac{\pi}{4}(b^3 c - b_1{}^3 c_1) = \frac{\pi}{4} b^3 c (1 - \alpha^4)$$

die beiden ersten jener drei Bestimmungsgleichungen identisch sind und auf die Form (226) gebracht werden können. Analog Gleichung (228) ist dann also

$$\tau = \frac{1}{2} M \sqrt{\frac{y^2}{C^2} + \frac{z^2}{B^2}} = \frac{2}{\pi} \frac{M}{bc(1-\alpha^4)} \sqrt{\frac{y^2}{b^4} + \frac{z^2}{c^4}} \quad . \quad (231)$$

und analog Gleichung (229) im Falle $b \gtrless c$:

$$max\, \tau = \frac{2}{\pi} \frac{M}{b^2 c (1 - \alpha^4)} \text{ für } y = \pm b,\ z = 0 \quad . \quad (232).$$

Insbesondere für einen ringförmigen Querschnitt, der von concentrischen Kreisen mit den Radien r und $r_1 = \alpha r$ begrenzt wird, ist

$$max\, \tau = \frac{2}{\pi} \frac{M}{r^3(1-\alpha^4)} = \frac{2}{\pi} \frac{Mr}{r^4 - r_1{}^4} = \frac{Mr}{A} \quad . \quad (233).$$

Wären die den Querschnitt begrenzenden concentrischen Ellipsen nicht ähnlich, so würden zwar auch die Ausdrücke (221) von τ_y und τ_z ausreichend, die Coefficienten derselben aber bei Weitem nicht so einfach bestimmbar sein. Die äussere Umfangsbedingung

$$\frac{m + m_1 z^2 + m_2 y^2}{n + n_1 y^2 + n_2 z^2} = -\frac{c^2}{b^2} \text{ mit } \frac{y^2}{b^2} + \frac{z^2}{c^2} = 1$$

käme dann darauf hinaus, dass für alle Werthe von y

$$b^2\left[m + m_1 c^2\left(1 - \frac{y^2}{b^2}\right) + m_2 y^2\right] + c^2\left[n + n_1 y^2 + n_2 c^2\left(1 - \frac{y^2}{b^2}\right)\right] = 0,$$

dass also $\quad mb^2 + nc^2 + (m_1 b^2 + n_2 c^2)\, c^2 = 0$

und $\quad -m_1 c^2 + m_2 b^2 + n_1 c^2 - n_2 \dfrac{c^4}{b^2} = 0$

oder $\quad (m_1 - n_1)\, b^2 c^2 = m_2 b^4 - n_2 c^4$

sein muss. Ebenso würde die innere Umfangsbedingung die Gleichungen

$$mb_1{}^2 + nc_1{}^2 + (m_1 b_1{}^2 + n_2 c_1{}^2)\, c_1{}^2 = 0$$

und $\quad (m_1 - n_1)\, b_1{}^2 c_1{}^2 = m_2 b_1{}^4 - n_2 c_1{}^4$

liefern, aus welchen vier Gleichungen zusammen mit den Gleichungen (222) und (223) die Ausdrücke der sechs Coefficienten m, m_1, m_2, n, n_1, n_2 zu entwickeln wären.

92. — Der Querschnitt sei ein Rechteck, dessen Seiten parallel der y-Axe $= 2b$ und parallel der z-Axe $= 2c$, dessen Trägheitsmomente in Bezug auf die mit diesen Seiten parallelen Symmetrieaxen folglich

$$B = \frac{4}{3} bc^3 \text{ und } C = \frac{4}{3} b^3 c$$

sind. Gemäss der Umfangsbedingung unter 3) in Nr. 88 muss in allen Punkten der mit der y-Axe parallelen Seiten $\tau_y = 0$ und in allen Punkten der mit der z-Axe parallelen Seiten $\tau_z = 0$ sein, d. h.

$$\tau_y = 0 \text{ für } z = \pm c \text{ und jeden Werth von } y,$$
$$\tau_z = 0 \text{ für } y = \pm b \text{ und jeden Werth von } z.$$

Daraus folgt gemäss den Ausdrücken (221) von τ_y und τ_z:

$$m_1 = -\frac{m}{c^2}, \quad m_2 = 0; \quad n_1 = -\frac{n}{b^2}, \quad n_2 = 0,$$

somit $$\tau_y = my\left(1 - \frac{z^2}{c^2}\right); \quad \tau_z = nz\left(1 - \frac{y^2}{b^2}\right).$$

Die in diesen Ausdrücken noch übrig gebliebenen Coefficienten m, n sind bestimmt durch die Gleichungen (222) und (223), welche wegen

$$\int y^2 z^2 dF = \int_{-b}^{b} y^2 dy \int_{-c}^{c} z^2 dz = \frac{4}{9} b^3 c^3 = \frac{1}{3} Bb^2 = \frac{1}{3} Cc^2,$$

also $$(m_1 - n_1)\int y^2 z^2 dF = -\frac{1}{3} mC + \frac{1}{3} nB$$

übergehen in:

$$\frac{2}{3} mC - \frac{2}{3} nB = M \text{ oder } mC - nB = \frac{3}{2} M$$

und $$\frac{m}{c^2} + \frac{n}{b^2} = 0 \text{ oder } mC + nB = 0.$$

Daraus folgt:

$$\left.\begin{aligned} m &= \frac{3}{4}\frac{M}{C} & n &= -\frac{3}{4}\frac{M}{B} \\ \tau_y &= \frac{3}{4}\frac{M}{C} y\left(1 - \frac{z^2}{c^2}\right); & \tau_z &= -\frac{3}{4}\frac{M}{B} z\left(1 - \frac{y^2}{b^2}\right) \end{aligned}\right\} \quad . \quad (234)$$

und die resultirende Schubspannung:

$$\begin{aligned} \tau &= \frac{3}{4} M \sqrt{\frac{y^2}{C^2}\left(1 - \frac{z^2}{c^2}\right)^2 + \frac{z^2}{B^2}\left(1 - \frac{y^2}{b^2}\right)^2} \\ &= \frac{9}{16}\frac{M}{bc}\sqrt{\frac{y^2}{b^4}\left(1 - \frac{z^2}{c^2}\right)^2 + \frac{z^2}{c^4}\left(1 - \frac{y^2}{b^2}\right)^2} \quad . \quad (235). \end{aligned}$$

Wird dieser Ausdruck unter der Voraussetzung $b \gtrless c$ auf die Form

$$\tau = \frac{9}{16}\frac{M}{b^2 c}\sqrt{R}$$

gebracht, so ist $R = \frac{y^2}{b^2}\left(1 - \frac{z^2}{c^2}\right)^2 + \frac{b^2}{c^2}\frac{z^2}{c^2}\left(1 - \frac{y^2}{b^2}\right)^2$

$$\overline{<} \frac{y^2}{b^2} + \left(1 - \frac{y^2}{b^2}\right)^2, \text{ d. i. } \overline{<} 1 - \frac{y^2}{b^2}\left(1 - \frac{y^2}{b^2}\right)$$

und folglich um so mehr $R \overline{<} 1$. Diesen grösstmöglichen Werth $= 1$ hat R in der That für $y = \pm b$, $z = 0$, und ist also

$$max\,\tau = \frac{9}{16}\frac{M}{b^2 c} \quad \ldots\ldots \quad (236)$$

in den Mittelpunkten der längeren Seiten analog dem Resultate, das sich für den elliptischen Querschnitt (Nr. 90) ergeben hatte. In den Mitten der kürzeren Seiten ($y = 0$, $z = \pm c$) ist

$$\tau = \frac{9}{16}\frac{M}{bc^2} = \frac{b}{c} \cdot max\,\tau,$$

in den Eckpunkten ($y = \pm b$, $z = \pm c$) ist $\tau = 0$ wie im Mittelpunkte ($y = z = 0$) des Querschnittes.

93. — Bezeichnet F den Flächeninhalt des Querschnittes, so ist im Falle der Ellipse

mit $F = \pi bc$ nach Gleichung (229): $max\,\tau = 2\frac{M}{Fb}$

und im Falle des Rechtecks

mit $F = 4bc$ nach Gleichung (236): $max\,\tau = \frac{9}{4}\frac{M}{Fb}$.

Bei gegebenen Werthen von M und F, also bei gegebenem Drehungsmomente und gegebenem Materialaufwande für den stabförmigen Körper ist im einen wie im anderen Falle $max\,\tau$ um so kleiner, je grösser b, am kleinsten also, wenn $b = c$ ist, d. h. wenn die Ellipse ein Kreis, das Rechteck ein Quadrat ist. In der That liegt es auch in der Natur der Sache, einem auf Drehungselasticität in Anspruch genommenen stabförmigen Körper im Allgemeinen eine solche Querschnittsform zu geben, dass die Hauptträgheitsmomente B, C gleich gross sind, da durch die Art dieser Inanspruchnahme keine durch die Axe gehende Ebene vor einer anderen ausgezeichnet ist.

Bezeichnet d den Durchmesser des kreisförmigen, s die Seitenlänge des quadratischen Querschnittes von gleichem Flächeninhalte, also

$$s = \sqrt{\frac{\pi d^2}{4}} = \frac{d}{2}\sqrt{\pi},$$

so ist bei dem kreisförmigen Querschnitte: $max\,\tau = 4\frac{M}{Fd}$ und bei dem quadratischen: $max\,\tau = \frac{9}{2}\frac{M}{Fs} = \frac{9}{\sqrt{\pi}}\frac{M}{Fd}$, somit letztere Maximalspannung im Verhältnisse

$$\frac{9}{4\sqrt{\pi}} = 1{,}269\ldots$$

grösser. Der Grund davon liegt darin, dass bei dem quadratischen Querschnitte die Widerstandsfähigkeit des Materials nicht nur, wie bei dem kreisförmigen gegen den Mittelpunkt hin, sondern auch gegen die Eckpunkte hin nur unvollständig verwerthet wird, da hier auch in letzteren $\tau = 0$ ist. Da dasselbe bei jedem polygonalen Querschnitte der Fall sein muss, wenn gemäss der Umfangsbedingung unter 3) in Nr. 88 die Schubspannung in den Eckpunkten zugleich die Richtung der einen und die der anderen von diesen Punkten ausgehenden Seiten soll haben können, so lässt sich (mit Rücksicht zugleich auf die obige ohne Zweifel verallgemeinerungsfähige Vergleichung des kreisförmigen mit dem elliptischen und des quadratischen mit dem länglich rechteckigen Querschnitte) schliessen, dass bei gegebenen Werthen des Drehungsmomentes und des Flächeninhaltes eines vollen (nur von aussen durch eine geschlossene Linie begrenzten) Querschnittes dem Kreise die kleinste Maximalspannung zukommt. Auch von nicht convexen, insbesondere von Querschnitten mit einspringenden Winkeln am Umfange (Wellen mit sternförmig hervorragenden Rippen) ist ein Vortheil bezüglich auf Verminderung einer der Grössen F und $max\,\tau$ bei gegebenem Werthe der anderen nicht zu erwarten; in den Scheitelpunkten der einspringenden Winkel am Umfange ist $\tau = 0$ aus demselben Grunde wie in den Eckpunkten eines convexen Polygons.

Für den also bei Transmissionswellen mit Recht fast ausschliesslich angewandten kreisförmigen Querschnitt vom Durchmesser d hat man, wenn

$$max\,\tau = 4\frac{M}{Fd} = \frac{16}{\pi}\frac{M}{d^3} = t$$

gegeben ist,

$$d = \sqrt[3]{\frac{16}{\pi t}M} \quad \ldots\ldots\ldots \quad (237)$$

oder (für das Centimeter als Längeneinheit) wenn N die Zahl der Pferdestärken bedeutet, die durch das betreffende Wellenstück bei n Umdrehungen pro Minute zu übertragen sind, wegen

$$N = \frac{M \cdot 2\pi \cdot n}{60 \cdot 7500} = \frac{Mn}{71620}$$

$$d = \sqrt[3]{\frac{16 \cdot 71620}{\pi t}\frac{N}{n}} \quad \ldots\ldots \quad (238).$$

Sprächen nicht Rücksichten praktischer Art dagegen, so würde eine Kreisringfläche als Querschnitt der Welle noch vortheilhafter, als ein voller Kreis sein; denn nach Gleichung (233) wäre

$$max\,\tau = \frac{2}{\pi}\frac{M}{r^3(1-\alpha^4)},$$

die Maximalspannung eines vollen kreisförmigen Querschnittes von gleichem Inhalte, also vom Radius $r_0 = r\sqrt{1-\alpha^2}$ dagegen

$$max\,\tau = \frac{2}{\pi}\frac{M}{r_0{}^3} = \frac{2}{\pi}\frac{M}{r^3(1-\alpha^2)\sqrt{1-\alpha^2}}$$

d. i. im Verhältnisse $\frac{1+\alpha^2}{\sqrt{1-\alpha^2}}$, z. B. für $\alpha = 0,8$ im Verhältnisse $\frac{1,64}{0,6} = 2,733$ . . . grösser.

b. Der Drehungswinkel.

94. — Sind F und F' zwei Querschnitte in den Entfernungen x und $x + dx$ vom Anfangspunkte der Coordinaten, so ist der unendlich kleine Winkel $= \vartheta\, dx$, um welchen F' gegen F durch das Kraftmoment M im Sinne YZ (d. h. im Sinne einer Drehung von 90^0, wodurch die positive y-Axe die Richtung der positiven z-Axe erhielte) verdreht wird, gemäss den Annahmen in Nr. 87 als der Winkel zu verstehen, um den die Symmetrieaxen von F' gegen die entsprechenden Symmetrieaxen von F im fraglichen Sinne gedreht werden. Ein allgemeiner Ausdruck dieses Winkels und somit des specifischen Drehungswinkels ϑ wird durch folgende Betrachtung gefunden.

Es sei P ein materieller Punkt des Querschnittes F, P' der entsprechende materielle Punkt von F', d. h. der Punkt, der im ursprünglichen Zustande (vor der Einwirkung des Drehungsmoments M) die Coordinaten $x + dx$, y, z hat, während x, y, z die des Punktes P sind; ferner seien $PQ = dy$ und $P'Q' = dy$ zwei gleiche ursprünglich mit der y-Axe parallele unendlich kleine materielle Gerade beziehungsweise in F und F'. Ist nun ζ die Verrückung, die der materielle Punkt P durch das Drehungsmoment M im Sinne der z-Axe erfährt, so ist

$\frac{\partial \zeta}{\partial x} dx$ die relative Verrückung von P' gegen P im Sinne der z-Axe,

also

$\frac{\partial^2 \zeta}{\partial x\, \partial y} dx\, dy$ der Ueberschuss der relativen Verrückung von Q' gegen Q über die von P' gegen P im Sinne der z-Axe und

$\frac{\partial^2 \zeta}{\partial x\, \partial y} dx$ der Winkel, um den die Gerade $P'Q'$ gegen die Gerade PQ im Sinne YZ verdreht wird (ausgedrückt in Bogenmaass, d. h. als Bogenlänge für den Radius als Einheit).

Setzt man in diesem Ausdrucke, der im Allgemeinen eine Function von y und z sein kann, $z = 0$, so ergiebt sich

$$\left(\frac{\partial^2 \zeta}{\partial x\, \partial y}\right)_{z=0} dx$$

als Ausdruck des Verdrehungswinkels eines Elementes der mit der y-Axe parallelen Symmetrieaxe von F' gegen das entsprechende Element der entsprechenden Symmetrieaxe von F, somit auch, da diese Symmetrieaxen, als materielle Linien betrachtet, zur Stabaxe senkrechte Gerade bleiben (Nr. 87), als Ausdruck des gegenseitigen Drehungswinkels dieser ganzen Symmetrieaxen; d. h. es ist jener Winkel $= \vartheta\, dx$.

In gleicher Weise ergiebt sich, wenn η die Verrückung des Punktes P im Sinne der y-Axe bedeutet, durch Vertauschung von y und z, η und ζ:

$$\left(\frac{\partial^2 \eta}{\partial x \, \partial z}\right)_{y=0} dx$$

als Ausdruck des Verdrehungswinkels der mit der z-Axe parallelen Symmetrieaxe von F' gegen die entsprechende von F im Sinne ZY, d. h. es ist dieser Winkel $= -\vartheta dx$. Folglich ist der specifische Drehungswinkel

$$\vartheta = \left(\frac{\partial^2 \zeta}{\partial x \, \partial y}\right)_{z=0} = -\left(\frac{\partial^2 \eta}{\partial x \, \partial z}\right)_{y=0} \quad . \quad . \quad . \quad . \quad (239).$$

95. — Sind nun γ_y und γ_z die den Componenten τ_y und τ_z der Schubspannung τ entsprechenden Componenten der Schiebung γ im Punkte $P(x, y, z)$ des Querschnittes F, und ist G eine Constante = der Constanten G_n der Gleichungen (40) in Nr. 16 für den allgemeineren Fall, dass der Körper nicht isotrop ist, sondern nur eine Elasticitätsaxe im Sinne der Stabaxe hat, so ist nach Gleichung (40) und (26):

$$\tau_y = G\gamma_y = G\left(\frac{\partial \zeta}{\partial x} + \frac{\partial \xi}{\partial z}\right)$$

$$\tau_z = G\gamma_z = G\left(\frac{\partial \xi}{\partial y} + \frac{\partial \eta}{\partial x}\right).$$

Setzt man hierin für τ_y und τ_z die Ausdrücke (221), so erhält man

$$\frac{\partial \tau_y}{\partial y} = m + m_1 z^2 + 3 m_2 y^2 = G\left(\frac{\partial^2 \zeta}{\partial x \, \partial y} + \frac{\partial^2 \xi}{\partial y \, \partial z}\right)$$

$$\frac{\partial \tau_z}{\partial z} = n + n_1 y^2 + 3 n_2 z^2 = G\left(\frac{\partial^2 \xi}{\partial y \, \partial z} + \frac{\partial^2 \eta}{\partial x \, \partial z}\right)$$

und weiter, indem in der ersten dieser Gleichungen $z = 0$, in der zweiten $y = 0$ gesetzt wird, mit Rücksicht auf Gleichung (239):

$$m + 3 m_2 y^2 = G\left[\vartheta + \left(\frac{\partial^2 \xi}{\partial y \, \partial z}\right)_{z=0}\right]$$

$$n + 3 n_2' z^2 = G\left[\left(\frac{\partial^2 \xi}{\partial y \, \partial z}\right)_{y=0} - \vartheta\right],$$

endlich hieraus, indem in der ersten $y = 0$, in der zweiten $z = 0$ gesetzt und durch Subtraction beider Gleichungen die dann in ihnen vorkommende Grösse

$$\left(\frac{\partial^2 \xi}{\partial y \, \partial z}\right)_{y=z=0}$$

eliminirt wird:

$$\vartheta = \frac{1}{2} \frac{m - n}{G} \quad . \quad . \quad . \quad . \quad . \quad . \quad (240).$$

Unter übrigens denselben Voraussetzungen, insbesondere auf Grund der hier wesentlichen Annahme, dass die materiellen Symmetrieaxen beständig zu einander und zur Stabaxe senkrechte gerade Linien bleiben, hätte sich offenbar derselbe Ausdruck von ϑ ergeben, wenn in den Ausdrücken von τ_y und τ_z beliebig viel weitere der möglicher Weise darin vorkommenden Glieder angenommen, wenn z. B. durch die Ausdrücke

$$\tau_y = my + m_1 yz^2 + m_2 y^3 + m_3 yz^4 + m_4 y^3 z^2 + m_5 y^5$$
$$\tau_z = nz + n_1 y^2 z + n_2 z^3 + n_3 y^4 z + n_4 y^2 z^3 + n_5 z^5$$

nur die Glieder von höherem, als dem sechsten Grade ausgeschlossen worden wären.

96. — Für einen elliptischen oder auch für einen aussen und innen von ähnlichen und ähnlich liegenden Ellipsen begrenzten ringförmigen Querschnitt ist nach Nr. 90 und 91:

$$m = \frac{1}{2}\frac{M}{C},\ n = -\frac{1}{2}\frac{M}{B},\ \text{also}\ \vartheta = \frac{1}{4}\frac{M}{G}\left(\frac{1}{B}+\frac{1}{C}\right) \quad (241),$$

für eine volle Ellipse mit den Halbaxen b, c wegen

$$B = \frac{\pi}{4} bc^3,\ C = \frac{\pi}{4} b^3 c : \vartheta = \frac{1}{\pi}\frac{M}{G}\frac{b^2+c^2}{b^3c^3} \quad . \quad (242),$$

insbesondere für den Kreis (Radius $= r$, Durchmesser $= d$) mit $B = C = \frac{1}{2}A = \frac{\pi}{4} r^4$:

$$\vartheta = \frac{M}{GA} = \frac{2}{\pi G}\frac{M}{r^4} = \frac{32}{\pi G}\frac{M}{d^4} \quad . \quad . \quad . \quad . \quad (243)$$

und für die kreisförmige Ringfläche (äusserer Radius $= r$, innerer $= r_1 = \alpha r$) mit $B = C = \frac{1}{2}A = \frac{\pi}{4}(r^4 - r_1{}^4)$:

$$\vartheta = \frac{M}{GA} = \frac{2}{\pi G}\frac{M}{r^4 - r_1{}^4} = \frac{2}{\pi G}\frac{M}{r^4(1-\alpha^4)} \quad . \quad (244).$$

Für den rechteckigen Querschnitt (Seitenlängen $= 2b$ und $2c$) ist nach Nr. 92:

$$m = \frac{3}{4}\frac{M}{C},\ n = -\frac{3}{4}\frac{M}{B};\ B = \frac{4}{3}bc^3,\ C = \frac{4}{3}b^3c,$$

also

$$\vartheta = \frac{3}{8}\frac{M}{G}\left(\frac{1}{B}+\frac{1}{C}\right) = \frac{9}{32}\frac{M}{G}\frac{b^2+c^2}{b^3c^3} \quad . \quad . \quad (245),$$

insbesondere für das Quadrat mit der Seite $s = 2b = 2c$:

$$\vartheta = \frac{9}{16}\frac{M}{G}\frac{1}{b^4} = \frac{9}{G}\frac{M}{s^4} \quad . \quad . \quad . \quad . \quad (246).$$

In Graden ausgedrückt ist in allen Fällen der specifische Drehungswinkel $= \frac{180}{\pi}\vartheta$.

97. — Wenn die Verdrehung eines stabförmigen Körpers nicht sowohl als nebensächlicher oder gar störender Umstand erscheint, wie bei Transmissionswellen, sondern wesentlich beabsichtigt wird, wie es bei der Verwendung solcher Körper zu dynamometrischen und anderen Zwecken der Fall ist, kann es in Frage kommen, wie die Querschnittsform zu wählen sei, um bei gegebenen Werthen von M und

$max\ \tau = t$ den Drehungswinkel ϑ möglichst gross zu erhalten, wie insbesondere, wenn als Querschnitt eine Ellipse oder ein Rechteck mit den halben Axen resp. halben Seiten b, c gewählt wird ($b \overline{<} c$), das Verhältniss dieser Dimensionen der fraglichen Forderung entsprechend anzunehmen sei. Indem aber

für die Ellipse nach Gleichung (229): $t = \frac{2}{\pi} \frac{M}{b^2 c}$

und für das Rechteck nach Gleichung (236): $t = \frac{9}{16} \frac{M}{b^2 c}$

ist, ergiebt sich nach Gleichung (242) und (245) für beide Fälle

$$\vartheta = \frac{1}{2} \frac{t}{G} \frac{b^2 + c^2}{b c^2}$$

oder, wenn die durch M und t bestimmte Grösse

$$b^2 c = a^3 \text{ und } \frac{b}{a} = x, \quad \text{also } \frac{c}{a} = \frac{1}{x^2}$$

gesetzt wird:

$$\vartheta = \frac{1}{2} \frac{t}{Ga} \frac{x^2 + \frac{1}{x^4}}{\frac{1}{x^3}} = \frac{1}{2} \frac{t}{Ga} \left(x^5 + \frac{1}{x}\right) \text{ mit } 0 < x \leqq 1.$$

Setzt man
$$x^5 + \frac{1}{x} = f(x),$$

so ist
$$\frac{df(x)}{dx} = 5x^4 - \frac{1}{x^2} \text{ und } \frac{d^2 f(x)}{dx^2} > 0,$$

also für
$$\frac{df(x)}{dx} = 0, \text{ d. i. für } x = \sqrt[6]{\frac{1}{5}} \text{ und } \frac{c}{b} = \frac{1}{x^3} = \sqrt{5}$$

$f(x)$ und somit ϑ ein Minimum. Wächst $\frac{c}{b}$ über $\sqrt{5}$ hinaus, entsprechend der Abnahme von x unter $\sqrt[6]{\frac{1}{5}}$, so wird

$$f(x) = f(1) = 2 \text{ für } \frac{1}{x} = 1{,}966, \text{ also } \frac{c}{b} = \frac{1}{x^3} = 7{,}6$$

ungefähr. Bei gegebenen Werthen von M und t wird also ein möglichst grosser Drehungswinkel erhalten, wenn entweder die Ellipse als Kreis resp. das Rechteck als Quadrat, oder die eine resp. das andere so länglich genommen wird, dass $\frac{c}{b} > 7{,}6$ ist.

Für $x = \sqrt[6]{\frac{1}{5}}$ ist $f(x) = 1{,}569 \ldots$

für $x = 1$ ist $f(x) = 2$,

für $\frac{c}{b} = \sqrt{5}$ also ϑ ungefähr im Verhältnisse 0,785 kleiner, als für $\frac{c}{b} = 1$ und $\frac{c}{b} = 7,6$; mit ohne Ende wachsendem Verhältnisse $\frac{c}{b}$ nimmt aber auch ϑ ins Unendliche zu.

Für den Kreis und das Quadrat (Radius resp. halbe Seite $= a$) ist nach Obigem:

$$\vartheta = \frac{1}{2}\frac{t}{Ga}f(1) = \frac{t}{Ga}.$$

Werden aber für das Quadrat die Werthe von ϑ und a zum Unterschiede mit ϑ_1 und a_1 bezeichnet, so ist bei gleichen Werthen von M und t:

$$\frac{2}{\pi}\frac{1}{a^3} = \frac{9}{16}\frac{1}{a_1^3}, \text{ somit } \frac{\vartheta_1}{\vartheta} = \frac{a}{a_1} = \sqrt[3]{\frac{32}{9\pi}} = 1,042.$$

Bei quadratischem Querschnitte ergiebt sich also die Verdrehung zwar grösser, als bei kreisförmigem, doch nur in solchem Grade, dass die Rücksicht auf leichtere Herstellbarkeit in der Regel für die Wahl eines kreisförmigen Querschnittes entscheidend sein wird, wenn nicht etwa durch einen sehr flachen Stab von rechteckigem Querschnitte mit $\frac{c}{b} > 7,6$ eine wesentliche Vergrösserung des Drehungswinkels erzielt werden soll. Uebrigens wird auch (siehe folgende Nummer) der Verdrehungswinkel bei quadratischem Querschnitte am wenigsten mit der Theorie in Einklang, und zwar thatsächlich kleiner gefunden.

98. — Die Prüfung der hier dargestellten Theorie der Drehungselasticität durch Vergleichung mit den Ergebnissen von Versuchen kann nur mit Hülfe des Ausdruckes für den Drehungswinkel geschehen, weil die Spannung im Inneren eines Körpers sich nicht beobachten lässt; auch Versuche über das zum Abwürgen eines Stabes erforderliche Kraftmoment in Verbindung mit der anderweitig bekannten Schubfestigkeit des betreffenden Materials können keinen Aufschluss geben, weil dabei Zustände eintreten, auf welche die ein vollkommen elastisches Verhalten voraussetzende Theorie selbst nicht näherungsweise mehr passt.

Durch Messung des Drehungswinkels prismatischer Stäbe aus isotropem Materiale, insbesondere aus verschiedenen Metallen (Eisen, Stahl, Kupfer) und aus Glas, hat Wertheim gefunden, dass, wenn gemäss Gleichung (52), Nr. 22, im Mittel

$$G = \frac{1}{2}\frac{m}{m+1}E = 0,38\,E, \text{ entsprechend } m = 3,18,$$

gesetzt wird, die Formel (241):

$$\vartheta = \frac{1}{4}\frac{M}{G}\left(\frac{1}{B} + \frac{1}{C}\right)$$

eine gute Uebereinstimmung gewährt für kreisförmige, kreisringförmige und elliptische Querschnitte; dagegen liefert jenen Versuchen zufolge die für den rechteckigen Querschnitt gefundene Gleichung (245):

$$\vartheta = \frac{3}{8} \frac{M}{G} \left(\frac{1}{B} + \frac{1}{C} \right)$$

im Allgemeinen etwas zu grosse Werthe um so mehr, je mehr das Rechteck einem Quadrate sich nähert, so dass

$$\vartheta = \frac{n}{4} \frac{M}{G} \left(\frac{1}{B} + \frac{1}{C} \right) \quad \ldots \ldots \quad (247)$$

gesetzt werden kann mit $G = 0{,}38\,E$ für isotrope Körper und

$n = 1$ für kreisförmige und elliptische,
$n = 1{,}2$ für quadratische,
$n = 1{,}2$ bis $1{,}5$ für mehr und mehr längliche rechteckige Querschnitte.

Uebrigens wurde sowohl das Verhältniss $\frac{G}{E}$ für verschiedene Substanzen etwas verschieden, als auch der Coefficient n ausser von der Querschnittsform zugleich einigermaassen von M und von der Länge l des Stabes abhängig gefunden: n nimmt etwas zu, wenn M zunimmt oder l abnimmt. Auch wurde schon bei mässiger Grösse von M ein Theil von ϑ nach der Entlastung bleibend gefunden, der mit M rasch zunahm und unter sonst gleichen Umständen bei längeren Stäben verhältnissmässig grösser war, als bei kurzen.

Diese letzteren Thatsachen hängen zusammen mit der bei obiger Theorie ausser Acht gelassenen Compression in transversaler Richtung, wovon die Verdrehung eines Stabes stets in gewissem, und zwar, wie es scheint, von der Länge abhängigem Grade begleitet wird; die entsprechende Volumenverminderung bestimmte Wertheim durch die Flüssigkeitsmenge, die aus dem mit der betreffenden Flüssigkeit erfüllten Inneren eines hohlen Stabes bei dessen Verdrehung hinausgetrieben wurde, und fand sie bei isotropen Körpern proportional ϑ^2.

B. Zusammengesetzte Fälle der Elasticität gerader stabförmiger Körper.

99. — Unter dieser Bezeichnung sollen im Folgenden solche Arten der Inanspruchnahme eines geraden stabförmigen Körpers besprochen werden, die als Combinationen von zwei der im Vorhergehenden betrachteten einfachen Fälle:

1) Zug- oder Druck-Elasticität,
2) Biegungselasticität,
3) Schubelasticität,
4) Drehungselasticität

betrachtet werden können. Dieselben gestatten sechs solche Combinationen:

1) und 2)	1) und 3)	1) und 4)
2) und 3)	2) und 4)	3) und 4).

Praktisches Interesse haben besonders die Combinationen der Biegungselasticität mit einem der anderen einfachen Fälle. Die Behandlung aller dieser zusammengesetzten Fälle beruht darauf, dass die Spannungscomponenten, nämlich die von den allgemeinen sechs Spannungscomponenten σ_x, σ_y, σ_z, τ_x, τ_y, τ_z nach Nr. 24 hier stets nur in Betracht gezogenen drei: σ_x, τ_y, τ_z als algebraische Summen der Antheile betrachtet werden können, die von den einzelnen der combinirten Inanspruchnahmen herrühren.

I. Combination von Zug- oder Druck- und Biegungs-Elasticität.

100. — Während in allen anderen hier zu besprechenden Fällen der Körper als isotrop vorausgesetzt wird, braucht in diesem nur angenommen zu werden (Nr. 26), dass er nach der Richtung seiner Axe in allen Punkten gleich beschaffen ist, weil es sich hier nur um die Zusammensetzung von Normalspannungen σ und Dehnungen ε handelt, die, von verschiedenen Ursachen herrührend, überall nach jener Richtung stattfinden, was einfach durch algebraische Addition geschehen kann. Ohne die hier wegfallende Einschränkung auf Kräfte, deren Richtungslinien die Stabaxe rechtwinkelig schneiden, werden übrigens die bei der Biegungselasticität gemachten Annahmen beibehalten, und wird insbesondere (Nr. 40) vorausgesetzt, dass die Richtungslinien aller äusseren Kräfte in einer Ebene liegen, welche die Querschnitte des stabförmigen Körpers in Hauptaxen für ihre Schwerpunkte schneidet, wie es insbesondere dann der Fall ist, wenn die Ebene der Kräfte eine Symmetrieebene des Körpers ist. Die elastische Linie ist dann eine ebene Curve, und es fällt ihre Ebene, die Biegungsebene, mit der Ebene der Kräfte zusammen. Die Bezeichnungen: elastische Linie, Biegungsfläche resp. Biegungsebene, Biegungsaxe, elastische Fläche und neutrale Axe haben hier dieselben Bedeutungen (Nr. 35 und 36) wie bei der einfachen Biegungselasticität.

Wenn die äusseren Kräfte für einen Querschnitt F zu einer im Schwerpunkte O desselben angreifenden Resultante und einem Kräftepaare zusammengesetzt werden, dessen Moment $= M$ sei, jene Resultante aber in zwei Componenten P und R zerlegt wird, deren Richtungslinien beziehungsweise senkrecht zum Querschnitte und in demselben gelegen sind, so soll auch hier von der Wirkung der letzteren Kraft R abgesehen werden, was ebenso wie bei der Biegungselasticität mit um so kleinerem Fehler geschehen kann, je grösser die Länge im Vergleich mit den der Biegungsebene parallelen Querschnittsdimensionen des Stabes ist. Durch die Kraft P dagegen wird der Körper auf Zug oder Druck, durch das Kräftepaar M auf Biegung in Anspruch genommen, und die entsprechenden nach Gleichung (62) und (81) zu bestimmenden Normalspannungen setzen sich zu der resultirenden Spannung

$$\sigma = \frac{M\eta}{J} \pm \frac{P}{F} \quad \ldots \ldots \quad (248)$$

zusammen, wobei die Buchstaben die aus dem Früheren bekannten Bedeutungen haben und, indem σ ebenso wie η algebraisch (positiv oder negativ) zu verstehen ist, während M, P, F, J absolute Grössen sind, im zweiten Gliede das obere oder untere Zeichen gilt, jenachdem P ziehend oder drückend gegen den Querschnitt gerichtet ist.

Ist e' der grösste Werth eines positiven, e'' der grösste Absolutwerth eines negativen η, ferner

$$\sigma = \sigma' \text{ für } \eta = e', \quad \sigma = -\sigma'' \text{ für } \eta = -e'',$$

$$\text{so ist } \sigma' = \frac{Me'}{J} + \frac{P}{F}; \quad \sigma'' = \frac{Me''}{J} + \frac{P}{F} \quad . \quad . \quad (249).$$

Die neutrale Axe ($\sigma = 0$) fällt nicht mit der Biegungsaxe ($\eta = 0$) zusammen und kann selbst ganz ausserhalb des Querschnittes liegen, d. h. ihre (algebraisch verstandene) Entfernung η_0 von der Biegungsaxe kann $< -e''$ oder $> e'$ sein. Ergeben sich σ' und σ'' nach Gleichung (249) beide positiv, so ist $-e'' < \eta_0 < e'$ und σ' die grösste Spannung, σ'' die grösste Pressung im Querschnitte. Ist σ'' negativ, so ist $\eta_0 < -e''$; im Querschnitte finden dann nur Spannungen im engeren Sinne statt und ist σ' die grösste, $-\sigma''$ die kleinste derselben. Ist endlich σ' negativ, so ist $\eta_0 > e'$; im Querschnitte finden nur Pressungen statt und ist σ'' die grösste, $-\sigma'$ die kleinste.

101. — Streng genommen kann schon bei der Belastung eines Stabes durch transversale (die Stabaxe rechtwinkelig schneidende) Kräfte die dadurch hauptsächlich verursachte Inanspruchnahme auf Biegung von einer solchen auf Zug oder Druck begleitet werden in Folge der Reibung, die bis zu gewissem Grade dem Gleiten des Stabes auf den Stützen entgegenwirkt.

Ein prismatischer Stab sei z. B. horizontal an den Enden gestützt in zwei Punkten A_1, B_1 (als Punkte betrachteten schmalen Flächen), die von der elastischen Fläche (dem Orte der Biegungsaxen) die Entfernungen e, von einander die Entfernung $2a$ haben; belastet sei der Stab durch das in der Mitte concentrirt angreifende Gewicht $2P$, während von seinem Eigengewichte abstrahirt wird. Ist der Stab verhältnissmässig sehr dünn (e sehr klein in Vergleich mit a), so wird er in Folge seiner Biegung auf den Stützen A_1, B_1 einwärts gleiten, wogegen ein dickerer Stab in Folge überschüssiger Dehnung an seiner unteren Fläche auch umgekehrt auswärts gleiten kann; durch die Reibung bei A_1 und B_1 wird er im ersten Falle auf Zug, im zweiten auf Druck in Anspruch genommen. Weder das eine noch das andere ist der Fall, wenn, unter A, B die vertical über A_1, B_1 liegenden Punkte der elastischen Linie und unter α den Neigungswinkel derselben bei A und B gegen die Gerade AB, unter O den Mittelpunkt des Bogens AB verstanden, die Bogenlänge $OA = s = a + e\alpha$ ist, indem dann die materiellen Punkte A und B, vor der Biegung um den Betrag $e\alpha$ jenseits der Stützpunkte A_1 und B_1 liegend, nur durch die Neigung α, nicht durch Gleitung längs den Stützen in die Lagen A und B gekommen sind.

Nun ist nach Nr. 60 mit Bezug auf das Coordinatensystem von Fig. 21:

$$\frac{dz}{dx} = \alpha - \frac{1}{2}\frac{A}{EJ}x^2 = \alpha - \frac{1}{2}\frac{P}{EJ}x^2$$

und nach Nr. 61, Gleichung (147): $\alpha = \frac{2P}{EJ}\frac{(2a)^2}{16} = \frac{1}{2}\frac{P}{EJ}a^2$,

$$\text{also mit } n = \frac{P}{EJ} : \frac{dz}{dx} = \frac{n}{2}(a^2 - x^2)$$

und näherungsweise mit Rücksicht darauf, dass $\frac{dz}{dx}$ ein sehr kleiner Bruch ist:

$$\frac{ds}{dx} = \sqrt{1 + \left(\frac{dz}{dx}\right)^2} = 1 + \frac{1}{2}\left(\frac{dz}{dx}\right)^2 = 1 + \frac{n^2}{8}(a^2 - x^2)^2$$

$$s = \int_0^a \frac{ds}{dx}\,dx = a + \frac{n^2}{8}\int_0^a (a^4 - 2a^2x^2 + x^4)\,dx$$

$$= a + \frac{1}{8}n^2a^5\left(1 - \frac{2}{3} + \frac{1}{5}\right) = a + \frac{1}{15}n^2a^5.$$

Obige Bedingung für das Fehlen eines Gleitungswiderstandes an den Stützen:

$$s = a + ea = a + \frac{1}{2}na^2e$$

giebt also

$$e = \frac{2}{15}na^3 = \frac{2}{15}\frac{P}{EJ}a^3$$

oder auch, weil die Durchbiegung in der Mitte bei O nach Gleich. (147):

$$\delta = \frac{2P}{EJ}\frac{(2a)^3}{48} = \frac{1}{3}\frac{P}{EJ}a^3$$

ist,

$$e = \frac{2}{5}\delta \quad . \quad . \quad . \quad . \quad . \quad . \quad . \quad . \quad (250).$$

Bezeichnet k die Maximalspannung in der Entfernung e von der Biegungsaxe des mittleren Querschnittes, so ist

$$k\frac{J}{e} = Pa, \text{ also } \frac{P}{J} = \frac{k}{ae};\ \delta = \frac{1}{3}\frac{k}{E}\frac{a^2}{e},$$

nach Gleichung (250) also auch $\frac{e}{a} = \sqrt{\frac{2}{15}\frac{k}{E}}$. (251),

z. B. $\frac{e}{a} \overline{<} \frac{1}{122}$ mit $\frac{k}{E} \overline{<} \frac{1}{2000}$. In der Regel ist $\frac{e}{a}$ viel grösser, somit Tendenz zum Gleiten nach aussen auf den Stützen vorhanden. Ist $\frac{e}{a}$ so viel grösser, als der Grenzwerth (251), dass diese Gleitung wirklich eintritt, so wirkt ihr die Reibung $= \mu P$ (Reibungscoefficient mal Stützendruck) als eine horizontal einwärts gerichtete Kraft entgegen, die dann (abgesehen von einem nebensächlichen Einflusse auf die Biegung) den Stab auf Druck in Anspruch nimmt, entsprechend der specifischen Pressung

$$k_2 = \frac{\mu P}{F}.$$

Da die durch die Biegung bedingte grösste Spannung

$$k_1 = Pa\frac{e}{J}$$

ist, so folgt

$$\frac{k_2}{k_1} = \mu \frac{J}{Fae} \quad . \quad . \quad . \quad . \quad . \quad . \quad . \quad (252).$$

Z. B. im Falle eines rechteckigen Querschnittes von der Breite b und Höhe $2e$ ist

$$F = 2be, \; J = \frac{2}{3} be^3, \text{ also } \frac{k_2}{k_1} = \frac{\mu}{3} \frac{e}{a},$$

d. i. ein meistens hinlänglich kleiner Bruch, um ohne in Betracht kommenden Fehler k_2 gegen k_1 vernachlässigen zu dürfen.

102. — In höherem Grade kann die Biegung eines durch transversale Kräfte belasteten stabförmigen Körpers von einer Längsspannung dann begleitet werden, wenn die relative Lage der materiellen Endpunkte seiner Mittellinie unveränderlich gegeben ist, wenn z. B. der Stab an den Enden um feste, zur Biegungsebene senkrechte Bolzen drehbar oder wenn zugleich die Richtung seiner Mittellinie daselbst gegeben, wenn er nämlich an den Enden befestigt ist. Dass in der That in solchem Falle die Inanspruchnahme auf Zug so beträchtlich werden kann, dass sie nicht gegen die auf Biegung zu vernachlässigen ist, zeigt das in Nr. 31 betrachtete Beispiel eines oberirdischen Telegraphendrahtes, wobei sogar umgekehrt die durch die Biegung bedingten Spannungen verschwindend klein sind. Indem hier die durch die Befestigung des Drahtes an seinen Enden verursachte Zugkraft selbst viel grösser, als die primäre Belastung, nämlich als das Eigengewicht des Drahtes ist, ergiebt sich zugleich, dass trotz der nach wie vor beibehaltenen Voraussetzung sehr geringfügiger Biegung doch jene Zugkraft zugleich wesentlich beitragen kann, die Art der Biegung und die ihr entsprechenden Spannungsmomente zu bestimmen.

Als Beispiel werde ein prismatischer Stab von der Länge $4a$ betrachtet, der horizontal an den Enden befestigt und (bei Vernachlässigung seines Eigengewichtes) durch das in der Mitte concentrirt angreifende Gewicht $2P$ belastet ist; die Befestigung sei eine solche, dass die elastische Linie in ihren festen Endpunkten von der geraden Verbindungslinie derselben berührt wird. Würde der Stab in irgend einem Querschnitte, dessen Schwerpunkt B sei, durchschnitten, so wäre das Stabstück AB, unter A das zunächst liegende Stabende verstanden, in unveränderter Weise dadurch im Gleichgewichte zu erhalten, dass im Punkte B die vertical abwärts wirkende Kraft P und eine horizontal im Sinne von A gegen B wirkende Kraft Q, ferner in der Endfläche bei B ein Kräftepaar = dem zuvor im Querschnitte daselbst herrschenden Spannungsmomente angebracht werden; letzteres wäre = Null, wenn B ein Wendepunkt der elastischen Linie wäre. Solcher Wendepunkte hat die elastische Linie hier offenbar zwei, und zwar liegen sie auf $\frac{1}{4}$ der Stablänge von den Enden, weil ebenso wie im analogen Falle des beiderseits nur eingeklemmten Stabes (Nr. 57) auch hier die elastische Linie aus vier gleichen, nur verschieden liegenden Stücken besteht. Es braucht also überhaupt nur ein solches Stück $AB = a$ betrachtet zu werden: Fig. 30, Nr. 77, woselbst in B noch die nach XB gerichtete Kraft Q hinzu zu denken ist. Diese Kraft Q und die Durchbiegung δ (Fig. 30) oder der Absolutwerth

$$M = Pa - Q\delta$$

des Spannungsmomentes im Querschnitte bei A (= dem in den beiden Endquerschnitten und im mittleren Querschnitte des Stabes stattfindenden grössten Spannungsmomente) sind zu ermitteln, um nach Gleichung (249) (mit den oberen Vorzeichen und mit Q statt P) die Anstrengung des Stabes beurtheilen zu können.

Zu dem Ende hat man mit Bezug auf das Coordinatensystem von Fig. 30 die Momentengleichung:

$$-EJ\frac{d^2z}{dx^2} = Px - Qz$$

oder $\dfrac{d^2z}{dx^2} = -p^2x + q^2z$ mit $p^2 = \dfrac{P}{EJ}$ und $q^2 = \dfrac{Q}{EJ}$.

Wird $\dfrac{d^2z}{dx^2}$ mit y bezeichnet, so folgt daraus

$$\frac{d^2y}{dx^2} = q^2\frac{d^2z}{dx^2} = q^2y$$

und das allgemeine Integral dieser Differentialgleichung ist, unter A und B Constante verstanden,

$$y = -p^2x + q^2z = Ae^{qx} + Be^{-qx}.$$

Zur Bestimmung der Constanten A, B dienen die zusammengehörigen Werthe:

$$x = 0,\ z = 0 \text{ und } x = a,\ \frac{dz}{dx} = 0,$$

also die Gleichungen: $0 = A + B$ und $-p^2 = Aqe^{aq} - Bqe^{-aq}$.

Danach ist die Gleichung der elastischen Linie:

$$q^2z = p^2x - B(e^{qx} - e^{-qx}) \text{ mit } B = \frac{1}{q}\frac{p^2}{e^{aq} + e^{-aq}} \quad . \quad (253).$$

Die Kraft Q (somit die Grösse q) ist dadurch bestimmt, dass die ihr entsprechende verhältnissmässige Dehnung der Mittellinie $= \dfrac{Q}{EF}$ auch $= \dfrac{s-a}{a}$ ist, wenn s die Bogenlänge AB bedeutet, deren ursprüngliche Länge = ihrer Projection auf die x-Axe $= a$ ist. Nun ist nach Gleichung (253)

$$q^2\frac{dz}{dx} = p^2 - Bq(e^{qx} + e^{-qx}),$$

also mit Rücksicht darauf, dass $\dfrac{dz}{dx}$ ein sehr kleiner Bruch ist,

$$\frac{ds}{dx} = \sqrt{1 + \left(\frac{dz}{dx}\right)^2} = 1 + \frac{1}{2}\left(\frac{dz}{dx}\right)^2$$

$$= 1 + \frac{1}{2q^4}[p^4 - 2Bp^2q(e^{qx} + e^{-qx}) + B^2q^2(e^{2qx} + e^{-2qx} + 2)],$$

$$s = \int_0^a \frac{ds}{dx}\,dx$$

$$= a + \frac{1}{2q^4}\left[p^4 a - 2Bp^2(e^{aq} - e^{-aq}) + \frac{B^2 q}{2}(e^{2aq} - e^{-2aq} + 4aq)\right]$$

und bei Einsetzung des obigen Ausdruckes von B:

$$\frac{s-a}{a} = \frac{1}{2}\left(\frac{p}{q}\right)^4 \left[1 - \frac{2}{aq}\,\frac{e^{aq} - e^{-aq}}{e^{aq} + e^{-aq}} + \frac{1}{2aq}\,\frac{e^{2aq} - e^{-2aq} + 4aq}{(e^{aq} + e^{-aq})^2}\right]$$

oder mit $n = aq$ wegen $\frac{e^{2n} - e^{-2n}}{(e^n + e^{-n})^2} = \frac{e^n - e^{-n}}{e^n + e^{-n}}$

$$\frac{s-a}{a} = \left(\frac{p}{q}\right)^4 \left[\frac{1}{2} - \frac{3}{4}\,\frac{1}{n}\,\frac{e^n - e^{-n}}{e^n + e^{-n}} + \frac{1}{(e^n + e^{-n})^2}\right].$$

Mit den Bezeichnungen

$$f(n) = \frac{1}{n}\,\frac{e^n - e^{-n}}{e^n + e^{-n}}; \quad F(n) = \frac{1}{n^6}\left[\frac{1}{2} - \frac{3}{4}f(n) + \frac{1}{(e^n + e^{-n})^2}\right] \quad (254)$$

und mit $J = Ff^2$ folgt also aus der Gleichung

$$\frac{s-a}{a} = \frac{Q}{EF} = \frac{Q}{EJ}f^2 = q^2 f^2 = n^2\left(\frac{f}{a}\right)^2$$

$$F(n) = \left(\frac{f}{a}\right)^2 \frac{1}{a^4 p^4} = \left(\frac{f}{a}\right)^2 \frac{1}{a^4}\left(\frac{EJ}{P}\right)^2 = \left(\frac{f}{a}\right)^6 \left(\frac{EF}{P}\right)^2 \quad (255).$$

Bei gegebener Belastung des Stabes ist hierdurch n bestimmt, also auch

$$Q = EFn^2\left(\frac{f}{a}\right)^2 \quad \ldots\ldots\ldots \quad (256).$$

Aus dem Ausdrucke des Spannungsmoments in einem beliebigen Querschnitte:

$$Px - Qz = EJ(p^2 x - q^2 z) = EJB(e^{qx} - e^{-qx})$$

nach Gleichung (253) folgt dann mit $x = a$:

$$M = EJB(e^n - e^{-n}) = \frac{EJp^2}{q}\,\frac{e^n - e^{-n}}{e^n + e^{-n}} = Pa \,.\, f(n) \quad . \quad (257)$$

und endlich die Maximalspannung k nach Gleichung (249), insbesondere im Falle $e' = e'' = e$:

$$k = \frac{Me}{J} + \frac{Q}{F} = \frac{Pae}{Ff^2}f(n) + En^2\left(\frac{f}{a}\right)^2$$

oder mit Rücksicht auf Gleichung (255):

$$k = E\left[\left(\frac{f}{a}\right)^3 \frac{f(n)}{\sqrt{F(n)}}\,\frac{ae}{f^2} + n^2\left(\frac{f}{a}\right)^2\right] = E\left(\frac{f}{a}\right)^2\left[\frac{f(n)}{\sqrt{F(n)}}\,\frac{e}{f} + n^2\right] \quad (258).$$

Sind k_1 und k_2 die beziehungsweise von der Biegung und von der Dehnung des Stabes (von M und von Q) herrührenden Bestandtheile von k, so ist

$$\frac{k_2}{k_1} = n^2\,\frac{\sqrt{F(n)}}{f(n)}\,\frac{f}{e} \quad \ldots\ldots\ldots \quad (259).$$

Ist k' die Maximalspannung, die im Stabe stattfinden würde, wenn er an den Enden nicht befestigt, sondern (streng genommen ohne Reibung) nur eingeklemmt wäre, so dass er nur auf Biegung in Anspruch genommen wird, so ist

$$k' = Pa\frac{e}{J} = \frac{k_1}{f(n)}$$

$$\frac{k}{k'} = \frac{k_1 + k_2}{k'} = \left(1 + \frac{k_2}{k_1}\right) f(n) = f(n) + n^2 \sqrt{F(n)}\,\frac{f}{e} \quad . \quad (260).$$

Was die in diesen Formeln vorkommenden Functionen $f(n)$ und $F(n)$ betrifft, so kann, wenn n ein der Einheit nicht nahe kommender echter Bruch ist,

$$e^{\pm n} = 1 \pm n + \frac{n^2}{2} \pm \frac{n^3}{6} + \frac{n^4}{24} \pm \frac{n^5}{120} + \frac{n^6}{720} \pm \frac{n^7}{5040}$$

gesetzt werden, und ergiebt sich dann

$$f(n) = 1 - \frac{1}{3}n^2 + \frac{2}{15}n^4 - \frac{17}{315}n^6; \quad F(n) = \frac{1}{15}\left(\frac{1}{n^2} - \frac{17}{21}\right) \quad . \quad (261).$$

Im Falle eines rechteckigen Querschnittes von der Breite b ist

$$J = \frac{2}{3}be^3 = F\frac{e^2}{3}, \quad \text{also } f = \frac{e}{\sqrt{3}}$$

und findet man dann beispielsweise mit $\frac{k}{E} = \frac{1}{2000}$ aus Gleichung (258) bis (260)

für $n =$	$0{,}1$	$0{,}2$
$a =$	$21{,}3\,e$	$30{,}4\,e$
$k_2 =$	$0{,}0149\,k_1$	$0{,}0297\,k_1$
$k =$	$1{,}0115\,k'$	$1{,}0162\,k'$.

Man erkennt daraus, dass die der Dehnung des Stabes entsprechende Spannung k_2 erst dann eine im Vergleich mit der Biegungsspannung k_1 nicht zu vernachlässigende Grösse haben kann, wenn das Verhältniss der Länge zur Dicke des Stabes ungewöhnlich gross ist. Noch weniger fehlerhaft, als die Vernachlässigung von k_2 gegen k_1, ist die Berechnung der Anstrengung des Stabes nur auf Biegung, gleich als ob er an den Enden nicht befestigt, sondern eingeklemmt wäre; man findet dadurch die Maximalspannung (bei der hier vorausgesetzten Belastungsart) um höchstens etwa 1% zu klein, wenn $a < 20\,e$, d. i. die Stablänge $4\,a$ kleiner, als das 40fache der Dicke $2\,e$ ist.

Da die obige Untersuchung unter sonst gleichen Umständen auch für einen stabförmigen Körper von der Länge $2\,a$ gilt, der an den Enden drehbar befestigt ist, so folgt, dass gleicher Weise die Anstrengung eines solchen Körpers, sofern das Verhältniss seiner Länge zur Dicke nicht etwa ungewöhnlich gross ist, nur unerheblich zu klein gefunden wird, wenn sie so berechnet wird, als ob der Körper an den Enden gestützt wäre und somit nur auf Biegung in Anspruch genommen würde. Die Berücksichtigung der Dehnung in der Mittellinie in Folge der Biegung durch normal dazu wirkende äussere Kräfte ist übrigens in solchen Fällen um so weniger geboten, als eine viel grössere (positive oder negative) Dehnung durch Temperaturänderungen des Stabes verursacht werden kann, deren Einfluss im Folgenden (Nr. 122) näher geprüft werden wird.

103. — Von grösserem technischem Interesse ist die Combination von Zug- oder Druck- und Biegungs-Elasticität in solchen Fällen, in denen schon unter den gegebenen belastenden Kräften sich solche befinden, die Componenten im Sinne der Stabaxe haben. Von dergleichen Fällen sollen hier zunächst solche näher besprochen werden, in denen alle äussere Kräfte mit der Stabaxe parallel sind, eine Belastungsart, die als excentrische Zug- oder Druckbelastung bezeichnet werde und von der die Specialfälle hervorzuheben sind, in denen die Angriffspunkte der Kräfte in der Mittellinie selbst liegen und somit der Stab auf sogenannte Knickung in Anspruch genommen wird. Häufig kommt die gleichzeitige Inanspruchnahme auf Zug oder Druck und auf Biegung bei gewissen stabförmigen Bestandtheilen zusammengesetzter Constructionen vor, wovon auch einige Beispiele im Folgenden betrachtet werden sollen. In allen Fällen wird vom Eigengewichte der Körper hier abgesehen.

a. Excentrische Zug- oder Druckbelastung eines prismatischen Stabes.

104. — Ein prismatischer Stab AB sei im Punkte D von einer Kraft P angegriffen, deren Richtungslinie mit der Stabaxe parallel ist; die Entfernung p des Punktes D von dieser Axe heisse die Excentricität der Kraft P. Unter A und B insbesondere die Endpunkte der Mittellinie verstanden, werde A als Anfangspunkt eines rechtwinkeligen Coordinatensystems der x, y angenommen, die ursprünglich gerade Stabaxe als x-Axe, positiv in der Richtung AB, die y-Axe positiv in solchem Sinne, dass die y-Coordinate des Punktes D positiv $= p$ ist. In Bezug auf die Stützungsweise werden die vier Fälle unterschieden, dass der Stab

1) bei A eingeklemmt und übrigens frei,
2) bei A und B gestützt,
3) bei A eingeklemmt, bei B gestützt,
4) bei A und B eingeklemmt ist.

Die Einklemmung wird dabei in allen Fällen als ein Zwang der elastischen Linie, von der x-Axe berührt zu werden, die Stützung als eine seitliche, d. h. als Verhinderung der Ausweichung des gestützten Punktes der Mittellinie aus der x-Axe verstanden. Ausserdem muss der Stab natürlich seiner Länge nach an einem Ende so gestützt sein, dass er dadurch im Sinne der Kraft P sich zu bewegen gehindert ist; diese letztere Stützung zusammen mit seitlicher Stützung an demselben Stabende ist einerlei mit Drehbarkeit um eine zur Biegungsebene senkrechte feste Axe daselbst, zusammen mit Einklemmung dagegen einerlei mit Befestigung an dieser Stelle. Uebrigens wird zunächst angenommen, die Ordinate y der elastischen Linie sei so klein im Vergleich mit der Excentricität p, dass das Moment von P in Bezug auf die Biegungsaxe jedes Querschnittes ohne in Betracht kommenden Fehler $= Pp$ gesetzt werden kann.

105. — Unter dieser Voraussetzung ist, wenn der Stab AB am Ende A befestigt, übrigens frei and am freien Ende B durch die Kraft P excentrisch auf Zug oder Druck belastet ist (Fig. 37), sowohl die Zugkraft P, als auch das auf Biegung wirkende Kraftmoment $M = Pp$ für alle Querschnitte gleich und somit auch mit $J = Ff^2$ nach Gleichung (249) für alle Querschnitte des Stabes:

Fig. 37.

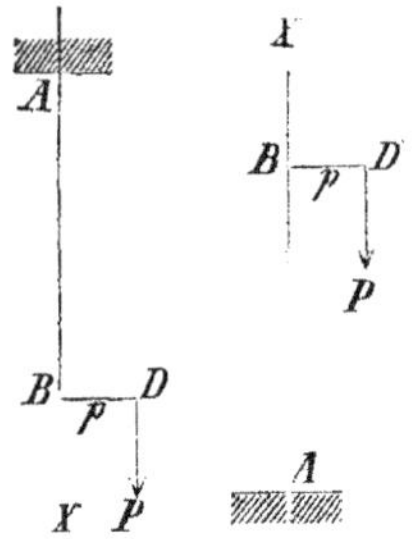

$$\left.\begin{aligned} \sigma' &= \left(\frac{pe'}{J} \pm \frac{1}{F}\right) P = \left(\frac{pe'}{f^2} \pm 1\right)\frac{P}{F} \\ \sigma'' &= \left(\frac{pe''}{J} \mp \frac{1}{F}\right) P = \left(\frac{pe''}{f^2} \mp 1\right)\frac{P}{F} \end{aligned}\right\} \quad . \quad (262).$$

Dabei entsprechen die oberen Zeichen der Zugbelastung, die unteren der Druckbelastung (der ersten resp. zweiten Fig. 37).

Hat z. B. eine excentrisch belastete Hängesäule, d. h. ein in verticaler Lage oben befestigter und unten durch ein excentrisch angehängtes Gewicht P belasteter prismatischer stabförmiger Körper einen rechteckigen Querschnitt mit den Seiten b und $2e$ (b senkrecht zur Biegungsebene), so ist

$$e' = e'' = e; \quad J = \frac{2}{3}be^3 = \frac{1}{3}Fe^2, \text{ also } f^2 = \frac{1}{3}e^2,$$

$$\left.\begin{matrix}\sigma' \\ \sigma''\end{matrix}\right\} = \left(3\frac{p}{e} \pm 1\right)\frac{P}{F} \quad . \quad . \quad . \quad . \quad . \quad . \quad . \quad (263),$$

$$\text{für } p = \frac{1}{3}e: \quad \sigma' = 2\frac{P}{F}, \quad \sigma'' = 0$$

$$p = e: \quad \sigma' = 4\frac{P}{F}, \quad \sigma'' = 2\frac{P}{F};$$

bei kreisförmigem Querschnitte mit dem Radius r dagegen ist mit

$$e' = e'' = r; \quad J = \frac{1}{4}\pi r^4 = \frac{1}{4}Fr^2; \quad f^2 = \frac{1}{4}r^2$$

$$\left.\begin{matrix}\sigma' \\ \sigma''\end{matrix}\right\} = \left(4\frac{p}{r} \pm 1\right)\frac{P}{F} \quad . \quad . \quad . \quad . \quad . \quad . \quad . \quad (264),$$

$$\text{für } p = \frac{1}{4}r: \quad \sigma' = 2\frac{P}{F}, \quad \sigma'' = 0$$

$$p = r: \quad \sigma' = 5\frac{P}{F}, \quad \sigma'' = 3\frac{P}{F}.$$

Man erkennt daraus, wie schon bei verhältnissmässig kleiner Grösse der Excentricität p die Maximalspannung erheblich grösser wird, als die der centrischen Belastung entsprechende gleichmässige Spannung $= \frac{P}{F}$.

106. — In den drei letzten der in Nr. 104 unterschiedenen Fälle hinsichtlich der Stützungsart des Stabes sei A das Stabende, gegen welches die belastende Kraft P hin gerichtet und an welchem der Stab seiner Länge nach gestützt ist, so dass, unter C den Fusspunkt des vom Angriffspunkte D der Kraft P auf die Stabaxe gefällten Perpendikels $CD = p$ verstanden (Fig. 38), nur das Stück AC des Stabes ausser auf Biegung zugleich auf Druck in Anspruch genommen wird. Die Buchstaben A, B sollen zugleich die Widerstandskräfte der (seitlichen) Stützen resp. Einklemmungen an den gleichnamigen Stabenden bezeichnen und zwar algebraisch verstanden: positiv oder negativ, jenachdem sie die Richtung YA oder AY haben. (A) und (B) seien die Spannungsmomente der Querschnitte bei A resp. B, (C_a) und (C_b) die Spannungsmomente der Querschnitte unmittelbar neben der Stelle C im Sinne gegen A resp. B, alle diese Momente auch algebraisch verstanden und zwar positiv oder negativ, jenachdem die elastische Linie an der betreffenden Stelle im Sinne YA oder AY concav gekrümmt ist. Mit den Bezeichnungen $AC = a$, $BC = b$ sind diese sechs Grössen A, B, (A), (B), (C_a), (C_b) durch die folgenden vier Gleichungen verbunden:

Fig. 38.

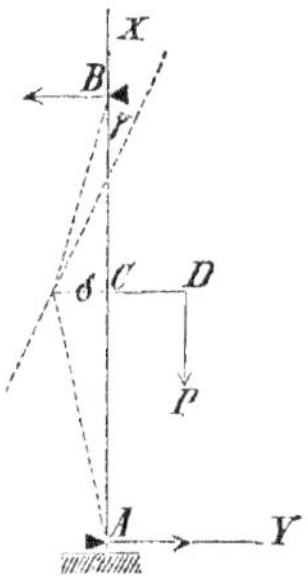

$$A + B = 0; \qquad (C_b) - (C_a) = Pp \quad . \quad . \quad . \quad (265)$$
$$(C_a) = (A) + Aa; \quad (C_b) = (B) + Bb \quad . \quad . \quad . \quad (266).$$

Von A gegen C sowohl wie von B gegen C ändert sich das Spannungsmoment stetig in gleichem Sinne mit dem Moment der Kraft A resp. B, so dass als relative Maxima von M nur die Absolutwerthe von (C_a) und (C_b) und eventuell die von (A), (B) in Betracht kommen, falls nämlich bei A resp. B nicht einfache Stützung, sondern Einklemmung stattfindet. Nur diesen relativ grössten Werthen von M können nach Gleichung (249), worin für das Stabstück AC die unteren Zeichen gelten, für das andere $P = 0$ zu setzen ist, auch solche von σ' und σ'' entsprechen. Welche von ihnen die absolut grössten sind, hängt ab von dem Verhältnisse $a : b$ und von der verhältnissmässigen Grösse der Excentricität p, verglichen mit den Querdimensionen des Stabes. In den folgenden Nummern sind nur jene relativ grössten Spannungsmomente mit ihren algebraischen Werthen (zur Kennzeichnung des Krümmungssinnes der elastischen Linie) entwickelt, woraus die weiteren Folgerungen in jedem gegebenen besonderen Falle leicht gezogen werden. Dabei kann auch in B noch eine äussere Kraft Q im Sinne BA angreifen ohne dass sie (unter der zu Ende von Nr. 104 bemerkten und hier zu Grunde liegenden Voraussetzung) auf M von Einfluss wäre; nur ist dann statt P in Gleichung (249) für die Stabstrecken AC und BC beziehungsweise $P + Q$ und Q mit den unteren Vorzeichen der betreffenden Glieder zu setzen.

Bei C findet eine plötzliche Aenderung des Spannungsmomentes und somit der Krümmung der elastischen Linie statt; für diesen Punkt C der letzteren sei γ der (sehr kleine) Werth von $\frac{dy}{dx}$, δ der (im Vergleich mit p sehr kleine) Werth von $-y$: siehe Fig. 38, worin die einem positiven δ entsprechend (übertrieben gezeichnete) veränderte Lage des Punktes C, ihre Verbindungsgeraden mit den Punkten A, B und die Tangente der elastischen Linie für die geänderte Lage dieses Punktes C durch gestrichelte Linien angedeutet sind.

107. — Der Stab sei bei A um eine zur Biegungsebene senkrechte feste Axe drehbar, bei B gestützt. Es ist dann $(A)=(B)=0$, also nach Gleichung (265) und (266) mit $l=a+b$:

$$(C_b)-(C_a)=Bb-Aa=B(a+b)=Bl=Pp$$

$$-A=B=\frac{Pp}{l};\ (C_a)=Aa=-\frac{a}{l}Pp;\ (C_b)=Bb=\frac{b}{l}Pp \quad (267).$$

Was die Neigung und Durchbiegung bei C, nämlich die Grössen γ und δ betrifft, so kann, wie Fig. 38 und ihre Vergleichung mit Fig. 20, Nr. 58, erkennen lässt, das Stück AC resp. BC des gebogenen Stabes als ein Stab betrachtet werden, der bei C unter dem Winkel

$$\alpha=-\left(\gamma+\frac{\delta}{a}\right) \text{ resp. } \alpha=\gamma-\frac{\delta}{b}$$

gegen die Gerade AC resp. BC geneigt eingeklemmt ist, womit und mit $l=a$ resp. $l=b$, ferner mit $P=0$, $Q=0$ sich aus Gleichung (122), Nr. 58, ergiebt:

$$A=-3\frac{EJ}{a^2}\left(\gamma+\frac{\delta}{a}\right);\ B=3\frac{EJ}{b^2}\left(\gamma-\frac{\delta}{b}\right) \quad . \quad (268).$$

Aus diesen Gleichungen und mit Rücksicht auf obige Ausdrücke von A, B folgt:

$$EJ\gamma=\frac{a^2-ab+b^2}{3l}Pp;\ EJ\delta=\frac{ab(a-b)}{3l}Pp \quad . \quad (269).$$

108. — Wenn der Stab bei A befestigt, bei B eingeklemmt ist, so kann, wie Fig. 38 und ihre Vergleichung mit Fig. 19, Nr. 54, erkennen lässt, das Stück AC des gebogenen Stabes als ein Stab betrachtet werden, der bei C und A unter den Winkeln

$$\alpha=-\left(\gamma+\frac{\delta}{a}\right) \text{ und } \beta=\frac{\delta}{a}$$

gegen die Gerade AC geneigt eingeklemmt, das Stück BC als ein Stab, der bei C und B unter den Winkeln

$$\alpha=\gamma-\frac{\delta}{b} \text{ und } \beta=\frac{\delta}{b}$$

gegen die Gerade BC geneigt eingeklemmt ist, womit und mit $l=a$ resp. $l=b$, ferner mit $P=0$, $Q=0$ sich aus Gleichung (97) für B und Gleichung (98) für (A), Nr. 55, ergiebt:

$$\left.\begin{aligned} A&=-6\frac{EJ}{a^2}\left(\gamma+2\frac{\delta}{a}\right);\ (C_a)=-2\frac{EJ}{a}\left(2\gamma+3\frac{\delta}{a}\right)\\ B&=6\frac{EJ}{b^2}\left(\gamma-2\frac{\delta}{b}\right);\ (C_b)=2\frac{EJ}{b}\left(2\gamma-3\frac{\delta}{b}\right)\end{aligned}\right\} \quad . \quad (270).$$

Durch die Einsetzung dieser Ausdrücke in den Gleichungen (265) werden diese zu zwei Gleichungen mit den Unbekannten γ, δ; man findet daraus mit $l = a + b$:

$$EJ\gamma = \frac{ab(a^2 - ab + b^2)}{l^3} Pp; \quad EJ\delta = \frac{a^2 b^2 (a - b)}{2 l^3} Pp \quad . \quad (271),$$

dann aus den Gleichungen (270):

$$-A = B = \frac{6ab}{l^3} Pp \quad . \quad . \quad . \quad . \quad . \quad (272)$$

$$(C_a) = -\frac{b(4a^2 - ab + b^2)}{l^3} Pp; \quad (C_b) = \frac{a(a^2 - ab + 4b^2)}{l^3} Pp \quad (273),$$

endlich damit aus den Gleichungen (266):

$$(A) = \frac{b(2a - b)}{l^2} Pp; \quad (B) = \frac{a(a - 2b)}{l^2} Pp \quad . \quad (274).$$

Ebenso wie im vorigen Falle (Nr. 107) sind A und (C_a) stets negativ, B, (C_b) und γ stets positiv; dagegen können hier (A) und (B) ebenso wie δ in beiden Fällen positiv oder negativ sein je nach dem Grössenverhältnisse $a:b$. Dabei ist der Absolutwerth von (A) stets $< -(C_a)$, der von (B) stets $< (C_b)$, weil, was z. B. erstere Vergleichung betrifft,

$$\pm(2a - b)(a + b) = \pm(2a^2 + ab - b^2) < 4a^2 - ab + b^2,$$

$$\text{nämlich } 2a^2 - 2ab + 2b^2 > 0 \text{ und } 6a^2 > 0$$

ist. Die Vergleichung von $\pm (B)$ mit (C_b) ergiebt sich daraus durch Vertauschung von a mit b.

109. — Ist der Stab bei A befestigt, bei B gestützt, so gelten für A und (C_a) die Ausdrücke (270), für B der Ausdruck (268), während $(C_b) = Bb$ ist nach Gleichung (266) mit $(B) = 0$. Nach Einsetzung dieser Ausdrücke findet man aus den Gleichungen (265):

$$EJ\gamma = \frac{a(a^3 + 4b^3)}{4l^3} Pp; \quad EJ\delta = \frac{a^2 b(a^2 - 2b^2)}{4l^3} Pp \quad . \quad (275),$$

damit dann

$$-A = B = \frac{3a(a + 2b)}{2l^3} Pp \quad . \quad . \quad . \quad . \quad (276)$$

$$(C_a) = -\frac{2a^3 + 3a^2 b + 2b^3}{2l^3} Pp; \quad (C_b) = \frac{3ab(a + 2b)}{2l^3} Pp \quad . \quad (277)$$

$$(A) = (C_a) - Aa = Bl - Pp = \frac{a^2 + 2b(a - b)}{2l^2} Pp \quad . \quad (278).$$

Auch hier sind A und (C_a) negativ, B, (C_b) und γ positiv, während die Vorzeichen von (A) und δ von dem Verhältnisse $a:b$ abhängen; auch hier ist ferner der Absolutwerth von (A) stets $< -(C_a)$, weil

$$\pm[a^2 + 2b(a - b)]l = \pm(a^2 + 2ab - 2b^2)(a + b)$$
$$= \pm(a^3 + 3a^2 b - 2b^3) < 2a^3 + 3a^2 b + 2b^3,$$

$$\text{nämlich } a^3 + 4b^3 > 0 \text{ und } 3a^3 + 6a^2 b > 0 \text{ ist.}$$

110. — Im Falle von Nr. 108 befindet sich z. B. eine verticale prismatische Säule, welche, zum Tragen der Decke eines grösseren Raumes (z. B. einer Werkstatt) dienend und dadurch oben mit dem Gewichte Q centrisch belastet, zugleich an einer mittleren Stelle C (in der Entfernung a vom unteren Ende A, b vom oberen Ende B) vermittels eines seitlichen Ansatzes (angeschraubten Consols etc.) durch ein Gewicht P excentrisch (in der Entfernung p von der Axe) belastet ist, falls in Folge ihrer Verbindungsweise mit dem Fussboden und der Decke ihre Biegung nur so zu Stande kommen kann, dass die elastische Linie von der geraden Verbindungslinie ihrer Endpunkte in diesen berührt wird. Ist dabei der Querschnitt von solcher Form, dass $e' = e'' = e$ ist, so findet in jedem der beiden Theile AC und BC der Säule die grösste Spannung — falls es eine solche giebt, d. h. σ' nach Gleichung (249) positiv ist — und die grösste Pressung unabhängig vom Biegungssinne in demjenigen Querschnitte statt, für welchen M am grössten ist, also im Querschnitte C_a resp. C_b unmittelbar unterhalb und oberhalb der Stelle C. So ergeben sich mit $M_a = -(C_a)$ und $M_b = (C_b)$ die grössten Spannungen und Pressungen:

$$\sigma_a' = M_a \frac{e}{J} - \frac{P+Q}{F}, \quad \sigma_a'' = M_a \frac{e}{J} + \frac{P+Q}{F} \quad \text{im unteren,}$$

$$\sigma_b' = M_b \frac{e}{J} - \frac{Q}{F}, \quad \sigma_b'' = M_b \frac{e}{J} + \frac{Q}{F} \quad \text{im oberen}$$

Theile der Säule. Welches dieser je zwei relativen Maxima von σ' und σ'' das absolute Maximum ist, hängt von verschiedenen Umständen ab; ohne Weiteres erkennt man, dass,

$$\text{wenn } M_a > M_b \text{ ist,} \quad max\ \sigma'' = \sigma_a''$$
$$\text{wenn } M_b > M_a \text{ ist,} \quad max\ \sigma' = \sigma_b'$$

ist. Was dieses Grössenverhältniss von M_a und M_b betrifft, so folgt aus den Gleichungen (273) mit $x = \frac{a}{b}$, dass

$$M_a = M_b \text{ ist, wenn } 4x^2 - x + 1 = x^3 - x^2 + 4x$$
$$x^3 - 5x^2 + 5x - 1 = (x-1)(x^2 - 4x + 1) = 0,$$

$$\text{also } x = 1 \text{ oder } x = 2 + \sqrt{3} \text{ oder } x = 2 - \sqrt{3} = \frac{1}{2+\sqrt{3}}$$

ist. Wegen $M_b = 0$ für $a = 0$ ist also

von $\frac{a}{b} = 0$ bis $\frac{1}{2+\sqrt{3}}$	bis 1	bis $2+\sqrt{3}$	bis ∞
$\frac{M_a}{M_b}$ >1	<1	>1	<1

Soll σ' höchstens $= k'$, σ'' höchstens $= k''$ sein, so wird sich bei mässiger Grösse von p in der Regel

$$\frac{max\ \sigma'}{max\ \sigma''} < \frac{k'}{k''}$$

ergeben, so dass $max\ \sigma''$ maassgebend ist für die erforderlichen Querdimensionen oder die zulässige Belastung der Säule; doch können u. U.

auch die Verhältnisse so bestimmt werden sollen, dass $max\ \sigma''$ ein gegebenes Vielfache von $max\ \sigma'$ wird.

Es sei z. B. die Säule von Gusseisen mit kreisringförmigem Querschnitte, r der äussere, r_1 der innere Radius, also

$$e = r,\quad J = \frac{\pi}{4}(r^4 - r_1^4) = \frac{1}{4}F(r^2 + r_1^2),$$

$$\text{ferner } a = 2b, \text{ also } M_a = \frac{5}{9}Pp,\quad M_b = \frac{4}{9}Pp.$$

Dann ist
$$max\ \sigma'' = \left(\frac{5}{9}Pp\frac{4r}{r^2+r_1^2} + P + Q\right)\frac{1}{F}$$

$$\sigma_a' = \left(\frac{5}{9}Pp\frac{4r}{r^2+r_1^2} - P - Q\right)\frac{1}{F};\quad \sigma_b' = \left(\frac{4}{9}Pp\frac{4r}{r^2+r_1^2} - Q\right)\frac{1}{F}$$

$$max\ \sigma' = \sigma_a' \text{ oder } \sigma_b', \text{ jenachdem } \frac{1}{9}p\frac{4r}{r^2+r_1^2} \gtrless 1 \text{ oder } p \gtrless \frac{9}{4}\frac{r^2+r_1^2}{r}$$

ist. Wenn unter übrigens gegebenen Umständen p von Null an wächst, so tritt zunächst nur eine zunehmende Ungleichheit der Pressungen in den verschiedenen Punkten der Querschnitte ein bis bei einem gewissen Werthe von p eine der beiden Grössen σ_a', σ_b' positiv und somit eine Spannung im engeren Sinne wird. Bei weiter wachsender Grösse von p nimmt dann der echte Bruch $\frac{max\ \sigma'}{max\ \sigma''}$ mehr und mehr zu, und es sei die Frage, wie gross höchstens p sein darf, wenn $max\ \sigma''$ wenigstens $= 2\, max\ \sigma'$ bleiben soll?

Unter der Voraussetzung, dass

$$p > \frac{9}{4}\frac{r^2+r_1^2}{r},\quad \text{also } max\ \sigma' = \sigma_a'$$

ist, findet man entsprechend der Forderung $max\ \sigma'' = 2\, max\ \sigma'$:

$$p = \frac{27}{20}\frac{P+Q}{P}\frac{r^2+r_1^2}{r},$$

welcher Ausdruck aber nur dann in der That $> \frac{9}{4}\frac{r^2+r_1^2}{r}$ ist, wenn $Q > \frac{2}{3}P$ ist. Anderen Falles wäre $max\ \sigma' = \sigma_b'$ und ergäbe sich gemäss der Forderung $max\ \sigma'' = 2\, max\ \sigma'$:

$$p = \frac{3}{4}\frac{P+3Q}{P}\frac{r^2+r_1^2}{r}.$$

Ist z. B. im ersten Falle $r_1 = \frac{2}{3}r$, so ergiebt sich

$$\frac{p}{r} = \frac{39}{20}\frac{P+Q}{P} = 3{,}9 \qquad 5{,}85 \qquad 7{,}8$$

$$\text{für } \frac{Q}{P} = 1 \qquad 2 \qquad 3$$

111. — Die den vorhergehenden Aufgaben zu Grunde liegende Annahme, die Ordinaten y der elastischen Linie seien sehr klein im Vergleich mit der Excentricität p der Kraft P, kann am ehesten im Falle von Nr. 105 u. U. unzulässig sein, d. h. bei excentrischer Belastung am freien Ende B des am anderen Ende A befestigten Stabes. Für diesen Fall werde jetzt angenommen, die Durchbiegung δ bei B (der Absolutwerth der Ordinate y des Punktes B der elastischen Linie) sei nicht sehr klein im Vergleich mit der Excentricität $p = BD$. Dabei verhalten sich die beiden durch Fig. 37 dargestellten Fälle verschieden: siehe Fig. 39.

Fig. 39.

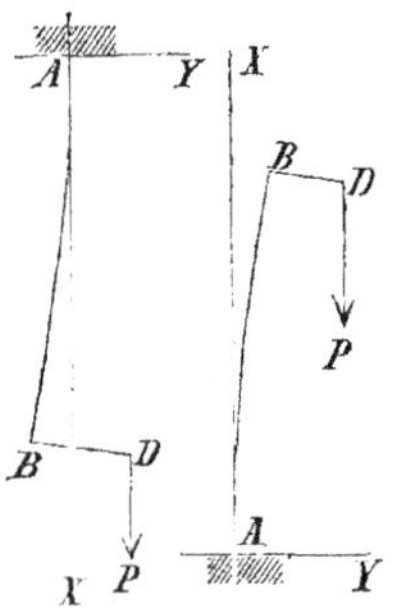

Wirkt P als Zug, so findet eine solche Biegung statt, dass M von B nach A abnimmt; der grösste und deshalb maassgebende Werth von M im Querschnitte bei B ist aber ebenso gross, als ob δ verschwindend klein wäre, nämlich $= Pp$, sofern der Unterschied zwischen der Strecke $BD = p$ und ihrer Projection auf AY als eine im Vergleich mit p kleine Grösse zweiter Ordnung vernachlässigt wird. Mit solcher Annäherung sind also auch die Maximalwerthe von σ' und σ'' den in Nr. 105 als für alle Querschnitte gültig angeführten gleich, so dass eine weitere Untersuchung dieses Falles ohne näher liegendes Interesse ist.

Wirkt aber P als Druck, so nimmt M von B nach A zu, und es ist hier

$$max\, M = P(p + \delta),$$

ein Ausdruck, dessen Werthbestimmung die Kenntniss der Gleichung der elastischen Linie erfordert. Aus der Momentengleichung

$$EJ\frac{d^2y}{dx^2} = P(p + \delta - y)$$

folgt aber mit $a^2 = \frac{P}{EJ}$ und $z = y - p - \delta$

$$\frac{d^2z}{dx^2} = \frac{d^2y}{dx^2} = -a^2z$$

mit dem allgemeinen Integral:

$$z = y - p - \delta = A \sin(ax) + B \cos(ax),$$

unter A und B Constante verstanden, die gemäss den zusammengehörigen Werthen

$$x = 0,\ y = 0,\ \frac{dy}{dx} = 0$$

sich ergeben: $\quad A = 0,\ B = -p - \delta.$

Somit ist

$$\frac{y}{p + \delta} = 1 - \cos(ax) \quad \ldots\ldots \quad (279),$$

daraus mit $x = l,\ y = \delta$:

$$\frac{\delta}{p+\delta}=1-\cos(al) \text{ oder } \frac{p}{p+\delta}=\cos(al) \quad . \quad (280)$$

und die Gleichung der elastischen Linie:

$$\frac{y}{p}=\frac{1-\cos(ax)}{\cos(al)} \quad . \; . \; . \; . \; . \; . \; . \quad (281).$$

Nach Gleichung (280) ist nun $max\, M=P(p+\delta)=\frac{Pp}{\cos(al)}$ und damit nach Gleichung (249):

$$max\,\sigma'=\left(\frac{pe'}{J\cos(al)}-\frac{1}{F}\right)P;\; max\,\sigma''=\left(\frac{pe''}{J\cos(al)}+\frac{1}{F}\right)P \quad (282).$$

Wenn unter übrigens gegebenen Umständen P oder eine Querschnittsdimension so bestimmt werden soll, dass σ' höchstens $=k'$, σ'' höchstens $=k''$ ist, so kann die gesuchte Grösse, da sie zugleich im Ausdrucke von a vorkommt, nicht als geschlossener Ausdruck entwickelt, sondern nur durch allmähliche Näherung oder durch Probiren gefunden werden. Wird insbesondere die zulässige Belastung P gesucht, so ergiebt sich mit $J=Ff^2$ ein erster Näherungswerth P_1, indem man $\cos(al)=1$ entsprechend $a=0$ setzt, $=$ dem kleineren der beiden Werthe

$$\frac{k'J}{pe'-f^2} \text{ und } \frac{k''J}{pe''+f^2}$$

übereinstimmend mit Gleichung (262), dann ein zweiter, dritter u. s. f.:

$$P_2 \lesseqgtr \frac{k'J}{\frac{pe'}{\cos(a_1 l)}-f^2} \text{ und } \lesseqgtr \frac{k''J}{\frac{pe''}{\cos(a_1 l)}+f^2} \text{ mit } a_1=\sqrt{\frac{P_1}{EJ}}$$

$$P_3 \lesseqgtr \frac{k'J}{\frac{pe'}{\cos(a_2 l)}-f^2} \text{ und } \lesseqgtr \frac{k''J}{\frac{pe''}{\cos(a_2 l)}+f^2} \text{ mit } a_2=\sqrt{\frac{P_2}{EJ}}$$

u. s. f. bis die immer kleiner werdenden Differenzen der auf einander folgenden Näherungswerthe den zuletzt gefundenen als hinlänglich zutreffend erscheinen lassen. Aus

$$a_1=\sqrt{\frac{P_1}{EJ}} \lesseqgtr \sqrt{\frac{k'}{E}\,\frac{1}{pe'-f^2}} \text{ und } \lesseqgtr \sqrt{\frac{k''}{E}\,\frac{1}{pe''+f^2}}$$

ist ersichtlich, dass $\cos(al)$ um so kleiner, die Rechnung nach Gleichung (262) also um so mehr correctionsbedürftig ist, je grösser die Länge im Vergleich mit der Dicke des Stabes und mit p ist. Uebrigens kann bei dieser Rechnung offenbar $max\,\sigma'$ ganz ausser Betracht bleiben und $max\,\sigma''=k''$ gesetzt werden, wenn $k'>k''$ oder nicht viel $<k''$ gegeben ist. —

Ein unten befestigter verticaler hölzerner Pfosten von quadratischem Querschnitte $\left(e'=e''=e,\; F=4e^2,\; J=\frac{4}{3}e^4,\; f^2=\frac{1}{3}e^2\right)$, dessen Höhe $=$ der 20fachen Dicke ($l=40e$) ist, sei z. B. an einer Kante der oberen freien Endfläche belastet ($p=e$); die Grösse dieser Belastung P, welche der Forderung $k''=60$ (Kgr. pro Quadratcentim.) entspricht, während $k' > k''$ nicht in Betracht kommt, ergiebt sich dann bei der Annahme $E = 120000$ (Kgr. pro Quadratcentim.) aus Gleichung (282):

$$\frac{P}{F} = \frac{k''}{\frac{pe}{f^2 \cos(al)} + 1} = \frac{60}{3 \sec\left(l \sqrt{\frac{P}{120000\, F \frac{e^2}{3}}}\right) + 1}$$

$$= \frac{60}{3 \sec\left(\frac{1}{5}\sqrt{\frac{P}{F}}\right) + 1}.$$

Setzt man diesen Ausdruck von $\frac{P}{F}$, der selbst eine Function von $\frac{P}{F}$ ist, $= f\left(\frac{P}{F}\right)$, so findet man

$$\frac{P_1}{F} = f(0) = 15; \quad \frac{P_2}{F} = f\left(\frac{P_1}{F}\right) = 11{,}54$$

$$\frac{P_3}{F} = f\left(\frac{P_2}{F}\right) = 12{,}35; \quad \frac{P_4}{F} = f\left(\frac{P_3}{F}\right) = 12{,}17$$

$$\frac{P_5}{F} = f\left(\frac{P_4}{F}\right) = 12{,}21$$

und kann danach schliesslich $P = 12{,}2\, F$ Kgr. gesetzt werden, unter F den Querschnitt des Pfostens in Quadratcentimetern verstanden. Die zulässige Belastung beträgt hier also nur $\frac{1220}{15} = 81$ % derjenigen, die sich aus Gleichung (262) ergeben hätte. Die Durchbiegung bei B ergiebt sich aus Gleichung (280):

$$\delta = [\sec(al) - 1]\, p = 0{,}305\, p = 0{,}305\, e.$$

b. Inanspruchnahme eines geraden Stabes auf Knickung.

112. — Wenn ein gerader Stab in den Endpunkten A, B seiner Mittellinie von zwei gleichen und entgegengesetzt gerichteten Kräften P auf Druck in Anspruch genommen wird, so ist zwar an und für sich kein Grund vorhanden, weshalb er eine andere Deformation, als eine blosse Zusammendrückung bei gerade bleibender Mittellinie erfahren sollte; allein es kann bei verhältnissmässig grosser Länge des Stabes und starker Belastung jener Gleichgewichtszustand ein der Art labiler sein, dass durch den geringsten zufälligen Umstand, z. B. durch einen zufälligen Seitendruck oder wegen mangelhafter Homogenität des Materials eine Biegung eintritt, wodurch neue Spannungen und Pressungen verursacht werden, die mit den im Querschnitte gleichförmig vertheilten Pressungen $= \frac{P}{F}$ sich combiniren. Man sagt dann, der Stab werde auf Knickung in Anspruch genommen, er werde zerknickt, falls diese Inanspruchnahme die Trennung seiner Theile zur Folge hat.

Ist dabei der einstweilen als prismatisch vorausgesetzte Stab am einen Ende A eingeklemmt und übrigens frei, so ist dieser Fall als Grenzfall des in Nr. 111 untersuchten zu betrachten, entsprechend dem Uebergange von p in die Grenze Null, während δ eine endliche Grösse behält; die bei A angreifende Kraft P ist die Reaction der Längsstützung, deren Verbindung mit Einklemmung bei A identisch mit Befestigung des Stabes daselbst ist. Indem aber aus Gleichung (280) mit $p = 0$, $\delta > 0$ sich $\cos(al) = 0$ ergiebt, erhält man nach Gleich. (282):

$$max\,\sigma' = \left(\frac{e'}{J}\frac{0}{0} - \frac{1}{F}\right)P; \quad max\,\sigma'' = \left(\frac{e''}{J}\frac{0}{0} + \frac{1}{F}\right)P,$$

also unbestimmte Werthe, woraus zu schliessen ist, dass, wenn gemäss den Verhältnissen das Gleichgewicht bei gekrümmter Mittellinie überhaupt möglich ist, dasselbe bei jedem Werthe von δ stattfinden kann, so dass man keine Sicherheit dafür haben würde, dass die Biegung und die entsprechenden Spannungen nicht anwachsen bis sie den Bruch des Stabes durch Zerknickung herbeiführen. Um diese Gefahr zu vermeiden, ist also P kleiner zu wählen, als der kleinste Werth, bei dem irgend eine noch so kleine Biegung überhaupt bestehen, d. h. wodurch $\cos(al) = 0$ werden kann; dieser Werth folgt aus

$$al = l\sqrt{\frac{P}{EJ}} = \frac{\pi}{2} \quad \text{zu} \quad P = \frac{\pi^2}{4}\frac{EJ}{l^2} \quad . \quad . \quad . \quad (283)$$

und wird sonach als diejenige Kraft betrachtet, durch die der Stab zwar nicht zerknickt werden muss, aber doch bei der geringsten Zufälligkeit zerknickt werden kann.

In Ermangelung einer hier a priori gegebenen Kraft- und Biegungsebene ist natürlich anzunehmen, dass die Biegung in dem Sinne eintritt, für den der Widerstand dagegen am kleinsten ist; J bedeutet also hier das kleinste Trägheitsmoment des Querschnittes für irgend eine Biegungsaxe.

113. — Der aus Gleichung (280) mit $p = 0$, $\delta > 0$ folgenden Bedingung $\cos(al) = 0$ kann auch genügt werden durch:

$$al = l\sqrt{\frac{P}{EJ}} = 3\,\frac{\pi}{2} \qquad 5\,\frac{\pi}{2}\ .\ .\ .$$

$$\text{also } P = 9\,\frac{\pi^2}{4}\frac{EJ}{l^2} \qquad 25\,\frac{\pi^2}{4}\frac{EJ}{l^2}\ .\ .\ .$$

Fig. 40.

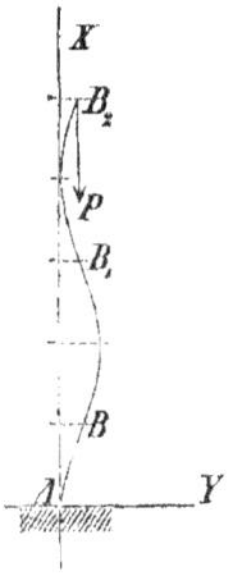

entsprechend dem Umstande, dass die elastische Linie gemäss ihrer Gleichung (279)

$$y = \delta\,[1 - \cos(ax)]$$

im Allgemeinen eine Wellenlinie sein kann (Fig. 40), die aus gleichen Stücken wie AB von der Länge $\frac{\pi}{2}\frac{1}{a}$ besteht, und deren Ordinate $y = \delta$ ist nicht nur im Punkte B $\left(ax = \frac{\pi}{2}\right)$, sondern auch im Punkte B_1 $\left(ax = 3\,\frac{\pi}{2}\right)$, in B_2 $\left(ax = 5\,\frac{\pi}{2}\right)$ . . . , während sie dazwischen abwechselungsweise $= 0$

und $= 2\delta$ ist. Im Falle des einerseits freien Stabes ist freilich eine solche weniger einfache und eine grössere Kraft erfordernde Biegung, entsprechend einer von A bis B_1 oder bis B_2 . . (Fig. 40) reichenden elastischen Linie, bei dauernder Belastung nicht (höchstens vorübergehend bei stossweiser Belastung) anzunehmen; dagegen führt diese Betrachtung zum Ausdrucke für die Bruchbelastung P bei anderen Stützungsarten des Stabes.

Ist insbesondere der Stab an beiden Enden gestützt, so dass die elastische Linie in ihren Endpunkten A, B beliebige Neigungen gegen die Gerade AB (die zusammenfallenden Richtungslinien der in A und B angreifenden Kräfte P) annehmen kann (z. B. eine Koppelstange, beiderseits um Zapfen drehbar, bei ihrer Inanspruchnahme auf Druck), so entspricht bei einfachster Biegungsart die elastische Linie einem der Stücke BB_1, B_1B_2 . . . der Curve, Fig. 40, verhält sich also jede Hälfte des Stabes ebenso wie der ganze Stab im vorigen Falle, so dass, wenn mit l immer die ganze Stablänge bezeichnet wird, die Zerknickung nach Gleichung (283) erfolgen kann durch die Kraft:

$$P = \frac{\pi^2}{4} \frac{EJ}{\left(\frac{1}{2} l\right)^2} = \pi^2 \frac{EJ}{l^2} \quad . \quad . \quad . \quad . \quad (284).$$

Ist der Stab an beiden Enden eingeklemmt, so dass die elastische Linie in ihren Endpunkten A, B von der Geraden AB (den zusammenfallenden Richtungslinien der Kräfte P) berührt wird (z. B. eine Säule, die beiderseits mit ebenen Endflächen entsprechende Flächen von unveränderlicher Richtung berührt), so stimmt bei der einfachst möglichen Biegungsweise die elastische Linie überein mit dem Curvenstücke (Fig. 40), das von A bis zum folgenden Berührungspunkte der Axe AX reicht, verhält sich also ein Viertel des Stabes wie der ganze Stab im ersten Falle, und ist nach Gleichung (283) die Kraft, wodurch der Stab zerknickt werden kann:

$$P = \frac{\pi^2}{4} \frac{EJ}{\left(\frac{1}{4} l\right)^2} = 4\pi^2 \frac{EJ}{l^2} \quad . \quad . \quad . \quad (285).$$

114. — Die betrachteten Stützungsarten des Stabes, die zu den Ausdrücken (283)—(285) für die Bruchbelastung P geführt haben, entsprechen den in Nr. 104 unter 1), 2) und 4) für den Fall der excentrischen Zug- oder Druckbelastung angeführten. Gemäss der dort unter 3) bemerkten Stützungsart kann es nun auch hier noch der Fall sein, dass der Stab einerseits eingeklemmt, andererseits gestützt ist, so dass die elastische Linie und die Verbindungsgerade AB ihrer Endpunkte sich bei A berühren, bei B dagegen eine beliebige Neigung gegen einander annehmen können. Die einfachste, also wahrscheinlichste und gefährlichste Biegung für diesen Fall zeigt Fig. 41; sie ist, weil ausserhalb AX ein durch $M = 0$ charakterisirter Wendepunkt C liegen muss, nur dadurch möglich, dass das

Fig. 41.

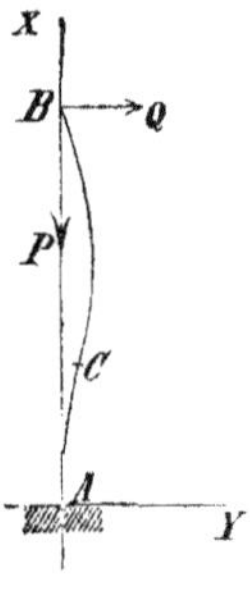

Stabende B durch eine Führung in AX zu bleiben gezwungen wird. Dadurch wird ein gewisser Seitendruck Q der Führung als mitbestimmend für die Werthe von M in den verschiedenen Querschnitten des Stabes eingeführt, welcher sonach an die Stelle der Unbekannten δ des Fundamentalfalles (Nr. 112) und der daraus abgeleiteten Fälle tritt und, ebenso wie dort δ, nur mit Hülfe der elastischen Linie, wenn überhaupt, bestimmt werden kann. Die Differentialgleichung der letzteren ist aber:

$$EJ\frac{d^2y}{dx^2} = -Py + Q(l-x)$$

oder $\frac{d^2y}{dx^2} = -a^2y + b^2(l-x)$ mit $a^2 = \frac{P}{EJ}$, $b^2 = \frac{Q}{EJ}$,

woraus mit $\frac{d^2y}{dx^2} = z$ folgt:

$$\frac{d^2z}{dx^2} = -a^2\frac{d^2y}{dx^2} = -a^2z,$$

also, unter A und B Constante verstanden,

$$z = -a^2y + b^2(l-x) = A\sin(ax) + B\cos(ax)$$

$$-a^2\frac{dy}{dx} - b^2 = Aa\cos(ax) - Ba\sin(ax).$$

Die Integrationsconstanten A, B und die Unbekannte b^2 sind an die folgenden zusammengehörigen Werthe und entsprechenden Gleichungen gebunden:

$$x=0,\quad y=0;\qquad b^2l = B$$

$$x=0,\quad \frac{dy}{dx}=0;\qquad -b^2 = Aa$$

$$x=l,\quad y=0;\qquad 0 = A\sin(al) + B\cos(al).$$

Aus den zwei ersten dieser Gleichungen folgt $\frac{B}{A} = -al$, aus der dritten: $\frac{B}{A} = -tg(al)$, so dass die Gleichung

$$al = tg(al) \text{ mit } a = \sqrt{\frac{P}{EJ}} \quad \ldots \ldots \quad (286)$$

durch die gegebenen Grössen erfüllt sein muss, wenn jene drei Gleichungen zusammen bestehen, der vorausgesetzte Gleichgewichtszustand möglich sein soll, während, wenn es der Fall ist, dadurch nur die Verhältnisse, nicht die Absolutwerthe von A, B, b^2 bestimmt sind, mit b^2 oder Q also auch die Spannungsmomente der Querschnitte unbestimmt bleiben. Analog der Schlussfolgerung in Nr. 112 ist daraus zu schliessen, dass der kleinste Werth von P, welcher der Gleichung (286) entspricht, die Zerknickung des Stabes herbeiführen kann. Indem aber der kleinste Winkel nächst Null, dessen Tangente ihm selbst (in Bogenmaass ausgedrückt) gleich ist, in Gradmaass $257^0\ 27'\ 12''$ beträgt $= 4{,}4934$ in Bogenmaass, ergiebt sich aus

$$al = l\sqrt{\frac{P}{EJ}} = 4{,}4934 \; : \; P = 20{,}19\,\frac{EJ}{l^2} = 2{,}046\,\pi^2\,\frac{EJ}{l^2} \quad (287),$$

ein Werth, der zwischen den durch die Gleichungen (284) und (285) bestimmten enthalten ist, wie zu erwarten war.

115. — Das Ergebniss der vorhergehenden Untersuchungen, dass in allen Fällen erst bei bestimmter Grösse der äusseren Kraft P irgend eine Biegung des Stabes möglich wird, dass aber, wenn P diesen Werth hat, die Grösse der Biegung unbestimmt bleibt, erscheint so auffallend, dass es von Interesse ist, zu prüfen, ob und inwiefern dieses Ergebniss etwa nur von den Ungenauigkeiten der Entwickelung herrührt. Es werde dabei der Fundamentalfall (Nr. 112) des einerseits eingeklemmten und übrigens freien Stabes vorausgesetzt (Fig. 42).

Fig. 42.

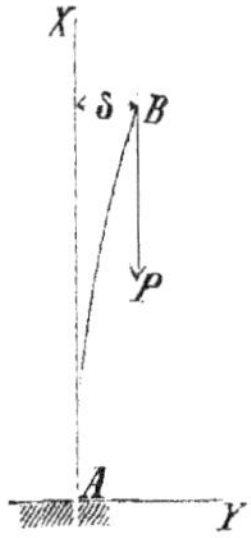

Ungenau war aber jene Entwickelung zunächst insofern, als sie von der Momentengleichung

$$\frac{EJ}{\varrho} = M \text{ (Gleichung 81, Nr. 40)}$$

ausging, die als Grundlage der Gesetze der Biegungselasticität gerader Stäbe aus dem allgemeinen Ausdrucke für die Dehnung in der Entfernung η von der Biegungsaxe:

$$\varepsilon = \varepsilon_0 + (1 + \varepsilon_0)\,\frac{\eta}{\varrho} \text{ (Gleichung 73, Nr. 36)}$$

dadurch hervorging, dass dafür näherungsweise

$$\varepsilon = \varepsilon_0 + \frac{\eta}{\varrho} \text{ (Gleichung 74)}$$

gesetzt wurde. Auf Grund des vollständigen Ausdrucks von ε ist die Momentengleichung:

$$\frac{EJ(1 + \varepsilon_0)}{\varrho} = M,$$

und werde sie in dieser Form zu Grunde gelegt, da die Dehnung ε_0 der Mittellinie hier nicht $= 0$, sondern $= -\dfrac{P}{EF}$ ist bei nach wie vor als gering vorausgesetzter Biegung des Stabes.

Bei der kleinen Grösse von ε_0 (jedenfalls $< 0{,}001$, meistens $< 0{,}0005$) ist freilich diese Correctur von ganz untergeordneter Bedeutung. Wesentlicher kann es sein, dass ferner zur Integration der Momentengleichung

$$\varrho = \frac{1}{y''} \text{ statt } \varrho = \frac{(1 + y'^2)^{\frac{3}{2}}}{y''}$$

gesetzt wurde, unter y' und y'' die Differentialquotienten $\dfrac{dy}{dx}$ und $\dfrac{d^2y}{dx^2}$ verstanden, und ergiebt sich mit dem vollständigen Ausdrucke von ϱ nunmehr die Momentengleichung:

$$EJ(1+\varepsilon_0)\frac{y''}{(1+y'^2)^{\frac{3}{2}}}=P(\delta-y)$$

oder mit $a^2=\dfrac{P}{EJ(1+\varepsilon_0)}$ und $z=y-\delta$, also $z'=y'$, $z''=y''$, unter z' und z'' die Differentialquotienten $\dfrac{dz}{dx}$ und $\dfrac{d^2z}{dx^2}$ verstanden:

$$\frac{z''}{(1+z'^2)^{\frac{3}{2}}}=-a^2z.$$

Durch Multiplication dieser Gleichung mit $2z'dx=2dz$ erhält sie die Form:

$$\frac{d(z'^2)}{(1+z'^2)^{\frac{3}{2}}}=(1+z'^2)^{-\frac{3}{2}}d(1+z'^2)=-a^2d(z^2),$$

woraus durch Integration sich ergiebt:

$$(1+z'^2)^{-\frac{1}{2}}=\frac{1}{2}a^2z^2+Const.$$

Die Constante entspricht den zusammengehörigen Werthen $y=0$, $y'=0$, also $z=-\delta$, $z'=0$, somit der Gleichung:

$$1=\frac{1}{2}a^2\delta^2+Const.,$$

woraus folgt:

$$1-(1+z'^2)^{-\frac{1}{2}}=\frac{1}{2}a^2(\delta^2-z^2)$$

$$1-\frac{1}{2}a^2(\delta^2-z^2)=\frac{1}{\sqrt{1+z'^2}}\quad\ldots\quad(288)$$

$$z'^2=\frac{1}{\left[1-\frac{1}{2}a^2(\delta^2-z^2)\right]^2}-1=\frac{\frac{1}{2}a^2(\delta^2-z^2)\left[2-\frac{1}{2}a^2(\delta^2-z^2)\right]}{\left[1-\frac{1}{2}a^2(\delta^2-z^2)\right]^2}$$

$$dx=\frac{1-\frac{1}{2}a^2(\delta^2-z^2)}{\sqrt{a^2(\delta^2-z^2)\left[1-\frac{1}{4}a^2(\delta^2-z^2)\right]}}dz.$$

Ist ferner s die Länge der elastischen Linie, also

$$s=l(1+\varepsilon_0),$$

unter l die ursprüngliche Stablänge verstanden, so ergiebt sich aus dem gefundenen Ausdrucke von dx und mit Rücksicht auf Gleichung (288):

$$ds=dx\sqrt{1+y'^2}=dx\sqrt{1+z'^2}$$

$$=\frac{dz}{\sqrt{a^2(\delta^2-z^2)\left[1-\frac{1}{4}a^2(\delta^2-z^2)\right]}}$$

oder mit
$$u = a^2(\delta^2 - z^2),$$
also $z^2 = \delta^2 - \frac{u}{a^2}$; $dz = -\frac{1}{2z}\frac{du}{a^2} = \frac{1}{2a}\frac{du}{\sqrt{a^2\delta^2 - u}}$,

da nämlich z negativ, also $az = -\sqrt{a^2z^2} = -\sqrt{a^2\delta^2 - u}$ ist,
$$ds = \frac{1}{2a}\frac{du}{\sqrt{u(a^2\delta^2 - u)\left(1 - \frac{1}{4}u\right)}}.$$

Behufs einer angenäherten Integration dieser Gleichung, deren genaues Integral zur Classe der elliptischen Functionen gehört, kann man bemerken, dass bei der hier als gering angenommenen Biegung des Stabes die eingeführte Variable u ein kleiner Bruch, nämlich nach Gleichung (288) von einerlei Grössenordnung mit $z'^2 = y'^2$, in erster Annäherung $= y'^2$ ist. Wenn man also
$$\frac{1}{\sqrt{1 - \frac{1}{4}u}} = \left(1 - \frac{1}{4}u\right)^{-\frac{1}{2}}$$
nach der binomischen Reihe entwickelt, so nehmen die Glieder sehr schnell ab, und ergiebt sich mit Rücksicht auf die zusammengehörigen Werthe
$$y = 0,\ z = -\delta,\ u = 0$$
$$y = \delta,\ z = 0,\quad u = a^2\delta^2$$
$$2as = 2al(1 + \varepsilon_0)$$
$$= \int_0^{a^2\delta^2} \frac{du}{\sqrt{a^2\delta^2u - u^2}}\left(1 + \frac{1}{2}\frac{u}{4} + \frac{1.3}{2.4}\left(\frac{u}{4}\right)^2 + \ldots\right).$$

Nach den bekannten Reductionsformeln:
$$X = a + bx + cx^2;\ \int\frac{x\,dx}{\sqrt{X}} = \frac{1}{c}\sqrt{X} - \frac{b}{2c}\int\frac{dx}{\sqrt{X}}$$
$$\int\frac{x^2\,dx}{\sqrt{X}} = \left(\frac{x}{2c} - \frac{3b}{4c^2}\right)\sqrt{X} + \frac{3b^2 - 4ac}{8c^2}\int\frac{dx}{\sqrt{X}} \quad \text{u. s. f.}$$
ist hier mit $a = 0$, $b = a^2\delta^2$, $c = -1$, $x = u$, $X = a^2\delta^2u - u^2 = U$ und mit Rücksicht darauf, dass $U = 0$ ist für $u = 0$ und für $u = a^2\delta^2$:
$$\int_0^{a^2\delta^2}\frac{u\,du}{\sqrt{U}} = \frac{1}{2}a^2\delta^2\int_0^{a^2\delta^2}\frac{du}{\sqrt{U}}$$
$$\int_0^{a^2\delta^2}\frac{u^2\,du}{\sqrt{U}} = \frac{1.3}{2.4}(a^2\delta^2)^2\int_0^{a^2\delta^2}\frac{du}{\sqrt{U}} \quad \text{u. s. f., also}$$
$$2al(1 + \varepsilon_0) = \left[1 + \left(\frac{1}{2}\right)^2\frac{a^2\delta^2}{4} + \left(\frac{1.3}{2.4}\right)^2\left(\frac{a^2\delta^2}{4}\right)^2 + \ldots\right]\int_0^{a^2\delta^2}\frac{du}{\sqrt{U}}$$
oder, da nach der bekannten Integralformel

$$\int \frac{dx}{\sqrt{a+bx-cx^2}} = Const. + \frac{1}{\sqrt{c}} \, arc\,sin \frac{2cx-b}{\sqrt{4ac+b^2}}$$

$$\int \frac{du}{\sqrt{a^2\delta^2 u - u^2}} = Const. + arc\,sin \frac{2u - a^2\delta^2}{a^2\delta^2},$$

$$\int_0^{a^2\delta^2} \frac{du}{\sqrt{a^2\delta^2 u - u^2}} = arc\,sin\,(1) - arc\,sin\,(-1) = \pi \text{ ist,}$$

$$\frac{2}{\pi} al(1+\varepsilon_0) = 1 + \left(\frac{1}{2}\right)^2 \frac{a^2\delta^2}{4} + \left(\frac{1\,.\,3}{2\,.\,4}\right)^2 \left(\frac{a^2\delta^2}{4}\right)^2 + \ldots \quad (289).$$

Wie schnell die Reihe bei mässiger Biegung des Stabes convergirt, ist danach zu beurtheilen, dass $a\delta$ nach Obigem der Werth von $\sqrt{u}$ für den Punkt B, also Näherungswerth von y' in diesem Punkte ist. Auch ist nach der Momentengleichung

$$\frac{EJ(1+\varepsilon_0)}{\varrho} = \frac{P}{a^2\varrho} = M$$

und da M für den Querschnitt bei $A = P\delta$ ist, $a^2\delta^2 = \dfrac{\delta}{\varrho}$, unter ϱ den Krümmungshalbmesser der elastischen Linie im Punkte A verstanden.

Bei verschwindend kleiner Durchbiegung δ ist nach Gleichung (289), wenn der entsprechende Werth von P mit P_0 bezeichnet wird,

$$\frac{2}{\pi} l(1+\varepsilon_0)\sqrt{\frac{P_0}{EJ(1+\varepsilon_0)}} = \frac{2}{\pi} l \sqrt{\frac{P_0}{EJ}\left(1 - \frac{P_0}{EF}\right)} = 1,$$

also in erster Annäherung: $P_0 = \dfrac{\pi^2}{4}\dfrac{EJ}{l^2}$,

in zweiter mit $J = Ff^2$: $P_0 = \dfrac{\pi^2}{4}\dfrac{EJ}{l^2}\left(1 + \dfrac{\pi^2}{4}\dfrac{f^2}{l^2}\right)$.

Hiernach war es zwar sehr angenähert richtig, die durch Gleichung (283) bestimmte Kraftgrösse als die kleinste zu bezeichnen, bei der eine Biegung des Stabes möglich zu werden anfängt; dagegen ist die Unbestimmtheit der Biegung durch die genauere Analyse beseitigt worden, da δ nach Gleichung (289) stetig zunimmt, wenn P über P_0 hinaus wächst. Gleiches gilt offenbar für die anderen Stützungsarten des Stabes.

116. — Bei den praktischen Anwendungen sind freilich die Verhältnisse meistens von solcher Art, dass P nur wenig grösser, als der ($\delta = 0$ entsprechende) Grenzwerth P_0 zu sein braucht, um eine unzulässige, nämlich solche Grösse der Durchbiegung δ zu bewirken, die eine übermässige Anstrengung oder gar die Zerknickung des Stabes zur Folge haben würde. Zunächst kann man nämlich bemerken, dass, da absolut genommen ε_0 jedenfalls kleiner, als die höchstens zulässige, in grösster Entfernung $= e$ von der Biegungsaxe stattfindende Dehnung, d. h. kleiner, als etwa $\dfrac{1}{2000}$ ist, mit praktisch unbedingt zulässiger Annäherung ε_0 gegen

1 vernachlässigt werden und somit Gleichung (289) in der Form geschrieben werden kann:

$$\frac{2}{\pi} l \sqrt{\frac{P}{EJ}} = 1 + \left(\frac{1}{2}\right)^2 \frac{P}{EJ} \frac{\delta^2}{4} + \left(\frac{1 \cdot 3}{2 \cdot 4}\right)^2 \left(\frac{P}{EJ} \frac{\delta^2}{4}\right)^2 + \cdots \quad (290).$$

Mit demselben Rechte aber, mit welchem ε_0 gegen 1 zu vernachlässigen war, kann in der Reihe auf der rechten Seite dieser Gleichung schon das zweite Glied vernachlässigt, somit für jeden Werth von δ

$$P = P_0 = \frac{\pi^2}{4} \frac{EJ}{l^2}$$

gesetzt werden, wenn (mit $J = Ff^2$):

$$\left(\frac{1}{2}\right)^2 \frac{P}{EJ} \frac{\delta^2}{4} = \frac{P}{EF} \left(\frac{\delta}{4f}\right)^2 = -\varepsilon_0 \left(\frac{\delta}{4f}\right)^2 \text{ absolut genommen} < \varepsilon_0 ,$$

d. h. wenn $\delta < 4f$ ist. Indem aber die höchstens zulässige Spannung k grösser, als die der Biegung des Stabes allein (ohne die gleichzeitige Inanspruchnahme auf Druck) entsprechende, d. h.

$$k > P\delta \frac{e}{J}$$

sein muss, und nach Gleichung (290) im Gleichgewichtszustande des gebogenen Stabes

$$P > \frac{\pi^2}{4} \frac{EJ}{l^2}$$

ist, so ist um so mehr:

$$k > \frac{\pi^2}{4} \frac{EJ}{l^2} \delta \frac{e}{J}, \text{ d. i.} > \frac{\pi^2}{4} E \frac{\delta e}{l^2}; \quad \delta < \frac{4}{\pi^2} \frac{k}{E} \frac{l^2}{e},$$

in der That also $\delta < 4f$, wenn

$$f > \frac{1}{\pi^2} \frac{k}{E} \frac{l^2}{e}; \quad \frac{l^2}{ef} < \pi^2 \frac{E}{k}$$

oder mit $\frac{E}{k} = 2000$ und π^2 nahe $= 10$, wenn

$$\frac{l^2}{ef} < 20000,$$

z. B. bei kreisförmigem Querschnitte $\left(\text{Radius} = e, \; J = \frac{\pi e^4}{4} = \frac{1}{4} Fe^2,\right.$ also $\left. f = \frac{1}{2} e\right)$, wenn $\frac{l}{e} < 100$ ist, eine verhältnissmässige Stablänge, wie sie bei den praktischen Anwendungen unter den vorausgesetzten Umständen in der That kaum je vorkommt. Bei den meisten anderen Querschnittsformen und bei anderen Stützungsarten des Stabes ergiebt sich dieses Grenzverhältniss noch grösser. —

Somit vermag auch die genaueste Analyse nicht zu hindern, dass die Theorie der Knickung insofern eine schwache Seite der praktischen Elasticitätslehre ist, als man darauf verzichten muss, der allgemeinen Forderung (Nr. 26) entsprechend hier die Verhältnisse so zu wählen, dass die Maximalwerthe von σ' und σ'' durch die Biegung des Stabes gegebenen Werthen

k' und k'' gleich werden, weil dann eine äusserst geringe Vergrösserung von P schon hinreichen würde, um σ' und σ'' bis zur Gefahr der Zerknickung zu steigern. Es bleibt nur übrig, die Verhältnisse so zu wählen, dass erst durch das $n$fache der gegebenen Kraft P die theoretische Möglichkeit irgend einer Biegung eintreten und damit die Gefahr der Zerknickung nahe rücken würde; die Wahl des Sicherheitscoefficienten n ist dabei der Willkür oder der Erfahrung anheimgegeben, indem er lediglich zufälligen oder einer rationellen Berücksichtigung sich entziehenden Umständen Rechnung zu tragen hat.

117. — Wenn die Kraft P, die der Theorie zufolge die Biegung des Stabes ermöglichen würde, grösser ist, als die einfache Druckfestigkeit $= K'' F$, so ist zu schliessen, dass thatsächlich die Biegung und die Zerknickung in Folge derselben nicht eintreten könne, weil zuvor schon der Stab durch gleichförmige Compression zerdrückt wäre. Der Grenze zwischen beiden Fällen, d. h. dem Uebergange von der einfachen Druck- zur Zerknickungsfestigkeit entspricht ein gewisses Verhältniss der Länge zur Dicke des Stabes, das vom Material, von der Form des Querschnittes und von der Stützungsart des Stabes abhängt, indem es bestimmt ist durch die Gleichung:

$$K'' F = m \frac{EJ}{l^2},$$

worin für die unterschiedenen vier Stützungsarten beziehungsweise nach den Gleichungen (283), (284), (287) und (285):

$$m = \frac{\pi^2}{4} \qquad \pi^2 \qquad 2{,}046\,\pi^2 \qquad 4\pi^2$$

zu setzen ist, und woraus mit $J = Ff^2$ folgt:

$$\frac{l}{f} = \sqrt{m \frac{E}{K''}} \quad \ldots \ldots \quad (291).$$

Hiernach sollte die den Bruch des Stabes herbeiführende Belastung P, wenn unter übrigens unverändert bleibenden Umständen seine Länge l nach und nach grösser gewählt wird, bis zu dem durch Gleichung (291) bestimmten Grenzwerthe von l constant sein und dann erst plötzlich von l abhängig zu werden anfangen, nämlich bei weiter wachsender Länge stetig abnehmen. Durch die Erfahrung wird aber dieses Verhalten nicht bestätigt gefunden, zumeist wohl deshalb, weil in Folge der Unmöglichkeit, die Voraussetzungen der Knickungstheorie genau zu realisiren, die Gleichzeitigkeit der Inanspruchnahme auf Druck- und auf Biegungselasticität sich bei jeder Stablänge geltend macht. Man findet, dass die Bruchbelastung P beständig und stetig abnimmt, wenn das Längenverhältniss $\frac{l}{f}$ von Null an wächst, und entspricht es diesem Verhalten besser, sie für alle verhältnissmässigen Stablängen durch dieselbe Function auszudrücken, die so beschaffen sein muss, dass ihr Werth immer kleiner, als $K'' F$ und als

$m\frac{EJ}{l^2}$ ist, diesen Werthen aber sich als Grenzen nähert, wenn $\frac{l}{f}$ ohne Ende ab- resp. zunimmt. Die einfachste solche Function ist:

$$P = \frac{K''F \cdot m\frac{EJ}{l^2}}{K''F + m\frac{EJ}{l^2}} \quad . \quad . \quad . \quad . \quad . \quad (292).$$

Je kleiner l ist, desto mehr verschwindet im Nenner der erste gegen den zweiten Summand und nähert sich P der Grenze $K''F$; je grösser l ist, desto mehr verschwindet der zweite gegen den ersten Summand und nähert sich P der Grenze $m\frac{EJ}{l^2}$. Mag auch diese Formel die Bruchbelastung im Allgemeinen zu klein ergeben, besonders wenn die Umstände wenig von denen verschieden sind, für welche $K''F = m\frac{EJ}{l^2}$ ist, indem sie dann P nur $= \frac{1}{2}K''F = \frac{m}{2}\frac{EJ}{l^2}$ liefert, so hat das bei der Willkür in der Wahl des Sicherheitscoefficienten n kaum einen Nachtheil, da dieser nur entsprechend kleiner genommen zu werden braucht, als es sonst nöthig wäre.

Versuche über die Zerknickungsfestigkeit gerader Stäbe hat vorzugsweise Hodgkinson angestellt und die Resultate derselben durch besondere empirische Formeln für verschiedene Querschnittsformen (Kreis, kreisförmige Ringfläche, Quadrat), Materialien (Gusseisen, Schmiedeisen, Holz) und Stützungsarten ausgedrückt. Auch die allgemeine empirische Formel (292) befindet sich in genügender Uebereinstimmung mit diesen Versuchen, während der Ausdruck $m\frac{EJ}{l^2}$ mit dem theoretisch ermittelten Werthe von m die Bruchbelastung stets zu gross ergiebt.

118. — Es handle sich z. B. um eine Schubstange mit kreisförmigem Querschnitte, die bei der Länge l den Druck P von einem zum anderen der an den Enden von ihr umschlossenen Zapfen zu übertragen hat, wie etwa die Koppel eines Schubkurbelmechanismus bei ihrer periodischen Inanspruchnahme auf Druck. Soll ihre Dicke d so bestimmt werden, dass sie voraussichtlich erst durch den Druck nP zerknickt werden würde, so kann nach Gleichung (292) gesetzt werden:

$$nP = \frac{K''F \cdot \pi^2\frac{EJ}{l^2}}{K''F + \pi^2\frac{EJ}{l^2}} \text{ nahe} = \frac{K''F \cdot 10\frac{EJ}{l^2}}{K''F + 10\frac{EJ}{l^2}}$$

und folgt daraus mit $F = \frac{\pi d^2}{4}$, $J = \frac{\pi d^4}{64}$:

$$d^4 = \frac{32n}{5E\pi}P\left(l^2 + \frac{5E}{8K''}d^2\right) \quad . \quad . \quad . \quad . \quad (293),$$

wonach unter übrigens gegebenen Umständen d^2 als Wurzel einer quadratischen Gleichung zu berechnen ist.

Setzt man insbesondere für Schmiedeisen, für das Millimeter als Längeneinheit und für fünffache Sicherheit gegen Zerknickung:

$$E = 20000, \quad K'' = 35, \quad n = 5,$$

so wird:

$$d^4 = 0{,}0005093\,P(l^2 + 357\,d^2) \quad . \quad . \quad . \quad (294).$$

Wird auf der rechten Seite dieser Gleichung für d der Mittelwerth $\frac{l}{20}$ gesetzt, so ergiebt sich als erste Annäherung:

$$d^4 = 0{,}000964\,Pl^2;\ \text{daraus:}\ 357\,d^2 = 11\,l\sqrt{P}$$

und durch Einsetzung in Gleichung (294) als zweite Annäherung:

$$d = 0{,}15\sqrt[4]{Pl\,(l + 11\sqrt{P})} \quad . \quad . \quad . \quad . \quad (295).$$

119. — Wenn die in voriger Nummer als prismatisch vorausgesetzte Schubstange durch die Kraft

$$\frac{K''F\,.\,\pi^2\dfrac{EJ}{l^2}}{K''F + \pi^2\dfrac{EJ}{l^2}}$$

zerdrückt wird, so erfolgt der Bruch im mittleren Querschnitte, für den das auf Biegung wirkende Kraftmoment am grössten ist; nach den Enden hin nimmt dieses Moment stetig ab, und würde in den Endquerschnitten selbst erst durch eine Kraft $= K''F$ die Stange zerstört, nämlich einfach zerdrückt werden. Zu vollkommenerer Ausnutzung der Widerstandsfähigkeit des Materials ist es unter diesen Umständen angemessen, den Durchmesser $d = 2r$ der Stange, wie üblich, von $d_0 = 2r_0$ in der Mitte bis zu einem gewissen Betrage $d_1 = 2r_1$ an den Enden abnehmen zu lassen. Wenn dann auch im Uebrigen das Gesetz der Abnahme von r mit der Entfernung x vom mittleren Querschnitte willkürlich angenommen werden mag, so, dass, wie üblich, $\frac{dr}{dx} = 0$ ist für $x = 0$ und absolut genommen mit wachsendem x stetig zunimmt, so ist es doch von Interesse, das Verjüngungsverhältniss $\frac{r_1}{r_0} = \frac{d_1}{d_0}$ selbst möglichst so zu bestimmen, dass die Zerknickungsgefahr in der Mitte der Zerdrückungsgefahr an den Enden gleich ist. Mit Rücksicht darauf, dass der theoretische Ausdruck $\pi^2\frac{EJ}{l^2}$ der Zerknickungskraft wesentlich auf der Voraussetzung einer prismatischen Körperform beruht, der Factor π^2 folglich hier durch eine gewisse Function $\varphi\left(\frac{r_1}{r_0}\right)$ des Verjüngungsverhältnisses wird ersetzt werden müssen, die für $\frac{r_1}{r_0} = 1$

den Werth π^2 annimmt, wird jene Forderung ausgedrückt durch die Gleichung:

$$\frac{K'' F_0 \cdot \varphi\left(\frac{r_1}{r_0}\right) \frac{E J_0}{l^2}}{K'' F_0 + \varphi\left(\frac{r_1}{r_0}\right) \frac{E J_0}{l^2}} = K'' F_1 \quad . \quad . \quad . \quad (296),$$

unter F_0 und J_0 die $r = r_0$, unter F_1 und J_1 die $r = r_1$ entsprechenden Werthe von F und J verstanden.

Zur Bestimmung der Function $\varphi\left(\frac{r_1}{r_0}\right)$ werde mit Rücksicht auf das Coordinatensystem von Fig. 42, worin $AB = \frac{l}{2}$ die Hälfte der elastischen Linie und die x-Axe Tangente derselben in A sei,

$$J = J_0 (1 - my)^n, \text{ also } r = r_0 (1 - my)^{\frac{n}{4}} \quad . \quad (297)$$

angenommen, unter m und n positive Constante verstanden. Es ist dann

$$-\frac{dr}{dx} = r_0 \frac{n}{4} (1 - my)^{\frac{n}{4} - 1} \cdot m \frac{dy}{dx},$$

und da für $x = 0$ auch $\frac{dy}{dx} = 0$ ist, mit wachsendem x aber y und $\frac{dy}{dx}$ zunehmen, so gilt dasselbe auch, wie verlangt wurde, von $\left(-\frac{dr}{dx}\right)$, falls $n \overline{\overline{<}} 4$ gesetzt wird. Aus der Momentengleichung

$$\frac{d^2 y}{dx^2} = \frac{P(\delta - y)}{EJ} = \frac{P(\delta - y)}{EJ_0 (1 - my)^n}$$

folgt nun mit $\frac{P}{EJ_0} = a^2$, $1 - my = z$, also $y = \frac{1 - z}{m}$:

$$-\frac{1}{m} \frac{d^2 z}{dx^2} = a^2 \frac{\delta - \frac{1 - z}{m}}{z^n}$$

$$\frac{d^2 z}{dx^2} = a^2 \frac{1 - m\delta - z}{z^n} = a^2 \frac{\alpha - z}{z^n} \text{ mit } \alpha = 1 - m\delta = \left(\frac{r_1}{r_0}\right)^{\frac{4}{n}}$$

nach Gleichung (297), und daraus durch Integration nach vorausgegangener Multiplication der Gleichung mit $2 \frac{dz}{dx} dx = 2 dz$ und mit Rücksicht darauf, dass für $y = 0$ und $\frac{dy}{dx} = 0$ auch $\frac{dz}{dx} = 0$, aber $z = 1$ ist,

$$\left(\frac{dz}{dx}\right)^2 = 2a^2 \int_1^z \frac{\alpha - z}{z^n} dz$$

$$= 2a^2 \left[-\frac{\alpha}{(n-1) z^{n-1}} + \frac{1}{(n-2) z^{n-2}} + \frac{\alpha}{n-1} - \frac{1}{n-2} \right],$$

vorausgesetzt dass n weder $= 1$ noch $= 2$ ist. Wird deshalb die nächsteinfache Annahme $n = 3$ gemacht, so folgt:

$$\left(\frac{dz}{dx}\right)^2 = 2a^2\left(-\frac{\alpha}{2z^2}+\frac{1}{z}+\frac{\alpha}{2}-1\right) = \frac{a^2}{z^2}[-\alpha+2z-(2-\alpha)z^2]$$

und daraus mit Rücksicht darauf, dass $z = 1 - my$ mit wachsendem x von 1 bis α abnimmt:

$$dx = \frac{1}{a}\frac{-z\,dz}{\sqrt{-\alpha+2z-(2-\alpha)z^2}}$$

$$\frac{l}{2} = \frac{1}{a}\int_\alpha^1 \frac{z\,dz}{\sqrt{Z}} \quad \text{mit } Z = \sqrt{-\alpha+2z-(2-\alpha)z^2}.$$

Was die Ausführung dieser Integration betrifft, so kann man bemerken, dass mit

$$z = -\frac{1-(2-\alpha)z}{2-\alpha}+\frac{1}{2-\alpha} = \frac{1}{2-\alpha}\left(-\sqrt{Z}\frac{d\sqrt{Z}}{dz}+1\right)$$

$$\int\frac{z\,dz}{\sqrt{Z}} = \frac{1}{2-\alpha}\left(-\sqrt{Z}+\int\frac{dz}{\sqrt{Z}}\right)$$

oder nach der schon in Nr. 115 citirten Integralformel (abgesehen von einem constanten Summanden):

$$\int\frac{dx}{\sqrt{a+bx-cx^2}} = \frac{1}{\sqrt{c}}\,arc\sin\frac{2cx-b}{\sqrt{4ac+b^2}}$$

hier $$\int\frac{z\,dz}{\sqrt{Z}} = \frac{1}{2-\alpha}\left(-\sqrt{Z}+\frac{1}{\sqrt{2-\alpha}}\,arc\sin\frac{2(2-\alpha)z-2}{\sqrt{4-4\alpha(2-\alpha)}}\right)$$

$$= \frac{1}{2-\alpha}\left(-\sqrt{Z}+\frac{1}{\sqrt{2-\alpha}}\,arc\sin\frac{(2-\alpha)z-1}{1-\alpha}\right)$$

ist, und somit

$$la = 2\int_\alpha^1\frac{z\,dz}{\sqrt{Z}} = \frac{2}{2-\alpha}\left[\sqrt{\alpha-(2-\alpha)\alpha^2}+\frac{\frac{\pi}{2}-arc\sin\frac{-1+2\alpha-\alpha^2}{1-\alpha}}{\sqrt{2-\alpha}}\right]$$

$$l^2a^2 = l^2\frac{P}{EJ_0} = \left(\frac{2}{2-\alpha}\right)^2\cdot\left((1-\alpha)\sqrt{\alpha}+\frac{\frac{\pi}{2}+arc\sin(1-\alpha)}{\sqrt{2-\alpha}}\right)^2.$$

Diese Gleichung drückt die Bedingung dafür aus, dass die Kraft P das Gleichgewicht bei irgend einer kleinen Biegung der Mittellinie erhalten könne; indem aber dann die Grösse dieser Biegung, nämlich δ und überhaupt die irgend einem x entsprechende Ordinate y unbestimmt bleibt, weil m ein ganz unbestimmt gebliebener Coefficient ist, so muss wie früher geschlossen werden, dass jene Grösse von P auch schon genügt, um den Bruch durch Zerknickung herbeizuführen. Die theoretische Zerknickungskraft,

$$= \varphi\left(\frac{r_1}{r_0}\right)\frac{EJ_0}{l^2} \text{ nach Gleichung (296), ist also auch } = f(\alpha)\,\frac{EJ_0}{l^2}$$

$$\text{mit } f(\alpha) = \left(\frac{2}{2-\alpha}\right)^2 \left((1-\alpha)\sqrt{\alpha} + \frac{\frac{\pi}{2} + arc\,sin(1-\alpha)}{\sqrt{2-\alpha}}\right)^2 \quad . \quad (298),$$

$$\text{also } \varphi\left(\frac{r_1}{r_0}\right) = f(\alpha) \text{ mit } \alpha = \left(\frac{r_1}{r_0}\right)^{\frac{4}{3}} \quad . \quad . \quad . \quad (299).$$

Für $r_1 = r_0$, also $\alpha = 1$, wird $f(\alpha) = \pi^2$, wie es sein muss.

Hiernach kann nun die der Aufgabe entsprechende Gleichung (296) auch geschrieben werden:

$$\frac{1}{f(\alpha)} \frac{l^2}{EJ_0} + \frac{1}{K'' F_0} = \frac{1}{K'' F_1}$$

und folgt daraus mit $J_0 = F_0 \frac{r_0^{\,2}}{4} = F_0 \frac{d_0^{\,2}}{16}$:

$$\frac{F_0}{F_1} = 1 + \frac{16}{f(\alpha)} \frac{K''}{E} \left(\frac{l}{d_0}\right)^2$$

und mit $\frac{F_0}{F_1} = \left(\frac{r_0}{r_1}\right)^2 = \left(\frac{1}{\alpha}\right)^{\frac{3}{2}}$:

$$\left(\frac{l}{d_0}\right)^2 = \frac{1}{16} \frac{E}{K''} \left[\left(\frac{1}{\alpha}\right)^{\frac{3}{2}} - 1\right] f(\alpha) \quad . \quad . \quad . \quad (300).$$

Für eine s c h m i e d e i s e r n e S c h u b s t a n g e ergiebt sich daraus z. B. mit

$$\frac{E}{K''} = \frac{2000000}{3333} = 600$$

für $\alpha =$	1	0,9	0,8	0,7	0,6	0,5	0,4
$\frac{l}{d_0} =$	0	7,78	11,56	15,02	18,50	22,78	28,02
$\frac{d_1}{d_0} =$	1	0,924	0,846	0,765	0,682	0,595	0,503

und durch Interpolation:

für $\frac{l}{d_0} =$	10	15	20	25	30
$\frac{d_1}{d_0} =$	0,88	0,77	0,65	0,55	0,47

Ist d_0 anderweitig bestimmt, wird z. B. dieser grösste Durchmesser dem nach Nr. 118 zu berechnenden Werthe von d gleich oder nach Schätzung ein wenig grösser gesetzt, so findet man zu dem dadurch bestimmten Verhältnisse $\frac{l}{d_0}$ nach obiger Zusammenstellung durch Interpolation das Verjüngungsverhältniss $\frac{d_1}{d_0}$ und somit d_1.

Einfacher und zutreffender ist es indessen, den Durchmesser d_1 aus der Gleichung

$$nP = K''F_1; \quad d_1 = \sqrt{\frac{4nP}{\pi K''}} \quad . \quad . \quad . \quad . \quad (301)$$

zu berechnen, unter n hier einen Sicherheitscoefficienten gegen Zerdrückung verstanden, und dann dazu den Durchmesser d_0 mit Rücksicht auf die zusammengehörigen Werthe der Verhältnisse $\frac{l}{d_1}$ und $\frac{d_0}{d_1}$, die sich aus obiger Rechnung für die schmiedeiserne Schubstange wie folgt ergeben:

$\alpha = 1$	0,9	0,8	0,7	0,6	0,5	0,4
$\frac{l}{d_1} = 0$	8,42	13,66	19,63	27,13	38,29	55,71
$\frac{d_0}{d_1} = 1$	1,082	1,182	1,307	1,466	1,681	1,988

und daraus durch Interpolation:

$\frac{l}{d_1} = 10$	15	20	25	30	35	40	45	50	55
$\frac{d_0}{d_1} = 1{,}11$	1,21	1,31	1,42	1,52	1,62	1,71	1,80	1,89	1,98

Die Differenzen dieser Werthe von $\frac{d_0}{d_1}$ und $\frac{l}{d_1}$ sind einander so nahe proportional, dass mit hinlänglicher Annäherung

$$\frac{d_0}{d_1} = a + b\,\frac{l}{d_1}$$

gesetzt werden kann. Werden dabei die Coefficienten a, b aus den Gleichungen

$$a + 10b = 1{,}11 \text{ und } a + 50b = 1{,}89$$

abgeleitet, so ergiebt sich

$$d_0 = 0{,}915\,d_1 + 0{,}0195\,l \quad . \quad . \quad . \quad . \quad (302)$$

als zureichende Näherungsformel, falls l zwischen den Grenzen $10\,d_1$ und $60\,d_1$ enthalten ist. Dabei kann nach Gleichung (301) mit

$$\frac{4n}{\pi} = \frac{20}{3}, \text{ entsprechend } n = 5{,}24, \text{ und mit } K'' = 33\tfrac{1}{3}$$

$$d_1 = \sqrt{\frac{1}{5}P} \text{ Millim.}$$

gesetzt werden, falls P in Kgr. gegeben ist.

120. — Die Kuppelstange eines schnell gehenden Kurbelmechanismus kann übrigens ausser durch die ihrer Länge nach zu übertragende äussere Kraft P sehr wesentlich noch durch die Trägheitskraft angestrengt werden, mit der die Stangenmasse der periodischen Aenderung ihres Bewegungszustandes Widerstand leistet, sowie auch, falls der Mechanismus als Kurbelschubgetriebe zur Verwendung kommt, d. h. wenn die Bewegung (wie z. B. bei Sägegattern) von der Kurbel ausgeht, ausserdem durch den Trägheitswiderstand der mit dem geradlinig geführten Stangenende verbundenen hin und her gehenden Masse. Während dabei letzterer nur den längs der Stange wirksamen Zug oder Druck beeinflusst, wird sie durch ihre eigene träge Masse zugleich auf Biegung in Anspruch genommen, wie die folgende Betrachtung erkennen lässt. Es sei (Fig. 43)

Fig. 43.

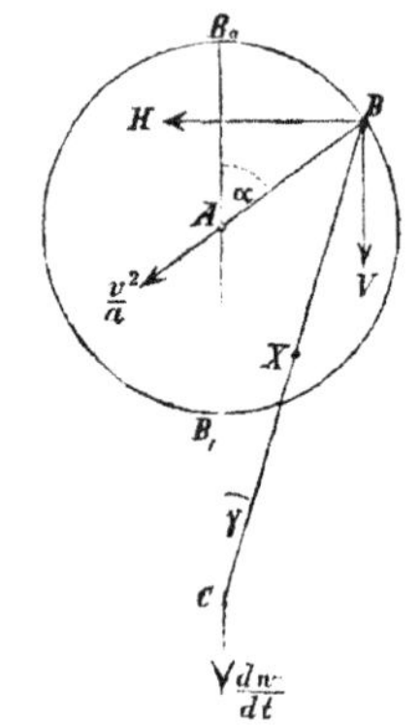

$AB = a$ die Kurbel, $BC = b$ die Kuppelstange, diese Längen a, b verstanden als Entfernungen der in den Punkten A, B, C der Figur sich projicirenden Axen der betreffenden Drehkörperpaare,

α der vom oberen Todpunkte B_0 aus gerechnete Drehungswinkel B_0AB der Kurbel,

γ der Winkel ACB,

v die als constant vorausgesetzte Geschwindigkeit des Punktes B,

w die Geschwindigkeit des Punktes C, also

$\frac{v^2}{a}$ die nach BA gerichtete Beschleunigung von B,

$\frac{dw}{dt}$ die nach AC gerichtete Beschleunigung von C (so dass ein negativer Werth von $\frac{dw}{dt}$ der Beschleunigungsrichtung CA entspricht).

Die Bewegung der Stange kann als zusammengesetzt betrachtet werden aus Schiebung längs AC und Drehung um C. Ersterer entspricht die Beschleunigung $\frac{dw}{dt}$ aller Punkte von BC im Sinne AC; letzterer entsprechen für den Punkt B die Beschleunigungen:

$$\frac{v^2}{a} \sin\alpha \text{ im Sinne } BH \text{ normal zu } AC, \text{ und}$$

$$\frac{v^2}{a} \cos\alpha - \frac{dw}{dt} \text{ im Sinne } BV \text{ parallel } AC,$$

für einen in der Entfernung x von C liegenden Punkt X der Geraden BC folglich Beschleunigungen, die im Verhältnisse $x:b$ kleiner sind, als jene für den Punkt B. Somit ist die normal zu BC gerichtete Beschleunigungscomponente dieses Punktes X

$$= \frac{x}{b}\left[\frac{v^2}{a} \sin\alpha \cos\gamma - \left(\frac{v^2}{a} \cos\alpha - \frac{dw}{dt}\right) \sin\gamma\right] - \frac{dw}{dt} \sin\gamma,$$

und ergiebt sich daraus die an dieser Stelle die Stange pro Längeneinheit auf Biegung in Anspruch nehmende Normalkraft p durch Multiplication mit der Masse der Stangenlänge $= 1$, d. h. mit $\frac{\gamma F}{g}$, unter g die Beschleunigung der Schwere, γ das specifische Gewicht, F den hier als constant vorausgesetzten Querschnitt der Stange verstanden. Nun ist (siehe: Grashof, theor. Maschinenlehre, Bd. II, § 40, Gl. 14 und 19)

$$\frac{dw}{dt} = \frac{v^2}{a} \frac{d}{d\alpha}\left(\frac{w}{v}\right) = \frac{v^2}{a}(\cos\alpha - \lambda \cos 2\alpha)$$

bei Vernachlässigung der Glieder mit den höheren Potenzen von $\lambda = \frac{a}{b}$,

also

$$p = \frac{\gamma F}{g} \frac{v^2}{a} \left[\frac{x}{b} (\sin\alpha \cos\gamma - \lambda \cos 2\alpha \sin\gamma) - (\cos\alpha - \lambda \cos 2\alpha) \sin\gamma \right],$$

und indem

$$\sin\gamma = \frac{a}{b} \sin\alpha = \lambda \sin\alpha, \quad \cos\gamma = \sqrt{1 - \lambda^2 \sin^2\alpha}$$

ist, ergiebt sich bei Vernachlässigung der Glieder mit λ^2:

$$p = \frac{\gamma F}{g} \frac{v^2}{a} \left(\frac{x}{b} - \lambda \cos\alpha \right) \sin\alpha \quad . \quad . \quad . \quad (303).$$

Dieser Ausdruck gilt für die Bewegung des Kurbelzapfens B von B_0 bis B_1; für die Bewegung von B_1 bis B_0, falls dann auch α vom unteren Todpunkte B_1 aus gerechnet wird, ist $-\lambda$ für λ zu setzen (Theoretische Maschinenlehre, Bd. II, § 40). Hier soll auch noch das Glied mit der ersten Potenz von λ vernachlässigt, also einfach

$$p = n \frac{x}{b} \sin\alpha \text{ mit } n = \frac{\gamma F}{g} \frac{v^2}{a}$$

gesetzt werden, wodurch selbst dann, wenn der echte Bruch λ nicht sehr klein (nicht kleiner, als etwa $\frac{1}{5}$) ist, doch nur ein sehr kleiner Fehler begangen wird, weil, wie sich weiterhin zeigt, die grösste Anstrengung der Stange in solchen Lagen stattfindet, für die der Winkel α wenig von 90^0 verschieden ist.

Indem hiernach p der Entfernung x von C proportional gesetzt wird, ergiebt sich der davon herrührende Druck auf die Verbindungsstelle bei C:

$$C = \frac{1}{3} \int_0^b p\,dx = \frac{1}{6} nb \sin\alpha$$

und damit das Spannungsmoment eines Querschnittes in der Entfernung y von C:

$$M = Cy - \int_0^y p\,dx\,(y - x) = \left(C - \int_0^y p\,dx \right) y + \int_0^y px\,dx$$

oder eines Querschnittes in der Entfernung x von C:

$$M = \left(C - \int_0^x p\,dx \right) x + \int_0^x px\,dx$$

$$= \left(\frac{1}{6} nb \sin\alpha - \frac{1}{2} n \frac{x^2}{b} \sin\alpha \right) x + \frac{1}{3} n \frac{x^3}{b} \sin\alpha$$

$$= \frac{1}{6} nb^2 \left(\frac{x}{b} - \frac{x^3}{b^3} \right) \sin\alpha = \frac{1}{6} \frac{\gamma F}{g} \frac{v^2}{a} b^2 (\xi - \xi^3) \sin\alpha$$

mit $\xi = \frac{x}{b}$. Diesem Spannungsmomente entspricht die grösste Spannung oder Pressung beiderseits in der grössten Entfernung e von der Biegungsaxe des betreffenden Querschnittes:

$$\sigma_1 = M\frac{c}{J} = M\frac{c}{Ff^2} = \frac{1}{6}\frac{\gamma}{g}\frac{v^2}{a}\frac{eb^2}{f^2}(\xi - \xi^3)\sin\alpha \quad . \quad (304).$$

Was den von der Trägheit herrührenden Zug oder Druck längs der Kuppelstange betrifft, so sind die beiden Fälle zu unterscheiden, ob der Mechanismus als Schubkurbelgetriebe oder als Kurbelschubgetriebe zur Verwendung kommt, d. h. ob der Antrieb zur Bewegung vom Schieber C oder von der Kurbel AB ausgeht. Im ersten Falle, also bei dem Schubkurbelgetriebe (z. B. einer Locomotive, überhaupt einer schnell gehenden Dampfmaschine) kommt für den Querschnitt X der Stange nur der Trägheitswiderstand des Stückes XB derselben in Betracht, auf welches allein die von C ausgehende, den Bewegungszustand ändernde Kraft durch diesen Querschnitt X hindurch zu übertragen ist, und zwar ist dieser Widerstand mit der hier zu Grunde liegenden Annäherung

$$= \frac{\gamma F(b-x)}{g}\frac{dw}{dt} = \frac{\gamma F(b-x)}{g}\frac{v^2}{a}\cos\alpha$$

zu setzen. Einem positiven Werthe desselben entspricht die entgegengesetzte Richtung, als für welche $\frac{dw}{dt}$ positiv gesetzt wird, d. h. die Richtung CA resp. XB für die Bewegung des Kurbelzapfens von B_0 nach B_1, dagegen die Richtung AC resp. BX für die Bewegung des Kurbelzapfens von B_1 nach B_0 (wobei auch α von AB_1 aus gerechnet wird), so dass er die Stange im ersten Falle auf Zug, im zweiten auf Druck in Anspruch nimmt, ebenso wie die durch sie vom Schieber zur Kurbel zu übertragende äussere Kraft P. Hiernach ist die beiden Kräften zusammen im Querschnitte X entsprechende gleichförmig vertheilte specifische Spannung oder Pressung:

$$\sigma_2 = \frac{P}{F} + \frac{\gamma}{g}\frac{v^2}{a}b(1-\xi)\cos\alpha \quad . \quad . \quad . \quad (305),$$

und indem sie sich mit der von der Biegung herrührenden gleichnamigen Maximalspannung σ_1 zu einer Resultanten = ihrer Summe (mit der ungleichnamigen zu einer solchen = ihrer Differenz) zusammensetzt, ist die grösste resultirende Spannung oder Pressung im Querschnitte X bei der dem Winkel α entsprechenden Stangenlage:

$$\sigma = \sigma_1 + \sigma_2 = \frac{P}{F} + \frac{\gamma}{g}\frac{v^2}{a}b\left[(1-\xi)\cos\alpha + \frac{1}{6}\frac{eb}{f^2}(\xi - \xi^3)\sin\alpha\right] \quad (306).$$

Indem hiernach σ eine Function der unabhängig Variablen ξ und α ist, entspricht das Maximum von σ den Gleichungen:

$$\frac{\partial\sigma}{\partial\xi} = 0, \text{ also } -\cos\alpha + \frac{1}{6}\frac{eb}{f^2}(1 - 3\xi^2)\sin\alpha = 0$$

$$\text{und } \frac{\partial\sigma}{\partial\alpha} = 0, \text{ also } -\sin\alpha + \frac{1}{6}\frac{eb}{f^2}(\xi + \xi^2)\cos\alpha = 0 \text{ oder } \xi = 1.$$

Aus der ersten Gleichung folgt $\cotg\alpha = \frac{1}{6}\frac{eb}{f^2}(1 - 3\xi^2)$

und damit aus der zweiten:

$$-1+\left(\frac{1}{6}\frac{eb}{f^2}\right)^2(\xi+\xi^2)(1-3\xi^2)=0$$

oder

$$\xi(1+\xi)(1-3\xi^2)=\left(6\frac{f^2}{eb}\right)^2.$$

Da die rechte Seite dieser Gleichung ein sehr kleiner Bruch ist, z. B. bei kreisförmigem Querschnitte der Stange $\left(f^2=\frac{1}{4}e^2\right)$ und mit dem Mittelwerthe $\frac{e}{b}=\frac{1}{40}$:

$$\left(6\frac{f^2}{eb}\right)^2=\left(\frac{3}{2}\frac{e}{b}\right)^2=\left(\frac{3}{80}\right)^2=\frac{1}{711},$$

so entsprechen ihr näherungsweise die Wurzeln $\xi=0$ und $\xi=\frac{1}{\sqrt{3}}$. Für $\xi=0$ wird $cotg\,\alpha=\frac{1}{6}\frac{eb}{f^2}=$ einer hinlänglich grossen Zahl, um näherungsweise $\alpha=0$, also nach Gleichung (306)

$$\sigma=\frac{P}{F}+\frac{\gamma}{g}\frac{v^2}{a}b$$

setzen zu können; für $\xi=\frac{1}{\sqrt{3}}$ ist $cotg\,\alpha=0$, also $\alpha=90^0$ und somit

$$\sigma=\frac{P}{F}+\frac{\gamma}{g}\frac{v^2}{a}b\cdot\frac{1}{6}\frac{eb}{f^2}\frac{2}{3\sqrt{3}}=\frac{P}{F}+\frac{1}{9\sqrt{3}}\frac{\gamma}{g}\frac{eb^2}{af^2}v^2;$$

dieser Werth ist der grössere, also

$$max\,\sigma=k=\frac{P}{F}+0{,}064\frac{\gamma}{g}\frac{eb^2}{af^2}v^2 \quad . \quad . \quad . \quad (307),$$

da für jenen ausserdem noch der Gleichung $\frac{\partial\sigma}{\partial\alpha}=0$ entsprechenden Werth $\xi=1$ in jeder Lage der Stange $\sigma=\frac{P}{F}$ ist.

Im Falle eines Kurbelschubgetriebes (z. B. zur Bewegung eines schnell gehenden Sägegatters dienend) wird die Stange im Querschnitte X nicht nur durch den Trägheitswiderstand des Stückes XC derselben, sondern auch durch den einer bei C mit ihr verbundenen hin und her gehenden Masse auf Zug oder Druck in Anspruch genommen. Beträgt diese letztere das $m$fache der Stangenmasse, so ist der fragliche Trägheitswiderstand mit der hier zu Grunde liegenden Annäherung

$$=\left(m\frac{\gamma Fb}{g}+\frac{\gamma Fx}{g}\right)\frac{dw}{dt}=\frac{\gamma Fb}{g}(m+\xi)\frac{v^2}{a}cos\,\alpha.$$

Einem positiven Werthe desselben entspricht wieder die entgegengesetzte Richtung, als für welche $\frac{dw}{dt}$ positiv gesetzt wird, d. h. die Richtung CX für die Bewegung des Kurbelzapfens von B_0 nach B_1, dagegen die Richtung XC für die Bewegung von B_1 nach B_0, so dass er die Stange im ersten Falle auf Druck, im zweiten auf Zug in Anspruch nimmt, ebenso wie die äussere Kraft P. Die beiden Kräften zusammen entsprechende specifische Spannung oder Pressung im Querschnitte X ist also

$$\sigma_2 = \frac{P}{F} + \frac{\gamma}{g}\frac{v^2}{a} b(m+\xi)\cos\alpha \quad . \quad . \quad . \quad (308),$$

ein Ausdruck, der vom vorigen (305) sich nur durch den an die Stelle von $(1-\xi)$ getretenen Factor $(m+\xi)$ unterscheidet. Mit dieser Aenderung ergiebt sich analog der Gleichung (306) die Maximalspannung im Querschnitte X für die betreffende Stangenlage:

$$\sigma = \frac{P}{F} + \frac{\gamma}{g}\frac{v^2}{a} b\left[(m+\xi)\cos\alpha + \frac{1}{6}\frac{eb}{f^2}(\xi-\xi^3)\sin\alpha\right] \ . \ (309).$$

Die dem Maximum von σ entsprechenden Gleichungen $\frac{\partial\sigma}{\partial\xi}=0$ und $\frac{\partial\sigma}{\partial\alpha}=0$ sind hier, wenn zur Abkürzung vorübergehend $\frac{1}{6}\frac{eb}{f^2}=c$ gesetzt wird,

$$\cos\alpha + c(1-3\xi^2)\sin\alpha = 0 \text{ und } -(m+\xi)\sin\alpha + c(\xi-\xi^3)\cos\alpha = 0.$$

Aus der ersten folgt $\quad cotg\,\alpha = c(3\xi^2-1)$

und damit aus der zweiten: $-(m+\xi)+c^2(\xi-\xi^3)(3\xi^2-1)=0.$

Sofern m viel $< c^2$ ist (z. B. bei kreisförmigem Querschnitte und mittleren Dimensionsverhältnissen der Stange viel < 711), sind die zwischen 0 und 1 liegenden Wurzeln auch dieser Gleichung nur wenig von 0, $\frac{1}{\sqrt{3}}$ und 1 verschieden, und wird dann auch hier dem mittleren dieser Wurzelwerthe das Maximum von σ entsprechen. Setzt man deshalb

$$\xi = \frac{1}{\sqrt{3}} + \eta,$$

so ist η ein hinlänglich kleiner Bruch, um

$$\xi^2 = \frac{1}{3} + \frac{2}{\sqrt{3}}\eta; \quad \xi^3 = \frac{1}{3\sqrt{3}} + \eta$$

setzen zu können, wodurch jene höhere Gleichung für ξ in folgende lineare Gleichung für η übergeht:

$$-m - \frac{1}{\sqrt{3}} - \eta + c^2\frac{2}{3\sqrt{3}}\frac{6}{\sqrt{3}}\eta = 0; \quad \left(\frac{4}{3}c^2-1\right)\eta = m + \frac{1}{\sqrt{3}} \ (310).$$

Dadurch ist η, dann auch

$$cotg\,\alpha = c(3\xi^2-1) = \frac{6}{\sqrt{3}}c\eta = 2\sqrt{3}\,c\eta$$

$$\sin\alpha = \frac{1}{\sqrt{1+12c^2\eta^2}}; \quad \cos\alpha = \frac{2\sqrt{3}\,c\eta}{\sqrt{1+12c^2\eta^2}}$$

bestimmt, und ergiebt sich nach Gleichung (309):

$$max\,\sigma = k = \frac{P}{F} + \frac{\gamma}{g}\frac{v^2}{a} b \frac{\left(m+\frac{1}{\sqrt{3}}+\eta\right)2\sqrt{3}\,c\eta + \frac{2}{3\sqrt{3}}c}{\sqrt{1+12c^2\eta^2}}$$

oder mit $m + \frac{1}{\sqrt{3}} + \eta = \frac{4}{3} c^2 \eta$ nach Gleichung (310):

$$k = \frac{P}{F} + \frac{2}{3\sqrt{3}} \frac{\gamma}{g} \frac{v^2}{a} bc \frac{\frac{3\sqrt{3}}{2} \frac{4}{3} c^2 \eta . 2\sqrt{3}\eta + 1}{\sqrt{1 + 12 c^2 \eta^2}}$$

$$= \frac{P}{F} + \frac{1}{9\sqrt{3}} \frac{\gamma}{g} \frac{eb^2}{af^2} v^2 \sqrt{1 + 12 c^2 \eta^2}$$

oder endlich, da nach Gleichung (310) bei Vernachlässigung von 1 gegen $\frac{4}{3} c^2$

$$12 c^2 \eta^2 = 12 . \frac{9}{16} \left(m + \frac{1}{\sqrt{3}}\right)^2 . 36 \left(\frac{f^2}{eb}\right)^2 = \left[9 (m\sqrt{3} + 1) \frac{f^2}{eb}\right]^2 \text{ ist,}$$

$$k = \frac{P}{F} + 0{,}064 \frac{\gamma}{g} \frac{eb^2}{af^2} v^2 \sqrt{1 + \left[9 (1{,}73 m + 1) \frac{f^2}{eb}\right]^2} \quad . \quad (311),$$

von Gleichung (307) nur durch die Wurzelgrösse als Factor des zweiten Gliedes auf der rechten Seite sich unterscheidend. —

Ist u die Umdrehungszahl der Kurbel in einer Minute, so erhält durch die Substitution

$$v = \frac{u}{60} . 2\pi a$$

die dem Falle des Schubkurbelgetriebes entsprechende Gleichung (307) die Form:

$$k = \frac{P}{F} + 0{,}0007 \frac{\gamma}{g} \frac{aeb^2}{f^2} u^2 \quad . \quad . \quad . \quad . \quad (312),$$

insbesondere bei kreisförmigem Querschnitte mit $e = \frac{1}{2} d$, $f^2 = \frac{1}{16} d^2$:

$$k = \frac{P}{F} + 0{,}0056 \frac{\gamma}{g} \frac{ab^2}{d} u^2 \quad . \quad . \quad . \quad . \quad . \quad (313)$$

und bei rechteckigem Querschnitte mit $e = \frac{1}{2} h$, $f^2 = \frac{1}{12} h^2$:

$$k = \frac{P}{F} + 0{,}0042 \frac{\gamma}{g} \frac{ab^2}{h} u^2 \quad . \quad . \quad . \quad . \quad (314).$$

Im Falle des Kurbelschubgetriebes sind die zweiten Glieder dieser Ausdrücke (313) und (314) zu multipliciren mit

$$\sqrt{1 + \left[\frac{9}{8} (1{,}73 m + 1) \frac{d}{b}\right]^2} \text{ resp. } \sqrt{1 + \left[\frac{3}{2} (1{,}73 m + 1) \frac{h}{b}\right]^2} \quad (315).$$

Durch die Vernachlässigung des Gliedes mit λ in dem Ausdrucke (303) von p und analoger Glieder im weiteren Verlaufe obiger Rechnung ist die Anstrengung der Kuppelstange etwas zu klein gefunden worden, weil diese Glieder, die für die Bewegung vom oberen zum unteren Todpunkte die entgegengesetzten Vorzeichen wie für die Bewegung vom unteren zum oberen Todpunkte haben, mit den dem Maximum von σ entsprechenden Vorzeichen zu nehmen gewesen wären. Ist deshalb die Stange thatsächlich nicht prismatisch, sondern in üblicher Weise nach den Enden zu verjüngt, so ist es rathsam, für d und h in Gleichung (313) und (314) höchstens, in den Ausdrücken (315) aber wenigstens das Mittel der kleinsten und grössten Stangendicke einzusetzen.

121. — Bei der Kuppelstange eines Parallelkurbelgetriebes von schnellem Gange (z. B. einer Kuppelstange für zwei Triebaxen einer Locomotive) haben alle Punkte der Mittellinie dieselbe Beschleunigung $=\frac{v^2}{a}$ wie im vorigen Falle ihr Endpunkt B, so dass mit den in voriger Nummer gebrauchten Bezeichnungen hier

$$p=\frac{\gamma F}{g}\frac{v^2}{a}\sin\alpha$$

unabhängig von x resp. ξ ist. Die daraus hervorgehende Anstrengung der Stange durch Biegung ist am grössten in ihrem mittleren Querschnitte und für $\alpha=90^0$, nämlich entsprechend dem Spannungsmomente

$$M=\frac{1}{8}pb^2 \text{ nach Gleichung (146), Nr. 61:}$$

$$\sigma_1=M\frac{c}{Ff^2}=\frac{1}{8}\frac{\gamma}{g}\frac{v^2}{a}\frac{cb^2}{f^2}.$$

Mit Rücksicht auf den Zug oder Druck, der in jedem Querschnitte der Stange durch den längs ihrer Axe gerichteten Trägheitswiderstand des von diesem Querschnitte bis zur getriebenen Kurbel sich erstreckenden Stangenstückes verursacht wird, findet zwar streng genommen die grösste resultirende Spannung in einem etwas ausserhalb der Mitte liegenden Querschnitte und bei einer etwas von $\alpha=90^0$ abweichenden Lage der Stange statt, wovon aber hier mit ähnlicher Annäherung abstrahirt werden kann, wie der Maximalwerth von σ bei der Koppel des Schubkurbelgetriebes mit $\xi=\frac{1}{\sqrt{3}}$ und $\alpha=90^0$ berechnet werden konnte. Indem aber für $\alpha=90^0$ die Beschleunigung im Sinne der Kuppelstange $\left(=\frac{v^2}{a}\cos\alpha\right)$ auch hier wieder $=0$ ist, ergiebt sich

$$max\,\sigma=k=\frac{P}{F}+\frac{1}{8}\frac{\gamma}{g}\frac{cb^2}{af^2}v^2 \quad . \quad . \quad . \quad (316),$$

ein Ausdruck, dessen zweites Glied nahe doppelt so gross ist wie das des Ausdruckes (307), wovon es sich nur durch den Zahlencoefficienten unterscheidet. —

Uebrigens ist schliesslich darauf aufmerksam zu machen, dass die hier und in voriger Nummer angestellten Rechnungen auf der Voraussetzung beruhen, es sei der wechselnde Deformationszustand der Kuppelstange beständig dem Gleichgewichtszustande unter dem Einflusse der momentan einwirkenden Kräfte entsprechend, einer Voraussetzung, die keinenfalls streng, indessen um so mehr zutreffend ist, je schneller die Deformation der Stange den periodischen Aenderungen der Trägheitskräfte zu folgen vermag, je kleiner also die Schwingungsdauer der in einem solchen Deformationszustande dem Einflusse fraglicher Kräfte entzogenen Stange in Vergleich mit der Periode $\left(=\frac{60}{u}\text{ Sec.}\right)$ der Stangenbewegung, d. h. der Dauer einer Kurbelumdrehung ist. Nun ist die Schwingungsdauer t der Querschwingungen der Stange, die wesentlich grösser, als die der Längsschwingungen ist und deshalb am ehesten eine mit der Periode der Stangenbewegung vergleichbare Grösse annehmen könnte, unter den hier vorliegenden Umständen (nach Entwickelungen, die nicht in der Aufgabe dieses Buches liegen):

$$t=\frac{2\pi}{14{,}064}\,\frac{b^2}{f}\sqrt{\frac{\gamma}{gE}},$$

unter E den Elasticitätsmodul verstanden und bei Voraussetzung der einfachsten (ohne mittlere Schwingungsknoten stattfindenden) Schwingungen. Setzt man hierin $g=981$, ferner beispielsweise für Schmiedeisen und für einen rechteckigen Querschnitt:

$$\gamma=0{,}00776\,;\quad E=2000000\,;\quad f=\frac{h}{\sqrt{12}}\,;$$

so wird

$$t=0{,}00000308\,\frac{b^2}{h}$$

und mit dem Mittelwerthe $\frac{b}{h}=20$: $t=0{,}0000616\,b$, also selbst für $b=300$ Centim. Stangenlänge nur $=0{,}0185$ Sec., entsprechend 54 Schwingungen in einer Secunde.

Unter den praktisch vorkommenden Umständen (u viel $< 60\,.\,54$) kann danach die Voraussetzung einer dem Gleichgewichtszustande stets entsprechenden Deformation der Stange zwar als näherungsweise zutreffend gelten; doch bleibt zu berücksichtigen, dass die eintretenden Schwingungen die Anstrengung der Stange beeinflussen in einer Weise, deren nähere Untersuchung mit erheblichen Schwierigkeiten verbunden wäre, ohne Zweifel aber im Allgemeinen auf solche Weise, dass dadurch die Maximalspannung bei ungünstigster Interferenz der betreffenden gleichzeitigen Einflüsse vergrössert wird.

122. — Als Beispiel der Inanspruchnahme eines geraden Stabes auf Knickung werde noch das (zu Ende von Nr. 102 erwähnte) Verhalten eines prismatischen Stabes bei gleichförmiger Erwärmung besprochen, falls dabei die materiellen Endpunkte seiner Mittellinie eine unveränderliche Entfernung $AB=l$ haben, sei es dass diese Mittellinie bei A und B

1) beliebige kleine Winkel mit der Geraden AB bilden kann, wie z. B. wenn der Stab hier um feste Zapfen mit parallelen Axen drehbar ist, oder

2) von der Geraden AB berührt wird, wie bei mit Einklemmung verbundener Befestigung des Stabes.

Wenn der Stab von einer gewissen Temperatur an gerechnet, bei der keine Spannung in ihm stattfindet, gleichförmig allmählich erwärmt wird, so ist damit zunächst keine Biegung, sondern nur gleichförmige Pressung verbunden $= E\alpha t$ pro Flächeneinheit jedes Querschnittes F, unter E den Elasticitätsmodul, α den linearen Ausdehnungscoefficient und unter t die Temperaturzunahme verstanden. Wächst aber t über eine gewisse Grösse t_1, so biegt sich die Mittellinie des Stabes in mit t wachsendem Grade, und zwar so, dass sie im Falle 1) dem Stücke BB_1 der durch Fig. 40 in Nr. 113 dargestellten Curve, im Falle 2) dagegen dem Curvenstücke von A bis zum folgenden Berührungspunkte mit der x-Axe entspricht, dort also aus zweifacher, hier aus vierfacher Wiederholung des Curvenstückes AB, Fig. 40, besteht mit der Gleichung:

$$y = \delta [1 - \cos(ax)]; \quad a = \sqrt{\frac{P}{EJ}},$$

unter δ die Ordinate des Punktes B, unter J das Trägheitsmoment des Querschnittes für die Biegungsaxe und unter P den längs dem Stabe wirkenden äusseren Druck verstanden. Aus dieser Gleichung folgt

$$\frac{dy}{dx} = a\delta \sin(ax),$$

also das Bogenelement der Mittellinie näherungsweise:

$$ds = \sqrt{1 + \left(\frac{dy}{dx}\right)^2} = 1 + \frac{1}{2}\left(\frac{dy}{dx}\right)^2 = 1 + \frac{1}{2} a^2 \delta^2 \sin^2(ax)$$

und die Bogenlänge AB, Fig. 40, deren Projection auf die x-Axe $= \frac{\pi}{2}\frac{1}{a}$ ist:

$$s = \frac{\pi}{2}\frac{1}{a} + \frac{1}{2} a\delta^2 \int_0^{\frac{\pi}{2}} \sin^2(ax)\, d(ax)$$

$$= \frac{\pi}{2}\frac{1}{a} + \frac{1}{2} a\delta^2 \frac{\pi}{4} = \frac{\pi}{2}\frac{1}{a}\left(1 + \frac{1}{4} a^2\delta^2\right).$$

Hiernach ist die verhältnissmässige Verlängerung der Mittellinie in Folge ihrer Biegung für das betreffende Stabstück und also auch für den im ersten oder zweiten der unterschiedenen Fälle aus zwei resp. vier solchen Stücken bestehenden ganzen Stab $= \frac{1}{4} a^2\delta^2$, und da dieselbe $=$ dem Ueberschusse der durch Erwärmung verursachten verhältnissmässigen Ausdehnung über die durch den Druck P verursachte verhältnissmässige Zusammendrückung sein muss, ergiebt sich die Gleichung:

$$\frac{1}{4} a^2 \delta^2 = \alpha t - \frac{P}{EF}$$

oder mit $J = Ff^2$, also $\frac{P}{EF} = \frac{P}{EJ} f^2 = a^2 f^2$:

$$\delta = \frac{2}{a}\sqrt{\alpha t - a^2 f^2}.$$

Wird $l = n\frac{\pi}{a}$ gesetzt, um die beiden Fälle 1) und 2), denen dann beziehungsweise $n = 1$ und $n = 2$ entspricht, gemeinschaftlich zu umfassen, ferner

$$\beta = af = n\pi\frac{f}{l} \quad . \quad . \quad . \quad . \quad . \quad . \quad . \quad (317),$$

so erhält jener Ausdruck von δ die Form:

$$\delta = \frac{2f}{\beta}\sqrt{\alpha t - \beta^2} \quad . \quad . \quad . \quad . \quad . \quad . \quad (318),$$

und ergiebt sich daraus die grösste Durchbiegung in der Mitte des Stabes $= n\delta$.

Ist e die grösste Entfernung eines Querschnittspunktes von der Biegungsaxe auf jeder Seite derselben, so ergiebt sich ferner die grösste im Stabe vorhandene specifische Pressung k mit Rücksicht darauf, dass die Punkte B, B_1 (Fig. 40), für welche $y = \delta$ ist, Wendepunkte der elastischen Linie sind, entsprechend

$$\frac{d^2y}{dx^2} = a^2\delta\cos(ax) = 0,$$

dass also die Spannungsmomente der Querschnitte B und B_1 = Null sind,

$$k = P\delta\frac{e}{J} + \frac{P}{F}$$

oder nach Gleichung (318) und mit

$$P = EJa^2 = EFa^2f^2 = EF\beta^2 \text{ nach Gleichung (317):}$$

$$k = EF\beta^2\frac{2f}{\beta}\sqrt{\alpha t - \beta^2}\,\frac{e}{Ff^2} + E\beta^2$$

$$= E\left[2\beta\frac{e}{f}\sqrt{\alpha t - \beta^2} + \beta^2\right] \quad . \quad . \quad . \quad . \quad (319),$$

vorausgesetzt dass $t > t_1$ ist, unter t_1 die Temperaturerhöhung verstanden, bei der die Biegung des Stabes beginnt, und welche nach Gleichung (318) den Werth hat:

$$t_1 = \frac{\beta^2}{\alpha} \quad . \quad . \quad . \quad . \quad . \quad . \quad . \quad . \quad . \quad (320).$$

Hiermit kann der Gleichung (319) auch die Form gegeben werden:

$$k = E\alpha\left[2\frac{e}{f}\sqrt{(t-t_1)t_1} + t_1\right] = E\alpha t_1\left(2\frac{e}{f}\sqrt{\frac{t-t_1}{t_1}} + 1\right)$$

oder mit $k_1 = E\alpha t_1$ = der grössten specifischen Pressung bei beginnender Biegung des Stabes:

$$\frac{k-k_1}{k_1} = 2\frac{e}{f}\sqrt{\frac{t-t_1}{t_1}} \quad . \quad . \quad . \quad . \quad (321).$$

Man erkennt daraus, wie wenig die Temperatur des Stabes über t_1 hinaus erhöht zu werden braucht, um k bis zum $m$fachen von k_1 zu steigern, nämlich nur um

$$t - t_1 = \left(\frac{m-1}{2}\,\frac{f}{e}\right)^2 t_1.$$

Insbesondere bei kreisförmigem Querschnitte $\left(f=\frac{1}{2}e\right)$ wird $k=2k_1\ (m=2)$

für
$$t-t_1=\frac{1}{16}t_1.$$

Ist z. B. ein schmiedeiserner Stab von kreisförmigem Querschnitte, der an beiden Enden um Bolzen mit parallelen Axen von unveränderlicher Entfernung drehbar ist, 50 mal so lang als dick ($l=100\,e$), und wird für Schmiedeisen
$$E=2000000,\quad \alpha=0{,}0000118$$
gesetzt, so ist
$$n=1,\quad \frac{f}{l}=\frac{1}{2}\frac{e}{l}=\frac{1}{200},\quad \beta=\pi\frac{f}{l}=\frac{\pi}{200};$$
der anfangs als spannungslos vorausgesetzte Stab beginnt deshalb sich zu biegen, wenn er um
$$t_1=\frac{\beta^2}{\alpha}=20{,}9 \text{ Grad}$$
erwärmt wird, und ist dabei seine specifische Pressung: $k_1=E\alpha t_1=E\beta^2=493$ Kgr. pro Quadratcentim. Zu einer (höchstens etwa zulässigen) Verdoppelung dieser Anstrengung bedarf es aber nur einer weiteren Temperaturerhöhung um $\frac{20{,}9}{16}=1{,}3$ Grad. Wäre derselbe Stab an den Enden so befestigt, wie es der Fall unter 2) voraussetzt, so wären t_1 und k_1 vier mal so gross wie im vorigen Falle. Zu einer Biegung des Stabes dürfte es dann gar nicht kommen, wenn $k=2\,.\,493$ nicht überschritten werden soll; indessen wäre die zulässige Erwärmung, die im vorigen Falle nur $20{,}9+1{,}3=22{,}2$ Grad betrug, jetzt $=2\,.\,20{,}9=41{,}8$ Grad.

c. Zusammengesetzte Körper mit geraden stabförmigen Bestandtheilen.

123. — Die gleichzeitige Inanspruchnahme eines geraden Stabes auf Zug oder Druck und auf Biegung kommt besonders häufig bei zusammengesetzten Körpern vor, indem die stabförmigen Bestandtheile derselben an ihren Verbindungsstellen mit Kräften auf einander wirken, die mit gewissen Componenten längs den Stabaxen gerichtet sind, event. zugleich (bei fester Verbindung) mit Kräftepaaren, deren biegende Wirkungen sich mit den von äusseren Kräften unmittelbar herrührenden combiniren können. Die Untersuchung des Spannungs- und Deformationszustandes eines solchen zusammengesetzten Körpers beruht darauf, dass die Spannungs- und Deformationszustände der einzelnen Theile an jeder Verbindungsstelle in einer von der Verbindungsart abhängigen Weise sich gegenseitig bedingen. Jedenfalls müssen die Zug- oder Druckkräfte, womit die verbundenen Theile nach den Richtungen ihrer Mittellinien auf die Verbindungsstelle wirken, zusammen mit einer hier etwa angreifenden äusseren Kraft im Gleichgewichte sein, und muss die Verrückung des Schnittpunktes der betreffenden Mittellinien nach Grösse und Richtung dieselbe sein, mag er als Endpunkt der einen oder anderen dieser einzelnen deformirten Stabmittellinien betrachtet werden. Bei nicht drehbarer (durch ein Drehkörperpaar vermittelter), sondern fester Verbindung kommt dazu noch die weitere Bedingung, dass auch die Spannungsmomente, mit denen die einzelnen Stäbe an ihren Verbindungsstellen auf einander wirken, sich Gleichgewicht halten müssen, und dass ihre Mittellinien sich unter unveränderlich gegebenen Winkeln daselbst schneiden. Speciellere Anleitung zur Ausführung dieser Untersuchung kann nicht allgemein gegeben, sondern nur aus Beispielen geschöpft werden, deren einige in den folgenden Nummern enthalten sind.

Nur die allgemeine Bemerkung mag vorausgeschickt werden, dass unter der hier stets zu Grunde liegenden Voraussetzung einer sehr geringen Verbiegung der Stäbe die relative Verrückung zweier materieller Punkte einer Stabmittellinie im Sinne einer Sehne dieser Mittellinie, insoweit sie durch die Biegung bedingt wird, als sehr klein im Vergleich mit der relativen Verrückung dieser Punkte nach der dazu senkrechten Richtung vernachlässigt werden kann, ebenso wie überhaupt der Unterschied der Bogenlänge und Sehnenlänge eines sehr flachen Bogens sehr klein im Vergleich mit der Pfeilhöhe desselben ist. Im Falle eines flachen Kreisbogens z. B., dessen Länge $= 2l$, Sehnenlänge $= 2s$, Pfeilhöhe $= \delta$, Radius $= r$ und Mittelpunktswinkel $= 2\alpha$ ist, hat man

$$l = r\alpha,\quad \delta = r(1-\cos\alpha) = \frac{1}{2} r\alpha^2,\quad \text{also}\quad \alpha = 2\frac{\delta}{l};$$

ferner

$$s = r\sin\alpha = r\left(\alpha - \frac{1}{6}\alpha^3\right),$$

also

$$l - s = \frac{1}{6} r\alpha^3,\quad \frac{l-s}{\delta} = \frac{1}{3}\alpha = \frac{2}{3}\frac{\delta}{l}.$$

Ist auch in anderen Fällen dieser Zahlencoefficient $\frac{2}{3}$ durch einen anderen zu ersetzen, so bleibt doch $\frac{l-s}{\delta}$ von einerlei Grössenordnung mit $\frac{\delta}{l}$.

124. — Ein an beiden Enden auf Stützen ruhender prismatischer Balken AB, der eine gleichförmig auf seiner ganzen Länge $= 2a$ vertheilte Last zu tragen hat, soll verstärkt werden durch Zugstangen AD und BD (Fig. 44), die (an Bolzen drehbar angreifend) seine Enden A und B mit dem unteren Ende einer unter die Mitte C des Balkens gesetzten schwebenden Stütze CD verbinden. Ist

Fig. 44.

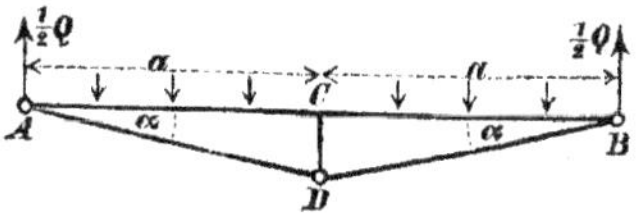

E der Elasticitätsmodul, k die grösste specifische Pressung des Balkens (im höchsten Punkte des Querschnittes bei C in der Entfernung c von der Biegungsaxe), F sein Querschnitt, $J = Ff^2$ das Trägheitsmoment desselben in Beziehung auf die Biegungsaxe,

E_1 der Elasticitätsmodul, k_1 die specifische Spannung, F_1 der Querschnitt der Zugstangen,

α der Winkel $CAD = CBD$,

so sei, während übrigens diese Grössen gegeben sind, der erforderliche Querschnitt F_1 der Zugstangen zu bestimmen und ferner zu ermitteln, in welchem Verhältnisse auf solche Weise die zulässige Belastung Q des Balkens grösser wird, als sie ohne die Zugstangen sein dürfte, nämlich als

$$Q_0 = \frac{4}{a} k \frac{J}{e} = 4kF\frac{f^2}{ae} \quad . \quad . \quad . \quad . \quad (322).$$

Von einer vor der Belastung im System etwa schon vorhandenen Spannung soll dabei abgesehen, auch die kurze Stütze CD als absolut starr betrachtet werden.

Bezeichnet nun x die horizontale, positiv im Sinne AC gesetzte, y die verticale, positiv nach oben gesetzte Verrückung des Punktes A gegen die Gerade CD, so ist mit Rücksicht auf die Deformation (Biegung und Zusammendrückung) des Balkenstückes AC in Folge seiner gleichförmigen Belastung $= \frac{1}{2} Q$, ferner der bei A vertical aufwärts wirkenden Reactionskraft $= \frac{1}{2} Q$ der Stütze und der nach AD gerichteten Zugkraft $= k_1 F_1$ der Stange AD:

$$x = \frac{k_1 F_1 \cos\alpha}{EF} a,$$

da der Antheil, den die Biegung der Stabmittellinie AC an dieser Verrückung x hat, nach der Bemerkung zu Ende der vorigen Nummer zu vernachlässigen ist, und gemäss Gleichung (87), Nr. 50:

$$y = \frac{\frac{1}{2} Q - k_1 F_1 \sin\alpha - \frac{3}{8}\frac{1}{2} Q}{EJ} \frac{a^3}{3} = \frac{\frac{5}{16} Q - k_1 F_1 \sin\alpha}{EF} \frac{a^3}{3f^2}.$$

Diesen Verrückungen x, y von A gegen CD entsprechend ist die Verlängerung der Stange $AD = y \sin\alpha - x \cos\alpha$, und da dieselbe auch $= \frac{k_1}{E_1} \frac{a}{\cos\alpha}$ ist, ergiebt sich die Gleichung:

$$\frac{k_1}{E_1} \frac{a}{\cos\alpha} = \frac{a}{EF}\left[\left(\frac{5}{16} Q \sin\alpha - k_1 F_1 \sin^2\alpha\right)\frac{a^2}{3f^2} - k_1 F_1 \cos^2\alpha\right]$$
$$= \frac{a}{EF}\left[\frac{5}{48} Q \frac{a^2}{f^2} \sin\alpha - k_1 F_1 \left(\frac{1}{3}\frac{a^2}{f^2} \sin^2\alpha + \cos^2\alpha\right)\right],$$

woraus folgt:

$$EF + E_1 F_1 \cos\alpha \left(\frac{1}{3}\frac{a^2}{f^2}\sin^2\alpha + \cos^2\alpha\right) = \frac{5}{48} Q \frac{E_1}{k_1}\frac{a^2}{f^2} \sin\alpha\cos\alpha \quad (323).$$

Ausserdem ist die specifische Maximalpressung des zugleich auf Biegung und auf Druck in Anspruch genommenen Balkens:

$$k=\left[\left(\frac{1}{2}Q-k_1F_1\sin\alpha\right)a-\frac{1}{2}Q\frac{a}{2}\right]\frac{e}{J}+\frac{k_1F_1\cos\alpha}{F}$$

$$=\left(\frac{1}{4}Q-k_1F_1\sin\alpha\right)\frac{ae}{Ff^2}+\frac{k_1F_1\cos\alpha}{F},$$

also

$$kF+k_1F_1\left(\frac{ae}{f^2}\sin\alpha-\cos\alpha\right)=\frac{1}{4}Q\frac{ae}{f^2} \quad . \quad . \quad (324).$$

Aus dieser letzten und aus Gleichung (322) folgt:

$$\frac{Q}{Q_0}=1+\frac{k_1}{k}\frac{F_1}{F}\left(\frac{ae}{f^2}\sin\alpha-\cos\alpha\right). \quad . \quad . \quad (325),$$

wonach eine Vergrösserung der Tragfähigkeit des Balkens durch die Zugstangen jedenfalls nur dann herbeigeführt werden kann, wenn

$$tg\,\alpha>\frac{f^2}{ae}$$

ist. Durch Elimination von Q zwischen Gleichung (323) und (324) erhält man zur Berechnung des der Aufgabe entsprechenden Stangenquerschnittes F_1 die Gleichung:

$$\frac{F_1}{F}=\frac{1}{\cos\alpha}\,\frac{5\dfrac{k}{k_1}\dfrac{a}{e}\sin\alpha\cos\alpha-12\dfrac{E}{E_1}}{5\dfrac{a}{e}\sin\alpha\cos\alpha+12\cos^2\alpha-\dfrac{a^2}{f^2}\sin^2\alpha} \quad (326),$$

vorausgesetzt, dass sich hiernach für F_1 ein positiver Werth ergiebt, widrigenfalls die Aufgabe unter den gegebenen Umständen unlösbar wäre, insbesondere mit dem gegebenen Winkel α, der zwischen gewissen Grenzen liegen muss, um die verlangten Anstrengungen (k und k_1) des Balkens und der Zugstangen durch einen entsprechend gewählten Querschnitt der letzteren zu ermöglichen.

Z. B. im Falle schmiedeiserner Zugstangen und eines Balkens von Holz mit rechteckigem Querschnitte von der Höhe h erhält man mit

$$e=\frac{1}{2}h,\ f^2=\frac{1}{12}h^2,\ a=15h$$

$$E=120000;\ E_1=2000000,\ \text{also}\ \frac{E}{E_1}=0{,}06$$

$$k=50,\ k_1=750,\ \text{also}\ \frac{k}{k_1}=\frac{1}{15}$$

$$\frac{F_1}{F}=\frac{2}{3}\frac{1}{\cos\alpha}f(\alpha);\quad \frac{Q}{Q_0}=1+10\,(90\,tg\,\alpha-1)\,f(\alpha)$$

mit

$$f(\alpha)=\frac{5\,tg\,\alpha-(0{,}6\,tg\,\alpha)^2-0{,}36}{50\,tg\,\alpha-(30\,tg\,\alpha)^2+4}.$$

Da der Zähler von $f(\alpha)$ negativ oder positiv ist, jenachdem $tg\,\alpha<0{,}072$ oder $>0{,}072$, der Nenner dagegen positiv oder negativ, jenachdem $tg\,\alpha<0{,}1$ oder $>0{,}1$ ist, so haben Zähler und Nenner nur dann gleiche Zeichen, ist also $f(\alpha)$ und somit F_1 nur dann positiv, d. h. die in der Aufgabe liegende Forderung nur dann erfüllbar, wenn $tg\,\alpha$ zwischen 0,072 und 0,1 liegt. Je grösser $tg\,\alpha$ zwischen diesen Grenzen gewählt wird, desto grösser sind F_1 und Q; man findet z. B.

$$\text{für } tg\,\alpha = 0{,}08 \qquad 0{,}09$$
$$F_1 = 0{,}0113\,F \qquad 0{,}0482\,F$$
$$Q = 2{,}04\,Q_0 \qquad 6{,}11\,Q_0\,.$$

125. — Ein rechteckiger Rahmen, bestehend aus vier fest verbundenen prismatischen Stäben, die einen von der Länge $2a$, die anderen von der Länge $2a_1$, sei in den Mitten der ersteren von gleichen und entgegengesetzten Kräften $2P$ angegriffen, deren zusammenfallende Richtungslinien den Mittellinien der anderen Stäbe parallel sind. Es soll die dadurch in beiden verursachte Maximalspannung gefunden werden, wenn der Querschnitt, das Trägheitsmoment in Beziehung auf die Biegungsaxe, die beiderseits grösste Entfernung der letzteren von einem Querschnittspunkte und der Elasticitätsmodul

$$\text{für die ersteren Stäbe} = F \quad J \quad e \quad E,$$
$$\text{für die anderen} \quad = F_1 \quad J_1 \quad e_1 \quad E_1$$

gegeben sind. — Die ursprünglich rechteckige Mittellinie des Rahmens bleibt symmetrisch in Beziehung auf die Richtungslinie OA der äusseren Kräfte $2P$ und eine dazu senkrechte Axe OA_1, während sie so deformirt wird, wie Fig. 45 andeutet, worin $AB = a$ und $A_1B = a_1$ die in B (in Folge der festen Verbindung daselbst) sich nach wie vor rechtwinkelig schneidenden Mittellinien je einer Stabhälfte bedeuten. Bei B wirkt der Stab BA_1 auf BA mit der nach AO gerichteten Kraft P und mit einem gewissen im Sinne A_1OA drehenden Kraftmoment M. Die Kraft P würde für sich allein der elastischen Linie AB in ihrem Endpunkte B eine Neigung gegen die Axe OA_1 ertheilen, die nach Gleichung (87), Nr. 50

Fig. 45.

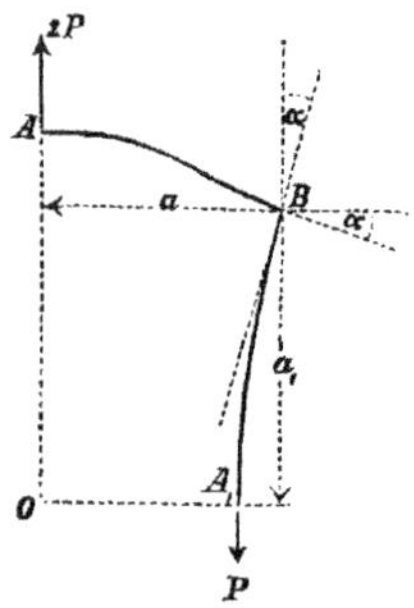

$$= \frac{P}{EJ}\frac{a^2}{2}$$

ist, während das Kraftmoment M, für sich allein den Stab AB nach einem im Sinne OA concaven Kreisbogen krümmend, dessen Radius ϱ durch die Gleichung

$$\frac{EJ}{\varrho} = M$$

bestimmt ist, dadurch einen jenem entgegengesetzten Neigungswinkel bei B

$$= \frac{a}{\varrho} = \frac{Ma}{EJ}$$

verursachen würde, so dass der resultirende Neigungswinkel α (Fig. 45) der Gleichung entspricht:

$$EJ\alpha = \frac{1}{2} Pa^2 - Ma.$$

Mit derselben Kraft P und demselben Kraftmoment M, die der Stab A_1B bei B auf den Stab AB ausübt, wirkt dieser im umgekehrten Sinne auf jenen, und können ausserdem bei der Geringfügigkeit der Biegung des Stabes A_1B, also der Kleinheit der Momente von P in Bezug auf die Biegungsaxen seiner Querschnitte die Spannungsmomente der letzteren constant $= M$ gesetzt werden, entsprechend einer kreisförmigen elastischen Linie. Ist ϱ_1 ihr Radius, so ist

$$\alpha = \frac{a_1}{\varrho_1} \text{ und } M = \frac{E_1 J_1}{\varrho_1},$$

wonach aus der vorigen Gleichung folgt:

$$\frac{1}{\varrho_1}(EJa_1 + E_1 J_1 a) = \frac{1}{2} Pa^2 \quad . \quad . \quad . \quad (327).$$

Im Stabe AB nimmt das Spannungsmoment absolut genommen von M bei B stetig ab bis Null, und dann zu bis $Pa - M$ bei A; letzteres ist $> M$, also das grösste überhaupt, weil nach Gleichung (327)

$$Pa > 2M, \text{ nämlich } > 2\frac{E_1 J_1}{\varrho_1}$$

ist. Somit ist die specifische Maximalspannung für die von den Kräften $2P$ angegriffenen Stäbe:

$$k = \left(Pa - \frac{E_1 J_1}{\varrho_1}\right)\frac{e}{J} = \left(1 - \frac{1}{2}\frac{E_1 J_1 a}{EJa_1 + E_1 J_1 a}\right) Pa \frac{e}{J} \quad (328),$$

und für die anderen:

$$k_1 = \frac{P}{F_1} + \frac{E_1 J_1}{\varrho_1}\frac{e_1}{J_1} = \left(\frac{1}{F_1} + \frac{1}{2}\frac{E_1 e_1 a^2}{EJa_1 + E_1 J_1 a}\right) P \quad (329).$$

Insbesondere für einen quadratischen, aus vier gleichen Stäben gebildeten Rahmen wäre mit

$$a_1 = a, \quad F_1 = F, \quad J_1 = J, \quad e_1 = e, \quad E_1 = E$$

$$\left.\begin{aligned} k &= \frac{3}{4} Pa \frac{e}{J} = \frac{3}{4}\frac{ae}{f^2}\frac{P}{F} \\ k_1 &= \left(\frac{1}{F} + \frac{1}{2}\frac{ea}{2J}\right) P = \left(1 + \frac{1}{4}\frac{ae}{f^2}\right)\frac{P}{F} \end{aligned}\right\} \quad . \quad (330).$$

Wirken die Kräfte $2P$ im umgekehrten Sinne, so dass sie den Rahmen nicht ausdehnen, wie Fig. 45 andeutet, sondern zusammendrücken, so gelten dieselben Formeln, indem nur alle Spannungen engeren Sinnes zu ebenso grossen Pressungen werden, und umgekehrt.

126. — Wenn der letztgenannte aus vier gleichen Stäben gebildete quadratische Rahmen von den entgegengesetzt gerichteten Kräften $2P$ in zwei gegenüber liegenden Ecken angegriffen wird, so wird jeder Stab so gebogen, dass, wie

Fig. 46 zeigt, die Tangenten in den Endpunkten seiner Mittellinie $BC = 2a$ parallel und unter 45^0 gegen die Richtungslinie von $2P$ geneigt bleiben. Die Kraft P, die auf den betrachteten Stab BC von dem damit bei C fest verbundenen ausgeübt wird, kann in zwei Componenten $= \frac{P}{\sqrt{2}}$ zerlegt werden, von denen die eine den Stab auf Zug, die andere auf Biegung in Anspruch nimmt; ausserdem wirkt hier auf Biegung und zwar in entgegengesetztem Sinne ein Kraftmoment M, dessen Grösse dadurch bestimmt ist, dass die von ihm herrührende Neigung der elastischen Linie BC bei C gegen ihre Tangente bei B der durch jene Kraft verursachten entgegengesetzt gleich, dass also (siehe den Ausdruck von α in voriger Nummer)

Fig. 46.

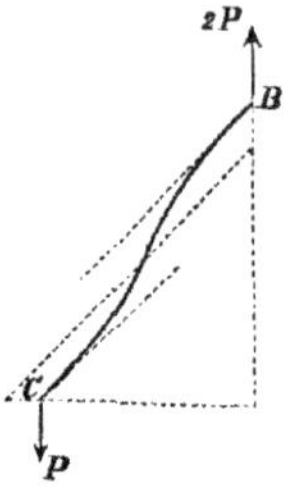

$$\frac{1}{2}\frac{P}{\sqrt{2}}(2a)^2 = M.2a \text{ ist, woraus } M = \frac{Pa}{\sqrt{2}}$$

folgt. Von C bis B nimmt das Spannungsmoment von M bis Null ab und dann wieder bis

$$\frac{P}{\sqrt{2}}.2a - M = \frac{Pa}{\sqrt{2}} = M$$

zu. Somit ist die specifische Maximalspannung (mit den in voriger Nummer gebrauchten Bezeichnungen):

$$k = \frac{P}{\sqrt{2}}\frac{1}{F} + \frac{Pa}{\sqrt{2}}\frac{e}{J} = \frac{1}{\sqrt{2}}\left(1 + \frac{ae}{f^2}\right)\frac{P}{F} \quad . \quad (331).$$

Sie ist der durch Gleichung (330) bestimmten Spannung k gleich, wenn

$$\left(\frac{3\sqrt{2}}{4} - 1\right)\frac{ae}{f^2} = 1\,;\ \frac{ae}{f^2} = 16{,}5$$

ist, z. B. bei rechteckigem Querschnitte mit $f^2 = \frac{1}{3}e^2$ für $\frac{a}{e} = 5{,}5$,

bei kreisförmigem „ „ $f^2 = \frac{1}{4}e^2$ für $\frac{a}{e} = 4{,}1$.

Jenachdem $\frac{a}{e}$ kleiner oder grösser ist, wird der Rahmen bei der hier oder bei der in voriger Nummer besprochenen Angriffsweise der äusseren Kräfte stärker angestrengt.

127. — Die grösste Anstrengung, welche die Speichen eines belasteten Wagenrades erleiden, sei unter der Voraussetzung zu berechnen, dass Kranz und Nabe starre Ringe, die Speichen aber prismatische elastische Stäbe und mit jenen der Art fest verbunden sind, dass, wenn durch die Belastung P der Mittelpunkt N der Nabe (Fig. 47) um die kleine Strecke $KN = x$ aus dem Mittelpunkte K des Kranzes herausrückt, und somit die unteren Speichen zusammengedrückt, die oberen ausgedehnt werden, hierbei zugleich alle so gebogen werden, dass sie am einen Ende normal (radial) gegen den Kranz, am anderen normal gegen die Nabe gerichtet bleiben.

Fig. 47.

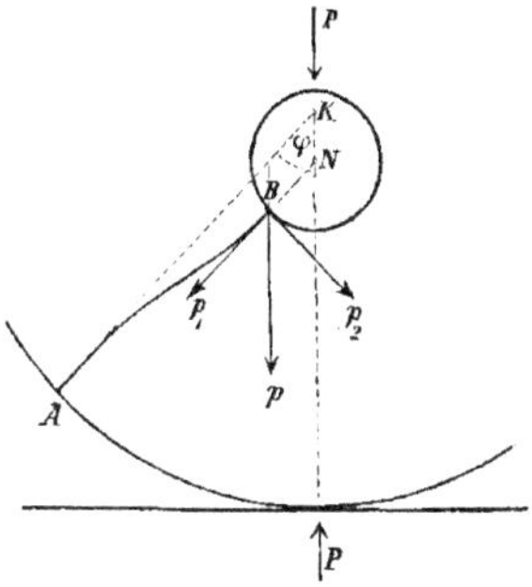

Die Zahl der Speichen sei $= 2n$, ihre Länge $= s$, während die Buchstaben F, $J = Ff^2$, e und E in Bezug auf sie die bekannten (z. B. in Nr. 125 angeführten) Bedeutungen haben. Für irgend eine Speiche mit der Mittellinie AB (Fig. 47) in solcher Lage, in der sie den Winkel φ mit dem verticalen Durchmesser des Rades (der Richtungslinie der belastenden Kraft P) bildet, sei p der zu ihrer Deformation verwendete Theil von P mit den Componenten p_1 und p_2 beziehungsweise in radialer und dazu senkrechter Richtung. Von p_1 wird sie zusammengedrückt um einen Betrag $= x\cos\varphi$, von p_2 gebogen, und zwar verhält sie sich in letzterer Hinsicht wie die Hälfte eines beiderseits eingeklemmten Stabes von der Länge $2s$, den die in der Mitte angreifende Kraft $2p_2$ um $x \sin\varphi$ daselbst durchbiegt. Somit ist

$$p_1 = FE\frac{x\cos\varphi}{s}$$

und nach Gleichung (115), Nr. 57:

$$x\sin\varphi = \frac{2p_2}{EJ}\frac{(2s)^3}{4.48} = \frac{p_2}{EJ}\frac{s^3}{12}; \quad p_2 = 12EF\frac{x}{s}\frac{f^2}{s^2}\sin\varphi,$$

$$p = p_1\cos\varphi + p_2\sin\varphi = EF\frac{x}{s}\left(\cos^2\varphi + 12\frac{f^2}{s^2}\sin^2\varphi\right).$$

Die Summe dieser Einzelkräfte p für alle $2n$ Speichen zusammen muss $= P$ sein, also

$$P = 2EF\frac{x}{s}\left(\Sigma\cos^2\varphi + 12\frac{f^2}{s^2}\Sigma\sin^2\varphi\right),$$

falls hier die Summenzeichen auf die Hälfte des Rades, somit auf n auf einander folgende Speichen bezogen werden. Ist also φ_0 der Werth von φ für die der ersten dieser n Speichen benachbarte der anderen Radhälfte, so ist mit Rücksicht auf die Gleichungen

$$\cos^2\varphi = \frac{1+\cos 2\varphi}{2}, \quad \sin^2\varphi = \frac{1-\cos 2\varphi}{2}:$$

$$\Sigma\cos^2\varphi = \sum_{m=1}^{m=n}\cos^2\left(\varphi_0 + m\frac{\pi}{n}\right)$$

$$= \frac{n}{2} + \frac{1}{2}\sum_{m=1}^{m=n}\cos\left(2\varphi_0 + m\frac{2\pi}{n}\right) = \frac{n}{2},$$

$$\Sigma\sin^2\varphi = \sum_{m=1}^{m=n}\sin^2\left(\varphi_0 + m\frac{\pi}{n}\right)$$

$$= \frac{n}{2} - \frac{1}{2}\sum_{m=1}^{m=n}\cos\left(2\varphi_0 + m\frac{2\pi}{n}\right) = \frac{n}{2},$$

weil $\sum_{m=1}^{m=n} cos\left(2\varphi_0 + m\frac{2\pi}{n}\right)$ die algebraische Summe der Projectionen der Seitenlängen $= 1$ eines regulären n-Ecks auf eine Gerade, die mit einer der Polygonseiten den Winkel $2\varphi_0$ bildet, und somit $=$ Null ist wie jede solche algebraische Projectionssumme der Seiten eines geschlossenen Polygons. Obige Gleichung für P geht also über in:

$$P = nEF\frac{x}{s}\left(1 + 12\frac{f^2}{s^2}\right) \text{ und giebt } x = \frac{Ps}{nEF\left(1 + 12\frac{f^2}{s^2}\right)}.$$

Indem nun die Maximalspannung der Speichen im Querschnitte bei A oder bei B, woselbst das Spannungsmoment am grössten, nämlich nach Gleichung (115)

$$= \frac{2p_2 \cdot 2s}{8} = \frac{1}{2}p_2 s$$

ist, den Ausdruck hat: $\sigma = \frac{p_1}{F} + \frac{1}{2}p_2 s\frac{e}{Ff^2}$

oder mit Rücksicht auf obige Ausdrücke von p_1 und p_2:

$$\sigma = E\frac{x}{s}\left(cos\,\varphi + 6\frac{e}{s}sin\,\varphi\right),$$

ergiebt sich durch Einsetzen des Ausdruckes von x:

$$\sigma = \frac{P}{nF\left(1 + 12\frac{f^2}{s^2}\right)}\left(cos\,\varphi + 6\frac{e}{s}sin\,\varphi\right),$$

und es bleibt nur noch übrig, hier für φ den Werth zu setzen, wodurch diese Spannung am grössten wird. Setzt man aber $6\frac{e}{s} = tg\,\beta$, so ist

$$cos\,\varphi + 6\frac{e}{s}sin\,\varphi = \frac{cos(\varphi - \beta)}{cos\,\beta}$$

$$\text{am grössten} = \frac{1}{cos\,\beta} = \sqrt{1 + tg^2\beta} = \sqrt{1 + 36\frac{e^2}{s^2}}$$

für $\varphi = \beta$, also $tg\,\varphi = 6\frac{e}{s}$. Das fragliche Maximum von σ ist also:

$$k = \frac{1}{n}\frac{P}{F}\frac{\sqrt{1 + 36\frac{e^2}{s^2}}}{1 + 12\frac{f^2}{s^2}}$$

oder mit $f^2 = \alpha e^2$ und mit $2e = a =$ der Speichendicke:

$$k = \frac{1}{n}\frac{P}{F}\frac{\sqrt{1 + 9\frac{a^2}{s^2}}}{1 + 3\alpha\frac{a^2}{s^2}} \quad \ldots\ldots (332).$$

Dabei ist für einen rechteckigen Querschnitt $\alpha = \frac{1}{3}$, für einen elliptischen $\alpha = \frac{1}{4}$, und man findet z. B.

$$\text{für } \frac{a}{s} = 0{,}04 \quad 0{,}08 \quad 0{,}12 \quad 0{,}16$$

$$\left.\begin{array}{l} \text{mit } \alpha = \frac{1}{3} : k = 1{,}006 \quad 1{,}022 \quad 1{,}048 \quad 1{,}082 \\ \text{mit } \alpha = \frac{1}{4} : k = 1{,}006 \quad 1{,}023 \quad 1{,}051 \quad 1{,}088 \end{array}\right\} \frac{1}{n} \frac{P}{F}.$$

Diese Anstrengung der Speichen, die sich etwas mehr als doppelt so gross ergiebt, wie sie sein würde, wenn die Kraft P sich als Zug- oder Druckkraft gleichmässig auf alle $2n$ Speichen vertheilte, ist natürlich nur als eine erste Annäherung zu betrachten. Eine zweite müsste die Deformation des Radkranzes berücksichtigen, wenn auch die Nabe ohne wesentlichen Fehler als ein starrer Körper nach wie vor gelten kann. Auch pflegen die einzelnen Bestandtheile des Rades schon unabhängig von P eine von seiner Herstellungsweise abhängende Anfangsspannung zu haben, die z. B. für ein Locomotivrad als Wirkung des warm aufgezogenen Radreifens nach Nr. 32 zu beurtheilen ist.

II. Combination von Zug- oder Druck- und Schubelasticität.

128. — Ein Beispiel dieses Falles, der übrigens von weniger allgemeinem Vorkommen als der vorige ist, gewährt das Verhalten der Niete zur Verbindung von Blechen, überhaupt von plattenförmigen Körpern unter der Einwirkung von Kräften, welche diese Körper längs einander zu verschieben streben. Bei dem gewöhnlichen Verfahren der warmen Nietung, wobei das Niet rothglühend durch die sich entsprechenden Nietlöcher getrieben und aus dem vorstehenden Theile des Schaftes der Schliesskopf durch Hämmern gebildet wird, ist es nämlich nicht die auf das Niet wirkende Schubkraft allein, die seine Spannung bei der fertigen und belasteten Construction bedingt; zum Theil ist diese Spannung eine durch die Zusammenziehung des erkaltenden Nietes verursachte Normalspannung nach seiner Axrichtung, die folgendermaassen ausgedrückt werden kann. Es sei

t die Erwärmung des Nietes, t_1 die der Blechtheile rings um das Niet herum, insoweit sie innerhalb der durch die Ränder der beiden Nietköpfe gehenden Cylinderfläche enthalten sind, beide Temperaturen bezogen auf den Zustand, in welchem das Niet so eben fertig gebildet wurde, und gerechnet von der gewöhnlichen Lufttemperatur aus (von der mittleren Temperatur des wieder erkalteten Gebildes),

α der lineare Ausdehnungscoefficient des Nietes, α_1 der des Bleches,

a die Länge des Nietschaftes = der Summe von Blechdicken zwischen den Nietköpfen nach der Erkaltung,

ε in diesem Zustande (nach der Erkaltung) die specifische Dehnung des Nietes, ε_1 die specifische Zusammendrückung des Bleches.

Dann ist die Gleichung, welche ausdrückt, dass auch im warmen Zustande unmittelbar nach der Herstellung des Schliesskopfes die Länge des Nietschaftes und die Blechdicke zwischen den Nietköpfen einander gleich waren:

$$a(1+\alpha t-\varepsilon)=a(1+\alpha_1 t_1+\varepsilon_1)$$

und folgt daraus: $$\varepsilon+\varepsilon_1=\alpha t-\alpha_1 t_1.$$

Ist ferner E der Elasticitätsmodul, F der Querschnitt des Nietschaftes, E_1 der Elasticitätsmodul des Bleches und F_1 der Querschnitt des Hohlcylinders zwischen der Oberfläche des Nietschaftes und der durch die Ränder der Nietköpfe gehenden Cylinderfläche, so ist die Gleichung, welche ausdrückt, dass die Spannung im Querschnitte F des Nietschaftes der Pressung des Bleches im Querschnitte F_1 gleich ist:

$$EF\varepsilon=E_1 F_1 \varepsilon_1 \quad \text{oder} \quad \frac{\varepsilon}{\varepsilon_1}=\frac{E_1 F_1}{EF}.$$

Streng genommen findet freilich diese Gleichheit nicht statt, ist vielmehr die Spannung $EF\varepsilon=$ der Pressung $E_1 F_1 \varepsilon_1$ plus einer gewissen nach der Nietaxe gerichteten Schubspannung in jener durch die Ränder der Nietköpfe gehenden Cylinderfläche, wodurch die Pressung auch auf einen ausserhalb dieser Cylinderfläche liegenden Theil der Blechmasse übertragen wird, ein Umstand, der indessen dadurch berücksichtigt werden mag, dass F_1 nach Schätzung etwas grösser, als der obigen Definition entsprechend, angenommen wird. Aus den Gleichungen für $\varepsilon+\varepsilon_1$ und $\frac{\varepsilon}{\varepsilon_1}$ folgt nun:

$$\varepsilon=\frac{E_1 F_1}{EF+E_1 F_1}(\alpha t-\alpha_1 t_1) \quad . \quad . \quad . \quad (333).$$

Dadurch ist auch $\sigma=E\varepsilon=$ der axialen specifischen Normalspannung des Nietschaftes bestimmt. Was seine Schubspannung betrifft, so ist vor Allem zu berücksichtigen, dass dieselbe nicht durch die ganze Kraft P verursacht wird, die das eine gegen das andere Blech zu verschieben strebt, dass vielmehr ein Theil dieser Kraft durch die Reibung aufgehoben wird, die zwischen den Blechen, dem Drucke $E_1 F_1 \varepsilon_1=EF\varepsilon=F\sigma$ entsprechend, stattfindet. Ist also μ der betreffende Reibungscoefficient, so ist nach Gleichung (206), Nr. 84, die grösste Schubspannung im kreisförmigen Nietquerschnitte:

$$\tau=\frac{4}{3}\frac{P-\mu F\sigma}{F}=\frac{4}{3}\left(\frac{P}{F}-\mu\sigma\right) \quad . \quad . \quad . \quad (334)$$

und somit nach Gleichung (58), Nr. 24, der aus σ und τ resultirende grösste Absolutwerth des Productes einer Dehnung und des Elasticitätsmodul:

$$k=\frac{m-1}{2m}\sigma+\frac{m+1}{2m}\sqrt{\sigma^2+\frac{64}{9}\left(\frac{P}{F}-\mu\sigma\right)^2} \quad (335),$$

worin der etwas schwankende Werth des Coefficienten m im Durchschnitt $=\frac{10}{3}$, also

$$\frac{m-1}{2m}=0{,}35 \quad \text{und} \quad \frac{m+1}{2m}=0{,}65$$

gesetzt werden kann. Natürlich setzen die Gleichungen (334) und (335) voraus, dass $P > \mu F \sigma$ ist, widrigenfalls $\tau = 0$ und $k = \sigma$ wäre. Auch setzen sie voraus, dass das Niet nur in einem Querschnitte auf Abscheerung in Anspruch genommen wird; vertheilte sich die Schubkraft P unter zwei Querschnitte desselben Nietbolzens, wie bei einer doppelten Bandvernietung (stumpf an den Rändern zusammengestossene Bleche mit zwei die Stossfuge von beiden Seiten überdeckenden Blechbändern), so wäre $\frac{1}{2} P$ für P zu setzen.

Was die Normalspannung $\sigma = E\varepsilon$ betrifft, so ist sie freilich aus Gleichung (333) nicht mit einiger Zuverlässigkeit zu berechnen wegen der Unsicherheit der für F_1, t und t_1 anzunehmenden Werthe; zu einer mehr zutreffenden Beurtheilung dieser Spannung können nur Versuche dienen. Bei solchen, die in England bei Gelegenheit des Baues der Britannia-Brücke, und bei anderen, die später in Frankreich angestellt wurden, hatte man nach Art der doppelten Bandvernietung zwei Blechstreifen mittels zweier die Stossfuge von beiden Seiten überdeckender Stossplatten durch zwei Niete so zusammengenietet, dass die Nietbolzen in den gestossenen Blechplatten Spielraum hatten, und fand dann die Zugkraft, die das Gleiten der letzteren zwischen den sie einklemmenden Stossplatten bewirkte, = 1000 bis 1400 Kgr. pro Quadratcentimeter des Nietquerschnittes, im Mittel also $\mu\sigma = 600$ Kgr. pro Quadratcentim. mit Rücksicht darauf, dass hier die Reibung in zwei Flächen stattfand. Mit $\mu = 0{,}4$ würde daraus $\sigma = 1500$ Kgr. folgen, und sofern diese schon an und für sich ungewöhnlich grosse Spannung eine weitere Steigerung gemäss Gleichung (335) nicht gestattet, müsste

$$\frac{P}{F} < \mu\sigma \quad \text{oder} \quad F > \frac{P}{600} \text{ Quadratcentim.}$$

sein. Setzt man in Gleichung (333)

$$\alpha_1 = \alpha, \quad E_1 = E, \quad F_1 = \frac{5}{3} F,$$

so folgt

$$\sigma = E\varepsilon = \frac{5}{8} E\alpha (t - t_1)$$

und mit $E = 2000000$, $\alpha = 0{,}000012$ für Schmiedeisen:

$$\sigma = 15 (t - t_1),$$

woraus mit $\sigma = 1500$ folgen würde: $t - t_1 = 100^0$ Temperaturdifferenz des Nietbolzens und der ihn umgebenden Blechtheile unmittelbar nach Herstellung des Schliesskopfes. —

Bei der Unsicherheit der Annahmen, von denen nach vorstehenden Auseinandersetzungen die theoretische Untersuchung der Anstrengung eines Nietbolzens ausgehen muss, ist es vorzuziehen, die Widerstandsfähigkeit einer Nietverbindung auf Grund von Versuchen zu beurtheilen, bei denen die Belastung bis zum Bruche gesteigert wird. Solche Versuche, wie sie u. A. besonders von W. Fairbairn angestellt wurden, haben ergeben, dass, damit der Bruch einer einfachen Nietung mit gleicher Wahrscheinlichkeit durch die Abscheerung der Niete wie durch das Reissen des Bleches herbeigeführt werde, die Niete zusammen ungefähr denselben Querschnitt haben müssen wie das zwischen den Nietlöchern übrig gebliebene Blech. Bei der Berechnung und Anordnung einer Vernietung kann hiernach so verfahren werden, als ob die ganze auf relative Verschiebung der vernieteten Bleche hinwirkende Kraft eine in den Nietquerschnitten gleichförmig vertheilte Schubspannung hervorriefe, die in Folge entsprechender Wahl der Verhältnisse = der im Bleche selbst hervorgerufenen grössten Normalspannung sein soll. Diese dadurch allein noch nicht bestimmte Wahl der verhältnissmässigen Werthe von Blechdicke, Durchmesser der Nietbolzen und Entfernung der Nietlöcher von einander ist ausserdem von der Rücksicht auf möglichst geringe Schwächung des Bleches abhängig zu machen sowie auf den Druck zwischen den Nietbolzen und ihren halbcylindrischen Stützflächen in den Nietlöchern, welcher Druck eine gewisse erfahrungsmässig höchstens zulässige Grenze nicht überschreiten darf, wie es, angezeigt durch aufgeworfene Ränder an den Nietlöchern, der Fall sein kann, auch ohne dass die übrigen Theile der Vernietung schon bis zum Maximum ihrer zulässigen Spannung angestrengt sind.

III. Combination von Zug- oder Druck- und Drehungselasticität.

129. — Ist P die nach der Axrichtung eines aus isotropem Materiale bestehenden geraden Stabes ziehend oder drückend wirkende äussere Kraft, M das auf Verdrehung um die Axe wirkende Kraftmoment, so verursacht P eine gleichförmig in jedem Querschnitte vertheilte Spannung σ, M aber eine Schubspannung τ, die in einem gewissen Punkte des Umfanges am grössten ist, und in diesem letzteren Punkte jedes Querschnittes findet deshalb auch der nach Gleichung (58) zu berechnende grösste Absolutwerth k von $E\varepsilon$ statt.

Ist insbesondere der Querschnitt ein Kreis mit dem Radius r, so ist:

$$\sigma = \frac{P}{\pi r^2}, \quad max\,\tau = \frac{2M}{\pi r^3} \text{ nach Gleichung (230),}$$

$$k = \frac{P}{\pi r^2}\left(\frac{m-1}{2m} + \frac{m+1}{2m}\sqrt{1+\left(\frac{4M}{Pr}\right)^2}\right) \quad . \quad (336).$$

130. — Wenn z. B. durch eine Pressschraube, deren äusserer, mittlerer und innerer Gewindehalbmesser beziehungsweise $= r_1$, r und r_2 sei, der Druck P ausgeübt werden soll, und M das Kraftmoment ist, mit welchem zu dem Ende die Schraube gedreht werden muss, so ist nach Gleichung (336), worin für r der Halbmesser r_2 des Schraubenkernes zu setzen ist, mit $m = \frac{10}{3}$:

$$k = \frac{P}{\pi r_2^2}\left(0{,}35 + 0{,}65\sqrt{1+16\left(\frac{r}{r_2}\right)^2\left(\frac{M}{Pr}\right)^2}\right) \quad . \quad (337).$$

Von dem Moment M wird ein Theil durch die Reibung zwischen der Schraube und der Pressplatte, überhaupt dem von der Schraube an ihrem Ende gepressten und an der Drehung nicht Theil nehmenden Körper im Gleichgewichte gehalten, so dass, wenn diese Reibung in einer Kreisfläche vom Radius r_2 entsprechend dem Reibungscoefficienten μ' stattfindet, für das Gleichgewicht mit dem Drucke P und der Reibung im Muttergewinde das Kraftmoment

$$M - \mu' P \cdot \frac{2}{3} r_2 = P' r$$

übrig bleibt, dessen auf den mittleren Halbmesser r reducirte Kraft P' bei Voraussetzung einer Schraube mit flachem Gewinde (rechteckigem Gewindequerschnitte) nach den Gesetzen der schiefen Ebene bestimmt ist durch die Gleichung:

$$P' \cos\alpha = P \sin\alpha + \mu (P' \sin\alpha + P \cos\alpha),$$

unter μ den Coefficienten der Reibung im Muttergewinde und unter α den mittleren Steigungswinkel, d. h. den Winkel verstanden, unter welchem die Durchschnittslinie der Schraubenfläche mit der coaxialen Cylinderfläche zum Radius r gegen eine zur Schraubenaxe senkrechte Ebene geneigt ist. Hieraus folgt mit $\mu = tg\varrho$:

$$\frac{P'}{P} = \frac{\sin\alpha + \mu\cos\alpha}{\cos\alpha - \mu\sin\alpha} = \frac{tg\alpha + tg\varrho}{1 - tg\alpha\, tg\varrho} = tg(\alpha + \varrho),$$

also das in Gleichung (337) vorkommende Verhältniss

$$\frac{M}{Pr} = \frac{P'}{P} + \frac{2}{3}\mu' \frac{r_2}{r} = tg(\alpha + \varrho) + \frac{2}{3}\mu' \frac{r_2}{r} \quad . \quad (338).$$

Hat insbesondere die Schraube ein einfaches Gewinde quadratischen Querschnittes, so ist die Steigung $= 2(r_1 - r_2)$ und

$$tg\alpha = \frac{r_1 - r_2}{\pi r}.$$

Wird dann beispielsweise angenommen:

$$\mu = \mu' = 0{,}1 \text{ und } r_2 : r : r_1 = 6 : 7 : 8,$$

so findet man: $\alpha = 5^0\,12'$, $\varrho = 5^0\,43'$, $\frac{M}{Pr} = 0{,}250$

$$k = \frac{P}{\pi r_2^2}\left(0{,}35 + 0{,}65\sqrt{1 + \frac{49}{36}}\right) = 1{,}35 \frac{P}{\pi r_2^2}.$$

Ist k gegeben, so ist der nöthige äussere Durchmesser d_1 der Schraube:

$$d_1 = 2r_1 = 2\frac{r_1}{r_2} r_2 = \frac{8}{3}\sqrt{\frac{1{,}35}{\pi}\frac{P}{k}} = 1{,}75\sqrt{\frac{P}{k}}.$$

IV. Combination von Biegungs- und Schubelasticität.

131. — Für irgend einen Querschnitt des Stabes sei M das auf Biegung wirkende Kraftmoment, R die Schubkraft; die Ebene von M theile den Querschnitt in zwei symmetrische Hälften, und der Schnitt

(die Symmetrieaxe) sei die Richtungslinie von R. Die Biegungsaxe ist dann senkrecht zu diesem Schnitte, und wenn

J das Trägheitsmoment des Querschnittes in Bezug auf die Biegungsaxe,

y die Breite im Abstande z von der letzteren,

φ den Neigungswinkel der Tangenten des Querschnittsumfanges in den Endpunkten der Breitenlinie y gegen die Richtungslinie von R,

e den Maximalwerth von z,

$dF = y\,dz$ einen der Biegungsaxe parallelen Flächenstreifen

bedeutet, so ist in allen Punkten der Breitenlinie y die Normalspannung:

$$\sigma = \frac{Mz}{J} \text{ nach Gleichung (81)},$$

während die Schubspannung in ihren Endpunkten am grössten, nämlich:

$$\tau = \frac{R}{Jy\cos\varphi}\int_z^e z\,dF \text{ nach Gleichung (201)}$$

ist, in denselben Punkten folglich nach Gleichung (58) das Product von Elasticitätsmodul und grösster Dehnung bei Voraussetzung isotroper Beschaffenheit des Stabes:

$$E\varepsilon = \frac{M}{J}\left(\frac{m-1}{2m}z + \frac{m+1}{2m}\sqrt{z^2 + \left(\frac{2R}{My\cos\varphi}\int_z^e z\,dF\right)^2}\right) \quad (339).$$

Der dem Maximum dieses Ausdruckes entsprechende Werth von z ist von der Querschnittsform und von der Beziehung zwischen M, R und der die Grösse des Querschnittes bei gegebener Form bestimmenden Dimension desselben abhängig.

132. — Der Querschnitt sei z. B. ein Rechteck $= bc$, die Schubkraft R parallel den Seiten c, das Biegungsmoment $M = Ra$. In dem Ausdrucke (339) ist dann zu setzen:

$$y = b,\ e = \frac{c}{2},\ J = \frac{bc^3}{12},\ \cos\varphi = 1,\ \int_z^e z\,dF = \frac{b}{2}\left(\frac{c^2}{4} - z^2\right)$$

und ergiebt sich für die Entfernung $z = \alpha\frac{c}{2}$ von der Biegungsaxe:

$$E\varepsilon = \frac{6M}{bc^2}\left(\frac{m-1}{2m}\alpha + \frac{m+1}{2m}\sqrt{\alpha^2 + \frac{1}{4}\frac{c^2}{a^2}(1-\alpha^2)^2}\right) \quad (340),$$

z. B. mit $m = 4$:

$$E\varepsilon = \frac{3}{4}\frac{M}{bc^2}f(\alpha) \text{ mit } f(\alpha) = 3\alpha + 5\sqrt{\alpha^2 + \frac{1}{4}\frac{c^2}{a^2}(1-\alpha^2)^2}.$$

Die Art und Weise, wie sich $f(\alpha)$ mit α ändert und wie dieses Aenderungsgesetz durch den Werth des Verhältnisses $\frac{a}{c}$ bedingt wird, macht die folgende tabellarische Zusammenstellung anschaulich.

α	$\frac{a}{c}=\frac{1}{16}$ $f(\alpha)$	$\frac{a}{c}=\frac{1}{8}$ $f(\alpha)$	$\frac{a}{c}=\frac{1}{4}$ $f(\alpha)$	$\frac{a}{c}=\frac{5}{16}$ $f(\alpha)$	$\frac{a}{c}=\frac{3}{8}$ $f(\alpha)$	$\frac{a}{c}=\frac{1}{2}$ $f(\alpha)$
0	40	20	10	8	6,667	5
0,1	39,903	20,106	10,213	8,236	6,919	5,275
0,2		19,813	10,252	8,345	7,078	5,503
0,3			10,123	8,333	7,149	5,691
0,4			9,835	8,211	7,146	5,852
0,5	beständige Abnahme bis	beständige Abnahme bis	9,406	8	7,090	6,007
0,6			8,868	7,734	7,016	6,186
0,7			8,285	7,476	6,979	6,430
0,8			7,781	7,329	7,065	6,786
0,9		8,590	7,585	7,450	7,375	7,299
1	8	8	8	8	8	8

Hiernach ist für $\frac{a}{c}=\frac{5}{16}$: $f(0)=f(0{,}5)=f(1)=8$, und liegt zwischen $f(0)$ und $f(0{,}5)$ ein Maximum, zwischen $f(0{,}5)$ und $f(1)$ ein Minimum von $f(\alpha)$.

Für grössere Werthe von $\frac{a}{c}$ bleiben zwar das Maximum und das Minimum zunächst noch bestehen, allein sehr bald, z. B. schon für $\frac{a}{c}=\frac{3}{8}$ wird das Maximum kleiner, als der unveränderliche Grenzwerth $f(1)=8$. Wird $\frac{a}{c}$ noch grösser, so findet, z. B. schon für $\frac{a}{c}=\frac{1}{2}$, beständige Zunahme statt von $f(0)$ bis $f(1)$.

Wird $\frac{a}{c}<\frac{5}{16}$, so wird zunächst das Maximum verhältnissmässig weniger von $f(0)$, das Minimum verhältnissmässig weniger von $f(1)$ verschieden; alsbald bei weiterer Abnahme von $\frac{a}{c}$ fällt zunächst das Minimum fort, z. B. schon für $\frac{a}{c}=\frac{1}{8}$, später auch das Maximum, z. B. schon für $\frac{a}{c}=\frac{1}{16}$, bei welchem wie bei jedem noch kleineren Verhältnisse $\frac{a}{c}$ eine beständige Abnahme von $f(0)$ bis $f(1)$ stattfindet.

Uebrigens ist das etwa noch vorhandene Maximum von $f(\alpha)$ für $\frac{a}{c}>\frac{5}{16}$ stets nur so wenig $>f(1)$ und für $\frac{a}{c}<\frac{5}{16}$ stets nur so wenig $>f(0)$, dass es mit meistens unerheblichem Fehler dort $=f(1)$, hier $=f(0)$ gesetzt werden kann. Das hier für $m=4$ gefundene Grenzverhältniss $\frac{a}{c}=\frac{5}{16}$ ist allgemeiner dasjenige, welchem, wenn

$$f(\alpha)=(m-1)\,\alpha+(m+1)\sqrt{\alpha^2+\frac{1}{4}\frac{c^2}{a^2}(1-\alpha^2)^2}$$

gesetzt wird, $f(0)=f(1)$, also $\frac{m+1}{2}\frac{c}{a}=2m$ entspricht, d. i. $\frac{a}{c}=\frac{m+1}{4m}$.

Im Falle $\frac{a}{c}=\frac{M}{Rc}>\frac{m+1}{4m}$ ist also $max\,f(\alpha)=f(1)$,

im Falle $\frac{a}{c}=\frac{M}{Rc}<\frac{m+1}{4m}$ „ „ $max\,f(\alpha)=f(0)$

zu setzen (genau oder näherungsweise, jenachdem $\frac{a}{c}$ mehr oder weniger $\gtrless\frac{m+1}{4m}$ ist), oder die Anstrengung des Materials in dem betreffenden Querschnitte dort nur mit Rücksicht auf Biegungselasticität, hier nur mit Rücksicht auf Schubelasticität zu beurtheilen.

133. — Das Gewinde einer flachgängigen Schraube, die nach der Richtung ihrer Axe den Druck P auszuüben hat, kann, soweit es in der Mutter enthalten und deshalb durch die Kraft P belastet ist, näherungsweise als ein prismatischer Körper von rechteckigem Querschnitte $= bc$ betrachtet werden, dessen Dimension b die anderen bedeutend übertrifft, indem nämlich $b =$ dem Umfange des Schraubenkernes multiplicirt mit der Anzahl der in der Mutter enthaltenen Windungen, $c =$ der Dicke des Gewindes zu setzen, die Länge aber $=$ der Gewindetiefe $t = r_1 - r_2$ ist, unter r_1 den äusseren, r_2 den inneren Gewindehalbmesser verstanden.

Wenn das Gewinde ohne allen Spielraum in das entsprechende Muttergewinde passt, so ist eine Biegung unmöglich, die Anstrengung folglich nach der in der Anhaftungsfläche am Schraubenkerne hervorgerufenen grössten Schubspannung zu beurtheilen, die nach Gleichung (205):

$$max\,\tau=\frac{3}{2}\frac{P}{bc} \quad \ldots\ldots\ldots \quad (341)$$

ist. Wenn aber Spielraum vorhanden ist, der nur sehr klein zu sein braucht, um eine mit erheblicher Mehranstrengung verbundene Biegung zuzulassen, so entspricht dieser letzteren, falls der Druck P als gleichförmig auf dem Gewinde vertheilt oder in der mittleren Schraubenlinie concentrirt angenommen wird, die grösste Normalspannung:

$$max\,\sigma=\frac{P\frac{t}{2}\frac{c}{2}}{\frac{bc^3}{12}}=\frac{3\,Pt}{bc^2} \quad \ldots\ldots \quad (342)$$

gleichfalls in dem Querschnitte, mit welchem das Gewinde am Schraubenkerne haftet. Indem aber hier die in voriger Nummer mit a bezeichnete

Länge $=\frac{t}{2}$ und somit, falls $t \overline{\overline{>}} c$ ist, $\frac{a}{c}=\frac{t}{2c} \overline{\overline{>}} \frac{1}{2}$, gewiss also $>\frac{m+1}{4m}$ ist, so kann in diesem Falle das Gewinde auf blosse Biegung berechnet, d. h. die Anstrengung nach jenem Maximalwerthe von σ beurtheilt werden, der insbesondere bei quadratischem Gewindequerschnitte $(t=c)$ doppelt so gross wie $max\, \tau$ ist.

Ist h die Höhe der Schraubenmutter, so kann man auch setzen:

$$bc=\pi r_2 h,$$

also bei quadratischem Querschnitte und etwas Spielraum des Gewindes in der Mutter:

$$max\, \sigma=\frac{3P}{\pi r_2 h}.$$

Für die in Nr. 130 betrachtete Pressschraube würde diese Maximalspannung im Gewinde dem dort bestimmten Maximalwerthe von $E\varepsilon$:

$$k=1{,}35\frac{P}{\pi r_2^2}$$

im Schraubenkerne gleich sein, wenn $\frac{h}{r_2}=\frac{3}{1{,}35}$ oder das Verhältniss der Mutterhöhe zum äusseren Schraubendurchmesser:

$$\frac{h}{d_1}=\frac{1}{2}\frac{r_2}{r_1}\frac{h}{r_2}=\frac{3}{8}\frac{h}{r_2}=\frac{9}{10{,}8}=\frac{5}{6}$$

wäre. — Dieselben Formeln (341) und (342) gelten für das Muttergewinde, wenn darin

$$bc=\pi r_1 h$$

gesetzt wird. Die Mutter läuft also geringere Gefahr einer übermässigen Anstrengung, sofern nicht etwa die Widerstandsfähigkeit des Materials, woraus sie besteht, in bedeutenderem Maasse, als im Verhältnisse des inneren zum äusseren Gewindedurchmesser kleiner, als die des Materials der Schraube ist.

134. — Aus der in Nr. 132 für einen rechteckigen Querschnitt angestellten und in ähnlicher Weise auch für andere Querschnittsformen ausführbaren Untersuchung ist zu schliessen, dass überhaupt in solchen Fällen, *in denen die Breite des Querschnittes nirgend grösser, als in der Biegungsaxe, und derselbe nur von solcher Form ist, dass die grösste Schubspannung in der Biegungsaxe stattfindet*, die Anstrengung in ihm ohne wesentlichen Fehler nur mit Rücksicht auf die Normalspannungen oder nur mit Rücksicht auf die Schubspannungen zu beurtheilen sein wird, jenachdem

$$E\varepsilon \text{ für } z=e \gtrless E\varepsilon \text{ für } z=0$$

ist, folglich, mit Rücksicht auf den allgemeinen Ausdruck (339) von $E\varepsilon$, jenachdem

$$\frac{Me}{J} \gtrless \frac{m+1}{m} \frac{R}{J y_0 \cos \varphi_0} \int_0^e z\,dF \text{ oder } \frac{M}{R} \gtrless \frac{m+1}{m} \frac{\int_0^e z\,dF}{e y_0 \cos \varphi_0}$$

ist, unter y_0 die Breite in der Biegungsaxe und unter φ_0 den entsprechenden Werth von φ für $z=0$ verstanden.

Wenn sich aber der Querschnitt mit wachsender Entfernung z von der Biegungsaxe verbreitert, so kann es der Fall sein, dass einem gewissen zwischen 0 und e liegenden Werthe von z ein solcher Maximalwerth von $E\varepsilon$ entspricht, der wesentlich grösser ist als $E\varepsilon$ für $z=e$ und für $z=0$, indem dann an einer solchen Stelle die Normalspannung eine erhebliche Grösse haben kann, ohne dass die Schubspannung viel kleiner als in der Biegungsaxe wäre.

135. — Von der zuletzt erwähnten Art sind z. B. die doppelt-Tförmigen Querschnitte prismatischer Träger von gewalztem Eisen, nach Fig. 35 (Nr. 84) bestimmt durch die Dimensionen a, b, d, e, und zwar ist es hier namentlich zu erwarten, dass für $z=f=e-d$, d. i. an einer Stelle, wo die Schubspannung nur wenig kleiner als ihr Maximalwerth für $z=0$, die Normalspannung nur wenig kleiner als ihr Maximalwerth für $z=e$ ist, die entsprechende grösste Dehnung ε erheblich grösser werden kann, als an jenen beiden Stellen ($z=0$ und $z=e$), um so mehr, je weniger sie an diesen letzteren Stellen verschieden gross ist und je kleiner die Dimensionen a, d im Vergleich mit den Dimensionen b, e sind. Haben dann ferner in demselben Querschnitte die Schubkraft R und das Biegungsmoment M ihre grössten Werthe, so ist der $z=f$ entsprechende grösste Werth von ε in diesem Querschnitte zugleich der grösste im ganzen Körper, also maassgebend für die Beurtheilung seiner Anstrengung. Dies ist z. B. der Fall, wenn der Träger, dessen Länge $=2l$ sei, bei gleichförmiger Belastung mit p pro Längeneinheit an beiden Enden eingeklemmt ist; R und M sind dann in den Endquerschnitten am grössten, und zwar nach Gleichung (116):

$$R=pl \text{ und } M=\frac{p \cdot 2l \cdot 2l}{12}=\frac{pl^2}{3}.$$

Damit und mit $m=3$ sowie den Bezeichnungen:

$$H_0=\int_0^e z\,dF \text{ und } H_1=\int_f^e z\,dF$$

folgt aus Gleichung (339)

$$\left.\begin{array}{l} \text{für } z=0: \quad E\varepsilon=k_0=\frac{4}{3} pl \frac{H_0}{Ja} \quad \ldots\ldots\ldots \\ \text{für } z=f: \quad E\varepsilon=k_1=\frac{pl^2}{9} \frac{f}{J}\left(1+2\sqrt{1+\left(\frac{6 H_1}{laf}\right)^2}\right) \\ \text{für } z=e: \quad E\varepsilon=k=\frac{pl^2}{3} \frac{e}{J} \quad \ldots\ldots\ldots \end{array}\right\} (343),$$

und ist darin:
$$\left.\begin{aligned} J &= \frac{2}{3}\left[be^3-(b-a)f^3\right] \\ H_0 = \frac{1}{2}\left[be^2-(b-a)f^2\right]&;\; H_1 = \frac{1}{2}b(e^2-f^2) \end{aligned}\right\} \quad (344).$$

Aus den Ausdrücken (343) ergiebt sich, dass in den Endquerschnitten des Trägers

$$k_1 > k_0 \text{ ist, wenn } l > \frac{12H_0}{af}\,\frac{1-\left(\frac{H_1}{H_0}\right)^2}{1+\sqrt{4-3\left(\frac{H_1}{H_0}\right)^2}} \quad (345),$$

$$\text{und } k_1 > k,\text{ wenn } l < \frac{12H_1}{ae}\,\frac{1}{\sqrt{3\left(3-2\frac{f}{e}-\frac{f^2}{e^2}\right)}} \quad (346)$$

ist, also k_1 zugleich $> k_0$ und $> k$, wenn l zwischen diesen beiden Grenzwerthen enthalten ist.

Unter den Trägerprofilen der Burbacher Hütte befindet sich z. B. ein solches mit den Dimensionen:

$$a=9,\; b=100,\; d=11,\; e=100 \text{ Millim.}$$

Damit ergiebt sich:

$$J=23898547,\; H_0=139595,\; H_1=103950$$

und
$$k_1 > k_0 \text{ für } l > 368 \text{ Millim.},$$
$$k_1 > k \text{ für } l < 1223 \text{ Millim.}$$

Läge l zwischen diesen Grenzen, so würde die Annahme, dass der grössere der beiden Werthe k_0 und k das absolute Maximum von $E\varepsilon$ ist, voraussichtlich dann am meisten fehlerhaft sein,

$$\text{wenn } k_0 = k,\text{ d. h. wenn } l = \frac{4H_0}{ae} \quad . \; . \; . \quad (347)$$

wäre, bei vorliegendem Beispiele für $l=620$ Millimeter. In diesem Falle ist allgemein

$$\frac{k_1}{k_0=k} = \frac{1}{3}\frac{f}{e}\left(1+2\sqrt{1+\left(\frac{6H_1}{laf}\right)^2}\right)$$
$$= \frac{1}{3}\left(\frac{f}{e}+2\sqrt{\left(\frac{f}{e}\right)^2+\left(\frac{3H_1}{2H_0}\right)^2}\right) \quad . \; . \; . \quad (348),$$

hier $=1{,}249$, in der That also wesentlich grösser als 1 und als das analoge Verhältniss bei rechteckigen Querschnitten, das nach Nr. 132 den ungefähren Werth

$$\frac{max(E\varepsilon)}{k_0=k} = \frac{8{,}345}{8} = 1{,}043$$

hat. Meistens wird freilich die halbe Trägerlänge l grösser, als der durch (346) bestimmte Grenzwerth sein, und ist dann die $z=e$ entsprechende grösste Normalspannung k zugleich das maassgebende Maximum von $E\varepsilon$.

136. — Wenn die Belastung des prismatischen Trägers von doppelt-Tförmigem Querschnitte an einer gewissen Stelle C in den Entfernungen $AC = l$, $A_1C = l_1$ von den Enden A, A_1 concentrirt, $l < l_1$ und der Träger an beiden Enden eingeklemmt oder an beiden gestützt ist, so ist R am grössten und zwar gleich gross in allen Querschnitten der Strecke AC, M aber im Falle der Einklemmung im Querschnitte A, im Falle der Stützung im Querschnitte C am grössten, und zwar ist das Verhältniss dieser Maximalwerthe von M und R

$$\text{im ersten Falle} = \frac{l(l+l_1)}{3l+l_1} \text{ nach Gleichung (109) und (110),}$$
$$\text{im zweiten Falle} = l.$$

In demselben Querschnitte, also bei A im Falle der Einklemmung, bei C im Falle der Stützung des Trägers an seinen Enden, ist somit auch die Anstrengung desselben am grössten, und zwar im Abstande

$$z = 0, \; z = f \text{ oder } z = e$$

von der Biegungsaxe, jenachdem — analog den Bedingungen (345) und (346) in voriger Nummer, wo aber $\frac{M}{R} = \frac{l}{3}$ war — der Werth von

$$\frac{l(l+l_1)}{3l+l_1} \text{ im ersten, } l \text{ im zweiten Falle}$$

unter, zwischen oder über den Grenzwerthen:

$$\frac{4H_0}{af} \frac{1-\left(\frac{H_1}{H_0}\right)^2}{1+\sqrt{4-3\left(\frac{H_1}{H_0}\right)^2}} \text{ und } \frac{4H_1}{ae} \frac{1}{\sqrt{3\left(3-2\frac{f}{e}-\frac{f^2}{e^2}\right)}}$$

liegt. Im Bruchquerschnitte (A resp. C) ist $k_0 = k$, wenn analog Gleichung (347)

$$\text{im ersten Falle } \frac{l(l+l_1)}{3l+l_1}, \text{ im zweiten } l = \frac{4H_0}{3ae}$$

ist. Das Verhältniss $\frac{k_1}{k_0 = k}$ ist aber in beiden Fällen das durch Gleichung (348) bestimmte, insbesondere also auch hier $= 1{,}249$ für das in voriger Nummer als Beispiel betrachtete Trägerprofil.

137. — Für die Folgerungen in den zwei vorigen Nummern war es wesentlich, dass unter den dort vorausgesetzten Umständen die Maxima der Schubkraft R und des Biegungsmoments M in demselben Querschnitte stattfanden. Wenn aber, was der gewöhnliche oder wenigstens für die Anordnung meistens vorausgesetzte Fall ist, der prismatische Träger von der Länge $2l$ bei gleichförmiger Belastung p pro Längeneinheit an beiden Enden auf Stützen liegt, so ist für einen Querschnitt in der Entfernung $x = \xi l$ von der Mitte:

$$R = px = pl\xi,$$

$$M = pl(l-x) - \frac{p(l-x)^2}{2} = \frac{p(l^2-x^2)}{2} = \frac{pl^2}{2}(1-\xi^2),$$

$$max\ R = pl \quad \text{für } \xi = 1\,, \text{ d. i. in den Endquerschnitten,}$$

$$max\ M = \frac{pl^2}{2} \quad \text{für } \xi = 0\,, \text{ d. i. im mittleren Querschnitte.}$$

Mag nun auch in solchem Falle bei gewissen Stablängen und in gewissen Querschnitten derjenige Werth von $E\varepsilon$ der grösste sein, der in einem gewissen zwischen 0 und e liegenden Abstande z von der Biegungsaxe stattfindet, so ist doch im ganzen Träger für jeden bestimmten Abstand z die Dehnung ε entweder im mittleren Querschnitte oder in den Endquerschnitten am grössten, und zwar bei jeder Querschnittsform, so dass dann die grösste Anstrengung immer entweder (bei grösseren Stablängen) die den Normalspannungen im mittleren oder (bei kleineren Stablängen) die den Schubspannungen in einem Endquerschnitte entsprechende ist, nach Nr. 134 nämlich jene oder diese, jenachdem

$$\frac{l}{2} \gtrless \frac{m+1}{m} \frac{\int_0^e z\,dF}{e y_0 \cos\varphi_0} \quad \ldots\ldots \quad (349)$$

ist, falls der Querschnitt eine solche Form hat, dass seine Schubspannung in der Biegungsaxe am grössten ist. In der That ergiebt sich aus Gleichung (339) mit

$$m = 3\,,\ H = \int_z^e z\,dF$$

und obigen Ausdrücken von R und M:

$$E\varepsilon = \frac{pl^2}{6}\frac{z}{J}\left(1-\xi^2+2\sqrt{(1-\xi^2)^2+\left(\frac{4H}{lyz\cos\varphi}\right)^2\xi^2}\right)$$

$$= \frac{pl^2}{6}\frac{z}{J} f(\xi)$$

$$\text{mit } f(\xi) = 1-\xi^2+2\sqrt{1-2n\xi^2+\xi^4}$$

$$\text{und } n = 1-\frac{1}{2}\left(\frac{4H}{lyz\cos\varphi}\right)^2.$$

Bei gegebenem Werthe von z, also gegebenen Werthen von y, φ, H entspricht nun das Maximum von $f(\xi)$ und somit von ε der Gleichung:

$$\frac{df(\xi)}{d\xi} = -2\xi + 2\frac{-2n\xi+2\xi^3}{\sqrt{1-2n\xi^2+\xi^4}} = 0\,,$$

$$\text{also } \xi = 0 \text{ oder } \sqrt{1-2n\xi^2+\xi^4} = 2\xi^2 - 2n\,,$$

vorausgesetzt, dass der aus dieser letzteren Gleichung folgende Werth von ξ^2, nämlich

$$\xi^2 = n + \sqrt{\frac{1-n^2}{3}}$$

zwischen 0 und 1 enthalten ist. Für $\xi = 0$ ist aber $f(\xi)$ wirklich ein

Maximum (für den anderen Werth von ξ also, falls er < 1 ist, ein Minimum), wenn der $\xi = 0$ entsprechende zweite Differentialquotient

$$\frac{d^2 f(\xi)}{d\xi^2} = -2 + 2(-2n) < 0\,, \text{ d. i. } n > -\frac{1}{2}$$

ist. Wäre dagegen $n < -\frac{1}{2}$, also $f(0)$ ein Minimum, so wäre

$$n^2 > \frac{1}{4}\,;\quad \sqrt{\frac{1-n^2}{3}} < \frac{1}{2}\,;\quad n + \sqrt{\frac{1-n^2}{3}} < 0\,;$$

es würde also ein Maximum zwischen 0 und 1 gar nicht geben, vielmehr $f(\xi)$ vom Minimum

$$f(0) = 3 \text{ bis } f(1) = 2\sqrt{2(1-n)}$$

stetig wachsen, welch' letzterer Grenzwerth wegen $1 - n > \frac{3}{2}$ jedenfalls $> 2\sqrt{3} = 3{,}464$ wäre.

Insbesondere bei doppelt-*T*förmigem Querschnitte (Fig. 35) ist der Träger mit Bezug auf den Spannungszustand seines mittleren Querschnittes auf Biegungselasticität oder seiner Endquerschnitte auf Schubelasticität zu berechnen, jenachdem nach Gleichung (349)

$$l \gtrless \frac{8H_0}{3ae} \quad . \; . \; . \; . \; . \; . \; . \; . \quad (350),$$

jenachdem z. B. bei dem in den vorigen Nummern betrachteten speciellen Profil l grösser oder kleiner als 413 Millimeter ist.

138. — Man könnte sich die Aufgabe stellen, die Querschnittsform eines Trägers so zu bestimmen, dass die grösste Dehnung ε in allen Entfernungen z von der Biegungsaxe gleich gross wird. Sollte freilich diese Forderung für alle Querschnitte erfüllt werden so, dass die für jeden einzelnen constante grösste Dehnung auch für alle gleich gross ist, so würde sich eine Körperform ergeben, die nur durch Guss nach einem Modell realisirt werden könnte, dessen Kosten aber die dadurch erreichbare Materialersparniss mehr als aufwiegen würden, falls es sich nicht etwa um die Herstellung sehr vieler unter gleichen Umständen zu benutzender Träger handelte.

Bei prismatischen, durch den Walzprocess herstellbaren Trägern, also bei constantem Querschnitte könnte man sich darauf beschränken, die Form des letzteren so zu bestimmen, dass wenigstens im Bruchquerschnitte, wo die Schubkraft R und das Biegungsmoment M am grössten sind, die grösste Dehnung unabhängig von z und somit möglichst klein wird, wenn nicht dadurch diese Querschnittsform, um der Forderung zu genügen, an eine bestimmte Länge, Unterstützungs- und Belastungsweise des betreffenden Trägers gebunden sein würde, während im Gegentheil die Hüttenwerke darauf bedacht sein müssen, die Mannigfaltigkeit ihrer passend gewählten Profile möglichst beschränken zu können, dieselben also so zu wählen, dass die betreffenden Träger unter möglichst verschiedenen Umständen mit Vortheil verwendbar sind. Dazu kommt, dass in dem gewöhnlichen Falle eines beiderseits auf Stützen liegenden und gleichförmig belasteten Trägers die Forderung gar nicht erfüllbar ist, weil dann im mittleren Bruchquerschnitte nur Normalspannungen, in den Bruchquerschnitten an den Enden nur Schubspannungen stattfinden, dort also behufs vortheilhaftester Materialvertheilung die Breite y nach der Mitte hin bis Null abnehmen, hier dagegen umgekehrt nach der Mitte hin wachsen müsste.

Immerhin würde es thunlich und zu möglichst mannigfacher vortheilhafter Verwendbarkeit der betreffenden Träger zweckmässig sein, die üblichen doppelt-Tförmigen Querschnittsprofile so abzuändern, dass die Dicke des Steges von der Mitte nach aussen hin wächst: von a für $z=0$ bis zu einer gewissen Grösse a_1 für $z=f$ (mit den in den vorigen Nummern gebrauchten Bezeichnungen), und könnten dabei unbeschadet der nach den üblichen Abstufungen zu wählenden Dimensionen b, d, e die Dimensionen a und a_1 etwa so gewählt werden, dass, wenn der nach dem betreffenden Profil gewalzte Träger bei kleinster dafür in Aussicht genommener Länge beiderseits auf Stützen liegend gleichförmig belastet ist, die Anstrengung im mittleren Querschnitte für $z=e$ derjenigen in den Endquerschnitten für $z=0$ gleich ist, dass aber, wenn er unter übrigens gleichen Umständen eine in der Mitte concentrirte Last trägt, daselbst in den Abständen $z=e$ und $z=f$ von der Biegungsaxe die Anstrengungen (grössten Dehnungen ε) gleich gross werden. Das Gesetz, nach welchem die Stegdicke y von a bis a_1 zunimmt, könnte dabei willkürlich mit Rücksicht auf die Erleichterung der Rechnung und die praktische Ausführung der Walzen z. B. so angenommen werden, dass der Querschnitt des Steges von zwei gleichen Parabeln begrenzt wird, deren Hauptaxen in der Biegungsaxe liegen, entsprechend der Gleichung:

$$\frac{y-a}{a_1-a}=\frac{z^2}{f^2}.$$

Eine weitere Ausführung dieser Andeutungen würde nur mit specieller Rücksichtnahme auf die Technik des Walzprocesses von Nutzen sein. Bei zusammengesetzten Trägern wird die wünschenswerthe Querschnittsform einigermaassen schon durch die Winkeleisen vermittelt, die den Steg mit den Gurtungen verbinden.

139. — Schliesslich ist zu bemerken, dass auch die Krümmung der Mittellinie eines ursprünglich geraden stabförmigen Körpers ausser durch die Biegungsmomente M zugleich durch die Schubkräfte R bedingt wird. Wird die gekrümmte Mittellinie (die elastische Linie) auf ein rechtwinkeliges Coordinatensystem der x, z bezogen, so dass die x-Axe in der ursprünglich geraden Stabaxe liegt und die z-Axe im Sinne der gegebenen belastenden Kräfte positiv ist, und dann für eine Stelle in der Entfernung x vom Anfangspunkte der Coordinaten die resultirende Ordinate

$$z=\delta+\delta'$$

gesetzt, unter δ den durch die Biegung, unter δ' den durch die Schiebung verursachten Bestandtheil verstanden, so kann δ nach den Regeln der Biegungselasticität bestimmt werden, während

$$\delta' = \int_0^x \gamma_y \, dx = \frac{1}{G} \int_0^x \tau_y \, dx$$

zu setzen ist, unter $\gamma_y (= \gamma_{xz})$ und $\tau_y (= \tau_{xz})$ die nach der z-Axe gerichtete (gemäss Nr. 11 resp. Nr. 1 positive oder negative) Schiebung und Schubspannung im Schwerpunkte eines Querschnittes verstanden. Darin ist, wenn X die (gemäss Nr. 47 positive oder negative) Schubkraft eines Querschnittes, y_0 die Breite desselben in der Biegungsaxe bedeutet und H_0 die in Nr. 135 festgesetzte Bedeutung hat, nach Gleichung (200):

$$\tau_y = \frac{H_0 X}{J y_0}.$$

Insbesondere für einen prismatischen Stab sind J, y_0 und H_0 unabhängig von x, ist also

$$\delta' = \frac{H_0}{G J y_0} \int_0^x X dx \quad \ldots \ldots \quad (351),$$

während δ stets auf den Ausdruck:

$$\delta = n \frac{\frac{1}{x}\int_0^x X dx}{EJ} x^3 = n \frac{x^2}{EJ} \int_0^x X dx$$

gebracht werden kann, wenn mit n ein Coefficient bezeichnet wird, der von der Stützungs- und Belastungsweise des Stabes und von dem Verhältnisse des Abstandes x zur ganzen Stablänge abhängt. Somit ist

$$\frac{\delta'}{\delta} = \frac{1}{n} \frac{E}{G} \frac{H_0}{x^2 y_0}$$

und folgt daraus, da H_0 eine cubische Function der Querschnittsdimensionen ist, dass, wenn letztere klein im Vergleich mit x sind, $\frac{\delta'}{\delta}$ im Allgemeinen eine kleine Grösse zweiter Ordnung, und somit meistens δ' gegen δ zu vernachlässigen sein wird, falls nicht etwa (wie z. B. bei Einklemmung des Stabes) n ein sehr kleiner Bruch oder (wie z. B. bei doppelt-Tförmigen Querschnitten) y_0 sehr klein ist. —

Wenn z. B. ein prismatischer Stab von der Länge $2l$ an den Enden gestützt und in der Mitte durch die Kraft $2P$ belastet ist, so ist daselbst, nämlich in der Mitte des Stabes:

$$\delta = \frac{P}{EJ} \frac{l^3}{3}$$

und nach Gleichung (351):

$$\delta' = \frac{H_0}{G J y_0} \int_0^l P dx = \frac{P}{GJ} \frac{l H_0}{y_0},$$

also mit $$\frac{G}{E} = \frac{3}{8} : \frac{\delta'}{\delta} = 8\frac{H_0}{l^2 y_0} \quad . \quad . \quad . \quad . \quad . \quad (352),$$

z. B. bei rechteckigem Querschnitte (Breite $= b$)

$$\text{mit } y_0 = b,\ H_0 = \frac{be^2}{2} : \frac{\delta'}{\delta} = 4\left(\frac{e}{l}\right)^2,$$

dagegen bei dem doppelt-Tförmigen Querschnitte von den in Nr. 135 beispielsweise angeführten Verhältnissen, also

$$\text{mit } y_0 = 0{,}09\,e,\ H_0 = 0{,}139595\,e^3 : \frac{\delta'}{\delta} = 12{,}41\left(\frac{e}{l}\right)^2.$$

Etwas kleiner ist $\frac{\delta'}{\delta}$ bei gleichförmig vertheilter Belastung $= p$ pro Längeneinheit des an den Enden gestützten Stabes, indem dann nach Gleichung (147):

$$\delta = \frac{5}{8}\frac{p \cdot 2l}{EJ}\frac{(2l)^3}{48} = \frac{5}{24}\frac{pl^4}{EJ}$$

und nach Gleichung (351) mit $X = px$ (x von der Mitte aus gerechnet):

$$\delta' = \frac{H_0}{GJy_0}\int_0^l px\,dx = \frac{1}{2}\frac{pl^2 H_0}{GJy_0},$$

folglich mit $$\frac{G}{E} = \frac{3}{8} : \frac{\delta'}{\delta} = \frac{24}{10}\frac{8}{3}\frac{H_0}{l^2 y_0} = 6{,}4\frac{H_0}{l^2 y_0} \quad . \quad . \quad (353),$$

d. i. nur $\frac{4}{5}$ so gross wie nach Gleichung (352) ist.

Wäre aber der Stab an den Enden eingeklemmt, so wäre δ bei der in der Mitte concentrirt angreifenden Belastung — nach Gleichung (115) in Vergleich mit (147) — nur $\frac{1}{4}$ so gross, bei gleichförmig vertheilter Belastung — nach Gleichung (119) in Vergleich mit (147) — nur $\frac{1}{5}$ so gross wie im vorigen Falle bei unverändertem Werthe von δ', folglich bei der einen wie anderen Belastungsart:

$$\frac{\delta'}{\delta} = 32\frac{H_0}{l^2 y_0} \quad . \quad . \quad . \quad . \quad . \quad . \quad . \quad (354),$$

insbesondere z. B. für jenen doppelt-Tförmigen Querschnitt fast $= 50\left(\frac{e}{l}\right)^2$, wonach in solchen Fällen die Vernachlässigung von δ' gegen δ in der That mit erheblichem Fehler verbunden sein kann.

V. Combination von Biegungs- und Drehungselasticität.

140. — Dieser Fall liegt vor, wenn auf den geraden stabförmigen Körper Kräfte wirken, die rechtwinkelig und (wenigstens theilweise) windschief gegen die Axe gerichtet sind; für einen beliebigen Querschnitt F geben sie ein auf Drehung wirkendes Moment M_1, dessen Ebene parallel F, und ein auf Biegung wirkendes Moment M_2, dessen Ebene rechtwinkelig zu F ist. M_2 ändert sich im Allgemeinen beständig von einem zum anderen Querschnitte, M_1 nur plötzlich in den Querschnittsebenen, in denen solche äussere Kräfte liegen, deren Richtungslinien die Axe nicht schneiden.

Die durch M_1 bedingten Schubspannungen τ sind in gewissen Punkten A_1, die durch M_2 bedingten Normalspannungen σ in gewissen Punkten A_2 des Umfanges am grössten und können nach den Formeln der Drehungs- resp. Biegungselasticität berechnet werden. Fallen die einen und die anderen Punkte nicht zusammen, so bedarf es einer besonderen Untersuchung zur Bestimmung der (ohne Zweifel auch dem Umfange angehörigen) Stellen, wo die aus τ und σ resultirende grösste Dehnung ε, nämlich wo nach Gleichung (58) bei Voraussetzung isotroper Körpersubstanz

$$E\varepsilon = \frac{m-1}{2m}\sigma + \frac{m+1}{2m}\sqrt{\sigma^2 + 4\tau^2}$$

am grössten ist, sowie dieses grössten Werthes selbst, wobei

$$\frac{m-1}{2m} = 0{,}35 \text{ und } \frac{m+1}{2m} = 0{,}65 \text{ entsprechend } m = \frac{10}{3}$$

gesetzt werden kann. Wenn aber die Punkte A_1 und A_2 zusammenfallen, so findet in denselben Punkten natürlich auch das Maximum von $E\varepsilon$ statt, insbesondere z. B. bei kreisförmigem Querschnitte, wobei das Maximum von τ allen Punkten der Peripherie zukommt.

Dieser letzte Fall ist namentlich von technischem Interesse hinsichtlich der Anstrengung einer Transmissionswelle, wenn bei grösserer Länge derselben die Schwerkräfte und Umfangskräfte von Schwungrädern, Zahnrädern, Riemenrädern etc. nicht so klein sind oder nicht so nahe bei den Lagern angreifen, dass ihre biegende Wirkung gegen die verdrehende des übertragenen Kraftmomentes vernachlässigt werden darf. Ist dann r der Radius des kreisförmigen Querschnittes der Welle, so ist

$$max\,\tau = \frac{2M_1}{\pi r^3} \text{ und } max\,\sigma = \frac{4M_2}{\pi r^3},$$

$$\text{also } max\,(E\varepsilon) = \frac{4}{\pi r^3}\left(\frac{m-1}{2m}M_2 + \frac{m+1}{2m}\sqrt{M_1^2 + M_2^2}\right) \quad . (355),$$

und wenn $max\,(E\varepsilon) = k$ gegeben ist, so ergiebt sich hieraus der nöthige Werth von r, indem für M_2 das grösste Biegungsmoment in irgend einem Querschnitte des Wellenstückes gesetzt wird, welches das Drehungsmoment M_1 zu übertragen hat.

VI. Combination von Schub- und Drehungselasticität.

141. — Wenn die das Kraftmoment M_1 übertragende und dadurch auf Drehungselasticität in Anspruch genommene Transmissionswelle zugleich von transversalen Kräften angegriffen wird, so kann es bei kleiner Wellenlänge oder wenn diese Kräfte sehr nahe bei den Lagern angreifen, der

Fall sein, dass dadurch die Welle in höherem Grade auf Schub-, als auf Biegungselasticität in Anspruch genommen wird. Ist dann R die resultirende Schubkraft für einen Querschnitt vom Radius r, so ist nach Gleichung (206) die entsprechende grösste Schubspannung

$$=\frac{4}{3}\frac{R}{\pi r^2}$$

und indem sie sich mit der durch das Drehungsmoment verursachten, an der betreffenden Stelle in gleichem Sinne stattfindenden grössten Schubspannung

$$=\frac{2M_1}{\pi r^3}$$

combinirt, ist die grösste resultirende Schubspannung:

$$max\,\tau=\frac{2}{\pi r^3}\left(M_1+\frac{2}{3}Rr\right)$$

sowie nach Gleichung (59) der entsprechende grösste Werth von $E\varepsilon$:

$$max\,(E\varepsilon)=\frac{2}{\pi r^3}\frac{m+1}{m}\left(M_1+\frac{2}{3}Rr\right) \quad . \quad . \quad (356).$$

Sollte zugleich das in demselben Querschnitte etwa stattfindende Biegungsmoment M_2 berücksichtigt werden, so wäre zu prüfen, ob dieser durch Gleichung (356) bestimmte, in den Endpunkten der Biegungsaxe stattfindende, oder der durch Gleichung (355) bestimmte, in grösster Entfernung von der Biegungsaxe stattfindende Werth von $E\varepsilon$ der grössere und somit maassgebende ist; denn dass in einer anderen Entfernung von der Biegungsaxe aus der Combination der Wirkungen der Kraftmomente M_1, M_2 und der Schubkraft R nicht etwa ein noch grösserer Werth von $E\varepsilon$ hervorgeht, ist schon aus der allgemeinen Bemerkung in Nr. 134 zu schliessen.

C. Allgemeine Untersuchung des Spannungs- und Deformationszustandes eines belasteten isotropen prismatischen Stabes.

142. — Die vorhergehenden Untersuchungen einfacher und zusammengesetzter Fälle der Elasticität gerader stabförmiger Körper, von denen die letzteren leicht noch durch die Betrachtung solcher Combinationen ergänzt werden könnten, in denen drei jener einfachen Fälle oder alle vier zusammen vorkommen, sind mit Rücksicht auf das praktische Bedürfniss ausreichend. Weil aber jene Untersuchungen zum Theil von Annahmen ausgingen, deren anderweitige Bestätigung wünschenswerth ist, auch der Deformationszustand des Stabes bisher nur unvollständig in Betracht gezogen wurde, insbesondere die Deformation seiner materiellen Querschnitte unerörtert blieb, so ist es von Interesse, den Spannungs- und Deformationszustand eines belasteten geraden Stabes schliesslich noch von allgemeineren Gesichtspunkten aus und vollständiger zu untersuchen, vorläufig ohne einschränkende Voraussetzung hinsichtlich der belastenden Kräfte des übrigens als isotrop und prismatisch angenommenen Stabes, demnächst aber zu prüfen, ob durch nachträgliche Specialisirung der so gewonnenen

allgemeinen Resultate sich die Annahmen bestätigt finden, von denen in gerade umgekehrter Weise im Vorhergehenden bei den einfachen Fällen ausgegangen und dann zu zusammengesetzteren Fällen fortgeschritten wurde.

143. — O sei ein Punkt der Mittellinie des Stabes, also der Schwerpunkt des betreffenden Querschnittes F. Er wird zum Anfangspunkte eines rechtwinkeligen Axensystems OX, OY, OZ angenommen von solcher Lage, dass OX mit der ursprünglich geraden Mittellinie, die Ebene YZ mit dem ursprünglich ebenen Querschnitte F zusammenfällt, und zwar sollen die Axen OY, OZ in den Hauptaxen des Querschnittes liegen, dessen Trägheitsmomente

für die Axen $OX \quad OY \quad OZ$

beziehungsweise mit $A \quad B \quad C$

bezeichnet werden.

Wegen der Deformation des Körpers durch die belastenden Kräfte erfordert indessen das Axensystem eine bestimmtere Fixirung, und zwar werde festgesetzt, dass, wenn im ursprünglichen Zustande P ein Punkt der y-Axe im Abstande dy von O, Q ein Punkt der z-Axe im Abstande dz von O ist, immer O der Anfangspunkt, P ein Punkt der y-Axe und Q ein Punkt der yz-Ebene sein soll, wie auch diese materiellen Punkte O, P, Q verrückt werden mögen. Diese Art der Fixirung des Axensystems gegen den seiner Form nach veränderlichen Körper wird dadurch ausgedrückt, dass, unter ξ, η, ζ allgemein die mit der Deformation des Körpers verbundenen Aenderungen der Coordinaten x, y, z eines materiellen Punktes desselben verstanden,

für $x=0,\ y=0,\ z=0$

gesetzt wird: $$\xi=0,\quad \eta=0,\quad \zeta=0,\quad \frac{\partial\xi}{\partial y}=0,\quad \frac{\partial\xi}{\partial z}=0,\quad \frac{\partial\zeta}{\partial y}=0 \quad (357).$$

Unter den äusseren Kräften für den Querschnitt YZ werden alle diejenigen verstanden, die den von diesem Querschnitte an gerechnet auf der Seite der positiven x-Axe gelegenen Theil des Stabes angreifen; es seien

$$R_x \quad R_y \quad R_z$$

die Componentensummen dieser Kräfte, algebraisch verstanden, so dass positive Werthe den Richtungen OX, OY, OZ, negative den entgegengesetzten Richtungen entsprechen, und

$$M_x \quad M_y \quad M_z$$

die Momentensummen in Beziehung auf die Axen, in der Weise algebraisch verstanden, dass positive Werthe den Drehungsrichtungen YZ, ZX, XY entsprechen.

Wenn nun noch Form und Grösse $=F$ des Querschnittes YZ gegeben sind, so besteht die Aufgabe zunächst darin, die Spannungen zu ermitteln, die in den verschiedenen Punkten des Querschnittes hervorgerufen werden.

144. — Offenbar ist die Aufgabe, in dieser Allgemeinheit ausgesprochen, noch nicht bestimmt. Vor Allem könnten, sofern nur der einzelne Querschnitt und die durch die sechs Grössen R und M charakterisirten äusseren Einwirkungen gegeben wären, dadurch, wenn überhaupt, jedenfalls nur die Spannungen σ_x, τ_y, τ_z bestimmt sein, die sich auf die Flächenelemente dieses Querschnittes selbst als Spannungsebenen beziehen, während die Spannungen σ_y, σ_z, τ_x unbestimmt blieben, und es ist also nöthig, ein gewisses Stück des Stabes zu betrachten, das sich vom Querschnitte YZ bis zu einem um $OO' = l$ im Sinne der positiven x-Axe von jenem entfernten Querschnitte erstrecken möge. Die Form dieses Stabstückes, die gegeben sein muss, wird hier als prismatisch vorausgesetzt; für einen veränderlichen Querschnitt würden die Resultate der folgenden Untersuchung nur näherungsweise und unter der Voraussetzung gelten, dass $OO' = l$ unendlich klein ist.

Denkt man den Stab durch den Querschnitt F' bei O' zerschnitten und an der so entstandenen Endfläche des betrachteten Körperstückes FF'

die Kräfte R_x' R_y' R_z'

und Kräftepaare M_x' M_y' M_z'

angebracht, worauf sich die jenseits des Querschnittes F' angreifenden äusseren Kräfte reduciren lassen, wenn sie an den Punkt O' versetzt werden, so ist dadurch der Gleichgewichtszustand des betrachteten Stabstückes immer noch nicht bestimmt, weil es unendlich viele Systeme von äusseren Kräften, in den Elementen der Endfläche F' angreifend, giebt, die sich auf

die Kräfte R_x' R_y' R_z' am Punkte O'

und die Kräftepaare M_x' M_y' M_z'

reduciren lassen, desgleichen unendlich viele Systeme äusserer Kräfte, an den Elementen der Umfläche (prismatischen Oberfläche) und an den Massenelementen im Inneren des betrachteten Körperstückes angreifend, die zusammen mit den Kräften R_x', R_y', R_z' und Kräftepaaren M_x', M_y', M_z' sich auf

die Kräfte R_x R_y R_z im Punkte O

und die Kräftepaare M_x M_y M_z

reduciren lassen, und weil jedem besonderen solchen Kräftesysteme auch ein besonderer Gleichgewichtszustand des betrachteten Stabstückes entsprechen muss.

Abgesehen davon indessen, dass bei solcher Specialisirung des Systems der äusseren Kräfte die wünschenswerthe Allgemeinheit der Lösung verloren ginge, stehen auch einer derartig strengen Behandlung des Problems kaum überwindliche Schwierigkeiten im Wege; man sieht sich vielmehr genöthigt, die Aufgabe umzukehren: eine gewisse Art des Gleichgewichtszustandes vorauszusetzen und die äusseren Kräfte zu bestimmen, die denselben herbeiführen würden, um daraus schliesslich die freilich nur angenähert zutreffende Folgerung zu ziehen, dass ein System von Kräften, welches dem gefundenen bezüglich der Wirkung auf den starren Körper äquivalent wäre, den vorausgesetzten Gleichgewichtszustand des elastischen Körpers zur Folge haben werde.

145. — Gemäss den Annahmen, die schon in Nr. 24 diesem ganzen Abschnitte zu Grunde gelegt wurden, werde nun ein solcher Gleichgewichtszustand des betrachteten Stabstückes vorausgesetzt, dass in allen Punkten desselben

$$\sigma_y = \sigma_z = \tau_x = 0$$

ist, dass also die fadenförmigen Elemente von der Länge l und vom Querschnitte $dy\, dz$, woraus man das Stabstück bestehend denken kann, weder einen Zug oder Druck noch einen transversalen Schub auf einander ausüben.*) Damit dies möglich sei, dürfen weder auf die Umfläche noch auf die Massenelemente im Inneren Kräfte wirken, die normal zur x-Axe gerichtet sind; hier soll aber die noch weiter gehende Voraussetzung gemacht werden, dass ausser den in den Endflächen F und F' angreifenden überhaupt keine äusseren Kräfte auf das betrachtete Stabstück wirken.

Gemäss dem in Nr. 23 erklärten allgemeinen Verfahren sind nun zunächst die Gleichungen:

$$\sigma_x = 2G\left(\frac{\partial \xi}{\partial x} + \frac{e}{m-2}\right); \quad \tau_x = G\left(\frac{\partial \eta}{\partial z} + \frac{\partial \zeta}{\partial y}\right)$$

$$\sigma_y = 2G\left(\frac{\partial \eta}{\partial y} + \frac{e}{m-2}\right); \quad \tau_y = G\left(\frac{\partial \zeta}{\partial x} + \frac{\partial \xi}{\partial z}\right)$$

$$\sigma_z = 2G\left(\frac{\partial \zeta}{\partial z} + \frac{e}{m-2}\right); \quad \tau_z = G\left(\frac{\partial \xi}{\partial y} + \frac{\partial \eta}{\partial x}\right)$$

mit $$e = \frac{\partial \xi}{\partial x} + \frac{\partial \eta}{\partial y} + \frac{\partial \zeta}{\partial z} \quad \text{und} \quad G = \frac{1}{2}\frac{m}{m+1}E$$

zu berücksichtigen. Aus ihnen folgt

wegen $\sigma_y = 0$: $$\frac{\partial \xi}{\partial x} + (m-1)\frac{\partial \eta}{\partial y} + \frac{\partial \zeta}{\partial z} = 0$$

und wegen $\sigma_z = 0$: $$\frac{\partial \xi}{\partial x} + \frac{\partial \eta}{\partial y} + (m+1)\frac{\partial \zeta}{\partial z} = 0,$$

also $$\frac{\partial \eta}{\partial y} = \frac{\partial \zeta}{\partial z} = -\frac{1}{m}\frac{\partial \xi}{\partial x} \quad \ldots\ldots \quad (358),$$

und wegen $\tau_x = 0$: $$\frac{\partial \eta}{\partial z} + \frac{\partial \zeta}{\partial y} = 0 \quad \ldots\ldots\ldots \quad (359),$$

so dass nun wegen

$$e = \left(1 - \frac{2}{m}\right)\frac{\partial \xi}{\partial x} \text{ nach (358), also } \frac{e}{m-2} = \frac{1}{m}\frac{\partial \xi}{\partial x}:$$

---

*) Das Problem, betreffend die Bestimmung der äusseren Kräfte, die einen solchen Gleichgewichtszustand zur Folge haben, ist in voller Allgemeinheit von de Saint-Venant behandelt worden. Die folgende Darstellung schliesst sich in der Hauptsache der von Clebsch (Theorie der Elasticität fester Körper) dem Problem zu Theil gewordenen Behandlungsweise an.

$$\left.\begin{aligned}\sigma_x = 2G\frac{m+1}{m}\frac{\partial\xi}{\partial x} = E\frac{\partial\xi}{\partial x};\quad \sigma_y = \sigma_z = 0\\ \tau_x = 0;\quad \tau_y = G\left(\frac{\partial\zeta}{\partial x}+\frac{\partial\xi}{\partial z}\right);\quad \tau_z = G\left(\frac{\partial\xi}{\partial y}+\frac{\partial\eta}{\partial x}\right)\end{aligned}\right\} \quad . \quad (360)$$

ist. Die Einführung dieser Ausdrücke in die allgemeinen Gleichungen (Nr. 23):

$$\frac{\partial\sigma_x}{\partial x}+\frac{\partial\tau_z}{\partial y}+\frac{\partial\tau_y}{\partial z}+X=0$$

$$\frac{\partial\tau_z}{\partial x}+\frac{\partial\sigma_y}{\partial y}+\frac{\partial\tau_x}{\partial z}+Y=0$$

$$\frac{\partial\tau_y}{\partial x}+\frac{\partial\tau_x}{\partial y}+\frac{\partial\sigma_z}{\partial z}+Z=0$$

mit $X=Y=Z=0$ giebt, was zunächst die erste dieser Gleichungen betrifft,

$$2\frac{m+1}{m}\frac{\partial^2\xi}{\partial x^2}+\frac{\partial^2\xi}{\partial y^2}+\frac{\partial^2\eta}{\partial x\,\partial y}+\frac{\partial^2\zeta}{\partial x\,\partial z}+\frac{\partial^2\xi}{\partial z^2}=0$$

$$2\frac{m+1}{m}\frac{\partial^2\xi}{\partial x^2}+\frac{\partial}{\partial x}\left(\frac{\partial\eta}{\partial y}+\frac{\partial\zeta}{\partial z}\right)+\frac{\partial^2\xi}{\partial y^2}+\frac{\partial^2\xi}{\partial z^2}=0,$$

also nach Gleichung (358):

$$2\frac{\partial^2\xi}{\partial x^2}+\frac{\partial^2\xi}{\partial y^2}+\frac{\partial^2\xi}{\partial z^2}=0 \quad . \quad . \quad . \quad . \quad (361);$$

die beiden anderen Gleichungen, die sich auf $\frac{\partial\tau_z}{\partial x}=0$ und $\frac{\partial\tau_y}{\partial x}=0$ reduciren, liefern die Relationen:

$$\frac{\partial^2\xi}{\partial x\,\partial y}+\frac{\partial^2\eta}{\partial x^2}=0;\quad \frac{\partial^2\xi}{\partial x\,\partial z}+\frac{\partial^2\zeta}{\partial x^2}=0 \quad . \quad (362).$$

Um die Grössen ξ, η, ζ, die unmittelbar den Deformationszustand und durch Vermittelung der Gleichungen (360) auch den Spannungszustand des Stabes bestimmen, als Functionen der Coordinaten x, y, z auszudrücken, dienen nun ausser den Gleichungen (358), (359), (361) und (362), die in jedem Punkte erfüllt sein müssen, noch die Grenzbedingungen, nämlich erstens diejenigen (357), welche die Lage der Coordinatenaxen im Körper fixiren und mit Rücksicht auf Gleichung (359) dahin erweitert werden können, dass

$$\text{für } x=y=z=0:\quad \xi=\eta=\zeta=\frac{\partial\xi}{\partial y}=\frac{\partial\xi}{\partial z}=\frac{\partial\eta}{\partial z}=\frac{\partial\zeta}{\partial y}=0 \quad (363)$$

sein muss, zweitens die Gleichungen (Nr. 23):

$$p\cos\lambda=\sigma_x\cos\alpha+\tau_z\cos\beta+\tau_y\cos\gamma$$

$$p\cos\mu=\tau_z\cos\alpha+\sigma_y\cos\beta+\tau_x\cos\gamma$$

$$p\cos\nu=\tau_y\cos\alpha+\tau_x\cos\beta+\sigma_z\cos\gamma,$$

die für jeden Punkt der Umfläche erfüllt sein müssen, wenn darin $p=0$ gesetzt wird. Mit $\sigma_y=\sigma_z=\tau_x=0$ und $\cos\alpha=0$ (entsprechend der zur x-Axe senkrechten Richtung jeder Normalen der prismatischen Oberfläche) werden aber die zwei letzten dieser Gleichungen identisch, während die erste wegen $\cos\gamma = \sin\beta$ und mit Rücksicht auf die Ausdrücke (360) von τ_y und τ_z die Oberflächenbedingung liefert:

$$\left(\frac{\partial\xi}{\partial y}+\frac{\partial\eta}{\partial x}\right)\cos\beta+\left(\frac{\partial\xi}{\partial z}+\frac{\partial\zeta}{\partial x}\right)\sin\beta=0 \quad . \quad . \quad (364).$$

Dabei ist zu bemerken, dass, während in den allgemeinen Gleichungen die Winkel α, β, γ nur von 0 bis π gerechnet waren, hier die Ersetzung von γ durch β vermittels der Relation $\cos\gamma = \sin\beta$ den Winkel β in Gleichung (364) als von 0 bis 2π im Sinne YZ gerechnet voraussetzt, so dass, wenn danach β im ersten oder zweiten Quadranten liegt, also $\sin\beta$ positiv ist, der Winkel γ spitz und somit auch $\cos\gamma$ positiv ist, wenn aber β im dritten oder vierten Quadranten liegt, also $\sin\beta$ negativ ist, der Winkel γ stumpf und somit auch $\cos\gamma$ negativ ist.

146. — Aus den Gleichungen (361) und (362) folgt durch Differentiation beziehungsweise nach x, y, z:

$$\left.\begin{aligned} 2\frac{\partial^3\xi}{\partial x^3}+\frac{\partial^3\xi}{\partial x\,\partial y^2}+\frac{\partial^3\xi}{\partial x\,\partial z^2}&=0\\ \frac{\partial^3\xi}{\partial x\,\partial y^2}+\frac{\partial^3\eta}{\partial x^2\,\partial y}&=0\\ \frac{\partial^3\xi}{\partial x\,\partial z^2}+\frac{\partial^3\zeta}{\partial x^2\,\partial z}&=0 \end{aligned}\right\} \quad . \quad . \quad (365)$$

und durch Combination dieser Gleichungen mit Rücksicht auf (358):

$$2\frac{\partial^3\xi}{\partial x^3}-\frac{\partial^2}{\partial x^2}\left(\frac{\partial\eta}{\partial y}+\frac{\partial\zeta}{\partial z}\right)=\left(2+\frac{2}{m}\right)\frac{\partial^3\xi}{\partial x^3}=0\,,\quad\text{also}\quad \frac{\partial^3\xi}{\partial x^3}=0.$$

Aus den Gleichungen (362) folgt ferner durch Addition, nachdem die erste in Beziehung auf z, die zweite in Beziehung auf y differenzirt wurde,

$$2\frac{\partial^3\xi}{\partial x\,\partial y\,\partial z}+\frac{\partial^2}{\partial x^2}\left(\frac{\partial\eta}{\partial z}+\frac{\partial\zeta}{\partial y}\right)=0\,,$$

also mit Rücksicht auf (359): $\dfrac{\partial^3\xi}{\partial x\,\partial y\,\partial z}=0$.

Wegen $\dfrac{\partial^3\xi}{\partial x^3}=0$ geht jetzt die erste der Gleichungen (365) über in:

$$\frac{\partial^3\xi}{\partial x\,\partial y^2}+\frac{\partial^3\xi}{\partial x\,\partial z^2}=0$$

und folgt aus den zwei anderen durch Subtraction mit Rücksicht auf (358):

$$\frac{\partial^3\xi}{\partial x\,\partial y^2}-\frac{\partial^3\xi}{\partial x\,\partial z^2}+\frac{\partial^2}{\partial x^2}\left(\frac{\partial\eta}{\partial y}-\frac{\partial\zeta}{\partial z}\right)=\frac{\partial^3\xi}{\partial x\,\partial y^2}-\frac{\partial^3\xi}{\partial x\,\partial z^2}=0\,.$$

Also ist auch $\dfrac{\partial^3\xi}{\partial x\,\partial y^2}=\dfrac{\partial^3\xi}{\partial x\,\partial z^2}=0$.

Den so gefundenen vier Bedingungsgleichungen für die Function ξ, nämlich

$$\frac{\partial^2}{\partial x^2}\left(\frac{\partial \xi}{\partial x}\right) = \frac{\partial^2}{\partial y^2}\left(\frac{\partial \xi}{\partial x}\right) = \frac{\partial^2}{\partial z^2}\left(\frac{\partial \xi}{\partial x}\right) = \frac{\partial^2}{\partial y\, \partial z}\left(\frac{\partial \xi}{\partial x}\right) = 0$$

kann dadurch genügt werden, dass $\frac{\partial \xi}{\partial x}$ = einer ganzen Function von x, y, z gesetzt wird, die jede einzelne dieser Veränderlichen höchstens in der ersten Potenz enthält, während auch ein Glied mit dem Producte yz nicht vorkommt. Die allgemeine Form einer solchen Function ist:

$$\frac{\partial \xi}{\partial x} = a + a_1 y + a_2 z + x(b + b_1 y + b_2 z),$$

woraus nach Gleichung (358) folgt:

$$\frac{\partial \eta}{\partial y} = \frac{\partial \zeta}{\partial z} = -\frac{1}{m}(a + a_1 y + a_2 z) - \frac{x}{m}(b + b_1 y + b_2 z)$$

und durch Integration beziehungsweise nach x, y, z:

$$\xi = x(a + a_1 y + a_2 z) + \frac{x^2}{2}(b + b_1 y + b_2 z) + f(y, z) \quad . \quad (366)$$

$$\left.\begin{aligned} \eta &= -\frac{1}{m}\left(ay + a_1 \frac{y^2}{2} + a_2 yz\right) - \frac{x}{m}\left(by + b_1 \frac{y^2}{2} + b_2 yz\right) + \varphi(x, z) \\ \zeta &= -\frac{1}{m}\left(az + a_1 yz + a_2 \frac{z^2}{2}\right) - \frac{x}{m}\left(bz + b_1 yz + b_2 \frac{z^2}{2}\right) + \psi(x, y) \end{aligned}\right\} (367).$$

Vollständig entsprechen diese Ausdrücke von ξ, η, ζ, in denen a, a_1, a_2, b, b_1, b_2 constante Coefficienten und f, φ, ψ beliebige Functionen der bezüglichen je zwei Variablen bedeuten, vorläufig nur der Bedingungsgleichung (358) in voriger Nummer, und es bleiben noch die Functionen f, φ, ψ gemäss den übrigen zu bestimmen.

147. — Abgesehen zunächst von den Grenzbedingungen müssen die Functionen φ und ψ in den Ausdrücken von η und ζ den Gleichungen (359) und (362) entsprechend gemacht werden. Aus (362) folgt aber mit Rücksicht auf den Ausdruck von $\frac{\partial \xi}{\partial x}$ in voriger Nummer:

$$\frac{\partial^2 \eta}{\partial x^2} = -\frac{\partial}{\partial y}\left(\frac{\partial \xi}{\partial x}\right) = -a_1 - b_1 x$$

$$\frac{\partial^2 \zeta}{\partial x^2} = -\frac{\partial}{\partial z}\left(\frac{\partial \xi}{\partial x}\right) = -a_2 - b_2 x,$$

daraus durch zweimalige Integration nach x, wobei als Integrationsconstante jedesmal eine Function von y und z hinzuzufügen ist:

$$\eta = \varphi_1(y, z) + x\varphi_2(y, z) - a_1 \frac{x^2}{2} - b_1 \frac{x^3}{6}$$

$$\zeta = \psi_1(y, z) + x\psi_2(y, z) - a_2 \frac{x^2}{2} - b_2 \frac{x^3}{6}.$$

Die Vergleichung dieser Ausdrücke von η, ζ mit den Gleichungen (367) lehrt, dass die Functionen φ_1 und φ_2 keine Glieder mit y ausser den in (367) vorkommenden enthalten können, ebenso die Functionen ψ_1 und ψ_2 keine Glieder mit z ausser den in (367) vorkommenden, so dass bei Abtrennung jener Glieder mit y sich φ_1 und φ_2 auf blosse Functionen von z, resp. bei Abtrennung dieser Glieder mit z sich ψ_1 und ψ_2 auf blosse Functionen von y reduciren. Somit wird:

$$\eta = -\frac{1}{m}\left(ay + a_1\frac{y^2}{2} + a_2 yz\right) - \frac{x}{m}\left(by + b_1\frac{y^2}{2} + b_2 yz\right)$$
$$+ \varphi_1(z) + x\varphi_2(z) - a_1\frac{x^2}{2} - b_1\frac{x^3}{6}$$
$$\zeta = -\frac{1}{m}\left(az + a_1 yz + a_2\frac{z^2}{2}\right) - \frac{x}{m}\left(bz + b_1 yz + b_2\frac{z^2}{2}\right)$$
$$+ \psi_1(y) + x\psi_2(y) - a_2\frac{x^2}{2} - b_2\frac{x^3}{6}.$$

Durch die Einführung dieser Ausdrücke, die vorläufig erst den Gleichungen (358) und (362) genügen, in (359) erhält man:

$$\left.\begin{array}{l} -\frac{a_2}{m}y - x\frac{b_2}{m}y + \varphi_1'(z) + x\varphi_2'(z) \\ -\frac{a_1}{m}z - x\frac{b_1}{m}z + \psi_1'(y) + x\psi_2'(y) \end{array}\right\} = 0,$$

welche Gleichung, da sie für alle Werthe von x erfüllt sein muss, in die zwei Gleichungen

$$\varphi_1'(z) - \frac{a_1}{m}z + \psi_1'(y) - \frac{a_2}{m}y = 0$$

$$\text{und } \varphi_2'(z) - \frac{b_1}{m}z + \psi_2'(y) - \frac{b_2}{m}y = 0$$

zerfällt, von diesen aber wiederum

$$\text{die erste in: } \varphi_1'(z) = a_0 + \frac{a_1}{m}z \text{ und } \psi_1'(y) = -a_0 + \frac{a_2}{m}y,$$

$$\text{die zweite in: } \varphi_2'(z) = b_0 + \frac{b_1}{m}z \text{ und } \psi_2'(y) = -b_0 + \frac{b_2}{m}y,$$

unter a_0 und b_0 Grössen verstanden, die, da sie gemäss dem einen Paar Gleichungen nur Functionen von z, gemäss dem anderen nur Functionen von y sein könnten, in der That Constante sind. Durch Integration ergiebt sich daraus:

$$\varphi_1(z) = a' + a_0 z + \frac{a_1}{m}\frac{z^2}{2};\ \psi_1(y) = a'' - a_0 y + \frac{a_2}{m}\frac{y^2}{2}$$

$$\varphi_2(z) = b' + b_0 z + \frac{b_1}{m}\frac{z^2}{2};\ \psi_2(y) = b'' - b_0 y + \frac{b_2}{m}\frac{y^2}{2},$$

unter a', a'', b', b'' abermals Constante verstanden, und damit endlich:

$$\left.\begin{aligned}\eta &= -\frac{1}{m}\left(ay + a_1\frac{y^2 - z^2}{2} + a_2 yz\right) - \frac{x}{m}\left(by + b_1\frac{y^2 - z^2}{2} + b_2 yz\right) \\ &\quad + a' + a_0 z + x(b' + b_0 z) - a_1\frac{x^2}{2} - b_1\frac{x^3}{6} \\ \zeta &= -\frac{1}{m}\left(az + a_1 yz + a_2\frac{z^2 - y^2}{2}\right) - \frac{x}{m}\left(bz + b_1 yz + b_2\frac{z^2 - y^2}{2}\right) \\ &\quad + a'' - a_0 y + x(b'' - b_0 y) - a_2\frac{x^2}{2} - b_2\frac{x^3}{6}\end{aligned}\right\} (368).$$

Die Function $f(y, z)$ im Ausdrucke (366) von ξ muss nur der Gleichung (361) entsprechen, die dafür die Bestimmungsgleichung:

$$2(b + b_1 y + b_2 z) + \frac{\partial^2 f}{\partial y^2} + \frac{\partial^2 f}{\partial z^2} = 0$$

liefert; dieselbe wird einfacher, wenn

$$f(y, z) = -b\frac{y^2 + z^2}{2} - b_1 yz^2 - b_2 y^2 z + F(y, z),$$

also

$$\begin{aligned}\xi &= x(a + a_1 y + a_2 z) + \frac{x^2}{2}(b + b_1 y + b_2 z) \\ &\quad - b\frac{y^2 + z^2}{2} - b_1 yz^2 - b_2 y^2 z + F(y, z) \quad . \quad . \quad (369)\end{aligned}$$

gesetzt wird. Dann ist nämlich die Function $F(y, z)$ an die Gleichung gebunden:

$$\frac{\partial^2 F}{\partial y^2} + \frac{\partial^2 F}{\partial z^2} = 0 \quad . \quad . \quad . \quad . \quad . \quad . \quad (370).$$

148. — Durch die Grenzbedingungen wird die Function $F(y, z)$ näher bestimmt, sowie auch die in den Ausdrücken von ξ, η, ζ vorkommenden Constanten

$$\begin{matrix} a & a_1 & a_2 & a_0 & a' & a'' \\ b & b_1 & b_2 & b_0 & b' & b'' \end{matrix}$$

dadurch auf eine geringere Zahl reducirt werden.

Zunächst folgt aus den Bedingungen (363), Nr. 145:

$$a' = 0; \qquad a'' = 0; \qquad a_0 = 0$$

$$F_0 = 0; \ \left(\frac{\partial F}{\partial y}\right)_0 = 0; \ \left(\frac{\partial F}{\partial z}\right)_0 = 0,$$

wobei der Zeiger 0 den Werth der betreffenden Function für den Anfangspunkt der Coordinaten bezeichnet, oder vielmehr für $y = z = 0$, da x in der Function F nicht vorkommt.

Die Oberflächenbedingung (364), Nr. 145, erhält eine einfachere Form, wenn

$$F(y, z) = Q - b'y - b''z$$

gesetzt wird, unter Q eine neue Function von y und z verstanden, die gemäss (370) der partiellen Differentialgleichung

$$\frac{\partial^2 Q}{\partial y^2} + \frac{\partial^2 Q}{\partial z^2} = 0 \quad . \quad . \quad . \quad . \quad . \quad . \quad . \quad (371)$$

entspricht und die Eigenschaft hat, für $y = z = 0$ zu verschwinden, während die obigen Gleichungen

$$\left(\frac{\partial F}{\partial y}\right)_0 = 0 \text{ und } \left(\frac{\partial F}{\partial z}\right)_0 = 0$$

jetzt ersetzt werden durch:

$$b' = \left(\frac{\partial Q}{\partial y}\right)_0 \quad \text{und} \quad b'' = \left(\frac{\partial Q}{\partial z}\right)_0 .$$

Was nämlich jene Oberflächenbedingung (364) betrifft, die nun in Verbindung mit (371) zur Bestimmung von Q dient, so folgt aus (368) und (369):

$$\frac{\partial \xi}{\partial y} = a_1 x + b_1 \frac{x^2}{2} - by - b_1 z^2 - 2 b_2 yz + \frac{\partial F}{\partial y}$$

$$\frac{\partial \eta}{\partial x} = -a_1 x - b_1 \frac{x^2}{2} - b\frac{y}{m} - b_1 \frac{y^2 - z^2}{2m} - b_2 \frac{yz}{m} + b' + b_0 z$$

$$\frac{\partial \xi}{\partial z} = a_2 x + b_2 \frac{x^2}{2} - bz - 2 b_1 yz - b_2 y^2 + \frac{\partial F}{\partial z}$$

$$\frac{\partial \zeta}{\partial x} = -a_2 x - b_2 \frac{x^2}{2} - b\frac{z}{m} - b_1 \frac{yz}{m} - b_2 \frac{z^2 - y^2}{2m} + b'' - b_0 y ,$$

womit und mit $\frac{\partial F}{\partial y} + b' = \frac{\partial Q}{\partial y}$, $\frac{\partial F}{\partial z} + b'' = \frac{\partial Q}{\partial z}$ Gleichung (364) die Form annimmt:

$$\left(b_0 z - b\frac{m+1}{m} y - b_1 \frac{y^2 + (2m-1) z^2}{2m} - b_2 \frac{2m+1}{m} yz + \frac{\partial Q}{\partial y}\right) \cos \beta$$

$$+ \left(- b_0 y - b\frac{m+1}{m} z - b_1 \frac{2m+1}{m} yz - b_2 \frac{z^2 + (2m-1) y^2}{2m} + \frac{\partial Q}{\partial z}\right) \sin \beta = 0 \quad (372).$$

149. — Den Bedingungen für die Function Q, nämlich den Gleichungen (371) und (372) nebst der Forderung, für $y = z = 0$ zu verschwinden, kann dadurch entsprochen werden, dass

$$Q = bq + b_0 Q_0 + b_1 Q_1 + b_2 Q_2$$

gesetzt wird, unter q, Q_0, Q_1 und Q_2 Functionen von y und z verstanden von solcher Art, dass dieser Ausdruck von Q jenen Bedingungen genügt, welche Werthe die Constanten b, b_0, b_1, b_2 auch haben mögen, insbesondere also auch dann, wenn beliebige drei derselben = Null gesetzt werden. Diese Zerlegung der Function Q ist zunächst dadurch wichtig, dass sie den Werth der Constanten b = Null ergiebt. Wenn nämlich $b_0 = b_1 = b_2 = 0$ gesetzt wird, so geht Gleichung (371) in:

$$\frac{\partial^2 q}{\partial y^2} + \frac{\partial^2 q}{\partial z^2} = 0 \quad . \; . \; . \; . \; . \; . \quad (373)$$

und Gleichung (372) in:

$$\frac{\partial q}{\partial y} \cos\beta + \frac{\partial q}{\partial z} \sin\beta = \frac{m+1}{m} (y \cos\beta + z \sin\beta) \quad . \quad (374)$$

über, und es müsste erstere Gleichung durch alle Werthe von y und z erfüllt werden, die einem Querschnitte, letztere durch alle solche Werthe von y und z, die dem Umfange eines Querschnittes angehören, unter β den (von 0 bis 2π gerechneten) Winkel der Normale dieses Umfanges mit der y-Axe verstanden; indessen lässt sich zeigen, dass diese zwei Gleichungen einander widersprechen, dass also q ihnen zufolge unmöglich ist, mithin $b = 0$ gesetzt werden muss.

In der That müsste wegen Gleichung (373) das über den ganzen Querschnitt ausgedehnte Integral

$$J = \int \left(\frac{\partial^2 q}{\partial y^2} + \frac{\partial^2 q}{\partial z^2} \right) dF = \int dz \int \frac{\partial^2 q}{\partial y^2} dy + \int dy \int \frac{\partial^2 q}{\partial z^2} dz = 0$$

oder das ihm gleiche über den ganzen Umfang ausgedehnte Integral

$$J = \int dz \left[\left(\frac{\partial q}{\partial y} \right)_2 - \left(\frac{\partial q}{\partial y} \right)_1 \right] + \int dy \left[\left(\frac{\partial q}{\partial z} \right)_2 - \left(\frac{\partial q}{\partial z} \right)_1 \right] = 0$$

sein, unter $\left(\frac{\partial q}{\partial y} \right)_1$ und $\left(\frac{\partial q}{\partial y} \right)_2$ die Werthe von $\frac{\partial q}{\partial y}$ für die Schnittpunkte des Umfanges mit der Geraden $z = \text{Const.}$ (Fig. 48), unter $\left(\frac{\partial q}{\partial z} \right)_1$ und $\left(\frac{\partial q}{\partial z} \right)_2$ die Schnittpunkte des Umfanges mit der Geraden $y = \text{Const.}$ (Fig. 49) verstanden. (Würde der Umfang von der einen oder anderen Geraden in 4, 6, 8 . . Punkten geschnitten, so wäre nur J in eine entsprechend grössere Zahl ähnlich gebildeter Bestandtheile zu zerlegen, um die folgende Schlussfolgerung in leicht ersichtlicher Weise auch auf solche Fälle ausdehnen zu können.) Sind nun aber ds_1 und ds_2 (Fig. 48) die Bogenelemente des Umfanges zwischen den Geraden $z = C$ und $z = C + dz$, so ist wegen

Fig. 48.

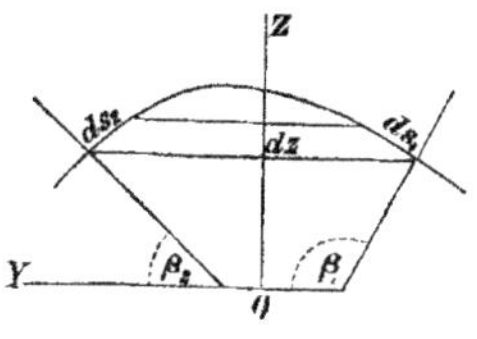

$$dz = \begin{cases} ds_1 \sin\left(\beta_1 - \frac{\pi}{2}\right) = -ds_1 \cos\beta_1 \\ ds_2 \sin\left(\beta_2 + \frac{\pi}{2}\right) = \quad ds_2 \cos\beta_2 \end{cases}$$

$$\int dz \left[\left(\frac{\partial q}{\partial y} \right)_2 - \left(\frac{\partial q}{\partial y} \right)_1 \right] = \int \left[ds_2 \left(\frac{\partial q}{\partial y} \right)_2 \cos\beta_2 + ds_1 \left(\frac{\partial q}{\partial y} \right)_1 \cos\beta_1 \right]$$
$$= \int ds \frac{\partial q}{\partial y} \cos\beta$$

über den ganzen Umfang ausgedehnt, und ebenso ist nach Fig. 49, wenn

ds_1 und ds_2 jetzt die Bogenelemente des Umfanges zwischen den Geraden $y = C$ und $y = C + dy$ bedeuten, wegen

Fig. 49.

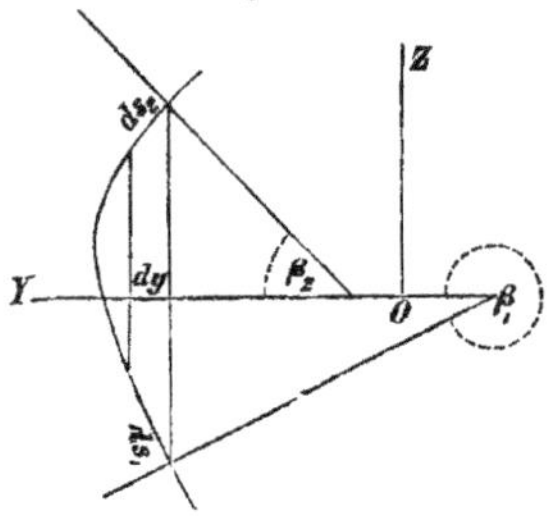

$$dy = \begin{cases} ds_1 \cos\left(\frac{\pi}{2} + \beta_1\right) = - ds_1 \sin\beta_1 \\ ds_2 \cos\left(\frac{\pi}{2} - \beta_2\right) = \quad ds_2 \sin\beta_2 \end{cases}$$

$$\int dy \left[\left(\frac{\partial q}{\partial z}\right)_2 - \left(\frac{\partial q}{\partial z}\right)_1\right]$$

$$= \int \left[ds_2 \left(\frac{\partial q}{\partial z}\right)_2 \sin\beta_2 + ds_1 \left(\frac{\partial q}{\partial z}\right)_1 \sin\beta_1\right]$$

$$= \int ds \frac{\partial q}{\partial z} \sin\beta$$

über den ganzen Umfang ausgedehnt, also

$$J = \int ds \left(\frac{\partial q}{\partial y} \cos\beta + \frac{\partial q}{\partial z} \sin\beta\right) = 0 \quad . \quad . \quad . \quad (375)$$

und somit nach (374) auch

$$\int ds (y \cos\beta + z \sin\beta) = 0 \quad . \quad . \quad . \quad . \quad (376),$$

falls das Integral wie in (375) über den ganzen Umfang ausgedehnt wird. Indem nun aber die Gleichungen (373) und (375) gemäss der vorstehenden Ableitung sich gegenseitig bedingen, und aus letzterer die Gleichung (376) dadurch hervorgeht, dass y für $\frac{\partial q}{\partial y}$, z für $\frac{\partial q}{\partial z}$ gesetzt wird, so müsste der Gleichung (376) auch eine für den ganzen Querschnitt gültige partielle Differentialgleichung entsprechen, die auf dieselbe Weise aus Gleichung (373), d. i. aus der Gleichung

$$\frac{\partial}{\partial y}\left(\frac{\partial q}{\partial y}\right) + \frac{\partial}{\partial z}\left(\frac{\partial q}{\partial z}\right) = 0$$

hervorgeht, während doch im Widerspruch damit

$$\frac{\partial y}{\partial y} + \frac{\partial z}{\partial z} \text{ nicht} = 0\,, \text{ sondern} = 2$$

ist. — Es bleibt sonach nur übrig, $b = 0$ und

$$Q = b_0 Q_0 + b_1 Q_1 + b_2 Q_2 \quad . \quad . \quad . \quad . \quad (377)$$

zu setzen, unter Q_0, Q_1, Q_2 Functionen von y und z verstanden, die für $y = z = 0$ verschwinden, die ferner — nach (371) und (372) beziehungsweise mit $b_1 = b_2 = 0$, $b_2 = b_0 = 0$, $b_0 = b_1 = 0$ — für alle Querschnittspunkte den Gleichungen:

$$\left.\begin{aligned} \frac{\partial^2 Q_0}{\partial y^2} + \frac{\partial^2 Q_0}{\partial z^2} = 0 \\ \frac{\partial^2 Q_1}{\partial y^2} + \frac{\partial^2 Q_1}{\partial z^2} = 0 \\ \frac{\partial^2 Q_2}{\partial y^2} + \frac{\partial^2 Q_2}{\partial z^2} = 0 \end{aligned}\right\} \quad . \quad . \quad . \quad . \quad . \quad . \quad (378)$$

und insbesondere für den Umfang eines Querschnittes den Gleichungen:

$$\left.\begin{aligned}
\frac{\partial Q_0}{\partial y}\cos\beta+\frac{\partial Q_0}{\partial z}\sin\beta &= y\sin\beta-z\cos\beta\\
\frac{\partial Q_1}{\partial y}\cos\beta+\frac{\partial Q_1}{\partial z}\sin\beta &= \frac{y^2+(2m-1)z^2}{2m}\cos\beta+\frac{2m+1}{m}yz\sin\beta\\
\frac{\partial Q_2}{\partial y}\cos\beta+\frac{\partial Q_2}{\partial z}\sin\beta &= \frac{z^2+(2m-1)y^2}{2m}\sin\beta+\frac{2m+1}{m}yz\cos\beta
\end{aligned}\right\}\quad(379)$$

entsprechen, und die somit von der Querschnittsform abhängig sind.

150. — Die Einführung der in den zwei vorigen Nummern erhaltenen Werthe:

$$a'=a''=a_0=b=0$$

$$F(y,z)=Q-b'y-b''z$$

$$b'=\left(\frac{\partial Q}{\partial y}\right)_0;\quad b''=\left(\frac{\partial Q}{\partial z}\right)_0$$

in die für ξ, η, ζ gewonnenen Ausdrücke (368) und (369) liefert:

$$\xi=x(a+a_1y+a_2z)+b_1y\left(\frac{x^2}{2}-z^2\right)+b_2z\left(\frac{x^2}{2}-y^2\right)$$
$$+Q-y\left(\frac{\partial Q}{\partial y}\right)_0-z\left(\frac{\partial Q}{\partial z}\right)_0\quad .\ .\ .\ .\quad(380)$$

$$\left.\begin{aligned}
\eta=&-a\frac{y}{m}-a_1\left(\frac{x^2}{2}+\frac{y^2-z^2}{2m}\right)-a_2\frac{yz}{m}+b_0xz\\
&-b_1x\left(\frac{x^2}{6}+\frac{y^2-z^2}{2m}\right)-b_2\frac{xyz}{m}+x\left(\frac{\partial Q}{\partial y}\right)_0\\
\zeta=&-a\frac{z}{m}-a_1\frac{yz}{m}-a_2\left(\frac{x^2}{2}+\frac{z^2-y^2}{2m}\right)-b_0xy\\
&-b_1\frac{xyz}{m}-b_2x\left(\frac{x^2}{6}+\frac{z^2-y^2}{2m}\right)+x\left(\frac{\partial Q}{\partial z}\right)_0
\end{aligned}\right\}\quad(381).$$

Daraus folgt:

$$\frac{\partial\zeta}{\partial x}=-a_2x-b_0y-b_1\frac{yz}{m}-b_2\left(\frac{x^2}{2}+\frac{z^2-y^2}{2m}\right)+\left(\frac{\partial Q}{\partial z}\right)_0$$

$$\frac{\partial\xi}{\partial z}=a_2x-2b_1yz+b_2\left(\frac{x^2}{2}-y^2\right)+\frac{\partial Q}{\partial z}-\left(\frac{\partial Q}{\partial z}\right)_0$$

$$\frac{\partial\xi}{\partial y}=a_1x+b_1\left(\frac{x^2}{2}-z^2\right)-2b_2yz+\frac{\partial Q}{\partial y}-\left(\frac{\partial Q}{\partial y}\right)_0$$

$$\frac{\partial\eta}{\partial x}=-a_1x+b_0z-b_1\left(\frac{x^2}{2}+\frac{y^2-z^2}{2m}\right)-b_2\frac{yz}{m}+\left(\frac{\partial Q}{\partial y}\right)_0$$

und ergeben sich damit nach (360) die Spannungen in einem beliebigen Punkte des betrachteten Körperstückes:

$$\frac{1}{E}\sigma_x=a+a_1y+a_2z+x(b_1y+b_2z)\quad .\ .\ .\quad(382)$$

$$\left.\begin{aligned}\frac{1}{G}\tau_y &= -b_0 y - b_1 \frac{2m+1}{m} yz - b_2 \frac{z^2+(2m-1)y^2}{2m} + \frac{\partial Q}{\partial z}\\ \frac{1}{G}\tau_z &= b_0 z - b_1 \frac{y^2+(2m-1)z^2}{2m} - b_2 \frac{2m+1}{m} yz + \frac{\partial Q}{\partial y}\end{aligned}\right\} (383).$$

Die Spannungen im Anfangsquerschnitte YZ ergeben sich hieraus mit $x=0$, wodurch aber nur der Ausdruck von σ_x specialisirt wird, während τ_y und τ_z in entsprechenden Punkten aller Querschnitte des betrachteten Körperstückes gleich sind.

151. — Das Stattfinden des vorausgesetzten Gleichgewichtszustandes erfordert nun streng genommen, dass in den Flächenelementen $dF=dy\,dz$ der Endfläche F' des betrachteten Stabstückes $OO'=l$ solche äussere Kräfte wirken, die sich durch Multiplication von $dy\,dz$ mit den Werthen (382) und (383) von σ_x, τ_y und τ_z für $x=l$ ergeben. Ist aber das System der äusseren Kräfte für den Anfangsquerschnitt YZ nach Nr. 143 nur durch

$$R_x \quad R_y \quad R_z \quad M_x \quad M_y \quad M_z$$

gegeben, so lassen sich näherungsweise die Spannungen in diesem Querschnitte nach Nr. 144 den obigen (382) und (383) für $x=0$ gleich setzen, falls nur die übrig gebliebenen sechs Constanten

$$a \quad a_1 \quad a_2 \quad b_0 \quad b_1 \quad b_2$$

so bestimmt werden, dass

$$R_x=\int\sigma_x dF \qquad R_y=\int\tau_z dF \qquad R_z=\int\tau_y dF$$
$$M_x=\int(y\tau_y-z\tau_z)\,dF;\quad M_y=\int z\sigma_x dF;\quad -M_z=\int y\sigma_x dF$$

ist, die Integrale über den ganzen Querschnitt F ausgedehnt gedacht. Diese Gleichungen reichen zur fraglichen Bestimmung gerade aus und geben mit Rücksicht darauf, dass nach den Annahmen und Bezeichnungen in Nr. 143

$$\int y\,dF=\int z\,dF=\int yz\,dF=0$$
$$B=\int z^2 dF;\quad C=\int y^2 dF;\quad A=B+C$$

ist, nach (382) und (383) mit $x=0$:

$$a=\frac{R_x}{EF};\ a_1=\frac{-M_z}{EC};\ a_2=\frac{M_y}{EB} \quad . \quad . \quad . \quad (384)$$

sowie für b_0, b_1 und b_2 die Gleichungen:

$$\left.\begin{aligned}\frac{R_y}{G} &= -b_1 \frac{C+(2m-1)B}{2m} + \int\frac{\partial Q}{\partial y} dF\\ \frac{R_z}{G} &= -b_2 \frac{B+(2m-1)C}{2m} + \int\frac{\partial Q}{\partial z} dF\end{aligned}\right\} \quad . \quad . \quad (385)$$

$$\frac{M_x}{G} = -b_0 C - b_1\frac{2m+1}{m}\int y^2 z\,dF - b_2\frac{\int yz^2 dF+(2m-1)\int y^3 dF}{2m}$$
$$+\int y\frac{\partial Q}{\partial z}dF$$
$$-b_0 B + b_1\frac{\int y^2 z\,dF+(2m-1)\int z^3 dF}{2m} + b_2\frac{2m+1}{m}\int yz^2 dF$$
$$-\int z\frac{\partial Q}{\partial y}dF$$

$$= -b_1 \int \frac{(4m+1)y^2-(2m-1)z^2}{2m} z\,dF - b_0 A$$
$$+ b_2 \int \frac{(4m+1)z^2-(2m-1)y^2}{2m} y\,dF + \int \left(y\frac{\partial Q}{\partial z} - z\frac{\partial Q}{\partial y}\right) dF \quad (386).$$

152. — Die Constanten b_0, b_1 und b_2 erscheinen hiernach als abhängig von den Functionen Q_0, Q_1 und Q_2, auf welche die Function Q durch die Gleichung (377) zurückgeführt wurde; indessen ist es ein bemerkenswerther Umstand, dass, wenn auch diese Functionen selbst nur für bestimmte Querschnittsformen bestimmbar sind, doch die Integrale

$$\int \frac{\partial Q}{\partial y} dF \text{ und } \int \frac{\partial Q}{\partial z} dF$$

und damit nach (385) auch die Constanten b_1 und b_2 allgemein ausgedrückt werden können. In der That ergiebt sich durch theilweise Integration nach y:

$$\int \frac{\partial Q}{\partial y} dF = \iint \frac{\partial Q}{\partial y} dy\,dz$$
$$= \int \left[\left(y\frac{\partial Q}{\partial y}\right)_2 - \left(y\frac{\partial Q}{\partial y}\right)_1\right] dz - \iint y \frac{\partial^2 Q}{\partial y^2} dy\,dz,$$

wo die Zeiger 1 und 2 sich gemäss Fig. 48 auf die Schnittpunkte des Querschnittsumfanges mit einer Parallelen zur y-Axe beziehen, und da nach Gleichung (371)

$$-\iint y \frac{\partial^2 Q}{\partial y^2} dy\,dz = \iint y \frac{\partial^2 Q}{\partial z^2} dy\,dz = \int \left[\left(\frac{\partial Q}{\partial z}\right)_2 - \left(\frac{\partial Q}{\partial z}\right)_1\right] y\,dy$$

ist, worin jetzt die Zeiger 1 und 2 gemäss Fig. 49 den Schnittpunkten des Umfanges mit einer Parallelen zur z-Axe entsprechen, so folgt

$$\int \frac{\partial Q}{\partial y} dF = \int \left[\left(y\frac{\partial Q}{\partial y}\right)_2 - \left(y\frac{\partial Q}{\partial y}\right)_1\right] dz + \int \left[\left(\frac{\partial Q}{\partial z}\right)_2 - \left(\frac{\partial Q}{\partial z}\right)_1\right] y\,dy$$

oder, da nach Nr. 149,

Fig. 48: $dz = -ds_1 \cos\beta_1 = ds_2 \cos\beta_2$

Fig. 49: $dy = -ds_1 \sin\beta_1 = ds_2 \sin\beta_2$,

also

$$\int \left[\left(y\frac{\partial Q}{\partial y}\right)_2 - \left(y\frac{\partial Q}{\partial y}\right)_1\right] dz = \int y \frac{\partial Q}{\partial y} ds \cos\beta$$
$$\int \left[\left(\frac{\partial Q}{\partial z}\right)_2 - \left(\frac{\partial Q}{\partial z}\right)_1\right] y\,dy = \int y \frac{\partial Q}{\partial z} ds \sin\beta$$

ist, ergiebt sich:

$$\int \frac{\partial Q}{\partial y} dF = \int y\left(\frac{\partial Q}{\partial y}\cos\beta + \frac{\partial Q}{\partial z}\sin\beta\right) ds.$$

Nach Gleichung (372) ist aber wegen $b = 0$ und mit den Bezeichnungen

$$Y = b_1 \frac{y^2+(2m-1)z^2}{2m} + b_2 \frac{2m+1}{m} yz - b_0 z$$

$$Z = b_1 \frac{2m+1}{m} yz + b_2 \frac{z^2 + (2m-1)y^2}{2m} + b_0 y$$

$$\left(\frac{\partial Q}{\partial y} - Y\right) \cos\beta + \left(\frac{\partial Q}{\partial z} - Z\right) \sin\beta = 0,$$

also auch $$\int \frac{\partial Q}{\partial y} dF = \int y (Y \cos\beta + Z \sin\beta)\, ds$$

oder, da gemäss einer der obigen entgegengesetzten Schlussfolge

$$\int yY\, ds \cos\beta = \int [(yY)_2 - (yY)_1]\, dz = \iint \frac{\partial(yY)}{\partial y} dy\, dz$$

$$\int yZ\, ds \sin\beta = \int (Z_2 - Z_1)\, y\, dy = \iint \frac{\partial Z}{\partial z} y\, dy\, dz = \iint \frac{\partial(yZ)}{\partial z} dy\, dz$$

ist, mit $dy\, dz = dF$:

$$\int \frac{\partial Q}{\partial y} dF = \int \left(\frac{\partial(yY)}{\partial y} + \frac{\partial(yZ)}{\partial z}\right) dF.$$

Ebenso hätte sich offenbar

$$\int \frac{\partial Q}{\partial z} dF = \int z (Y \cos\beta + Z \sin\beta)\, ds = \int \left(\frac{\partial(zY)}{\partial y} + \frac{\partial(zZ)}{\partial z}\right) dF$$

ergeben, und da nun nach obigen Ausdrücken von Y und Z

$$\frac{\partial(yY)}{\partial y} = b_1 \frac{3y^2 + (2m-1)z^2}{2m} + b_2 \frac{2m+1}{m} \cdot 2yz - b_0 z$$

$$\frac{\partial(yZ)}{\partial z} = b_1 \frac{2m+1}{m} y^2 + b_2 \frac{2yz}{2m}$$

$$\frac{\partial(zY)}{\partial y} = b_1 \frac{2yz}{2m} + b_2 \frac{2m+1}{m} z^2$$

$$\frac{\partial(zZ)}{\partial z} = b_1 \frac{2m+1}{m} \cdot 2yz + b_2 \frac{3z^2 + (2m-1)y^2}{2m} + b_0 y$$

ist, so folgt schliesslich

$$\int \frac{\partial Q}{\partial y} dF = b_1 \left(\frac{3C + (2m-1)B}{2m} + \frac{2m+1}{m} C\right)$$

$$= b_1 \frac{(4m+5)C + (2m-1)B}{2m}$$

$$\int \frac{\partial Q}{\partial z} dF = b_2 \left(\frac{3B + (2m-1)C}{2m} + \frac{2m+1}{m} B\right)$$

$$= b_2 \frac{(4m+5)B + (2m-1)C}{2m}$$

und damit nach Gleichung (385):

$$\left.\begin{aligned} \frac{R_y}{G} &= b_1 \frac{4(m+1)C}{2m}; \quad b_1 = \frac{1}{2} \frac{m}{m+1} \frac{R_y}{GC} = \frac{R_y}{EC} \\ \frac{R_z}{G} &= b_2 \frac{4(m+1)B}{2m}; \quad b_2 = \frac{1}{2} \frac{m}{m+1} \frac{R_z}{GB} = \frac{R_z}{EB} \end{aligned}\right\} \quad . \quad (387).$$

Die Gleichung (386) erübrigt zur Bestimmung von b_0 und es lässt sich danach nur diese Constante nicht allgemein ohne Specialisirung der Querschnittsform ausdrücken; zudem ist es bemerkenswerth, dass, während nach (384) und (387)

die Constanten a a_1 a_2 b_1 b_2
nur resp. von R_x M_z M_y R_y R_z

abhängen, die Constante b_0 dagegen im Allgemeinen nicht nur von M_x, sondern zugleich von b_1 und b_2, also von R_y und R_z abhängig ist.

153. — Die Einführung der Werthe von a, a_1, a_2, b_1, b_2 nach (384) und (387) in die Ausdrücke (382) und (383) von σ_x, τ_y und τ_z für $x = 0$, d. h. für den Querschnitt YZ liefert mit Rücksicht auf (377):

$$\sigma_x = \frac{R_x}{F} + \frac{M_y}{B} z - \frac{M_z}{C} y \quad . \quad . \quad . \quad . \quad . \quad (388)$$

$$\left.\begin{aligned} \tau_y = G b_0 \left(\frac{\partial Q_0}{\partial z} - y\right) + \frac{1}{2}\frac{m}{m+1}\frac{R_y}{C}\left(\frac{\partial Q_1}{\partial z} - \frac{2m+1}{m} y z\right) \\ + \frac{1}{2}\frac{m}{m+1}\frac{R_z}{B}\left(\frac{\partial Q_2}{\partial z} - \frac{z^2 + (2m-1) y^2}{2m}\right) \\ \tau_z = G b_0 \left(\frac{\partial Q_0}{\partial y} + z\right) + \frac{1}{2}\frac{m}{m+1}\frac{R_y}{C}\left(\frac{\partial Q_1}{\partial y} - \frac{y^2 + (2m-1) z^2}{2m}\right) \\ + \frac{1}{2}\frac{m}{m+1}\frac{R_z}{B}\left(\frac{\partial Q_2}{\partial y} - \frac{2m+1}{m} y z\right) \end{aligned}\right\} (389).$$

Darin ist b_0 nach (386) bestimmt durch die Gleichung:

$$\left.\begin{aligned} & G b_0 \left[A - \int\left(y \frac{\partial Q_0}{\partial z} - z \frac{\partial Q_0}{\partial y}\right) dF\right] \\ & = - M_x - \frac{1}{2}\frac{m}{m+1}\frac{R_y}{C}\left[J_1 - \int\left(y \frac{\partial Q_1}{\partial z} - z \frac{\partial Q_1}{\partial y}\right) dF\right] \\ & \quad + \frac{1}{2}\frac{m}{m+1}\frac{R_z}{B}\left[J_2 + \int\left(y \frac{\partial Q_2}{\partial z} - z \frac{\partial Q_2}{\partial y}\right) dF\right] \end{aligned}\right\} . \quad (390)$$

$$\text{mit } J_1 = \int \frac{(4m+1) y^2 - (2m-1) z^2}{2m} z\, dF$$

$$J_2 = \int \frac{(4m+1) z^2 - (2m-1) y^2}{2m} y\, dF.$$

Der allgemeine Charakter dieser Formeln besteht darin, dass die resultirenden Spannungen in irgend einem Punkte des Querschnittes die Summen derjenigen Spannungen gleicher Art sind, die von den einzelnen Kräften und Kräftepaaren

R_x R_y R_z M_x M_y M_z

herrühren. Dabei hängt die Normalspannung σ_x nur von R_x, M_y, M_z und zwar von M_y und M_z in gleicher Weise ab, während die Schubspannungen τ_y, τ_z nur von R_y, R_z, M_x und zwar von R_y und R_z auf gleiche Weise abhängig sind.

154. — Der Deformationszustand des Stabes wird durch die Grössen ξ, η, ζ bestimmt, die nach (380) und (381) ebenso wie die Spannungscomponenten lineare Functionen von a, a_1, a_2, b_0, b_1, b_2, somit auch von R_x, R_y, R_z, M_x, M_y, M_z sind. An der Stelle eines gewissen Querschnittes betrifft die Deformation des Stabes die Gestaltsänderung dieses ursprünglich ebenen materiellen Querschnittes und seine Neigung gegen die Mittellinie, während die Deformation des ganzen Stabes oder eines gewissen Stückes desselben zugleich die Aenderung seiner ursprünglich geraden materiellen Mittellinie und die relative Verdrehung der Querschnitte in sich begreift.

Die Gleichung der deformirten Querschnittsfläche ergiebt sich aus der Gleichung (380) für ξ mit $x = 0$, ist also:

$$\xi = Q - y\left(\frac{\partial Q}{\partial y}\right)_0 - z\left(\frac{\partial Q}{\partial z}\right)_0 - b_1 y z^2 - b_2 y^2 z \quad . \quad (391).$$

Die Coordinatenebene YOZ berührt die Fläche im Punkte O, da in demselben $\frac{\partial \xi}{\partial y}$ und $\frac{\partial \xi}{\partial z} =$ Null sind, und zwar berühren die Axen OY und OZ die deformirten Symmetrieaxen des Querschnittes, die sich im Punkte O nach wie vor rechtwinkelig schneiden gemäss dem Umstande, dass daselbst nicht nur der Annahme (357) zufolge $\frac{\partial \zeta}{\partial y} = 0$, sondern nach (363) auch $\frac{\partial \eta}{\partial z} = 0$ ist.

Was die Neigung der Querschnittsfläche gegen die Mittellinie betrifft, so ist für letztere, nämlich mit $y = z = 0$ nach (381):

$$\left.\begin{aligned} \eta &= x\left(\frac{\partial Q}{\partial y}\right)_0 - a_1 \frac{x^2}{2} - b_1 \frac{x^3}{6} \\ \zeta &= x\left(\frac{\partial Q}{\partial z}\right)_0 - a_2 \frac{x^2}{2} - b_2 \frac{x^3}{6} \end{aligned}\right\} \quad . \; . \; . \; . \quad (392).$$

Die Werthe von $\frac{dy}{dx}$ und $\frac{d\zeta}{dx}$, welche hiernach $x = 0$ entsprechen, sind nach Gleichung (26), Nr. 11, da die zugehörigen Werthe von $\frac{\partial \xi}{\partial y}$ und $\frac{\partial \xi}{\partial z} =$ Null sind, die Schiebungen im Punkte O des Querschnittes nach den Richtungen OY, OZ, für die sich also ergiebt:

$$\left.\begin{aligned} \gamma_z &= \left(\frac{\partial Q}{\partial y}\right)_0 = b_0\left(\frac{\partial Q_0}{\partial y}\right)_0 + b_1\left(\frac{\partial Q_1}{\partial y}\right)_0 + b_2\left(\frac{\partial Q_2}{\partial y}\right)_0 \\ \gamma_y &= \left(\frac{\partial Q}{\partial z}\right)_0 = b_0\left(\frac{\partial Q_0}{\partial z}\right)_0 + b_1\left(\frac{\partial Q_1}{\partial z}\right)_0 + b_2\left(\frac{\partial Q_2}{\partial z}\right)_0 \end{aligned}\right\} \quad . \; (393).$$

Zugleich sind sie die kleinen Winkel, unter denen die Projectionen der Mittellinie auf die Ebenen XY und XZ im Punkte O gegen die x-Axe, d. h. gegen die Normale der betreffenden Querschnittsfläche geneigt sind.

Der kleine Winkel γ, den die Mittellinie selbst im Punkte O mit der x-Axe bildet, ist:

$$\gamma = \sqrt{\gamma_y^2 + \gamma_z^2}.$$

Die Deformation der Mittellinie besteht in ihrer Längenänderung und Krümmung. Die Längenänderung ist nach (380) mit $y = z = 0$, also $Q = 0$, für ein Stabstück von der ursprünglichen Länge x:

$$\xi = a x,$$

falls R_x, also a constant ist, widigenfalls a nur die Dehnung im Punkte O, jene Längenänderung aber:

$$\xi = \int_0^x \alpha\, dx \quad . \quad . \quad . \quad . \quad . \quad . \quad (394)$$

wäre, unter $\alpha = \frac{R_x}{EF}$ die Dehnung im Abstande x von O verstanden.

Die Krümmung der Mittellinie ist bestimmt durch die Gleichungen ihrer Projectionen in den Ebenen XY und XZ, welche, wenn (gemäss der Voraussetzung in Nr. 145) ausser den in den Endflächen angreifenden keine äusseren Kräfte auf das betrachtete Stabstück wirken, nach (392) und (393) wären:

$$\eta = x\gamma_z - a_1 \frac{x^2}{2} - b_1 \frac{x^3}{6}; \quad \zeta = x\gamma_y - a_2 \frac{x^2}{2} - b_2 \frac{x^3}{6},$$

$$\left.\begin{array}{l} \text{wonach für } x = 0: \dfrac{d^2\eta}{dx^2} = -a_1, \quad \dfrac{d^2\zeta}{dx^2} = -a_2 \\ \text{und für jedes } x: \dfrac{d^3\eta}{dx^3} = -b_1, \quad \dfrac{d^3\zeta}{dx^3} = -b_2 \end{array}\right\} \quad . \quad . \quad (395)$$

sich ergiebt. Im allgemeinen Falle bei beliebiger stetiger Belastung des Stabes setzt sich, was zunächst die Projection der Mittellinie in der xy-Ebene betrifft, ihre Ordinate η im Abstande x von O zusammen aus dem ihrer Neigung $\frac{d\eta}{dx} = \gamma_z$ im Punkte O gegen die x-Axe entsprechenden Antheile $= x\gamma_z$ und aus den Antheilen, die den Aenderungen $= \frac{d^2\eta}{dx'^2} dx'$ dieser Neigung für die einzelnen Elemente dx' von x zusammen entsprechen. Von letzteren ist derjenige, der durch das in der Entfernung x' von O befindliche Längenelement dx' verursacht wird, $= (x - x') \frac{d^2\eta}{dx'^2} dx'$, und ist somit überhaupt:

$$\eta = x\gamma_z + \int_0^x (x - x') \frac{d^2\eta}{dx'^2} dx'$$

$$= x\gamma_z + x\int_0^x \frac{d^2\eta}{dx^2} dx - \int_0^x \frac{d^2\eta}{dx^2} x\, dx,$$

indem nach der Vorsetzung des in Bezug auf die hier in Rede stehende Integration constanten Factors x die unabhängig Variable unter dem Integralzeichen auch mit x statt x' bezeichnet werden kann, oder auch:

$$\eta = x\gamma_z + x\int_0^x \frac{d^2\eta}{dx^2}dx - \frac{d^2\eta}{dx^2}\frac{x^2}{2} + \frac{1}{2}\int_0^x \frac{d^3\eta}{dx^3}x^2 dx.$$

Ebenso ist:

$$\zeta = x\gamma_y + x\int_0^x \frac{d^2\zeta}{dx^2}dx - \frac{d^2\zeta}{dx^2}\frac{x^2}{2} + \frac{1}{2}\int_0^x \frac{d^3\zeta}{dx^3}x^2 dx.$$

Da die Voraussetzungen der bisherigen Entwickelung auch im allgemeinen Falle für ein unendlich kleines Stabstück als zutreffend zu betrachten sind, so haben die Differentialverhältnisse dieselben Bedeutungen wie nach (395), falls nur die Grössen a_1, a_2, b_1, b_2 jetzt auf einen beliebigen Punkt der Mittellinie bezogen werden, in welcher Bedeutung sie dem Belastungsgesetze des Stabes entsprechende Functionen von x sind und mit α_1, α_2, β_1, β_2 bezeichnet seien. Wird also allgemein

$$\frac{d^2\eta}{dx^2} = -\alpha_1, \quad \frac{d^2\zeta}{dx^2} = -\alpha_2 \text{ mit } \alpha_1 = -\frac{M_z}{EC}, \quad \alpha_2 = \frac{M_y}{EB}$$

$$\frac{d^3\eta}{dx^3} = -\beta_1, \quad \frac{d^3\zeta}{dx^3} = -\beta_2 \text{ mit } \beta_1 = \frac{R_y}{EC}, \quad \beta_2 = \frac{R_z}{EB}$$

gesetzt, so ergiebt sich:

$$\left.\begin{aligned} \eta &= x\gamma_z + \alpha_1\frac{x^2}{2} - x\int_0^x \alpha_1 dx - \frac{1}{2}\int_0^x \beta_1 x^2 dx \\ \zeta &= x\gamma_y + \alpha_2\frac{x^2}{2} - x\int_0^x \alpha_2 dx - \frac{1}{2}\int_0^x \beta_2 x^2 dx \end{aligned}\right\} \quad . \quad (396).$$

Wenn von O bis zur Entfernung x davon keine äusseren Kräfte am Stabe angreifen, so sind für diese Strecke R_y und R_z constant, also auch $\beta_1 = b_1$ und $\beta_2 = b_2$, während aus

$$\beta_1 = \frac{d\alpha_1}{dx} = b_1 \text{ und } \beta_2 = \frac{d\alpha_2}{dx} = b_2$$

$$\alpha_1 = a_1 + b_1 x \text{ und } \alpha_2 = a_2 + b_2 x$$

folgt, unter a_1 und a_2 die Werthe von α_1 und α_2 für $x = 0$ verstanden. Damit erhält man aus den allgemeinen Gleichungen (396) wieder wie oben:

$$\eta = x\gamma_z + (a_1 + b_1 x)\frac{x^2}{2} - x\left(a_1 x + b_1\frac{x^2}{2}\right) - b_1\frac{x^3}{6}$$

$$= x\gamma_z - a_1\frac{x^2}{2} - b_1\frac{x^3}{6}$$

und analog $\zeta = x\gamma_y - a_2\frac{x^2}{2} - b_2\frac{x^3}{6}$.

Was endlich die Verdrehung des Stabes betrifft, so war nach Gleichung (239) in Nr. 94 der specifische Drehungswinkel:

$$\vartheta = \left(\frac{\partial^2\zeta}{\partial x\,\partial y}\right)_{z=0} = -\left(\frac{\partial^2\eta}{\partial x\,\partial z}\right)_{y=0},$$

indem auf Grund der dortigen Voraussetzungen die materiellen Hauptaxen (dort Symmetrieaxen) des Querschnittes als gerade bleibende Linien angenommen werden konnten. Hier ist das nicht zulässig, im Allgemeinen vielmehr der Drehungswinkel nur auf die Tangenten der materiellen Hauptaxen im Punkte O zu beziehen, also

$$\vartheta = \left(\frac{\partial^2 \zeta}{\partial x \partial y}\right)_0 = -\left(\frac{\partial^2 \eta}{\partial x \partial z}\right)_0$$

zu setzen, wo der Index 0 den betreffenden Werth für $y = 0$ und $z = 0$ bezeichnet. Da nun aus den allgemeinen Ausdrücken von $\frac{\partial \zeta}{\partial x}$ und $\frac{\partial \eta}{\partial x}$ in Nr. 150 sich

$$\frac{\partial^2 \zeta}{\partial x \partial y} = -b_0 - \frac{b_1}{m} z + \frac{b_2}{m} y$$

$$\frac{\partial^2 \eta}{\partial x \partial z} = b_0 + \frac{b_1}{m} z - \frac{b_2}{m} y = -\frac{\partial^2 \zeta}{\partial x \partial y}$$

ergiebt, so hat $-b_0$ die Bedeutung des specifischen Drehungswinkels, der dabei positiv gesetzt ist, falls ein im Sinne der positiven x-Axe vom Anfangsquerschnitte YZ entfernter Querschnitt gegen jenen im Sinne von OY durch den rechten Winkel gegen OZ verdreht wird. Ist diese von M_x, R_y, R_z abhängige Grösse b_0 variabel und wird sie dann für den Abstand x von O mit β_0 bezeichnet, so ist die ganze Verdrehung des Stabstückes von der Länge x

$$= -\int_0^x \beta_0 \, dx \quad \ldots\ldots \quad (397).$$

155. — Die Gleichung (390) für b_0 wird einfacher, wenn der Querschnitt in Beziehung auf eine Hauptaxe oder in Beziehung auf beide symmetrisch ist.

Ist OZ Symmetrieaxe, so ergänzen sich für je zwei solche Umfangspunkte, die in Beziehung auf OZ symmetrisch liegen, die Winkel β der Normalen mit der y-Axe zu 180°, sind also die betreffenden Werthe von $\sin\beta$ gleich, von $\cos\beta$ entgegengesetzt, woraus folgt, dass $\sin\beta$ eine gerade, d. h. solche Function von y ist, die der Gleichung

$$f(-y) = f(y)$$

entspricht, $\cos\beta$ aber eine ungerade, d. h. der Gleichung

$$f(-y) = -f(y)$$

entsprechende Function von y. Denkt man sich diese Functionen in Reihen entwickelt, die nach wachsenden Potenzen von y fortschreiten, so enthält die Entwickelung der geraden Function nur Glieder mit geraden, die der ungeraden nur Glieder mit ungeraden Potenzen von y, und ist daraus ersichtlich, dass der nach y genommene Differentialquotient der geraden Function eine ungerade, der ungeraden eine gerade Function von y ist, dass ferner das Product zweier geraden oder zweier ungeraden Functionen eine gerade, das Product einer geraden und einer ungeraden dagegen eine ungerade Function von y ist.

In den Grenzbedingungen (379) für die Functionen Q_0, Q_1, Q_2 von y und z sind somit die rechten Seiten der zwei ersten Gleichungen ungerade Functionen von y, während die rechte Seite der dritten Gleichung eine gerade Function von y ist; indem dasselbe dann auch von den anderen Seiten gelten muss, sind Q_0 und Q_1 ungeraden und ist Q_2 einer geraden Function von y gleich zu setzen (unbeschadet der gleichzeitigen, vorläufig beliebigen Abhängigkeitsart von z), so dass

$$y\frac{\partial Q_2}{\partial z} - z\frac{\partial Q_2}{\partial y}$$

eine ungerade Function von y wird. Sofern nun, unter $f(y)$ eine ungerade Function von y verstanden, das Integral

$$\int f(y)\,dF = 0$$

ist, wenn es über den ganzen in Beziehung auf die z-Axe symmetrischen Querschnitt ausgedehnt wird, da die Elementarbestandtheile desselben sich gegenseitig aufheben, so verschwindet in diesem Falle das Glied mit R_z in Gleichung (390) und wird

$$Gb_0 = \frac{-M_x - \frac{1}{2}\frac{m}{m+1}\frac{R_y}{C}\left[J_1 - \int\left(y\frac{\partial Q_1}{\partial z} - z\frac{\partial Q_1}{\partial y}\right)dF\right]}{A - \int\left(y\frac{\partial Q_0}{\partial z} - z\frac{\partial Q_0}{\partial y}\right)dF} \quad . \quad (398).$$

Wäre OY Symmetrieaxe, so würde in Gleichung (390) das Glied mit R_y verschwinden, und wären die im Ausdrucke von b_0 übrig bleibenden Functionen Q_0 und Q_2 ungerade Functionen von z.

Ist endlich der Querschnitt in Beziehung auf beide Hauptaxen symmetrisch, so verschwinden die Glieder mit R_y und R_z, und wird

$$Gb_0 = \frac{-M_x}{A - \int\left(y\frac{\partial Q_0}{\partial z} - z\frac{\partial Q_0}{\partial y}\right)dF} \quad . \quad . \quad . \quad . \quad (399),$$

unter Q_0 eine in Beziehung sowohl auf y als auf z ungerade Function verstanden.

156. — An der Lösung des allgemeinen Problems fehlt jetzt nur noch die Bestimmung der Functionen Q_0, Q_1, Q_2 von y und z gemäss den Gleichungen (378) und (379) nebst der Bedingung, für $y = z = 0$ zu verschwinden. Das allgemeine Integral der Gleichung

$$\frac{\partial^2 Q}{\partial y^2} + \frac{\partial^2 Q}{\partial z^2} = 0,$$

unter Q hier irgend eine der Functionen Q_0, Q_1, Q_2 verstanden, kann aber (wie überhaupt das einer partiellen Differentialgleichung ersten Grades mit constanten Coefficienten und zwei unabhängigen Veränderlichen y, z) unter der Form:

$$Q = \Sigma A e^{my + nz}$$

dargestellt werden, unter e die Basis der natürlichen Logarithmen und unter Σ das Zeichen einer Summe unendlich vieler Glieder von der Form Ae^{my+nz} verstanden, deren Coefficienten A im Allgemeinen verschieden sind und deren Constante m, n alle Werthpaare haben können, die der unbestimmten Gleichung entsprehen, welche durch Einsetzung von

$Q = e^{my+nz}$ in die Differentialgleichung erhalten wird. Letztere ist hier:

$$m^2 + n^2 = 0 \text{ und giebt } n = \pm m\sqrt{-1} = \pm mi,$$

also
$$\left.\begin{aligned} Q &= \Sigma A e^{m(y \pm iz)} = \Sigma A e^{m(y+iz)} + \Sigma B e^{n(y-iz)} \\ &= f(y+iz) + \varphi(y-iz) \quad . \end{aligned}\right\} \quad . \quad (400),$$

unter f und φ die Zeichen beliebiger Functionen von $y + iz$ resp. $y - iz$ verstanden, als welche in der That jene mit Σ bezeichneten Summen unendlich vieler Glieder betrachtet werden können, in denen A, B, m, n vorläufig (vorbehaltlich ihrer Bestimmung gemäss den Grenzbedingungen) beliebige Constante sind. Die Reihenentwickelung von $e^{m(y+iz)}$ und $e^{n(y-iz)}$ ergiebt $Q =$ einer Summe von Producten constanter Coefficienten mit allen ganzen Potenzen von $y + iz$ und von $y - iz$, und zwar von der ersten Potenz angefangen, da für $y = z = 0$ auch $Q = 0$ ist, also

$$Q = \Sigma A (y + iz)^n + \Sigma B (y - iz)^n \text{ mit } n = 1, 2, 3 \ldots$$

oder

$$Q = \Sigma \frac{1}{2}\left(A + \frac{B}{i}\right)(y + iz)^n + \Sigma \frac{1}{2}\left(A - \frac{B}{i}\right)(y - iz)^n \quad . \; (401)$$

bei veränderter Ausdrucksform der Coefficienten, die so gewählt ist, dass der imaginäre Factor i aus der Reihenentwickelung verschwindet. Wegen

$$(y \pm iz)^n = y^n \pm n i y^{n-1} z - n_2 y^{n-2} z^2 \mp n_3 i y^{n-3} z^3 + n_4 y^{n-4} z^4 + \ldots$$

mit
$$n_2 = \frac{n(n-1)}{1 \cdot 2}, \quad n_3 = \frac{n(n-1)(n-2)}{1 \cdot 2 \cdot 3} \ldots .$$

ist nämlich

$$\frac{1}{2}[(y + iz)^n + (y - iz)^n] = y^n - n_2 y^{n-2} z^2 + n_4 y^{n-4} z^4 - \ldots$$

$$\frac{1}{2i}[(y + iz)^n - (y - iz)^n] = n y^{n-1} z - n_3 y^{n-3} z^3 + \ldots,$$

also nach Gleichung (401):

$$\begin{aligned} Q &= \Sigma A (y^n - n_2 y^{n-2} z^2 + n_4 y^{n-4} z^4 - \ldots) + \Sigma B (n y^{n-1} z - n_3 y^{n-3} z^3 + \ldots) \\ &= A_1 y + B_1 z \\ &+ A_2 (y^2 - z^2) + B_2 . 2yz \\ &+ A_3 (y^3 - 3yz^2) + B_3 (3y^2 z - z^3) \\ &+ A_4 (y^4 - 6y^2 z^2 + z^4) + B_4 (4y^3 z - 4yz^3) \\ &+ A_5 (y^5 - 10y^3 z^2 + 5yz^4) + B_5 (5y^4 z - 10y^2 z^3 + z^5) \\ &+ A_6 (y^6 - 15y^4 z^2 + 15y^2 z^4 - z^6) + B_6 (6y^5 z - 20y^3 z^3 + 6yz^5) \\ &+ \ldots \qquad\qquad + \ldots \end{aligned}$$

Ist nun der Querschnitt von algebraischen Linien begrenzt, so dass wegen

$$\frac{\sin\beta}{\cos\beta} = -\frac{dy}{dz}$$

$\sin\beta$ und $\cos\beta$ ganzen algebraischen Functionen von y und z proportional sind, so können die Constanten

$$A_1 \quad A_2 \quad A_3 \ldots B_1 \quad B_2 \quad B_3 \ldots$$

den Grenzbedingungen (379) entsprechend bestimmt werden mit Rücksicht darauf, dass, nachdem von den Veränderlichen y, z die eine durch die andere gemäss der betreffenden Umfangsgleichung ausgedrückt und die Gleichung geordnet auf Null gebracht worden ist, die Glieder mit den verschiedenen Potenzen dieser übrig gebliebenen Veränderlichen einzeln $=$ Null sein müssen. Freilich setzt diese Bestimmbarkeit der Constanten voraus, dass ihre Zahl nicht kleiner, als die der Bestimmungsgleichungen ist, denen sie Genüge leisten müssen, wie es insbesondere dann der Fall sein kann, wenn der Umfang Ecken, d. h. Stellen mit zwei verschieden gerichteten Tangenten hat; die Schubspannung, die jenen Grenzbedingungen gemäss im Umfange tangential an denselben gerichtet ist, muss in dergleichen Eckpunkten zugleich den Werth Null haben, um weder gegen die eine noch gegen die andere Tangente geneigt zu sein.

Wäre der Querschnitt von transcendenten Linien begrenzt, so müsste entweder auf die algebraische Entwickelung des Integrals (400) verzichtet werden, oder man könnte jene Linien näherungsweise durch algebraische ersetzen, d. h. die Proportionalwerthe von $\sin\beta$ und $\cos\beta$ in Reihen entwickeln, deren Glieder, nach ganzen Potenzen von y und z fortschreitend, von einer gewissen Ordnung an vernachlässigt werden.

157. — Was nun die einfachen Fälle der Elasticität gerader stabförmiger Körper betrifft, hinsichtlich welcher von der hier durchgeführten allgemeineren Untersuchung nach Nr. 142 u. A. die Bestätigung der Annahmen erwartet wurde, auf Grund welcher diese Fälle vorher behandelt und demnächst combinirt wurden, so hat dieses Combinationsverfahren schon durch die allgemeinen Bemerkungen zu Ende von Nr. 153 und zu Anfang von Nr. 154 seine Bestätigung gefunden, so dass nur noch die einfachen Fälle selbst aus den allgemeinen Formeln abzuleiten bleiben unter ergänzender Berücksichtigung der früher unerörtert gebliebenen Deformationen der materiellen Querschnitte des Stabes.

Diese einfachen Fälle sind diejenigen, in denen von den sechs Grössen

$$R_x \quad R_y \quad R_z \quad M_x \quad M_y \quad M_z$$

alle ausser einer $=$ Null sind; wegen Gleichartigkeit der Einflüsse von R_y und R_z, sowie von M_y und M_z sind aber nur vier dieser Fälle wesentlich verschieden, entsprechend nämlich den Voraussetzungen, dass

1) nur R_x nicht $=$ Null ist: Zug- oder Druckelasticität,
2) nur M_y oder M_z nicht $=$ Null ist: Biegungselasticität,
3) nur R_y oder R_z nicht $=$ Null ist: Schubelasticität,
4) nur M_x nicht $=$ Null ist: Drehungselasticität.

Im Allgemeinen können zwar bei der Biegungselasticität M_y und M_z, bei der Schubelasticität R_y und R_z beide von Null verschiedene Werthe haben, doch genügt hier die Voraussetzung der praktisch allein wichtigen Specialfälle, in denen nur eine dieser Grössen nicht $=0$ ist.

158. — Wenn nur R_x nicht $=$ Null ist, so ist nach (388) und (389):

$$\sigma_x = \frac{R_x}{F}; \quad \tau_y = \tau_z = 0$$

und nach (394) die Aenderung der ursprünglichen Stablänge x:

$$\xi = \frac{1}{E}\int_0^x \frac{R_x}{F}\,dx,$$

beides in Uebereinstimmung mit Nr. 27. Wegen $b_0 = b_1 = b_2 = 0$ ist nach (377) auch $Q = 0$, und deshalb nach (391) die Gleichung der materiellen Querschnittsfläche:

$$\xi = 0,$$

d. h. diese Fläche eine Ebene, die wegen $\gamma_y = \gamma_z = 0$ nach (393) zur Mittellinie senkrecht ist.

159. — Ist nur M_y nicht $=$ Null, so ist nach (388) und (389):

$$\sigma_x = \frac{M_y}{B}z;\ \tau_y = \tau_z = 0$$

in Uebereinstimmung mit Gleichung (81), Nr. 40. Von den in Nr. 154 allgemein mit α_1, α_2, β_1, β_2 bezeichneten Grössen, von denen die Krümmung der Mittellinie abhängt, ist hier nur α_2 nicht $= 0$, jene Krümmung also bestimmt durch:

$$\frac{d^2\zeta}{dx^2} = -\alpha_2 = -\frac{M_y}{EB}$$

übereinstimmend mit Gleichung (82), worin auch das Minuszeichen gilt, wenn die elastische Linie im Sinne der positiven Ordinatenaxe (hier z-Axe) concav gekrümmt, d. h. wenn der hier mit M_y bezeichnete algebraische Werth von M positiv ist.

Die materiellen Querschnittsflächen sind ebenso wie in Nr. 158 als zur Mittellinie senkrechte Ebenen zu erkennen.

160. — Wenn nur R_z nicht $=$ Null ist, werde zugleich wie früher bei Betrachtung der Schubelasticität (Nr. 81) die z-Axe als Symmetrieaxe des Querschnittes angenommen. Nach Gleichung (398) ist dann $b_0 = 0$ und deshalb nach (389):

$$\left.\begin{aligned} \tau_y &= \frac{1}{2}\frac{m}{m+1}\frac{R_z}{B}\left(\frac{\partial Q_2}{\partial z} - \frac{z^2+(2m-1)y^2}{2m}\right) \\ \tau_z &= \frac{1}{2}\frac{m}{m+1}\frac{R_z}{B}\left(\frac{\partial Q_2}{\partial y} - \frac{2m+1}{m}yz\right) \end{aligned}\right\} \quad (402).$$

Nach Nr. 155 ist Q_2 eine gerade Function von y und deshalb nach der allgemeinen Entwickelung der Functionen Q in Nr. 156:

$$\left.\begin{aligned} Q_2 &= B_1 z + A_2(y^2 - z^2) + B_3(3y^2 z - z^3) \\ &\qquad + A_4(y^4 - 6y^2 z^2 + z^4) + \ldots \\ \frac{\partial Q_2}{\partial y} &= 2A_2 y + 6B_3 yz + 4A_4(y^3 - 3yz^2) + \ldots \\ \frac{\partial Q_2}{\partial z} &= B_1 - 2A_2 z + 3B_3(y^2 - z^2) + 4A_4(-3y^2 z + z^3) + \ldots \end{aligned}\right\} (403),$$

wobei die Constanten B_1, A_2, B_3, A_4 ... nach (379) bestimmt sind durch die Grenzbedingung:

$$\left(\frac{\partial Q_2}{\partial y} - \frac{2m+1}{m} yz\right) \cos\beta + \left(\frac{\partial Q_2}{\partial z} - \frac{z^2 + (2m-1)y^2}{2m}\right) \sin\beta = 0 \quad (404),$$

die in allen Umfangspunkten erfüllt sein muss und, indem sie nach (402) auch in der Form:

$$-\tau_z = \tau_y \, tg\,\beta$$

geschrieben werden kann, ausdrückt, dass die resultirende Schubspannung $\tau = \sqrt{\tau_y^2 + \tau_z^2}$ in allen Punkten des Umfanges nach der Tangente desselben gerichtet sein muss.

Als Gleichung der deformirten Querschnittsfläche ergiebt sich aus (391) mit $b_1 = 0$ und $Q = b_2 Q_2$:

$$\xi = b_2 \left[Q_2 - y \left(\frac{\partial Q_2}{\partial y}\right)_0 - z \left(\frac{\partial Q_2}{\partial z}\right)_0 - y^2 z \right]$$

oder nach (403) und mit $b_2 = \frac{R_z}{EB}$ nach (387):

$$\xi = \frac{R_z}{EB} (Q_2 - B_1 z - y^2 z) \quad . \quad . \quad . \quad . \quad (405).$$

Die Ausdrücke, die in Nr. 82 für τ_y und τ_z hergeleitet wurden, nämlich nach Gleichung (199) und (200) daselbst mit

$R = R_z$, $J = B$ und $\varphi = \beta$ (siehe Fig. 34):

$$\tau_y = \frac{R_z}{B y_1} \int_z^e y_1 z\, dz; \quad -\tau_z = \tau_y \frac{y}{y_1} tg\,\beta \quad . \quad . \quad (406)$$

sind von anderer Form, als die Ausdrücke (402) mit Rücksicht auf (403). Insbesondere ist τ_y nach diesen früheren Formeln eine blosse Function von z, nach (402) dagegen im Allgemeinen zugleich von y abhängig, ebenso wie die Querschnittsfläche (405) nicht nur von Ebenen, die der xz-Ebene, sondern im Allgemeinen auch von solchen, die der xy-Ebene parallel sind, in krummen Linien geschnitten wird. Die in Nr. 83 ausgeführte Prüfung der Ausdrücke (406) blos mit Rücksicht auf die erste der allgemeinen Gleichungen (2) in Nr. 2 war also nicht ganz ausreichend zu ihrer Rechtfertigung, und es bleibt noch übrig zu untersuchen, ob ihre Fehlerhaftigkeit, besonders in Betreff des Maximalwerthes der resultirenden Schubspannung τ in einer gewissen Entfernung z von der y-Axe und im ganzen Querschnitte, wenigstens klein genug ist, um für praktische Zwecke ausser Acht gelassen werden zu dürfen.

Indem diese Untersuchung auf solche Querschnittsformen beschränkt werden soll, die (entsprechend den in Nr. 84 betrachteten Beispielen) zugleich in Bezug auf die y-Axe symmetrisch sind, erleidet die Function Q_2 eine weitere Einschränkung, sofern sie nach Nr. 155 jetzt nicht nur eine gerade Function von y, sondern zugleich eine ungerade Function von z sein muss, somit bei Entwickelung nach ganzen Potenzen von y und z

$$\left.\begin{aligned}
Q_2 &= B_1 z + B_3(3y^2 z - z^3) + B_5(5y^4 z - 10y^2 z^3 + z^5) + \ldots \\
\frac{\partial Q_2}{\partial y} &= 6B_3 yz + 20B_5(y^3 z - yz^3) + \ldots \\
\frac{\partial Q_2}{\partial z} &= B_1 + 3B_3(y^2 - z^2) + 5B_5(y^4 - 6y^2 z^2 + z^4) + \ldots
\end{aligned}\right\} (407)$$

zu setzen ist, und zwar sind die hier fehlenden Glieder der Entwickelung von Q_2 wenigstens von der siebenten, also von $\frac{\partial Q_2}{\partial y}$ und $\frac{\partial Q_2}{\partial z}$ wenigstens von der sechsten Dimension.

161. — Für einen elliptischen Querschnitt mit der Umfangsgleichung:

$$\frac{y^2}{b^2} + \frac{z^2}{c^2} = 1, \text{ woraus } \frac{\sin\beta}{\cos\beta} = -\frac{dy}{dz} = \frac{b^2 z}{c^2 y}$$

folgt, ergiebt sich durch Substitution der Proportionalwerthe $c^2 y$ und $b^2 z$ für $\cos\beta$ und $\sin\beta$ in Gleichung (404) mit Rücksicht auf (407):

$$\left(6B_3 + \ldots - \frac{2m+1}{m}\right) yz \cdot c^2 y$$
$$+\left[B_1\left(\frac{y^2}{b^2} + \frac{z^2}{c^2}\right) + 3B_3(y^2 - z^2) + \ldots - \frac{z^2 + (2m-1)y^2}{2m}\right] b^2 z = 0.$$

Indem hier zugleich der Umfangsgleichung entsprechend

$$B_1\left(\frac{y^2}{b^2} + \frac{z^2}{c^2}\right) \text{ für } B_1$$

gesetzt wurde, enthält diese Gleichung, wenn die Entwickelung von Q_2 auf die Glieder mit B_1 und B_3 beschränkt wird, nur Glieder mit $y^2 z$ und solche mit z^3, und indem die Summe der einen und der anderen für sich $= 0$ sein muss, sind dadurch B_1 und B_3 gerade bestimmt, nämlich durch die Gleichungen:

$$B_1 + 3B_3(2c^2 + b^2) = \frac{2m+1}{m} c^2 + \frac{2m-1}{2m} b^2$$

$$\frac{B_1}{c^2} - 3B_3 = \frac{1}{2m},$$

die etwas weniger einfach sich auch ergeben hätten, wenn nach der Substitution von $b^2\left(1 - \frac{z^2}{c^2}\right)$ für y^2 in der Umfangsgleichung die Summe ihrer Glieder mit z und die ihrer Glieder mit z^3 jede für sich = Null gesetzt worden wäre. Aus ihnen folgt:

$$B_1\left(1 + \frac{2c^2 + b^2}{c^2}\right) = \frac{2c^2 + b^2}{2m} + \frac{2m+1}{m} c^2 + \frac{2m-1}{2m} b^2$$
$$= b^2 + 2\frac{m+1}{m} c^2,$$

$$\text{also } B_1 = nc^2,\ 3B_3 = n - \frac{1}{2m} \text{ mit } n = \frac{b^2 + 2\frac{m+1}{m}c^2}{b^2 + 3c^2} \quad (408).$$

Wegen $m > 2$ ist $2\frac{m+1}{m} = 2 + \frac{2}{m} < 3$, also $n < 1$.

Mit $$Q_2 = nc^2z + \left(\frac{n}{3} - \frac{1}{6m}\right)(3y^2z - z^3)$$

$$\frac{\partial Q_2}{\partial y} = \left(2n - \frac{1}{m}\right)yz\,; \quad \frac{\partial Q_2}{\partial z} = nc^2 + \left(n - \frac{1}{2m}\right)(y^2 - z^2)$$

findet man nun aus Gleichung (402):

$$\left.\begin{aligned} \tau_y &= \frac{1}{2}\frac{m}{m+1}\frac{R_z}{B}\left[n(c^2 - z^2) - (1-n)y^2\right] \\ \tau_z &= -\frac{R_z}{B}\left(1 - \frac{mn}{m+1}\right)yz \;.\;.\;.\;.\;. \end{aligned}\right\} \;. \quad (409)$$

und aus (405) als Gleichung der deformirten Querschnittsfläche:

$$\xi = -\frac{R_z}{EB}\left[\left(\frac{2m+1}{2m} - n\right)y^2 + \left(n - \frac{1}{2m}\right)\frac{z^2}{3}\right]z \quad (410).$$

Wenn insbesondere die Ellipse in einen Kreis übergeht, wird mit $b = c = r$ und $B = F\frac{r^2}{4}$:

$$\left.\begin{aligned} \tau_y &= \frac{3m+2}{2m+2}\frac{R_z}{F}\left(1 - \frac{z^2}{r^2} - \frac{m-2}{3m+2}\frac{y^2}{r^2}\right) \\ \tau_z &= -\frac{m+2}{m+1}\frac{R_z}{F}\frac{yz}{r^2} \;.\;.\;.\;.\;.\;. \end{aligned}\right\} \;. \quad (411)$$

$$\xi = -\frac{R_z}{EF}\left[\left(5 + \frac{2}{m}\right)\frac{y^2}{r^2} + \frac{z^2}{r^2}\right]z \quad .\;.\;. \quad (412).$$

Die Werthe von τ_y und τ_z, sowie von $\tau = \sqrt{\tau_y{}^2 + \tau_z{}^2}$, die sich hiernach mit $m = 3$ für $z = 0$, $\frac{1}{4}r$, $\frac{1}{2}r$, $\frac{3}{4}r$ und r in der z-Axe und im Umfange, nämlich für $y = 0$ und $y = y_1 = \sqrt{r^2 - z^2}$ ergeben, sind in der folgenden Tabelle zusammengestellt zur Vergleichung mit den Spannungen τ_1, die der früheren Gleichung (206) in Nr. 84 für dieselben Werthe von z und für $y = y_1$ entsprechen.

	$\tau_y : \frac{R_z}{F}$		$-\tau_z : \frac{R_z}{F}$		$\tau : \frac{R_z}{F}$		$\tau_1 : \frac{R_z}{F}$
	$y = 0$	$y = y_1$	$y = 0$	$y = y_1$	$y = 0$	$y = y_1$	Gl. (206)
$z = 0$	1,375	1,25	0	0	1,375	1,25	1,333
$z = \frac{1}{4}r$	1,289	1,172	0	0,303	1,289	1,210	1,291
$z = \frac{1}{2}r$	1,031	0,937	0	0,541	1,031	1,082	1,155
$z = \frac{3}{4}r$	0,602	0,547	0	0,620	0,602	0,827	0,882
$z = r$	0	0	0	0	0	0	0

Während die Schubspannung τ nach den früheren Annahmen in jeder Entfernung z von der y-Axe mit der Entfernung y von der z-Axe nach beiden Seiten bis τ_1 zunehmen sollte, zeigt sich hier thatsächlich dieses Verhalten nur für die grösseren Werthe von z, wogegen in der Nähe der y-Axe das betreffende relative Maximum von τ in der z-Axe selbst stattfindet. Auch ist es an diesen Stellen etwas $> \tau_1$, und ist deshalb auch das absolute Maximum von τ für den ganzen Querschnitt etwas grösser als $\frac{4}{3}\frac{R_z}{F}$ nach Gleichung (206). In noch höherem Grade würde dies der Fall sein, wenn $m > 3$ angenommen würde, indessen ist in keinem Falle jene Gleichung (206) so fehlerhaft, dass ein praktisches Bedürfniss zu ihrem Ersatze durch die Gleichungen (411) vorläge.

162. — Bei einem rechteckigen Querschnitte mit den Seiten $2b$ parallel der y-Axe und $2c$ parallel der z-Axe ist für diese letzteren Seiten:

$$\cos\beta = \pm 1, \quad \sin\beta = 0,$$

wodurch die Grenzbedingung (404) übergeht in:

$$\frac{\partial Q_2}{\partial y} - \frac{2m+1}{m} yz = 0 \quad \text{oder} \quad \tau_z = 0 \quad \text{für} \quad y = \pm b$$

und alle Werthe von z zwischen c und $-c$. Daraus folgt bei Beschränkung der Entwickelung von Q_2 auf die Glieder mit B_1 und B_3, also nach (407) mit

$$\frac{\partial Q_2}{\partial y} = 6 B_3 yz : 3 B_3 = \frac{2m+1}{2m},$$

wodurch nun nach (402) für alle Punkte des Querschnittes $\tau_z = 0$ wird, somit die Grenzbedingung für die mit der y-Axe parallelen Seiten darauf hinaus käme, dass in allen Punkten derselben $\tau_y = 0$, dass also nach (402)

$$B_1 + \frac{2m+1}{2m}(y^2 - z^2) - \frac{z^2 + (2m-1)y^2}{2m} = 0 \qquad (413)$$

sein müsste für $z = \pm c$ und alle Werthe von y zwischen b und $-b$. Indem aber dazu nicht nur die Glieder ohne y, was durch entsprechende Wahl von B_1 zu erreichen wäre, sondern auch die Glieder mit y^2 für sich die Summe Null geben müssten, erkennt man, dass die Erfüllung dieser Grenzbedingung unmöglich ist. Auch durch die Entwickelung von Q_2 bis zu einer grösseren Zahl von Gliedern ist der Widerspruch nicht zu lösen, weil dann auch Glieder mit höheren Potenzen der Coordinaten in Betracht kämen, welche die Wahl der weiter hinzu kommenden Constanten bedingen würden; es liegt hier vielmehr einer der in Nr. 156 erwähnten Fälle vor, in denen die Function Q_2 trotz des algebraischen Charakters der Umfangslinien des Querschnittes doch nicht als ganze algebraische Function von endlicher Gliederzahl darstellbar ist. Dagegen würde den Grenzbedingungen vollständig zu genügen sein, wenn nach Fig. 50 die der y-Axe parallelen geraden Begrenzungslinien durch krumme Linien ersetzt würden, die der Gleichung (413), d. i. der Gleichung

$$B_1 + \frac{1}{m} y^2 - \frac{m+1}{m} z^2 = 0 \text{ oder } \frac{z^2}{\frac{m}{m+1} B_1} - \frac{y^2}{m B_1} = 1$$

entsprechen, und die somit Theile einer Hyperbel sind mit dem Mittelpunkte O und der z-Axe als reeller Hauptaxe. Damit diese durch die Eckpunkte des gegebenen Rechtecks gehe, muss

Fig. 50.

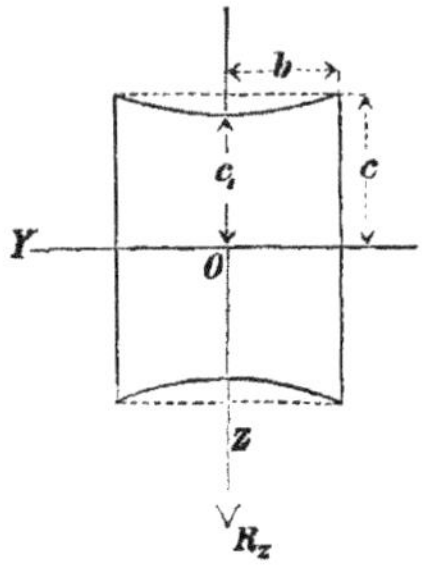

$$B_1 = \frac{m+1}{m} c^2 - \frac{1}{m} b^2$$

sein, und ist dann ihre halbe reelle Hauptaxe:

$$c_1 = \sqrt{\frac{m}{m+1} B_1} = \sqrt{c^2 - \frac{b^2}{m+1}}$$
$$= c\sqrt{1 - \frac{1}{m+1}\frac{b^2}{c^2}}.$$

Wenn die so bestimmte Querschnittsfigur dem gegebenen Rechtecke substituirt wird, was mit um so kleinerem Fehler geschehen kann, je weniger $\frac{c_1}{c}$ von 1 verschieden, je kleiner also $\frac{b}{c}$ ist, so ergiebt sich nun mit

$$Q_2 = B_1 z + B_3 (3y^2 z - z^3);\; B_1 = \frac{m+1}{m} c^2 - \frac{1}{m} b^2,\; 3B_3 = \frac{2m+1}{2m}$$

nach (402): $$\tau_y = \frac{1}{2}\frac{R_z}{B}\left(c^2 - z^2 - \frac{b^2 - y^2}{m+1}\right);\; \tau_z = 0 \quad . \quad . \quad (414)$$

und als Gleichung der Querschnittsfläche nach (405):

$$\xi = \frac{R_z}{EB}\frac{z}{2m}\left(y^2 - \frac{2m+1}{3} z^2\right) \quad . \quad . \quad . \quad (415).$$

Bei gegebenem Werthe von z wächst $\tau_y = \tau$ mit der Entfernung von der z-Axe bis

$$\tau_1 = \frac{1}{2}\frac{R_z}{B}(c^2 - z^2) \text{ für } y = \pm b$$

oder, wenn schliesslich für das Trägheitsmoment B jener im Sinne der z-Axe hyperbolisch begrenzten Substitutionsfigur 50 das des Rechteckes in Beziehung auf die y-Axe, also $B = \frac{1}{3} F c^2$ gesetzt wird mit $F = 4bc$:

$$\tau_1 = \frac{3}{2}\frac{R_z}{F}\left(1 - \frac{z^2}{c^2}\right)$$

in Uebereinstimmung mit Gleichung (205), Nr. 84.

Indem somit die frühere Berechnungsweise der Schubelasticität sich für den Fall eines rechteckigen Querschnittes als um so zutreffender erwiesen hat, je mehr derselbe im Sinne der Schubkraft länglich gestaltet ist, werden insbesondere auch bei doppelt-Tförmigem Querschnitte die früheren Formeln insofern wenigstens als hinlänglich zutreffend zu betrachten sein, als es sich um die Schubspannungen in dem schmalen mittleren Theile desselben handelt.

163. — Wenn endlich nur M_x nicht = Null ist (Drehungselasticität), so ist nach (389):

$$\sigma_x = 0\,;\ \tau_y = G b_0 \left(\frac{\partial Q_0}{\partial z} - y\right);\ \tau_z = G b_0 \left(\frac{\partial Q_0}{\partial y} + z\right) \quad (416)$$

und bei Voraussetzung eines doppelt-symmetrischen Querschnittes nach (399):

$$G b_0 = \frac{-M_x}{A - \int\left(y\frac{\partial Q_0}{\partial z} - z\frac{\partial Q_0}{\partial y}\right) dF},$$

unter Q_0 eine in Beziehung sowohl auf y als auf z ungerade Function verstanden, so dass nach Nr. 156 gesetzt werden kann:

$$\left.\begin{aligned} Q_0 &= 2B_2 yz + 4B_4(y^3z - yz^3) + \dots \\ \frac{\partial Q_0}{\partial y} &= 2B_2 z + 4B_4(3y^2z - z^3) + \dots \\ \frac{\partial Q_0}{\partial z} &= 2B_2 y + 4B_4(y^3 - 3yz^2) + \dots \end{aligned}\right\} \quad . \quad (417).$$

Die in diesen Ausdrücken vorkommenden constanten Coefficienten $B_2, B_4 \dots$ sind dadurch bestimmt, dass nach Gleichung (379) für jeden Punkt des Umfanges

$$\left(\frac{\partial Q_0}{\partial y} + z\right) \cos\beta + \left(\frac{\partial Q_0}{\partial z} - y\right) \sin\beta = 0 \quad . \quad (418)$$

sein muss, eine Gleichung, welche nach (416) auch geschrieben werden kann:

$$\frac{\tau_y}{\tau_z} = -\operatorname{cotg}\beta = \frac{dz}{dy}$$

und somit ausdrückt, dass die resultirende Schubspannung τ in allen Punkten des Umfanges tangential an denselben gerichtet ist.

Nach Nr. 154 ist der specifische Drehungswinkel $\vartheta = -b_0$ und die Gleichung der deformirten Querschnittsfläche nach Gleichung (391) daselbst mit Rücksicht auf (377):

$$\xi = b_0 Q_0,$$

da $\frac{\partial Q_0}{\partial y}$ und $\frac{\partial Q_0}{\partial z}$ für $y = z = 0$ nach (417) selbst = Null sind.

164. — Ist insbesondere der Querschnitt eine Ellipse mit der Gleichung

$$\frac{y^2}{b^2} + \frac{z^2}{c^2} = 1, \text{ woraus } \frac{\sin\beta}{\cos\beta} = -\frac{dy}{dz} = \frac{b^2 z}{c^2 y}$$

folgt, so erhält die Gleichung (418) durch Substitution dieser Proportionalwerthe für $\sin\beta$ und $\cos\beta$ die Form:

$$[(2B_2+1)z+\ldots]c^2y+[(2B_2-1)y+\ldots]b^2z=0$$

und sie wird durch beliebige Werthe von y, z, also auch durch die Coordinaten aller Umfangspunkte erfüllt, wenn

$$Q_0=2B_2yz \text{ und } (2B_2+1)c^2+(2B_2-1)b^2=0,$$

also
$$2B_2=\frac{b^2-c^2}{b^2+c^2};\quad Q_0=\frac{b^2-c^2}{b^2+c^2}yz=\frac{C-B}{C+B}yz$$

gesetzt wird, mit $B=\int z^2dF=\frac{\pi}{4}bc^3$, $C=\int y^2dF=\frac{\pi}{4}b^3c$.

Indem nun hiernach

$$\int\left(y\frac{\partial Q_0}{\partial z}-z\frac{\partial Q_0}{\partial y}\right)dF=\frac{C-B}{C+B}\int(y^2-z^2)\,dF=\frac{(C-B)^2}{C+B}$$

$$A-\int\left(y\frac{\partial Q_0}{\partial z}-z\frac{\partial Q_0}{\partial y}\right)dF=C+B-\frac{(C-B)^2}{C+B}=\frac{4BC}{B+C},$$

also
$$Gb_0=-\frac{B+C}{4BC}M_x$$

ist, ergiebt sich nach (416):

$$\tau_y=-\frac{B+C}{4BC}M_x\left(\frac{C-B}{C+B}-1\right)y=\frac{1}{2}\frac{M_x}{C}y$$

$$\tau_z=-\frac{B+C}{4BC}M_x\left(\frac{C-B}{C+B}+1\right)z=-\frac{1}{2}\frac{M_x}{B}z$$

in Uebereinstimmung mit Gleichung (227) in Nr. 90. Der specifische Drehungswinkel ist:

$$\vartheta=-b_0=\frac{1}{4}\frac{B+C}{BC}\frac{M_x}{G}=\frac{1}{4}\left(\frac{1}{B}+\frac{1}{C}\right)\frac{M_x}{G}$$

wie nach Gleichung (241), Nr. 96, und endlich die Gleichung der Querschnittsfläche:

$$\xi=b_0Q_0=-\vartheta Q_0=\vartheta\frac{B-C}{B+C}yz=\frac{1}{4}\left(\frac{1}{C}-\frac{1}{B}\right)\frac{M_x}{G}yz \quad (419).$$

Sie ist um so mehr gekrümmt, je mehr B und C, also b und c, verschieden sind. Ein kreisförmiger Querschnitt ($B=C$) bleibt nach wie vor eben.

165. — Für das Rechteck mit den Seiten $2b$ (parallel der y-Axe) und $2c$ (parallel der z-Axe) ist in allen Punkten der Seiten $2c$ des Umfanges:

$$\cos\beta=\pm1,\ \sin\beta=0,\ y=\pm b,$$

nach Gleichung (418) folglich:

$$\frac{\partial Q_0}{\partial y}+z=(2B_2+1)z+4B_4(3b^2z-z^3)+\ldots=0$$

für jedes z, woraus sich $B_2 = -\frac{1}{2}$, jeder der übrigen Coefficienten $= 0$ ergeben würde. In allen Punkten der Seiten $2b$ des Umfanges ist:

$$\cos\beta = 0, \quad \sin\beta = \pm 1, \quad z = \pm c,$$

nach Gleichung (418) folglich:

$$\frac{\partial Q_0}{\partial z} - y = (2B_2 - 1)y + 4B_4(y^3 - 3yc^2) + \ldots = 0$$

für jedes y, woraus sich $B_2 = \frac{1}{2}$, jeder der übrigen Coefficienten wieder $= 0$ ergeben würde. Indem aber diese zwei Werthe von B_2 sich widersprechen, ist zu schliessen, dass entweder Q_0 nicht als algebraische Function gemäss (417) darstellbar ist, oder dass die dieser Entwickelung zu Grunde liegenden Voraussetzungen (Nr. 145) hier nicht streng erfüllbar sind. Analog dem in Nr. 162 bezüglich der Schubelasticität eingeschlagenen Verfahren könnte nun auch hier untersucht werden, wie etwa der Querschnitt mit möglichstem Anschlusse an das gegebene Rechteck zu ändern wäre, um die Coefficienten B_2, $B_4 \ldots$ des Ausdruckes (417) von Q_0 ihm anzupassen. Indessen können auch die Ausdrücke (221):

$$\tau_y = my + m_1 yz^2 + m_2 y^3, \quad \tau_z = nz + n_1 y^2 z + n_2 z^3,$$

von denen in Nr. 88 ausgegangen wurde, und welche für den Fall des rechteckigen Querschnittes nach Gleichung (234), Nr. 92, zu

$$\tau_y = \frac{3}{4}\frac{M_x}{C} y\left(1 - \frac{z^2}{c^2}\right), \quad \tau_z = -\frac{3}{4}\frac{M_x}{B} z\left(1 - \frac{y^2}{b^2}\right)$$

sowie nach Gleichung (245), Nr. 96, zu

$$\vartheta = \frac{3}{8}\left(\frac{1}{B} + \frac{1}{C}\right)\frac{M_x}{G}$$

geführt hatten, als eine (dem nur unvollständigen Zutreffen der Voraussetzungen in Nr. 145 entsprechende) Verallgemeinerung der Gleichungen (416) betrachtet werden, die daraus mit Rücksicht auf die Gleichungen (417) hervorgehen, wenn u. A.

$$m_1 = -n_1 = -3m_2 = 3n_2$$

gesetzt wird. Indem aber jene Ausdrücke (234) von τ_y und τ_z für den rechteckigen Querschnitt diesen Beziehungen nicht entsprechen, sondern $m_2 = n_2 = 0$, während m_1 und n_1 nicht $= 0$ sind, ist ihre Unterordnung unter die Gleichungen in Nr. 163 nur bei Beschränkung der Entwickelung von Q_0 auf das erste Glied, also auf

$$Q_0 = 2B_2 yz$$

möglich, entsprechend:

$$\tau_y = Gb_0(2B_2 - 1)y = \frac{3}{4}\frac{M_x}{C} y$$

$$\tau_z = Gb_0(2B_2 + 1)z = -\frac{3}{4}\frac{M_x}{B} z.$$

Daraus folgt:

$$\frac{2B_2-1}{2B_2+1}=\frac{-B}{C};\quad 2B_2=\frac{C-B}{C+B};\quad 2B_2+1=\frac{2C}{C+B}$$

$$\vartheta=-b_0=\frac{3}{4}\frac{1}{B(2B_2+1)}\frac{M_x}{G}=\frac{3}{8}\left(\frac{1}{B}+\frac{1}{C}\right)\frac{M_x}{G}$$

wie oben nach Gleichung (245). Als Gleichung der deformirten Querschnittsfläche ergiebt sich dann mit derselben Annäherung:

$$\xi=b_0\,Q_0=-\vartheta Q_0=\vartheta\frac{B-C}{B+C}yz=\frac{3}{8}\left(\frac{1}{C}-\frac{1}{B}\right)\frac{M_x}{G}yz \quad (420).$$

DRITTER ABSCHNITT.

Krumme stabförmige Körper.

---

166. — Die einleitenden Erklärungen in Nr. 24 und 25 des vorigen Abschnittes gelten auch hier, indem sie sich allgemein auf stabförmige Körper bezogen. Dergleichen mit ursprünglich krummer Mittellinie sind bezüglich ihres Spannungs- und Deformationszustandes unter der Einwirkung äusserer Kräfte besonders unter folgenden Voraussetzungen von technischem Interesse:

1) dass die Mittellinie eine ebene Curve ist,

2) dass die Mittelebene (Ebene der Mittellinie) eine Symmetrieebene des Stabes ist und dass sie

3) die Richtungslinien aller äusseren Kräfte enthält.

In diesem Falle eines einfach gekrümmten, in Bezug auf die Mittelebene symmetrischen und in dieser belasteten stabförmigen Körpers, der zudem als isotrop vorausgesetzt wird, bleibt offenbar auch die deformirte Mittellinie eine ebene Curve, und es lässt sich das System der äusseren Kräfte für irgend einen Querschnitt $= F$ durch eine im Schwerpunkte O desselben angreifende resultirende Kraft nebst einem resultirenden Kräftepaare, beide in der Mittelebene liegend, ersetzen. Das Moment des letzteren $= M$ werde positiv oder negativ gesetzt, jenachdem es auf Verstärkung oder Verminderung der Krümmung im Punkte O der Mittellinie hinwirkt, d. h. auf Verkleinerung oder Vergrösserung ihres ursprünglichen Krümmungsradius $= r$. Die resultirende Kraft kann in eine zum Querschnitte senkrechte Componente (Normalkraft) $= P$ und in eine im Querschnitte liegende (Schubkraft) $= R$ zerlegt werden, von denen erstere positiv oder negativ gesetzt werden soll, jenachdem sie einem Zuge oder einem Drucke auf den Querschnitt entspricht. Unter ähnlichen Umständen, wie bei geraden Stäben, kann auch hier vom Einflusse der Schubkraft abgesehen werden, mit um so kleinerem Fehler nämlich, je kleiner die Querschnittsdimensionen im Vergleich mit der Länge der Mittellinie sind, sofern nicht etwa die Breite, d. i. die zur Mittelebene senkrechte Querschnittsdimension, gegen die Biegungsaxe hin beträchtlich abnimmt. Unter der Biegungsaxe eines Querschnittes wird die durch seinen Schwerpunkt gehende Normale der Mittelebene verstanden.

A. Einfach gekrümmte, in Bezug auf die Mittelebene symmetrische und in dieser belastete stabförmige Körper

I. ohne Rücksicht auf die Wirkung der Schubkräfte.

167. — Im ursprünglichen Zustande, d. h. vor der Belastung und entsprechenden Deformation des Stabes seien

F, F' zwei unendlich nahe benachbarte Querschnitte,
O, O' ihre Schwerpunkte,
$ds = r\,d\varphi$ das Bogenelement OO' der Mittellinie, nämlich
r ihr Krümmungsradius, $d\varphi$ ihr Contingenzwinkel bei O,
P, P' zwei gleich gelegene Punkte der Querschnitte F, F',
η ihre gleichen Entfernungen von den bezüglichen Biegungsaxen, positiv auf der convexen, negativ auf der concaven Seite der die letzteren enthaltenden, die Mittelebene in der Mittellinie schneidenden cylindrischen Fläche.

Die Entfernung dieser Punkte P, P' ist dann:

$$PP' = ds' = (r+\eta)\,d\varphi = ds + \eta\,d\varphi,$$

und sie ändert sich durch die Belastung um die verhältnissmässig kleine Grösse

$$\Delta ds' = \Delta ds + \eta\,\Delta d\varphi,$$

wenn von einer Aenderung der Querschnittsdimensionen, also auch des Abstandes η abgesehen wird. Bezeichnet nun

$\varepsilon_0 = \dfrac{\Delta ds}{ds}$ die verhältnissmässige Längenänderung,

$\omega = \dfrac{\Delta d\varphi}{d\varphi}$ die verhältnissmässige Aenderung des Contingenzwinkels

im Punkte O der Mittellinie, so ergiebt sich die Dehnung nach der Richtung PP' im Punkte P, überhaupt im Abstande η von der Biegungsaxe des Querschnittes F:

$$\varepsilon = \frac{\Delta ds'}{ds'} = \frac{\Delta ds + \eta\,\Delta d\varphi}{ds + \eta\,d\varphi} = \frac{\varepsilon_0 + \omega\dfrac{\eta}{r}}{1+\dfrac{\eta}{r}} = \varepsilon_0 + (\omega - \varepsilon_0)\frac{\dfrac{\eta}{r}}{1+\dfrac{\eta}{r}}$$

und die entsprechende Spannung:

$$\sigma = E\varepsilon = E\left[\varepsilon_0 + (\omega - \varepsilon_0)\frac{\eta}{r+\eta}\right] \quad . \;.\; . \quad (121).$$

Während ε_0 immer ein sehr kleiner Bruch ist, kann ω sehr gross sein und selbst unendlich gross, falls nämlich r unendlich gross und somit $d\varphi = 0$ ist. In diesem Falle eines ursprünglich geraden Stabes erscheinen obige Ausdrücke von ε und σ in unbestimmter Form; ist dann aber ϱ der Krümmungsradius der deformirten Mittellinie (elastischen Linie), so ist $\Delta d\varphi$ der Contingenzwinkel derselben, also

$$\Delta d\varphi = \frac{ds(1+\varepsilon_0)}{\varrho}\,; \quad \varepsilon = \frac{\Delta ds + \eta\Delta d\varphi}{ds} = \varepsilon_0 + (1+\varepsilon_0)\frac{\eta}{\varrho}$$

in Uebereinstimmung mit Gleichung (73), Nr. 36.

168. — Die Grössen ε_0 und ω im Ausdrucke (421) von σ sind dadurch bestimmt, dass die Spannungen für alle Flächenelemente des Querschnittes zusammen der Kraft P und dem Kräftepaare M (Nr. 166) äquivalent sein müssen. Ist dF ein unendlich schmaler Flächenstreifen des Querschnittes im Abstande η parallel der Biegungsaxe, so wird diese Aequivalenz ausgedrückt durch die Gleichungen:

$$P = \int \sigma\, dF = E\left[\varepsilon_0 \int dF + (\omega - \varepsilon_0)\int \frac{\eta\, dF}{r+\eta}\right]$$

$$M = \int \eta\,\sigma\, dF = E\left[\varepsilon_0 \int \eta\, dF + (\omega - \varepsilon_0)\int \frac{\eta^2 dF}{r+\eta}\right].$$

Von den darin vorkommenden, auf den ganzen Querschnitt sich erstreckenden Integralen ist

$$\int dF = F, \quad \int \eta\, dF = 0$$

und, wenn $\int \frac{\eta\, dF}{r+\eta} = -F\alpha$ gesetzt wird,

$$\int \frac{\eta^2 dF}{r+\eta} = \int\left(\eta - \frac{r\eta}{r+\eta}\right)dF = -r\int\frac{\eta\, dF}{r+\eta} = Fr\alpha,$$

somit $\quad P = EF[\varepsilon_0 - \alpha(\omega - \varepsilon_0)]\,; \quad M = EFr\alpha(\omega - \varepsilon_0).$

Daraus folgt:

$$\omega - \varepsilon_0 = \frac{M}{EFr\alpha}\,; \quad \varepsilon_0 = \frac{P}{EF} + \alpha(\omega - \varepsilon_0) = \frac{1}{EF}\left(P + \frac{M}{r}\right)$$

$$\omega = \varepsilon_0 + \frac{M}{EFr\alpha} = \frac{1}{EF}\left(P + \frac{M}{r} + \frac{M}{r\alpha}\right).$$

Im Gegensatze zum Verhalten eines ursprünglich geraden Stabes ist hier die Dehnung ε_0 in der Biegungsaxe selbst dann nicht $= 0$ (die Biegungsaxe nicht neutrale Axe), wenn $P = 0$ ist. In der That ist ε_0 diejenige Dehnung, welche gleichmässig in allen Punkten des Querschnittes F stattfände, wenn derselbe gegen einen unendlich nahe benachbarten Querschnitt F' um die Krümmungsaxe gedreht wird, d. i. um die Durchschnittslinie der Ebenen von F und F', die mit der Biegungsaxe im Abstande r parallel ist. Somit wird ε_0 verursacht durch die Momentensumme der äusseren Kräfte in Bezug auf die Krümmungsaxe, welche sich (durch Versetzung der Kraft P vom Angriffspunkte O an den betreffenden Krümmungsmittelpunkt) $= Pr + M$ ergiebt, und durch Gleichsetzung dieses Momentes mit dem der gleichförmigen Spannung $E\varepsilon_0$ entsprechenden, gleichfalls auf die Krümmungsaxe bezogenen Spannungsmomente $E\varepsilon_0 Fr$ entsteht wieder obiger Ausdruck von ε_0.

Mit der Bezeichnung: $\quad P_0 = P + \frac{M}{r} \quad \ldots\ldots\ldots \quad (422)$

ist $\quad \varepsilon_0 = \frac{P_0}{EF}\,; \quad \omega = \frac{1}{EF}\left(P_0 + \frac{M}{r\alpha}\right); \quad \omega - \varepsilon_0 = \frac{M}{EFr\alpha} \quad (423)$

und damit nach Gleichung (421):

$$F\sigma = P_0 + \frac{M}{r\alpha}\frac{\eta}{r+\eta} \quad \ldots\ldots \quad (424).$$

Die grössten Absolutwerthe von σ finden in denjenigen Punkten eines Querschnittes statt, welche von der Biegungsaxe am weitesten entfernt sind; diese grössten Abstände seien e_1 für die convexe, e_2 für die concave Seite der Fläche der Biegungsaxen, sofern nicht $e_1 = e_2$ ist und dann beide grösste Abstände mit e bezeichnet werden.

Ist ϱ der durch die Deformation der Mittellinie geänderte Werth von r, so ergiebt sich aus

$$ds = r d\varphi \text{ und } ds + \Delta ds = \varrho(d\varphi + \Delta d\varphi)$$

durch Division beider Gleichungen:

$$1 + \varepsilon_0 = \frac{\varrho}{r}(1+\omega)$$

und daraus nach (423):

$$\frac{r}{\varrho} = \frac{1+\omega}{1+\varepsilon_0} = \frac{EF + P_0 + \frac{M}{r\alpha}}{EF + P_0}$$

$$\frac{1}{\varrho} = \frac{1}{r} + \frac{M}{(EF+P_0)r^2\alpha} \quad \ldots\ldots \quad (425).$$

Mit Rücksicht darauf, dass ε_0 stets ein sehr kleiner Bruch ist, kann auch näherungsweise gesetzt werden:

$$\frac{r}{\varrho} = 1 + \omega - \varepsilon_0; \quad \frac{1}{\varrho} = \frac{1}{r} + \frac{M}{EFr^2\alpha} \quad \ldots \quad (426).$$

Ist r sehr gross im Vergleich mit den Querschnittsdimensionen, so ist mit sehr kleinem Fehler

$$Fr^2\alpha = r\int\frac{\eta^2 dF}{r+\eta} = \int\eta^2 dF = J$$

= dem Trägheitsmomente des Querschnittes für die Biegungsaxe, womit nach Gleichung (424), wieder bei Vernachlässigung von η neben r:

$$\sigma = \frac{P_0}{F} + \frac{M\eta}{Fr^2\alpha} = \frac{P_0}{F} + \frac{M\eta}{J} \quad \ldots \quad (427)$$

wird, und nach Gleichung (426):

$$\frac{1}{\varrho} = \frac{1}{r} + \frac{M}{EJ} \quad \ldots\ldots \quad (428).$$

Hieraus ergeben sich wieder die Gleichungen (81), Nr. 40, mit $r = \infty$ und $P = 0$, also $P_0 = 0$.

169. — Die Grösse α ist nach voriger Nummer definirt durch die Gleichung:

$$\alpha = -\frac{1}{F}\int\frac{\eta\, dF}{r+\eta} \quad \ldots\ldots \quad (429),$$

worin das Integral zwischen den Grenzen $\eta = -e_2$ und $\eta = e_1$ zu nehmen ist nach Substitution des der betreffenden Querschnittsform entsprechenden Ausdruckes von dF.

Z. B. für einen rechteckigen Querschnitt von der Breite b und Höhe $2e$ ist

$$e_1 = e_2 = e, \quad F = 2eb, \quad dF = b\,d\eta,$$

also
$$\alpha = -\frac{1}{2e}\int_{-e}^{e}\frac{\eta\,d\eta}{r+\eta} = -\frac{1}{2e}\int_{-e}^{e}\left(1-\frac{r}{r+\eta}\right)d\eta$$

$$= -\frac{1}{2e}\left(2e - r\,ln\frac{r+e}{r-e}\right) = -1 + \frac{1}{2}\frac{r}{e}\,ln\frac{r+e}{r-e} \quad . \quad (430).$$

Nach einer bekannten, wegen $e < r$ hier jedenfalls convergenten Reihe ist

$$ln\frac{r+e}{r-e} = ln\frac{1+\frac{e}{r}}{1-\frac{e}{r}} = 2\left(\frac{e}{r} + \frac{1}{3}\frac{e^3}{r^3} + \frac{1}{5}\frac{e^5}{r^5} + \ldots\right)$$

und deshalb auch

$$\alpha = \frac{1}{3}\frac{e^2}{r^2} + \frac{1}{5}\frac{e^4}{r^4} + \frac{1}{7}\frac{e^6}{r^6} + \ldots \quad . \quad . \quad . \quad (431).$$

Ist der Querschnitt ein Kreis mit dem Radius e, so ist

$$e_1 = e_2 = e, \quad F = \pi e^2, \quad dF = 2\sqrt{e^2-\eta^2}\,d\eta$$

$$\alpha = -\frac{2}{\pi e^2}\int_{-e}^{e}\frac{\eta\sqrt{e^2-\eta^2}}{r+\eta}\,d\eta.$$

Setzt man, um den Ausdruck unter dem Integralzeichen durch Einführung einer neuen Variablen x statt η rational zu machen,

$$\sqrt{e^2-\eta^2} = e - \eta x,$$

so folgt
$$-\eta^2 = -2e\eta x + \eta^2 x^2; \quad \eta = \frac{2ex}{1+x^2}$$

$$\frac{\eta\sqrt{e^2-\eta^2}}{r+\eta}\,d\eta = \frac{\frac{2ex}{1+x^2}\left(e - \frac{2ex^2}{1+x^2}\right)}{r + \frac{2ex}{1+x^2}}\;\frac{2e(1+x^2) - 4ex^2}{(1+x^2)^2}\,dx$$

$$= 4e^3\frac{x(1-x^2)}{r+2ex+rx^2}\;\frac{1-x^2}{(1+x^2)^3}\,dx$$

$$= 4ne^2\frac{x(1-x^2)^2\,dx}{(1+2nx+x^2)(1+x^2)^3} \quad \text{mit } n = \frac{e}{r},$$

also, da für $\eta = \mp e$: $x = \dfrac{e - \sqrt{e^2-\eta^2}}{\eta} = \mp 1$ ist,

$$\alpha = -\frac{8n}{\pi}\int_{-1}^{1}\frac{x(1-x^2)^2\,dx}{(1+2nx+x^2)(1+x^2)^3} \quad . \quad . \quad (432).$$

Die Function unter dem Integralzeichen kann, wie durch bekannte Methoden zu finden und übrigens leicht nachträglich zu verificiren ist, auf folgende Weise in Partialbrüche zerlegt werden:

$$\frac{x(1-x^2)^2}{(1+2nx+x^2)(1+x^2)^3}=$$

$$=\frac{1-n^2}{2n^3}\left(\frac{1}{1+2nx+x^2}-\frac{1}{1+x^2}\right)+\frac{1}{n^2}\frac{x}{(1+x^2)^2}-\frac{2}{n}\frac{x^2}{(1+x^2)^3}$$

und wird dadurch das Integral in Gleichung (432) auf die folgenden vier einzelnen Integrale zurückgeführt:

$$\int\frac{dx}{1+2nx+x^2}=\int\frac{dx}{1-n^2+(x+n)^2}=\frac{1}{\sqrt{1-n^2}}\int d\,arctg\,\frac{x+n}{\sqrt{1-n^2}}$$

$$1)\int_{-1}^{1}\frac{dx}{1+2nx+x^2}=\frac{1}{\sqrt{1-n^2}}\left(arctg\,\frac{1+n}{\sqrt{1-n^2}}+arctg\,\frac{1-n}{\sqrt{1-n^2}}\right)$$

$$=\frac{1}{\sqrt{1-n^2}}\left(arctg\sqrt{\frac{1+n}{1-n}}+arccotg\sqrt{\frac{1+n}{1-n}}\right)=\frac{1}{\sqrt{1-n^2}}\frac{\pi}{2}\,.$$

$$2)\int_{-1}^{1}\frac{dx}{1+x^2}=arctg\,1-arctg\,(-1)=2\,arctg\,1=\frac{\pi}{2}\,.$$

$$\int\frac{x\,dx}{(1+x^2)^2}=\frac{1}{2}\int\frac{d(1+x^2)}{(1+x^2)^2}=-\frac{1}{2}\frac{1}{1+x^2}\,;\quad 3)\int_{-1}^{1}\frac{x\,dx}{(1+x^2)^2}=0\,.$$

$$\int\frac{x^2dx}{(1+x^2)^3}=\frac{1}{2}\int x\frac{d(1+x^2)}{(1+x^2)^3}=-\frac{1}{2}\int x d\frac{1}{2(1+x^2)^2}$$

$$=-\frac{x}{4(1+x^2)^2}+\frac{1}{4}\int\frac{dx}{(1+x^2)^2}=-\frac{x}{4(1+x^2)^2}+\frac{1}{8}\int\frac{1-x^2+1+x^2}{(1+x^2)^2}dx$$

$$=-\frac{x}{4(1+x^2)^2}+\frac{1}{8}\int\left(d\frac{x}{1+x^2}+\frac{dx}{1+x^2}\right)$$

$$=-\frac{x}{4(1+x^2)^2}+\frac{1}{8}\frac{x}{1+x^2}+\frac{1}{8}\,arctg\,x=-\frac{x(1-x^2)}{8(1+x^2)^2}+\frac{1}{8}\,arctg\,x$$

$$4)\int_{-1}^{1}\frac{x^2dx}{(1+x^2)^3}=\frac{1}{8}\,[arctg\,1-arctg\,(-1)]=\frac{\pi}{16}\,.$$

Hiermit ergiebt sich nach Gleichung (432):

$$\alpha=-\frac{8n}{\pi}\left[\frac{1-n^2}{2n^3}\left(\frac{1}{\sqrt{1-n^2}}\frac{\pi}{2}-\frac{\pi}{2}\right)-\frac{2}{n}\frac{\pi}{16}\right]$$

$$=-2\frac{1-n^2}{n^2}\left(\frac{1}{\sqrt{1-n^2}}-1\right)+1=\frac{2}{n^2}(1-n^2-\sqrt{1-n^2})+1$$

$$=\frac{2}{n^2}(1-\sqrt{1-n^2})-1=2\frac{r}{e}\left(\frac{r}{e}-\sqrt{\frac{r^2}{e^2}-1}\right)-1 \quad . \quad (433).$$

Ist $n = \frac{e}{r}$ ein hinlänglich kleiner Bruch, so kann auch mit

$$\sqrt{1-n^2} = 1 - \frac{1}{2} n^2 - \frac{1}{2}\frac{1}{4} n^4 - \frac{1}{2}\frac{1.3}{4.6} n^6 - \frac{1}{2}\frac{1.3.5}{4.6.8} n^8 - \dots$$

gesetzt werden:

$$\alpha = \frac{2}{n^2}\left(\frac{1}{2} n^2 + \frac{1}{2}\frac{1}{4} n^4 + \frac{1}{2}\frac{1}{8} n^6 + \frac{1}{2}\frac{5}{64} n^8 + \dots\right) - 1$$

$$= \frac{1}{4}\frac{e^2}{r^2} + \frac{1}{8}\frac{e^4}{r^4} + \frac{5}{64}\frac{e^6}{r^6} + \dots \quad . \quad . \quad . \quad . \quad (434).$$

Derselbe Ausdruck (433) resp. (434) von α gilt auch für eine Ellipse, deren Halbaxe in der Mittelebene $= e$ ist; denn in der die Grösse α definirenden Gleichung (429) haben alle Flächenstreifen dF dieser Ellipse zu den entsprechenden (einerlei Abstand η zugehörigen) Flächenstreifen des Kreises mit dem Radius e dasselbe Verhältniss wie der ganze Inhalt F der Ellipse zu dem des Kreises, nämlich das Verhältniss $b:e$, unter b die in der Biegungsaxe liegende Halbaxe der Ellipse verstanden. —

Behufs allgemeiner Reihenentwickelung von α bei Voraussetzung eines kleinen Verhältnisses der Querschnittsdimensionen zum Krümmungsradius r ergiebt sich aus

$$\alpha = -\frac{1}{Fr}\int \frac{\eta\, dF}{1+\frac{\eta}{r}} = -\frac{1}{Fr}\int\left(1 - \frac{\eta}{r} + \frac{\eta^2}{r^2} - \frac{\eta^3}{r^3} + \dots\right)\eta\, dF$$

wegen $\int \eta\, dF = 0$ und mit den Bezeichnungen:

$$\left.\begin{array}{l} f^2 = \frac{1}{F}\int \eta^2 dF, \quad g^3 = \frac{1}{F}\int \eta^3 dF, \quad h^4 = \frac{1}{F}\int \eta^4 dF \dots \\ \alpha = \frac{f^2}{r^2} - \frac{g^3}{r^3} + \frac{h^4}{r^4} - \frac{i^5}{r^5} + \dots \quad . \quad . \quad . \quad . \quad . \quad . \quad . \quad . \end{array}\right\} \quad . \quad (435).$$

Ist der Querschnitt nicht nur in Beziehung auf die Mittelebene, sondern auch in Beziehung auf die Biegungsaxe symmetrisch, so ist

$$\int \eta^3 dF = \int \eta^5 dF \dots = 0, \quad \text{also } g = i \dots = 0,$$

folglich

$$\alpha = \frac{f^2}{r^2} + \frac{h^4}{r^4} + \frac{k^6}{r^6} + \dots \quad . \quad . \quad . \quad . \quad . \quad (436),$$

worin die Reihen (431) und (434) als besondere Fälle enthalten sind.

170. — Die Grössen P und M, welche bekannt sein müssen, um nach Gleichung (424) die Spannung σ in jedem Punkte berechnen zu können, enthalten neben den gegebenen primären auch die secundären äusseren Kräfte, d. h. die Reactionen von Stützpunkten und Befestigungen, die häufig nur mit Rücksicht auf die Deformation der Mittellinie gefunden werden können.

Sind zu dem Ende (Fig. 51) OX und OY rechtwinkelige Coordinatenaxen in der Mittelebene,

Fig. 51.

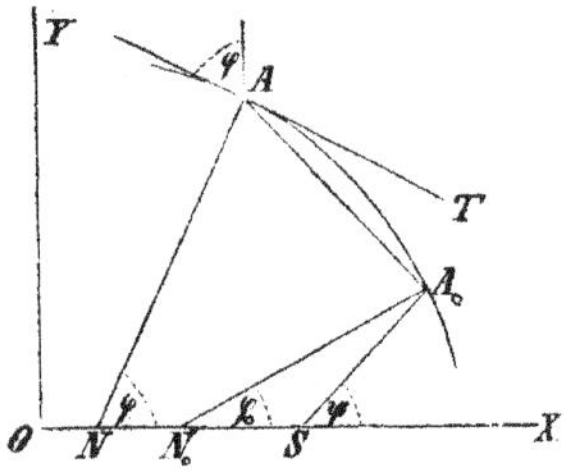

A_0 und A zwei Punkte der Mittellinie mit den Coordinaten x_0, y_0 und x, y,

φ_0 und φ die Winkel der x-Axe mit den Normalen A_0N_0 und AN der Mittellinie in den Punkten A_0 und A,

so ist die Aenderung, welche die gegenseitige Neigung dieser Normalen durch die Deformation der Mittellinie erfährt:

$$\varDelta(\varphi-\varphi_0)=\int_{\varphi_0}^{\varphi}\varDelta\, d\varphi=\int_{\varphi_0}^{\varphi}\omega\, d\varphi \quad . \quad (437),$$

und wenn diese Aenderung für ein Punktepaar A_0, A den Bedingungen der Aufgabe gemäss gegeben, insbesondere z. B. = Null gegeben ist, so erhält man dadurch bei Substitution des Ausdruckes (423) von ω eine Bestimmungsgleichung für die in den Ausdrücken von P und M vorkommenden unbekannten Constanten.

Nöthigen Falls können ferner die Aenderungen

$$\varDelta(x-x_0) \text{ und } \varDelta(y-y_0)$$

der Coordinatenunterschiede in Betracht gezogen werden, die vielleicht für dasselbe oder für ein anderes Punktepaar gegeben oder an eine gewisse Bedingung geknüpft sind. Dieselben sind bestimmt durch die verhältnissmässigen Aenderungen ω und ε_0 des Krümmungswinkels und der Länge aller Elemente ds des zwischenliegenden Bogens A_0A zusammen, sowie durch die Richtungsänderung $\varDelta\varphi_0$ oder $\varDelta\varphi$ dieses Bogens am Ende A_0 resp. A. Was zunächst die Differentiale

$$d\varDelta(x-x_0) \text{ und } d\varDelta(y-y_0)$$

betrifft, die von der Aenderung $\varDelta\, d\varphi=\omega\, d\varphi$ des Contingenzwinkels und von der Dehnung ε_0 des Bogenelementes ds bei A herrühren, so wird vermöge der einer Drehung um die Biegungaxe A gleich kommenden Aenderung $\omega\, d\varphi$ der Punkt A_0 relativ gegen den Punkt A nach der Richtung A_0S der Senkrechten zur Sehne AA_0 verschoben, und zwar um die Strecke $AA_0 \cdot \omega\, d\varphi$; vermöge der Dehnung ε_0 dagegen erfolgt eine relative Verschiebung parallel der Tangente AT im Punkte A um die Strecke $\varepsilon_0\, ds$. Daraus ergiebt sich, wenn der Winkel A_0SX mit ψ bezeichnet wird,

$$d\varDelta(x_0-x)=-AA_0\cdot\omega\, d\varphi\cdot cos\,\psi+\varepsilon_0 ds\cdot sin\,\varphi$$
$$d\varDelta(y-y_0)=AA_0\cdot\omega\, d\varphi\cdot sin\,\psi+\varepsilon_0 ds\cdot cos\,\varphi$$

oder wegen $AA_0\cdot cos\,\psi=y-y_0$, $AA_0\cdot sin\,\psi=x_0-x$

und, wenn dx und dy die Aenderungen der Coordinaten x, y beim Uebergange vom Punkte A zu einem im Sinne TA, d. i. im Sinne A_0A unendlich nahe benachbarten Punkte, $\frac{dx}{ds}$ und $\frac{dy}{ds}$ folglich = *cosinus* und *sinus* des Winkels zwischen den Richtungen TA und OX sind, wegen

$$\frac{dx}{ds} = cos\left(\frac{\pi}{2} + \varphi\right) = - sin\,\varphi$$
$$\frac{dy}{ds} = sin\left(\frac{\pi}{2} + \varphi\right) = cos\,\varphi$$
$$d\Delta(x_0 - x) = -(y - y_0)\,\omega\,d\varphi - \varepsilon_0\,dx$$
$$d\Delta(y - y_0) = (x_0 - x)\,\omega\,d\varphi + \varepsilon_0\,dy$$

und daraus durch Integration, d. i. durch Summirung der von allen Elementen des Bogens A_0A zusammen herrührenden Bestandtheile:

$$\Delta(x_0 - x) = C_x - \int y\,\omega\,d\varphi + y_0\int\omega\,d\varphi - \int\varepsilon_0\,dx$$
$$\Delta(y - y_0) = C_y - \int x\,\omega\,d\varphi + x_0\int\omega\,d\varphi + \int\varepsilon_0\,dy.$$

Die Integrationsconstanten C_x und C_y sind diejenigen Aenderungen von $x_0 - x$ resp. $y - y_0$, die von der Richtungsänderung $\Delta\varphi$ der Normale AN oder von der Richtungsänderung $\Delta\varphi_0$ der Normale A_0N_0 herrühren, und indem erstere eine relative Verschiebung von A_0 gegen A im Sinne SA_0 im Betrage $AA_0 . \Delta\varphi$ zur Folge hat, ist

$$C_x = AA_0 . \Delta\varphi . cos\,\psi = (y - y_0)\,\Delta\varphi = (y - y_0)(\Delta\varphi_0 + \int\omega\,d\varphi)$$
$$C_y = -AA_0 . \Delta\varphi . sin\,\psi = (x - x_0)\,\Delta\varphi = (x - x_0)(\Delta\varphi_0 + \int\omega\,d\varphi)$$

mit Rücksicht auf Gleichung (437). Hiernach ergiebt sich schliesslich:

$$\left.\begin{aligned}\Delta(x - x_0) &= -(y - y_0)\,\Delta\varphi_0 + \int y\,\omega\,d\varphi - y\int\omega\,d\varphi + \int\varepsilon_0\,dx\\ \Delta(y - y_0) &= (x - x_0)\,\Delta\varphi_0 - \int x\,\omega\,d\varphi + x\int\omega\,d\varphi + \int\varepsilon_0\,dy\end{aligned}\right\} . \quad (438).$$

Die Integrale sind dabei von φ_0, x_0, y_0 als unterer bis φ, x, y als oberer Grenze zu nehmen.

171. — Als Beispiel werde zuvörderst ein stabförmiger Körper mit constantem Querschnitte F und kreisbogenförmiger Mittellinie $BB_0B_1 = 2r\beta$ (Fig. 52) betrachtet, welcher, bei B und B_1 verschiebbar gestützt, aber durch die entgegengerichteten Kräfte B, B bezüglich seiner Ausstreckung längs der Sehne BB_1 beschränkt, in der Mitte bei B_0 von einer Kraft $= 2Q$, normal gegen BB_1 gerichtet, angegriffen wird.

Fig. 52.

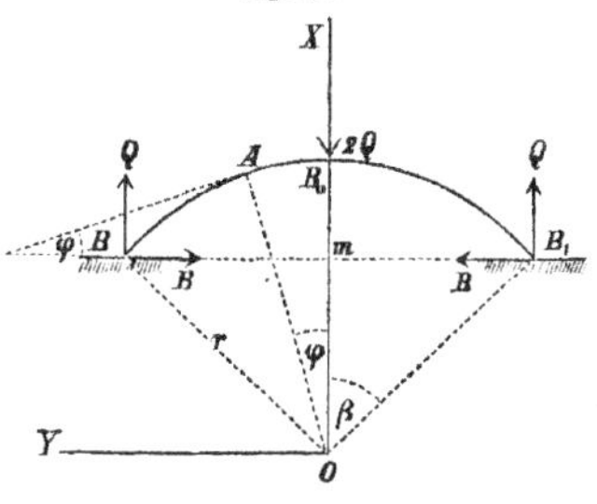

Für einen beliebigen Querschnitt, dessen Schwerpunkt A durch den Winkel $B_0OA = \varphi$ bestimmt ist, ergiebt sich mit Rücksicht auf die bei B angreifende Kraft B und Stützenreaction Q:

$$P = -Q\,sin\,\varphi - B\,cos\,\varphi$$
$$M = -Qr\,(sin\,\beta - sin\,\varphi) + Br\,(cos\,\varphi - cos\,\beta)$$
$$\left.\begin{aligned}\frac{M}{r} &= -Q\,sin\,\beta - B\,cos\,\beta + Q\,sin\,\varphi + B\,cos\,\varphi\\ P + \frac{M}{r} &= P_0 = -Q\,sin\,\beta - B\,cos\,\beta \quad . \; . \; .\end{aligned}\right\} \; . \; . \quad (439)$$

und nach Gleichung (424) für die Spannung σ in der Entfernung η von der Biegungsaxe:

$$F\sigma = P_0 + \frac{1}{\alpha}(P_0 + Q \sin\varphi + B \cos\varphi)\frac{\eta}{r+\eta} \quad . \quad (440).$$

Im Querschnitte bei B_0 ($\varphi = 0$) ist

$$F\sigma = P_0 + \frac{1}{\alpha}(P_0 + B)\frac{\eta}{r+\eta} \quad . \quad . \quad . \quad (441)$$

und im Querschnitte bei B ($\varphi = \beta$):

$$F\sigma = P_0.$$

Zwischen B_0 und B liegt ein relativer Bruchquerschnitt B', wenn für einen zwischen 0 und β liegenden Werth von φ

$Q \sin\varphi + B \cos\varphi$ ein Maximum,

also $$Q \cos\varphi - B \sin\varphi = 0,$$

d. h. wenn der hieraus folgende Werth von $tg\,\varphi = \frac{Q}{B} < tg\,\beta$ ist. Ist das der Fall, dann ist an dieser Stelle

$$Q \sin\varphi + B \cos\varphi = Q\frac{Q}{\sqrt{Q^2+B^2}} + B\frac{B}{\sqrt{Q^2+B^2}} = \sqrt{Q^2+B^2}$$

und

$$F\sigma = P_0 + \frac{1}{\alpha}(P_0 + \sqrt{Q^2+B^2})\frac{\eta}{r+\eta} \quad . \quad . \quad (442).$$

Der grösste Absolutwerth von σ ist einer der Absolutwerthe der Spannungen σ_1 und σ_2, welche, beziehungsweise $\eta = e_1$ und $\eta = -e_2$ entsprechend, nach Gleichung (441) und (442) im Querschnitte B_0 oder B' stattfinden.

Was die Deformation der Mittellinie betrifft, so ergeben sich mit Bezug auf das aus Fig. 52 ersichtliche Coordinatensystem, indem die Punkte B_0 und B an die Stelle der Punkte A_0 und A in Fig. 51 gesetzt werden, die durch die Belastung verursachten Aenderungen Δh und Δb der Dimensionen

$$h = MB_0 = x_0 - x \text{ und } b = MB = y - y_0$$

nach (438). Da die Mittellinie offenbar symmetrisch in Bezug auf die x-Axe, diese ihre Normale im Punkte B_0 bleibt, also $\Delta\varphi_0 = 0$ ist, ergiebt sich zuvörderst mit

$$x = r \cos\varphi \text{ und } y = r \sin\varphi$$

$$-\Delta h = \int_0^\beta r \sin\varphi \,.\, \omega\, d\varphi - r \sin\beta \int_0^\beta \omega\, d\varphi + \int_r^{r\cos\beta} \varepsilon_0\, dx$$

oder nach (423) und (439) mit

$$\varepsilon_0 = \frac{P_0}{EF};\ \omega = \frac{1}{EF}\left[P_0 + \frac{1}{\alpha}(P_0 + Q \sin\varphi + B \cos\varphi)\right]$$

$$\frac{EF}{r}(-\varDelta h) =$$

$$= P_0(1-\cos\beta) + \frac{1}{\alpha}\left[P_0(1-\cos\beta) + Q\frac{\beta-\sin\beta\cos\beta}{2} + B\frac{\sin^2\beta}{2}\right]$$

$$-\sin\beta\left\{P_0\beta + \frac{1}{\alpha}[P_0\beta + Q(1-\cos\beta) + B\sin\beta]\right\} - P_0(1-\cos\beta)$$

$$= -P_0\beta\sin\beta + \frac{1}{\alpha}\Big[P_0(1-\cos\beta-\beta\sin\beta) +$$

$$+ Q\left(\frac{\beta-\sin\beta\cos\beta}{2} - \sin\beta + \sin\beta\cos\beta\right) - B\frac{\sin^2\beta}{2}\Big].$$

Mit Rücksicht auf den Ausdruck (439) von P_0 kann diese Gleichung auf die Form gebracht werden:

$$\left.\begin{aligned}
\frac{EF}{r}(-\varDelta h) &= Q\left[\frac{1}{2}\beta(1-\cos 2\beta) + \frac{1}{\alpha}f(\beta)\right] \\
&\quad + B\left[\frac{1}{2}\beta\sin 2\beta - \frac{1}{\alpha}\varphi(\beta)\right] \\
\text{mit } f(\beta) &= \beta - 2\sin\beta + \frac{3}{4}\sin 2\beta - \frac{1}{2}\beta\cos 2\beta \\
\varphi(\beta) &= -\frac{1}{4} + \cos\beta - \frac{3}{4}\cos 2\beta - \frac{1}{2}\beta\sin 2\beta
\end{aligned}\right\} \quad (443).$$

Weiter erhält man nach (438) mit obigen Ausdrücken von ε_0 und ω:

$$\varDelta b = -\int_0^\beta r\cos\varphi\,.\,\omega\,d\varphi + r\cos\beta\int_0^\beta \omega\,d\varphi + \int_0^{r\sin\beta}\varepsilon_0\,dy$$

$$\frac{EF}{r}\varDelta b = -P_0\sin\beta - \frac{1}{\alpha}\left[P_0\sin\beta + Q\frac{\sin^2\beta}{2} + B\frac{\beta+\sin\beta\cos\beta}{2}\right]$$

$$+\cos\beta\left\{P_0\beta + \frac{1}{\alpha}[P_0\beta + Q(1-\cos\beta) + B\sin\beta]\right\} + P_0\sin\beta$$

$$= P_0\beta\cos\beta + \frac{1}{\alpha}\Big[P_0(-\sin\beta + \beta\cos\beta) +$$

$$+ Q\left(-\frac{\sin^2\beta}{2} + \cos\beta - \cos^2\beta\right) + B\left(-\frac{\beta+\sin\beta\cos\beta}{2} + \sin\beta\cos\beta\right)\Big],$$

eine Gleichung, die mit Rücksicht auf den Ausdruck (439) von P_0 auf die Form gebracht werden kann:

$$\left.\begin{aligned}
\frac{EF}{r}\varDelta b &= Q\left[-\frac{1}{2}\beta\sin 2\beta + \frac{1}{\alpha}\varphi(\beta)\right] \\
&\quad - B\left[\frac{1}{2}\beta(1+\cos 2\beta) + \frac{1}{\alpha}\psi(\beta)\right] \\
\text{mit } \psi(\beta) &= \beta - \frac{3}{4}\sin 2\beta + \frac{1}{2}\beta\cos 2\beta = 2(\beta-\sin\beta) - f(\beta)
\end{aligned}\right\} \quad (444),$$

wobei $f(\beta)$ und $\varphi(\beta)$ die oben unter (443) angeführten Bedeutungen haben.

Für einige besondere Winkel β haben die in den Gleichungen (443) und (444) vorkommenden verschiedenen Functionen von β die folgenden Werthe:

	$\beta = 0$	30^0	45^0	60^0	90^0
$\frac{1}{2}\beta \sin 2\beta =$	0	0,2267	0,3927	0,4534	0
$\frac{1}{2}\beta(1-\cos 2\beta) =$	0	0,1309	0,3927	0,7854	1,5708
$\frac{1}{2}\beta(1+\cos 2\beta) =$	0	0,3927	0,3927	0,2618	0
$f(\beta) =$	0	0,0422	0,1212	0,2265	0,3562
$\varphi(\beta) =$	0	0,0143	0,0644	0,1715	0,5
$\psi(\beta) =$	0	0,0050	0,0354	0,1359	0,7854

Ist β ein kleiner Winkel, so findet man durch Reihenentwickelung bis zu den Gliedern mit β^4:

$$\frac{1}{2}\beta \sin 2\beta = \beta^2 - \frac{2}{3}\beta^4$$

$$\frac{1}{2}\beta(1-\cos 2\beta) = \beta^3; \quad \frac{1}{2}\beta(1+\cos 2\beta) = \beta - \beta^3$$

$$f(\beta) = \frac{1}{3}\beta^3; \quad \varphi(\beta) = \frac{5}{24}\beta^4; \quad \psi(\beta) = 0.$$

172. — Wenn der kreisbogenförmig gekrümmte stabförmige Körper (Fig. 52) längs den Stützflächen bei B und B_1 ohne Widerstand gleiten kann, so ist $B=0$, also $\frac{Q}{B} > tg\,\beta$, die Spannung im Querschnitte B_0 am grössten und zwar nach (441) = dem Absolutwerthe von

$$\sigma = -\frac{Q \sin\beta}{F}\left(1 + \frac{1}{\alpha}\frac{\eta}{r+\eta}\right) \quad . \quad . \quad . \quad (445)$$

für $\eta = e_1$ oder $\eta = -e_2$. Je kleiner e_1 und e_2 im Vergleich mit r sind, mit desto geringerem Fehler kann diese Spannung:

$$\sigma = -\frac{Q \sin\beta}{F}\frac{1}{\alpha}\frac{\eta}{r} \text{ und nach (436): } \alpha = \frac{f^2}{r^2},$$

also auch
$$\sigma = -\frac{Q \sin\beta}{F}\frac{r\eta}{f^2} = Q r \sin\beta \frac{-\eta}{J}$$

gesetzt werden = der Spannung im mittleren Querschnitte eines geraden Stabes von der Länge $BB_1 = 2r \sin\beta$ bei Belastung durch die in der Mitte angreifende Kraft $2Q$.

In diesem Falle, dass die Querschnittsdimensionen im Vergleich mit r klein genug sind, um $\alpha = \frac{f^2}{r^2}$ setzen zu können, kann im Ausdrucke (443) von Δh auch

$$\frac{1}{2}\beta(1-\cos 2\beta) \text{ gegen } \frac{1}{\alpha}f(\beta)$$

vernachlässigt werden, da $\frac{1}{2}\beta(1-\cos 2\beta)$ und $f(\beta)$ von einerlei Grössenordnung sind, so dass sich ergiebt:

$$-\Delta h = \frac{Qr}{EF}\frac{r^2}{f^2}f(\beta) = \frac{Q}{EJ}r^3 f(\beta) \quad . \quad . \quad . \quad (446).$$

Ist zugleich β ein so kleiner Winkel, dass nach voriger Nummer $f(\beta) = \frac{1}{3}\beta^3$ gesetzt werden kann, so ist diese Senkung des Scheitels B_0 des schwach gekrümmten Stabes:

$$-\Delta h = \frac{Q}{EJ}\frac{(r\beta)^3}{3} = \frac{Q}{EJ}\frac{b^3}{3} = \frac{2Q}{EJ}\frac{(2b)^3}{48}$$

ebenso gross wie die eines geraden Stabes von gleicher Länge in Folge seiner Belastung $= 2Q$ in der Mitte gemäss Gleichung (147), Nr. 61. Uebrigens ist auch, wenn β nicht sehr klein ist, doch die Senkung des Scheitels nur wenig grösser; setzt man

$$-\Delta h = \frac{2Q}{EJ}\frac{(2b)^3}{n} \text{ mit } b = r\sin\beta,$$

so findet man für $\beta = 30^0 \quad 45^0 \quad 60^0 \quad 90^0$

$n = 47{,}4 \quad 46{,}7 \quad 45{,}9 \quad 44{,}9.$

In dem Ausdrucke (444) von Δb darf, wenn auch $\frac{1}{\alpha} = \frac{r^2}{f^2}$ eine grosse Zahl ist, doch nicht allgemein

$$\frac{1}{2}\beta\sin 2\beta \text{ gegen } \frac{1}{\alpha}\varphi(\beta)$$

vernachlässigt werden, weil, wenn β ein kleiner Winkel ist, $\frac{1}{2}\beta\sin 2\beta$ eine mit β^2, dagegen $\varphi(\beta)$ eine mit β^4 vergleichbare Grösse hat. Somit ist dann

$$\Delta b = \frac{Qr}{EF}\left[-\frac{1}{2}\beta\sin 2\beta + \frac{r^2}{f^2}\varphi(\beta)\right]$$

$$= \frac{Q}{EJ}r^3\left[\varphi(\beta) - \frac{1}{2}\beta\sin 2\beta\frac{f^2}{r^2}\right] \quad (447).$$

Ist zugleich β so klein, dass nach voriger Nummer

$$\varphi(\beta) = \frac{5}{24}\beta^4 \text{ und } \frac{1}{2}\beta\sin 2\beta = \beta^2 - \frac{2}{3}\beta^4$$

gesetzt werden kann, so ist in letzterem Ausdrucke $\frac{2}{3}\beta^4$ gegen β^2 zu vernachlässigen, falls der kleine Bruch $\frac{f}{r}$ eine mit β vergleichbare Grösse hat, und somit zu setzen:

$$\varDelta b = \frac{Q}{EJ} r^3 \left(\frac{5}{24}\beta^4 - \frac{f^2}{r^2}\beta^2\right) = \frac{Q}{EJ} r \beta^2 \left(\frac{5}{24} b^2 - f^2\right)$$

mit $b = r\beta$, oder wegen $h = r(1 - \cos\beta) = \frac{r\beta^2}{2}$

$$\varDelta b = \frac{Q}{EJ}\left(\frac{5}{12} b^2 - 2f^2\right) h \quad . \quad . \quad . \quad . \quad (448).$$

Wäre $b^2 = \frac{24}{5} f^2 = 4{,}8 f^2$, z. B. bei rechteckigem oder elliptischem Querschnitte mit $f^2 = \frac{1}{3} e^2$ resp. $\frac{1}{4} e^2$: $b^2 = 1{,}6\ e^2$ resp. $1{,}2\ e^2$, so wäre $\varDelta b = 0$, das Verhalten des Stabes folglich dasselbe, als ob er an den Enden um feste Axen drehbar wäre. Indessen würde das einen Stab voraussetzen, dessen Länge seine Dicke nur wenig übertrifft. Anderen Falles ist $\varDelta b$ positiv und unter sonst gleichen Umständen der Pfeilhöhe h proportional.

173. — Ist der kreisbogenförmig gekrümmte Stab (Fig. 52) an den Enden bei B und B_1 um feste Axen drehbar, so ist $\varDelta b = 0$, folglich nach (444):

$$B = \frac{\varphi(\beta) - \alpha \cdot \frac{1}{2}\beta \sin 2\beta}{\psi(\beta) + \alpha \cdot \frac{1}{2}\beta(1 + \cos 2\beta)} Q \quad . \quad . \quad (449),$$

und ergeben sich durch Substitution dieses Werthes von B in (441), (442) und (443) die Spannungen in den Querschnitten bei B_0 und B' sowie die Durchbiegung $= -\varDelta h$ im Scheitelpunkte B_0.

Ist z. B. die Mittellinie ein Halbkreis ($\beta = 90^0$), so ist

$$\frac{B}{Q} = \frac{\varphi\left(\frac{\pi}{2}\right)}{\psi\left(\frac{\pi}{2}\right)} = \frac{\frac{1}{2}}{\frac{\pi}{4}} = \frac{2}{\pi} = 0{,}6366$$

und die Lage des Bruchpunktes B' bestimmt durch den Winkel

$$\varphi = arctg \frac{Q}{B} = arc\, tg \frac{\pi}{2} = 57^0\ 31'.$$

Nach (439) ist ferner $P_0 = -Q$ und deshalb die Spannung in der Entfernung η von der Biegungsaxe im Querschnitte bei B_0 nach (441):

$$\sigma = -\frac{Q}{F}\left[1 + \frac{1}{\alpha}\left(1 - \frac{2}{\pi}\right)\frac{\eta}{r + \eta}\right] = -\frac{Q}{F}\left(1 + \frac{0{,}3634}{\alpha}\frac{\eta}{r + \eta}\right)$$

und im Querschnitte bei B' nach (442):

$$\sigma = \frac{Q}{F}\left[-1 + \frac{1}{\alpha}\left(-1 + \sqrt{1 + \frac{4}{\pi^2}}\right)\frac{\eta}{r + \eta}\right]$$

$$= \frac{Q}{F}\left(-1 + \frac{0{,}1854}{\alpha}\frac{\eta}{r + \eta}\right).$$

In welchem dieser zwei Querschnitte und ob auf der convexen oder concaven Seite in grösster Entfernung von der Biegungsaxe der grösste Absolutwerth von σ stattfindet, hängt von der Form und von den verhältnissmässigen Grössen der Dimensionen des Querschnittes (verglichen mit r) ab; unmittelbar ist aber ersichtlich, dass er in grösster Entfernung $= e$ (e_1 oder e_2, jenachdem $e_1 > e_2$ oder $e_2 > e_1$) von der Biegungsaxe des Querschnittes bei B_0 stattfindet, wenn $\frac{e}{r}$ ein kleiner Bruch ist. Ist letzterer so klein, dass $\alpha = \frac{f^2}{r^2}$ gesetzt werden kann, so ist jene Maximalspannung näherungsweise

$$= 0{,}3634 \frac{Q}{F} \frac{r^2}{f^2} \frac{e}{r} = 0{,}3634\, Qr \frac{e}{J},$$

d. i. im Verhältnisse 0,3634 kleiner, als unter übrigens gleichen Umständen im Falle der vorigen Nummer.

Die Durchbiegung im Scheitel des halbkreisförmig gekrümmten Stabes ist nach Gleichung (443) und mit $B = \frac{2}{\pi} Q$:

$$-\Delta h = \frac{r}{EF} Q \left\{ \frac{\pi}{2} + \frac{1}{\alpha} \left[f\left(\frac{\pi}{2}\right) - \frac{2}{\pi} \varphi\left(\frac{\pi}{2}\right) \right] \right\}$$
$$= (0{,}0379 + 1{,}57\,\alpha) \frac{Qr}{EF\alpha}$$

und wenn der Stab verhältnissmässig so dünn ist, dass $\alpha = \frac{f^2}{r^2}$ gesetzt werden kann:

$$-\Delta h = \left(0{,}0379 + 1{,}57 \frac{f^2}{r^2}\right) \frac{Q}{EJ} r^3.$$

Für einen verhältnissmässig (verglichen mit r) dünnen und zugleich schwach gekrümmten Stab sind α und β kleine Brüche, und kann dann nach (449) mit Rücksicht auf die Angaben am Schlusse von Nr. 171

$$\frac{B}{Q} = \frac{\frac{5}{24}\beta^4 - \alpha\beta^2}{\alpha(\beta - \beta^3)} = \frac{\beta}{\alpha} \frac{\frac{5}{24}\beta^2 - \alpha}{1 - \beta^2}$$

gesetzt werden, oder auch noch einfacher:

$$\frac{B}{Q} = \frac{\beta}{\alpha}\left(\frac{5}{24}\beta^2 - \alpha\right),$$

d. i. mit $b = r\beta$ und $h = r(1 - \cos\beta) = \frac{1}{2} r\beta^2$,

also $\beta = 2\frac{h}{b}$; $r = \frac{b}{\beta} = \frac{1}{2}\frac{b^2}{h}$; $\alpha = \frac{f^2}{r^2} = 4\frac{h^2 f^2}{b^4}$:

$$\frac{B}{Q} = \frac{1}{2}\frac{b^3}{hf^2}\left(\frac{5}{6}\frac{h^2}{b^2} - 4\frac{h^2 f^2}{b^4}\right) = \frac{h}{b}\left(\frac{5}{12}\frac{b^2}{f^2} - 2\right) \quad (450),$$

womit sich nach (441)—(443) die Spannungen in den relativen Bruchquerschnitten und die Durchbiegung im Scheitelpunkte B_0 ergeben. Aus dieser Gleichung (450) folgen auch wieder die schon in voriger Nummer angeführten zusammengehörigen Werthe

$$B = 0\,,\quad \varDelta b = 0 \text{ für } b^2 = \frac{24}{5} f^2 .$$

174. — Ausser den in den zwei vorigen Nummern betrachteten, durch $B = 0$ resp. $\varDelta b = 0$ charakterisirten Fällen ist ferner noch der Fall bemerkenswerth, dass B und $\varDelta b$ nach einem gewissen Verhältnisse einander proportional sind, indem etwa die Enden B und B_1 des Stabes durch eine gerade elastische Stange verbunden sind; ist E_1 der Elasticitätsmodul und F_1 der Querschnitt derselben, so ist

$$B = E_1 \frac{\varDelta b}{b} F_1\,,$$

wodurch in Verbindung mit Gleichung (444) B und $\varDelta b$ bestimmt sind.

Wäre der Stab an den Enden so eingeklemmt, dass die Normalen seiner Mittellinie daselbst die Richtungen BO und B_1O (Fig. 52) behalten müssen, so käme das Spannungsmoment in diesen Endquerschnitten als weitere Unbekannte hinzu, die in die Ausdrücke von P und M, resp. von P_0 und $\frac{M}{r}$ einginge, nach (437) aber durch die Gleichung

$$\int_0^\beta \omega\, d\varphi = 0$$

mit Rücksicht auf den Ausdruck (423) von ω bestimmt wäre. Hierbei könnte der Stab bei B und B_1 in zwei Körpern eingeklemmt sein, die längs der Sehne BB_1 widerstandslos verschiebbar $(B = 0)$, oder unbeweglich $(\varDelta b = 0)$, oder durch eine nachgiebige elastische Stange verbunden resp. aussen gegen elastische Widerlager gestützt sind $\left(\frac{\varDelta b}{B} = Const.\right)$.

Durch gleichzeitig veränderte Annahmen hinsichtlich der Belastungsweise und ursprünglichen Form der Mittellinie könnte eine noch grössere Mannigfaltigkeit besonderer Aufgaben gebildet werden, die auch zum Theil von technischem Interesse sind (z. B. für den Brückenbau und bei anderen Eisenconstructionen), auf deren Besprechung aber hier verzichtet wird, da sie neue Gesichtspunkte von principieller Wichtigkeit kaum darbieten.

175. — Der Zusammenhang eines Ringes von constantem Querschnitte $= F$ und kreisförmiger Mittellinie (Radius $= r$) sei an einer Stelle (bei A, Fig. 53) so unterbrochen, dass die Endflächen sich daselbst eben ohne gegenseitigen Druck berühren. Wie weit $= 2a$ kann hier der Ring geöffnet werden durch zwei entgegengesetzte Kräfte Q, die in den Endpunkten tangential an die Mittellinie gerichtet angreifen, und wie gross ist in Folge dessen die grösste im Ringe stattfindende Spannung?

Fig. 53.

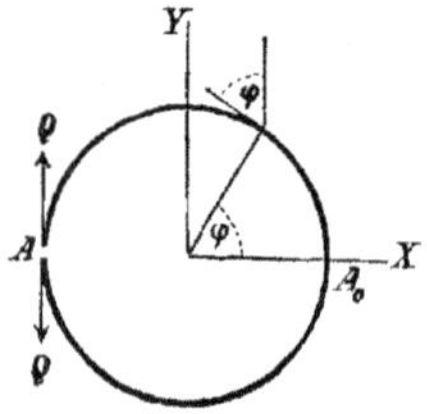

Wenn die Punkte A, A_0 in Fig. 53 dieselben Bedeutungen wie die gleich bezeichneten Punkte in Fig. 51 haben, so ist mit Bezug auf das aus Fig. 53 ersichtliche Coordinatensystem nach Gleichung (438) mit

$$\Delta\varphi_0 = 0\,,\ x = r\cos\varphi\,,\ y = r\sin\varphi$$

$$a = \Delta(y - y_0) = -\int_0^\pi r\cos\varphi\,.\,\omega\,d\varphi - r\int_0^\pi \omega\,d\varphi + \int_0^\pi \varepsilon_0\, r\cos\varphi\,d\varphi$$

oder wegen $P = Q\cos\varphi$ und $M = -Qr(1 + \cos\varphi)$,

also nach (422): $P_0 = P + \frac{M}{r} = -Q$

und nach (423): $\varepsilon_0 = -\frac{Q}{EF}$; $\omega = -\frac{Q}{EF}\left(1 + \frac{1 + \cos\varphi}{\alpha}\right)$

$$\frac{a}{r}\,\frac{EF}{Q} = \frac{1}{\alpha}\,\frac{\pi}{2} + \left(1 + \frac{1}{\alpha}\right)\pi = \left(1 + \frac{3}{2\alpha}\right)\pi$$

$$a = \left(1 + \frac{3}{2\alpha}\right)\pi\,\frac{Qr}{EF} \quad \ldots\ldots \quad (451).$$

Für die Spannung hat man nach (424) die Gleichung:

$$F\sigma = -Q\left(1 + \frac{1 + \cos\varphi}{\alpha}\,\frac{\eta}{r + \eta}\right).$$

Sie ist am grössten im Querschnitte bei A_0 $(\varphi = 0)$ = dem Absolutwerthe von

$$\sigma = -\frac{Q}{F}\left(1 + \frac{2}{\alpha}\,\frac{\eta}{r + \eta}\right) \quad \ldots\ldots \quad (452)$$

für $\eta = e_1$ oder $\eta = -e_2$.

Sind die Querschnittsdimensionen so klein im Vergleich mit r, dass nach (436): $\alpha = \frac{f^2}{r^2}$ zu setzen ist, so kann die halbe Oeffnungsweite:

$$a = \frac{3}{2\alpha}\pi\,\frac{Qr}{EF} = \frac{3}{2}\pi\,\frac{Qr^3}{EJ} \quad \ldots\ldots \quad (453)$$

und der grösste Absolutwerth von σ, entsprechend der grössten Entfernung $= e$ von der Biegungsaxe:

$$k = \frac{Q}{F}\,\frac{2}{\alpha}\,\frac{e}{r} = 2\,Qr\,\frac{e}{J} \quad \ldots\ldots \quad (454)$$

gesetzt werden. Ist insbesondere der Querschnitt ein Kreis mit dem Radius e, so ist die Grösse der Kräfte Q, durch welche der Ring um $2a = 2e$, d. i. so weit geöffnet werden kann, wie nöthig ist, um einen anderen gleichen Ring (zur Bildung einer Kette) einhängen zu können, mit

$$a = e \text{ und } J = \frac{\pi e^4}{4}$$

nach (453): $$Q = \frac{2e}{3\pi}\,\frac{E}{r^3}\,\frac{\pi e^4}{4} = \frac{1}{6}E\frac{e^5}{r^3} \quad \ldots\ldots \quad (455)$$

und ist dabei nach (454):

$$k = \frac{1}{3} E \frac{e^5}{r^2} \frac{4}{\pi e^3} = \frac{4}{3\pi} E \left(\frac{e}{r}\right)^2 \quad . \quad . \quad . \quad (456).$$

Sollte dadurch der Ring keine bleibende Deformation erleiden und deshalb etwa $k < \frac{E}{2000}$ sein, so müsste

$$\frac{r}{e} > \sqrt{\frac{8000}{3\pi}}, \text{ d. i. } \frac{r}{e} > 29{,}13$$

sein, woraus ersichtlich ist, dass fragliche Forderung nur bei ungewöhnlich weiten und dünnen Ringen erfüllbar wäre. Ob es eher möglich ist, wenn die Kräfte Q normal zur Mittelebene gerichtet sind, ergiebt sich aus der Untersuchung in Nr. 189.

176. — Ein ringförmiger Körper von constantem Querschnitte $= F$ und kreisförmiger Mittellinie (Radius $= r$) sei an einer Stelle so weit offen, dass, wenn er (nach Art der Ramsbottom'schen Kolbenringe) in einen etwas engeren Hohlcylinder eingezwängt wird, die Endflächen an der Ringöffnung bei A (Fig. 54) sich fast berühren. Wie vertheilt sich dann die Pressung $= p$ pro Längeneinheit der Mittellinie zwischen dem Ringe und der Cylinderwand, und welches ist die grösste im Ringe hervorgerufene Spannung?

Fig. 54.

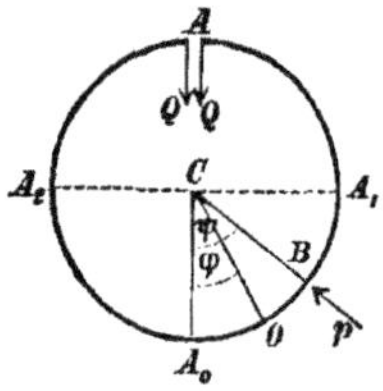

Insoweit die Berührung stattfindet, ist die deformirte Mittellinie wieder kreisförmig, aber von kleinerem Radius $= \varrho$, wenn der innere Radius des Hohlcylinders $= \varrho + e_1 < r + e_1$ ist. Unter der Voraussetzung, dass $\frac{e_1}{r}$ und $\frac{e_2}{r}$ hinlänglich kleine Brüche sind, um $\alpha = \frac{f^2}{r^2}$ setzen zu können, ist dann in den betreffenden Ringquerschnitten nach (428) das Spannungsmoment:

$$M = EJ\left(\frac{1}{\varrho} - \frac{1}{r}\right) \quad . \quad . \quad . \quad . \quad . \quad (457),$$

also constant. Das kann, da das Moment des vom Hohlcylinder auf den eingezwängten Ring ausgeübten Normaldruckes für die Querschnitte von A bis A_0 offenbar stetig zunimmt, nur dann der Fall sein, wenn bei A ein gewisser Radialdruck $= Q$ (Fig. 54) auf jedes der beiden Ringenden concentrirt ausgeübt wird, und zwar kann es auch nur in der dieser Stelle A gegenüber liegenden Ringhälfte $A_1 \; A_0 \; A_2$ der Fall sein, längs welcher von A_1 resp. A_2 bis zur Mitte A_0 das Moment der bei A angreifenden betreffenden Kraft Q stetig abnimmt. Daraus ist zu schliessen, dass auch die Berührung zwischen dem Ringe und dem Hohlcylinder nur bei A und von A_1 resp. A_2 bis A_0 stattfindet, dass also der Krümmungsradius der deformirten Mittellinie des eingezwängten Ringes nur von A_1 und A_2 bis A_0 constant $= \varrho$ ist, während er von A bis A_1 und A_2 stetig von r bis ϱ abnimmt.

Nun ist, wenn der Winkel $A_0 CO = \varphi$, und wenn $A_0 CB = \psi$ ein zwischen φ und $\frac{\pi}{2}$ liegender Winkel ist, das Moment der von A bis O auf den eingezwängten Ring wirkenden Kräfte, bezogen auf die Biegungsaxe des Querschnittes bei O:

$$M = \int_{\varphi}^{\frac{\pi}{2}} p \varrho \, d\psi \, . \, \varrho \sin(\psi - \varphi) + Q \varrho \sin \varphi ,$$

und da dieses Moment für jeden Werth von $\varphi < \frac{\pi}{2}$ nach Gleich. (457) constant ist, so folgt:

$$\frac{M}{\varrho^2} = \int_{\varphi}^{\frac{\pi}{2}} p \sin(\psi - \varphi) \, d\psi + \frac{Q}{\varrho} \sin \varphi = Const. \quad . \quad (458).$$

Darin ist p eine Function von ψ. Ist aber allgemein

$$u = \int_{y}^{z} f(x, \alpha) \, dx ,$$

unter y und z Functionen von α verstanden, so dass auch u eine Function von α ist, so ist bekanntlich

$$\frac{du}{d\alpha} = f(z, \alpha) \frac{dz}{d\alpha} - f(y, \alpha) \frac{dy}{d\alpha} + \int_{y}^{z} \frac{df(x, \alpha)}{d\alpha} \, dx$$

und folgt danach aus (458) bei Substitution von $\psi \quad \varphi \quad \varphi \quad \frac{\pi}{2}$

für $x \quad \alpha \quad y \quad z$

wegen $$\frac{dz}{d\alpha} = \frac{d\frac{\pi}{2}}{d\varphi} = 0 \text{ und } f(y, \alpha) = p \sin(\varphi - \varphi) = 0 :$$

$$\frac{d}{d\varphi}\left(\frac{M}{\varrho^2}\right) = -\int_{\varphi}^{\frac{\pi}{2}} p \cos(\psi - \varphi) \, d\psi + \frac{Q}{\varrho} \cos \varphi = 0$$

und daraus weiter, indem hier

$$\frac{dy}{d\alpha} = \frac{d\varphi}{d\varphi} = 1 \text{ und } f(y, \alpha) = p \cos(\varphi - \varphi) = p ,$$

aber $\frac{dz}{d\alpha}$ wieder $= 0$ ist:

$$\frac{d^2}{d\varphi^2}\left(\frac{M}{\varrho^2}\right) = p - \int_{\varphi}^{\frac{\pi}{2}} p \sin(\psi - \varphi) \, d\psi - \frac{Q}{\varrho} \sin \varphi = 0 .$$

Hieraus ergiebt sich mit Rücksicht auf Gleichung (458):

$$p=\frac{M}{\varrho^2}, \text{ während } Q=\frac{M}{\varrho} \quad . \quad . \quad . \quad . \quad (459)$$

sein muss, damit das Moment von Q in Bezug auf die Biegungsaxen der Ringquerschnitte von A bis A_1 stetig von 0 bis M zunehme.

Was die Spannung des in den Hohlcylinder eingezwängten Ringes betrifft, so ist im Querschnitte bei O (Fig. 54):

$$P=-Q\sin\varphi-\int_{\varphi}^{\frac{\pi}{2}} p\varrho\, d\psi \sin(\psi-\varphi)$$

$$=-\frac{M}{\varrho}\sin\varphi-\frac{M}{\varrho}(1-\sin\varphi)=-\frac{M}{\varrho},$$

also

$$P_0=P+\frac{M}{\varrho}=0$$

und nach (424), wenn die Querschnittsdimensionen im Vergleich mit r so klein sind, dass nicht nur $\alpha=\frac{f^2}{r^2}$ gesetzt (entsprechend im Falle $e_1=e_2=e$ der Vernachlässigung von $\frac{e^2}{r^2}$ gegen 1), sondern selbst $\frac{e}{r}$ gegen 1 vernachlässigt werden kann:

$$\sigma=\frac{M}{Fr}\frac{r^2}{f^2}\frac{\eta}{r+\eta}=\frac{M\eta}{J}$$

und der grösste Absolutwerth von σ mit Rücksicht auf Gleichung (457):

$$k=\frac{Me}{J}=Ee\left(\frac{1}{\varrho}-\frac{1}{r}\right) \quad . \quad . \quad . \quad . \quad (460).$$

Mit der dieser Entwickelung zu Grunde liegenden Annäherung kann dabei unter r und ϱ schliesslich statt des mittleren auch der äussere Radius des Ringes beziehungsweise vor und nach seiner Einzwängung in den Hohlcylinder, unter ϱ also auch der innere Radius des letzteren verstanden werden. —

Wenn ein solcher Ring nach seiner Einzwängung in den Hohlcylinder vom Radius ϱ denselben ringsum unter constantem Drucke $=p$ pro Längeneinheit berühren sollte, das Spannungsmoment im Querschnitte bei O (Fig. 54) folglich

$$M=\int_{\varphi}^{\pi} p\varrho\, d\psi \cdot \varrho\sin(\psi-\varphi)=p\varrho^2(1+\cos\varphi)$$

sein sollte, so müsste, wenn der Ring ursprünglich nach einer Cylinderfläche vom Radius r abgedreht war, das Trägheitsmoment J seines Querschnittes von A_0 bis A stetig abnehmen, gemäss der Gleichung (457):

$$M=EJ\left(\frac{1}{\varrho}-\frac{1}{r}\right), \text{ also } J=\frac{p\varrho^2}{E\left(\frac{1}{\varrho}-\frac{1}{r}\right)}(1+\cos\varphi).$$

Insbesondere bei rechteckigem Querschnitte von constanter Breite b müsste die Dicke $= 2e$ veränderlich sein gemäss der Gleichung $\left(\text{entsprechend } J = \frac{2}{3} b e^3\right)$:

$$e^3 = \frac{3}{2} \frac{p \varrho^2}{E b \left(\frac{1}{\varrho} - \frac{1}{r}\right)} (1 + \cos \varphi),$$

woraus, wenn e_0 den Werth von e bei A_0 $(\varphi = 0)$ bedeutet,

$$e_0 = \sqrt[3]{\frac{3 p \varrho^2}{E b \left(\frac{1}{\varrho} - \frac{1}{r}\right)}}\ ; \ e = e_0 \sqrt[3]{\frac{1 + \cos \varphi}{2}} \ . \qquad (461)$$

folgt, z. B. für $\varphi = 0 \quad \frac{1}{4}\pi \quad \frac{1}{2}\pi \quad \frac{3}{4}\pi \quad \pi$

$$\frac{e}{e_0} = 1 \quad 0{,}949 \quad 0{,}794 \quad 0{,}527 \quad 0 \, .$$

177. — Solche Fälle, in denen die Querschnittsdimensionen nicht so klein im Vergleich mit dem Krümmungsradius r sind, dass, wie bei den vorhergehenden Beispielen, ohne wesentlichen Fehler $\alpha = \frac{f^2}{r^2}$ gesetzt werden kann, kommen namentlich bei ringsum geschlossenen ringförmigen Körpern vor, die durch zwei entgegengesetzt gleiche Kräfte diametral gezogen oder gedrückt werden, wobei ersteren Falles (z. B. bei Kettenringen) der Querschnitt ein Kreis, letzteren Falles (z. B. bei hohl gegossenen zur Unterstützung beweglicher Lasten dienenden Walzen) ein Rechteck zu sein pflegt, während die Mittellinie dort kreisförmig oder oval, hier kreisförmig ist.

Ist die ursprüngliche Mittellinie eines solchen Ringes von constantem Querschnitte $= F$ ein Kreis mit dem Radius r, und wird er an diametral gegenüber liegenden Stellen von auseinander ziehend wirkenden Kräften $2Q$ angegriffen, so bleibt die deformirte Mittellinie offenbar symmetrisch in Bezug auf die rechtwinkeligen Axen CX und CY (Fig. 55), von denen letztere mit den Richtungslinien der Kräfte $2Q$ zusammenfällt, und werden überhaupt die vier Quadranten des Ringes, wie AB in Fig. 55, auf gleiche Weise in Anspruch genommen. Unbeschadet des Gleichgewichtszustandes dieses Ringquadranten kann er als im Querschnitte B befestigt, im Querschnitte A durchschnitten angenommen werden, falls dann nur in dieser Schnittfläche die äussere Kraft Q im Sinne BC und ein äusseres Kräftepaar $=$ dem Spannungsmomente M_0 des Ringquerschnittes A angreifend gedacht wird. Damit ergiebt sich für den beliebigen Querschnitt bei O:

Fig. 55.

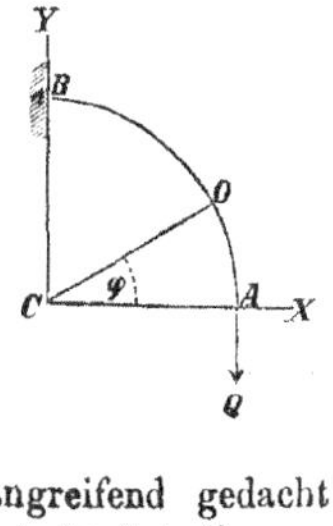

$$P = Q\cos\varphi \text{ und } M = M_0 + Qr(1-\cos\varphi),$$

also $$P_0 = P + \frac{M}{r} = \frac{M_0}{r} + Q \text{ und } \frac{M}{r} = P_0 - Q\cos\varphi$$

und nach Gleichung (424):

$$F\sigma = P_0 + \frac{1}{\alpha}(P_0 - Q\cos\varphi)\frac{\eta}{r+\eta},$$

worin die Unbekannte P_0 nach (437) mit Rücksicht auf (423), nämlich durch die Gleichung

$$0 = \int_0^{\frac{\pi}{2}} \omega\, d\varphi = \int_0^{\frac{\pi}{2}} \left[P_0 + \frac{1}{\alpha}(P_0 - Q\cos\varphi)\right] d\varphi$$

$$= \left(1+\frac{1}{\alpha}\right)\frac{\pi}{2}P_0 - \frac{1}{\alpha}Q$$

bestimmt ist, woraus folgt: $P_0 = \frac{2Q}{(1+\alpha)\pi}$

und somit $$\frac{F}{Q}\sigma = \frac{2}{(1+\alpha)\pi} + \frac{1}{\alpha}\left[\frac{2}{(1+\alpha)\pi} - \cos\varphi\right]\frac{\eta}{r+\eta} \quad . \quad (462).$$

Die grössten Werthe von σ sind die Spannungen σ_1 und σ_2 in den äussersten und innersten Punkten der Querschnitte bei A und B $\left(\varphi = 0 \text{ und } \varphi = \frac{\pi}{2}\right)$.

Ist insbesondere der Querschnitt ein Kreis vom Radius e, also nach Gleichung (433):

$$\alpha = 2\frac{r}{e}\left(\frac{r}{e} - \sqrt{\frac{r^2}{e^2} - 1}\right) - 1,$$

so findet man im Querschnitte

	A		B	
	$\frac{F}{Q}\sigma_1$	$\frac{F}{Q}\sigma_2$	$\frac{F}{Q}\sigma_1$	$\frac{F}{Q}\sigma_2$
für $r = 3e$	$-2{,}62$	$7{,}10$	$5{,}87$	$-9{,}88$
„ $r = 4e$	$-4{,}00$	$8{,}35$	$8{,}39$	$-12{,}32$
„ $r = 5e$	$-5{,}41$	$9{,}69$	$10{,}93$	$-14{,}82$

Bei A findet also aussen Pressung, innen Spannung im engeren Sinne statt, bei B umgekehrt aussen Spannung, innen Pressung, und letztere ist der grösste Absolutwerth k von σ im ganzen Ringe, nämlich

$$k = \frac{2}{(1+\alpha)\pi}\left(-1 + \frac{1}{\alpha}\frac{e}{r-e}\right)\frac{Q}{F} \quad . \quad . \quad . \quad (463).$$

Wenn die Kräfte $2Q$ gegeneinander drückend wirken, so ändert sich weiter nichts, als dass alle Spannungen zu Pressungen werden und umgekehrt. Ist dabei der Querschnitt ein Rechteck, der ringförmige Körper eine hohlcylindrische Walze mit dem äusseren und inneren Radius $= r + e$ und $r - e$, so ist nach (430):

$$\alpha = -1 + \frac{1}{2}\frac{r}{e}\, ln \frac{r+e}{r-e}$$

und ergiebt sich nach (463) der Maximalwerth von σ (hier eine Spannung im engeren Sinne)

z. B. für $r = 4e$: $\qquad k = 8{,}97 \frac{Q}{F}$.

178. — Die Mittellinie eines ovalen Kettengliedes von kreisförmigem Querschnitte (Radius $= e$) sei aus zweierlei Kreisbögen mit den Radien r und r_1 zusammengesetzt, deren Mittelpunkte natürlich in den Symmetrieaxen CX und CY (Fig. 56) liegen, von denen letztere diejenige sei, längs welcher das betrachtete Kettenglied von den zwei eingehängten benachbarten Gliedern durch die Kräfte $2\,Q$ auf Zug in Anspruch genommen wird; sind dann $CA = a$ und $CB = b$ die betreffenden Halbaxen der Mittellinie, so ist $b > a$. Auch hier braucht wieder nur das Verhalten eines Ringquadranten wie AB, Fig. 56, untersucht zu werden, dessen Mittellinie aus den mit gemeinsamer Tangente in einander übergehenden Kreisbögen AO_1 und O_1B besteht mit den Radien $NA = NO_1 = r$ und $N_1O_1 = N_1B = r_1$.

Fig. 56.

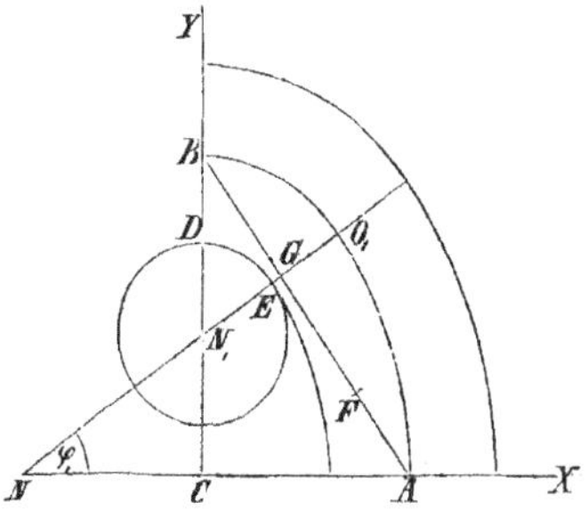

Sind a und b gegeben, so sind r und r_1 zunächst nur der Bedingungsgleichung

$$(r-r_1)^2 = (r-a)^2 + (b-r_1)^2 \text{ oder } -2rr_1 + 2ar + 2br_1 = a^2 + b^2 \quad (464)$$

unterworfen, gemäss welcher sie auf unendlich mannigfache Weise innerhalb der Grenzen

$$r_1 = 0,\quad r = \frac{a^2+b^2}{2a} \text{ und } r_1 = a,\quad r = \frac{(b-a)^2}{0} = \infty$$

gewählt werden können. In diesen beiden Grenzfällen wäre $\frac{r_1}{r}$ möglichst klein $= 0$, und da ihnen die grösste Abweichung der Mittellinie von ihrer üblichen ellipsenähnlichen Form entspräche, so lässt sich erwarten, dass diese am vollkommensten durch zweierlei Kreisbögen erreichbar ist, wenn deren Radien r, r_1 so gewählt werden, dass umgekehrt $\frac{r_1}{r}$ so gross wie möglich ist. Aus dieser Forderung

$$\frac{r_1}{r} = max \text{ folgt } r\,dr_1 - r_1\,dr = 0 \text{ oder } \frac{dr}{dr_1} = \frac{r}{r_1}$$

und da nach Gleichung (464) auch

$$-r\,dr_1 - r_1dr + a\,dr + b\,dr_1 = 0, \text{ also } \frac{dr}{dr_1} = \frac{r-b}{a-r_1}$$

ist, ergiebt sich als zweite Bestimmungsgleichung von r, r_1:

$$\frac{r}{r_1} = \frac{r-b}{a-r_1} \text{ oder } 2rr_1 - ar - br_1 = 0 \quad . \quad . \quad (465).$$

Hieraus und aus (464) folgt

$$ar + br_1 = a^2 + b^2 \quad . \quad . \quad . \quad . \quad . \quad . \quad (466),$$

daraus und aus (465):

$$2rr_1 = a^2 + b^2; \quad 4abrr_1 = 2ab(a^2 + b^2),$$

endlich hieraus und aus (466):

$$ar - br_1 = \pm\sqrt{(a^2 + b^2)^2 - 2ab(a^2 + b^2)} = \pm(b-a)\sqrt{a^2 + b^2},$$

so dass mit den Bezeichnungen:

$$q = \sqrt{a^2 + b^2} \text{ und } u = b - a$$

nun r und r_1 durch die Gleichungen bestimmt sind:

$$ar + br_1 = q^2 \text{ und } ar - br_1 = \pm qu,$$

$$\text{aus denen } r = \frac{q(q \pm u)}{2a} \text{ und } r_1 = \frac{q(q \mp u)}{2b}$$

folgt. Was die doppelten Vorzeichen betrifft, so kann man bemerken, dass wegen $r > r_1$

$$\frac{q \pm u}{a} > \frac{q \mp u}{b}, \text{ also } q\left(\frac{1}{a} - \frac{1}{b}\right) > \mp u\left(\frac{1}{a} + \frac{1}{b}\right),$$

folglich

$$q = \sqrt{a^2 + b^2} > \mp(a + b)$$

sein muss, was nur mit den oberen Vorzeichen der Fall ist. Somit ergiebt sich:

$$\left.\begin{aligned} r &= \frac{q(q+u)}{2a} = \frac{a^2 + b^2 + (b-a)\sqrt{a^2+b^2}}{2a} \\ r_1 &= \frac{q(q-u)}{2b} = \frac{a^2 + b^2 - (b-a)\sqrt{a^2+b^2}}{2b} \end{aligned}\right\} \; . \quad (467),$$

entsprechend der Construction (Fig. 56):

$AF = b - a$; $BG = FG$; NN_1 normal zu AB im Punkte G.

Gemäss dieser Construction ist nämlich

$$BG = \frac{q-u}{2}, \quad AG = \frac{q+u}{2}$$

und wegen Aehnlichkeit der Dreiecke AGN, ACB, N_1GB:

$$a : q = \frac{q+u}{2} : AN; \quad AN = \frac{q(q+u)}{2a} = r$$

$$b : q = \frac{q-u}{2} : BN_1; \quad BN_1 = \frac{q(q-u)}{2b} = r_1.$$

Was die Dimensionen a, b selbst betrifft, so sind sie im Verhältnisse zum Radius e des Querschnittes nicht grösser anzunehmen, als durch die relative Beweglichkeit der Kettenglieder erfordert wird, jedenfalls $a > 2e$,

$b > 3e$, wie ein Blick auf Fig. 56 erkennen lässt. Dabei erscheint es am vortheilhaftesten, die Verhältnisse ferner so zu wählen, dass $r_1 = 2e$ ist, dass also je zwei auf einander folgende Kettenglieder sich in zwei sich rechtwinkelig kreuzenden Kreisbögen berühren, wie Fig. 56 zeigt, wo DE die Hälfte eines dieser Kreisbögen ist. Dadurch wird die Deformation der Mittellinie nebst entsprechender Anstrengung des Materials von B bis O_1 fast ganz verhindert, während sie sich von A bis B erstrecken würde, wenn sich die Kettenglieder im Falle $r_1 > 2e$ nur in einem Punkte D berührten, wogegen im Falle $r_1 < 2e$ bei Berührung in vier wie E gelegenen Punkten ein gegenseitiges Festklemmen der Kettenglieder durch den Einfluss der Zugkraft $2Q$ zu befürchten wäre. Mit den Bezeichnungen

$$\alpha = \frac{a}{e} \text{ und } \beta = \frac{b}{e}$$

entspricht jener Forderung $r_1 = 2e$ gemäss dem Ausdrucke (467) von r_1 die Gleichung:

$$\alpha^2 + \beta^2 - (\beta - \alpha)\sqrt{\alpha^2 + \beta^2} = 4\beta,$$

die auf die Form gebracht werden kann:

$$8\beta - (4 - \alpha)(\alpha^2 + \beta^2) = 0 \quad . \quad . \quad . \quad . \quad (468).$$

Wenn nun eines der Verhältnisse α, β ($\alpha > 2$, $\beta > 3$) angenommen wird, so ist das andere durch Gleichung (468) und dann auch nach (467) das Verhältniss

$$\frac{r}{e} = \frac{\alpha^2 + \beta^2 + (\beta - \alpha)\sqrt{\alpha^2 + \beta^2}}{2\alpha} \text{ ausser } \frac{r_1}{e} = 2 \ . \ (469)$$

bestimmt; schliesslich ist e und sind also a, b, r, r_1 bedingt durch die Forderung, dass die grösste durch die Zugkraft $2Q$ in der Kette verursachte Spannung absolut genommen einen gegebenen Werth k nicht überschreiten soll.

179. — Wenn z. B. im Anschlusse an die üblichen Formen solcher Kettenglieder $\alpha = 2{,}5$ angenommen wird, ergiebt sich aus (468) sehr nahe $\beta = 3{,}6$ entsprechend $\frac{r_1}{e} = 2$; damit $\frac{r}{e} = 4{,}8$ aus (469) und, wenn (Fig. 56) $CN = c$, $CN_1 = c_1$ und Winkel $CNN_1 = \varphi_1$ gesetzt wird,

$$\frac{c}{e} = \frac{r}{e} - \alpha = 2{,}3\,; \quad \frac{c_1}{e} = \beta - \frac{r_1}{e} = 1{,}6\,; \quad \varphi_1 = arctg\,\frac{c_1}{c} = 34^0\,50'.$$

Sofern nun der Bogen BO_1 und somit der Winkel φ_1 als unveränderlich zu betrachten sind, ist die grösste Anstrengung in dem Ringstücke zwischen A und O_1 zu suchen, für welches wie in Nr. 177 die Gleichung

$$F\sigma = P_0 + \frac{1}{\alpha}(P_0 - Q\cos\varphi)\frac{\eta}{r + \eta}$$

gilt, in der nur mit

$$\omega = \frac{1}{EF}\left(P_0 + \frac{M}{r\alpha}\right) = \frac{1}{EF}\left[P_0 + \frac{1}{\alpha}(P_0 - Q\cos\varphi)\right]$$

die Unbekannte P_0 statt durch die Gleichung: $0 = \int_0^{\frac{\pi}{2}} \omega \, d\varphi$ jetzt durch die Gleichung: $0 = \int_0^{\varphi_1} \omega \, d\varphi = \left(1 + \frac{1}{\alpha}\right) \varphi_1 P_0 - \frac{1}{\alpha} Q \sin \varphi_1$ bestimmt ist, woraus

$$P_0 = \frac{Q \sin \varphi_1}{(1+\alpha)\varphi_1}$$

und

$$\frac{F}{Q}\sigma = \frac{\sin \varphi_1}{(1+\alpha)\varphi_1} + \frac{1}{\alpha}\left[\frac{\sin \varphi_1}{(1+\alpha)\varphi_1} - \cos \varphi\right]\frac{\eta}{r+\eta} \quad . \quad (470)$$

folgt. Der grösste Absolutwerth von σ findet im Querschnitte bei A oder bei O_1 statt, nämlich für $\varphi = 0$ oder $\varphi = \varphi_1$ und $\eta = \pm e$. Den oben bestimmten Dimensionsverhältnissen entsprechend ergiebt sich aber $\alpha = 0{,}0111$ nach (433) oder (434) und damit

$$\text{für } \varphi = 0 \text{ und } \begin{cases} \eta = e : \sigma_1 = -0{,}171 \dfrac{Q}{F} \\ \eta = -e : \sigma_2 = 2{,}608 \;\;,, \end{cases}$$

$$\text{für } \varphi = \varphi_1 \text{ und } \begin{cases} \eta = e : \sigma_1 = 2{,}615 \;\;,, \\ \eta = -e : \sigma_2 = -1{,}643 \;\;,, \end{cases}$$

also

$$k = 2{,}615 \frac{Q}{F} \quad . \; . \; . \; . \; . \; . \; . \; . \; . \quad (471).$$

Dass diese Maximalspannung im äussersten Punkte des Querschnittes bei O_1 nur so wenig grösser ist, als im innersten Punkte des Querschnittes bei A, bestätigt die Zweckmässigkeit der gewählten Verhältnisse.

Wenn für eine aus bestem Stabeisen verfertigte solche Kette der Durchmesser des zu den Gliedern benutzten Rundeisens etwa

$$2e = 0{,}04\sqrt{2Q} \text{ Centim., also } F = \pi e^2 = 0{,}0008\,\pi Q$$

gesetzt wird, unter $2Q$ Kgr. die grösste in Aussicht genommene Zugbelastung der Kette verstanden, so folgt aus (471) die specifische Maximalspannung:

$$k = \frac{2{,}615}{0{,}0008\,\pi} = 1040 \text{ Kgr. pro Quadratcentim.}$$

180. — Die Tragkraft einer Kette kann wesentlich vergrössert resp. die Maximalspannung k bei gegebener Zugkraft verkleinert werden durch Aussteifung der Kettenglieder nach Art der Fig. 57. Mit Rücksicht auf die Dicke des eingefügten Steges ist dabei β etwas grösser zu wählen, und wenn z. B. $\beta = 4$ angenommen wird, ergiebt sich $\alpha = 2{,}59$ nach (468) gemäss der Forderung $r_1 = 2c$ und unter der Voraussetzung, dass wieder die Mittellinie aus zweierlei Kreisbögen mit den Radien r und r_1 zusammengesetzt wird, von denen r im Verhältnisse zu e durch (469) bestimmt ist. Für einen Querschnitt des nach diesem Radius r gekrümmten und somit durch ein folgendes Glied nicht unterstützten Theils des Kettengliedes ist dann, unter $2S$ die Kraft verstanden, durch welche der Steg zusammengedrückt wird und womit er also auch beiderseits im Sinne CA und CA_1 auf das Kettenglied zurückwirkt (je mit S auf jeden der beiden durch die Querschnitte A und A_1, Fig. 57, getrennten Quadranten):

Fig. 57.

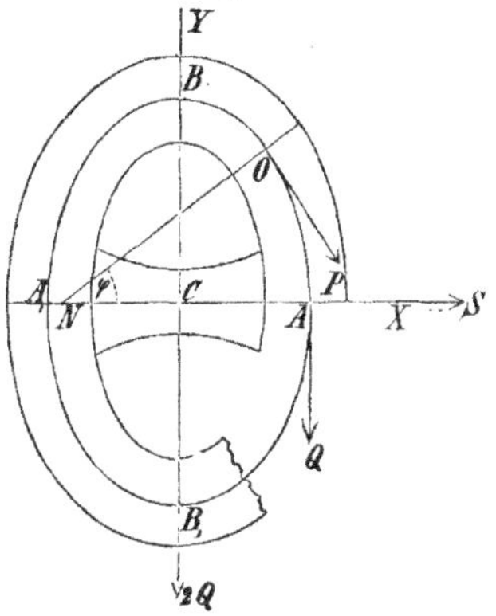

$$P = Q\cos\varphi + S\sin\varphi$$

$$M = M_0 + Qr(1 - \cos\varphi) - Sr\sin\varphi$$

$$P_0 = P + \frac{M}{r} = \frac{M_0}{r} + Q$$

$$\frac{M}{r} = P_0 - Q\cos\varphi - S\sin\varphi,$$

also nach (424):

$$F\sigma = P_0 + \frac{1}{\alpha}(P_0 - Q\cos\varphi - S\sin\varphi)\frac{\eta}{r+\eta}.$$

Die zwei Unbekannten P_0 und S dieses Ausdruckes sind durch die Gleichung

$$0 = \int_0^{\varphi_1} \omega\, d\varphi \text{ mit } \omega = \frac{1}{EF}\left[P_0 + \frac{1}{\alpha}(P_0 - Q\cos\varphi - S\sin\varphi)\right]$$

und durch eine zweite Gleichung bestimmt, die dadurch erhalten wird, dass die Längenänderung (Verkürzung) der Halbaxe CA sowohl nach (438), wie auch als halbe Zusammendrückung des Steges als Function seiner Dimensionen, seines Elasticitätsmodul und der Kraft $2S$ ausgedrückt wird, und dann beide Ausdrücke einander gleich gesetzt werden.

Von dieser ziemlich umständlichen theoretischen Bestimmung des Spannungszustandes ist hier indessen kaum ein praktischer Gewinn zu erwarten, indem bei den üblichen Verhältnissen solcher Kettenglieder ihre Tragkraft erfahrungsmässig nur wenig kleiner ist, als diejenige eines geraden Stabes vom Querschnitte $2F$. Nach Versuchen, welche die englische Admiralität über die Tragkraft von Ankerketten mit ausgesteiften Gliedern anstellen liess, ergab sich die Zugkraft, durch welche die Kette zerrissen wird, im Durchschnitte:

$$2Q = 1{,}6\,KF,$$

unter K die Zugfestigkeit des betreffenden Eisens verstanden, die im Mittel etwa 4300 Kgr. pro Quadratcentim. betrug. Bliebe das Vertheilungsgesetz der Spannungen bis zum Bruche unverändert, so würde hieraus bei irgend einer auf das Kettenglied ausgeübten Zugkraft $2Q$ die Maximalspannung

$$k = 1{,}25\,\frac{Q}{F}$$

zu folgern sein.

181. — Als ein hierher gehöriges Beispiel von technischem Interesse mag schliesslich noch die Anstrengung eines Schwungringes berechnet werden, d. h. eines um seine geometrische Axe, mit welcher er durch symmetrisch vertheilte, radial gerichtete gerade Arme verbunden ist, mit einer gewissen Geschwindigkeit rotirenden kreisrunden Ringes. Die belastende Kraft ist hier die Centrifugalkraft, indem von der Schwere abgesehen wird.

Der Querschnitt $= F_1$ jedes Armes wird ebenso wie derjenige $= F$ des Ringes als constant vorausgesetzt, und es seien ferner:

w die Winkelgeschwindigkeit,
r der Radius, $v = rw$ die Peripheriegeschwindigkeit der Mittellinie des Ringes,
E der Elasticitätsmodul, m die specifische Masse (Masse der Volumeneinheit) des Materials, woraus der Ring besteht,
E_1 und m_1 die entsprechenden Grössen für das Material der Arme,
2γ der Winkel, unter welchem die Mittellinien CB und CB_1 (Fig. 58) zweier auf einander folgender Arme gegen einander geneigt sind.

Fig. 58.

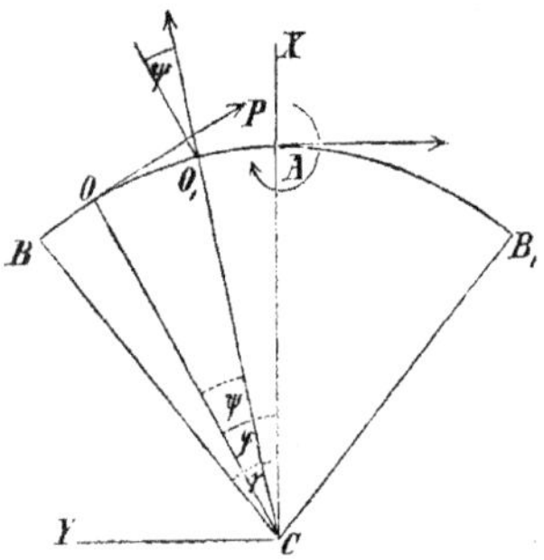

Ist CA die als x-Axe angenommene Halbirungslinie dieses Winkels, so brauchen nur die Spannungsverhältnisse des Ringstückes AB untersucht zu werden, indem sich dieselben $\frac{2\pi}{\gamma}$ mal wiederholen. O sei ein beliebiger Punkt des Bogens AB der Mittellinie, Winkel $OCX = \varphi$, O_1 ein Punkt des Bogens AO, Winkel $OCO_1 = \psi$. A und (A) seien die Werthe von P und M (Nr. 166) im Querschnitte bei A, so dass, wenn durch letzteren ein Schnitt geführt wird, das Ringstück AB in unverändertem Gleichgewichtszustande bleibt, falls in seiner Endfläche bei A jene Kraft A und ein Kräftepaar mit dem Momente (A) in dem durch den betreffenden Pfeil in Fig. 58 angedeuteten Sinne ziehend resp. drehend angebracht wird; denn die Schubkraft R (Nr. 166) ist hier offenbar $=$ Null.

Ist $C\,d\psi$ die Centrifugalkraft eines Ringelementes zwischen zwei unter dem Winkel $d\psi$ gegen einander geneigten Querschnitten, so ergiebt sich mit den aus Nr. 167, 168 und Gl. (435) ersichtlichen Bedeutungen von η, dF und f mit Rücksicht darauf, dass die Centrifugalkraft eines Massenelementes $dM = m\,dF\,(r+\eta)\,d\psi$ in der Entfernung $r+\eta$ von der Rotationsaxe $= w^2\,dM\,(r+\eta)$ ist:

$$\begin{aligned} C\,d\psi &= \int w^2 m\,dF\,(r+\eta)^2\,d\psi \\ &= w^2 m\,d\psi\,(r^2\int dF + 2r\int \eta\,dF + \int \eta^2\,dF) \\ &= w^2 m\,d\psi\,F\,(r^2+f^2) = m F v^2 \left(1+\frac{f^2}{r^2}\right) d\psi \quad . \quad (472) \end{aligned}$$

und damit für den Querschnitt bei O:

$$P = A\cos\varphi + \int_0^\varphi C\,d\psi \sin\psi = A\cos\varphi + C(1-\cos\varphi)$$
$$= C - B\cos\varphi \text{ mit } B = C - A,$$

ferner nach (422): $\frac{M}{r} = P_0 - P = P_0 - C + B\cos\varphi$

und nach (424): $F\sigma = P_0 + \frac{1}{\alpha}(P_0 - C + B\cos\varphi)\frac{\eta}{r+\eta}$. (473).

Hieraus erkennt man, dass die eminenten und deshalb einzig in Betracht kommenden Spannungen in den äussersten und innersten Punkten der Querschnitte bei A und bei B stattfinden; um sie aber nach (473) mit $\varphi = 0$ resp. $\varphi = \gamma$ berechnen zu können, müssen zuvor die statt der ursprünglichen Unbekannten A und (A) hier eingeführten Constanten

$$B = C - A \text{ und } P_0 = C - B + \frac{(A)}{r} = A + \frac{(A)}{r}$$

ermittelt werden, während C durch (472) bestimmt ist. Zu dem Ende hat man nach (423):

$$\varepsilon_0 = \frac{P_0}{EF}; \quad \omega = \frac{1}{EF}\left[P_0 + \frac{1}{\alpha}(P_0 - C + B\cos\varphi)\right]$$

und weil die Querschnitte bei A und B ihre gegenseitige Neigung nicht ändern, so ist

$$0 = \int_0^\gamma \omega\,d\varphi \quad . \; . \; . \; . \; . \; . \; . \quad (474),$$

woraus die erste Bestimmungsgleichung:

$$0 = [P_0(1+\alpha) - C]\gamma + B\sin\gamma \quad . \; . \; . \quad (475)$$

hervorgeht. Eine zweite ergiebt sich daraus, dass die Verlängerung Δr des Armes CB auf doppelte Weise ausgedrückt werden kann. Erstlich ist nach (438), wenn hier A und B als die dort (Fig. 51) mit A_0 und A bezeichneten Punkte angenommen werden, mit Rücksicht auf (474) und auf obigen Ausdruck von ε_0:

$$\Delta(y - y_0) = \Delta r \,.\, \sin\gamma = -\int_0^\gamma x\,\omega\,d\varphi + \frac{P_0}{EF} r\sin\gamma,$$

woraus wegen

$$\int_0^\gamma x\,\omega\,d\varphi = \int_0^\gamma r\cos\varphi \frac{1}{EF}\left[P_0 + \frac{1}{\alpha}(P_0 - C + B\cos\varphi)\right]d\varphi$$
$$= \frac{r}{EF\alpha}\left\{[P_0(1+\alpha) - C]\sin\gamma + B\frac{\gamma + \sin\gamma\cos\gamma}{2}\right\}$$

oder nach (475):

$$\int_0^\gamma x\,\omega\,d\varphi = \frac{Br}{EF\alpha}\left(-\frac{\sin^2\gamma}{\gamma} + \frac{\gamma + \sin\gamma\cos\gamma}{2}\right) = \frac{B}{EF\alpha} r\sin\gamma \,.\, f(\gamma)$$

mit $$f(\gamma)=\frac{1}{2}\cos\gamma+\frac{1}{2}\frac{\gamma}{\sin\gamma}-\frac{\sin\gamma}{\gamma} \quad . \quad . \quad . \quad (476)$$

folgt: $$EF\frac{\varDelta r}{r}=P_0-B\frac{f(\gamma)}{\alpha} \quad . \quad . \quad . \quad . \quad (477).$$

Die Längenänderung $\varDelta r$ des Armes kann als aus zwei Theilen bestehend betrachtet werden: $\varDelta r=\varDelta_1 r+\varDelta_2 r$. Der erste Theil rührt her von den nach CB gerichteten Componenten der auf das Ringstück, von welchem B die Mitte und A ein Endpunkt der Mittellinie ist, wirkenden Kräfte, nämlich, wenn hier der Winkel ψ von CB aus gerechnet wird,

$$R=2\int_0^\gamma C\,d\psi\cos\psi-2A\sin\gamma=2B\sin\gamma,$$

und es ist also, wenn der Arm als von der Axe bis zur Mittellinie des Ringes reichend in Rechnung gestellt wird:

$$\frac{\varDelta_1 r}{r}=\frac{R}{E_1F_1}=\frac{2B\sin\gamma}{E_1F_1}.$$

Der zweite Theil $\varDelta_2 r$ wird durch die Centrifugalkraft des Armes selbst verursacht und ergiebt sich durch die Erwägung, dass die Centrifugalkraft des von B bis zu einem Querschnitte in der Entfernung z von B sich erstreckenden Armstückes

$$=w^2 m_1 F_1 z\left(r-\frac{z}{2}\right)$$

ist und die Länge des in dieser Entfernung z von B befindlichen Elementes dz der Armmittellinie um

$$d\varDelta_2 r=\frac{dz}{E_1F_1}w^2 m_1 F_1 z\left(r-\frac{z}{2}\right)$$

vergrössert, woraus

$$\varDelta_2 r=\frac{1}{E_1F_1}w^2 m_1 F_1\int_0^r\left(rz-\frac{z^2}{2}\right)dz=\frac{1}{E_1F_1}w^2 m_1 F_1\left(\frac{r^3}{2}-\frac{r^3}{6}\right)$$

$$\frac{\varDelta_2 r}{r}=\frac{C_1}{E_1F_1}\ \text{mit}\ C_1=\frac{1}{3}m_1F_1v^2 \quad . \quad . \quad . \quad . \quad (478)$$

folgt. Somit ist

$$\frac{\varDelta r}{r}=\frac{\varDelta_1 r}{r}+\frac{\varDelta_2 r}{r}=\frac{2B\sin\gamma+C_1}{E_1F_1}$$

und geht damit jene zweite Bestimmungsgleichung (477) der Unbekannten B und P_0 über in:

$$\frac{EF}{E_1F_1}(2B\sin\gamma+C_1)=P_0-B\frac{f(\gamma)}{\alpha} \quad . \quad . \quad (479).$$

Die Anstrengung des Schwungringes selbst ist hierdurch bestimmt. Was aber die Maximalspannung der Arme des betreffenden Schwungrades betrifft, so ergiebt sie sich:

$$k_1 = \frac{R + w^2 m_1 F_1 r \frac{r}{2}}{F_1} = 2 \frac{B}{F_1} \sin\gamma + \frac{1}{2} m_1 v^2 \quad . \quad (480).$$

Dadurch, dass die Armlänge bei vorstehender Entwickelung $= r$, also mit Rücksicht auf die radiale Dimension des Schwungringes und auf den Radius der Nabe zu gross gesetzt wurde, ist auch der Bestandtheil $\Delta_2 r$ von Δr zu gross in Rechnung gebracht und somit die verhältnissmässige Längenänderung $\frac{\Delta r}{r}$ des Radius der Ringmittellinie etwas zu gross gefunden worden. Zur Ausgleichung dieses Fehlers kann man, wie obiger Ausdruck von $\frac{\Delta r}{r}$ erkennen lässt, den Querschnitt F_1 der Arme etwas grösser in Rechnung stellen, als er wirklich ist, bei thatsächlich nach aussen hin verjüngten Armen folglich F_1 etwas grösser setzen, als den mittleren Armquerschnitt. Dasselbe gilt von dem Ausdrucke (480) für die grösste Spannung der Arme, die in ihren äussersten Querschnitten an der Nabe stattfindet.

182. — Gewöhnlich sind die Querdimensionen des Schwungringes im Vergleich mit r klein genug, um mit einem nur sehr kleinen Fehler $\alpha = \frac{f^2}{r^2}$ setzen zu können; indem auch der Querschnitt F symmetrisch in Bezug auf die Biegungsaxe zu sein pflegt, wird dadurch nach Gl. (436) nur eine kleine Grösse zweiter Ordnung gegen 1 vernachlässigt. Wird dann noch

$$\frac{EF}{E_1 F_1} = p \text{ und } \frac{1}{3} \frac{m_1 E}{m E_1} = q \quad . \quad . \quad . \quad . \quad (481),$$

also mit Rücksicht auf (472) und (478)

$$\frac{EF}{E_1 F_1} \frac{C_1}{C} = \frac{EF}{E_1 F_1} \frac{1}{3} \frac{m_1 F_1}{mF\left(1 + \frac{f^2}{r^2}\right)} = \frac{q}{1 + \frac{f^2}{r^2}} = \frac{q}{1 + \alpha}$$

gesetzt, so erhält man aus den Gleichungen (475) und (479) der vorigen Nummer, die sich schreiben lassen:

$$P_0 (1 + \alpha) + B \frac{\sin\gamma}{\gamma} = C$$

$$P_0 - B\left(\frac{f(\gamma)}{\alpha} + 2p \sin\gamma\right) = \frac{q}{1 + \alpha} C$$

$$\left.\begin{aligned} B &= bC \text{ mit } b = \frac{1 - q}{\frac{\sin\gamma}{\gamma} + (1 + \alpha)\left(\frac{f(\gamma)}{\alpha} + 2p \sin\gamma\right)} \\ P_0 &= p_0 C \text{ mit } p_0 = \frac{1 - b \frac{\sin\gamma}{\gamma}}{1 + \alpha} \quad . \quad . \quad . \quad . \quad . \quad . \quad . \end{aligned}\right\} \quad . \quad (482)$$

und endlich nach (473) mit $C = mFv^2(1 + \alpha)$:

$$\sigma = \left[p_0 + \frac{1}{\alpha}(p_0 - 1 + b\cos\varphi)\frac{\eta}{r+\eta}\right](1+\alpha)mv^2 \quad . \quad (483)$$

Kgr. pro Quadratm., wenn m und v durch das Kilogramm und Meter als Einheiten ausgedrückt werden. Für die Maximalspannung der Arme ergiebt sich nach (480) mit

$$B = bC = bmFv^2(1+\alpha)$$

$$k_1 = 2b\frac{F}{F_1}\sin\gamma(1+\alpha)mv^2 + \frac{1}{2}m_1v^2 \quad . \quad . \quad (484).$$

Ist z. B. $\gamma = 30^0 = 0{,}5236$, also $f(\gamma) = 0{,}00169$, sechs Armen entsprechend; ferner

$$E_1 = E \text{ und } m_1 = m, \text{ also } q = \frac{1}{3},$$

entsprechend einerlei Material von Ring und Armen;

$$F_1 = \frac{1}{3}F, \text{ also } p = 3;$$

der Querschnitt F ein Rechteck mit der radialen Dimension: $2e = \frac{1}{7}r$,

also $$\frac{e}{r} = \frac{1}{14},\quad \alpha = \frac{1}{3}\frac{e^2}{r^2} = \frac{1}{588} \text{ nach (431);}$$

so findet man $$b = 0{,}1345;\ p_0 = 0{,}8700$$

$$\sigma = \left[0{,}87 + 588(-0{,}13 + 0{,}1345\cos\varphi)\frac{\eta}{r+\eta}\right](1+\alpha)mv^2,$$

also mit $\varphi = 0$ und 30^0, $\eta = \pm e$:

$$\text{bei } A \begin{cases} \sigma_1 = 1{,}0464(1+\alpha)mv^2 = 1{,}048\,mv^2 \\ \sigma_2 = 0{,}6665(1+\alpha)mv^2 = 0{,}668\,mv^2 \end{cases}$$

$$\text{bei } B \begin{cases} \sigma_1 = 0{,}3408(1+\alpha)mv^2 = 0{,}341\,mv^2 \\ \sigma_2 = 1{,}4805(1+\alpha)mv^2 = 1{,}483\,mv^2. \end{cases}$$

Die Maximalspannung des Schwungringes findet also in den innersten Punkten der wie B gelegenen Querschnitte statt und ist

$$k = 1{,}483\,mv^2,$$

wogegen sie sich für die Arme nach (484) zu

$$k_1 = 0{,}904\,mv^2 = 0{,}61\,k$$

ergiebt, ein Verhältniss, das insofern nicht unpassend ist, als die Arme bei nicht ganz gleichförmiger Winkelgeschwindigkeit der Schwungradwelle durch die Trägheit der rotirenden Masse (wegen relativen Voreilens oder Zurückbleibens des Ringes gegen die Welle) zugleich auf Biegung in Anspruch genommen werden.

Ist das Material Gusseisen, dessen specifisches Gewicht zu 7200 Kgr. und dessen specifische Masse folglich zu $m = \frac{7200}{9{,}81}$ pro Cubikmeter angenommen werden kann, so wird

$$k = \frac{1{,}483}{10000}\frac{7200}{9{,}81}v^2 = 0{,}1088\,v^2 \text{ Kgr. pro Quadratcentim.,}$$

wenn v in Metern pro Secunde ausgedrückt ist.

II. Wirkung der Schubkräfte bei einfach gekrümmten, in Bezug auf die Mittelebene symmetrischen und in dieser belasteten stabförmigen Körpern.

183. — Die im Vorhergehenden einstweilen ausser Acht gebliebene Schubkraft R (Nr. 166) verursacht Schubspannungen τ, die sich in irgend einem Punkte des betreffenden Querschnittes in zwei Componenten τ_y und τ_z zerlegen lassen beziehungsweise normal zur Biegungsaxe und parallel derselben, bezüglich auf deren Verhältniss zu einander hier dasselbe Gesetz angenommen werde wie im Falle eines geraden Stabes nach Gl. (199) in Nr. 82, indem auch hier die resultirende Schubspannung τ in allen Umfangspunkten des Querschnittes tangential an den Umfang gerichtet sein muss, und die weitere Annahme, dass die Richtungslinien von τ für alle Punkte einer Parallelen zur Biegungsaxe sich in demselben Punkte der Symmetrieaxe (der Richtungslinie von R) schneiden, hier dieselbe Berechtigung hat wie dort. Auch werde hier wie dort die zur Biegungsaxe senkrechte Componente τ_y von τ als gleich für alle Punkte einer solchen Parallele zur Biegungsaxe, d. h. für einen gewissen Querschnitt als blosse Function des Abstandes z des betreffenden Punktes von der Biegungsaxe angenommen, da zur Correction dieser freilich nicht ganz zutreffenden Annahme nach Nr. 160—162 wenigstens ein praktisches Bedürfniss nicht vorliegt. Nur der Ausdruck von τ_y wird hier ein anderer sein, da die Art, wie diese Schubspannungscomponente von der Normalspannung in Nr. 82 abhängig gefunden wurde, wesentlich an die Voraussetzung einer ursprünglich geraden Mittellinie gebunden war und auch die Normalspannung σ selbst hier nach Gleichung (424) einen anderen Ausdruck hat wie dort. Wenn diese Schubspannungscomponente τ_y der Einfachheit wegen vorläufig mit τ bezeichnet wird, so ergiebt sich zunächst eine Differentialgleichung zwischen ihr und der Normalspannung σ für dieselbe im Abstande z mit der Biegungsaxe parallele Gerade des betreffenden Querschnittes durch folgende Betrachtung.

Fig. 59.

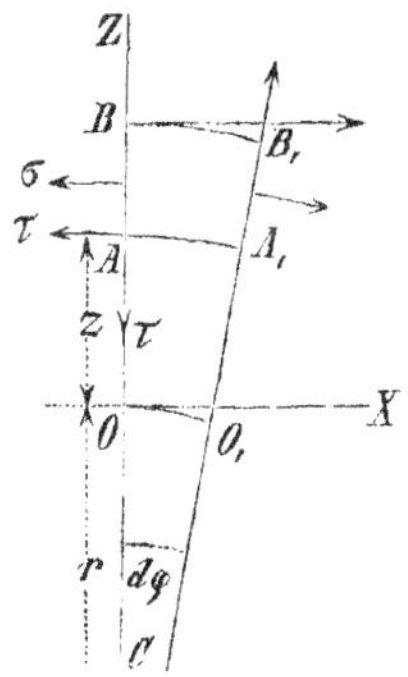

Es sei (Fig. 59) $OO_1 = ds$ ein Bogenelement der Mittellinie, deren Ebene zugleich die des Momentes M ist und die Richtungslinien der Kräfte P, R (Nr. 166) enthält; C sei der Krümmungsmittelpunkt, $CO = r$ der Krümmungshalbmesser, $OCO_1 = d\varphi$ der Contingenzwinkel an der betreffenden Stelle. AA_1BB_1 sei ein unendlich kleines Körperelement, enthalten zwischen den den Punkten O und O_1 entsprechenden Querschnitten und zwei um die Krümmungsaxe (die Normale der Mittelebene im Punkte C) mit den Radien $r+z$ und $r+z+dz$ beschriebenen Cylinderflächen. Die Schnittflächen

$$AB \qquad AA_1 \qquad A_1B_1 \qquad BB_1,$$

wodurch das Körperelement begrenzt ist, sind

$$= dz \qquad (r+z)\,d\varphi \qquad dz \qquad (r+z+dz)\,d\varphi$$

multiplicirt mit den betreffenden Breiten:

$$y \qquad y \qquad y+\frac{\partial y}{\partial \varphi}d\varphi \qquad y+\frac{\partial y}{\partial z}dz,$$

und wenn die mit den Breiten multiplicirten specifischen Spannungen, welche auf die Seitenflächen AB und AA_1 des Körperelementes von der angrenzenden Körpermasse nach den Richtungen der Pfeile σ, τ und τ (Fig. 59) wirken,

mit σy und τy für AB,

desgl. mit τy für AA_1

bezeichnet werden mit Rücksicht darauf, dass die specifischen Schubspannungen im Punkte A der Flächen AB und AA_1 nach Gleichung (1), Nr. 2, einander gleich sind, so sind die entsprechenden, mit den Breiten multiplicirten entgegengesetzt gerichteten specifischen Spannungen der gegenüber liegenden Seitenflächen

mit $$\sigma y+\frac{\partial(\sigma y)}{\partial \varphi}d\varphi \text{ und } \tau y+\frac{\partial(\tau y)}{\partial \varphi}d\varphi \text{ für } A_1B_1$$

sowie mit $$\tau y+\frac{\partial(\tau y)}{\partial z}dz \text{ für } BB_1$$

zu bezeichnen. Wegen des Gleichgewichtes der Kräfte an dem betrachteten Körperelemente muss nun ihre Componentensumme nach OX (d. i. nach der Tangente der Mittellinie im Punkte O) = Null, also

$$dz\left[-\sigma y+\left(\sigma y+\frac{\partial(\sigma y)}{\partial \varphi}d\varphi\right)\cos d\varphi+\left(\tau y+\frac{\partial(\tau y)}{\partial \varphi}d\varphi\right)\sin d\varphi\right]$$
$$-(r+z)\,d\varphi\,.\,\tau y+(r+z+dz)\,d\varphi\left(\tau y+\frac{\partial(\tau y)}{\partial z}dz\right)=0$$

sein, woraus bei Vernachlässigung der unendlich kleinen Glieder von höherer, als der zweiten Ordnung:

$$dz\left(\frac{\partial(\sigma y)}{\partial \varphi}d\varphi+\tau y\,d\varphi\right)+(r+z)\,d\varphi\frac{\partial(\tau y)}{\partial z}dz+dz\,d\varphi\,.\,\tau y=0$$

oder bei Division mit $dz\,d\varphi$:

$$\frac{\partial(\sigma y)}{\partial \varphi}+(r+z)\frac{\partial(\tau y)}{\partial z}+2\tau y=0$$

folgt, oder endlich mit $ds=r\,d\varphi$ und bei Voraussetzung eines constanten Querschnittes, so dass y nur mit z, nicht mit φ oder s variabel ist:

$$ry\frac{\partial \sigma}{\partial s}+(r+z)\frac{\partial(\tau y)}{\partial z}+2\tau y=0 \quad . \quad . \quad (485).$$

Die Voraussetzung eines constanten Querschnittes entspricht der früher in Nr. 81 gemachten Voraussetzung einer prismatischen Stabform; doch werden gemäss einer in Nr. 83 gemachten Bemerkung die unter dieser Einschränkung gefundenen Resultate hier wie dort als wenigstens näherungsweise zutreffend zu betrachten sein auch für den Fall eines veränderlichen Querschnittes und zwar mit um so kleinerem Fehler, je allmählicher die Querschnittsänderung längs der Mittellinie stattfindet. —

Von den beiden übrigen Gleichgewichtsbedingungen des hier vorliegenden ebenen Kräftesystems würde die = Null gesetzte Componentensumme nach der Richtung OZ in Fig. 59, d. i. nach der Richtung des betreffenden Krümmungsradius der Mittellinie, nur dann ein zutreffendes Resultat erwarten lassen, wenn gleichzeitig auf die hier stets ausser Acht gelassenen transversalen Normalspannungen (in den Seitenflächen AA_1 und BB_1) Rücksicht genommen würde, während die Momentengleichung, d. i. die = Null gesetzte Momentensumme der Kräfte für irgend eine zur Kraftebene ZX senkrechte Axe zu einer identischen Gleichung führt; sie würde die Gleichheit der Schubspannungen nach den Richtungen der x-Axe und der z-Axe in demselben Punkte einer beziehungsweise zur z-Axe und zur x-Axe senkrechten Fläche ergeben haben, wenn diese Gleichheit hier nicht schon als bekannt vorausgesetzt worden wäre.

184. — Indem es sich hier nur um eine (übrigens auf den gleichen vereinfachenden Annahmen beruhende) Verallgemeinerung des in Nr. 82 entwickelten Ausdruckes der Schubspannung behufs seiner Uebertragung auf krumme stabförmige Körper handelt, dort aber bei Voraussetzung der Biegungsaxe als neutrale Axe ($\varepsilon_0 = 0$) gesetzt wurde:

$$\sigma = \frac{Mz}{J}, \text{ entsprechend Gleichung (427) mit } P_0 = 0,$$

so ist auch hier nach (424) mit $P_0 = 0$:

$$\sigma = \frac{M}{Fr\alpha}\,\frac{z}{r+z}, \text{ also } \frac{\partial \sigma}{\partial s} = \frac{1}{Fr\alpha}\,\frac{z}{r+z}\,\frac{dM}{ds}$$

zu setzen, wenn nicht nur der Querschnitt, sondern auch der Krümmungsradius r constant ist, widrigen Falles freilich dieser Ausdruck von $\frac{\partial \sigma}{\partial s}$ nur angenäherte Gültigkeit hat mit um so kleinerem Fehler, je langsamer der Querschnitt und der Krümmungsradius längs der Mittellinie variabel sind. Wird nun die Schubkraft R, betrachtet als Resultat desjenigen Systems äusserer Kräfte, das an dem vom Querschnitte bei O aus nach der Richtung OX gelegenen Körpertheile angreift, positiv gesetzt für die Richtung COZ, so ist sie, wenn betrachtet als eine Kraft, womit der im Sinne XO gelegene Stabtheil auf den Querschnitt bei O wirkt, für die umgekehrte Richtung ZO positiv zu setzen, und ist dann die Aenderung dM des (gemäss den Festsetzungen in Nr. 166 positiven oder negativen) Kraftmomentes M beim Uebergange vom Querschnitte bei O zum Querschnitte bei O_1 (falls nur dazwischen keine äussere, zur Mittellinie normale Kraft von endlicher Grösse concentrirt angreift):

$$dM = R\,ds, \text{ also auch } \frac{\partial \sigma}{\partial s} = \frac{R}{Fr\alpha}\,\frac{z}{r+z},$$

womit und mit d statt ∂, da jetzt nur noch z, nicht mehr s als unabhängig Variable in Betracht kommt, die Differentialgleichung (485) voriger Nummer geschrieben werden kann:

$$\frac{d(\tau y)}{dz} + \frac{2}{r+z}\tau y + \frac{Ry}{F\alpha}\frac{z}{(r+z)^2} = 0.$$

Entsprechend ihrer allgemeinen Form:

$$\frac{d(\tau y)}{dz} + f(z) \cdot \tau y + \varphi(z) = 0$$

$$\text{mit } f(z) = \frac{2}{r+z} \text{ und } \varphi(z) = \frac{Ry}{F\alpha}\frac{z}{(r+z)^2}$$

ist bekanntlich ihr Integral:

$$\tau y = e^{-\int f(z)\,dz}\left(C - \int \varphi(z)\, e^{\int f(z)\,dz}\, dz\right),$$

unter e hier die Basis der natürlichen Logarithmen und unter C eine Constante (von z unabhängige Grösse) verstanden. Indem aber

$$\int f(z)\,dz = 2\int \frac{dz}{r+z} = 2\,ln(r+z), \text{ also } e^{\int f(z)\,dz} = (r+z)^2$$

ist, ergiebt sich:

$$\tau y = \frac{1}{(r+z)^2}\left(C - \int \frac{Ry}{F\alpha} z\,dz\right) = \frac{1}{(r+z)^2}\left(C - \frac{R}{F\alpha}\int z\,dF\right)$$

mit $dF = y\,dz$. Die Constante C ist bestimmt

für positive Werthe von z durch $z = e_1$ und $\tau y = 0$,

für negative Werthe von z durch $z = -e_2$ und $\tau y = 0$;

damit wird, wenn im einen oder anderen Falle e_1 resp. e_2 durch e bezeichnet wird:

$$\tau y = \frac{R}{F\alpha(r+z)^2}\int_z^{\pm e} z\,dF$$

oder, wenn z absolut genommen und für τ wieder sein ursprünglicher Ausdruck τ_y gesetzt wird:

$$\tau_y = \frac{R}{F\alpha y(r \pm z)^2}\int_z^e z\,dF \quad . \quad . \quad . \quad . \quad (486),$$

wobei sich, was das doppelte Vorzeichen vor z betrifft, das obere auf die convexe, das untere auf die concave Seite der Mittellinie resp. der in ihr die Mittelebene rechtwinkelig schneidenden cylindrischen Fläche bezieht. Wegen

$$\alpha = \frac{f^2}{r^2} - \frac{g^3}{r^3} + \ldots \text{ und } Ff^2 = J \text{ nach (435)}$$

geht dieser Ausdruck von τ_y, je grösser r im Vergleich mit den Querschnittsdimensionen ist, desto mehr in

$$\tau_y = \frac{R}{Jy}\int_z^e z\,dF$$

über in Uebereinstimmung mit Gleichung (200), Nr. 82, woselbst die Dimension y mit $2y_1$ bezeichnet wurde.

Was endlich die resultirende Schubspannung τ betrifft, so ist sie gemäss den aus Nr. 82 hier beibehaltenen und dort bewährt gefundenen betreffenden Annahmen in der Mitte der in der Entfernung z mit der Biegungsaxe parallelen Sehne $= \tau_y$ und nimmt nach beiden Seiten stetig zu bis

$$\tau = \frac{\tau_y}{\cos\beta} = \frac{R}{F\alpha y(r \pm z)^2 \cos\beta}\int_z^e z\,dF \quad . \quad . \quad (487)$$

in den Endpunkten fraglicher Sehne, wenn β den Winkel bedeutet, unter dem die Tangente des Umfanges daselbst gegen die in der z-Axe liegende Richtungslinie von R geneigt ist.

185. — Nach Gleichung (487) ist die Schubspannung im Umfange des Querschnittes dort am grössten, wo

$$\frac{1}{y(r \pm z)^2 \cos\beta}\int_z^e z\,dF = max$$

ist. Im Allgemeinen und jedenfalls bei Querschnitten, die zugleich in Bezug auf die Biegungsaxe symmetrisch sind, ist dies der Fall auf der concaven Seite der Mittellinie, also daselbst in der durch die Gleichung

$$f(z) = \frac{1}{y(r - z)^2 \cos\beta}\int_z^e z\,dF = max \quad . \quad . \quad (488)$$

bestimmten Entfernung z von der Biegungsaxe, womit sich ergiebt:

$$max\,\tau = \frac{R}{F}\,\frac{1}{\alpha}\,max\,f(z) \quad . \quad . \quad . \quad . \quad . \quad . \quad (489).$$

Z. B. für einen rechteckigen Querschnitt von der Breite b und Höhe $2e$ ist

$$y = b, \quad \cos\beta = 1, \quad \int_z^e z\,dF = b\,\frac{e^2 - z^2}{2},$$

$$f(z) = \frac{1}{2}\,\frac{e^2 - z^2}{(r - z)^2} = max = \frac{1}{2}\,\frac{\frac{e^2}{r^2}}{1 - \frac{e^2}{r^2}} \text{ für } z = \frac{e^2}{r},$$

$$max\,\tau = \frac{R}{F}\,\frac{1}{2\alpha}\,\frac{\frac{e^2}{r^2}}{1 - \frac{e^2}{r^2}} \quad . \quad . \quad . \quad . \quad . \quad . \quad (490).$$

Darin ist nach (430): $\quad \alpha = \frac{1}{2}\,\frac{r}{e}\,ln\,\frac{r + e}{r - e} - 1.$

Setzt man, wenn $\frac{e}{r}$ ein ziemlich kleiner Bruch ist, nach (431):

$$\alpha = \frac{1}{3}\frac{e^2}{r^2} + \frac{1}{5}\frac{e^4}{r^4} + \frac{1}{7}\frac{e^6}{r^6} + \ldots,$$

so findet man auch:

$$max\, \tau = \frac{3}{2}\frac{R}{F}\left(1 + \frac{2}{5}\frac{e^2}{r^2} + \frac{58}{175}\frac{e^4}{r^4} + \ldots\right)$$

oder sehr nahe:

$$max\, \tau = \frac{3}{2}\frac{R}{F}\left(1 + \frac{2}{5}\frac{e^2}{r^2} + \frac{1}{3}\frac{e^4}{r^4}\right) \quad \ldots \quad (491).$$

Für einen kreisförmigen Querschnitt mit dem Radius e ist

$$z = e \sin\beta,\ y = 2e\cos\beta,$$

$$\int_z^e z\,dF = \int_\beta^{\frac{\pi}{2}} e\sin\beta \,.\, 2e\cos\beta \,.\, e\cos\beta\, d\beta = 2e^3 \int_{\frac{\pi}{2}}^{\beta} \cos^2\beta\, d\cos\beta = \frac{2}{3} e^3 \cos^3\beta,$$

$$f(z) = \frac{1}{2e(r-z)^2\cos^2\beta} \cdot \frac{2}{3} e^3 \cos^3\beta = \frac{1}{3}\frac{e^2\cos\beta}{(r-z)^2} = \frac{e}{3}\frac{\sqrt{e^2 - z^2}}{(r-z)^2}$$

und findet man

$$max\, f(z) = \frac{1}{3\sqrt{2}}\frac{e}{r}\sqrt{\frac{\frac{z}{r}}{\left(1-\frac{z}{r}\right)^3}} \text{ mit } \frac{z}{r} = -\frac{1}{2} + \sqrt{\frac{1}{4} + 2\frac{e^2}{r^2}} \quad (492),$$

endlich hiermit $max\, \tau$ nach (489), worin nach (433):

$$\alpha = 2\frac{r}{e}\left(\frac{r}{e} - \sqrt{\frac{r^2}{e^2} - 1}\right) - 1.$$

Ist $\frac{e}{r}$ ein kleiner Bruch, so findet man durch Reihenentwickelung den dem Maximum von τ entsprechenden Werth von

$$z = 2\frac{e^2}{r}\left(1 - 2\frac{e^2}{r^2} + 8\frac{e^4}{r^4} - \ldots\right),$$

dazu
$$max\, f(z) = \frac{1}{3}\frac{e^2}{r^2}\left(1 + 2\frac{e^2}{r^2} + 2\frac{e^4}{r^4} + \ldots\right)$$

und mit $\alpha = \frac{1}{4}\frac{e^2}{r^2}\left(1 + \frac{1}{2}\frac{e^2}{r^2} + \frac{5}{16}\frac{e^4}{r^4} + \ldots\right)$ nach (434):

$$max\, \tau = \frac{4}{3}\frac{R}{F}\left(1 + \frac{3}{2}\frac{e^2}{r^2} + \frac{15}{16}\frac{e^4}{r^4} + \ldots\right)$$

oder sehr nahe:
$$max\, \tau = \frac{4}{3}\frac{R}{F}\left(1 + \frac{3}{2}\frac{e^2}{r^2} + \frac{e^4}{r^4}\right) \quad \ldots \quad (493).$$

186. — In der Regel, selbst bei krummen stabförmigen Körpern von verhältnissmässig kleiner Länge ihrer Mittellinie, wie z. B. bei Kettenringen, wird sich die grösste Schubspannung τ wesentlich kleiner, als die grösste Normalspannung σ ergeben, besonders wenn zugleich der Querschnitt in der Biegungsaxe am breitesten ist. Auch zur Berücksichtigung des Zusammenwirkens dieser zweierlei Spannungen in Verursachung der nach Gleichung (58) in Nr. 24 zu berechnenden grössten resultirenden Dehnung ist dann meistens keine Veranlassung vorhanden, da die Maximalwerthe von σ und τ nicht an derselben Stelle stattfinden, vielmehr ersterer in grösster, letzterer in einer kleinen Entfernung von der Biegungsaxe. Wenn aber in gewissen Querschnitten das die Normalspannungen vorzugsweise bedingende Kraftmoment M sehr klein oder gar = Null ist, so kann es der Fall sein, dass hier die Schubspannungen wesentlich mit oder allein in Betracht kommen.

Als Beispiel eines solchen Falles diene ein Seil- oder Kettenhaken: Fig. 60. Der Veränderlichkeit seines Querschnittes liegt die Idee zu Grunde, möglichst einen „Körper von gleichem Widerstande" herzustellen, d. h. einen Körper, der bei gegebener Belastung in allen Querschnitten gleich stark angestrengt wird. Die Bestimmung des dieser Forderung entsprechenden Aenderungsgesetzes der letzteren, in der erforderlichen Weise angegriffen, nämlich mit gleichzeitiger Berücksichtigung der Normal- und Schubspannungen, führt indessen zu Schwierigkeiten, die zu der beschränkten Wichtigkeit der Sache in Missverhältniss stehen. Für das praktische Bedürfniss genügt es, nur die beiden Querschnitte bei A und B zu bestimmen, in deren erstem die Schubspannungen fehlen, während sie im anderen allein maassgebend sind, und dann beide mit willkürlich stetigem Uebergange zu verbinden.

Fig. 60.

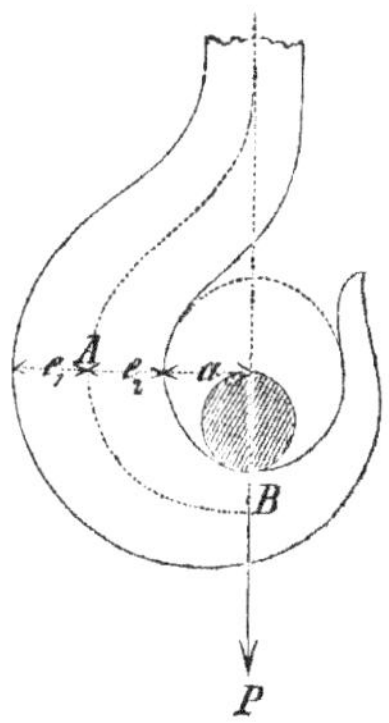

Was zunächst den Querschnitt bei A betrifft, so mag, wenn a den Radius des Kreises bedeutet, nach welchem der Mittelschnitt des Hakens (Fig. 60) von Innen begrenzt ist, der Krümmungsradius für den Punkt A der Mittellinie näherungsweise gesetzt werden:

$$r = a + e_2 .$$

Es ist dann, unter P die den Haken in der aus Fig. 60 ersichtlichen Weise belastende Kraft verstanden, das Kraftmoment

$$M = -P(a + e_2) = -Pr,$$

somit nach (422): $$P_0 = 0$$

und nach (424):

$$\sigma = -\frac{1}{\alpha}\frac{\eta}{a + e_2 + \eta}\frac{P}{F},$$

insbesondere im äussersten und innersten Punkte des Querschnittes bei A ($\eta = e_1$ resp. $\eta = -e_2$):

$$\sigma_1 = -\frac{1}{\alpha}\frac{e_1}{a + e_1 + e_2}\frac{P}{F}; \ \sigma_2 = \frac{1}{\alpha}\frac{e_2}{a}\frac{P}{F} \quad . \quad . \quad (494).$$

Bei kreisförmigem Querschnitte mit dem Radius e bei A

ist $e_1 = e_2 = e$ und σ_2 der grösste Absolutwerth von σ. Wird derselbe $= k$ gesetzt, also

$$k = \frac{1}{\alpha} \frac{e}{a} \frac{P}{\pi e^2} = \frac{P}{\pi \alpha a e},$$

so ergiebt sich mit

$$\alpha = 2 \frac{a+e}{e} \left(\frac{a+e}{e} - \sqrt{\left(\frac{a+e}{e}\right)^2 - 1} \right) - 1 \text{ nach (433)}$$

die folgende Beziehung zwischen $x = \frac{a}{e}$ und k:

$$\frac{1}{x} \left[(1+x)\left(1 + x - \sqrt{(1+x)^2 - 1}\right) - 0,5 \right] = \frac{P}{2 \pi k a^2} \quad (495).$$

Ist d die Dicke des Rundeisens einer mit dem Haken zu verbindenden Kette von gleicher Tragkraft P, also nach Nr. 179:

$$d = 0,04 \sqrt{P} \text{ Centim.},$$

entsprechend einer Maximalspannung $= 1040$ Kgr. pro Quadratcentimeter, und nimmt man, wie Fig. 60 darstellt, $a = d$, so ist

$$\frac{P}{2 \pi a^2} = \frac{25 \,.\, 25}{2 \pi} = 99,47\,.$$

Man findet dann aus Gleichung (495)

z. B. für	$e = d$	$1,25\,d$	$1,5\,d$,
also	$x = 1$	$\frac{4}{5}$	$\frac{2}{3}$
	$k = 2780$	1730	1190 Kgr. pro Quadratcentim.

Wird hiernach bei Voraussetzung eines Materials, das die Maximalspannung $k = 1730$ als zulässig erscheinen lässt, $e = 1,25\,d$, d. i. der Durchmesser des grössten Hakenquerschnittes 2,5 mal so gross, als der Durchmesser des Ketteneisens genommen, so kann nun der gleichfalls als kreisförmig vorausgesetzte Querschnitt bei B so viel kleiner gemacht werden, dass nach Gleichung (59) in Nr. 26 die Schubspannung in ihm mit $k = 1730$ und $m = \frac{10}{3}$:

$$max\,\tau \text{ höchstens} = \frac{m}{m+1} k = 1330 \text{ Kgr. pro Quadratcentim.}$$

ist, wobei es aber rathsam sein wird, den Maximalwerth von τ unter dieser Grenze zu halten, da bei einer zufällig etwas schiefen Richtung der Kraft P auch im Querschnitte bei B ein Kraftmoment wirksam werden kann, das zugleich Normalspannungen von unbestimmt bleibender Grösse verursacht. Der Krümmungsradius der Mittellinie werde auch für den Punkt B:

$$r = a + e = d + e = 1,8\,e$$

gesetzt wie vorhin für den Punkt A (thatsächlich ist er bei A etwas kleiner, bei B etwas grösser); wird dann versuchsweise der Radius des Querschnittes bei B:

$$e' = 0{,}45\,e, \text{ also } \frac{r}{e'} = 4$$

angenommen, so ist nach (433) der entsprechende Werth von

$$\alpha = 2\frac{r}{e'}\left(\frac{r}{e'} - \sqrt{\left(\frac{r}{e'}\right)^2 - 1}\right) - 1 = 0{,}016134; \quad \frac{1}{\alpha} = 61{,}98$$

und nach (492) mit $\frac{e'}{r}$ statt $\frac{e}{r}$:

$$\frac{z}{r} = 0{,}11235; \quad max\, f(z) = 0{,}02362;$$

somit nach (489):

$$max\, \tau = 61{,}98 \,.\, 0{,}02362 \frac{P}{\pi e'^2} = 1{,}464 \frac{P}{\pi e'^2}$$

oder wegen

$$e' = 0{,}45\,e = 0{,}45 \,.\, 1{,}25 \,.\, 0{,}04 \sqrt{P} = 0{,}0225 \sqrt{P}$$

$$max\, \tau = \frac{1{,}464}{(0{,}0225)^2 \pi} = 920 \text{ Kgr. pro Quadratcentim.}$$

Die Annahme $e' = 0{,}45\,e$ bei $e = 1{,}25\,d$ erscheint hiernach passend. —

Bei dem hier vorausgesetzten kreisförmigen Querschnitte des Hakens wird übrigens seine Widerstandsfähigkeit gegen Druck nur sehr unvollkommen verwerthet, indem das Verhältniss der Pressung im äussersten zur Spannung im innersten Punkte des Querschnittes bei A, das nach (494) allgemein

$$\frac{-\sigma_1}{\sigma_2} = \frac{e_1}{a + e_1 + e_2}\,\frac{a}{e_2}$$

ist, für $e_1 = e_2 = e$ wird: $\dfrac{-\sigma_1}{\sigma_2} = \dfrac{a}{a + 2e}$

und insbesondere $= \dfrac{2}{7}$ für $a = d = \dfrac{4}{5}e$,

wie oben angenommen wurde. Dieses Verhältniss wird günstiger, die Verschiedenheit der Absolutwerthe von σ_1 und σ_2 vermindert durch die Wahl einer solchen Querschnittsform, dass $e_1 > e_2$ ist.

B. Beliebig gestaltete und belastete stabförmige Körper.

187. — Es werde jetzt ein stabförmiger Körper vorausgesetzt, dessen Mittellinie eine beliebige im Allgemeinen doppelt gekrümmte Curve ist, und der von beliebigen äusseren Kräften angegriffen wird. Von einem Punkte O der Mittellinie aus seien die rechtwinkeligen Axrichtungen OX, OY, OZ so gezogen, dass OX in der Tangente, OY in der Binormale (der zur Schmiegungsebene senkrechten Normale), OZ also mit dem Krümmungsradius $= r$ für den Punkt O der Mittellinie in derselben Geraden liegt, und zwar habe OZ die Richtung vom Krümmungsmittelpunkte gegen den Punkt O hin (wie in Fig. 59, Nr. 183), OY aber die übliche

Richtung der Axe einer im Sinne ZX stattfindenden Drehung (in Fig. 59 die Richtung nach vorn gegen den Beschauer hin). Indem unter den äusseren Kräften für den Querschnitt YZ alle diejenigen verstanden werden, die den von diesem Querschnitte an im Sinne OX gelegenen Theil des Stabes angreifen, seien R_x, R_y, R_z die Componentensummen dieser Kräfte, positiv für die Richtungen OX, OY, OZ, und M_x, M_y, M_z ihre Momentensummen in Bezug auf die Axen, in der Weise algebraisch verstanden, dass positive Werthe den Drehungsrichtungen YZ, ZX, XY entsprechen.

Die Anstrengung, nämlich die grösste Dehnung, die in irgend einem Punkte (y, z) des Querschnittes YZ durch die Belastung verursacht wird, ist nun nach Gleichung (58), Nr. 24, bestimmt, sobald die Spannungen σ_x und $\tau = \sqrt{\tau_y^2 + \tau_z^2}$ bekannt sind, die durch die Kräfte R_x, R_y, R_z und Kraftmomente M_x, M_y, M_z bedingt werden. Im Anschlusse an die seitherigen Annahmen und mit Rücksicht auf die thatsächlich meistens stattfindenden Verhältnisse seien dabei OY und OZ als Symmetrieaxen des Querschnittes vorausgesetzt; A, B, C seien die Trägheitsmomente des letzteren in Bezug auf die Axen, nämlich

$$B = \int z^2 dF, \quad C = \int y^2 dF, \quad A = \int (y^2 + z^2)\, dF = B + C$$

bei Ausdehnung der Integrale über den ganzen Querschnitt $= F$.

Die Kraft R_x und das Kraftmoment M_y verursachen aber zusammen die Normalspannung:

$$\sigma_x = \frac{1}{F}\left(R_x + \frac{M_y}{r} + \frac{1}{\alpha}\frac{M_y}{r}\frac{z}{r+z}\right) \text{ nach (424),}$$

worin α durch Nr. 169 bestimmt ist. Dazu kommt eine weitere Normalspannung, die von M_z herrührt und gerade so, als ob es sich um einen geraden Stab handelte, gesetzt werden kann:

$$\sigma_x = -M_z \frac{y}{C}.$$

Die durch R_y verursachte Schubspannung ist nach Nr. 82, die durch R_z verursachte nach Nr. 184 zu beurtheilen, die eine wie die andere aber meistens als nebensächlich ausser Acht zu lassen.

Von erheblicher Grösse kann dagegen die von M_x herrührende Schubspannung sein, die ebenso wie im Falle der Drehungselasticität eines geraden Stabes, also nach Nr. 88—93 zu berechnen ist. Für einen elliptischen Querschnitt z. B. mit den Halbaxen b, c beziehungsweise in OY und OZ wäre

$$\tau = \frac{2}{\pi}\frac{M_x}{bc}\sqrt{\frac{y^2}{b^4} + \frac{z^2}{c^4}} \text{ nach (228),}$$

am grössten in den Endpunkten der kleinen Hauptaxe, nämlich nach (229):

$$max\, \tau = \frac{2}{\pi}\frac{M_x}{b^2 c} \text{ resp. } \frac{2}{\pi}\frac{M_x}{bc^2}, \text{ jenachdem } b \lessgtr c \text{ ist;}$$

für einen rechteckigen Querschnitt mit den halben Seitenlängen b, c parallel OY resp. OZ:

$$\tau = \frac{9}{16}\frac{M_x}{bc}\sqrt{\frac{y^2}{b^4}\left(1-\frac{z^2}{c^2}\right)^2+\frac{z^2}{c^4}\left(1-\frac{y^2}{b^2}\right)^2} \text{ nach (235),}$$

am grössten in den Mittelpunkten der längeren Seiten, und zwar nach (236):

$$max\,\tau = \frac{9}{16}\frac{M_x}{b^2c} \text{ resp. } \frac{9}{16}\frac{M_x}{bc^2}, \text{ jenachdem } b \lessgtr c \text{ ist.}$$

188. — Die Deformation des stabförmigen Körpers ist in der Regel nur in Betreff der Aenderung seiner Mittellinie von technischem Interesse. Diese ist bestimmt durch die relative Verrückung jedes Punktes P gegen einen anderen Punkt P_0 der Mittellinie, welche Verrückung selbst als die Resultante von unendlich kleinen Verrückungselementen betrachtet werden kann, die durch die Deformationen der den Elementen $OO_1 = ds$ des Bogens P_0P der Mittellinie entsprechenden Stabelemente verursacht werden. In der Regel genügt dabei die Berücksichtigung der Wirkungen der auf die Axen OX, OY, OZ (Nr. 187) bezogenen Kraftmomente M_x, M_y, M_z, welchen gemäss die der Deformation des Stabelementes OO_1 entsprechende Verrückung von P gegen O als das Resultat von drei unendlich kleinen Drehungen um die Axen OX, OY, OZ erscheint, die sich wie folgt berechnen lassen, wenn mit p_x, p_y, p_z die Perpendikel vom Punkte P beziehungsweise auf die Axen OX, OY, OZ bezeichnet werden.

Das Kraftmoment M_x verursacht eine Verdrehung $= \vartheta ds$ des Stabelementes OO_1 um seine Mittellinie, d. h. um die Axe OX, und somit eine Verrückung des Punktes P normal zur Ebene XOP:

$$PP_x = p_x \vartheta\, ds.$$

Nach Gleichung (247) in Nr. 98 kann dabei der specifische Drehungswinkel

$$\vartheta = \frac{n}{4}\frac{M_x}{G}\left(\frac{1}{B}+\frac{1}{C}\right)$$

gesetzt werden, insbesondere mit $n = 1$ für kreisförmige und elliptische, $n = 1{,}2$ für quadratische und $n = 1{,}2$ bis $1{,}5$ für mehr und mehr längliche rechteckige Querschnitte, während B und C die in voriger Nummer angegebenen Bedeutungen haben und G den Schubelasticitätsmodul des betreffenden Materials bedeutet. Somit ist

$$PP_x = p_x\frac{n}{4}\frac{M_x}{G}\left(\frac{1}{B}+\frac{1}{C}\right)ds \quad \ldots \quad (496).$$

Das Kraftmoment M_y verursacht eine Aenderung des Contingenzwinkels $d\varphi = \frac{ds}{r}$ des Bogenelementes OO_1 der Mittellinie, entsprechend einer Drehung $= \omega\, d\varphi = \omega \frac{ds}{r}$ um OY, also eine Verrückung des Punktes P normal zur Ebene YOP:

$$PP_y = p_y \omega \frac{ds}{r},$$

wobei nach Gleichung (423) (bei Vernachlässigung von P_0, entsprechend der hier zugelassenen Vernachlässigung der Dehnung ε_0 der Mittellinie)

$$\omega = \frac{M_y}{EFr\alpha}$$

ist, unter α wieder die in Nr. 169 bestimmte, dort ebenso bezeichnete Grösse verstanden. Hiermit ist auch:

$$PP_y = p_y \frac{M_y}{EFr^2\alpha} ds \quad . \quad . \quad . \quad . \quad . \quad (497).$$

Je grösser der Krümmungsradius r in Vergleich mit den Querschnittsdimensionen wäre, mit desto geringerem Fehler würde nach (435)

$$Fr^2\alpha = Ff^2 = B, \quad \text{also} \quad PP_y = p_y \frac{M_y}{EB} ds$$

gesetzt werden können. Vollkommen zutreffend mit den entsprechenden Vertauschungen ist dieser Ausdruck in Betreff der durch das Kraftmoment M_z verursachten Verdrehung um OZ, die somit die Verrückung:

$$PP_z = p \frac{M_z}{EC} ds \quad . \quad . \quad . \quad . \quad . \quad . \quad . \quad (498)$$

des Punktes P normal zur Ebene ZOP zur Folge hat.

189. — Beispielsweise werde die in Nr. 175 behandelte Aufgabe dahin abgeändert, d a s s d i e e n t g e g e n g e s e t z t g l e i c h e n K r ä f t e Q (Fig. 53) i n d e n E n d f l ä c h e n d e s b e i A a u f g e s c h n i t t e n e n R i n g e s n o r m a l z u r M i t t e l e b e n e d e s s e l b e n g e r i c h t e t a n g r e i f e n, indem wieder ermittelt werden soll, in welchem Betrage $= 2a$ dadurch der Ring an dieser Stelle geöffnet wird und wie gross seine entsprechende Anstrengung ist.

Sind p_1 und p_2 die Perpendikel vom Punkte A beziehungsweise auf die Tangente und auf den Radius irgend eines Punktes der halben Mittellinie AA_0, der durch den Neigungswinkel φ (Fig. 53) seines Radius gegen die x-Axe gegeben ist, so sind es hier die Momente

$$M_1 = Qp_1 \quad \text{und} \quad M_2 = Qp_2,$$

entsprechend den in Nr. 187 und 188 mit M_x und M_z bezeichneten Kraftmomenten, welche (bei Abstraction von untergeordneten Umständen) die Deformation der Ringmittellinie verursachen und mit gewissen Antheilen a_1 und a_2 an der Grösse $a = a_1 + a_2$ sich betheiligen, um welche der eine Endpunkt A nach der einen, der andere nach der anderen Seite normal zur Mittelebene verrückt wird. Nach (496) ist aber

$$a_1 = \int_0^\pi p_1 \frac{n}{4} \frac{Qp_1}{G} \left(\frac{1}{B} + \frac{1}{C}\right) r\, d\varphi = \frac{n}{4} \frac{Qr}{G} \left(\frac{1}{B} + \frac{1}{C}\right) \int_0^\pi p_1^2\, d\varphi$$

oder wegen $p_1 = r(1 + \cos\varphi)$; $\displaystyle\int_0^\pi p_1^2\, d\varphi = r^2\left(\pi + \frac{\pi}{2}\right) = \frac{3}{2}\pi r^2$

$$a_1 = \frac{3}{8} n\pi \frac{Qr^3}{G} \left(\frac{1}{B} + \frac{1}{C}\right);$$

ferner nach (498):

$$a_2 = \int_0^\pi p_2 \frac{Q p_2}{EC} r\, d\varphi = \frac{Qr}{EC} \int_0^\pi p_2^2\, d\varphi$$

oder wegen $p_2 = r \sin\varphi$; $\int_0^\pi p_2^2\, d\varphi = r^2 \frac{\pi}{2}$:

$$a_2 = \frac{\pi}{2} \frac{Q r^3}{EC}.$$

Mit $G = \frac{1}{2} \frac{m}{m+1} E = \frac{3}{8} E$, entsprechend $m = 3$, ergiebt sich somit

$$a = a_1 + a_2 = \pi \frac{Q r^3}{E} \left[n \left(\frac{1}{B} + \frac{1}{C} \right) + \frac{1}{2C} \right] \quad . \quad (499).$$

Darin ist B das Trägheitsmoment des Querschnittes in Bezug auf die zur Mittelebene senkrechte, C dasselbe in Bezug auf die in der Mittelebene liegende Normale der Mittellinie, die zugleich beide als Symmetrieaxen des Querschnittes vorausgesetzt sind. Ist dieser insbesondere ein Kreis mit dem Radius e, wie hier vorausgesetzt werden soll, so ist

$$n = 1, \quad B = C = \frac{\pi e^4}{4}; \quad \text{also } a = 10 \frac{Q}{E} \frac{r^3}{e^4} \quad . \quad (500).$$

Was unter derselben Voraussetzung die Anstrengung des Ringes betrifft, so ist in dem beliebigen, seiner Lage nach durch den Winkel φ (Fig. 53) bestimmten Querschnitte die durch das Kraftmoment $M_2 = Q p_2$ verursachte grösste Normalspannung

$$\sigma = Q p_2 \frac{4}{\pi e^3} = \frac{4}{\pi} \frac{Qr}{e^3} \sin\varphi$$

und die durch das Kraftmoment $M_1 = Q p_1$ verursachte grösste Schubspannung

$$\tau = Q p_1 \frac{2}{\pi e^3} = \frac{2}{\pi} \frac{Qr}{e^3} (1 + \cos\varphi).$$

Da diese in allen Umfangspunkten, insbesondere also auch in den zwei Punkten stattfindet, auf die sich jene grösste Normalspannung bezieht, so ist ebendaselbst das Maximum von $E\varepsilon$ für diesen Querschnitt nach Gleichung (58) mit $m = 3$:

$$E\varepsilon = \frac{1}{3} \sigma + \frac{2}{3} \sqrt{\sigma^2 + 4\tau^2}$$

$$= \frac{4}{3\pi} \frac{Qr}{e^3} \left[\sin\varphi + 2 \sqrt{\sin^2\varphi + (1 + \cos\varphi)^2} \right]$$

$$= \frac{4}{3\pi} \frac{Qr}{e^3} \left[\sin\varphi + 2 \sqrt{2(1 + \cos\varphi)} \right] = \frac{4}{3\pi} \frac{Qr}{e^3} \left(\sin\varphi + 4 \cos\frac{\varphi}{2} \right).$$

Es ist am grössten $= k$ für den Querschnitt, für welchen

$$\cos\varphi - 2 \sin\frac{\varphi}{2} = 1 - 2 \sin^2\frac{\varphi}{2} - 2 \sin\frac{\varphi}{2} = 0$$

$$\sin^2\frac{\varphi}{2} + \sin\frac{\varphi}{2} - \frac{1}{2} = 0; \quad \sin\frac{\varphi}{2} = \frac{-1 + \sqrt{3}}{2}; \quad \varphi = 42^\circ 56'$$

ist, und ergiebt sich damit

$$k = 1{,}869 \frac{Qr}{e^3} \quad \ldots \ldots \ldots \quad (501).$$

Um den Ring so weit zu öffnen, dass ein anderer gleicher Ring eingehängt werden kann, müsste nach (500) mit $a = e$:

$$Q = \frac{1}{10} E \frac{e^5}{r^3} \quad \ldots \ldots \ldots \quad (502)$$

sein und wäre dann nach (501):

$$k = 0{,}1869\, E \left(\frac{e}{r}\right)^2 \quad \ldots \ldots \quad (503),$$

insbesondere $k < \frac{E}{2000}$ für $\frac{r}{e} > \sqrt{373{,}8}$, d. i. $\frac{r}{e} > 19{,}33$.

Die Vergleichung mit Nr. 175 lässt erkennen, dass eine gewisse Eröffnungsweite des Ringes durch kleinere Kräfte Q und mit geringerer Anstrengung des Materials erreicht werden kann, wenn die Kräfte normal zur Mittelebene, als wenn sie in dieser Ebene entgegengesetzt gerichtet sind.

190. — Eine Spiralfeder von constantem Querschnitte, deren Mittellinie auf einer Umdrehungsfläche liege, sei am einen Ende befestigt, am anderen durch eine Kraft P angegriffen, deren Richtungslinie mit der Axe der Spirale (der Axe jener Umdrehungsfläche) zusammenfällt. Es soll die axiale Ausdehnung oder Zusammendrückung δ der Feder nebst ihrer damit verbundenen Anstrengung berechnet werden.

Zur Unterstützung der Anschauung werde ihre Axe vertical stehend gedacht, und es seien von irgend einem Punkte O ihrer Mittellinie aus die in Nr. 187 bezeichneten Axrichtungen OX, OY, OZ gezogen. Durch den Punkt O sei ferner die Horizontalebene E gelegt, in der sich die Mittellinie der Spiralfeder in der Curve A_0OA (Fig. 61) projicire mit A_0 als Projection ihres festen Endpunktes, A als Projection des Angriffspunktes der Kraft P; die Polargleichung dieser Curve für A als Pol und AA_0 als Polaxe sei $\varrho = f(\varphi)$. Ist dann OH die Tangente dieser Curve im Punkte O, also die Projection von OX auf die Ebene E, und ON normal zu OA, so sei

Fig. 61.

Winkel $XOH = \lambda$, Winkel $HON = \mu$, Winkel $NOX = \nu$,

also $\cos\nu = \cos\lambda \cos\mu$.

Indem nun die Kraft P von ihrem Angriffspunkte an den Punkt O versetzt und hier in die Componenten R_x und R_{yz} zerlegt wird, deren Richtungslinien beziehungsweise in OX und in der Querschnittsebene YZ liegen, ebenso das bei jener Reduction auf den Punkt O hervorgehende Kräftepaar $P\varrho$ mit der Axe ON in die Componentenpaare M_x und M_{yz} zerlegt wird, deren Axen in OX und in der Querschnittsebene liegen, so ist

$$R_x = P \sin\lambda, \quad R_{yz} = P \cos\lambda, \quad M_x = P\varrho \cos\nu, \quad M_{yz} = P\varrho \sin\nu$$

und können schliesslich aus R_{yz} und M_{yz} durch weitere Zerlegung nach OY und OZ die in Nr. 187 mit R_y und R_z, M_y und M_z bezeichneten Kräfte und Kräftepaare erhalten werden.

Streng genommen wäre endlich noch darauf Rücksicht zu nehmen, dass mit der Deformation der Spiralfeder sich auch die Gleichung $\varrho = f(\varphi)$ entsprechend ändert, besonders wenn der Angriffspunkt der Kraft P frei zur Seite ausweichen kann, während, wenn er geradlinig in der Axe der Spirale geführt wird, dadurch Seitenkräfte in den Führungen hervorgerufen werden, welche die obigen Kräfte und Kräftepaare modificiren. In Betreff jener seitlichen Ausweichung des Angriffspunktes der belastenden Kraft resp. dieses Seitendruckes der Führung heben sich indessen die Wirkungen je zweier Federelemente, die den Winkeln φ und $\varphi + \pi$ entsprechen, grösstentheils gegenseitig auf, so dass die bezügliche Gesammtwirkung mit um so geringerem Fehler vernachlässigt werden kann, je weniger der Maximalwerth von φ, d. h. der gesammte Windungswinkel der Spirale sich von einem ganzen Vielfachen von 2π unterscheidet, oder auch je weniger der etwaige Unterschied wegen grosser Zahl von überhaupt vorhandenen Windungen verhältnissmässig ins Gewicht fällt. Eine solche Spirale vorausgesetzt, werde ferner angenommen, d a s s λ u n d μ s e h r k l e i n e W i n k e l s i n d, so dass, indem dann auch ν sehr klein ist, näherungsweise gesetzt werden kann:

$$R_x = 0, \quad R_{yz} = R_y = P, \quad M_x = P\varrho, \quad M_{yz} = 0.$$

Mit gleichem Rechte kann dann auch $ds = \varrho\, d\varphi$ gesetzt werden, und da die Verticalcomponente der Verrückung des Angriffspunktes von P mit der Verrückung des Punktes A identisch ist, ergiebt sich das Element von δ, das durch die Verdrehung eines Federelementes bei O verursacht wird, nach (496):

$$d\delta = \varrho \frac{n}{4} \frac{P\varrho}{G} \left(\frac{1}{B} + \frac{1}{C}\right) \varrho\, d\varphi,$$

woraus bei Vernachlässigung des Einflusses der Schubkraft $R_y = P$ folgt:

$$\delta = \frac{n}{4} \frac{P}{G} \left(\frac{1}{B} + \frac{1}{C}\right) \int_0^{2\pi w} \varrho^3 d\varphi \quad . \quad . \quad . \quad . \quad (504),$$

unter w die Zahl der Windungen verstanden. Der Antheil $= \delta'$ der Schubkraft an der Grösse δ ist aber in der That mit um so geringerem Fehler ausser Acht zu lassen, je kleiner die Querschnittsdimensionen der Spiralfeder in Vergleich mit der durchschnittlichen Grösse von ϱ sind. Es erzeugt nämlich die Schubkraft P eine specifische Schiebung $= \gamma$ im Schwerpunkte O des bezüglichen Querschnittes $= F$, die allgemein

$$\gamma = n' \frac{P}{GF}$$

gesetzt werden kann, unter n' einen mit der Einheit vergleichbaren, übrigens von der Querschnittsform abhängigen Zahlencoefficient verstanden, und ergiebt sich damit das durch diese Schiebung bedingte Element von δ':

$$d\delta' = \gamma\, ds = n' \frac{P}{GF} \varrho\, d\varphi.$$

Indem aber andererseits

$$\frac{1}{4}\left(\frac{1}{B}+\frac{1}{C}\right)=\frac{1}{Fa^2}$$

gesetzt werden kann, unter a eine mit den Querschnittsdimensionen vergleichbare Länge verstanden, z. B. bei kreisförmigem Querschnitte (Radius $= e$):

$$\frac{1}{4}\left(\frac{1}{B}+\frac{1}{C}\right)=\frac{1}{4}\cdot 2\frac{4}{\pi e^4}=\frac{2}{\pi e^4}, \text{ also } a^2=\frac{1}{2}e^2,$$

so ist dem Obigen zufolge:

$$d\delta=n\frac{P}{GF}\frac{\varrho^3}{a^2}d\varphi, \text{ also } \frac{d\delta'}{d\delta}=\frac{n'}{n}\left(\frac{a}{\varrho}\right)^2.$$

Die mit ihrer Belastung verbundene Anstrengung der Spiralfeder ist bestimmt durch den Maximalwerth der Schubspannung τ, der nach Nr. 187 dem Maximum von M_x, nämlich $M_x = Pr$ entspricht, unter r den grössten Werth von ϱ verstanden.

191. — Im Falle einer cylindrischen Spiralfeder, wobei die Kraft P an einem (als starr vorausgesetzten) radialen Arme von der Länge r angreifend gedacht wird, ist ϱ constant $= r$, nach Gleichung (504) also

$$\delta=\frac{\pi w n}{2}\frac{P}{G}\left(\frac{1}{B}+\frac{1}{C}\right)r^3 \quad \ldots \quad (505),$$

insbesondere bei kreisförmigem Querschnitte vom Radius e mit $n=1$ und $B=C=\frac{\pi e^4}{4}$:

$$\delta=4w\frac{P}{G}\frac{r^3}{e^4} \quad \ldots\ldots \quad (506)$$

und bei rechteckigem Querschnitte mit den halben Seiten b, c, also

$$B=\frac{4}{3}bc^3,\quad C=\frac{4}{3}b^3c,\quad \frac{1}{B}+\frac{1}{C}=\frac{3}{4}\frac{b^2+c^2}{b^3c^3},$$

falls dabei $n=\frac{4}{3}$ gesetzt wird:

$$\delta=\frac{\pi w}{2}\frac{P}{G}\frac{b^2+c^2}{b^3c^3}r^3. \quad \ldots\ldots \quad (507).$$

Im Falle einer conischen Spirale sei r das Maximum von ϱ, r_1 das Minimum (die Länge des radialen Armes, an welchem P hier angreifend zu denken ist); bei Voraussetzung der Projection ihrer Mittellinie in der zur Axe (Richtungslinie von P) senkrechten Ebene als Archimedische Spirale ist dann

$$\varrho=r-\frac{\varphi}{2\pi w}(r-r_1);\quad d\varrho=-\frac{r-r_1}{2\pi w}d\varphi,$$

$$\int_0^{2\pi w}\varrho^3 d\varphi=-\frac{2\pi w}{r-r_1}\int_r^{r_1}\varrho^3 d\varrho=\frac{2\pi w}{r-r_1}\frac{r^4-r_1^4}{4}.$$

Wird also die Grösse δ hier mit δ_1 bezeichnet, so ergiebt sich ihr Verhältniss zu dem Werthe von δ, der nach (505) resp. (506) oder (507) einer cylindrischen Spirale gleichen Materials bei gleichen Werthen von P, r, w und bei gleichem Querschnitte zukommt,

$$\frac{\delta_1}{\delta} = \frac{1}{4}\frac{r^4 - r_1^4}{r^3(r - r_1)} = \frac{1}{4}\left(1 + \frac{r_1}{r}\right)\left(1 + \frac{r_1^2}{r^2}\right) \quad . \quad (508).$$

Die grösste Schubspannung ist nach Nr. 187 in beiden Fällen

$$\text{bei kreisförmigem Querschnitte: } max\,\tau = \frac{2}{\pi}\frac{Pr}{c^3} \quad (509),$$

$$\text{bei rechteckigem Querschnitte } (c < b)\text{: } max\,\tau = \frac{9}{16}\frac{Pr}{bc^2} \quad (510).$$

VIERTER ABSCHNITT.

Plattenförmige Körper.

192. — Während unter einem stabförmigen Körper im engeren Sinne ein solcher zu verstehen war, dessen zwei Dimensionen (Querschnittsdimensionen) klein im Vergleich mit der dritten (Länge der Mittellinie) sind, wird unter einem plattenförmigen Körper im engeren Sinne des Wortes ein solcher verstanden, dessen eine Dimension (Dicke) klein im Vergleich mit den beiden anderen ist; insbesondere gehören dahin ebene Platten, Röhren und Gefässe, letztere unter dem Einflusse eines durch eine Flüssigkeit auf die innere oder äussere Wandfläche ausgeübten Ueberdruckes. Analog der erweiterten Auffassung eines stabförmigen Körpers (Nr. 24) als eines solchen, der seiner Form nach entstanden gedacht wird durch die Bewegung einer dabei im Allgemeinen veränderlichen ebenen Fläche längs einer dieselbe beständig in ihrem Schwerpunkte rechtwinkelig schneidenden Curve, kann indessen auch hier der Begriff eines plattenförmigen Körpers dahin erweitert werden, dass darunter allgemein ein solcher verstanden wird, dessen Oberfläche theils durch die Endpunkte aller Lagen einer geraden Linie hindurchgeht, die bei im Allgemeinen veränderlicher Länge sich längs einer sie beständig in ihrem Mittelpunkte rechtwinkelig schneidenden Fläche (Mittelfläche) nach allen möglichen Richtungen hin bewegt, theils durch diese gerade Linie selbst bei ihrer Bewegung längs dem Umfange jener Mittelfläche beschrieben wird, falls letztere nicht eine in sich zurücklaufende Fläche und somit der Körper ein von zwei getrennten Flächen begrenzter Hohlkörper (geschlossenes Gefäss) ist.

Bei Untersuchung der Anstrengung und der Deformation eines solchen Körpers häufen sich die Schwierigkeiten einer strengen Behandlung, so dass man darauf hingewiesen wird, vor Allem zunächst die einfachsten Specialfälle zu untersuchen, deren Resultate dann als Anhaltspunkte für die Beurtheilung weniger einfacher Fälle dienen können. Ausser einer solchen Vereinfachung, worauf schon die Untersuchung stabförmiger Körper beruhte und die in der Voraussetzung solcher Körperformen und Belastungsarten besteht, die es gestatten, gewisse der sechs Spannungscomponenten σ_x, σ_y, σ_z, τ_x, τ_y, τ_z mit voraussichtlich nur kleinem Fehler für alle

Punkte des Körpers a priori = Null zu setzen, wird aber eine weitere Vereinfachung durch die Voraussetzung solcher Körperformen und Belastungsarten herbeigeführt, wobei sich a priori Schaaren von Linien oder von Flächen der Art im Körper angeben lassen, dass in allen Punkten je einer solchen Linie oder Fläche derselbe Spannungs- und Deformationszustand, sowie eine gleich grosse und normal zu der betreffenden Linie oder Fläche gleichen Zustandes gerichtete Verrückung stattfindet. Die im Allgemeinen drei von einander unabhängigen Verrückungscomponenten ξ, η, ζ werden dadurch im Falle der Linien gleichen Zustandes auf nur zwei, im Falle der Flächen gleichen Zustandes auf nur eine reducirt.

In einem solchen Falle ist es dann auch angemessen, das rechtwinkelige Coordinatensystem durch ein anderes zu ersetzen, das sich der Körperform und den Linien resp. Flächen gleichen Zustandes anschliesst, sowie den Körper in entsprechend andere Elemente zu zerlegen, wodurch natürlich die Bedingungen des Gleichgewichtes zwischen den Spannungen und der äusseren Kraft eines solchen Körperelementes von anderer Form werden, als die allgemeinen Gleichungen (2) in Nr. 2.

A. Hohlkugel bei gleichförmig vertheiltem Normaldrucke auf die Oberfläche.

193. — Die gleichförmig dicke Wand eines kugelförmigen Gefässes sei einem gleichförmigen inneren und äusseren Normaldrucke ausgesetzt;

r_1 sei der innere, r_2 der äussere Radius,

p_1 der innere, p_2 der äussere Druck auf die Einheit der Oberfläche.

Irgend eine zwischen den beiden Oberflächen liegende, mit ihnen concentrische Kugelfläche, deren Radius $= z$ sei, ist eine Fläche gleichen Zustandes (Nr. 192); für einen beliebigen Punkt derselben sei:

ζ die Aenderung des Radius z,

σ_z die Normalspannung in radialer Richtung,

σ_x die nach jeder tangentialen Richtung gleich grosse Normalspannung.

Alle diese Grössen sind Functionen nur von z; σ_z und σ_x sind Hauptspannungen, weil die Schubspannung in jedem Punkte in der zum betreffenden Radius senkrechten sowie in jeder durch ihn hindurch gehenden Ebene offenbar = Null ist, wie übrigens auch aus den Ausdrücken (55) von τ_x, τ_y, τ_z wegen $\xi = \eta = 0$ und $\frac{\partial \zeta}{\partial x} = \frac{\partial \zeta}{\partial y} = 0$ hervorgeht. Für jeden Punkt der Kugelfläche mit dem Radius z ist ferner:

$\frac{d\zeta}{dz}$ die Dehnung in radialer Richtung,

$\frac{\zeta}{z}$ die Dehnung nach jeder tangentialen Richtung = der verhältnissmässigen Längenänderung jedes grössten Kreises der durch diesen Punkt gehenden, mit der Oberfläche der Hohlkugel concentrischen Kugelfläche,

also die verhältnissmässige Volumenänderung:

$$e = \frac{d\zeta}{dz} + 2\frac{\zeta}{z}$$

und nach den Gleichungen (53) in Nr. 22:

$$\left.\begin{aligned} \sigma_x &= 2G\left(\frac{\zeta}{z} + \frac{e}{m-2}\right) = \frac{2G}{m-2}\left(\frac{d\zeta}{dz} + m\frac{\zeta}{z}\right) \\ \sigma_z &= 2G\left(\frac{d\zeta}{dz} + \frac{e}{m-2}\right) = \frac{2G}{m-2}\left((m-1)\frac{d\zeta}{dz} + 2\frac{\zeta}{z}\right) \end{aligned}\right\} \quad (511).$$

Denkt man nun von zwei Radien, die den Winkel $d\varphi$ mit einander bilden, den einen um den anderen gedreht und dadurch aus der Kugelschale, deren innerer Radius $= z$ und deren äusserer Radius $= z + dz$ ist, ein unendlich kleines Körperelement (Fig. 62) herausgeschnitten, so wird dasselbe begrenzt von den als eben zu betrachtenden Calotten:

Fig. 62.

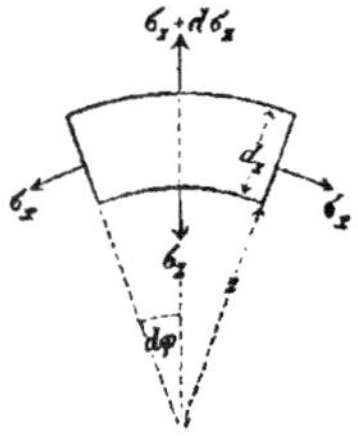

$$\pi z^2 d\varphi^2 \text{ und } \pi(z+dz)^2 d\varphi^2$$

und von der Kegelfläche: $2\pi\left(z + \frac{dz}{2}\right) d\varphi\, dz$.

Die Spannungen dieser Flächen sind Normalspannungen und auf die Flächeneinheit bezogen resp.

$$= \sigma_z;\quad \sigma_z + \frac{d\sigma_z}{dz}dz;\quad \sigma_x.$$

Abgesehen von einer auf die Masse des Körperelementes etwa wirkenden äusseren Kraft wird nun das Gleichgewicht der Spannungen an seiner Oberfläche ausgedrückt durch die Gleichung:

$$\left(\sigma_z + \frac{d\sigma_z}{dz}dz\right)\pi(z+dz)^2 d\varphi^2 =$$

$$\sigma_z \pi z^2 d\varphi^2 + \sigma_x \sin d\varphi \,.\, 2\pi\left(z + \frac{dz}{2}\right) d\varphi\, dz,$$

die bei Weglassung der unendlich kleinen Glieder von höherer, als der dritten Ordnung, wobei auch $\sin d\varphi = d\varphi$ gesetzt werden kann, sich auf die folgende Gleichung reducirt:

$$\sigma_z \,.\, 2\pi z\, dz\, d\varphi^2 + \frac{d\sigma_z}{dz}dz \,.\, \pi z^2 d\varphi^2 = \sigma_x d\varphi \,.\, 2\pi z\, d\varphi\, dz$$

$$\frac{d\sigma_z}{dz} = \frac{2}{z}(\sigma_x - \sigma_z) \quad \ldots\ldots \quad (512).$$

Daraus folgt mit Rücksicht auf die Ausdrücke (511) von σ_x und σ_z:

$$(m-1)\frac{d^2\zeta}{dz^2} + 2\frac{d\frac{\zeta}{z}}{dz} = \frac{2}{z}\left(-(m-2)\frac{d\zeta}{dz} + (m-2)\frac{\zeta}{z}\right)$$

$$= -2(m-2)\frac{z\frac{d\zeta}{dz} - \zeta}{z^2} = -2(m-2)\frac{d\frac{\zeta}{z}}{dz}$$

$$\frac{d^2\zeta}{dz^2}+2\frac{d\frac{\zeta}{z}}{dz}=0;\quad \frac{d\zeta}{dz}+2\frac{\zeta}{z}=e=Const. \quad . \quad (513).$$

Diese Gleichung, welche ausdrückt, dass die verhältnissmässige Volumenänderung in allen Punkten der Hohlkugelwand gleich ist, kann auch geschrieben werden:

$$z^2\frac{d\zeta}{dz}+2z\zeta=\frac{d}{dz}(z^2\zeta)=ez^2$$

und folgt daraus, unter c eine neue Integrationsconstante verstanden,

$$\left.\begin{array}{l} z^2\zeta=\frac{ez^3}{3}+c;\quad \frac{\zeta}{z}=\frac{e}{3}+\frac{c}{z^3} \\ \text{und daraus nach (513):}\quad \frac{d\zeta}{dz}=\frac{e}{3}-2\frac{c}{z^3} \end{array}\right\} \quad . \quad . \quad . \quad (514).$$

Die Einführung dieser Ausdrücke in die Gleichungen (511) giebt für die Hauptspannungen:

$$\left.\begin{array}{l} \sigma_x=2G\left(\frac{e}{3}+\frac{c}{z^3}+\frac{e}{m-2}\right)=A+\frac{B}{z^3} \\ \sigma_z=2G\left(\frac{e}{3}-2\frac{c}{z^3}+\frac{e}{m-2}\right)=A-2\frac{B}{z^3} \end{array}\right\} . \quad (515),$$

unter A und B Constante verstanden, durch welche die Constanten e und c bestimmt sind, nämlich:

$$\left.\begin{array}{l} \frac{e}{3}+\frac{e}{m-2}=\frac{A}{2G};\quad e=3\frac{m-2}{m+1}\frac{A}{2G}=3\frac{m-2}{m}\frac{A}{E} \\ \text{wegen } G=\frac{1}{2}\frac{m}{m+1}E;\ \text{ferner } c=\frac{B}{2G}=\frac{m+1}{m}\frac{B}{E} \end{array}\right\} (516).$$

Was aber die Constanten A und B betrifft, so ergeben sie sich aus der Bedingung, dass

$$\text{für } z=r_1 \text{ sein muss: } \sigma_z=A-2\frac{B}{r_1^3}=-p_1$$

$$\text{und für } z=r_2 \quad ,, \quad ,, \quad : \sigma_z=A-2\frac{B}{r_2^3}=-p_2.$$

Daraus folgt:

$$\left.\begin{array}{l} A(r_2^3-r_1^3)=p_1r_1^3-p_2r_2^3;\quad A=\frac{p_1r_1^3-p_2r_2^3}{r_2^3-r_1^3} \\ 2B\left(\frac{1}{r_1^3}-\frac{1}{r_2^3}\right)=p_1-p_2;\quad B=\frac{p_1-p_2}{2}\frac{r_1^3r_2^3}{r_2^3-r_1^3} \end{array}\right\} (517).$$

Mit den hierdurch bestimmten Ausdrücken (515) der Hauptspannungen erhält man endlich die Hauptdehnungen ε_x und ε_z nach (53) in Nr. 22:

$$\left.\begin{array}{l} E\varepsilon_x=\sigma_x-\frac{\sigma_x+\sigma_z}{m}=\frac{m-2}{m}A+\frac{m+1}{m}\frac{B}{z^3} \\ E\varepsilon_z=\sigma_z-\frac{2\sigma_x}{m}=\frac{m-2}{m}A-2\frac{m+1}{m}\frac{B}{z^3} \end{array}\right\} . \quad (518).$$

Schliesslich ist zu bemerken, dass die verhältnissmässige Volumenänderung e der Hohlkugelwand nicht verwechselt werden darf mit der verhältnissmässigen Volumenänderung e_1 des kugelförmigen Hohlraumes; letztere ist das Dreifache der verhältnissmässigen Aenderung des inneren Radius r_1, also nach (514) und (516):

$$e_1 = e + 3\frac{c}{r_1^3} = \frac{3}{E}\left(\frac{m-2}{m}A + \frac{m+1}{m}\frac{B}{r_1^3}\right) \quad . \quad (519);$$

aus (518) ergiebt sie sich auch $= 3\varepsilon_x$ für $z = r_1$.

194. — Wenn die kleinere der beiden Pressungen p_1 und p_2 nicht wesentlich grösser, als der atmosphärische Druck ist, so kann man sie $=$ Null und die andere $=$ dem Ueberdrucke p ($= p_1 - p_2$ resp. $= p_2 - p_1$) setzen, um so mehr, als ja auch die Elasticitätsconstanten, mit denen man rechnet, aus Versuchen in der atmosphärischen Luft ohne weitere Reduction erhalten werden. —

Für inneren Ueberdruck ($p_1 > p_2$) ist dann mit $p_2 = 0$ und $p_1 = p$ nach (517):

$$A = \frac{pr_1^3}{r_2^3 - r_1^3}; \quad B = \frac{1}{2}\frac{pr_1^3 r_2^3}{r_2^3 - r_1^3} = \frac{1}{2}Ar_2^3,$$

damit nach (518):

$$E\varepsilon_x = \frac{pr_1^3}{r_2^3 - r_1^3}\left(\frac{m+1}{2m}\frac{r_2^3}{z^3} + \frac{m-2}{m}\right)$$

$$E\varepsilon_z = -\frac{pr_1^3}{r_2^3 - r_1^3}\left(\frac{m+1}{m}\frac{r_2^3}{z^3} - \frac{m-2}{m}\right).$$

Von diesen Hauptdehnungen ε_x und ε_z ist die erste überall positiv, die zweite überall negativ, und jede absolut genommen am grössten an der Innenfläche der Hohlkugel ($z = r_1$), nämlich

$$\left.\begin{aligned} max(E\varepsilon_x) &= \frac{(m+1)r_2^3 + 2(m-2)r_1^3}{2m(r_2^3 - r_1^3)}p \\ max(-E\varepsilon_z) &= \frac{(m+1)r_2^3 - (m-2)r_1^3}{m(r_2^3 - r_1^3)}p \end{aligned}\right\} \quad . \quad (520).$$

Das Dreifache von $max\,\varepsilon_x$ ist die verhältnissmässige Aenderung e_1 des kugelförmigen Hohlraumes. Soll eine positive Dehnung höchstens $= \frac{k'}{E}$, der Absolutwerth einer negativen Dehnung höchstens $= \frac{k''}{E}$ sein, so folgt

$$\left.\begin{aligned} &\text{aus } max(E\varepsilon_x) \overline{\gtrless} k': \quad \left(\frac{r_2}{r_1}\right)^3 \overline{\gtrless} \frac{2mk' + 2(m-2)p}{2mk' - (m+1)p} \\ &\text{aus } max(-E\varepsilon_z) \overline{\gtrless} k'': \quad \left(\frac{r_2}{r_1}\right)^3 \overline{\gtrless} \frac{mk'' - (m-2)p}{mk'' - (m+1)p} \end{aligned}\right\} . \quad (521)$$

und hängt es von dem Verhältnisse $k' : k''$ ab, welcher dieser Grenzwerthe von $\frac{r_2}{r_1}$ der grössere und somit maassgebende ist. Da nach (520)

$$\frac{max\,(E\varepsilon_x)}{max\,(-E\varepsilon_z)} > \frac{1}{2}$$

ist, so ist jedenfalls die Bedingung $max\,(E\varepsilon_x) = k'$ die ungünstigere, wenn, wie z. B. bei einer Hohlkugel aus Gusseisen, $k' \overline{<} \frac{1}{2}\,k''$ ist. Für eine solche ergiebt sich z. B. mit $m = 3$:

$$\frac{k'}{p} = \frac{1}{3}\,\frac{2\,r_2^3 + r_1^3}{r_2^3 - r_1^3}.$$

Blieben diese Spannungs- und Deformationsverhältnisse bis zum Bruche dieselben, so würde also die gusseiserne Hohlkugel gesprengt werden durch einen inneren Ueberdruck:

$$p = 3\,K'\,\frac{r_2^3 - r_1^3}{2\,r_2^3 + r_1^3},$$

unter K' die Zugfestigkeit des Gusseisens verstanden. Insbesondere mit $K' = 1240$ Kgr. pro Quadratcentimeter

$$= 1240 \cdot \frac{30}{31} = 1200 \text{ Atmosphären}$$

ergiebt sich $p = 3600\,\dfrac{r_2^3 - r_1^3}{2r_2^3 + r_1^3}$ Atm.,

z. B.	=	588	699	859	1103	1482 Atm.
für $\frac{r_2}{r_1}$	=	$\frac{6}{5}$	$\frac{5}{4}$	$\frac{4}{3}$	$\frac{3}{2}$	2

Wäre p nur klein im Vergleich mit k' und k'', so könnte nach (521) gesetzt werden:

$$\left(\frac{r_2}{r_1}\right)^3 \overline{\gtrless} \begin{cases} 1 + \dfrac{m-2}{m}\,\dfrac{p}{k'} + \dfrac{m+1}{2m}\,\dfrac{p}{k'} \\ 1 - \dfrac{m-2}{m}\,\dfrac{p}{k''} + \dfrac{m+1}{m}\,\dfrac{p}{k''} \end{cases}$$

oder, da in diesem Falle mit entsprechender Annäherung auch zu setzen ist:

$$\left(\frac{r_2}{r_1}\right)^3 = \left(1 + \frac{r_2 - r_1}{r_1}\right)^3 = 1 + 3\,\frac{r_2 - r_1}{r_1},$$

$$\frac{r_2 - r_1}{r_1} \overline{\gtrless} \frac{m-1}{2m}\,\frac{p}{k'} \text{ und } \overline{\gtrless} \frac{1}{m}\,\frac{p}{k''} \quad . \; . \; . \quad (522),$$

insbesondere mit $m = 3$: $\dfrac{r_2 - r_1}{r_1} = \dfrac{1}{3}\,\dfrac{p}{k}$,

unter k den kleineren der beiden Werthe k' und k'' verstanden.

195. — Für äusseren Ueberdruck ($p_2 > p_1$) ist mit $p_1 = 0$ und $p_2 = p$ nach (517):

$$A = -\frac{p r_2^3}{r_2^3 - r_1^3}; \quad B = -\frac{1}{2}\,\frac{p r_1^3 r_2^3}{r_2^3 - r_1^3} = \frac{1}{2}\,A r_1^3,$$

damit nach (518):

$$E\varepsilon_x = -\frac{p r_2^3}{r_2^3 - r_1^3}\left(\frac{m+1}{2m}\frac{r_1^3}{z^3} + \frac{m-2}{m}\right)$$
$$E\varepsilon_z = \frac{p r_2^3}{r_2^3 - r_1^3}\left(\frac{m+1}{m}\frac{r_1^3}{z^3} - \frac{m-2}{m}\right).$$

Während ε_x überall negativ und absolut genommen am grössten für $z = r_1$ ist, kann ε_z nur nach aussen hin negativ sein, wenn nämlich

$$\frac{r_1}{r_2} < \sqrt[3]{\frac{m-2}{m+1}}$$

ist; indessen ist dann der grösste Absolutwerth von ε_z, entsprechend $z = r_2$, jedenfalls kleiner, als der grösste Absolutwerth von ε_x. Es bleibt also nur der grösste positive Werth von ε_z zu berücksichtigen, welcher $z = r_1$ entspricht, und ergiebt sich somit überhaupt für die Innenfläche der Hohlkugel:

$$\left.\begin{aligned} max(-E\varepsilon_x) &= \frac{3(m-1)}{2m}\frac{r_2^3}{r_2^3 - r_1^3} p \\ max(E\varepsilon_z) &= \frac{3}{m}\frac{r_2^3}{r_2^3 - r_1^3} p \;\ldots \end{aligned}\right\} \quad \ldots (523).$$

Das Dreifache von $max\,\varepsilon_x$ ist wieder die verhältnissmässige Aenderung e_1 des inneren Raumes der Hohlkugel. Soll eine positive Dehnung höchstens $= \frac{k'}{E}$, der Absolutwerth einer negativen höchstens $= \frac{k''}{E}$ sein, so folgt

$$\left.\begin{aligned} &\text{aus } max(-E\varepsilon_x) \overline{\overline{<}} k'': \quad \left(\frac{r_1}{r_2}\right)^3 \overline{\overline{<}} 1 - \frac{3(m-1)}{2m}\frac{p}{k''} \\ &\text{aus } max(E\varepsilon_z) \overline{\overline{<}} k': \quad \left(\frac{r_1}{r_2}\right)^3 \overline{\overline{<}} 1 - \frac{3}{m}\frac{p}{k'} \;\ldots \end{aligned}\right\}. (524).$$

Sind $\frac{p}{k'}$ und $\frac{p}{k''}$ kleine Brüche, so ergiebt sich wegen

$$\left(\frac{r_1}{r_2}\right)^3 = \left(1 - \frac{r_2 - r_1}{r_2}\right)^3 = 1 - 3\frac{r_2 - r_1}{r_2}:$$

$$\frac{r_2 - r_1}{r_2} \overline{\overline{>}} \frac{m-1}{2m}\frac{p}{k''} \text{ und } \overline{\overline{>}} \frac{1}{m}\frac{p}{k'} \quad \ldots (525).$$

Insbesondere mit $m = 3$ ist die Wanddicke bestimmt durch:

$$\left(\frac{r_1}{r_2}\right)^3 = 1 - \frac{p}{k} \text{ resp. } \frac{r_2 - r_1}{r_2} = \frac{1}{3}\frac{p}{k},$$

jenachdem $\frac{p}{k}$ ein beliebiger oder ein sehr kleiner echter Bruch ist, unter k wieder den kleineren der beiden Werthe k' und k'' verstanden.

B. Umdrehungskörper mit symmetrischer Belastung.

196. — Für irgend einen Punkt O des Körpers sind hier den Umständen gemäss drei zu einander senkrechte ausgezeichnete Richtungen zu unterscheiden:

die axiale Richtung OX,

die tangentiale Richtung OY, d. i. die Richtung der Tangente des durch den Punkt O gehenden Parallelkreises (Radius $= z$), und

die radiale Richtung OZ.

Der Parallelkreis ist eine Linie gleichen Zustandes (Nr. 192); alle seine Punkte erfahren gleiche Verrückungen und zwar nur nach axialer und radialer Richtung, beziehungsweise $= \xi$ und ζ. Ist dann noch x die Entfernung der Ebene des Parallelkreises von einem festen Punkt der Körperaxe, so sind die Dehnungen nach den genannten drei ause gezeichneten Richtungen:

$$\varepsilon_x = \frac{\partial \xi}{\partial x}, \quad \varepsilon_y = \frac{\zeta}{z}, \quad \varepsilon_z = \frac{\partial \zeta}{\partial z}.$$

Die Grössen ξ und ζ sind als Functionen von x und z bestimmt durch zwei als Differentialgleichungen sich ergebende Gleichgewichtsbedingungen der auf ein Körperelement wirkenden Kräfte in Verbindung mit den bei der Integration jener Differentialgleichungen in Betracht kommenden Oberflächenbedingungen. Ein solches Element (Fig. 63) wird aus dem Körper naturgemäss herausgeschnitten durch zwei zur Axe im Abstande $OX = dx$ senkrechte Ebenen, zwei unter dem Winkel $d\varphi$ gegen einander geneigte Meridianebenen und zwei concentrische Cylinderflächen mit den Radien z und $z + dz$. Von den drei ursprünglich rechten Winkeln an den Kanten OX, OY, OZ dieses Körperelementes kann durch die symmetrische Belastung, in Folge welcher der Körper nach wie vor ein vollkommener Umdrehungskörper bleibt, offenbar nur der Winkel an der Kante OY eine Aenderung erfahren; von den drei Schubspannungen τ_x, τ_y, τ_z ist also nur τ_y nicht $=$ Null und werde einfach mit τ bezeichnet.

Fig. 63.

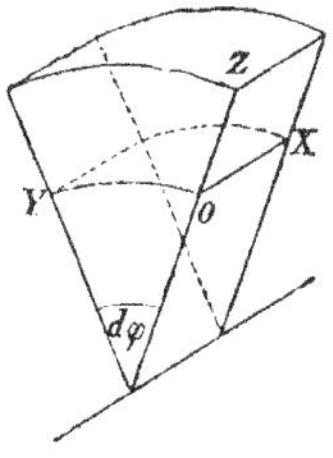

Auf die um den Punkt O herum liegenden Seitenflächen

$$YOZ = z\,dz\,d\varphi \qquad ZOX = dx\,dz \qquad XOY = z\,dx\,d\varphi$$

des Körperelementes wirkt nun die angrenzende Körpermasse mit den Normalkräften:

$$s_x = \sigma_x\, z\,dz\,d\varphi \qquad s_y = \sigma_y\, dx\,dz \qquad s_z = \sigma_z\, z\,dx\,d\varphi$$

und zwar, wenn sie positiv sind, beziehungsweise nach den Richtungen

$$XO \qquad YO \qquad ZO.$$

Schubkräfte werden nur auf die Seitenflächen YOZ und XOY ausgeübt, nämlich

auf XOY: $t_{zx} = \tau\, z\,dx\,d\varphi$, auf YOZ: $t_{xz} = \tau\, z\,dz\,d\varphi$, und zwar, wenn positiv,

beziehungsweise nach XO ZO gerichtet.

Auf die gegenüber liegenden drei Seitenflächen wirken die Spannungskräfte:

$$s_x' = s_x + \frac{\partial s_x}{\partial x}dx \qquad s_y' = s_y + \frac{\partial s_y}{\partial \varphi}d\varphi \qquad s_z' = s_z + \frac{\partial s_z}{\partial z}\partial z$$

$$t_{zx}' = t_{zx} + \frac{\partial t_{zx}}{\partial z}dz \qquad\qquad t_{xz}' = t_{xz} + \frac{\partial t_{xz}}{\partial x}dx$$

nach OX $\qquad OY \qquad OZ$

oder wenigstens nach Richtungen, die von OY und OZ nur unendlich wenig verschieden sind, und endlich mag im Allgemeinen noch eine äussere Kraft auf die Masse des Körperelementes wirken in solchem Sinne, dass sie in eine axiale und eine radiale Componente zerlegt werden kann beziehungsweise $= X$ und Z pro Volumeneinheit des Körperelementes $= z\,dx\,dz\,d\varphi$.

Dem Gleichgewichte dieser zwölf Kräfte entsprechen sechs Gleichungen, von denen aber vier identisch sind. In Bezug auf drei Axen nämlich, die durch den Schwerpunkt des Körperelementes in axialer, tangentialer und radialer Richtung gezogen werden, sind die Gleichungen, durch welche die Momentensummen der Kräfte für die erste und dritte dieser Axen $=$ Null gesetzt werden, deshalb identisch, weil diese Axen von allen Kräften geschnitten werden oder mit ihnen parallel sind; die Momentengleichung für die tangential gerichtete Axe ist identisch, weil die Beziehung

$$\tau_{xz} = \tau_{zx} = \tau \text{ gemäss Gleichung (1) in Nr. 2,}$$

die sich anderen Falls daraus ebenso wie in Nr. 2 ergeben hätte, hier schon als bekannt vorausgesetzt ist. Auch von den drei Gleichungen, welche ausdrücken, dass nach jeder der drei Axrichtungen die algebraische Summe der Kräfte $=$ Null ist, ergiebt die auf die tangentiale Axrichtung bezügliche nur

$$s_y' = s_y, \quad \text{also} \quad \frac{\partial s_y}{\partial \varphi} = 0$$

oder $s_y =$ einer Function nur von x und z, wie übrigens schon aus dem Charakter des Parallelkreises als einer Linie gleichen Zustandes zu folgern war. Es bleiben also nur noch die Gleichungen übrig, durch welche die Kraftsummen nach axialer und radialer Richtung $=$ Null gesetzt werden:

$$s_x' - s_x + t_{zx}' - t_{zx} + X z\,dx\,dz\,d\varphi = 0$$

$$s_z' - s_z - 2 s_y \sin\frac{d\varphi}{2} + t_{xz}' - t_{xz} + Z z\,dx\,dz\,d\varphi = 0$$

oder mit Rücksicht auf obige Ausdrücke von s_x', s_z', t_{zx}', t_{xz}' und mit $\sin\frac{d\varphi}{2} = \frac{d\varphi}{2}$:

$$\frac{\partial s_x}{\partial x} dx + \frac{\partial t_{zx}}{\partial z} dz + X z\,dx\,dz\,d\varphi = 0$$

$$\frac{\partial s_z}{\partial z} dz - s_y d\varphi + \frac{\partial t_{xz}}{\partial x} dx + Z z\,dx\,dz\,d\varphi = 0$$

oder mit Rücksicht auf die Ausdrücke von s_x, s_y, s_z, t_{zx}, t_{xz} und bei Division der Gleichungen durch $z\,dx\,dz\,d\varphi$:

$$\left.\begin{aligned} \frac{\partial \sigma_x}{\partial x} + \frac{1}{z}\frac{\partial (z\tau)}{\partial z} + X = 0 \\ \frac{1}{z}\frac{\partial (z\sigma_z)}{\partial z} - \frac{\sigma_y}{z} + \frac{\partial \tau}{\partial x} + Z = 0 \end{aligned}\right\} \quad . \; . \; . \quad (526).$$

197. — Gemäss dem in Nr. 23 dargestellten allgemeinen Verfahren sind nun in (526) die Ausdrücke

$$\left.\begin{aligned} \sigma_x &= 2G\left(\frac{\partial \xi}{\partial x} + \frac{e}{m-2}\right) = \frac{2G}{m-2}\left((m-1)\frac{\partial \xi}{\partial x} + \frac{\zeta}{z} + \frac{\partial \zeta}{\partial z}\right) \\ \sigma_y &= 2G\left(\frac{\zeta}{z} + \frac{e}{m-2}\right) = \frac{2G}{m-2}\left(\frac{\partial \xi}{\partial x} + (m-1)\frac{\zeta}{z} + \frac{\partial \zeta}{\partial z}\right) \\ \sigma_z &= 2G\left(\frac{\partial \zeta}{\partial z} + \frac{e}{m-2}\right) = \frac{2G}{m-2}\left(\frac{\partial \xi}{\partial x} + \frac{\zeta}{z} + (m-1)\frac{\partial \zeta}{\partial z}\right) \\ \tau &= G\left(\frac{\partial \zeta}{\partial x} + \frac{\partial \xi}{\partial z}\right) \ldots\ldots \end{aligned}\right\} \quad (527)$$

zu substituiren, um so zwei simultane partielle Differentialgleichungen zu erhalten, die durch ihre mit Berücksichtigung der Oberflächenbedingungen auszuführende Integration die Grössen ξ, ζ als Functionen von x, z ergeben. Indem dadurch nach (527) auch die Spannungen σ_x, σ_y, σ_z und τ bestimmt sind, reducirt sich mit $\tau_x = \tau_z = 0$ und $\tau_y = \tau$ die cubische Gleichung für die Hauptspannungen (Nr. 23) auf:

$$(\sigma_x - \sigma)(\sigma_y - \sigma)(\sigma_z - \sigma) - (\sigma_y - \sigma)\tau^2 = 0,$$

zerlegbar in: $\sigma_y - \sigma = 0$ und $\sigma^2 - (\sigma_x + \sigma_z)\sigma + \sigma_x\sigma_z - \tau^2 = 0.$

Hiernach ist σ_y eine Hauptspannung, und wenn sie mit σ_1 bezeichnet wird, so sind die zwei anderen:

$$\left.\begin{matrix}\sigma_2 \\ \sigma_3\end{matrix}\right\} = \frac{\sigma_x + \sigma_z \pm \sqrt{(\sigma_x - \sigma_z)^2 + 4\tau^2}}{2}$$

und schliesslich die entsprechenden Hauptdehnungen bestimmt durch:

$$\left.\begin{aligned} E\varepsilon_1 &= \sigma_1 - \frac{\sigma_2 + \sigma_3}{m} = \sigma_y - \frac{\sigma_x + \sigma_z}{m} \quad \ldots \\ \left.\begin{aligned} E\varepsilon_2 &= \sigma_2 - \frac{\sigma_1 + \sigma_3}{m} \\ E\varepsilon_3 &= \sigma_3 - \frac{\sigma_1 + \sigma_2}{m} \end{aligned}\right\} &= \\ = -\frac{\sigma_y}{m} + \frac{m-1}{2m}(\sigma_x + \sigma_z) &\pm \frac{m+1}{2m}\sqrt{(\sigma_x - \sigma_z)^2 + 4\tau^2} \end{aligned}\right\} \quad (528).$$

Uebrigens hat man auch, nachdem ξ und ζ als Functionen von x und z gefunden sind,

$$\varepsilon_x = \frac{\partial \xi}{\partial x}, \quad \varepsilon_y = \frac{\zeta}{z}, \quad \varepsilon_z = \frac{\partial \zeta}{\partial z}, \quad \gamma = \frac{\partial \zeta}{\partial x} + \frac{\partial \xi}{\partial z}$$

und damit die Hauptdehnungen als Wurzeln ε der cubischen Gleichung (Nr. 23):

$$4(\varepsilon_x - \varepsilon)(\varepsilon_y - \varepsilon)(\varepsilon_z - \varepsilon) - (\varepsilon_y - \varepsilon)\gamma^2 = 0,$$

zerfallend in: $\varepsilon_y - \varepsilon = 0$ und $\varepsilon^2 - (\varepsilon_x + \varepsilon_z)\varepsilon + \varepsilon_x\varepsilon_z - \frac{\gamma^2}{4} = 0,$

$$\text{also} \quad \varepsilon_1 = \varepsilon_y; \quad \left.\begin{matrix}\varepsilon_2 \\ \varepsilon_3\end{matrix}\right\} = \frac{\varepsilon_x + \varepsilon_z \pm \sqrt{(\varepsilon_x - \varepsilon_z)^2 + \gamma^2}}{2} \quad \ldots \quad (529).$$

Bei den folgenden Specialfällen wird vielfach eine der Normalspannungen σ_x, σ_z = Null zu setzen sein. Ist z. B. $\sigma_z = 0$, so folgt aus (527):

$$\left.\begin{array}{l} \varepsilon_z = -\dfrac{\varepsilon_x + \varepsilon_y}{m-1}; \quad e = \varepsilon_x + \varepsilon_y + \varepsilon_z = \dfrac{m-2}{m-1}(\varepsilon_x + \varepsilon_y) \\ \sigma_x = \dfrac{2G}{m-1}(m\varepsilon_x + \varepsilon_y); \quad \sigma_y = \dfrac{2G}{m-1}(\varepsilon_x + m\varepsilon_y) \end{array}\right\} \quad . \quad (530).$$

I. Hohlcylinder bei gleichförmig vertheiltem Normaldrucke auf die innere und äussere Cylinderfläche.

a. Der Hohlcylinder ist an den Enden offen und frei.

198. — Indem auf den Rand des Hohlcylinders keine Kräfte wirken, auch diese Ränder ganz frei sein sollen, so dass alle Querschnitte sich in gleicher Weise erweitern oder zusammenziehen können, jenachdem der innere oder äussere Druck überwiegend ist, so sind hier σ_x und τ überall = Null,

σ_x, σ_y, σ_z Hauptspannungen,

ε_x, ε_y, ε_z Hauptdehnungen,

die einen und anderen für alle Querschnitte gleich, nur abhängig von z.

Wegen $\sigma_x = 0$ ist analog den Gleichungen (530):

$$e = \frac{m-2}{m-1}\left(\frac{\zeta}{z} + \frac{d\zeta}{dz}\right) \quad . \quad . \quad . \quad . \quad . \quad . \quad (531)$$

$$\sigma_y = \frac{2G}{m-1}\left(m\frac{\zeta}{z} + \frac{d\zeta}{dz}\right); \quad \sigma_z = \frac{2G}{m-1}\left(\frac{\zeta}{z} + m\frac{d\zeta}{dz}\right) \quad . \quad (532).$$

Von den Gleichungen (526), worin ausser σ_x und τ auch X und Z = Null sind, wird die erste identisch, während die zweite übergeht in:

$$\frac{d(z\sigma_z)}{dz} - \sigma_y = 0$$

und durch Substitution der Ausdrücke (532) von σ_y und σ_z in:

$$\frac{d\zeta}{dz} + m\frac{d\left(z\frac{d\zeta}{dz}\right)}{dz} - m\frac{\zeta}{z} - \frac{d\zeta}{dz} = 0$$

$$z\frac{d^2\zeta}{dz^2} + \frac{d\zeta}{dz} - \frac{\zeta}{z} = 0$$

$$\frac{d^2\zeta}{dz^2} + \frac{z\frac{d\zeta}{dz} - \zeta}{z^2} = \frac{d^2\zeta}{dz^2} + \frac{d\frac{\zeta}{z}}{dz} = 0.$$

Daraus folgt durch Integration mit Rücksicht auf (531):

$$\frac{d\zeta}{dz} + \frac{\zeta}{z} = \frac{m-1}{m-2}e = Const. = b \quad . \quad . \quad . \quad (533),$$

und indem diese Gleichung, welche zeigt, dass die verhältnissmässige Volumenänderung e in allen Punkten der Cylinderwand gleich ist, auch geschrieben werden kann:

$$z\frac{d\zeta}{dz}+\zeta=\frac{d(z\zeta)}{dz}=bz,$$

ergiebt sich, unter c eine zweite Integrationsconstante verstanden,

$$\left.\begin{array}{r}z\zeta=\frac{bz^2}{2}+c;\quad \frac{\zeta}{z}=\frac{b}{2}+\frac{c}{z^2}\\ \text{und daraus nach (533):}\quad \frac{d\zeta}{dz}=\frac{b}{2}-\frac{c}{z^2}\end{array}\right\}\quad .\ .\ (534).$$

Die Einführung dieser Ausdrücke in die Gleichungen (532) giebt:

$$\left.\begin{array}{l}\sigma_y=\frac{2G}{m-1}\left((m+1)\frac{b}{2}+(m-1)\frac{c}{z^2}\right)=A+\frac{B}{z^2}\\ \sigma_z=\frac{2G}{m-1}\left((m+1)\frac{b}{2}-(m-1)\frac{c}{z^2}\right)=A-\frac{B}{z^2}\end{array}\right\}\ .\ (535),$$

unter A und B Constante verstanden, durch welche b und c bestimmt sind:

$$\left.\begin{array}{l}\frac{m+1}{m-1}b=\frac{A}{G};\quad b=\frac{m-1}{m+1}\frac{A}{G}=2\frac{m-1}{m}\frac{A}{E}\\ \text{wegen } G=\frac{1}{2}\frac{m}{m+1}E;\quad \text{ferner } c=\frac{B}{2G}=\frac{m+1}{m}\frac{B}{E}\end{array}\right\}\ .\ (536),$$

während sie selbst, wenn

r_1 den inneren, r_2 den äusseren Radius,

p_1 den inneren, p_2 den äusseren Druck auf die Einheit der Oberfläche

bedeutet, sich daraus ergeben, dass

$$\text{für } z=r_1 \text{ sein muss:}\quad \sigma_z=A-\frac{B}{r_1^2}=-p_1$$

$$\text{und für } z=r_2 \text{ sein muss:}\quad \sigma_z=A-\frac{B}{r_2^2}=-p_2.$$

Daraus folgt:

$$A=\frac{p_1r_1^2-p_2r_2^2}{r_2^2-r_1^2};\quad B=(p_1-p_2)\frac{r_1^2r_2^2}{r_2^2-r_1^2}\quad .\ (537)$$

und ergeben sich mit den hierdurch bestimmten Ausdrücken (535) der Hauptspannungen σ_y und σ_z nebst $\sigma_x=0$ die Hauptdehnungen:

$$\left.\begin{array}{l}E\varepsilon_x=-\frac{\sigma_y+\sigma_z}{m}=-\frac{2}{m}A\ .\ .\ .\ .\\ \left.\begin{array}{l}E\varepsilon_y=\sigma_y-\frac{\sigma_z}{m}\\ E\varepsilon_z=\sigma_z-\frac{\sigma_y}{m}\end{array}\right\}=\frac{m-1}{m}A\pm\frac{m+1}{m}\frac{B}{z^2}\end{array}\right\}\ .\ (538).$$

Nach (533) und (536) ist schliesslich die verhältnissmässige Volumenänderung der Cylinderwand:

$$e = \frac{m-2}{m-1} b = 2 \frac{m-2}{m} \frac{A}{E} \quad . \quad . \quad . \quad . \quad (539),$$

die verhältnissmässige Querschnittsänderung des Hohlraumes dagegen:

$$e_1 = 2\varepsilon_y \text{ für } z = r_1$$

$$= \frac{2}{E}\left(\frac{m-1}{m} A + \frac{m+1}{m} \frac{B}{r_1^2}\right) \quad . \quad . \quad . \quad (540).$$

199. — Wenn die kleinere der beiden Pressungen p_1 und p_2 nicht wesentlich grösser, als der atmosphärische Druck ist, so ist gemäss der Bemerkung zu Anfang von Nr. 194 für inneren Ueberdruck ($p_1 > p_2$) mit $p_2 = 0$ und $p_1 = p$ nach (537):

$$A = \frac{p r_1^2}{r_2^2 - r_1^2}; \quad B = \frac{p r_1^2 r_2^2}{r_2^2 - r_1^2} = A r_2^2,$$

damit nach (538):

$$E\varepsilon_x = -\frac{2}{m} \frac{p r_1^2}{r_2^2 - r_1^2}$$

$$E\varepsilon_y = \frac{p r_1^2}{r_2^2 - r_1^2}\left(\frac{m+1}{m} \frac{r_2^2}{z^2} + \frac{m-1}{m}\right)$$

$$E\varepsilon_z = -\frac{p r_1^2}{r_2^2 - r_1^2}\left(\frac{m+1}{m} \frac{r_2^2}{z^2} - \frac{m-1}{m}\right).$$

Die grösste positive Dehnung ist hiernach $= \varepsilon_y$ für $z = r_1$ und die grösste negative absolut genommen $= -\varepsilon_z$ für $z = r_1$, die grösste Anstrengung also jedenfalls an der Innenfläche des Hohlcylinders:

$$\left.\begin{aligned} max(E\varepsilon_y) &= \frac{(m+1) r_2^2 + (m-1) r_1^2}{m(r_2^2 - r_1^2)} p \\ max(-E\varepsilon_z) &= \frac{(m+1) r_2^2 - (m-1) r_1^2}{m(r_2^2 - r_1^2)} p \end{aligned}\right\} . \quad (541).$$

Soll eine positive Dehnung höchstens $= \frac{k'}{E}$, der Absolutwerth einer negativen höchstens $= \frac{k''}{E}$ sein, so folgt

$$\left.\begin{aligned} &\text{aus } max(E\varepsilon_y) \overline{\gtrless} k': \ \left(\frac{r_2}{r_1}\right)^2 \overline{\gtrless} \frac{mk' + (m-1)p}{mk' - (m+1)p} \\ &\text{aus } max(-E\varepsilon_z) \overline{\gtrless} k'': \ \left(\frac{r_2}{r_1}\right)^2 \overline{\gtrless} \frac{mk'' - (m-1)p}{mk'' - (m+1)p} \end{aligned}\right\} \quad (542).$$

In der Regel ist der erste dieser beiden Grenzwerthe von $\frac{r_2}{r_1}$ der grössere und deshalb maassgebende, jedenfalls dann, wenn $k' \overline{\gtrless} k''$ ist, da nach (541):

$$max(E\varepsilon_y) > max(-E\varepsilon_z).$$

Sind $\frac{p}{k'}$ und $\frac{p}{k''}$ kleine Brüche, so kann statt (542) gesetzt werden:

$$\left(1+\frac{r_2-r_1}{r_1}\right)^2 = 1+2\frac{r_2-r_1}{r_1} \overline{\gtrless} \begin{cases} 1+\frac{m-1}{m}\frac{p}{k'}+\frac{m+1}{m}\frac{p}{k'} \\ 1-\frac{m-1}{m}\frac{p}{k''}+\frac{m+1}{m}\frac{p}{k''} \end{cases}$$

$$\frac{r_2-r_1}{r_1} \overline{\gtrless} \frac{p}{k'} \text{ und } \overline{\gtrless} \frac{1}{m}\frac{p}{k''} \quad . \quad . \quad . \quad . \quad (543)$$

und ist der erste dieser beiden Grenzwerthe maassgebend, sofern nur $k' \overline{\lessgtr} mk''$ ist.

200. — Für äusseren Ueberdruck ($p_2 > p_1$) ist mit $p_1 = 0$ und $p_2 = p$ nach (537):

$$A = -\frac{pr_2^2}{r_2^2-r_1^2}; \quad B = -\frac{pr_1^2r_2^2}{r_2^2-r_1^2} = Ar_1^2,$$

damit nach (538):

$$E\varepsilon_x = \frac{2}{m}\frac{pr_2^2}{r_2^2-r_1^2}$$

$$E\varepsilon_y = -\frac{pr_2^2}{r_2^2-r_1^2}\left(\frac{m+1}{m}\frac{r_1^2}{z^2}+\frac{m-1}{m}\right)$$

$$E\varepsilon_z = \frac{pr_2^2}{r_2^2-r_1^2}\left(\frac{m+1}{m}\frac{r_1^2}{z^2}-\frac{m-1}{m}\right).$$

An der Innenfläche ($z = r_1$) sind $-\varepsilon_y$ und ε_z am grössten. Soll

$$max\,(E\varepsilon_z) = \frac{2}{m}\frac{pr_2^2}{r_2^2-r_1^2} = E\varepsilon_x \overline{\lessgtr} k'$$

und

$$max\,(-E\varepsilon_y) = 2\frac{pr_2^2}{r_2^2-r_1^2} \overline{\lessgtr} k''$$

sein, so folgt

$$\left(\frac{r_1}{r_2}\right)^2 \overline{\lessgtr} 1-\frac{2}{m}\frac{p}{k'} \text{ und } \overline{\lessgtr} 1-2\frac{p}{k''} \quad . \quad . \quad . \quad (544),$$

also, wenn $\frac{p}{k'}$ und $\frac{p}{k''}$ so kleine Brüche sind, dass

$$\left(\frac{r_1}{r_2}\right)^2 = \left(1-\frac{r_2-r_1}{r_2}\right)^2 = 1-2\frac{r_2-r_1}{r_2}$$

gesetzt werden kann:

$$\frac{r_2-r_1}{r_2} \overline{\gtrless} \frac{1}{m}\frac{p}{k'} \text{ und } \overline{\gtrless} \frac{p}{k''} \quad . \quad . \quad . \quad . \quad (545).$$

201. — Nach Nr. 199 nimmt die für die Anstrengung eines Hohlcylinders bei innerem Ueberdrucke $= p$ pro Flächeneinheit maassgebende Dehnung im Sinne des Umfanges von der inneren zur äusseren Cylinderfläche stetig ab, so dass sie bei grösserer Wanddicke (z. B. bei einem Geschützrohre unter der Wirkung des Druckes der Pulvergase) an der äusseren Cylinderfläche erheblich unter dem zulässigen Maximalwerthe bleiben muss, wenn sie denselben an der Innenfläche nicht überschreiten soll. Behufs einer vollständigeren Ausnutzung der Widerstandsfähigkeit des Materials kann aber ein solcher Hohlcylinder aus hohlcylindrischen über einander geschobenen Schichten der Art hergestellt werden, dass vor der Einwirkung jenes Druckes p sich diese Schichten bereits in Deformationszuständen befinden, die von innen nach aussen in entgegengesetztem Sinne veränderlich sind, wie diejenigen, die durch den Druck p zusätzlich verursacht werden, dass nämlich die Dehnung dieser Schichten im Sinne des Umfanges für die innerste Schicht negativ ist, gegen die Mittelfläche der cylindrischen Wand hin absolut genommen abnimmt und dann nach aussen hin in eine zunehmende positive Dehnung übergeht. Zu dem Ende müssen die (von innen nach aussen gerechnet) auf einander folgenden Schichten vor ihrer Zusammensetzung solche Dimensionen haben, dass der innere Radius einer jeden etwas kleiner, als der äussere der vorhergehenden ist, auf welche dann jene nach vorhergegangener Erwärmung und entsprechender Erweiterung aufgeschoben werden kann, um bei der Erkaltung sich darauf festzuklemmen. Die sich hier darbietende Aufgabe werde bestimmter formulirt wie folgt:

Welche inneren und äusseren Radien müssen die n Schichten, aus denen der Hohlcylinder gebildet werden soll, vor ihrer Zusammensetzung und in kaltem Zustande haben, wenn für den zusammengesetzten Hohlcylinder im kalten Zustande vor der Einwirkung des inneren Ueberdruckes p der innere und äussere Radius $= r_0$ und r_n, die Radien der auf einander folgenden Berührungsflächen $= r_1, r_2 \ldots r_{n-1}$ gegeben sind, und wenn durch die Einwirkung des inneren Ueberdruckes p an den inneren Flächen aller n Schichten gleich grosse resultirende Dehnungen (durch Zusammensetzung mit den daselbst schon vorhandenen) verursacht werden sollen?

Die gesuchten inneren und äusseren Radien der isolirten Schichten seien:

a_0 und b_1, a_1 und b_2, a_2 und b_3 .... a_{n-1} und b_n

für die 1. 2. 3. .... n^{te} Schicht,

ferner α_0 und β_1, α_1 und β_2, α_2 und β_3 .... α_{n-1} und β_n

die Dehnungen an der inneren und äusseren Fläche dieser Schichten im zusammengesetzten Hohlcylinder vor der Einwirkung des Druckes p, der für sich an den inneren Flächen die Dehnungen zur Folge habe:

ε_0 ε_1 ε_2 .... ε_{n-1}

Sind dann ferner p_1 p_2 ...... p_{n-1} die specif. Pressungen

in der 1. 2. ...... $(n-1)^{ten}$ Berührungsfläche

der Schichten vor der Einwirkung des Druckes p, so können nach Nr. 198

α_0 und β_1 durch p_1, a_0 und b_1

α_1 und β_2 durch p_1, p_2, a_1 und b_2

α_2 und β_3 durch p_2, p_3, a_2 und b_3

$\vdots$

α_{n-1} und β_n durch p_{n-1}, a_{n-1} und b_n

ausgedrückt werden, wonach für die $(3n-1)$ Unbekannten:

$$p_1 \ldots p_{n-1}, \; a_0 \ldots a_{n-1}, \; b_1 \ldots b_n$$

sich ebenso viel Gleichungen ergeben, nämlich die $2n$ Gleichungen:

$$\left.\begin{aligned} r_0 &= a_0(1+\alpha_0) \\ r_1 &= b_1(1+\beta_1) = a_1(1+\alpha_1) \\ &\vdots \\ r_{n-1} &= b_{n-1}(1+\beta_{n-1}) = a_{n-1}(1+\alpha_{n-1}) \\ r_n &= b_n(1+\beta_n) \end{aligned}\right\} \quad . \quad (546)$$

und die $(n-1)$ Gleichungen:

$$\alpha_0 + \varepsilon_0 = \alpha_1 + \varepsilon_1 = \ldots = \alpha_{n-1} + \varepsilon_{n-1} \quad . \quad . \quad (547),$$

in denen ε_0, $\varepsilon_1 \ldots \varepsilon_{n-1}$ durch Nr. 199 bestimmt sind. Indem α_0 negativ ist, ergiebt sich die grösste Anstrengung für den zusammengesetzten Hohlcylinder im Verhältnisse

$$\frac{\alpha_0 + \varepsilon_0}{\varepsilon_0}$$

kleiner, als sie bei gleichen Dimensionen für den homogenen, ursprünglich spannungslosen Hohlcylinder sein würde. —

Zur Vereinfachung obiger Rechnung kann in den Ausdrücken von

$$\alpha_0 \; \alpha_1 \ldots \alpha_{n-1} \text{ und } \beta_1 \; \beta_2 \ldots \beta_n$$

mit Vernachlässigung kleiner Grössen höherer Ordnung

r_0 für a_0, r_1 für b_1 und a_1, r_2 für b_2 und $a_2 \ldots r_n$ für b_n

gesetzt werden, und indem dann die Gleichungen (547) nur die Unbekannten p_1, $p_2 \ldots p_{n-1}$ enthalten, sind diese dadurch bestimmt, dann auch die Grössen α und β, wonach schliesslich gesetzt werden kann:

$$\left.\begin{aligned} & & a_0 &= r_0(1-\alpha_0) \\ b_1 &= r_1(1-\beta_1); & a_1 &= r_1(1-\alpha_1) \\ &\vdots & &\vdots \\ b_{n-1} &= r_{n-1}(1-\beta_{n-1}); & a_{n-1} &= r_{n-1}(1-\alpha_{n-1}) \\ b_n &= r_n(1-\beta_n) \end{aligned}\right\} \quad (548).$$

202. — Als einfachstes Beispiel der in voriger Nummer behandelten allgemeineren Aufgabe sei

$$n = 2, \qquad r_1 = \frac{3}{2} r_0, \qquad r_2 = 2 r_0$$

und werde $m = 3$ angenommen. Nach Nr. 200 ist dann:

$$E\alpha_0 = -\frac{9}{9-4}\left(\frac{4}{3}+\frac{2}{3}\right)p_1 = -\frac{18}{5}p_1$$

$$E\beta_1 = -\frac{9}{5}\left(\frac{4}{3}\,\frac{4}{9}+\frac{2}{3}\right)p_1 = -\frac{9}{5}\,\frac{34}{27}p_1 = -\frac{34}{15}p_1$$

und nach Nr. 199:

$$E\alpha_1 = \frac{9}{16-9}\left(\frac{4}{3}\,\frac{16}{9}+\frac{2}{3}\right)p_1 = \frac{9}{7}\,\frac{82}{27}p_1 = \frac{82}{21}p_1$$

$$E\beta_2 = \frac{9}{7}\left(\frac{4}{3}+\frac{2}{3}\right)p_1 = \frac{18}{7}p_1$$

$$E\varepsilon_0 = \frac{1}{4-1}\left(\frac{4}{3}\,\frac{4}{1}+\frac{2}{3}\right)p = 2p$$

$$E\varepsilon_1 = \frac{1}{4-1}\left(\frac{4}{3}\,\frac{16}{9}+\frac{2}{3}\right)p = \frac{82}{81}p\,.$$

Nach (547) ist also p_1 bestimmt durch die Gleichung:

$$-\frac{18}{5}p_1 + 2p = \frac{82}{21}p_1 + \frac{82}{81}p$$

und folgt daraus: $$p_1 = \frac{700}{27\,.\,197}p = 0{,}1316\,p$$

$$\alpha_0 = -0{,}474\,\frac{p}{E} \qquad \beta_1 = -0{,}298\,\frac{p}{E}$$

$$\alpha_1 = \quad 0{,}514\,\frac{p}{E} \qquad \beta_2 = \quad 0{,}338\,\frac{p}{E}$$

$$\alpha_0 + \varepsilon_0 = \alpha_1 + \varepsilon_1 = 1{,}526\,\frac{p}{E}$$

$$\frac{\alpha_0+\varepsilon_0}{\varepsilon_0} = 0{,}763\,,$$

somit schon bei nur zwei über einander geschobenen Hohlcylindern eine Ermässigung der Anstrengung um fast 24 %.

b. Der Hohlcylinder ist an den Enden festgeklemmt oder durch Böden geschlossen.

203. — Wenn der Hohlcylinder an den Enden nicht offen und frei ist, so dass sich nicht alle Querschnitte in gleichem Maasse ausdehnen oder zusammenziehen können, so führt die strenge Untersuchung zu so grossen Schwierigkeiten, dass sich das Bedürfniss herausstellt, dieselben durch vereinfachende Annahmen zu vermindern analog denen, auf welchen die Untersuchung des Spannungs- und Deformationszustandes belasteter stabförmiger Körper im zweiten und dritten Abschnitte beruhte und welche, ebenso wie sie dort um so zutreffender waren, je kleiner die Querschnittsdimensionen im Vergleich mit der Stablänge, so hier um so weniger fehlerhaft sind, je kleiner die Wanddicke $h = r_2 - r_1$ des Hohlcylinders im Vergleich mit den Radien r_1 und r_2 ist. Die

Belastung bestehe in einem an der Innenfläche gleichmässig vertheilten specifischen Normaldrucke p und in entgegengesetzt gleichen Kräften P, die an den Enden auf die Ränder des Hohlcylinders ringsum gleichförmig vertheilt in axialer Richtung wirken (ziehend oder drückend, jenachdem P positiv oder negativ ist). Insbesondere bei einem an den Enden durch Böden, gleichfalls mit p pro Flächeneinheit belastet, geschlossenen Hohlcylinder, z. B. einem cylindrischen Dampfkessel, ist $P = \pi r_1{}^2 p$.

Bei Voraussetzung der in Nr. 196 erklärten Bezeichnungen kann nun die radiale (zur Mittelfläche senkrechte) Normalspannung σ_z mit demselben Rechte ausser Acht bleiben wie bei stabförmigen Körpern (Nr. 24) die zur Mittellinie senkrechten Spannungen σ_y und σ_z = Null gesetzt wurden, so dass nach (530) folgt:

$$\sigma_x = \frac{2G}{m-1}\left(m\frac{\partial \xi}{\partial x} + \frac{\zeta}{z}\right); \quad \sigma_y = \frac{2G}{m-1}\left(\frac{\partial \xi}{\partial x} + m\frac{\zeta}{z}\right).$$

Ist ferner $r = \dfrac{r_1 + r_2}{2}$ der ursprüngliche Radius der Mittelfläche des Hohlcylinders,

ϱ die mit seiner Deformation verbundene Aenderung von r,

v die Entfernung eines Punktes resp. Parallelkreises von jener mittleren Cylinderfläche, positiv nach aussen, negativ nach innen, also $z = r + v$, so kann $\dfrac{\zeta}{z} = \dfrac{\varrho}{r}$ gesetzt werden mit ähnlicher Annäherung, wie bei der Untersuchung stabförmiger Körper von den Aenderungen ihrer Querschnittsdimensionen abstrahirt zu werden pflegt, falls ausserdem jedes v hinlänglich klein im Vergleich mit r ist, um dagegen vernachlässigt werden zu können. Dadurch wird:

$$\sigma_x = \frac{2G}{m-1}\left(m\frac{\partial \xi}{\partial x} + \frac{\varrho}{r}\right); \quad \sigma_y = \frac{2G}{m-1}\left(\frac{\partial \xi}{\partial x} + m\frac{\varrho}{r}\right) \quad (549),$$

und ist darin ϱ eine blosse Function von x, ξ dagegen eine Function von x und von der (statt z eingeführten) Variablen v.

In Betreff der Art, wie $\dfrac{\partial \xi}{\partial x} = \varepsilon_x$ von v abhängt, kann endlich noch eine einfache Annahme gemacht werden analog derjenigen, die der Untersuchung der Biegungselasticität gerader Stäbe in Nr. 36 zu Grunde gelegt wurde. Bliebe nämlich der Ort der materiellen Punkte, die ursprünglich in einem Radius lagen, auch bei der Deformation eine zur Mittelfläche senkrechte Gerade, so wäre, unter

Fig. 64.

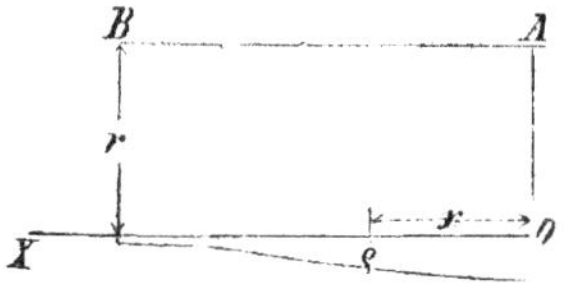

ε_{rx} die axiale Dehnung in der Mittelfläche, und unter

R den Krümmungsradius der Meridianlinie der deformirten Mittelfläche (Fig. 64) verstanden, analog Gleichung (74) a. a. O.

$$\frac{\partial \xi}{\partial x} = \varepsilon_x = \varepsilon_{rx} \pm \frac{v}{R}$$

mit dem oberen oder unteren Zeichen vor $\frac{v}{R}$, jenachdem der Krümmungsmittelpunkt nach der Seite der Cylinderaxe AB hin oder auf der anderen Seite liegt, jenachdem also näherungsweise analog Gleichung (82) in Nr. 40:

$$\frac{1}{R} = \mp \frac{d^2 \varrho}{dx^2}$$

ist, womit sich für alle Fälle ergiebt:

$$\varepsilon_x = \frac{\partial \xi}{\partial x} = \varepsilon_{rx} - v \frac{d^2 \varrho}{dx^2} \quad . \quad . \quad . \quad . \quad . \quad (550).$$

Wenn zwar in Folge der Wirkung der Schubkräfte die ursprünglich zur Mittelfläche senkrechten materiellen Geraden in der That nicht auch zur deformirten Mittelfläche senkrechte Gerade bleiben, so ist darum doch die Gleichung (550) mit derselben Annäherung zutreffend, womit zwei in einer Meridianebene unendlich nahe benachbarte solche materielle Linien wenigstens als gleich gekrümmt und gleich gegen die Meridianlinie gelegen gelten können, ähnlich wie jene (auch später bei der genaueren Prüfung in Nr. 142—165 hinlänglich bewährt gefundene) Gleichung (74) in Nr. 36 darauf beruhte, dass zwei unendlich nahe benachbarte materielle Querschnitte als gleich gekrümmt und gleich gelegen gegen die elastische Linie betrachtet wurden.

Durch Einführung des Ausdruckes (550) von $\frac{\partial \xi}{\partial x}$ ergiebt sich aus (549), wenn mit σ_{rx} die axiale Normalspannung σ_x in der Mittelfläche ($v = 0$ resp. $z = r$) bezeichnet wird,

$$\sigma_x = \frac{2G}{m-1}\left(m\varepsilon_{rx} - mv\frac{d^2\varrho}{dx^2} + \frac{\varrho}{r}\right) = \sigma_{rx} - \frac{2m}{m-1} G v \frac{d^2 \varrho}{dx^2}.$$

Ist aber $F = 2\pi r h$ der Querschnitt des Hohlcylinders, so ist

$$\sigma_{rx} = \frac{2G}{m-1}\left(m\varepsilon_{rx} + \frac{\varrho}{r}\right) = \frac{P}{F}$$

und folgt daraus mit $G = \frac{1}{2}\frac{m}{m+1}E$:

$$\varepsilon_{rx} = \frac{m-1}{m}\frac{1}{2G}\frac{P}{F} - \frac{1}{m}\frac{\varrho}{r} = \frac{m^2-1}{m^2}\frac{P}{EF} - \frac{1}{m}\frac{\varrho}{r} \quad (551)$$

$$\sigma_x = \frac{P}{F} - \frac{m^2}{m^2-1} E v \frac{d^2\varrho}{dx^2} \quad . \quad . \quad . \quad . \quad (552)$$

sowie auch aus (549), (550) und (551):

$$\sigma_y = \frac{m}{m^2-1} E\left(\varepsilon_{rx} - v\frac{d^2\varrho}{dx^2} + m\frac{\varrho}{r}\right)$$

$$= \frac{1}{m}\frac{P}{F} + E\frac{\varrho}{r} - \frac{m}{m^2-1} E v \frac{d^2\varrho}{dx^2} \quad (553).$$

Ist der Hohlcylinder durch Böden geschlossen, die auch dem inneren Drucke p ausgesetzt sind, so ist:

$$\frac{P}{F} = \frac{p\left(r - \frac{h}{2}\right)^2}{2rh}, \text{ wofür } \frac{p(r-h)}{2h} \text{ resp. } \frac{pr}{2h} \quad . \quad (554)$$

gesetzt werden kann, wenn h hinlänglich klein im Vergleich mit r ist.

204. — Nach dem in Nr. 197 erklärten Verfahren wären nun die Ausdrücke (552) und (553) von σ_x und σ_y nebst $\sigma_z = 0$ und

$$\tau = G\left(\frac{\partial \zeta}{\partial x} + \frac{\partial \xi}{\partial z}\right) \text{ resp. } \tau = G\left(\frac{d\varrho}{dx} + \frac{\partial \xi}{\partial v}\right)$$

in den Gleichungen (526) zu substituiren, um durch ihre Integration und mit Rücksicht auf die Oberflächenbedingungen ϱ als Function von x, sowie ξ als Function von x und v zu erhalten. Nachdem indessen ξ durch die Gleichung (550) aus den Ausdrücken von σ_x und σ_y fortgeschafft worden und somit nur noch ϱ als Function von x zu bestimmen übrig geblieben ist, wozu *eine* Gleichgewichtsbedingung ausreicht, kann eine der Gleichungen (526) hier zur Bestimmung von τ dienen. Die erste derselben ist aber mit $X = 0$ und $z = r$ (bei consequenter Vernachlässigung von v gegen r):

$$\frac{\partial \sigma_x}{\partial x} + \frac{\partial \tau}{\partial z} = \frac{\partial \sigma_x}{\partial x} + \frac{\partial \tau}{\partial v} = 0,$$

und folgt daraus mit Rücksicht auf (552):

$$\frac{\partial \tau}{\partial v} = \frac{m^2}{m^2-1} E v \frac{d^3\varrho}{dx^3}; \quad \tau = \frac{m^2}{m^2-1} E \frac{v^2}{2} \frac{d^3\varrho}{dx^3} + f(x),$$

unter $f(x)$ eine Function von x verstanden, die dadurch bestimmt ist, dass τ (nach Nr. 196 $= \tau_y$ oder bei noch vollständigerer Bezeichnung $= \tau_{xz} = \tau_{zx}$) für $v = \pm \frac{h}{2}$ den Werth Null hat (widrigen Falles auf die Oberfläche des Hohlcylinders eine axiale äussere Kraft wirken müsste). Somit ist

$$\tau = -\frac{m^2}{m^2-1} E \frac{h^2 - 4v^2}{8} \frac{d^3\varrho}{dx^3} \quad . \quad . \quad . \quad (555).$$

Die zweite der Gleichgewichtsbedingungen (526), worin Z und σ_z = Null zu setzen sind, ist endlich zur Bestimmung der in den Ausdrücken von σ_x, σ_y und τ vorkommenden Function ϱ von x, d. h. zur Bestimmung der Gleichung der Meridianlinie (Fig. 64) der deformirten Mittelfläche disponibel geblieben. Indem aber diese Gleichung dadurch entstanden ist, dass die algebraische Summe der nach radialer Richtung auf das Volumenelement (Fig. 63) wirkenden Kräfte = Null gesetzt wurde, hat sie offenbar mit der Vernachlässigung von σ_z ihre Gültigkeit verloren, und muss sie vielmehr ersetzt werden durch eine analoge Gleichung mit Bezug auf ein Körperelement, das *aus der ganzen Dicke* der cylindrischen Wand von zwei in der Entfernung dx parallelen Querschnittsebenen und von zwei unter dem Winkel $d\varphi$ gegen einander geneigten Meridianebenen herausgeschnitten wird. Indem auf die Innenfläche $= \left(r - \frac{h}{2}\right) d\varphi\, dx$ dieses Körperelementes der specifische Druck p ausgeübt wird, erhält man die Gleichgewichtsbedingung:

$$\int (r+v)\, d\varphi\, dv \frac{\partial \tau}{\partial x} dx - \int 2\, dx\, dv\, \sigma_y \sin \frac{d\varphi}{2} + p\left(r - \frac{h}{2}\right) d\varphi\, dx = 0,$$

worin sich die Integrale auf v beziehen und zwischen $v = -\frac{h}{2}$ und $v = \frac{h}{2}$ zu nehmen sind; oder bei abermaliger Vernachlässigung von v und $\frac{h}{2}$ gegen r, ferner mit $\sin \frac{d\varphi}{2} = \frac{d\varphi}{2}$ und bei Division der Gleichung durch $-r\, d\varphi\, dx$:

$$-\int \frac{\partial \tau}{\partial x} dv + \frac{1}{r} \int \sigma_y\, dv - p = 0.$$

Mit Rücksicht auf die Ausdrücke (553) und (555) von σ_y und τ folgt daraus wegen

$$\int v\, dv = 0, \quad \int v^2 dv = \frac{1}{3}\left(\frac{h^3}{8} + \frac{h^3}{8}\right) = \frac{h^3}{12}$$

$$\frac{m^2}{m^2-1} E \frac{h^3}{12} \frac{d^4 \varrho}{dx^4} + \frac{1}{r}\left(\frac{1}{m}\frac{P}{F} + E\frac{\varrho}{r}\right) h - p = 0$$

$$\frac{d^4 \varrho}{dx^4} + 12 \frac{m^2-1}{m^2} \frac{\varrho}{r^2 h^2} = 12 \frac{m^2-1}{m^2} \frac{1}{E h^3}\left(p - \frac{1}{m}\frac{P}{F}\frac{h}{r}\right).$$

Diese Gleichung hat, unter b und B Constante verstanden, die Form:

$$\frac{d^4 \varrho}{dx^4} + b\varrho = B$$

und kann durch die Substitution: $\varrho = \frac{B}{b} + \alpha$, unter α eine andere Function von x verstanden, auf die noch einfachere Form

$$\frac{d^4 \alpha}{dx^4} + b\alpha = 0$$

gebracht werden. Somit ist:

$$\varrho = A + \alpha \text{ mit } A = \frac{r^2}{Eh}\left(p - \frac{1}{m}\frac{P}{F}\frac{h}{r}\right) \quad . \quad . \quad (556),$$

während α bestimmt ist durch die Gleichung:

$$\frac{d^4 \alpha}{dx^4} + 12 \frac{m^2-1}{m^2} \frac{\alpha}{r^2 h^2} = 0 \quad . \quad . \quad . \quad . \quad . \quad (557).$$

Für den geschlossenen Hohlcylinder ist mit $\frac{P}{F} = \frac{pr}{2h}$ nach (554):

$$A = \frac{r^2}{Eh}\left(p - \frac{1}{m}\frac{p}{2}\right) = \frac{2m-1}{2m} \frac{pr^2}{Eh} \quad . \quad . \quad (558).$$

205. — Der Differentialgleichung (557), die geschrieben werde in der Form:

$$\frac{d^4 \alpha}{d x^4} + 4 a^4 \alpha = 0 \text{ mit } a = \sqrt[4]{\frac{3(m^2-1)}{m^2 r^2 h^2}} \quad . \quad . \quad (559),$$

entspricht das allgemeine Integral:

$$\alpha = C_1 e^{c_1 x} + C_2 e^{c_2 x} + C_3 e^{c_3 x} + C_4 e^{c_4 x},$$

unter e die Basis der natürlichen Logarithmen,
C_1, C_2, C_3, C_4 constante Coefficienten,
c_1, c_2, c_3, c_4 die Wurzeln der Gleichung

$$c^4 + 4 a^4 = 0$$

verstanden. Dieselben sind imaginär und darstellbar durch:

$$\left.\begin{matrix} c_1 \\ c_2 \end{matrix}\right\} = m \pm n i, \qquad \left.\begin{matrix} c_3 \\ c_4 \end{matrix}\right\} = m' \pm n' i$$

mit $i = \sqrt{-1}$, so dass

$$\alpha = C_1 e^{(m+ni)x} + C_2 e^{(m-ni)x} + C_3 e^{(m'+n'i)x} + C_4 e^{(m'-n'i)x}$$

wird. Mit Hülfe der bekannten Gleichung

$$e^{\pm xi} = \cos x \pm i \sin x$$

kann indessen durch Einführung neuer Constanten f, g, f', g' statt C_1, C_2, C_3, C_4 die imaginäre Form jenes Integrals in eine reelle verwandelt, nämlich gesetzt werden:

$$\begin{aligned} \alpha &= e^{mx}\left[(C_1 + C_2)\cos(nx) + (C_1 - C_2)\, i \sin(nx)\right] \\ &+ e^{m'x}\left[(C_3 + C_4)\cos(n'x) + (C_3 - C_4)\, i \sin(n'x)\right] \\ &= e^{mx}\left[f \cos(nx) + g \sin(nx)\right] + e^{m'x}\left[f' \cos(n'x) + g' \sin(n'x)\right]. \end{aligned}$$

Was aber die Coefficienten m, n, m', n' betrifft, so folgt aus

$$c^4 + 4 a^4 = 0 \text{ oder } c = a\sqrt{2}\,(-1)^{\frac{1}{4}}$$

$$\text{wegen } (-1)^{\frac{1}{4}} = \begin{cases} \cos\frac{\pi}{4} \pm i \sin\frac{\pi}{4} = \sqrt{\frac{1}{2}} \pm i\sqrt{\frac{1}{2}} \\ \cos\frac{3\pi}{4} \pm i \sin\frac{3\pi}{4} = -\sqrt{\frac{1}{2}} \pm i\sqrt{\frac{1}{2}} \end{cases}$$

$$\left.\begin{matrix} c_1 \\ c_2 \end{matrix}\right\} = m \pm n i = a(1 \pm i), \text{ also } m = a, \quad n = a$$

$$\left.\begin{matrix} c_3 \\ c_4 \end{matrix}\right\} = m' \pm n' i = a(-1 \pm i), \text{ also } m' = -a, \quad n' = a.$$

Mit dem obigen Werthe (559) von a ist hiernach schliesslich:

$$\alpha = e^{ax}\left[f \cos(ax) + g \sin(ax)\right] + e^{-ax}\left[f' \cos(ax) + g' \sin(ax)\right] \quad . \quad (560),$$

und bleiben nur noch die Constanten f, g, f', g' mit Rücksicht auf die Bedingungen zu bestimmen, denen der Hohlcylinder an seinen Enden unterworfen ist.

206. — Wenn insbesondere beide Enden des Hohlcylinders denselben Bedingungen unterworfen sind, so dass die mittlere Querschnittsebene nach wie vor Symmetrieebene ist, so muss, falls der

Anfangspunkt O der x-Axe (Fig. 64) in diesem mittleren Querschnitte angenommen wird, $\varrho = A + \alpha$, folglich auch α für x und $-x$ einerlei Werth haben, muss also mit Rücksicht auf (560):

$$f \cos(ax) - g \sin(ax) = f' \cos(ax) + g' \sin(ax)$$
$$f \cos(ax) + g \sin(ax) = f' \cos(ax) - g' \sin(ax)$$

sein für jedes x, was voraussetzt, dass $f' = f$ und $g' = -g$ ist, also

$$\varrho = A + f(e^{ax} + e^{-ax}) \cos(ax) + g(e^{ax} - e^{-ax}) \sin(ax) \quad . \quad (561).$$

Zur vollständigen Bestimmung der Aufgabe werde endlich noch angenommen, der Hohlcylinder sei an den Enden so festgehalten, dass weder eine Erweiterung seines Querschnittes, noch eine Neigung der Meridianlinie seiner Mittelfläche gegen die Axe daselbst möglich, dass also, unter l seine halbe Länge verstanden,

$$\text{für } x = l: \quad \varrho = 0 \text{ und } \frac{d\varrho}{dx} = 0 \quad . \quad . \quad . \quad . \quad (562)$$

ist. Die diesen Bedingungen entsprechende Bestimmung der noch übrigen Constanten f und g lässt sich dann durch die Bemerkung vereinfachen, dass immer, sofern nur nicht etwa l viel kleiner als r ist, e^{-al} als sehr klein gegen e^{al} vernachlässigt werden kann. In der That findet man z. B. mit $m = 3$:

$$al = l \sqrt[4]{\frac{3(m^2-1)}{m^2 r^2 h^2}} = 4 \frac{l}{r} \quad \text{für } h = 0{,}102\, r,$$

folglich, wenn auch nur $l = r$ gesetzt wird,

$$al = 4; \quad e^{al} = 54{,}6; \quad e^{-al} = \frac{1}{54{,}6} = \frac{e^{al}}{2981}.$$

Die fragliche Vernachlässigung wäre in noch höherem, und zwar schnell wachsendem Grade gerechtfertigt, wenn $h < 0{,}1\, r$ oder $l > r$, somit $al > 4$ wäre, wie es z. B. bei cylindrischen Dampfkesseln der Fall ist, bei denen in der Regel sogar $al > 20$ sein wird.

Indem nun aus (561) folgt:

$$\left.\begin{aligned} \frac{1}{a}\frac{d\varrho}{dx} &= f[(e^{ax} - e^{-ax}) \cos(ax) - (e^{ax} + e^{-ax}) \sin(ax)] \\ &+ g[(e^{ax} - e^{-ax}) \cos(ax) + (e^{ax} + e^{-ax}) \sin(ax)] \end{aligned}\right\} \quad . \quad (563),$$

ergeben sich hieraus und aus (561) gemäss den Bedingungen (562) folgende zwei Bestimmungsgleichungen für f und g:

$$0 = A + f e^{al} \cos(al) + g e^{al} \sin(al)$$
$$0 = f e^{al} [\cos(al) - \sin(al)] + g e^{al} [\cos(al) + \sin(al)].$$

Aus der zweiten folgt: $g = -\dfrac{\cos(al) - \sin(al)}{\cos(al) + \sin(al)} f$

und damit aus der ersten:

$$0 = A + f e^{al} \left[\cos(al) - \frac{\cos(al) - \sin(al)}{\cos(al) + \sin(al)} \sin(al)\right]$$
$$= A + \frac{f e^{al}}{\cos(al) + \sin(al)},$$

also $f = -A\,\frac{cos(al) + sin(al)}{e^{al}}, \quad g = A\,\frac{cos(al) - sin(al)}{e^{al}}$. (564).

207. — Indem nunmehr ϱ durch Gleichung (561) vollkommen bestimmt ist, können nach (550) und (551):

$$\left.\begin{array}{l}\varepsilon_x = \frac{\partial \xi}{\partial x} = \frac{m^2-1}{m^2}\frac{P}{EF} - \frac{1}{m}\frac{\varrho}{r} - v\frac{d^2\varrho}{dx^2} \\ \text{ferner } \varepsilon_y = \frac{\zeta}{z} = \frac{\varrho}{r} \text{ und nach (530): } \varepsilon_z = -\frac{\varepsilon_x + \varepsilon_y}{m-1} \\ \text{sowie nach (555): } \gamma = \frac{\tau}{G} = 2\frac{m+1}{m}\frac{\tau}{E} = -\frac{m}{m-1}\frac{h^2-4v^2}{4}\frac{d^3\varrho}{dx^3}\end{array}\right\} (565)$$

für jeden Punkt gefunden werden und damit schliesslich die Hauptdehnungen nach (529) in Nr. 197.

Die grössten Absolutwerthe der letzteren sind mit Rücksicht auf die Art, wie die Mittelfläche des Hohlcylinders deformirt wird (Fig. 64), im mittleren Querschnitte ($x = 0$) und in den Endquerschnitten ($x = l$) zu suchen, so dass es zu ihrer Bestimmung, bedingt durch ε_x, ε_y, ε_z und γ, nur der Kenntniss von ϱ, $\frac{d^2\varrho}{dx^2}$ und $\frac{d^3\varrho}{dx^3}$ für $x = 0$ und $x = l$ bedarf. Zu dem Ende findet man aus (563) durch wiederholte Differentiation:

$$\frac{1}{2a^2}\frac{d^2\varrho}{dx^2} = -f(e^{ax} - e^{-ax})\,sin(ax) + g(e^{ax} + e^{-ax})\,cos(ax)$$

$$\frac{1}{2a^3}\frac{d^3\varrho}{dx^3} = f[-(e^{ax} - e^{-ax})\,cos(ax) - (e^{ax} + e^{-ax})\,sin(ax)]$$
$$+ g[(e^{ax} - e^{-ax})\,cos(ax) - (e^{ax} + e^{-ax})\,sin(ax)]$$

und hieraus sowie aus (561) bei Vernachlässigung von e^{-al} gegen e^{al}, und wenn die $x = 0$ entsprechenden Werthe durch den Index 0, die $x = l$ entsprechenden durch den Index 1 angedeutet werden,

$$\varrho_0 = A + 2f; \quad \frac{1}{2a^2}\left(\frac{d^2\varrho}{dx^2}\right)_0 = 2g; \quad \frac{1}{2a^3}\left(\frac{d^3\varrho}{dx^3}\right)_0 = 0$$

$\varrho_1 = 0$ gemäss der Bedingung (562),

endlich mit Rücksicht auf (564):

$$\frac{1}{2a^2}\left(\frac{d^2\varrho}{dx^2}\right)_1 = -f e^{al} sin(al) + g\,e^{al} cos(al) = A$$

$$\frac{1}{2a^3}\left(\frac{d^3\varrho}{dx^3}\right)_1 = -f e^{al}[cos(al) + sin(al)] + g\,e^{al}[cos(al) - sin(al)]$$
$$= A\,\{[cos(al) + sin(al)]^2 + [cos(al) - sin(al)]^2\} = 2A.$$

Je grösser al ist, desto kleiner sind $\frac{f}{A}$ und $\frac{g}{A}$ nach den Gleichungen (564), und mit desto geringerem Fehler kann

$$\varrho_0 = A \text{ und } \left(\frac{d^2\varrho}{dx^2}\right)_0 = 0$$

gesetzt werden. Da die Deformation des Hohlcylinders nothwendig in solcher Weise stattfindet, dass sich in der Mitte ein Bauch bildet, dass also

$$\left(\frac{d^2\varrho}{dx^2}\right)_0 = 4\,g\,a^2$$

negativ ist, während doch g je nach der Grösse von al positiv oder negativ sein könnte, so muss man schliessen, dass die vorstehende Entwickelung überhaupt nur mit der Annäherung gültig ist, womit

$$\left(\frac{d^2\varrho}{dx^2}\right)_0 = 0 \quad \text{und entsprechend auch} \quad \varrho_0 = A$$

gesetzt werden kann, was, indem es darauf hinausläuft, e^{-al} nicht nur gegen e^{al}, sondern selbst gegen 1 zu vernachlässigen, mit Rücksicht auf den Näherungsgrad dieser ganzen Untersuchung in der That unbedenklich erscheint, falls nur etwa $al > 5$, also $e^{-al} < 0{,}0067$ ist. Unter dieser Voraussetzung kann somit gesetzt werden:

$$\left.\begin{aligned} \varrho_0 &= A; \quad \left(\frac{d^2\varrho}{dx^2}\right)_0 = 0; \quad \left(\frac{d^3\varrho}{dx^3}\right)_0 = 0 \\ \varrho_1 &= 0; \quad \left(\frac{d^2\varrho}{dx^2}\right)_1 = 2Aa^2; \quad \left(\frac{d^3\varrho}{dx^3}\right)_1 = 4Aa^3 \end{aligned}\right\} \quad . \quad (566).$$

208. — Für den Fall des an den Enden geschlossenen Hohlcylinders, in welchem sich eine Flüssigkeit befindet, die auf die Einheit der ganzen Innenfläche den Druck p ausübt, hat man nach (558) und (559):

$$A = \frac{2m-1}{2m}\,\frac{pr^2}{Eh} \quad \text{und} \quad a = \frac{n}{\sqrt{rh}} \quad \text{mit} \quad n = \sqrt[4]{\frac{3\,(m^2-1)}{m^2}},$$

also

$$\varrho_0 = \frac{2m-1}{2m}\,\frac{pr^2}{Eh}; \quad \left(\frac{d^2\varrho}{dx^2}\right)_0 = 0; \quad \left(\frac{d^3\varrho}{dx^3}\right)_0 = 0$$

$$\varrho_1 = 0; \quad \left(\frac{d^2\varrho}{dx^2}\right)_1 = 2n^2\,\frac{2m-1}{2m}\,\frac{pr}{Eh^2}; \quad \left(\frac{d^3\varrho}{dx^3}\right)_1 = 4n^3\,\frac{2m-1}{2m}\,\frac{pr}{Eh^2\sqrt{rh}}$$

und ist ferner nach (554) zu setzen:

$$\frac{P}{F} = \frac{pr}{2h}.$$

Für den mittleren und für die Endquerschnitte, die hier allein in Frage kommen, ergeben sich damit die Werthe von ε_x, ε_y, ε_z und γ aus den Gleichungen (565).

Im mittleren Querschnitte ($x = 0$) ist mit $\frac{d^3\varrho}{dx^3}$ auch $\gamma =$ Null, sind also ε_x, ε_y, ε_z Hauptdehnungen, und zwar:

$$(E\varepsilon_x)_0 = \frac{m^2-1}{m^2}\,\frac{pr}{2h} - \frac{2m-1}{2m^2}\,\frac{pr}{h} = \frac{m-2}{2m}\,\frac{pr}{h}$$

$$(E\varepsilon_y)_0 = \frac{2m-1}{2m}\,\frac{pr}{h}$$

$$(E\varepsilon_z)_0 = -\frac{(m-2)+(2m-1)}{2m\,(m-1)}\,\frac{pr}{h} = -\frac{3}{2m}\,\frac{pr}{h}.$$

Die grösste dieser Hauptdehnungen, also die grösste Dehnung im mittleren Querschnitte überhaupt ist ε_y:

$$max\,(E\varepsilon)_0 = (E\varepsilon_y)_0 = \frac{2m-1}{2m}\,\frac{pr}{h} = \frac{5}{6}\,\frac{pr}{h} \text{ für } m = 3 \quad . \quad (567).$$

In den Endquerschnitten $(x = l)$ ist mit ϱ auch $\varepsilon_y =$ Null, während ε_x und somit absolut genommen auch $\varepsilon_z = -\frac{\varepsilon_x}{m-1}$ für $v = -\frac{h}{2}$ am grössten sind. Da ferner γ für $v = \pm\frac{h}{2}$ den Werth Null hat, sind hier ε_x, ε_y, ε_z wieder Hauptdehnungen und zwar ist ε_x die grösste:

$$max\,(E\varepsilon)_1 = max\,(E\varepsilon_x)_1 = \frac{m^2-1}{m^2}\,\frac{pr}{2h} + \frac{h}{2}\cdot 2n^2\,\frac{2m-1}{2m}\,\frac{pr}{h^2}$$

$$= \frac{m^2-1+(2m-1)\sqrt{3(m^2-1)}}{2m^2}\,\frac{pr}{h} = 1{,}805\,\frac{pr}{h} \text{ für } m = 3$$

(568).

Zwar könnten in den Endquerschnitten noch die Punkte ihrer Mittellinien $(v = 0)$ als relativ gefährliche Punkte in Betracht kommen, indem daselbst γ am grössten ist; die hieraus und aus dem entsprechenden Werthe von ε_x hervorgehende grösste Hauptdehnung wäre nach (529)

wegen $\varepsilon_z = -\frac{\varepsilon_x}{m-1}$, also $\varepsilon_x + \varepsilon_z = \frac{m-2}{m-1}\,\varepsilon_x$ und $\varepsilon_x - \varepsilon_z = \frac{m}{m-1}\cdot\varepsilon_x$

$$\text{an dieser Stelle} = \frac{(m-2)\,\varepsilon_x + \sqrt{m^2\varepsilon_x^2 + (m-1)^2\gamma^2}}{2(m-1)}.$$

Wenn man aber darin die Werthe von ε_x und γ, welche $x = l$ und $v = 0$ entsprechen, z. B. mit $m = 3$ substituirt, findet man dieses relative Maximum von $E\varepsilon$

$$= \left(\frac{1}{9} + \frac{1}{3}\sqrt{1 + 15{,}3\,\frac{h}{r}}\right)\frac{pr}{h} \text{ jedenfalls} < max\,(E\varepsilon)_1 \text{ nach (568)},$$

und da letzteres mehr als doppelt so gross wie $max\,(E\varepsilon)_0$ nach (567) ist, so ist es das absolute Maximum für den ganzen Hohlcylinder. Die grösste Anstrengung des letzteren findet sonach an den Enden an der Innenfläche der cylindrischen Wand statt, entsprechend einer mit E multiplicirten axialen Dehnung:

$$max\,(E\varepsilon) = k = \frac{m^2-1+(2m-1)\sqrt{3(m^2-1)}}{2m^2}\,\frac{pr}{h} \quad . \quad (569),$$

wachsend mit dem Werthe von m,

z. B. für $m = 3 \qquad \frac{10}{3} \qquad 4$

$k = 1{,}805 \qquad 1{,}859 \qquad 1{,}936\,.\,\frac{pr}{h}$.

209. — Die Anwendung des in voriger Nummer erhaltenen Resultates auf die Beurtheilung der Anstrengung eines cylindrischen

Dampfkessels in Folge des inneren Dampfdruckes ist zwar insofern vollkommen zulässig, als hier $\frac{h}{r}$ hinlänglich klein und al hinlänglich gross ist; die Bedingungsgleichungen (562) werden aber um so weniger zutreffen, je mehr die Kesselböden selbst einer Deformation unterliegen. Letztere und die Deformation der cylindrischen Kesselwand bedingen sich gegenseitig in einer Weise, dass die genauere Untersuchung dieses gegenseitigen Einflusses mit grossen Schwierigkeiten verbunden ist, und mag es daher genügen, hier nur schätzungsweise den Einfluss der eigenen Deformation der Kesselböden zu berücksichtigen, der jedenfalls in dem Sinne stattfindet, dass dadurch die Krümmung der Meridianlinie der cylindrischen Mittelfläche für $x = l$ vermindert, also auch jener durch (569) ausgedrückte Maximalwerth k von $E\varepsilon$ etwas verkleinert wird.

Diese Grösse k ist indessen nur zum Theil von fraglicher Krümmung abhängig; mit dem Bestandtheile

$$\frac{m^2-1}{2m^2}\frac{pr}{h} = 0{,}455\,\frac{pr}{h} \text{ für } m = \frac{10}{3}$$

wird sie durch den Dampfdruck P auf den Kesselboden verursacht, und wenn man annimmt, dass der andere Bestandtheil

$$= (1{,}859 - 0{,}455)\frac{pr}{h} = 1{,}404\,\frac{pr}{h}$$

mit nur $\frac{3}{4}$ wirklich zu Stande kommt, ermässigt sich die resultirende Maximalanstrengung auf

$$k = \left(0{,}455 + \frac{3}{4}\cdot 1{,}404\right)\frac{pr}{h} = 1{,}508\,\frac{pr}{h} = 0{,}754\,\frac{pd}{h},$$

wenn $d = 2r$ den Kesseldurchmesser bedeutet. Daraus folgt, unter n den Dampfdruck (Ueberdruck) in Atmosphären verstanden (1 Atmosphäre $= 1{,}0333 = \frac{31}{30}$ Kgr. pro Quadratcentim.):

$$\frac{h}{d} = 0{,}754\cdot\frac{31}{30}\frac{n}{k} = 0{,}78\,\frac{n}{k}$$

und kann für Eisenblech im Allgemeinen gesetzt werden:

$$\frac{h}{d} = 0{,}0012\,n,$$

entsprechend $k = 650$ Kgr. pro Quadratcentimeter, oder endlich, wenn mit Rücksicht auf die zusätzliche Anstrengung des Kessels in Folge seines eigenen und des Gewichtes seiner Wasserfüllung, bedingt ausserdem durch die Art seiner Unterstützung, die Blechdicke nach Schätzung noch um 0,2 % des Durchmessers grösser genommen wird,

$$h = (0{,}0012\,n + 0{,}002)\,d \quad \ldots\ldots \quad (570),$$

wenigstens aber $h = 0{,}004\,d$. —

So mangelhaft diese Schätzung der Anstrengung eines Dampfkessels auch sein mag, so ist es doch ohne Zweifel noch unrichtiger, sie einfach wie die einer offenen Röhre zu beurtheilen, also nach (545) abgesehen vom Einflusse des Eigengewichtes und der Wasserfüllung zu setzen: $k = \frac{pr}{h}$, wie gewöhnlich geschieht.

210. — Als Beispiel eines Hohlcylinders, der nur an einer Seite offen, an der anderen durch einen Boden geschlossen ist, kann der Cylinder einer hydraulischen Presse dienen. Bei der hier beträchtlichen Wanddicke, indem der äussere Durchmesser nicht selten mehr als das Doppelte des inneren beträgt, sind aber die Voraussetzungen, auf denen die Entwickelung in den vorhergehenden Nummern beruht, allzu wenig zutreffend, als dass daraus quantitativ zuverlässige Schlüsse auf das Verhalten eines solchen Presscylinders unter dem Einflusse des inneren Druckes gezogen werden könnten, der so bedeutend ist, dass schon die Vernachlässigung der radialen Normalspannung σ_z (Nr. 203) hier unzulässig erscheint. Die befriedigende mathematische Untersuchung dieses Verhaltens ist ein unseres Wissens noch ungelöstes und mit erheblichen Schwierigkeiten verbundenes Problem. Die relativ grössten Dehnungen finden ohne Zweifel wieder an der inneren Fläche statt: am offenen Ende im Sinne des Umfanges $= max\, \varepsilon_y$, am geschlossenen Ende nach axialer Richtung $= max\, \varepsilon_x$. Erstere ist kleiner, als sie im Falle des beiderseits offenen Hohlcylinders (Nr. 199) bei gleichen Werthen von p, r_1 und r_2 sein würde, und zwar um so mehr kleiner, je kürzer der Presscylinder ist; das Verkleinerungsverhältniss bleibt aber ebenso fraglich, wie das Verhältniss von $max\, \varepsilon_y$ zu $max\, \varepsilon_x$ und die Wahl solcher vortheilhaftester Verhältnisse, wodurch diese zwei relativen Maxima einander gleich und damit möglichst klein werden. Bei dieser Unsicherheit und in Ermangelung hinlänglicher Erfahrungen über die Sprengung von dergleichen Presscylindern bei verschiedenen Dimensionsverhältnissen ist es rathsam, die grösste Anstrengung nicht viel kleiner, als diejenige einer beiderseits offenen Röhre unter übrigens gleichen Umständen zu schätzen. Wird sie $= \frac{3}{4}$ derselben angenommen, so folgt aus (542) mit k statt k' und $m = 3$:

$$\left(\frac{r_2}{r_1}\right)^2 = \frac{m \cdot \frac{4}{3} k + (m-1)p}{m \cdot \frac{4}{3} k - (m+1)p} = \frac{k + 0,5\, p}{k - p} \quad . \quad (571),$$

und daraus z. B. für

$\frac{r_2}{r_1} =$	1	$\frac{3}{2}$	2	$\frac{5}{2}$	3	∞
$\frac{p}{k} =$	0	$\frac{5}{11}$	$\frac{2}{3}$	$\frac{7}{9}$	$\frac{16}{19}$	1
$=$	0	0,455	0,667	0,778	0,842	1

Wird $\frac{r_2}{r_1} = \frac{5}{2}$ als die Grenze betrachtet, über welche hinaus zu gehen sich nicht empfiehlt, weil die weitere Vergrösserung der Wanddicke nur noch eine kleine, mit der schon vorhandenen grösseren Wanddicke immer kleiner werdende Vergrösserung des Druckes p gestatten würde, so ist der höchstens zulässige Atmosphärendruck n wegen $p = \frac{31}{30} n$ Kgr. pro Quadratcentimeter:

$$n = \frac{30}{31} \cdot \frac{7}{9} k = \frac{70}{93} k = 500 \text{ für } k = 664,$$

wonach in einem Presscylinder von Gusseisen höchstens ein Druck von 500 Atm. stattfinden dürfte, wenn seine Anstrengung die Hälfte der Zugfestigkeit des Gusseisens nicht überschreiten sollte.

211. — Wenn eine geschlossene oder durch Befestigung an den Enden in ihrer Deformation beschränkte Röhre einem äusseren Ueberdrucke ausgesetzt ist, wie z. B. die innere Heizröhre eines Dampfkessels, so tritt an die Stelle der Ausbauchung in der Mitte eine Einschnürung; ausserdem findet aber der wesentliche Unterschied statt, dass, während zufällige Abweichungen von der genauen Kreisform des Querschnittes durch inneren Druck vermindert werden, ein äusserer Druck sie umgekehrt vergrössert. Dergleichen Abweichungen von der genauen Kreisform sind besonders bei Röhren, die, wie die Heizröhren von Dampfkesseln, aus Blechtafeln zusammengenietet werden, kaum vermeidlich, und es sind daher solche Röhren der Gefahr ausgesetzt, durch den äusseren Ueberdruck platt gedrückt resp. zerknickt zu werden. Es lässt sich erwarten und wird durch die Erfahrung bestätigt, dass diese Gefahr unter übrigens gleichen Umständen mit der Röhrenlänge wächst; die theoretische Ableitung einer Formel für die Wandstärke würde aber auf unverhältnissmässige Schwierigkeiten führen und ausserdem an ähnlichen Mängeln leiden wie die Theorie der Knickung gerader Stäbe (Nr. 112—116), so dass Versuche, welche die Bildung einer empirischen Formel gestatten, hier von besonderem Werthe sind.

Dergleichen Versuche sind von W. Fairbairn mit Röhren von 10 bis 48 Centim. Durchmesser und 48 bis 155 Centim. Länge angestellt worden, die auf gewöhnliche Art aus Eisenblech zusammengenietet waren. Leider hatte das Blech in den meisten Fällen die geringe Dicke von 1,1 Millim., während nur vier Versuche mit Blechstärken von 3,2 bis 6,4 Millim. vorliegen; der Einfluss der Blechstärke konnte deshalb nicht so zuverlässig hervortreten wie wünschenswerth gewesen wäre. Die Röhren waren an den Enden durch gusseiserne Scheiben geschlossen, die (entsprechend dem Zustande, in dem sich die Heizröhren von Dampfkesseln befinden) an ihrer gegenseitigen Annäherung als Folge der Zusammendrückung der Röhre gehindert waren; durch ein engeres, in eine der Endscheiben eingefügtes Rohr communicirte der innere Raum mit der Atmosphäre, während der durch eine Druckpumpe mittels Wasser ausgeübte äussere Druck bis zur Zerstörung der Versuchsröhre allmählich gesteigert wurde.

Aus den Ergebnissen von im Ganzen 21 Versuchen ist vom Verfasser mittels der Methode der kleinsten Quadrate die folgende empirische Formel abgeleitet worden*):

*) Zeitschrift des Vereins deutscher Ingenieure, Bd. III, S. 234.

$$n = 7790 \frac{h^{2,315}}{l\,d^{1,278}} \quad \ldots\ldots \quad (572).$$

Darin bedeutet l die Länge in Centimetern, d den Durchmesser in Centimetern, h die Blechdicke in Millimetern, n den Ueberdruck in Atmosphären, wodurch die Röhre zerdrückt wird. Weil indessen diese Formel die mit der kleinen Blechdicke von 1,1 Millim. angestellten Versuche zwar gut, die für die Praxis wichtigeren Versuche mit dickerem Blech aber nicht genügend wiedergiebt, so wurde noch eine zweite Formel hergestellt, die den letzteren Versuchen genau entspricht; sie ist bei derselben Bedeutung der Buchstaben wie oben:

$$n = 325 \frac{h^{2,081}}{l^{0,564}\,d^{0,889}} \quad \ldots\ldots \quad (573).$$

Bei den mancherlei zufälligen und störenden Umständen solcher Versuche ist deren Vervielfältigung nöthig, um das Gesetz des Widerstandes äusserlich gedrückter Röhren mit Zuverlässigkeit erkennbar zu machen. Unzweifelhaft ergiebt sich aber die Thatsache, dass mit zunehmender Länge die Widerstandsfähigkeit wesentlich abnimmt, weshalb nach einem schon von Fairbairn gemachten Vorschlage die Heizröhren der Dampfkessel mit einigen Versteifungsringen umgeben zu werden pflegen, um sie dadurch gewissermaassen in mehrere Röhren von geringerer Länge abzutheilen.

II. Kreisförmige ebene Platte.

212. — Der äussere Radius der Platte sei $= r$, die gleichförmige und im Vergleich mit r sehr kleine Dicke $= h$. Am Rande sei die Platte entweder ringsum gestützt (lose aufliegend) oder sie sei daselbst eingeklemmt. Die symmetrische Belastung bestehe im Allgemeinen aus

1) einer im Mittelpunkte concentrirten und senkrecht zur Oberfläche gerichteten Kraft P,
2) einem gleichförmig auf dieser Oberfläche vertheilten Normaldrucke $= p$ pro Flächeneinheit,
3) einer auf den Rand (die cylindrische Umfläche) gleichförmig vertheilten, radial wirkenden äusseren Kraft $= p_1$ pro Flächeneinheit, also $= p_1 h$ pro Längeneinheit des Umfanges.

Ein positiver Werth von P entspreche der gleichen Richtung mit p, ein positiver Werth von p_1 einem radial auswärts gerichteten Zuge.

Fig. 65.

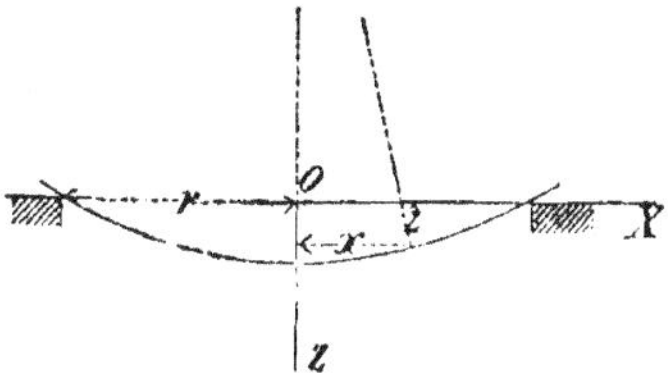

Die verbogene Mittelfläche ist eine Umdrehungsfläche, also bestimmt durch ihre Meridianlinie; letztere (Fig. 65) sei bezogen auf die Coordinatenaxen OX, OZ, deren Anfangspunkt O im Mittelpunkte der ursprünglichen (noch nicht gebogenen) Mittelfläche liegt, während OX radial gerichtet und OZ (positiv im Sinne des Ueberdruckes p) die geometrische Axe der Platte ist.

Verglichen mit den Bezeichnungen in Nr. 196 sind also hier die x-Axe und die z-Axe mit einander vertauscht.

Wenn wieder die Normalspannung σ_z als sehr klein im Vergleich mit σ_x und σ_y vernachlässigt wird, so ist nach (530):

$$\sigma_x = \frac{2G}{m-1}(m\varepsilon_x + \varepsilon_y); \quad \sigma_y = \frac{2G}{m-1}(\varepsilon_x + m\varepsilon_y).$$

Wird ferner wieder mit v (positiv im Sinne der positiven z-Axe) die Entfernung irgend eines Punktes der Platte von ihrer Mittelfläche bezeichnet, so ist, unter R und R_1 die Krümmungsradien beziehungsweise der Meridianlinie und des dazu senkrechten Normalschnittes der Mittelfläche verstanden (R_1 = Länge der Normale, bis zum Durchschnittspunkte mit der z-Axe) analog Gleichung (74) in Nr. 36:

$$\varepsilon_x = \varepsilon_{mx} \pm \frac{v}{R}; \quad \varepsilon_y = \varepsilon_{my} \pm \frac{v}{R_1}$$

mit den oberen oder unteren Vorzeichen der Glieder mit v, jenachdem die Meridianlinie an der betreffenden Stelle im Sinne der negativen (wie in Fig. 65) oder der positiven z-Axe concav gekrümmt ist, und unter ε_{mx}, ε_{my} die Werthe von ε_x, ε_y in der Mittelfläche ($v = 0$) verstanden. Bei Voraussetzung einer so schwachen Biegung, dass R und R_1 im Vergleich mit den Dimensionen der Platte sehr gross sind, ist aber

$$\frac{1}{R} = \mp \frac{d^2z}{dx^2} \quad \text{und} \quad \frac{1}{R_1} = \mp \frac{1}{x}\frac{dz}{dx},$$

wobei die oberen und unteren Vorzeichen denselben Voraussetzungen entsprechen wie oben, also:

$$\varepsilon_x = \varepsilon_{mx} - v\frac{d^2z}{dx^2}; \quad \varepsilon_y = \varepsilon_{my} - \frac{v}{x}\frac{dz}{dx}.$$

Die Einführung dieser Ausdrücke in obige Gleichungen für σ_x und σ_y giebt mit $G = \frac{1}{2}\frac{m}{m+1}E$:

$$\sigma_x = \frac{mE}{m^2-1}\left[m\varepsilon_{mx} + \varepsilon_{my} - v\left(m\frac{d^2z}{dx^2} + \frac{1}{x}\frac{dz}{dx}\right)\right]$$

$$\sigma_y = \frac{mE}{m^2-1}\left[\varepsilon_{mx} + m\varepsilon_{my} - v\left(\frac{d^2z}{dx^2} + \frac{m}{x}\frac{dz}{dx}\right)\right].$$

In der Mittelfläche ($v = 0$) sind diese mit σ_{mx} und σ_{my} zu bezeichnenden Spannungen ebenso gross, wie sie für jeden Werth von v sein würden, wenn die biegenden Kräfte P und p = Null wären und nur die radiale Kraft p_1 auf den Rand der Platte wirkte; dann wäre aber offenbar keine Schubspannung vorhanden und deshalb den allgemeinen Gleichgewichtsbedingungen (2) in Nr. 2 zufolge (bei dem Fehlen äusserer Kräfte, die auf die Körpermasse selbst wirken):

$$\frac{\partial\sigma_{mx}}{\partial x} = 0, \text{ also, da } \frac{\partial\sigma_{mx}}{\partial y} = 0$$

ohne Weiteres aus den Bedingungen der Aufgabe folgt, σ_{mx} in allen Punkten der Mittelfläche gleich gross. Dasselbe gilt dann auch von σ_{my}, weil nach der zweiten der Gleichungen (526), in denen gemäss den hier gebrauchten Bezeichnungen und zu Grunde liegenden Annahmen x und z zu vertauschen, X und $Z =$ Null zu setzen sind, mit $\tau = 0$ sich

$$\sigma_{my} = \frac{\partial (x\sigma_{mx})}{\partial x} = \sigma_{mx}$$

ergiebt. Da nun wegen der Randbedingung $\sigma_{mx} = p_1$ ist, so ist auch

$$\sigma_{mx} = \sigma_{my} = p_1$$

und folgt daraus mit Rücksicht auf die obigen Ausdrücke von σ_x und σ_y:

$$\varepsilon_{mx} = \varepsilon_{my} = \frac{m-1}{m}\frac{p_1}{E},$$

also:

$$\left.\begin{aligned}
\varepsilon_x &= \frac{m-1}{m}\frac{p_1}{E} - v\frac{d^2 z}{dx^2} \\
\varepsilon_y &= \frac{m-1}{m}\frac{p_1}{E} - \frac{v}{x}\frac{dz}{dx} \\
\sigma_x &= p_1 - \frac{m}{m^2-1}Ev\left(m\frac{d^2 z}{dx^2} + \frac{1}{x}\frac{dz}{dx}\right) \\
\sigma_y &= p_1 - \frac{m}{m^2-1}Ev\left(\frac{d^2 z}{dx^2} + \frac{m}{x}\frac{dz}{dx}\right)
\end{aligned}\right\} \quad . \quad . \quad (574).$$

213. — Von den Gleichgewichtsbedingungen (526), in denen, wie schon in voriger Nummer bemerkt, hier X und $Z =$ Null zu setzen, x und z zu vertauschen sind, kann die zweite zur Bestimmung der Schubspannung τ dienen. Sie ist, da ausserdem die Variable v an die Stelle von z tritt:

$$\frac{\partial \tau}{\partial v} = \frac{\sigma_y}{x} - \frac{1}{x}\frac{\partial (x\sigma_x)}{\partial x}$$

oder mit Rücksicht auf die Ausdrücke (574) von σ_x und σ_y:

$$\begin{aligned}
\frac{\partial \tau}{\partial v} &= \frac{1}{x}\Big[p_1 - \frac{m}{m^2-1}Ev\left(\frac{d^2 z}{dx^2} + \frac{m}{x}\frac{dz}{dx}\right) \\
&\quad - p_1 + \frac{m}{m^2-1}Ev\left(mx\frac{d^3 z}{dx^3} + m\frac{d^2 z}{dx^2} + \frac{d^2 z}{dx^2}\right)\Big] \\
&= \frac{1}{x}\frac{m}{m^2-1}Ev\left(mx\frac{d^3 z}{dx^3} + m\frac{d^2 z}{dx^2} - \frac{m}{x}\frac{dz}{dx}\right) \\
&= \frac{m^2}{m^2-1}Ev\left(\frac{d^3 z}{dx^3} + \frac{1}{x}\frac{d^2 z}{dx^2} - \frac{1}{x^2}\frac{dz}{dx}\right).
\end{aligned}$$

Daraus folgt durch Integration nach v mit Rücksicht darauf, dass $\tau = 0$ ist für $v = \pm \frac{h}{2}$:

$$\tau = -\frac{m^2}{m^2-1}E\frac{h^2 - 4v^2}{8}\left(\frac{d^3 z}{dx^3} + \frac{1}{x}\frac{d^2 z}{dx^2} - \frac{1}{x^2}\frac{dz}{dx}\right) \quad (575).$$

Jedenfalls ist τ negativ, entsprechend dem Umstande, dass der ursprünglich rechte Winkel zweier von irgend einem Punkte aus nach den Richtungen x und z gezogener materieller Geraden durch die Deformation der Platte in einen stumpfen Winkel übergeht.

In den Ausdrücken von σ_x, σ_y und τ resp. von ε_x, ε_y und $\gamma = \frac{\tau}{G}$ bleibt noch die Function z, d. h. die Gleichung der Meridianlinie der gebogenen Mittelfläche zu bestimmen. Die erste der Gleichgewichtsbedingungen (526):

$$\frac{\partial \sigma_z}{\partial v} + \frac{1}{x}\frac{\partial (x\tau)}{\partial x} = 0$$

kann dazu nicht dienen, weil sie mit der Vernachlässigung von σ_z ihre Bedeutung verloren hat; dagegen lässt sie sich ersetzen durch die Bedingung des Gleichgewichtes zwischen der Schubspannung am Rande und der Belastung eines Plattenstücks, das aus der ganzen Platte von einer um die z-Axe mit dem Radius x beschriebenen Cylinderfläche herausgeschnitten wird. So erhält man, unter τ hinfort den Absolutwerth der Schubspannung verstanden, die Bestimmungsgleichung:

$$2\pi x \int \tau \, dv = \pi x^2 p + P,$$

worin das Integral von $v = -\frac{h}{2}$ bis $v = \frac{h}{2}$ zu nehmen ist, so dass sich nach (575) ergiebt:

$$2\pi x \frac{m^2}{m^2-1} E \frac{h^3 - \frac{4}{3}\frac{h^3}{4}}{8}\left(\frac{d^3z}{dx^3} + \frac{1}{x}\frac{d^2z}{dx^2} - \frac{1}{x^2}\frac{dz}{dx}\right) = \pi x^2 p + P,$$

also

$$\frac{d^3z}{dx^3} + \frac{1}{x}\frac{d^2z}{dx^2} - \frac{1}{x^2}\frac{dz}{dx} = \frac{m^2-1}{m^2}\frac{6}{Eh^3}\left(px + \frac{P}{\pi x}\right)$$

als Differentialgleichung der Meridianlinie, während dadurch nach (575) absolut genommen

$$\tau = \frac{3}{4}\frac{h^2-4v^2}{h^3}\left(px + \frac{P}{\pi x}\right) \quad . \quad . \quad . \quad . \quad (576)$$

wird. Mit den Bezeichnungen

$$a = \frac{m^2-1}{m^2}\frac{6}{Eh^3}p; \quad b = \frac{m^2-1}{m^2}\frac{6}{Eh^3}\frac{P}{\pi} \quad . \quad (577)$$

kann jene Differentialgleichung geschrieben werden:

$$\frac{d^3z}{dx^3} + \frac{d}{dx}\left(\frac{1}{x}\frac{dz}{dx}\right) = ax + \frac{b}{x}$$

und folgt daraus durch Integration:

$$\frac{d^2z}{dx^2} + \frac{1}{x}\frac{dz}{dx} = \frac{ax^2}{2} + b \ln x + c \quad . \quad . \quad . \quad (578)$$

oder

$$\frac{d}{dx}\left(x\frac{dz}{dx}\right) = \frac{ax^3}{2} + bx \ln x + cx$$

und daraus durch wiederholte Integration wegen

$$\int x\,ln\,x\,dx = \frac{1}{2}\int ln\,x\,d(x^2)$$

$$= \frac{1}{2}\left(x^2\,ln\,x - \int x\,dx\right) = \frac{x^2}{2}\left(ln\,x - \frac{1}{2}\right)$$

und nach Division mit x:

$$\frac{dz}{dx} = \frac{ax^3}{8} + \frac{bx}{2}\left(ln\,x - \frac{1}{2}\right) + \frac{cx}{2} + \frac{d}{x} \quad . \quad . \quad (579),$$

endlich durch eine dritte Integration:

$$z = \frac{ax^4}{32} + \frac{b}{2}\left[\frac{x^2}{2}\left(ln\,x - \frac{1}{2}\right) - \frac{x^2}{4}\right] + \frac{cx^2}{4} + d\,ln\,x + e$$

$$= \frac{ax^4}{32} + \frac{bx^2}{4}(ln\,x - 1) + \frac{cx^2}{4} + d\,ln\,x + e \quad . \quad (580).$$

Aus (578) und (579) ergeben sich die in (574) vorkommenden Functionen:

$$\left.\begin{aligned} \frac{1}{x}\frac{dz}{dx} &= \frac{ax^2}{8} + \frac{b}{2}\left(ln\,x - \frac{1}{2}\right) + \frac{c}{2} + \frac{d}{x^2} \\ \frac{d^2z}{dx^2} &= \frac{3}{8}ax^2 + \frac{b}{2}\left(ln\,x + \frac{1}{2}\right) + \frac{c}{2} - \frac{d}{x^2} \end{aligned}\right\} . \quad (581),$$

wodurch nach Bestimmung der Integrations-Constanten c, d, e insbesondere ε_x und ε_y bestimmt sind, während dann

$$\varepsilon_z = -\frac{\varepsilon_x + \varepsilon_y}{m - 1} \text{ nach (530)}, \quad \gamma = \frac{\tau}{G} \text{ nach (576)}$$

und damit endlich die Hauptdehnungen aus (529) gefunden werden. Ist $\gamma = 0$, so dass ε_x, ε_y, ε_z die Hauptdehnungen sind, so ist entweder ε_x oder ε_y absolut genommen am grössten. Denn ε_z könnte es, wenn überhaupt, am ehesten dann sein, wenn ε_x und ε_y von einerlei Zeichen und einander gleich wären; doch wäre selbst in diesem Falle der absolute Werth von ε_z im Verhältnisse $\frac{2}{m-1}$ kleiner, d. h. höchstens ebenso gross wegen $m \geqq 3$.

Von den Constanten c, d, e ist die letzte durch die Lage des Anfangspunktes O, der die zusammengehörigen Werthe $x = r$, $z = 0$ entsprechen, bestimmt; d ist verschieden, jenachdem die Platte voll oder in der Mitte durch eine kreisförmige Oeffnung unterbrochen ist; c endlich ist von der Art der Stützung oder Einklemmung der Platte am äusseren Rande abhängig.

a. Volle Platte.

214. — Die volle Platte kann nur so gebogen sein, dass die Meridianlinie der Mittelfläche für $x = 0$ eine der x-Axe parallele Tangente hat, dass also nach (579):

$$\left(\frac{dz}{dx}\right)_{x=0} = \frac{b}{2}(x\,ln\,x)_{x=0} + \frac{d}{0} = 0$$

ist, was wegen

$$(x\,ln\,x)_{x=0} = \left(\frac{ln\,x}{\frac{1}{x}}\right)_{x=0} = \left(\frac{\frac{1}{x}}{-\frac{1}{x^2}}\right)_{x=0} = 0$$

nur dadurch möglich ist, dass $d = 0$ gesetzt wird.

Wenn ferner die Platte am Rande gestützt ist (lose aufliegt), so muss für $x = r$ und jedes v: $\sigma_x = p_1$ sein. Diese Bedingung ergiebt nach (574):

$$m\frac{d^2z}{dx^2} + \frac{1}{x}\frac{dz}{dx} = 0 \text{ für } x = r,$$

also nach (581) mit $d = 0$:

$$\frac{3m+1}{8}ar^2 + \frac{b}{2}\left[(m+1)\,ln\,r + \frac{m-1}{2}\right] + (m+1)\frac{c}{2} = 0$$

$$c = -\frac{1}{4}\frac{3m+1}{m+1}ar^2 - b\left(ln\,r + \frac{1}{2}\frac{m-1}{m+1}\right). \quad (582).$$

Ist aber die Platte am Rande eingeklemmt, und zwar so, dass die Meridianlinie der Mittelfläche daselbst die x-Axe berührt (Fig. 66), so erhält man aus der diesem Umstande entsprechenden Bedingung, dass $\frac{dz}{dx} = 0$ sein muss für $x = r$, mit Rücksicht auf Gleichung (579) und

Fig. 66.

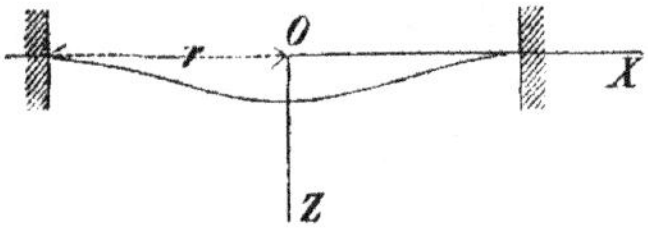

wegen $d = 0$:

$$\frac{ar^3}{8} + \frac{br}{2}\left(ln\,r - \frac{1}{2}\right) + \frac{cr}{2} = 0$$

$$c = -\frac{1}{4}ar^2 - b\left(ln\,r - \frac{1}{2}\right). \quad . \quad . \quad . \quad (583).$$

1. Auf die Oberfläche der Platte wirkt nur der gleichförmige specifische Druck p.

215. — Wenn die Constante c der Bedingung gemäss bestimmt wird, dass $x = r$, $z = 0$ zusammengehörige Werthe sind, erhält man mit $b = 0$, entsprechend $P = 0$ nach (577), und mit $d = 0$ (Nr. 214) als Gleichung der Meridianlinie nach (580):

$$z = -\frac{a}{32}(r^4 - x^4) - \frac{c}{4}(r^2 - x^2) = \left(-a\frac{r^2 + x^2}{8} - c\right)\frac{r^2 - x^2}{4} \quad (584).$$

Nach (574) mit Rücksicht auf (581) ist ferner:

$$\left.\begin{aligned} \varepsilon_x &= \frac{m-1}{m}\frac{p_1}{E} - \left(\frac{3}{8}ax^2 + \frac{c}{2}\right)v \\ \varepsilon_y &= \frac{m-1}{m}\frac{p_1}{E} - \left(\frac{1}{8}ax^2 + \frac{c}{2}\right)v \end{aligned}\right\} \quad . \quad . \quad (585).$$

Diese Dehnungen sind am grössten für $x=0$ oder $x=r$ und $v=\pm\frac{h}{2}$ und weil ebendaselbst $\tau=0$ ist, so sind sie zusammen mit $\varepsilon_z=-\frac{\varepsilon_x+\varepsilon_y}{m-1}$ Hauptdehnungen. Ein noch grösserer Absolutwerth von ε könnte nur dort vielleicht stattfinden, wo

$$\tau=\frac{3}{4}\frac{h^2-4v^2}{h^3}px \text{ nach (576)}$$

am grössten ist, nämlich $=\frac{3}{4}\frac{r}{h}p$ für $x=r$, $v=0$, obgleich sich analog dem Verhalten dünner Stäbe erwarten lässt, dass auch hier bei der dünnen Platte die durch die Schubspannungen bedingten im Vergleich mit den von der Biegung herrührenden Dehnungen von untergeordneter Grösse sind.

216. — Wenn insbesondere die Platte am Rande gestützt und eine radiale äussere Kraft daselbst nicht vorhanden, also $p_1=0$ ist, wird die Gleichung (584) der Meridianlinie mit Rücksicht auf den Ausdruck (582) von c, worin hier $b=0$ zu setzen ist, sowie durch Einführung des Ausdruckes (577) von a:

$$z=\frac{3}{16}\frac{m^2-1}{m^2}\frac{p}{Eh^3}\left(\frac{5m+1}{m+1}r^2-x^2\right)(r^2-x^2)\quad . \quad (586).$$

Mit $x=0$ ergiebt sich daraus die Durchbiegung der Platte in der Mitte:

$$\delta=\frac{3}{16}\frac{(m-1)(5m+1)}{m^2}\frac{pr^4}{Eh^3}\quad . \; . \; . \; . \quad (587).$$

Ferner ist nach (585) mit $p_1=0$ und jenen Ausdrücken von c und a:

$$\left.\begin{aligned} E\varepsilon_x &= \frac{3}{4}\frac{m^2-1}{m^2}\frac{p}{h^3}\left(\frac{3m+1}{m+1}r^2-3x^2\right)v \\ E\varepsilon_y &= \frac{3}{4}\frac{m^2-1}{m^2}\frac{p}{h^3}\left(\frac{3m+1}{m+1}r^2-x^2\right)v \end{aligned}\right\}\quad . \quad (588).$$

Ohne Weiteres ist ersichtlich, dass letzterer Werth absolut genommen für $x=0$ und $v=\pm\frac{h}{2}$ am grössten ist; dass auch $E\varepsilon_x$ in der Mitte und nicht etwa am Rande der Platte $\left(\text{für } x=r \text{ und } v=\pm\frac{h}{2}\right)$ seinen grössten absoluten Werth hat, folgt daraus, dass

$$\frac{3m+1}{m+1}>3-\frac{3m+1}{m+1}, \text{ nämlich } \frac{3m+1}{m+1}>\frac{3}{2} \text{ oder } 3m>1$$

ist. Diese grössten Absolutwerthe von $E\varepsilon_x$ und $E\varepsilon_y$ sind ausserdem gleich gross:

$$max(E\varepsilon)=\frac{3}{8}\frac{(m-1)(3m+1)}{m^2}\frac{r^2}{h^2}p\quad . \; . \quad (589),$$

während $E\varepsilon_z$ höchstens ebenso gross ist (Nr. 213).

An der Stelle ($x=r$, $v=0$), wo τ am grössten $=\frac{3}{4}\frac{r}{h}p$ ist (Nr. 215), sind ε_x, ε_y, ε_z = Null, und ist deshalb hier nach (529) das relative Maximum von $E\varepsilon$

$$=E\frac{\gamma}{2}=\frac{E}{2G}\tau=\frac{m+1}{m}\tau=\frac{3}{4}\frac{m+1}{m}\frac{r}{h}p.$$

Es ist aber, da $\frac{r}{h}$ nach der Voraussetzung eine grosse Zahl ist, von untergeordneter Grösse im Vergleich mit dem durch (589) bestimmten und dem Quadrate von $\frac{r}{h}$ proportionalen Maximalwerthe, der demnach das Maximum des Absolutwerthes von $E\varepsilon$ in der ganzen Platte ist.

Insbesondere mit $m=3$ ergiebt sich:

$$\delta=\frac{2}{3}\frac{pr^4}{Eh^3};\quad max(E\varepsilon)=\frac{5}{6}\frac{r^2}{h^2}p \quad . \quad . \quad . \quad (590),$$

und wenn $max(E\varepsilon)=k$ gegeben ist, die nöthige Dicke der Platte:

$$h=r\sqrt{\frac{5}{6}\frac{p}{k}} \quad . \quad . \quad . \quad . \quad . \quad . \quad . \quad (591).$$

217. — Für die am Rande eingeklemmte Platte ergiebt sich mit dem Ausdrucke (577) von a und mit $c=-\frac{1}{4}ar^2$ nach (583) die Gleichung der Meridianlinie der gebogenen Mittelfläche nach (584):

$$z=\frac{3}{16}\frac{m^2-1}{m^2}\frac{p}{Eh^3}(r^2-x^2)^2 \quad . \quad . \quad . \quad . \quad (592)$$

und mit $x=0$ die Durchbiegung in der Mitte:

$$\delta=\frac{3}{16}\frac{m^2-1}{m^2}\frac{pr^4}{Eh^3} \quad . \quad . \quad . \quad . \quad . \quad . \quad . \quad (593).$$

Ferner ist nach (585):

$$\left.\begin{aligned} E\varepsilon_x &= \frac{m-1}{m}p_1+\frac{3}{4}\frac{m^2-1}{m^2}\frac{p}{h^3}(r^2-3x^2)v \\ E\varepsilon_y &= \frac{m-1}{m}p_1+\frac{3}{4}\frac{m^2-1}{m^2}\frac{p}{h^3}(r^2-x^2)v \end{aligned}\right\} \quad . \quad (594).$$

Ist p_1 positiv (oder Null), so ist $E\varepsilon_x$ am grössten für $x=0$, $v=\frac{h}{2}$ und für $x=r$, $v=-\frac{h}{2}$, $E\varepsilon_y$ für $x=0$, $v=\frac{h}{2}$, und zwar ist dieses Maximum von $E\varepsilon_y$ dem ersten Maximum von $E\varepsilon_x$ gleich, jedoch kleiner als das zweite, welches somit das Maximum des Absolutwerthes von $E\varepsilon$ überhaupt ist:

$$max(E\varepsilon)=\frac{m-1}{m}p_1+\frac{3}{4}\frac{m^2-1}{m^2}\frac{r^2}{h^2}p \quad . \quad . \quad (595).$$

Insbesondere mit $m=3$ ergiebt sich:

$$\delta = \frac{1}{6}\,\frac{pr^4}{Eh^3}\,;\quad max\,(E\varepsilon) = \frac{2}{3}\left(p_1 + \frac{r^2}{h^2}\,p\right) \quad . \quad (596).$$

Ist noch $p_1 = 0$, so ist bei gegebener Grösse von $max\,(E\varepsilon) = k$ die nöthige Plattendicke:

$$h = r\sqrt{\frac{2}{3}\,\frac{p}{k}} \quad . \quad . \quad . \quad . \quad . \quad . \quad . \quad (597).$$

Die Anstrengung ist in diesem Falle $\frac{4}{5}$, die Durchbiegung nur $\frac{1}{4}$ von derjenigen der am Rande gestützten Platte.

218. — Im Falle von Nr. 217 befinden sich u. A. die ebenen Platten, durch welche ein dem inneren Ueberdrucke p pro Flächeneinheit ausgesetzter Hohlcylinder an den Enden geschlossen ist, falls in Betreff der cylindrischen Rohrwand die Voraussetzung (562) in Nr. 206 sich erfüllt findet, dass die Meridianlinie ihrer Mittelfläche an den Enden keine Neigung gegen die Axe erleidet. Ist die Länge des Hohlcylinders $= 2l$, so ist in diesem Falle:

$$p_1 = \frac{lp}{h},$$

also nach (595): $max\,(E\varepsilon) = \frac{m-1}{m}\,\frac{r}{h}\left(\frac{l}{r} + \frac{3}{4}\,\frac{m+1}{m}\,\frac{r}{h}\right)p,$

insbesondere mit $m=3$: $max\,(E\varepsilon) = \frac{2}{3}\,\frac{r}{h}\left(\frac{l}{r} + \frac{r}{h}\right)p.$

Gleichfalls mit $m=3$ ist aber für die cylindrische Wand von der Dicke h' nach Nr. 208:

$$max\,(E\varepsilon) = 1{,}8\,\frac{pr}{h'}$$

und es müsste sonach, wenn beide Theile (die Bodenplatten und die cylindrische Wand) gleich stark in Anspruch genommen werden sollen,

$$\frac{r}{h}\left(\frac{l}{r} + \frac{r}{h}\right) = 2{,}7\,\frac{r}{h'}$$

und, wenn auch $\frac{l}{r}$ nur klein gegen $\frac{r}{h}$ ist (wie bei einem cylindrischen Dampfkessel), doch

$$\frac{r}{h^2} \overset{=}{<} \frac{2{,}7}{h'} \quad \text{oder} \quad \frac{h}{h'} \overset{=}{>} \sqrt{\frac{1}{2{,}7}\,\frac{r}{h'}}$$

sein. Für einen Dampfkessel insbesondere würde mit

$$\frac{h'}{2r} = 0{,}0012\,n + 0{,}002 \quad \text{(Nr. 209)}$$

daraus folgen:

$$\frac{h}{h'} \overset{=}{>} \frac{1}{\sqrt{2{,}7\,(0{,}0024\,n + 0{,}004)}},$$

z. B. für	$n=2$	4	6	8	10 Atm.
	$\frac{h}{h'} \overline{\overline{>}} 6{,}48$	5,22	4,48	4,00	3,64

Wegen dieser verhältnissmässig grossen Dicke, die sie erhalten müssten, sind ebene Böden bei Dampfkesseln zu vermeiden, sofern sie nicht durch Feuerröhren verankert werden. Eine genauere Untersuchung der geringeren Anstrengung, welche die anderen Falles üblichen gewölbten Böden auszuhalten haben, ist freilich mit erheblichen Schwierigkeiten verbunden; dass sie, wenn sie auch nach Kugelcalotten gekrümmt werden, doch wesentlich anders wie Theile voller Kugelschalen (Nr. 194) hier sich verhalten, ist einleuchtend.

2. Die Platte ist nur durch die in der Mitte angreifende Kraft P belastet.

219. — Die Gleichung der Meridianlinie der gebogenen Mittelfläche ergiebt sich nach (580) mit $a=0$, entsprechend $p=0$ nach (577), ferner mit $d=0$ nach Nr. 214, und wenn die Constante c der Bedingung gemäss bestimmt wird, dass $x=r$ und $z=0$ zusammengehörige Werthe sind:

$$z=-\frac{b}{4}\left[r^2(ln\,r-1)-x^2(ln\,x-1)\right]-\frac{c}{4}(r^2-x^2) \quad (598).$$

Nach (574) mit Rücksicht auf (581) ist ferner, wenn keine radiale Kraft auf den Rand der Platte wirkt, also $p_1=0$ ist:

$$\left.\begin{aligned} \varepsilon_x &= -\left[\frac{b}{2}\left(ln\,x+\frac{1}{2}\right)+\frac{c}{2}\right]v \\ \varepsilon_y &= -\left[\frac{b}{2}\left(ln\,x-\frac{1}{2}\right)+\frac{c}{2}\right]v \end{aligned}\right\} \quad . \; . \; . \; . \quad (599).$$

Die Schubspannung τ ist in der Mittelfläche $(v=0)$, woselbst sie am grössten ist, nach (576):

$$\tau_0=\frac{3}{4\pi}\,\frac{P}{hx}\,.$$

Im Mittelpunkte der Platte werden ε_x, ε_y und τ unendlich gross, und es ist also nöthig, dass die belastende Kraft P auf eine, wenn schon kleine, so doch endliche Fläche oder Linie vertheilt sei, z. B. auf eine mit der kreisförmigen Plattenoberfläche concentrische Kreisfläche oder Kreislinie mit dem Radius r_0. Ist dann r_0 nur hinlänglich klein, z. B. $< 0{,}1\,r$, so kann die obige Gleichung für z noch mit genügender Annäherung für die ganze gebogene Mittelfläche gelten, während die Ausdrücke von ε_x, ε_y und τ wenigstens für $x > r_0$ nicht wesentlich fehlerhaft sein können und dann auch die gefährlichste Wirkung der Belastung nur für $x \overline{\overline{>}} r_0$ gesucht zu werden braucht.

220. — Wenn insbesondere die Platte am Rande gestützt ist, so wird mit den Ausdrücken (577) von b und (582) von c (mit $a=0$) die Gleichung (598) der Meridianlinie:

$$z = \frac{3}{4\pi}\,\frac{m^2-1}{m^2}\,\frac{P}{Eh^3}\left(2x^2 ln\,\frac{x}{r} + \frac{3m+1}{m+1}(r^2-x^2)\right) \quad . \quad (600),$$

daraus mit $x = 0$ die Durchbiegung der Platte in der Mitte:

$$\delta = \frac{3}{4\pi}\,\frac{(m-1)(3m+1)}{m^2}\,\frac{Pr^2}{Eh^3} \quad . \quad . \quad . \quad . \quad (601).$$

Ferner ist nach (599) mit jenen Ausdrücken von b und c:

$$\left.\begin{aligned} E\varepsilon_x &= \frac{3}{\pi}\,\frac{m^2-1}{m^2}\,\frac{P}{h^3}\left(ln\,\frac{r}{x} - \frac{1}{m+1}\right)v \\ E\varepsilon_y &= \frac{3}{\pi}\,\frac{m^2-1}{m^2}\,\frac{P}{h^3}\left(ln\,\frac{r}{x} + \frac{m}{m+1}\right)v \end{aligned}\right\} \quad . \quad . \quad (602).$$

Beide Werthe sind am grössten für $v = \frac{h}{2}$ und $x = r_0$ (Nr. 219), und zwar ist das Maximum von $E\varepsilon_y$ der grösste Werth von $E\varepsilon$ überhaupt:

$$max\,(E\varepsilon) = \frac{3}{2\pi}\,\frac{m^2-1}{m^2}\left(ln\,\frac{r}{r_0} + \frac{m}{m+1}\right)\frac{P}{h^2} \quad . \quad (603),$$

indem auch der dem Maximum von τ_0 (Nr. 219) entsprechende relativ grösste Werth von $E\varepsilon$, nämlich (cf. Nr. 216):

$$max\left(\frac{m+1}{m}\,\tau_0\right) = \frac{3}{4\pi}\,\frac{m+1}{m}\,\frac{P}{hr_0}$$

bei verhältnissmässig kleiner Plattendicke wesentlich kleiner ist.

Insbesondere mit $m = 3$ ergiebt sich:

$$\delta = \frac{5}{3\pi}\,\frac{Pr^2}{Eh^3}\,; \quad max\,(E\varepsilon) = \left(\frac{4}{3}\,ln\,\frac{r}{r_0} + 1\right)\frac{P}{\pi h^2} \quad . \quad (604)$$

$$max\left(\frac{m+1}{m}\,\tau_0\right) = \frac{P}{\pi h r_0} = \frac{r}{r_0}\,\frac{h}{r}\,\frac{P}{\pi h^2}\,.$$

Z. B. für $\frac{r}{r_0} =$	10	20	30	40	50	
ist $max\,(E\varepsilon) =$	4,07	4,99	5,53	5,92	6,22	$\cdot \frac{P}{\pi h^2}$
$=$	0,407	0,250	0,184	0,148	0,124	$\cdot \frac{r}{h}\,max\left(\frac{m+1}{m}\,\tau_0\right)$
d. i. resp.	4,88	5,99	6,64	7,10	7,46	

mal so gross, wie der Maximalwerth von $E\varepsilon$ bei gleichförmiger Vertheilung der Belastung $P = \pi r^2 p$ auf der Platte (Nr. 216), während die Durchbiegung δ hier 2,5 mal so gross ist wie in jenem Falle.

221. — Für die am Rande eingeklemmte Platte ergiebt sich mit dem Ausdrucke (583) von c und übrigens denselben Substitutionen, wie in voriger Nummer, die Gleichung der Meridianlinie:

$$z = \frac{3}{4\pi}\,\frac{m^2-1}{m^2}\,\frac{P}{Eh^3}\left(2x^2 ln\,\frac{x}{r} + r^2 - x^2\right) \quad . \quad (605),$$

die Durchbiegung in der Mitte:

$$\delta = \frac{3}{4\pi} \frac{m^2-1}{m^2} \frac{Pr^2}{Eh^3} \quad \ldots \ldots \quad (606),$$

$$\left.\begin{aligned} E\varepsilon_x &= \frac{3}{\pi} \frac{m^2-1}{m^2} \frac{P}{h^3} \left(ln \frac{r}{x} - 1\right) v \\ E\varepsilon_y &= \frac{3}{\pi} \frac{m^2-1}{m^2} \frac{P}{h^3} \, ln \frac{r}{x} \, . \, v \end{aligned}\right\} \quad \ldots \quad (607).$$

Diese beiden Werthe sind wieder am grössten für $v = \frac{h}{2}$ und $x = r_0$ ($E\varepsilon_x$ wenigstens dann, wenn

$$ln \frac{r}{r_0} - 1 > 1, \quad \text{also} \quad \frac{r}{r_0} > e^2, \quad \text{d. i.} > 7{,}39$$

ist, widrigenfalls das Maximum von ε_x am Rande für $x = r$ stattfände), und zwar ist das Maximum von $E\varepsilon_y$ der grösste Werth von $E\varepsilon$ überhaupt:

$$max\,(E\varepsilon) = \frac{3}{2\pi} \frac{m^2-1}{m^2} ln \frac{r}{r_0} \cdot \frac{P}{h^2} \quad \ldots \quad (608).$$

Insbesondere mit $m = 3$ ergiebt sich:

$$\delta = \frac{2}{3\pi} \frac{Pr^2}{Eh^3}; \quad max\,(E\varepsilon) = \frac{4}{3} ln \frac{r}{r_0} \cdot \frac{P}{\pi h^2} \quad . \quad (609),$$

z. B. für $\frac{r}{r_0} =$	10	20	30	40	50
$max\,(E\varepsilon) =$	3,07	3,99	4,53	4,92	5,22 $\cdot \frac{P}{\pi h^2}$
d. i. resp.	4,60	5,99	6,80	7,38	7,83

mal so gross, wie der Maximalwerth von $E\varepsilon$ bei gleichförmiger Vertheilung der Belastung $P = \pi r^2 p$ auf der Platte (Nr. 217 für $p_1 = 0$). Die Durchbiegung δ ist vier mal so gross, wie in jenem Falle oder ebenso gross, wie bei gleichförmiger Belastung und einfacher Stützung des Plattenrandes (Nr. 216).

3. Die gleichförmig belastete Platte ist ausser ihrer Stützung oder Einklemmung am Rande noch in der Mitte gestützt.

222. — Indem die centrale Stützung von solcher Art vorausgesetzt wird, dass mit Rücksicht auf das Coordinatensystem der Figuren 65 und 66 für $x = 0$ auch $z = 0$ ist, dass also die deformirte Mittelfläche in ihrem Mittelpunkte O von der Ebene ihrer Randlinie berührt wird, ist die Gleichung der Meridianlinie nach (580) mit $d = 0$ (Nr. 214):

$$z = \frac{ax^4}{32} + \frac{bx^2}{4}(ln\,x - 1) + \frac{cx^2}{4},$$

indem hier $c = 0$ gesetzt werden muss, um $z = 0$ für $x = 0$ zu erhalten. Daraus folgt, weil ausserdem $x = r$, $z = 0$ zusammengehörige Werthe sind,

$$0 = \frac{ar^2}{8} + b\,(ln\,r - 1) + c \quad . \quad . \quad . \quad . \quad (610)$$

zur Bestimmung von b, also von P nach Einsetzung des Ausdruckes (582) oder (583) von c. Diese Kraft P wird jedenfalls negativ gefunden; ihr Absolutwerth ist der Druck, den die belastete Platte auf ihre centrale Stütze im Sinne von p ausübt und womit also diese Stütze im umgekehrten Sinne auf die Platte wirkt.

Für die am Rande gestützte Platte folgt aus (610) und (582):

$$0 = \frac{ar^2}{8}\left(1 - \frac{6m+2}{m+1}\right) + b\left(-1 - \frac{1}{2}\,\frac{m-1}{m+1}\right)$$

$$0 = -(5m+1)\frac{ar^2}{4} - (3m+1)\,b,$$

also nach (577):

$$-P = \frac{1}{4}\,\frac{5m+1}{3m+1}\,\pi r^2 p = \frac{2}{5}\,\pi r^2 p \text{ mit } m = 3 \quad . \quad (611),$$

für die am Rande eingeklemmte Platte aus (610) und (583):

$$0 = \frac{ar^2}{8}(1-2) + b\left(-1 + \frac{1}{2}\right) \text{ oder } 0 = -\frac{ar^2}{4} - b,$$

also

$$-P = \frac{1}{4}\,\pi r^2 p \quad . \quad . \quad . \quad . \quad . \quad . \quad . \quad (612).$$

Nachdem so P resp. b gefunden ist, ergiebt sich die durch den Maximalwerth von ε_x resp. ε_y bedingte Anstrengung nach (574) mit Rücksicht auf (581). Nach diesen letzteren Gleichungen (mit $d = 0$) ist z. B. für die am Rande eingeklemmte Platte mit

$$b = -\frac{ar^2}{4} \text{ und } c = \frac{ar^2}{4}\left(-1 + ln\,r - \frac{1}{2}\right) = \frac{ar^2}{4}\left(ln\,r - \frac{3}{2}\right)$$

$$\frac{1}{x}\,\frac{dz}{dx} = \frac{a}{8}\left[x^2 - r^2\left(ln\,x - \frac{1}{2}\right) + r^2\left(ln\,r - \frac{3}{2}\right)\right]$$

$$= \frac{a}{8}\left(r^2\,ln\frac{r}{x} + x^2 - r^2\right)$$

$$\frac{d^2z}{dx^2} = \frac{a}{8}\left[3x^2 - r^2\left(ln\,x + \frac{1}{2}\right) + r^2\left(ln\,r - \frac{3}{2}\right)\right]$$

$$= \frac{a}{8}\left(r^2\,ln\frac{r}{x} + 3x^2 - 2r^2\right),$$

also nach (574) mit $p_1 = 0$ und mit Rücksicht auf den Ausdruck (577) von a:

$$\left.\begin{aligned} E\varepsilon_x &= -\frac{3}{4}\,\frac{m^2-1}{m^2}\left(ln\frac{r}{x} + 3\frac{x^2}{r^2} - 2\right)\frac{r^2}{h^3}\,pv \\ E\varepsilon_y &= -\frac{3}{4}\,\frac{m^2-1}{m^2}\left(ln\frac{r}{x} + \frac{x^2}{r^2} - 1\right)\frac{r^2}{h^3}\,pv \end{aligned}\right\} \quad . \quad (613).$$

Für $x = 0$ sind diese Ausdrücke unendlich gross, so dass sich die centrale Stützung auf eine gewisse Fläche resp. auf deren Umgrenzungslinie erstrecken muss. Wird diese wieder, wie in Nr. 219, als kreisförmig mit dem Radius r_0 vorausgesetzt, so sind, wenn nur r_0 hinlänglich klein im Vergleich mit r ist, ε_x und ε_y absolut genommen am grössten für $x = r_0$, $v = \pm \frac{h}{2}$, und zwar ist das Maximum von ε_y als das grössere von beiden zugleich die grösste Dehnung in der ganzen Platte:

$$max\,(E\varepsilon) = max\,(E\varepsilon_y) = \frac{3}{8}\,\frac{m^2-1}{m^2}\left[ln\frac{r}{r_0} + \left(\frac{r_0}{r}\right)^2 - 1\right]\frac{r^2}{h^2}p \quad . \ (614).$$

Wie die Vergleichung von (614) mit (595) erkennen lässt, **wird die Anstrengung der gleichförmig belasteten und am Rande eingeklemmten Platte durch ihre centrale Stützung in einer Kreislinie vom Radius r_0 nur dann verkleinert, wenn**

$$ln\frac{r}{r_0} + \left(\frac{r_0}{r}\right)^2 - 1 < 2, \text{ also sehr nahe } \frac{r}{r_0} < 20$$

ist. Ist $\frac{r}{r_0}$ viel < 20, so kann es übrigens auch der Fall sein, dass eine noch grössere Dehnung $= \varepsilon_x$ am Rande der Platte $\left(x = r,\ v = \pm\frac{h}{2}\right)$ stattfindet:

$$max(E\varepsilon) = max\,(E\varepsilon_x) = \frac{3}{8}\,\frac{m^2-1}{m^2}\,\frac{r^2}{h^2}p \quad . \quad . \quad . \quad (615),$$

wenn nämlich

$$ln\frac{r}{r_0} + \left(\frac{r_0}{r}\right)^2 - 1 < 1, \text{ also } \frac{r}{r_0} < 7{,}25$$

ist. Wie die Vergleichung mit (595) lehrt, **wird durch Stützung in einer centralen Kreislinie vom Radius $r_0 > \frac{r}{7{,}25} = 0{,}138\,r$ die Anstrengung der am Rande eingeklemmten und gleichförmig belasteten Platte auf die Hälfte reducirt.**

Die ausserdem freilich noch für gewisse Werthe von x zwischen r_0 und r vorhandenen Maxima der Absolutwerthe von ε_x und ε_y kommen deshalb hier nicht in Betracht, weil sie stets kleiner sind, als das Maximum von ε_x für $x = r$ (ε_y ist $= 0$ für $x = r$ und jedes v), weil nämlich die betreffenden negativen Minima der Functionen

$$ln\frac{r}{x} + 3\frac{x^2}{r^2} - 2 \text{ und } ln\frac{r}{x} + \frac{x^2}{r^2} - 1$$

absolut genommen < 1 sind. In der That ist das Maximum der ersten Function, entsprechend

$$-\frac{1}{x} + \frac{6x}{r^2} = 0 \text{ oder } x = \frac{r}{\sqrt{6}},$$

$$= \frac{1}{2}\,ln\,6 + \frac{1}{2} - 2 = -0{,}604$$

und das der zweiten, entsprechend

$$-\frac{1}{x}+\frac{2x}{r^2}=0 \text{ oder } x=\frac{r}{\sqrt{2}},$$
$$=\frac{1}{2}\,ln\,2+\frac{1}{2}-1=-0{,}153. -$$

Ausdrücklich ist übrigens hervorzuheben, dass den angeführten Resultaten für die ausser ihrer Einklemmung am Rande noch längs einer centralen Kreislinie vom Radius r_0 gestützte Platte wesentlich die Voraussetzung einer bestimmten, nämlich solchen Lage der Ebene dieser stützenden Kreislinie zu Grunde lag, dass $z=0$ für $x=0$ ist, dass also der Mittelpunkt der deformirten Mittelfläche in der ursprünglichen Mittelebene der Platte liegt. Sollte die Ebene der stützenden Kreislinie genau in der ursprünglichen Plattenoberfläche, also von der ursprünglichen Mittelebene um $\frac{h}{2}$ entfernt liegen, so hätte die Constante c nicht $=0$ (entsprechend $z=0$ für $x=0$) gesetzt, sondern gemäss der Bedingung: $z=0$ für $x=r_0$ bestimmt werden müssen, und hätten sich dann um so mehr abweichende Resultate ergeben, je grösser $\frac{r_0}{r}$ ist. Die nähere Untersuchung dieses Falles ist indessen von geringerem Interesse, als die des Falles einer centralen Befestigung der Platte (Nr. 227).

b. Durchbrochene Platte.

223. — Damit die Symmetrie gewahrt, d. h. die Platte ein Umdrehungskörper bleibe, wird eine mit ihrem Rande concentrische kreisförmige Durchbrechung vorausgesetzt, also eine ringförmige ebene Platte, deren äusserer und innerer Radius beziehungsweise $=r$ und r_0 sei.

Dergleichen durchbrochene Platten kommen im Maschinenbau u. A. vor als Deckelplatten von Hohlcylindern (Dampfmaschinen-Cylindern etc.) mit centraler Oeffnung für den Durchgang einer runden Stange (Kolbenstange) oder als Endplatten cylindrischer Dampfkessel mit innerer Feuerröhre; ist auch im letzteren Falle die Feuerröhre nicht coaxial mit dem Kessel, sondern nach unten hin gerückt, so wird doch immerhin die Untersuchung der ebenen Endplatte unter der Voraussetzung einer centralen Durchbrechung als Anhaltspunkt von Nutzen sein für die Beurtheilung ihrer nur sehr schwer genau zu untersuchenden Anstrengung auch bei excentrischer Durchbrechung durch die Feuerröhre.

In beiden genannten Fällen ist die Platte einem gleichförmig vertheilten Normaldrucke unterworfen, der wie im Vorhergehenden mit p pro Flächeneinheit bezeichnet wird; ist auch streng genommen im einen Falle (Cylinderdeckel) der äussere, im anderen (Kesselboden) der äussere und innere Plattenrand zugleich noch einer radial gerichteten äusseren Zugkraft ausgesetzt, so ist diese doch immer nur von untergeordnetem Einflusse, und wird deshalb hier p_1 (Nr. 212) $=0$ gesetzt. In beiden Fällen ist ferner die ringförmige Platte am äusseren Rande als fest eingeklemmt zu betrachten, während der innere Rand im ersten Falle parallel der Axe beweglich, im zweiten auch fest eingeklemmt ist. Auf diese zwei Fälle beschränkt sich die folgende Untersuchung, der die Formeln in Nr. 212 und 213 zu Grunde gelegt werden können vorbehaltlich eines der Kraft P beizulegenden entsprechenden Werthes; insbesondere ist offenbar

$$P = -\pi r_0^2 p, \quad \text{also nach (577):} \quad b = -a r_0^2$$

zu setzen, wenn auf den beweglichen inneren Rand der Platte keine axial gerichtete Kraft wirkt, wie in der folgenden Nummer angenommen wird.

224. — Indem die gleichförmige Belastung der Platte von einer Flüssigkeit herzurühren pflegt, die bei axialer Beweglichkeit des inneren Plattenrandes hier durch eine Dichtung am Ausfliessen gehindert werden muss, pflegen dann die Verhältnisse (z. B. im Falle des Cylinderdeckels mit Stopfbüchse für den Durchgang der Kolbenstange) von solcher Art zu sein, dass es sich, wie Fig. 67 andeutet, um eine am äusseren Rande fest und am inneren in einer axial beweglichen Hülse eingeklemmte ringförmige ebene Platte handelt.

Fig. 67.

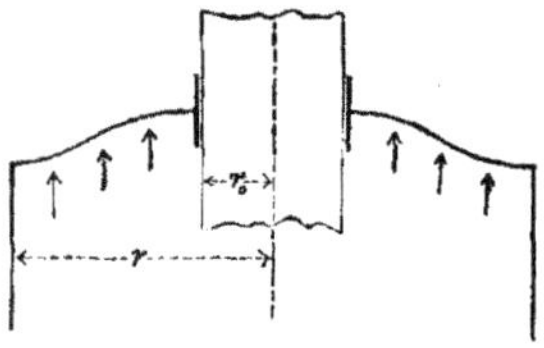

Während nach voriger Nummer hier $b = -a r_0^2$ zu setzen ist, sind die Constanten c und d (Nr. 213) dadurch bestimmt, dass

$$\frac{dz}{dx} = 0 \text{ sein muss für } x = r_0 \text{ und } x = r.$$

Damit ergiebt sich aus (581):

$$\frac{c}{2} + \frac{d}{r_0^2} = -\frac{a r_0^2}{8} + \frac{a r_0^2}{2}\left(ln\, r_0 - \frac{1}{2}\right)$$

und
$$\frac{c}{2} + \frac{d}{r^2} = -\frac{a r^2}{8} + \frac{a r_0^2}{2}\left(ln\, r - \frac{1}{2}\right),$$

also
$$d\left(\frac{1}{r_0^2} - \frac{1}{r^2}\right) = \frac{a}{8}(r^2 - r_0^2) - \frac{a r_0^2}{2} ln \frac{r}{r_0}$$

oder mit $n = \frac{r_0}{r}$:
$$\frac{d}{r^2}\left(\frac{1}{n^2} - 1\right) = \frac{a r^2}{8}\left(1 - n^2 - 4 n^2 ln \frac{1}{n}\right)$$

$$d = \frac{1}{8} \alpha a r^4 \text{ mit } \alpha = \frac{1 - \left(4\, ln \frac{1}{n} + 1\right) n^2}{\frac{1}{n^2} - 1}$$

$$\frac{c}{2} = -\frac{a r^2}{8}\left[1 - 4 n^2 \left(ln\, r - \frac{1}{2}\right) + \alpha\right].$$

Die Constante c würde nur dann in Betracht kommen, wenn die Biegung der Platte, d. h. die Abweichung z eines Punktes der Mittelfläche von der ursprünglichen Mittelebene berechnet werden sollte, wovon hier indessen abgesehen wird. Mit jenen Werthen von c, d und mit $b = -a r_0{}^2$ folgt nun aus (581):

$$\frac{1}{x}\frac{dz}{dx} = \frac{a r^2}{8}\left[\frac{x^2}{r^2} - 4n^2\left(ln\, x - \frac{1}{2}\right) - 1 \right.$$
$$\left. + 4n^2\left(ln\, r - \frac{1}{2}\right) - \alpha + \alpha\frac{r^2}{x^2}\right]$$

$$\frac{d^2 z}{dx^2} = \frac{a r^2}{8}\left[3\frac{x^2}{r^2} - 4n^2\left(ln\, x + \frac{1}{2}\right) - 1 \right.$$
$$\left. + 4n^2\left(ln\, r - \frac{1}{2}\right) - \alpha - \alpha\frac{r^2}{x^2}\right]$$

und damit sowie mit dem Ausdrucke (577) von a und mit $p_1 = 0$ aus (574):

$$\left.\begin{aligned} E\varepsilon_x &= \frac{3}{4}\frac{m^2-1}{m^2}\frac{p r^2}{h^3} \\ &\left[1 - 3\frac{x^2}{r^2} - 4n^2\left(ln\frac{r}{x} - 1\right) + \alpha\left(\frac{r^2}{x^2} + 1\right)\right] v \\ E\varepsilon_y &= \frac{3}{4}\frac{m^2-1}{m^2}\frac{p r^2}{h^3} \\ &\left[1 - \frac{x^2}{r^2} - 4n^2 ln\frac{r}{x} - \alpha\left(\frac{r^2}{x^2} - 1\right)\right] v \end{aligned}\right\} \quad (616).$$

Für $n = 0$, also $\alpha = 0$, stimmen diese Ausdrücke, wie es sein muss, mit denen (594) überein, die in Nr. 217 für die volle am Rande eingeklemmte Platte erhalten wurden.

Mit $m = 3$ findet man für $v = \frac{h}{2}$ und

	$n = 0{,}1$	$0{,}2$	$0{,}4$	
$x = r_0$: $E\varepsilon_x =$	$1{,}834$	$1{,}544$	$0{,}924$	$\cdot\frac{1}{3}\frac{r^2}{h^2}p$
$x = r$: $-E\varepsilon_x =$	$1{,}942$	$1{,}781$	$1{,}263$	„

$E\varepsilon_y$ ist an beiden Rändern $= 0$, und es ist sonach $\mp\varepsilon_x$ für $x = r$ und $v = \pm\frac{h}{2}$ der grösste Absolutwerth von ε:

$$max(E\varepsilon) = \frac{3}{4}\frac{m^2-1}{m^2}\frac{r^2}{h^2}(1 - 2n^2 - \alpha)p \quad . \quad (617).$$

Er ist kleiner, als er nach (596) bei der vollen Platte unter übrigens gleichen Umständen sein würde, im Verhältnisse:

$1 - 2n^2 - \alpha =$	$0{,}971$	$0{,}890$	$0{,}631$
für $n = \frac{r_0}{r} =$	$0{,}1$	$0{,}2$	$0{,}4$ und $m = 3$.

225. — Wenn die ringförmige Platte an beiden Rändern so eingeklemmt ist, dass diese sich nicht gegen einander verschieben können, so ist P, also auch b, eine vorläufig unbekannte Constante; die im Ausdrucke (580) von z vorkommenden vier Constanten b, c, d, e sind aber dadurch bestimmt, dass, wenn der Anfangspunkt O der Coordinaten im gemeinschaftlichen Mittelpunkte beider Randlinien der Mittelfläche angenommen wird,

$$z = 0 \text{ und } \frac{dz}{dx} = 0 \text{ sein muss für } x = r \text{ und } x = r_0.$$

Demgemäss ergiebt sich mit Rücksicht auf (580) und (581):

$$\left.\begin{aligned} 0 &= \frac{ar^4}{32} + \frac{br^2}{4}(ln\, r - 1) + \frac{cr^2}{4} + d\, ln\, r + e \\ 0 &= \frac{ar_0^4}{32} + \frac{br_0^2}{4}(ln\, r_0 - 1) + \frac{cr_0^2}{4} + d\, ln\, r_0 + e \end{aligned}\right\} \quad (618).$$

$$\left.\begin{aligned} 0 &= \frac{ar^2}{8} + \frac{b}{2}\left(ln\, r - \frac{1}{2}\right) + \frac{c}{2} + \frac{d}{r^2} \\ 0 &= \frac{ar_0^2}{8} + \frac{b}{2}\left(ln\, r_0 - \frac{1}{2}\right) + \frac{c}{2} + \frac{d}{r_0^2} \end{aligned}\right\} \quad . \quad (619).$$

Aus den Gleichungen (618) folgt durch Subtraction und mit der Bezeichnung $n = \frac{r_0}{r}$:

$$\left.\begin{aligned} 0 = \frac{ar^4}{32}(1 - n^4) &+ \frac{br^2}{4}\left[(1 - n^2)(ln\, r - 1) + n^2\, ln\, \frac{1}{n}\right] \\ &+ \frac{cr^2}{4}(1 - n^2) + d\, ln\, \frac{1}{n} \end{aligned}\right\} (620)$$

und aus den Gleichungen (619):

$$0 = \frac{ar^2}{8}(1 - n^2) + \frac{b}{2}\, ln\, \frac{1}{n} + \frac{d}{r^2}\left(1 - \frac{1}{n^2}\right)$$

$$\frac{d}{r^2} = \frac{ar^2}{8}n^2 + \frac{b}{2}\,\frac{n^2}{1 - n^2}\, ln\, \frac{1}{n} \quad . \quad . \quad . \quad . \quad (621).$$

Die Substitution dieses Ausdruckes von d in der ersten Gleichung (619) und in Gleichung (620) giebt:

$$0 = \frac{ar^2}{8}(1 + n^2) + \frac{b}{2}\left(ln\, r - \frac{1}{2} + \frac{n^2}{1 - n^2}\, ln\, \frac{1}{n}\right) + \frac{c}{2}$$

$$\begin{aligned} 0 = \frac{ar^4}{32}\left(1 - n^4 + 4n^2\, ln\, \frac{1}{n}\right) \\ + \frac{br^2}{4}\left[(1 - n^2)(ln\, r - 1) + n^2\, ln\, \frac{1}{n} + \frac{2n^2}{1 - n^2}\left(ln\, \frac{1}{n}\right)^2\right] \\ + \frac{cr^2}{4}(1 - n^2) \end{aligned}$$

und dann die Elimination von c zwischen diesen zwei letzten Gleichungen:

$$0=\frac{ar^4}{32}\left(1-n^4+4n^2 ln\frac{1}{n}-2(1-n^4)\right)$$

$$+\frac{br^2}{4}\begin{pmatrix}(1-n^2)(ln\,r-1)+n^2 ln\frac{1}{n}+\frac{2n^2}{1-n^2}\left(ln\frac{1}{n}\right)^2\\ -(1-n^2)\,ln\,r+\frac{1-n^2}{2}-n^2 ln\frac{1}{n}\end{pmatrix}$$

$$0=-\frac{ar^4}{32}\left(1-n^4-4n^2 ln\frac{1}{n}\right)+\frac{br^2}{4}\left[-\frac{1-n^2}{2}+\frac{2n^2}{1-n^2}\left(ln\frac{1}{n}\right)^2\right]$$

oder durch Division mit $(1-n^2)$ und mit der abgekürzten Bezeichnung:

$$\lambda=\frac{1}{1-n^2}ln\frac{1}{n}\quad\ldots\ldots\ldots\quad(622):$$

$$0=-\frac{ar^4}{32}(1+n^2-4n^2\lambda)-\frac{br^2}{8}(1-4n^2\lambda^2),$$

also

$$\frac{b}{2}=-\mu\frac{ar^2}{8}\text{ mit }\mu=\frac{1+n^2-4n^2\lambda}{1-4n^2\lambda^2}\quad\ldots\quad(623).$$

Endlich ergiebt sich aus (621):

$$d=n^2(1-\lambda\mu)\frac{ar^4}{8}\quad\ldots\ldots\quad(624)$$

und aus der ersten Gleichung (619):

$$\frac{c}{2}=\left[-1+\mu\left(ln\,r-\frac{1}{2}\right)-n^2(1-\lambda\mu)\right]\frac{ar^2}{8}\quad(625).$$

Der grösste Absolutwerth von ε ist unter den Werthen von ε_x für $v=\pm\frac{h}{2}$ an den Rändern der Platte $\left(\text{positiv für } v=-\frac{h}{2}\text{, negativ für } v=\frac{h}{2}\right)$ zu suchen, woselbst ε_y wegen $\frac{dz}{dx}=0$ selbst $=0$ ist. Es genügt deshalb die Aufstellung des allgemeinen Ausdruckes von ε_x, zu welchem Ende zuvörderst aus (581) mit Rücksicht auf obige Ausdrücke (623)—(625) der Constanten b, c, d sich ergiebt:

$$\frac{d^2z}{dx^2}=\frac{ar^2}{8}\left[3\frac{x^2}{r^2}-\mu\left(ln\,x+\frac{1}{2}\right)-1+\mu\left(ln\,r-\frac{1}{2}\right)\right.$$
$$\left.-n^2(1-\lambda\mu)-n^2(1-\lambda\mu)\frac{r^2}{x^2}\right]$$
$$=\frac{ar^2}{8}\left[-1+3\frac{x^2}{r^2}+\mu\left(ln\frac{r}{x}-1\right)-n^2(1-\lambda\mu)\left(\frac{r^2}{x^2}+1\right)\right]$$

und damit aus (574) mit Rücksicht auf den Ausdruck (577) von a:

$$E\varepsilon_x=\frac{3}{4}\frac{m^2-1}{m^2}\frac{pr^2}{h^3}\left[1-3\frac{x^2}{r^2}-\mu\left(ln\frac{r}{x}-1\right)\right.$$
$$\left.-n^2(\lambda\mu-1)\left(\frac{r^2}{x^2}+1\right)\right]v\,.\quad(626),$$

übereinstimmend in der Form mit dem Ausdrucke (616) von $E\varepsilon_x$ in voriger Nummer, worin nur die Glieder mit $\left(ln\frac{r}{x}-1\right)$ und $\left(\frac{r^2}{x^2}+1\right)$ andere Coefficienten haben.

Was die relativen Maxima von ε_x an den Rändern der Platte betrifft, so ist nach (626), wenn

$$\frac{3}{4}\frac{m^2-1}{m^2}\frac{r^2}{h^2}p=k \quad . \quad . \quad . \quad . \quad . \quad . \quad (627)$$

gesetzt wird, wo k nach (595) das Maximum von $E\varepsilon$ für die am Rande eingeklemmte volle Platte bedeutet, mit $v=-\frac{h}{2}$ für den inneren Rand $(x=r_0)$:

$$E\varepsilon_x=\left[-1+3n^2+\mu\left(ln\frac{1}{n}-1\right)+(\lambda\mu-1)(1+n^2)\right]\frac{k}{2}$$

oder wegen $ln\frac{1}{n}=(1-n^2)\lambda$ nach (622):

$$E\varepsilon_x=[-2+2n^2+\mu(1-n^2)\lambda-\mu+\lambda\mu(1+n^2)]\frac{k}{2}$$

$$=\left[-1+n^2+\left(\lambda-\frac{1}{2}\right)\mu\right]k \quad . \quad . \quad . \quad (628)$$

und für den äusseren Rand $(x=r)$:

$$E\varepsilon_x=[2-\mu+2n^2(\lambda\mu-1)]\frac{k}{2}$$

$$=\left[1-n^2+\left(n^2\lambda-\frac{1}{2}\right)\mu\right]k \quad . \quad . \quad (629),$$

z. B. für	$n=$	0,1	0,2	0,3	0,4	0,5
und $x=r_0$:	$E\varepsilon_x=$	1,1466	0,6900	0,4557	0,3043	0,1976 . k
$x=r$:	$E\varepsilon_x=$	0,4321	0,3528	0,2779	0,2096	0,1492 . k.

Ausser diesen zwei Grenzwerthen hat ε_x noch ein Maximum an einer mittleren Stelle, wo die Platte entgegengesetzt gebogen ist, wie an den Rändern; doch ist dasselbe stets von untergeordneter Grösse. Mit der Bezeichnung:

$$\nu=n^2(\lambda\mu-1)$$

entspricht es nach (626) der Bedingung:

$$3\frac{x^2}{r^2}+\mu\,ln\frac{r}{x}+\nu\frac{r^2}{x^2}=min.,$$

also

$$\frac{6x}{r^2}+\mu\frac{x}{r}\left(-\frac{r}{x^2}\right)-\frac{2\nu r^2}{x^3}=0,$$

woraus folgt:

$$\left(\frac{x}{r}\right)^4-\frac{\mu}{6}\left(\frac{x}{r}\right)^2-\frac{\nu}{3}=0;\quad \frac{x}{r}=\sqrt{\frac{\mu}{12}+\sqrt{\left(\frac{\mu}{12}\right)^2+\frac{\nu}{3}}} \quad (630).$$

Hiernach ist z. B. für $n = 0{,}3 \quad 0{,}4 \quad 0{,}5$

$x = 0{,}6106 \quad 0{,}6710 \quad 0{,}7331 \,.\, r$

und für $v = \frac{h}{2}$: $\quad E\varepsilon_x = 0{,}1630 \quad 0{,}1202 \quad 0{,}0834 \,.\, k.$

Die grösste Dehnung findet also am inneren Rande statt; unter übrigens gleichen Umständen ist sie um so grösser, je kleiner der innere Radius r_0 ist, und sie wird unendlich gross für $r_0 = 0$. Denn für $r_0 = 0$, also $n = 0$ ist nach (622) und (623):

$$\lambda = ln \frac{1}{n}, \text{ also } \mu = 1$$

wegen $lim\left(n\, ln \frac{1}{n}\right) = -lim\,(n\, ln\, n) = 0$ (Nr. 214). Indem somit der Grenzwerth von $\lambda\mu = ln \frac{1}{n}$ unendlich gross ist, ergiebt sich auch $lim\,(E\varepsilon_x)$ nach (628) unendlich gross, während

für den äusseren Rand nach (629): $lim\,(E\varepsilon_x) = 0{,}5\, k$

wird, ferner nach (630):

$$lim \frac{x}{r} = \sqrt{\frac{1}{6}}$$

und damit nach (626) für $v = \frac{h}{2}$:

$$lim\,(E\varepsilon_x) = \left(1 - \frac{1}{2} - \frac{1}{2} ln\, 6 + 1\right)\frac{k}{2} = \frac{3 - ln\, 6}{4} k = 0{,}3021\, k.$$

226. — In dem in voriger Nummer behandelten Falle würden sich die ebenen Endplatten eines mit einem inneren Feuerrohre versehenen Dampfkessels befinden, wenn dieses Rohr, das nahe halb so weit wie der Kessel zu sein pflegt, gerade in der Mitte des letzteren läge. Die grösste Anstrengung der Endplatten (an ihren mit dem Feuerrohre vernieteten inneren Rändern) wäre dann nach der in voriger Nummer angestellten Rechnung (entsprechend $n = 0{,}5$) nahe $= \frac{1}{5} k$, d. h. $= \frac{1}{5}$ derjenigen Anstrengung, die der ebenen Endplatte des Kessels ohne Feuerrohr unter übrigens gleichen Umständen zukäme. Wenn nun auch die ringsum laufenden Winkeleisen, welche die Verbindung der Bodenplatte mit dem äusseren Blechmantel und dem inneren Feuerrohre vermitteln, eine gewisse Verstärkung der ersteren bewirken, so wird doch ihre Anstrengung durch die excentrische Lage des Feuerrohres vergrössert, und wenn sie deshalb $= \frac{1}{4} k$ geschätzt wird, so ist die Dicke h einer solchen durchbrochenen Endplatte halb so gross zu wählen wie die einer vollen Platte unter übrigens gleichen Umständen, da dieser nach (627) die Quadratwurzel der Anstrengung k umgekehrt proportional ist. Immerhin müsste dann aber nach der Untersuchung in Nr. 218, wenn die

Bodenplatte von der Dicke h und die cylindrische äussere Kesselwand von der Dicke h' gleich stark durch den inneren Ueberdruck von n Atmosphären in Anspruch genommen werden sollen,

für $n=2$	4	6	8	10	Atm.
$\frac{h}{h'} \overline{\overline{>}}$ 3,24	2,61	2,24	2,00	1,82	

sein. Wenn also, wie üblich, h nur wenig $> h'$ gemacht wird, so ist eine anderweitige constructive Verstärkung der Bodenplatten (durch gegenseitige Verankerung nach der Länge des Kessels oder besser durch radial gerichtete, mit den Bodenplatten und dem Aussenkessel vernietete Versteifungsstege) unerlässlich; der Grad der dadurch erzielten Verstärkung entzieht sich freilich einer genaueren rechnungsmässigen Beurtheilung. Um so mehr gilt dasselbe für Kessel mit zwei Feuerrohren, deren Durchmesser höchstens 0,4 vom Kesseldurchmesser zu betragen pflegen.

227. — Wenn die Anstrengung einer am Rande eingeklemmten und gleichförmig belasteten kreisförmigen Platte durch Befestigung in der Mitte vermindert werden soll, so muss, wie die Untersuchung in Nr. 225 gezeigt hat, das Verhältniss $\frac{r_0}{r} = n$ einen gewissen Minimalwerth = ungefähr $\frac{1}{8}$ überschreiten, widrigen Falles die Inanspruchnahme der Platte durch ihre Befestigung in der Mitte nicht verkleinert, sondern vergrössert werden würde, ähnlich wie es sich nach Nr. 222 auch im Falle einer centralen Stützung verhielt, wobei indessen zu gleichem Zwecke $\frac{r_0}{r}$ nur $> \frac{1}{20}$ zu sein brauchte. Fig. 68 zeigt die Art, wie die centrale Verankerung der Platte durch Einklemmung zwischen runden Scheiben vom Radius r_0 zweckmässig bewirkt werden kann. Sofern dabei das Verhältniss

Fig. 68.

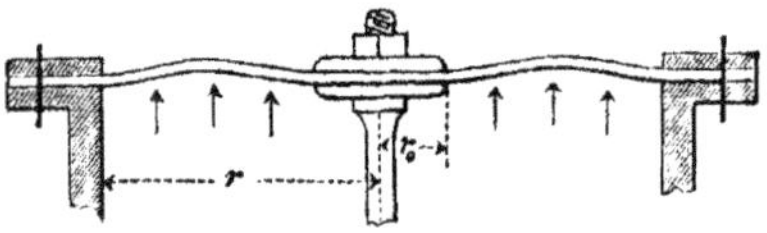

$\frac{r_0}{r} = n < \frac{1}{3}$ ist, kann die unbequeme Gleichung (628) zur Berechnung des Maximalwerthes von $E\varepsilon$ ersetzt werden durch die sich nahe anschliessende Formel:

$$max(E\varepsilon) = \left(\frac{0,06}{n} + 0,725 - 1,9\,n + 1,12\,n^2\right)k \qquad (631),$$

entsprechend z. B. für $n = 0,1$ 0,2   0,3

$max(E\varepsilon) = 1,1462$ 0,6898 $0,4558\,k$

statt 1,1466   0,6900 $0,4557\,k$.

Zur Beurtheilung des dem Anker zu gebenden Querschnittes ist noch die Bestimmung der ihn belastenden Kraft $= -P$ von Interesse. Indem aber

$$\text{aus (577):}\quad P = \frac{b}{a}\pi p \quad \text{und aus (623):}\quad \frac{b}{a} = -\mu\frac{r^2}{4}$$

folgt, ergiebt sich:

$$-P = \frac{\mu}{4}\pi r^2 p \quad . \quad . \quad . \quad . \quad . \quad . \quad . \quad (632),$$

also nach (612) in Nr. 222 im Verhältnisse μ grösser, als der Druck auf eine stützende centrale Kreislinie vom Radius r_0 und von solcher Lage ihrer Ebene sein würde, dass der Mittelpunkt der deformirten Mittelfläche in der ursprünglichen Mittelebene der Platte liegt. Nach (623) ist z. B.

für $n = 0$	0,1	0,2	0,3
$\mu = 1$	1,170	1,402	1,659

und kann auch näherungsweise etwa bis $n = \frac{1}{3}$ gesetzt werden:

$$\mu = 1 + 1,47\,n + 2,5\,n^2 \quad . \quad . \quad . \quad . \quad . \quad . \quad (633),$$

wonach sich z. B. ergiebt:

$\mu = 1$	1,172	1,394	1,666
für $n = 0$	0,1	0,2	0,3.

Aehnlich wie bei der hier besprochenen centralen Befestigung einer kreisförmigen Platte muss natürlich allgemein, wenn die Anstrengung irgend eines plattenförmigen Körpers unter dem Einflusse eines Normaldruckes auf seine Oberfläche durch stellenweise Befestigung (Verankerung) vermindert werden soll, dabei mit der Vorsicht verfahren werden, dass solche Befestigung nicht auf einen zu kleinen Theil der Platte beschränkt bleibe, widrigenfalls ihre Anstrengung dadurch nicht nur nicht verkleinert, sondern umgekehrt vergrössert werden würde. Dass überhaupt die Anstrengung einer Platte ins Unendliche wachsen muss, wenn ihre Belastung durch eine Normalkraft von endlicher Grösse (z. B. durch die Widerstandskraft eines mit ihr verschraubten Ankerbolzens) auf einen verschwindend kleinen Theil der Platte beschränkt wird, folgt schon aus der Rücksicht auf die Schubspannungen, die dann in einer die angegriffene Stelle rings umgebenden und verschwindend kleinen Schnittfläche im Ganzen von endlicher Grösse = jener äusseren Kraft sein müssten. Ein stabförmiger Körper verhält sich in dieser Beziehung deshalb anders, weil eine örtlich concentrirt, d. h. an einem verschwindend kleinen Theile der Länge (übrigens längs der ganzen Breite) des Stabes angreifende Kraft von endlicher Grösse nur mit den Schubspannungen eines ganzen Stabquerschnittes im Gleichgewichte zu sein braucht.

C. Ebene Platte, die in Bezug auf zwei sich rechtwinkelig schneidende Normalebenen ihrer Mittelebene symmetrisch gestaltet und belastet ist.

228. — Die verhältnissmässig sehr kleine Dicke der Platte sei wieder mit h, der auf der Oberfläche gleichförmig vertheilte äussere Normaldruck mit p pro Flächeneinheit bezeichnet. Letzterer sei die einzige

primäre (gegebene) Belastung. Indem aber zu den belastenden Kräften überhaupt auch die secundären oder Widerstandskräfte von Stützen resp. Befestigungen der Platte gehören, schliesst die Voraussetzung doppelter Symmetrie der Belastung zugleich eine solche der Stützung resp. Befestigung der Platte in sich. Dabei soll ausserdem vorausgesetzt werden, dass, wenn durch die Befestigungsweise der Platte längs ihrer Mittelfläche wirksame Widerstandskräfte verursacht werden, dieselben so vertheilt seien, dass die entsprechende Dehnung in allen Punkten der Mittelfläche für dieselbe Richtung in ihr gleich gross ist.

Ein rechtwinkeliges Axensystem OX, OY, OZ werde so angenommen, dass die Ebene XOY mit der ursprünglichen Mittelebene zusammenfällt und die positive z-Axe die Richtung des Normaldruckes p hat, während die Ebenen XOZ und YOZ in den vorausgesetzten Symmetrieebenen liegen. Wenn dann wieder, wie bei der kreisförmigen Platte (Nr. 212), die Normalspannung σ_z als sehr klein gegen σ_x und σ_y vernachlässigt wird, so ist wie dort nach den Gleichungen (530):

$$\sigma_x = \frac{2G}{m-1}(m\varepsilon_x + \varepsilon_y) \text{ und } \sigma_y = \frac{2G}{m-1}(\varepsilon_x + m\varepsilon_y)$$

oder mit der Bezeichnung:

$$A = \frac{m}{m-1} 2G = \frac{m^2}{m^2-1} E \quad . \quad . \quad . \quad (634):$$

$$\sigma_x = A\left(\varepsilon_x + \frac{1}{m}\varepsilon_y\right); \quad \sigma_y = A\left(\frac{1}{m}\varepsilon_x + \varepsilon_y\right) \quad . \quad (635).$$

Wenn ferner wieder mit v (positiv im Sinne der positiven z-Axe) die Entfernung eines beliebigen Punktes der Platte von ihrer Mittelfläche bezeichnet wird, so kann, unter ϱ_x den Krümmungsradius des mit der x-Axe, unter ϱ_y den Krümmungsradius des mit der y-Axe parallelen Normalschnittes der Mittelfläche im Punkte x, y verstanden, beide absolut genommen, analog wie in Nr. 212 gesetzt werden:

$$\varepsilon_x = \varepsilon_{mx} \pm \frac{v}{\varrho_x}; \quad \varepsilon_y = \varepsilon_{my} \pm \frac{v}{\varrho_y} \quad . \quad . \quad . \quad . \quad (636).$$

Dabei gelten die oberen oder unteren Zeichen, jenachdem die betreffenden Normalschnitte nach der Seite der positiven z-Axe convex oder concav sind; ε_{mx} und ε_{my} sind die als constant vorausgesetzten Dehnungen der Mittelfläche selbst nach den Richtungen OX und OY. Der analytische Ausdruck von ϱ_x ist bekanntlich:

$$\varrho_x = \frac{\mp\sqrt{1 + \left(\frac{\partial z}{\partial x}\right)^2 + \left(\frac{\partial z}{\partial y}\right)^2}}{\frac{\partial^2 z}{\partial x^2}\cos^2\lambda + 2\frac{\partial^2 z}{\partial x\,\partial y}\cos\lambda\cos\mu + \frac{\partial^2 z}{\partial y^2}\cos^2\mu},$$

unter λ und μ die Winkel verstanden, welche die Tangente des der x-Axe parallelen Normalschnittes beziehungsweise mit der x-Axe und der y-Axe bildet, und wo das obere oder untere Vorzeichen unter denselben Umständen gilt, wie im obigen Ausdrucke von ε_x. Wenn aber, wie hier vorausgesetzt wird, die Krümmung der Mittelfläche sehr gering ist, so sind

$\frac{\partial z}{\partial x}, \frac{\partial z}{\partial y}$ und $\cos \mu$ sehr klein, $\cos \lambda$ ist sehr wenig von der Einheit verschieden, also näherungsweise:

$$\frac{1}{\varrho_x} = \mp \frac{\partial^2 z}{\partial x^2}, \text{ ebenso } \frac{1}{\varrho_y} = \mp \frac{\partial^2 z}{\partial y^2}$$

und damit nach (635) und (636), wenn

$$\sigma_{mx} = A\left(\varepsilon_{mx} + \frac{1}{m}\varepsilon_{my}\right) \text{ und } \sigma_{my} = A\left(\frac{1}{m}\varepsilon_{mx} + \varepsilon_{my}\right) \quad . \quad (637)$$

die Normalspannungen in der Mittelfläche nach den Richtungen der x-Axe und der y-Axe bezeichnen:

$$\left.\begin{array}{l|l} \varepsilon_x = \varepsilon_{mx} - v\frac{\partial^2 z}{\partial x^2} & \sigma_x = \sigma_{mx} - Av\left(\frac{\partial^2 z}{\partial x^2} + \frac{1}{m}\frac{\partial^2 z}{\partial y^2}\right) \\ \varepsilon_y = \varepsilon_{my} - v\frac{\partial^2 z}{\partial y^2} & \sigma_y = \sigma_{my} - Av\left(\frac{1}{m}\frac{\partial^2 z}{\partial x^2} + \frac{\partial^2 z}{\partial y^2}\right) \end{array}\right\} \quad . \quad (638).$$

Den Voraussetzungen der Aufgabe entsprechend ist die deformirte Mittelfläche nach wie vor symmetrisch in Bezug auf die Coordinatenebenen XZ und YZ, ist also z eine gerade, d. h. solche Function von x und y, dass sie durch Aenderung des Vorzeichens von x oder von y unverändert bleibt. Dasselbe gilt dann auch von $\frac{\partial^2 z}{\partial x^2}$ und $\frac{\partial^2 z}{\partial y^2}$, folglich nach (638) auch von ε_x und ε_y, σ_x und σ_y, während

$\frac{\partial z}{\partial x}$ eine ungerade Function von x und gerade Function von y,

$\frac{\partial z}{\partial y}$ eine gerade Function von x und ungerade Function von y

ist, d. h. jene zugleich mit x, diese mit y selbst entgegengesetzt wird.

Aus den Gleichungen (638) für $\varepsilon_x = \frac{\partial \xi}{\partial x}$ und $\varepsilon_y = \frac{\partial \eta}{\partial y}$ folgt nun durch Integration nach x resp. y mit Rücksicht darauf, dass ε_{mx} und ε_{my} constant sind:

$$\xi = x\varepsilon_{mx} - v\frac{\partial z}{\partial x} + a, \quad \eta = y\varepsilon_{my} - v\frac{\partial z}{\partial y} + b,$$

wo a eine von x, b eine von y unabhängige Grösse bedeutet. Indem aber die Symmetrie offenbar erfordert, dass ξ eine ungerade Function von x, η eine ungerade Function von y ist, müssen a und b = Null sein, so dass aus diesen Ausdrücken von ξ und η weiter sich ergiebt:

$$\tau_z = G\gamma_z = G\left(\frac{\partial \xi}{\partial y} + \frac{\partial \eta}{\partial x}\right) = -2Gv\frac{\partial^2 z}{\partial x \partial y} \quad . \quad . \quad (639).$$

Aus den früheren Untersuchungen dünner Platten wie dünner Stäbe ist zu schliessen, dass auch hier τ_x und τ_y nicht minder wie σ_z von untergeordneter Grösse sind, sofern wenigstens nach der Bemerkung zu Ende von Nr. 227 die durch Stützung oder Befestigung der Platte verursachten Widerstandskräfte nicht an zu kleinen Stücken derselben concentrirt angreifen. Bei solcher Vernachlässigung von σ_z, τ_x und τ_y, also auch von γ_x und γ_y, sind die Hauptdehnungen ε_1, ε_2, ε_3 nach Nr. 23 die Wurzeln ε der cubischen Gleichung:

$$4(\varepsilon_x - \varepsilon)(\varepsilon_y - \varepsilon)(\varepsilon_z - \varepsilon) - (\varepsilon_z - \varepsilon)\gamma_z^2 = 0,$$

zerfallend in: $\varepsilon_z - \varepsilon = 0$ und $\varepsilon^2 - (\varepsilon_x + \varepsilon_y)\varepsilon + \varepsilon_x \varepsilon_y - \frac{1}{4}\gamma_z^2 = 0$,

woraus mit Rücksicht auf (530), was ε_z betrifft, folgt:

$$\left.\begin{matrix}\varepsilon_1\\ \varepsilon_2\end{matrix}\right\} = \frac{\varepsilon_x + \varepsilon_y \pm \sqrt{(\varepsilon_x - \varepsilon_y)^2 + \gamma_z^2}}{2}; \quad \varepsilon_3 = \varepsilon_z = -\frac{\varepsilon_x + \varepsilon_y}{m-1} \quad . \quad (640).$$

Absolut genommen am grössten ist eine der beiden parallel der Mittelfläche stattfindenden Hauptdehnungen ε_1 und ε_2, nämlich ε_1 oder ε_2, jenachdem $\varepsilon_x + \varepsilon_y$ positiv oder negativ ist.

229. — Durch die Gleichungen (638) und (639) würden ε_x, ε_y, γ_z und dann durch (640) auch die Hauptdehnungen für jeden Punkt (x, y, v) der Platte bestimmt sein, wenn z als Function von x und y, d. h. wenn die Gleichung der gebogenen Mittelfläche bekannt wäre. Ihre Differentialgleichung wird aber gefunden mit Hülfe der allgemeinen Gleichungen (2) in Nr. 2, worin

$$X = Y = Z = 0 \text{ und } dv \text{ für } dz$$

zu setzen ist, also mit Hülfe der Gleichungen:

$$\left.\begin{aligned}\frac{\partial \sigma_x}{\partial x} + \frac{\partial \tau_z}{\partial y} + \frac{\partial \tau_y}{\partial v} &= 0\\ \frac{\partial \tau_z}{\partial x} + \frac{\partial \sigma_y}{\partial y} + \frac{\partial \tau_x}{\partial v} &= 0\\ \frac{\partial \tau_y}{\partial x} + \frac{\partial \tau_x}{\partial y} + \frac{\partial \sigma_z}{\partial v} &= 0\end{aligned}\right\} \quad . \quad . \quad . \quad . \quad . \quad . \quad (641).$$

Wenn man in den zwei ersten derselben für σ_x und σ_y die Ausdrücke (638) und für τ_z den Ausdruck (639) oder mit Rücksicht auf (634):

$$\tau_z = -\frac{m-1}{m} A v \frac{\partial^2 z}{\partial x \partial y}$$

substituirt, erhält man durch Integration nach v und mit Rücksicht darauf, dass τ_x und τ_y an der Oberfläche der Platte $\left(\text{für } v = \pm \frac{h}{2}\right)$ = Null sein müssen:

$$\tau_x = A\left(\frac{1}{m}\frac{\partial^3 z}{\partial x^2 \partial y} + \frac{\partial^3 z}{\partial y^3} + \frac{m-1}{m}\frac{\partial^3 z}{\partial x^2 \partial y}\right)\int_{\pm\frac{h}{2}}^{v} v\,dv$$

$$= A\left(\frac{\partial^3 z}{\partial x^2 \partial y} + \frac{\partial^3 z}{\partial y^3}\right)\left(\frac{v^2}{2} - \frac{h^2}{8}\right)$$

$$\tau_y = A\left(\frac{\partial^3 z}{\partial x^3} + \frac{1}{m}\frac{\partial^3 z}{\partial x \partial y^2} + \frac{m-1}{m}\frac{\partial^3 z}{\partial x \partial y^2}\right)\int_{\pm\frac{h}{2}}^{v} v\,dv$$

$$= A\left(\frac{\partial^3 z}{\partial x^3} + \frac{\partial^3 z}{\partial x \partial y^2}\right)\left(\frac{v^2}{2} - \frac{h^2}{8}\right).$$

Indem diese Ausdrücke von τ_x und τ_y ebenso wie die ihnen zu Grunde liegenden von σ_x, σ_y und τ_z auf der Vernachlässigung von σ_z beruhen, hat damit die dritte der Gleichungen (641) ihre Bedeutung verloren, die darin bestand, dass durch sie die algebraische Summe der im Sinne der z-Axe auf ein Körperelement $= dv\,dx\,dy$ wirkenden Kräfte $=$ Null gesetzt wurde. Sie ist aber zu ersetzen durch die entsprechende Gleichgewichtsbedingung der Kräfte für ein aus der ganzen Plattendicke herausgeschnittenes Körperelement $= h\,dx\,dy$, d. i. durch die Gleichung, die aus jener durch Integration nach v zwischen den Grenzen $-\frac{h}{2}$ und $\frac{h}{2}$ hervorgeht:

$$-\int_{-\frac{h}{2}}^{\frac{h}{2}} \frac{\partial \tau_y}{\partial x}\,dv - \int_{-\frac{h}{2}}^{\frac{h}{2}} \frac{\partial \tau_x}{\partial y}\,dv = \int_{-\frac{h}{2}}^{\frac{h}{2}} \frac{\partial \sigma_z}{\partial v}\,dv = 0-(-p) = p\,.$$

Durch Einführung der obigen Ausdrücke von τ_x und τ_y folgt daraus

$$\text{wegen} \int_{-\frac{h}{2}}^{\frac{h}{2}} \left(\frac{v^2}{2}-\frac{h^2}{8}\right) dv = \frac{1}{6}\frac{h^3}{4} - \frac{h^2}{8}h = -\frac{h^3}{12}:$$

$$A\left(\frac{\partial^4 z}{\partial x^4}+\frac{\partial^4 z}{\partial x^2\,\partial y^2}\right)\frac{h^3}{12} + A\left(\frac{\partial^4 z}{\partial x^2\,\partial y^2}+\frac{\partial^4 z}{\partial y^4}\right)\frac{h^3}{12} = p$$

$$\frac{\partial^4 z}{\partial x^4} + 2\frac{\partial^4 z}{\partial x^2\,\partial y^2} + \frac{\partial^4 z}{\partial y^4} = \frac{12p}{Ah^3} \quad . \quad . \quad . \quad . \quad (642)$$

als die gesuchte Differentialgleichung der Mittelfläche.

230. — Ein besonderes Integral dieser partiellen Differentialgleichung ergiebt sich aus der Erwägung, dass ihr u. A. die Gleichungen entsprechen müssen, die im Vorhergehenden für die gebogene Mittelfläche einer gleichförmig belasteten kreisförmigen Platte bei Stützung oder Einklemmung am Rande gefunden wurden. Indem aber die betreffenden Gleichungen der Meridianlinie, nämlich (586) für die am Rande gestützte, (592) für die am Rande eingeklemmte Platte, mit Rücksicht auf die Bedeutung von A nach (634) beide die Form:

$$z = \frac{3}{16}\frac{p}{Ah^3}(a^2-x^2)(b^2-x^2)$$

haben (mit besonderen Werthen von a und b), ist die gemeinsame Form der Gleichungen dieser Mittelflächen selbst:

$$z = \frac{3}{16}\frac{p}{Ah^3}(a^2-x^2-y^2)(b^2-x^2-y^2)\,.$$

Dass sie, unter a und b beliebige Constante verstanden, in der That der Differentialgleichung (642) oder

$$\frac{\partial^2}{\partial x^2}\left(\frac{\partial^2 z}{\partial x^2}+\frac{\partial^2 z}{\partial y^2}\right) + \frac{\partial^2}{\partial y^2}\left(\frac{\partial^2 z}{\partial x^2}+\frac{\partial^2 z}{\partial y^2}\right) = \frac{12p}{Ah^3}$$

entspricht, ist leicht zu erkennen. Denn aus

$$f=(a^2-x^2-y^2)(b^2-x^2-y^2)=a^2b^2-(a^2+b^2)(x^2+y^2)+(x^2+y^2)^2$$

$$\text{folgt}\quad \frac{\partial f}{\partial x}=-2(a^2+b^2)x+4(x^2+y^2)x$$

$$\frac{\partial^2 f}{\partial x^2}=-2(a^2+b^2)+4(3x^2+y^2).$$

$$\text{also}\quad \frac{\partial^2 f}{\partial y^2}=-2(a^2+b^2)+4(x^2+3y^2)$$

$$\frac{\partial^2 f}{\partial x^2}+\frac{\partial^2 f}{\partial y^2}=-4(a^2+b^2)+16(x^2+y^2)$$

$$\frac{\partial^2}{\partial x^2}\left(\frac{\partial^2 f}{\partial x^2}+\frac{\partial^2 f}{\partial y^2}\right)+\frac{\partial^2}{\partial y^2}\left(\frac{\partial^2 f}{\partial x^2}+\frac{\partial^2 f}{\partial y^2}\right)=64,$$

somit die entsprechende Function von $z=64\cdot\frac{3}{16}\frac{p}{Ah^3}=\frac{12p}{Ah^3}$.

Das allgemeine Integral der Differentialgleichung (642) ist hiernach:

$$z=\frac{3}{16}\frac{p}{Ah^3}(a^2-x^2-y^2)(b^2-x^2-y^2)+F(x,y) \quad . \quad (643),$$

unter F irgend eine Function von x und y verstanden, die der Differentialgleichung entspricht:

$$\frac{\partial^4 F}{\partial x^4}+2\frac{\partial^4 F}{\partial x^2\partial y^2}+\frac{\partial^4 F}{\partial y^4}=0$$

$$\text{oder}\quad \frac{\partial^2}{\partial x^2}\left(\frac{\partial^2 F}{\partial x^2}+\frac{\partial^2 F}{\partial y^2}\right)+\frac{\partial^2}{\partial y^2}\left(\frac{\partial^2 F}{\partial x^2}+\frac{\partial^2 F}{\partial y^2}\right)=0$$

$$\text{oder}\quad \frac{\partial^2 F}{\partial x^2}+\frac{\partial^2 F}{\partial y^2}=F_1 \quad \text{mit} \quad \frac{\partial^2 F_1}{\partial x^2}+\frac{\partial^2 F_1}{\partial y^2}=0.$$

Indem aber das allgemeine Integral der zweiten dieser Differentialgleichungen (siehe Nr. 156) unter der Form:

$$F_1=f(x+iy)+\varphi(x-iy)=f+\varphi$$

darstellbar ist $(i=\sqrt{-1})$, muss nach der ersten $\frac{\partial^2 F}{\partial x^2}+\frac{\partial^2 F}{\partial y^2}$ eine Function von derselben Form sein. Unter Anderem ist das der Fall für $F=F_1$, allgemeiner für $F=\psi F_1$ bei geeigneter Wahl von ψ als Function von x und y. Bei dieser Form von F ist nämlich:

$$\frac{\partial F}{\partial x}=\psi\frac{\partial F_1}{\partial x}+\frac{\partial\psi}{\partial x}F_1$$

$$\frac{\partial^2 F}{\partial x^2}=\psi\frac{\partial^2 F_1}{\partial x^2}+2\frac{\partial\psi}{\partial x}\frac{\partial F_1}{\partial x}+\frac{\partial^2\psi}{\partial x^2}F_1,$$

$$\text{ebenso}\quad \frac{\partial^2 F}{\partial y^2}=\psi\frac{\partial^2 F_1}{\partial y^2}+2\frac{\partial\psi}{\partial y}\frac{\partial F_1}{\partial y}+\frac{\partial^2\psi}{\partial y^2}F_1,$$

$$\text{also wegen}\quad \frac{\partial^2 F_1}{\partial x^2}+\frac{\partial^2 F_1}{\partial y^2}=0,\quad F_1=f+\varphi$$

und mit den Bezeichnungen:

$$\frac{\partial F_1}{\partial x} = f' + \varphi', \quad \frac{\partial F_1}{\partial y} = i(f' - \varphi'),$$

$$\text{wo } f' = \frac{df(x+iy)}{d(x+iy)} \text{ und } \varphi' = \frac{d\varphi(x-iy)}{d(x-iy)}$$

selbst wieder wie f und φ Functionen von $x+iy$ resp. von $x-iy$ sind:

$$\frac{\partial^2 F}{\partial x^2} + \frac{\partial^2 F}{\partial y^2} =$$

$$= 2\left[\left(\frac{\partial \psi}{\partial x} + i\frac{\partial \psi}{\partial y}\right)f' + \left(\frac{\partial \psi}{\partial x} - i\frac{\partial \psi}{\partial y}\right)\varphi'\right] + \left(\frac{\partial^2 \psi}{\partial x^2} + \frac{\partial^2 \psi}{\partial y^2}\right)(f+\varphi).$$

Das ist aber, wie verlangt wurde, die Summe einer Function von $x+iy$ und einer Function von $x-iy$, wenn

$\frac{\partial \psi}{\partial x} + i\frac{\partial \psi}{\partial y}$ eine Function nur von $x+iy$,

$\frac{\partial \psi}{\partial x} - i\frac{\partial \psi}{\partial y}$ " " " " $x-iy$,

$\frac{\partial^2 \psi}{\partial x^2} + \frac{\partial^2 \psi}{\partial y^2}$ beides zugleich, also eine Constante ist, so dass insbesondere

$$\frac{\partial \psi}{\partial x} = 0 \text{ oder } = Cx \text{ und } \frac{\partial \psi}{\partial y} = 0 \text{ oder } = Cy,$$

also $\psi = C$ oder $= C(x^2+y^2)$, und somit

$$F(x,y) = f(x+iy) + \varphi(x-iy) + (x^2+y^2)[f_1(x+iy) + \varphi_1(x-iy)] \quad (644)$$

gesetzt werden kann, unter f_1 und φ_1 ebenso wie unter f und φ die Zeichen beliebiger Functionen verstanden, in denen der constante Factor C von ψ einzubegreifen ist.

Durch Entwickelung in Reihen, die nach ganzen Potenzen von x und y fortschreiten, ergiebt sich nach Nr. 156 mit Weglassung der Glieder, die ungerade Potenzen von x oder y enthalten (da z, also auch F eine gerade Function von x und y ist), aber mit Hinzufügung je eines constanten Gliedes (da die betreffenden Functionen hier nicht $= 0$ zu sein brauchen für $x = y = 0$ wie in Nr. 156 die Function Q für $y = z = 0$):

$$\left.\begin{aligned} f(x+iy)+\varphi(x-iy) &= c + c_1(x^2-y^2) + c_2(x^4-6x^2y^2+y^4) \\ &\quad + c_3(x^6-15x^4y^2+15x^2y^4-y^6) + \dots \\ f_1(x+iy)+\varphi_1(x-iy) &= d + d_1(x^2-y^2) + d_2(x^4-6x^2y^2+y^4) \\ &\quad + d_3(x^6-15x^4y^2+15x^2y^4-y^6) + \dots \end{aligned}\right\} (645),$$

also nach (643) und (644) bei Absonderung des Factors $\frac{3}{16}\frac{p}{Ah^3}$ von den

Constanten c, c_1, c_2 ..., d, d_1, d_2 ... und unveränderter Bezeichnung ihrer übrig bleibenden Factoren:

$$z = \frac{3}{16}\frac{p}{Ah^3}\{a^2b^2 - (a^2+b^2)(x^2+y^2) + (x^2+y^2)^2$$
$$+ c + c_1(x^2-y^2) + c_2(x^4 - 6x^2y^2 + y^4) + \cdot\cdot$$
$$+ (x^2+y^2)[d + d_1(x^2-y^2) + d_2(x^4 - 6x^2y^2 + y^4) + \cdot\cdot]\}$$
$$= \frac{3}{16}\frac{p}{Ah^3}\{a^2b^2 + c + (-a^2 - b^2 + c_1 + d)x^2 + (-a^2 - b^2 - c_1 + d)y^2$$
$$+ (1 + c_2 + d_1)x^4 + (2 - 6c_2)x^2y^2 + (1 + c_2 - d_1)y^4$$
$$+ (c_3 + d_2)x^6 + (-15c_3 - 5d_2)x^4y^2$$
$$+ (15c_3 - 5d_2)x^2y^4 + (-c_3 + d_2)y^6 + \cdot\cdot\cdot\}$$

oder bei Einführung neuer Constanten B, C, D, C_1, D_1 ...:

$$z = \frac{3}{16}\frac{p}{Ah^3}\{B + Cx^2 + Dy^2 + C_1x^4 + [8 - 3(C_1 + D_1)]x^2y^2 + D_1y^4$$
$$+ C_2x^6 + 5(D_2 - 2C_2)x^4y^2 + 5(C_2 - 2D_2)x^2y^4$$
$$+ D_2y^6 + \cdot\cdot\cdot\} \quad (646).$$

Was nämlich die Coefficienten der Glieder mit x^2y^2, x^4y^2, x^2y^4 ... betrifft, so folgt aus

$$1 + c_2 + d_1 = C_1 \text{ und } 1 + c_2 - d_1 = D_1:$$
$$c_2 = \frac{C_1 + D_1}{2} - 1; \; 2 - 6c_2 = 8 - 3(C_1 + D_1),$$

sowie aus $c_3 + d_2 = C_2$ und $-c_3 + d_2 = D_2$:

$$c_3 = \frac{C_2 - D_2}{2}, \; d_2 = \frac{C_2 + D_2}{2}$$
$$-15c_3 - 5d_2 = \frac{5}{2}(-3C_2 + 3D_2 - C_2 - D_2) = 5(D_2 - 2C_2)$$
$$15c_3 - 5d_2 = \frac{5}{2}(3C_2 - 3D_2 - C_2 - D_2) = 5(C_2 - 2D_2).$$

Jede Gruppe von Gliedern höheren Grades bringt zwei neue Constante mit sich. Ebenso wie in dem analogen Falle von Nr. 156 ist es allerdings auch hier fraglich, ob bei solcher Entwickelung von z als ganze algebraische Function von x und y mit endlicher Gliederzahl (ohne welche Beschränkung diese Entwickelung praktisch werthlos wäre) die constanten Coefficienten gemäss den Grenzbedingungen bestimmt werden können.

231. — Es handle sich z. B. um eine gleichförmig belastete Platte, die in den Knotenpunkten eines Systems von rechteckigen Feldern festgehalten wird, nämlich in den Punkten der Mittelebene, in denen sich zwei rechtwinkelig gekreuzte Schaaren paralleler Geraden in derselben schneiden, von welchen die auf einander folgenden der einen Schaar die gleichen Abstände $2a$, der anderen die gleichen Abstände $2b$ haben. Alle so gebildete rechteckige

Fig. 69.

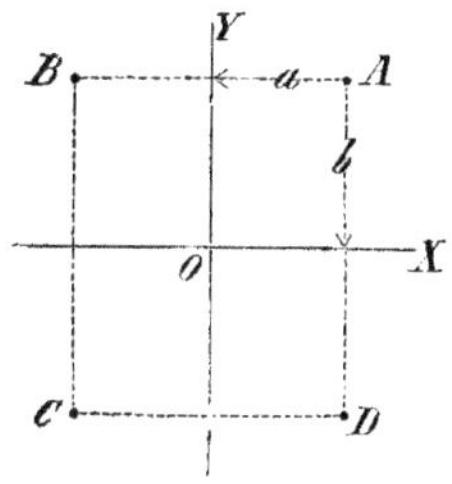

Felder wie $ABCD$, Fig. 69, verhalten sich nahezu gleich, und es bezieht sich die Untersuchung nur auf ein solches Feld; die xy-Ebene wird in der ursprünglichen Mittelebene, also in der Ebene der festen Punkte A, B, C, D angenommen, der Anfangspunkt O im Mittelpunkte des Rechteckes $ABCD$, die x-Axe parallel mit den Seiten $2a$, die y-Axe parallel mit den Seiten $2b$ desselben.

Zur Bestimmung der constanten Coefficienten im Ausdrucke (646) von z dienen zunächst die Bedingungen, dass

$$\frac{\partial z}{\partial x} = \frac{3}{16}\frac{p}{Ah^3}[2Cx + 4C_1x^3 + 2[8 - 3(C_1 + D_1)]xy^2 + \ldots]$$

$= 0$ sein muss für $x = \pm a$ und jeden Werth von y,

$$\frac{\partial z}{\partial y} = \frac{3}{16}\frac{p}{Ah^3}[2Dy + 2[8 - 3(C_1 + D_1)]x^2y + 4D_1y^3 + \ldots]$$

$= 0$ sein muss für $y = \pm b$ und jeden Werth von x.

Das ist der Fall, wenn

$$C + 2C_1a^2 = 0\,,\; D + 2D_1b^2 = 0\,,\; 8 - 3(C_1 + D_1) = 0\,,$$

also
$$C = -2C_1a^2\,,\; D = -2D_1b^2;\; C_1 + D_1 = \frac{8}{3}$$

und jeder der folgenden Coefficienten C_2, D_2 ... = Null gesetzt wird, somit

$$z = \frac{3}{16}\frac{p}{Ah^3}[B + C_1(-2a^2x^2 + x^4) + D_1(-2b^2y^2 + y^4)].$$

Die fernere Bedingung: $z = 0$ für $x = \pm a$, $y = \pm b$ giebt dann:

$$B = C_1a^4 + D_1b^4$$

$$z = \frac{3}{16}\frac{p}{Ah^3}[C_1(a^2 - x^2)^2 + D_1(b^2 - y^2)^2] \quad . \quad (647).$$

Daraus folgt:

$$\frac{\partial z}{\partial x} = -\frac{3}{4}C_1\frac{p}{Ah^3}(a^2 - x^2)x\,;\quad \frac{\partial z}{\partial y} = -\frac{3}{4}D_1\frac{p}{Ah^3}(b^2 - y^2)y$$

$$\frac{\partial^2 z}{\partial x^2} = -\frac{3}{4}C_1\frac{p}{Ah^3}(a^2 - 3x^2)\,;\quad \frac{\partial^2 z}{\partial y^2} = -\frac{3}{4}D_1\frac{p}{Ah^3}(b^2 - 3y^2)$$

und damit nach (638) wegen $A = \frac{m^2}{m^2 - 1}E$:

$$\left.\begin{aligned} E\varepsilon_x &= E\varepsilon_{mx} + \frac{3}{4}C_1\frac{m^2 - 1}{m^2}\frac{p}{h^3}(a^2 - 3x^2)v \\ E\varepsilon_y &= E\varepsilon_{my} + \frac{3}{4}D_1\frac{m^2 - 1}{m^2}\frac{p}{h^3}(b^2 - 3y^2)v \end{aligned}\right\} \quad . \quad (648).$$

Wegen $\frac{\partial^2 z}{\partial x\,\partial y} = 0$ ist nach (639) auch $\gamma_z = 0$, sind also (bei Vernachlässigung von τ_x und τ_y) ε_x und ε_y Hauptdehnungen. In den Ausdrücken derselben ist

$$E\varepsilon_{mx} = p_1 - \frac{1}{m} p_2 ; \; E\varepsilon_{my} = p_2 - \frac{1}{m} p_1 \quad . \; . \quad (649),$$

falls p_1 und p_2 die specifischen Spannungen sind, die event. von einem im Sinne der x-Axe resp. der y-Axe wirksamen Zuge in der Platte verursacht werden, wie sich den Gleichungen (637) mit $\sigma_{mx} = p_1$, $\sigma_{my} = p_2$ entnehmen lässt, übrigens auch unmittelbar aus den Gleichungen (53) in Nr. 22 folgt. Absolut genommen am grössten sind ε_x und ε_y für $x = \pm a$ resp. $y = \pm b$ und für $v = \pm \frac{h}{2}$ mit dem Vorzeichen genommen, welches zur Folge hat, dass die zwei Glieder des betreffenden Ausdruckes (648) einerlei Zeichens werden. —

Die Coefficienten C_1 und D_1, die Functionen von a und b sein können, sind nun aber durch die einzige Relation: $C_1 + D_1 = \frac{8}{3}$ nicht bestimmt, und es wird auch diese Unbestimmtheit nur eingeschränkt, nicht aufgehoben durch die Erwägung, dass, wenn man mit $b = 0$ die der y-Axe parallelen Stützpunktreihen zu Stützlinien oder vielmehr Einklemmungslinien zusammenrücken lässt, wodurch, weil dann wegen $y^2 \overline{\gtrless} b^2$ auch $y = 0$ zu setzen ist, nach (647):

$$z = \frac{3}{16} \frac{p}{Ah^3} C_1 (a^2 - x^2)^2 = \frac{3}{16} C_1 \frac{m^2 - 1}{m^2} \frac{p}{Eh^3} (a^2 - x^2)^2$$

wird, diese Gleichung übereinstimmen muss mit der auf die entsprechenden Coordinatenaxen bezogenen Gleichung der elastischen Linie eines beiderseits eingeklemmten prismatischen Stabes von der Länge $2a$, der bei rechteckigem Querschnitte von der Breite $= 1$ und der Höhe h gleichförmig mit p pro Längeneinheit belastet ist. Diese letztere Gleichung ergiebt sich aus (95, a) in Nr. 54 mit Bezug auf Fig. 19, nämlich aus:

$$EJ(\alpha x - z) = \frac{(A)x^2}{2} + \frac{Ax^3}{6} - \frac{px^4}{24}$$

durch die Substitutionen:

$$J = \frac{h^3}{12}, \; \alpha = 0, \; A = pa, \; (A) = -\frac{pa^2}{3} \text{ nach (116):}$$

$$-\frac{Eh^3}{12} z = -\frac{pa^2x^2}{6} + \frac{pax^3}{6} - \frac{px^4}{24}$$

$$z = \frac{p}{2Eh^3} (4a^2 - 4ax + x^2) x^2 = \frac{p}{2Eh^3} (2a - x)^2 x^2$$

und durch die weitere Substitution von $a + x$ für x:

$$z = \frac{p}{2Eh^3} (a^2 - x^2)^2 .$$

Es muss also C_1 eine solche Function von a und b sein, dass sie $= \frac{8}{3} \frac{m^2}{m^2 - 1}$ wird für $b = 0$, und ergiebt sich ebenso, dass D_1 eine solche Function von a und b sein muss, die mit $a=0$ sich auf $\frac{8}{3}\frac{m^2}{m^2-1}$ reducirt; indessen kann das auf unendlich mannigfache Weise so der Fall sein, dass zugleich $C_1 + D_1 = \frac{8}{3}$ ist.

232. — Jene Unbestimmtheit fällt weg bei quadratischer Anordnung der Einklemmungspunkte ($a=b$), indem dann natürlich C_1 und D_1 einander gleich, also beide $=\frac{4}{3}$ sind. Damit folgt aus (647):

$$max\, z = \delta = \frac{1}{2}\frac{pa^4}{Ah^3} = \frac{1}{2}\frac{m^2-1}{m^2}\frac{pa^4}{Eh^3} \quad . \; . \quad (650),$$

entsprechend $x=y=0$; ferner aus (648) im Falle $p_1=p_2=0$:

$$max\,(E\varepsilon) = \frac{m^2-1}{m^2}\frac{a^2}{h^2}p \quad . \; . \; . \; . \quad (651).$$

Beide Maximalwerthe sind unter übrigens gleichen Umständen $=\frac{2}{3}$ derjenigen einer am Rande eingeklemmten kreisförmigen Platte, deren Radius $=a\sqrt{2}$, deren Durchmesser also = der Diagonale des Quadrats $ABCD$ (Fig. 69) ist; denn für eine solche wäre

$$\text{nach (593):}\quad \delta = \frac{3}{16}\frac{m^2-1}{m^2}\frac{p \cdot 4a^4}{Eh^3}$$

$$\text{und mit } p_1=0 \text{ nach (595):}\quad max\,(E\varepsilon) = \frac{3}{4}\frac{m^2-1}{m^2}\frac{2a^2}{h^2}p.$$

Gemäss der allgemeinen Bemerkung zu Ende von Nr. 227 ist schliesslich hervorzuheben, dass natürlich die Stützung resp. Befestigung der Platte nicht wirklich in einzelnen Punkten wie A, B, C, D (Fig. 69) geschehen darf, wie es hier der Einfachheit wegen vorausgesetzt wurde. In der That pflegen es die Nietköpfe von Nietbolzen oder die Köpfe resp. Muttern von Schraubenbolzen zu sein, von denen an solchen Stellen die Platte gehalten wird, so dass ihre Stützung in einer Fläche geschieht, die genau oder näherungsweise von einem Kreise umgrenzt wird. Der Durchmesser d_1 dieses stützenden Kreises muss nun eine gewisse Grösse haben, die mit Rücksicht darauf zu bemessen ist, dass der Schubspannung, die in der durch diesen Kreis gehenden zur xy-Ebene senkrechten cylindrischen Schnittfläche der Platte im Sinne der z-Axe stattfindet, kein grösserer Maximalwerth von $E\varepsilon$ entspreche, als er sich mit Rücksicht auf die Biegung der Platte nach vorstehender Untersuchung, insbesondere bei quadratischer Anordnung der Stützflächen nach (651) ergeben hat. Indem dann aber der Druck auf eine solche Stützfläche $=4pa^2$ ist, ergiebt sich der Mittelwerth jener Schubspannung

$$=\frac{4pa^2}{\pi d_1 h}$$

und kann ihr Maximalwerth analog Gleichung (205) in Nr. 84

$$=\frac{3}{2}\frac{4pa^2}{\pi d_1 h}=\frac{6}{\pi}\frac{a^2}{d_1 h}p$$

und endlich ihm entsprechend nach Gleichung (59) in Nr. 26

$$max\,(E\varepsilon)=\frac{m+1}{m}\frac{6}{\pi}\frac{a^2}{d_1 h}p$$

gesetzt werden. Damit dieses Maximum kleiner, als das durch Gleichung (651) bestimmte sei, muss

$$\frac{6}{\pi}\frac{1}{d_1}<\frac{m-1}{m}\frac{1}{h}$$

sein, oder mit $m=\frac{10}{3}$ und $\pi=\frac{22}{7}$:

$$d_1>\frac{6\,.\,7}{22}\frac{10}{7}h,\ \text{d. i. } d_1>\frac{30}{11}h \quad . \quad . \quad . \quad (652).$$

233. — Nach den hier entwickelten Formeln kann näherungsweise die Anstrengung beurtheilt werden, welche die ebenen Platten, woraus der Feuerkasten einer Locomotive gebildet ist, unter der Einwirkung des im Kessel herrschenden Dampfdruckes auszuhalten haben. Indem dabei die Bolzen, welche die Seitenwände des inneren und äusseren Feuerkastens, meistens auch nach heutiger Constructionsweise ihre Decken verbinden, eine erhebliche Spannung der Aussenwände und Pressung der Innenwände im Sinne ihrer Mittelebenen verhindern, sind p_1 und p_2 von untergeordneter Grösse, so dass nach Gleichung (651) mit $m=\frac{10}{3}$ und $p=\frac{31}{30}n$ Kgr. pro Quadratcentim., unter n den Dampfüberdruck in Atmosphären verstanden, gesetzt werden kann:

$$max\,(E\varepsilon)=k=0{,}91\,\frac{31}{30}\frac{a^2}{h^2}n=0{,}94\,\frac{a^2}{h^2}n,$$

wofür mit Rücksicht darauf, dass p_1 und p_2 nicht vollständig = Null sind,

$$k=\frac{a^2}{h^2}n$$

gesetzt werden möge. Bei den üblichen Verhältnissen der Verankerung durch die fraglichen Bolzen ist diese Spannung k nicht erheblich; die Dicke der Kupferplatten insbesondere, aus denen der innere Feuerkasten gebildet zu werden pflegt, ist etwa $=\frac{1}{3}a$ (z. B. $h=16^{mm}$ bei $a=48^{mm}$, d. h. bei 96^{mm} Entfernung der Bolzen von einander), so dass dann k nur $=9n$ Kgr. pro Quadratcentim. sich ergiebt.

Grösser ist schon die Anstrengung der kupfernen Bolzen. Bei dem Durchmesser d ist ihre specifische Zugspannung:

$$k_1=\frac{4pa^2}{\frac{1}{4}\pi d^2}=\frac{16}{\pi}\frac{31}{30}\frac{a^2}{d^2}n \text{ nahe}=\frac{21}{4}\frac{a^2}{d^2}n$$

oder mit durchschnittlich $d = 1{,}5\,h$, unter h die Wanddicke des gleichfalls kupfernen Innenkastens verstanden (wobei, da die Nietköpfe einen fast doppelt so grossen Durchmesser d_1 erhalten, zugleich die Bedingung (652) erfüllt sein wird):

$$k_1 = \frac{21}{4}\,\frac{4}{9}\,\frac{a^2}{h^2}\,n = \frac{7}{3}\,\frac{a^2}{h^2}\,n = \frac{7}{3}\,k.$$

Noch viel grösser ist indessen die Anstrengung sowohl der Bolzen wie der Wände des inneren Feuerkastens wegen der Erhitzung und entsprechenden Ausdehnung des letzteren durch den Einfluss der Feuerung. Indem er dadurch vom Rost an sich aufwärts streckt, da durch die etwa vorhandenen verticalen Deckenbolzen, die bei ihrer verhältnissmässig grossen Länge zur Inanspruchnahme auf Druck wenig geeignet sind, solche Streckung nicht erheblich gehindert werden kann, sind es namentlich die zur Verankerung der Seitenwände des Innen- und Aussenkastens dienenden horizontalen Bolzen, die dadurch gebogen werden, während die Seitenwände des inneren Feuerkastens in verticaler Richtung comprimirt werden und seine Decke in der Mitte nach unten durchgebogen wird. Die daraus hervorgehenden Anstrengungen jener Bolzen und der verticalen Wände des inneren Feuerkastens sind (auf Grund der vorläufig hier als zutreffend vorausgesetzten Elasticitätsgesetze) näherungsweise wie folgt zu beurtheilen, wenn t den Ueberschuss der Temperatur des inneren über die des äusseren Kastens, α den linearen Ausdehnungscoefficient des Kupfers, E seinen Elasticitätsmodul und b die halbe Länge der Bolzen, J das Trägheitsmoment ihres Querschnittes in Bezug auf einen Durchmesser bedeutet.

Sofern ein solcher Bolzen sich hier wie die Hälfte eines prismatischen Stabes verhält, der an den Enden eingeklemmt und in der Mitte mit $2P$ belastet ist, oder die Hälfte des Bolzens wie ein Stab, der an einem Ende befestigt und am freien anderen Ende mit P belastet ist, falls P die Kraft bedeutet, mit der die Wand des inneren Feuerkastens und der Bolzen an ihrer Verbindungsstelle nach verticaler Richtung gegenseitig auf einander wirken, so ist, wenn insbesondere P_m den Werth von P für die Bolzen der m^{ten} Horizontalreihe, vom Roste an nach oben gerechnet, und δ_m die relative Verschiebung der inneren gegen die äusseren Enden dieser Bolzen in verticaler Richtung nach oben bezeichnet, nach den Gesetzen der Biegungselasticität:

$$\delta_m = 2\,\frac{P_m}{EJ}\,\frac{b^3}{3}, \text{ ebenso } \delta_{m-1} = 2\,\frac{P_{m-1}}{EJ}\,\frac{b^3}{3},$$

welche Werthe indessen durch Multiplication mit einem Factor β, der grösser als 1 ist, corrigirt werden mögen, da bei der hier verhältnissmässig kleinen Bolzenlänge neben der Biegungs- zugleich die Schubwirkung der Kraft P nach Nr. 139 von wesentlichem Einflusse sein kann. Da ferner der Unterschied $= \delta_m - \delta_{m-1}$ der Aenderung gleich ist, welche die Entfernung der m^{ten} von der $(m-1)^{ten}$ Bolzenreihe wegen der Temperaturerhöhung t der inneren Kastenwand im positiven Sinne und ihrer Compression durch die Kraft P_m im Querschnitte hd im negativen Sinne zusammen genommen erleidet, so ergiebt sich die Gleichung:

$$(P_m - P_{m-1})\frac{2\beta b^3}{3EJ} = 2a\alpha t - 2a\frac{1}{E}\frac{P_m}{hd}$$

$$P_m\left(1+\frac{3Ja}{\beta b^3 hd}\right) = P_{m-} + \frac{3Ja}{\beta b^3}E\alpha t.$$

Mit den Bezeichnungen:

$$c = 1 + \frac{3Ja}{\beta b^3 hd} \text{ und } C = \frac{3Ja}{\beta b^3}E\alpha t$$

hat diese Gleichung die Form:

$$P_m = \frac{1}{c}(P_{m-1} + C)$$

und folgt daraus nach und nach:

$$P_1 = \frac{1}{c}C;\ P_2 = \left(\frac{1}{c^2}+\frac{1}{c}\right)C;\ P_3 = \left(\frac{1}{c^3}+\frac{1}{c^2}+\frac{1}{c}\right)C\ldots$$

$$P_m = \left(\frac{1}{c^m}+\frac{1}{c^{m-1}}+\ldots+\frac{1}{c^2}+\frac{1}{c}\right)C = \frac{1}{c^m}\frac{c^m-1}{c-1}C.$$

Es wächst also P und somit auch die entsprechende Anstrengung der inneren Kastenwand und der Bolzen vom Roste an nach oben hin, und wenn m jetzt die Zahl der überhaupt über dem Roste vorhandenen horizontalen Bolzenreihen bedeutet, so ist die Maximalpressung der Wand:

$$k = \frac{P_m}{hd} = \frac{1}{c^m}\frac{c^m-1}{c-1}\frac{3Ja}{\beta b^3 hd}E\alpha t = \frac{c^m-1}{c^m}E\alpha t$$

und die Maximalspannung der Bolzen:

$$k_1 = P_m b\frac{\frac{1}{2}d}{J} = \frac{1}{c^m}\frac{c^m-1}{c-1}\frac{3Ja}{\beta b^3}E\alpha t\frac{bd}{2J} = \frac{3}{2}\frac{ad}{\beta b^2}\frac{k}{c-1},$$

da nach Nr. 134 die Anstrengung der Bolzen nur mit Rücksicht auf ihre Biegungsspannung beurtheilt zu werden braucht.

Was den Factor β betrifft, so ist nach Gleichung (354) in Nr. 139 zu setzen:

$$\beta = 1 + \frac{\delta'}{\delta} = 1 + 32\frac{H_0}{(2b)^2 d} = 1 + 8\frac{H_0}{b^2 d},$$

worin H_0 das Moment des halben Bolzenquerschnittes in Bezug auf die Biegungsaxe, d. i. das Product des Halbkreises $\frac{\pi d^2}{8}$ und seines Schwerpunktsabstandes von dem ihn begrenzenden Durchmesser bedeutet:

$$H_0 = \frac{\pi d^2}{8}\frac{2d}{3\pi} = \frac{d^3}{12}, \text{ so dass } \beta = 1 + \frac{2}{3}\frac{d^2}{b^2}$$

wird. Hiernach findet man z. B. für

$$a = 3h,\ d = 1{,}5\,h$$

und

$b =$	$2d$	$2{,}5\,d$	$3d$:
$\beta =$	1,167	1,107	1,074
$c =$	1,0473	1,0255	1,0152
$k =$	0,370	0,223	0,140 $E\alpha t$
$k_1 =$	13,6	17,0	20,4 k
$=$	5,03	3,79	2,86 $E\alpha t$.

Die Anstrengung der Bolzen ist wesentlich grösser, als die des Feuerkastens selbst, übrigens um so kleiner, je länger diese Bolzen sind, weshalb es rathsam ist, wenigstens nach oben hin die Entfernung der inneren von den äusseren Kastenwänden nicht sehr klein zu machen. Weil jedoch selbst im günstigsten der obigen Fälle mit

$$E = 1\,100\,000 \text{ und } \alpha = 0{,}000017, \text{ also } E\alpha = 1{,}1 \,.\, 17 = 18{,}7$$

sich $k_1 = 2{,}86 \,.\, 18{,}7\, t = 53{,}5\, t$ Kgr. pro Quadratcentim. ergiebt, d. i. eine Spannung, die schon für $t < 100^0$ die Festigkeitsgrenze des besten Kupfers überschreiten würde, während thatsächlich eine weit grössere Temperaturdifferenz des inneren und äusseren Feuerkastens zu erwarten sein wird, so ist zu schliessen, dass die Bolzen nur durch die Zähigkeit des Kupfers im Stande sind, jene Anstrengung zu ertragen, indem sie eine Deformation erfahren, die mehr in einer Streckung der ganzen Bolzen bei relativer Verschiebung ihrer Querschnitte, als in einer Biegung bestehen mag. Indem zugleich dieser Deformation eine dauernde Gruppirungsänderung der Moleküle entspricht, verliert um so mehr die obige auf den Elasticitätsgesetzen beruhende Berechnungsweise der Anstrengung ihre Berechtigung und entzieht sich dieselbe überhaupt einer rationellen Beurtheilung. Eine solche Construction des Feuerkastens, bei der die Bolzen namentlich in den oberen Reihen nicht zu kurz ausfallen, bleibt aber rathsam, um ihrer Abscheerung durch die Ermöglichung grösserer Streckung vorzubeugen. Da übrigens die Seitenwände des inneren Feuerkastens zugleich in horizontalem Sinne ausgedehnt, auch seine Decke, die Deckenbolzen und der Aussenkasten in Mitleidenschaft gezogen werden, so ist das thatsächliche Verhalten eines solchen Locomotiv-Feuerkastens im Betriebe ein so complicirtes, dass über seine angemessene Construction in der Hauptsache die praktische Erfahrung entscheiden muss.

234. — Wenn es in irgend einem Falle sich zeigt, dass die Coefficienten des Ausdruckes (646) von z bei Beschränkung auf eine gewisse endliche Zahl von Gliedern nicht den Bedingungen der betreffenden Aufgabe gemäss bestimmt werden können, so kann es davon herrühren, dass entweder die Differentialgleichung (642) unter den gegebenen Umständen eine algebraische Entwickelung von z als ganze Function von x und y nicht zulässt, oder dass schon die jener Differentialgleichung selbst zu Grunde liegenden Annahmen mit den Bedingungen der Aufgabe unvereinbar sind. Mit einer für das praktische Bedürfniss meistens ausreichenden Annäherung kann man dann bei der Wahl des Ausdruckes von z durch die Analogie mit anderen Fällen, besonders durch die Rücksicht auf die bekannten Formen, die der Ausdruck in gewissen besonderen oder Grenzfällen annehmen muss, sich leiten lassen.

Es sei z. B. die Biegung und die Spannung einer *am Rande ringsum eingeklemmten rechteckigen Platte* bei gleichförmiger Belastung mit p pro Flächeneinheit zu bestimmen. Die Seitenlängen der Platte seien $= 2a$ und $2b$; die xy-Ebene falle mit der Ebene des rechteckigen Umfanges der Mittelfläche so zusammen, dass die x-Axe die mit den Seiten $2a$, die y-Axe die mit den Seiten $2b$ des Rechteckes parallele Symmetrieaxe ist. Indem hier z eine solche Function von x und y sein muss, dass

$$\left.\begin{array}{l}\text{für } y = \pm b \text{ und jeden Werth von } x: \\ \text{für } x = \pm a \text{ und jeden Werth von } y:\end{array}\right\} z = 0\,, \quad \frac{\partial z}{\partial x} = 0 \text{ und } \frac{\partial z}{\partial y} = 0$$

ist, würde sich bei Voraussetzung des Ausdruckes (646) von z und bei Beschräṗkung auf die Glieder bis zum sechsten Grade zunächst aus der Bedingung: $z = 0$ für $y = \pm b$ und jedes x ergeben:

$$B + Db^2 + D_1 b^4 + D_2 b^6 = 0$$
$$C + [8 - 3(C_1 + D_1)] b^2 + 5(C_2 - 2D_2) b^4 = 0$$
$$C_1 + 5(D_2 - 2C_2) b^2 = 0\,, \quad C_2 = 0\,,$$

und ebenso aus der Bedingung: $z = 0$ für $x = \pm a$ und jedes y:

$$B + Ca^2 + C_1 a^4 + C_2 a^6 = 0$$
$$D + [8 - 3(C_1 + D_1)] a^2 + 5(D_2 - 2C_2) a^4 = 0$$
$$D_1 + 5(C_2 - 2D_2) a^2 = 0\,, \quad D_2 = 0\,,$$

somit aus beiden zusammen:

$$C_2 = D_2 = C_1 = D_1 = 0\,; \quad C = -8b^2\,; \quad D = -8a^2\,; \quad B = 8a^2b^2$$

$$z = \frac{3}{2}\frac{p}{Ah^3}(a^2b^2 - b^2x^2 - a^2y^2 + x^2y^2)$$

$$= \frac{3}{2}\frac{p}{Ah^3}(a^2 - x^2)(b^2 - y^2) \quad . \; . \; . \; . \quad (653),$$

und dieselbe Gleichung würde sich offenbar aus (646) auch bei Berücksichtigung der Glieder von höherem als dem sechsten Grade ergeben haben. Ihr zufolge ist nun zwar

$\frac{\partial z}{\partial x} = 0$ für $y = \pm b$ und jedes x, aber nicht für $x = \pm a$ und jedes y,

$\frac{\partial z}{\partial y} = 0$ für $x = \pm a$ und jedes y, aber nicht für $y = \pm b$ und jedes x.

Vollkommen würde diesen Bedingungen der Aufgabe entsprochen, wenn $(a^2 - x^2)^2$ und $(b^2 - y^2)^2$ Factoren des Ausdruckes von z wären, und wenn deshalb als einfachste und der Form (653) möglichst sich anschliessende Function von solcher Art:

$$z = C(a^2 - x^2)^2 (b^2 - y^2)^2$$

gesetzt wird, so lässt sich zugleich die Constante C so wählen, dass, wenn man eine der Dimensionen a, b ins Unendliche wachsen und damit die Platte in einen an nur zwei gegenüber liegenden Rändern eingeklemmten Plattenstreifen übergehen lässt, die bekannte Gleichung der elastischen Linie eines beiderseits eingeklemmten prismatischen Stabes aus jener Flächengleichung hervorgeht. Zu dem Ende muss nach der Bemerkung in Nr. 231

für $b = \infty$ und jeden endlichen Werth von y: $z = \frac{1}{2}\frac{p}{Eh^3}(a^2 - x^2)^2$

für $a = \infty$ und jeden endlichen Werth von x: $z = \frac{1}{2}\frac{p}{Eh^3}(b^2 - y^2)^2$

sein, wie es dann der Fall ist, wenn

$$z = \frac{1}{2}\frac{p}{Eh^3}\frac{(a^2 - x^2)^2 (b^2 - y^2)^2}{f(a, b)}$$

gesetzt wird, unter $f(a,b)$ eine in Beziehung auf a und auf b gleich gebildete Function verstanden mit den Grenzwerthen:

$$lim\, f(a,b) = b^4 \text{ für } \frac{b}{a} = \infty$$

und

$$lim\, f(a,b) = a^4 \text{ für } \frac{a}{b} = \infty\,,$$

während für endliche Werthe des Verhältnisses der Dimensionen a, b immer $f(a,b) \geq a^4$ und $> b^4$ sein muss, da natürlich die Durchbiegung der Platte in der Mitte $(x = y = 0)$:

$$\delta = \frac{1}{2}\frac{p}{Eh^3}\frac{a^4 b^4}{f(a,b)} < \frac{1}{2}\frac{pa^4}{Eh^3} \text{ und } < \frac{1}{2}\frac{pb^4}{Eh^3}\,,$$

nämlich kleiner ist, als wenn die Platte nur an den einen oder den anderen gegenüber liegenden Rändern eingeklemmt wäre. Die einfachste Function von solcher Art ist:

$$f(a,b) = (a^n + b^n)^{\frac{4}{n}}, \text{ z. B. } = (a+b)^4,\ (a^2+b^2)^2,\ a^4+b^4,$$

entsprechend $n = 1 \qquad 2 \qquad 4$.

Die zulässige Annahme von n wird aber eingeschränkt durch die Erwägung, dass die Durchbiegung in der Mitte einer quadratischen solchen Platte $(a = b)$:

$$\delta = \frac{1}{2^{1+\frac{4}{n}}}\frac{pa^4}{Eh^3}$$

offenbar grösser ist, als die einer am Rande eingeklemmten kreisförmigen Platte mit dem Radius a, dagegen kleiner, als diejenige der im Falle von Nr. 232 befindlichen quadratischen Platte, wonach aus (596) und mit $m = 3$ aus (650) sich die Bedingungen ergeben:

$$\frac{1}{6} < \frac{1}{2^{1+\frac{4}{n}}} < \frac{4}{9}$$

$$\frac{lg\,6}{lg\,2} > 1 + \frac{4}{n} > \frac{lg\,2{,}25}{lg\,2}$$

$$\frac{4\,lg\,2}{lg\,6 - lg\,2} < n < \frac{4\,lg\,2}{lg\,2{,}25 - lg\,2}$$

oder $2{,}5\ldots < n < 23{,}5\ldots$ Die Annahmen $n = 1$ und $n = 2$ sind dadurch als unzulässig ausgeschlossen, und ist es am einfachsten, entsprechend $n = 4$ zu setzen:

$$z = \frac{1}{2}\frac{p}{Eh^3}\frac{(a^2-x^2)^2(b^2-y^2)^2}{a^4+b^4} \quad \ldots \quad (654),$$

wonach sich als grösste Durchbiegung für den Mittelpunkt der Platte ergiebt:

$$\delta = \frac{1}{2}\frac{p}{Eh^3}\frac{a^4 b^4}{a^4+b^4}$$

und insbesondere für die quadratische Platte: $\delta = \frac{1}{4}\frac{pa^4}{Eh^3}$

$= \frac{3}{2}$ mal derjenigen einer am Rande eingeklemmten kreisförmigen Platte vom Radius a,

$= \frac{9}{16}$ derjenigen einer Platte, die nach Nr. 232 in quadratisch angeordneten Punkten mit den Entfernungen $2a$ eingeklemmt ist,

$= \frac{1}{2}$ derjenigen einer nur an zwei gegenüber liegenden im Abstande $2a$ parallelen Rändern eingeklemmten Platte,

$= \frac{3}{8}$ derjenigen einer am Rande eingeklemmten kreisförmigen Platte, deren Radius $= a\sqrt{2}$, deren Durchmesser also $=$ der Diagonale der quadratischen Platte ist.

Dass die durch solche Erwägungen gewonnene Gleichung (654) der gebogenen Mittelfläche keinen wissenschaftlichen Werth hat, ist selbstverständlich. In Ermangelung einer erschöpfenden und doch hinlänglich einfachen Theorie muss indessen der Constructeur sich oft mit solchen Vergleichungen seiner vielfach noch weit complicirteren Probleme mit bekannten einfacheren Problemen begnügen, und ist die obige Untersuchung nur als Beispiel des dabei vorsichtiger Weise einzuhaltenden schrittweisen Vorgehens zu betrachten.

235. — Was die Anstrengung der in voriger Nummer betrachteten Platte betrifft, so folgt aus (654)

$$\text{mit } C = \frac{1}{2}\,\frac{p}{Eh^3}\,\frac{1}{a^4+b^4}: \quad \frac{\partial^2 z}{\partial x\,\partial y} = 16\,C(a^2-x^2)\,x\,(b^2-y^2)\,y$$

$$\frac{\partial^2 z}{\partial x^2} = -4\,C(a^2-3x^2)(b^2-y^2)^2; \quad \frac{\partial^2 z}{\partial y^2} = -4\,C(a^2-x^2)^2(b^2-3y^2)$$

$$max\,\frac{\partial^2 z}{\partial x\,\partial y} = \frac{64}{27}\,Ca^3b^3 \text{ für } x^2 = \frac{1}{3}a^2,\ y^2 = \frac{1}{3}b^2$$

$$max\,\frac{\partial^2 z}{\partial x^2} = 8\,Ca^2b^4 \text{ für } x^2 = a^2,\ y = 0$$

$$max\,\frac{\partial^2 z}{\partial y^2} = 8\,Ca^4b^2 \text{ für } x = 0,\ y = b^2$$

und dann für $v = \pm\frac{h}{2}$ aus (638) mit $\varepsilon_{mx} = \varepsilon_{my} = 0$:

$max\,\varepsilon_x = 4\,Ca^2b^4h$ in den Mittelpunkten von DA und BC, Fig. 69,
$max\,\varepsilon_y = 4\,Ca^4b^2h$ „ „ „ „ AB „ CD, „

sowie aus (639): $$max\,\gamma_z = \frac{64}{27}\,Ca^3b^3h$$

in vier symmetrisch gelegenen Punkten der Diagonalen AC und BD, Fig. 69.

Die Maximalwerthe von ε_x und ε_y sind Hauptdehnungen, weil ebendaselbst $\gamma_z = 0$ ist; wo aber γ_z am grössten ist, sind ε_x und $\varepsilon_y = 0$ und ist somit nach (640) die grösste Dehnung daselbst

$$= \frac{1}{2}\gamma_z = \frac{8}{27}\frac{a}{b}\,max\,\varepsilon_x = \frac{8}{27}\frac{b}{a}\,max\,\varepsilon_y$$

jedenfalls kleiner, als $\frac{8}{27}$ des grösseren der beiden Maximalwerthe von ε_x und ε_y. Unter diesen Umständen ist ein wesentlich grösseres Maximum von ε, als das grössere von ε_x und ε_y, in der ganzen Platte nicht zu erwarten.

Mit Rücksicht auf die Bedeutung von C ergiebt sich schliesslich:

$$max\,(E\varepsilon_x) = \frac{2b^4}{a^4+b^4}\frac{a^2}{h^2}p; \quad max\,(E\varepsilon_y) = \frac{2a^4}{a^4+b^4}\frac{b^2}{h^2}p \quad . \quad (655),$$

wozu nach (649) die absoluten Werthe von

$$p_1 - \frac{1}{m}p_2 \text{ resp. } p_2 - \frac{1}{m}p_1$$

hinzuzufügen sind, wenn p_1 und p_2 solche Spannungen bedeuten, die event. von einer im Sinne der x-Axe resp. der y-Axe wirksamen Zugkraft in der Platte verursacht werden. Ohne solche findet das absolute **Maximum** von ε in den Mitten der längeren Plattenränder im Sinne der kürzeren statt, und ist insbesondere für die quadratische Platte:

$$max\,(E\varepsilon) = \frac{a^2}{h^2}p \quad . \quad . \quad . \quad . \quad . \quad . \quad . \quad (656).$$

236. — In einem parallelepipedischen Kasten, dessen Kantenlängen $= 2a$, $2b$ und $2c$ sind und dessen sechs Wände die gleiche, im Vergleich mit a, b, c kleine Dicke h haben, befinde sich eine Flüssigkeit, die auf die Innenfläche des Kastens den specifischen Ueberdruck p ausübt. Dann ist für die zwei Wände mit den Dimensionen $2a$ und $2b$, wenn man annimmt, dass der Totaldruck auf jede Wand sich gleichförmig auf ihren Umfang vertheilt, indem er die angrenzenden vier Wände als Zugkraft in Anspruch nimmt:

$$p_1 = \frac{2b \, . \, 2c}{4(b+c)h}p = \frac{bc}{(b+c)h}p; \quad p_2 = \frac{ac}{(a+c)h}p.$$

Ist $a > b$, so ist $p_2 > p_1$ und somit nach voriger Nummer:

$$max\,(E\varepsilon) = max\,(E\varepsilon_y) = \left(\frac{a}{a+c} - \frac{1}{m}\frac{b}{b+c}\right)\frac{c}{h}p + \frac{2a^4}{a^4+b^4}\frac{b^2}{h^2}p.$$

Mit Vertauschung der Buchstaben a, b, c kann hiernach für jede Kastenwand die grösste Anstrengung berechnet werden; sie findet immer statt an der Innenfläche der Wand in der Mitte der längeren Seiten ihres Umfanges.

Bei einem würfelförmigen Kasten ($a = b = c$) insbesondere ist:

$$max\,(E\varepsilon) = \left(\frac{m-1}{2m} + \frac{a}{h}\right)\frac{a}{h}p, \text{ näherungsweise} = \frac{a^2}{h^2}p.$$

Würde derselbe durch ein kugelförmiges Gefäss (Radius $= r$) von gleichem Inhalte $\left(\frac{4}{3}\pi r^3 = 8a^3\right)$ und gleicher Wanddicke h ersetzt, so wäre die Anstrengung seiner Wand näherungsweise nach (522) in Nr. 194 mit $m = 3$:

$$k = \frac{1}{3}\frac{r}{h}p = \frac{1}{3}\sqrt[3]{\frac{6}{\pi}}\frac{a}{h}p,$$

also nur $\frac{1}{3}\sqrt[3]{\frac{6}{\pi}}\frac{h}{a} = 0{,}414\frac{h}{a}$ so gross wie die der Wände des würfelförmigen Kastens.

FÜNFTER ABSCHNITT.

Die Deformationsarbeit.

---

237. — Unter der Deformationsarbeit A wird hier die Arbeit verstanden, welche aufzuwenden ist, um einen Körper aus seinem ursprünglichen Zustande der Nichtbelastung (resp. der blossen Belastung durch den Atmosphärendruck an seiner ganzen Oberfläche) in einen gewissen Deformationszustand zu versetzen. Sie ist die Summe der Deformationsarbeiten dA aller unendlich kleinen Körperelemente = der Summe der Arbeiten, welche ihre Spannungen, betrachtet als Kräfte, die auf ihre Oberflächen von der Umgebung ausgeübt werden, beim Uebergange des Körpers aus seinem ursprünglichen in den fraglichen Deformationszustand verrichten, wobei mit zunehmender Deformation auch jene Spannungen stetig von Null an wachsen. Unter der hier stets zu Grunde liegenden Voraussetzung einer vollkommen elastischen, d. h. verhältnissmässig so kleinen Deformation, dass sie bei Beseitigung der Belastung vollkommen wieder verschwindet, repräsentirt die Deformationsarbeit ein ihr gleiches Arbeitsvermögen des deformirten Körpers = der Summe der Arbeiten, welche die Spannungen der Körperelemente, betrachtet jetzt als Kräfte, die sie an ihrer Oberfläche auf die Umgebung ausüben, bei der Rückkehr des Körpers in den ursprünglichen Zustand verrichten.

Allgemein sei der Deformationszustand des auf rechtwinkelige Coordinatenaxen der x, y, z bezogenen Körpers gegeben durch die Dehnungen und Schiebungen:

$$\varepsilon_x \quad \varepsilon_y \quad \varepsilon_z \quad \gamma_x \quad \gamma_y \quad \gamma_z$$

nach den Richtungen der Axen in jedem Punkte x, y, z nebst den dadurch mit bestimmten entsprechenden Spannungen

$$\sigma_x \quad \sigma_y \quad \sigma_z \quad \tau_x \quad \tau_y \quad \tau_z$$

und es sei, unter V das ursprüngliche Körpervolumen verstanden, $dV = dx\,dy\,dz$ das ursprüngliche Volumen eines unendlich kleinen parallelepipedischen Körperelements. Der einer Aenderung von ε_x um $\delta\varepsilon_x$ entsprechende Elementarbestandtheil seiner Deformationsarbeit ist dann

$$= \sigma_x\,dy\,dz\,\delta(\varepsilon_x\,dx) = \sigma_x\,dx\,dy\,dz\,\delta\varepsilon_x = \sigma_x\,dV\,\delta\varepsilon_x$$

und sind ebenso die den Aenderungen $\delta\varepsilon_y$ und $\delta\varepsilon_z$ von ε_y resp. ε_z ent-

24*

sprechenden Elementarbestandtheile seiner Deformationsarbeit $= \sigma_y \, dV \, \delta\varepsilon_y$ und $\sigma_z \, dV \, \delta\varepsilon_z$. Indem ferner mit Bezug auf die das Körperelement dV darstellende Fig. 1, Seite 6, der Schiebung γ_x, d. i. der Aenderung (Verkleinerung oder Vergrösserung, jenachdem γ_x positiv oder negativ ist) des ursprünglich rechten Winkels BPC die Verschiebung $\gamma_x dy$ der Seitenfläche $P'B$ gegen PB' im Sinne PZ oder die Verschiebung $\gamma_x dz$ der Seitenfläche $P'C$ gegen PC' im Sinne PY entspricht, ist der einer Aenderung $\delta\gamma_x$ von γ_x entsprechende Elementarbestandtheil der Deformationsarbeit des Körperelementes

$$\left.\begin{aligned} &= \tau_x \, dz \, dx \, \delta(\gamma_x \, dy) = \tau_x \, dx \, dy \, dz \, \delta\gamma_x \\ &= \tau_x \, dx \, dy \, \delta(\gamma_x \, dz) = \tau_x \, dx \, dy \, dz \, \delta\gamma_x \end{aligned}\right\} = \tau_x \, dV \, \delta\gamma_x$$

und sind ebenso $\tau_y \, dV \, \delta\gamma_y$ und $\tau_z \, dV \, \delta\gamma_z$ die den Aenderungen $\delta\gamma_y$ und $\delta\gamma_z$ von γ_y resp. γ_z entsprechenden Elementarbestandtheile. Somit ist die ganze Deformationsarbeit des Körperelementes:

$$dA = dV \int (\sigma_x \, \delta\varepsilon_x + \sigma_y \, \delta\varepsilon_y + \sigma_z \, \delta\varepsilon_z + \tau_x \, \delta\gamma_x + \tau_y \, \delta\gamma_y + \tau_z \, \delta\gamma_z),$$

wobei, jenachdem

$$\sigma_x \quad \sigma_y \quad \sigma_z \quad \tau_x \quad \tau_y \quad \tau_z \quad \text{durch} \quad \varepsilon_x \quad \varepsilon_y \quad \varepsilon_z \quad \gamma_x \quad \gamma_y \quad \gamma_z$$

oder umgekehrt ausgedrückt werden, die Integrale zwischen den Grenzen

$$0 \text{ und } \varepsilon_x, \quad 0 \text{ und } \varepsilon_y, \quad 0 \text{ und } \varepsilon_z, \quad 0 \text{ und } \gamma_x, \quad 0 \text{ und } \gamma_y, \quad 0 \text{ und } \gamma_z$$

oder 0 und σ_x, 0 und σ_y, 0 und σ_z, 0 und τ_x, 0 und τ_y, 0 und τ_z

zu nehmen sind. Endlich ist die Deformationsarbeit des ganzen Körpers:

$$A = \int dV \int (\sigma_x \delta\varepsilon_x + \sigma_y \delta\varepsilon_y + \sigma_z \delta\varepsilon_z + \tau_x \delta\gamma_x + \tau_y \delta\gamma_y + \tau_z \delta\gamma_z) \quad (657).$$

Der zwischen den zwölf Grössen ε, γ, σ, τ stattfindende Zusammenhang gestattet in jedem Falle, auch umgekehrt diese Grössen einzeln zu berechnen, wenn die Arbeit A und die Art der dadurch hervorgebrachten Deformation, also die Verhältnisse der Grössen ε, γ für alle Punkte des Körpers gegeben sind.

238. — Ist der Körper isotrop, so ergiebt sich mit

$$\sigma_x = 2G\left(\varepsilon_x + \frac{e}{m-2}\right), \quad \sigma_y = 2G\left(\varepsilon_y + \frac{e}{m-2}\right), \quad \sigma_z = 2G\left(\varepsilon_z + \frac{e}{m-2}\right)$$

nach (53) in Nr. 22:

$$\sigma_x \delta\varepsilon_x + \sigma_y \delta\varepsilon_y + \sigma_z \delta\varepsilon_z = 2G\left(\varepsilon_x \delta\varepsilon_x + \varepsilon_y \delta\varepsilon_y + \varepsilon_z \delta\varepsilon_z + \frac{e \, \delta e}{m-2}\right)$$

$$\text{wegen } \delta\varepsilon_x + \delta\varepsilon_y + \delta\varepsilon_z = \delta(\varepsilon_x + \varepsilon_y + \varepsilon_z) = \delta e,$$

ferner nach (54) daselbst:

$$\tau_x \delta\gamma_x + \tau_y \delta\gamma_y + \tau_z \delta\gamma_z = G(\gamma_x \delta\gamma_x + \gamma_y \delta\gamma_y + \gamma_z \delta\gamma_z),$$

also nach (657) durch Ausführung der Integration in Beziehung auf ε_x, ε_y, ε_z, γ_x, γ_y, γ_z:

$$A = G\int\left(\varepsilon_x^2 + \varepsilon_y^2 + \varepsilon_z^2 + \frac{e^2}{m-2} + \frac{\gamma_x^2 + \gamma_y^2 + \gamma_z^2}{2}\right) dV \quad . \quad (658)$$

als Ausdruck der Deformationsarbeit durch die der

Deformation des Körpers entsprechenden Dehnungen und Schiebungen.

Ist nur die Art der Deformation gegeben, so lassen sich die Grössen ε_x, ε_y, ε_z, γ_x, γ_y, γ_z für alle Punkte des Körpers durch eine dieser Grössen für einen Punkt des Körpers ausdrücken; sie sind also, wenn auch noch A gegeben ist, alle durch die Gleichung (658) bestimmt, somit auch nach Gleichung (30) in Nr. 13 die Hauptdehnungen für alle Körperpunkte und dadurch schliesslich die grösste Dehnung ε, welche durch die zur Deformation des Körpers verwendete Arbeit A in irgend einem seiner Punkte nach irgend einer Richtung hervorgerufen wird.

239. — Um die Deformationsarbeit des isotropen Körpers durch die der Deformation entsprechenden Spannungen auszudrücken, ist in (657) nach (53) und (54) zu setzen:

$$\varepsilon_x = \frac{1}{E}\left(\sigma_x - \frac{\sigma_y + \sigma_z}{m}\right), \quad \varepsilon_y = \frac{1}{E}\left(\sigma_y - \frac{\sigma_z + \sigma_x}{m}\right),$$

$$\varepsilon_z = \frac{1}{E}\left(\sigma_z - \frac{\sigma_x + \sigma_y}{m}\right)$$

$$\gamma_x = \frac{1}{G}\tau_x, \quad \gamma_y = \frac{1}{G}\tau_y, \quad \gamma_z = \frac{1}{G}\tau_z.$$

Indem damit $\sigma_x \delta\varepsilon_x + \sigma_y \delta\varepsilon_y + \sigma_z \delta\varepsilon_z =$

$$= \frac{1}{E}\left(\sigma_x \delta\sigma_x + \sigma_y \delta\sigma_y + \sigma_z \delta\sigma_z - \frac{1}{m}\left\{\begin{array}{l} \sigma_x \delta(\sigma_y + \sigma_z) \\ + \sigma_y \delta(\sigma_z + \sigma_x) \\ + \sigma_z \delta(\sigma_x + \sigma_y) \end{array}\right\}\right)$$

$$= \frac{1}{E}\left[\sigma_x \delta\sigma_x + \sigma_y \delta\sigma_y + \sigma_z \delta\sigma_z - \frac{1}{m}\delta(\sigma_y \sigma_z + \sigma_z \sigma_x + \sigma_x \sigma_y)\right]$$

wird, ergiebt sich durch Ausführung der Integration nach σ_x, σ_y, σ_z, τ_x, τ_y, τ_z:

$$A = \frac{1}{2E}\int\left(\sigma_x^2 + \sigma_y^2 + \sigma_z^2 - \frac{2}{m}(\sigma_y \sigma_z + \sigma_z \sigma_x + \sigma_x \sigma_y)\right) dV$$

$$+ \frac{1}{2G}\int(\tau_x^2 + \tau_y^2 + \tau_z^2)\, dV \quad . \quad . \quad . \quad . \quad (659).$$

Ist nur die Art der Deformation resp. die Art der Einwirkung der die Arbeit A verrichtenden Kräfte gegeben, so lassen sich die Spannungen σ_x, σ_y, σ_z, τ_x, τ_y, τ_z für alle Körperpunkte durch eine derselben für einen Punkt des Körpers ausdrücken, so dass, wenn auch noch A gegeben ist, alle durch die Gleichung (659) bestimmt sind, somit nach Nr. 6 die Hauptspannungen und damit schliesslich auch wieder die Hauptdehnungen für alle Körperpunkte.

240. — Diese Ausdrücke der Deformationsarbeit finden u. A. Anwendung zur Berechnung der Anstrengung, die ein Körper erleidet, wenn er von einem bewegten anderen Körper gestossen wird. Auf denselben Grad von Zuverlässigkeit, wie die Berechnung der Anstrengung durch eine ruhige Belastung, kann solche Rechnung freilich keinen Anspruch machen, und ist namentlich die Beurtheilung des zur Deformation des gestossenen Körpers verwendeten Theiles der lebendigen Kraft des stossenden aus verschiedenen Gründen unsicher, wie die folgenden Ueberlegungen erkennen lassen.

Wenn zwei freie Massen m und m_1, die blosse Progressivbewegungen haben (Bewegungen mit gleichen und gleich gerichteten Geschwindigkeiten aller Punkte), so zusammentreffen, dass im Augenblicke der Berührung ihre Schwerpunkte in der Stosslinie (der gemeinschaftlichen Normalen beider Körperoberflächen an der Berührungsstelle) liegen (centraler Stoss), und wenn c und c_1 ihre anfänglichen Geschwindigkeitscomponenten im Sinne der Stosslinie sind (die grössere und natürlich gegen die andere Masse hin gerichtete c absolut genommen, die kleinere c_1 positiv oder negativ, jenachdem sie gleich oder entgegengesetzt gerichtet ist wie c), so ist nach bekannten Principien der Mechanik zu Ende der ersten Periode des Stosses, d. h. in dem Augenblicke, in welchem der gegenseitige Druck beider Körper am grössten geworden ist und beide dieselbe Geschwindigkeit

$$v = \frac{mc + m_1 c_1}{m + m_1}$$

nach der Richtung des Stosses (der Richtung von c) angenommen haben, die lebendige Kraft

$$L = \frac{1}{2} \frac{m m_1}{m + m_1} (c - c_1)^2$$

als solche verloren gegangen und in inneres Arbeitsvermögen der beiden Körper umgesetzt, nämlich im Allgemeinen theils zur Aenderung der Molekulargruppirung der Körper, theils zur Erzeugung von Molekularbewegungen derselben (von Wärme) verwendet worden. Haben aber die Körper im Augenblicke des Zusammentreffens eine andere, als die eben vorausgesetzte den centralen Stoss charakterisirende relative Lage, haben sie ferner nicht blosse Progressivbewegungen, oder sind sie gar nicht frei beweglich, so beziehen sich die Geschwindigkeiten c, c_1 und v nur auf ihre der Berührungsstelle zunächst liegenden materiellen Punkte, und m, m_1 bedeuten dann die auf jene Stelle reducirten Körpermassen, die nach mechanischen Gesetzen rechnungsmässig aus den wahren Massen abzuleiten sind.

Was insbesondere den gestossenen Körper betrifft, so ist er in den hier in Betracht kommenden Fällen gewöhnlich vor dem Stosse in Ruhe ($c_1 = 0$) und ausserdem so gestützt, dass die getroffene Stelle seiner Oberfläche nicht ohne Deformation des Körpers ausweichen kann. Während dieselbe sich vollzieht, haben die verschiedenen Körperpunkte verschiedene Geschwindigkeiten, die von der getroffenen Stelle aus nach den Stützpunkten hin abnehmen, und es bedeutet deshalb in den Formeln:

$$v = \frac{mc}{m + m_1}; \quad L = \frac{1}{2} \frac{m m_1}{m + m_1} c^2 \quad . \quad . \quad . \quad (660)$$

m_1 die auf die Stelle des Stosses reducirte Masse des gestossenen Körpers, als welche hier die Masse zu betrachten ist, die, wenn sie an dieser Stelle concentrirt wäre, zu Ende der ersten Stossperiode dieselbe lebendige Kraft hätte, die alle Massenelemente des Körpers zusammen in diesem Augenblicke thatsächlich besitzen. Hier nun tritt eine erste Schwierigkeit und Unsicherheit auf, indem es fraglich ist, wie weit in Folge der Fortpflanzungsgeschwindigkeit des empfangenen Impulses der Theil des gestossenen Körpers sich erstreckt, dessen Punkte während der kleinen Dauer der in Rede stehenden Stossperiode überhaupt eine Geschwindigkeit empfangen; während es bei grossen Dimensionen des Körpers der Fall sein kann, dass der Impuls (die Geschwindigkeitsmittheilung) in der fraglichen Zeit gar nicht die Stützflächen erreicht, kann er bei kleineren sich durch diese Flächen hindurch bis in die Widerlager, die selbst elastische, mehr oder weniger nachgiebige Körper sind, hinein erstrecken. Wenn man dann in Ermangelung von Anhaltspunkten zu rationeller Berücksichtigung dieser Verhältnisse die reducirte Masse m_1 auf Grund der Annahme berechnet, dass der Geschwindigkeitsimpuls in der ersten Stossperiode sich gerade nur bis zu den Stützpunkten erstreckt, und ferner die Geschwindigkeiten der einzelnen Punkte denjenigen Verrückungen proportional setzt, welche sie im Gleichgewichtszustande durch eine äussere Kraft erleiden würden, die in Beziehung auf Angriffspunkt und Richtung mit dem durch den Stoss entwickelten Drucke gleichartig ist, so ist solche Berechnungsweise doch nur als Nothbehelf zu betrachten, und kann man dabei m_1 zu gross oder zu klein finden, jenachdem die Stelle des Stosses mehr oder weniger weit von den Stützflächen entfernt ist.

Hätte das fest verbundene System der Widerlager eine unabänderliche eigene Progressivbewegung, während der von ihnen gestützte Körper durch den anderen gestossen wird, so würde sich nichts weiter ändern, als dass unter allen Geschwindigkeiten die relativen Geschwindigkeiten gegen dieses System von Widerlagern zu verstehen wären.

241. — Eine zweite Unsicherheit der hier in Rede stehenden Untersuchungen betrifft den Vollkommenheitsgrad des Stosses, d. h. die Wahl des Elasticitätscoefficienten λ, welcher angiebt, ein wie grosser Theil $= \lambda L$ der in der ersten Periode des Stosses verlorenen lebendigen Kraft als solche in der zweiten Periode wiedergewonnen wird, somit am Ende des ganzen Stosses, d. h. zu Ende der gegenseitigen Einwirkung beider Körper auf einander ihnen als lebendige Kraft verbleibt und insbesondere, was den gestützten gestossenen Körper betrifft, zu seiner elastischen Deformation mit verwendbar ist. Dieser Wiedergewinn an lebendiger Kraft (äusserer lebendiger Kraft im Gegensatze zu innerer oder lebendiger Kraft von Molekularbewegung, d. i. Wärme) in der zweiten Stossperiode kann nur von demjenigen Theile des Verlustes L herrühren, der am Ende der ersten Periode zu elastischer Deformation der beiden Körper verwendet war, und es ist sein Verhältniss zu L, d. h. der Coefficient λ abhängig vom Material, von der Gestalt und relativen Lage beider Körper beim Stosse sowie von der Energie des letzteren, bedingt durch die Massen und Geschwindigkeiten; in Ermangelung ausreichender Anhaltspunkte zu genauerer Beurtheilung dieses Coefficienten thut man aber meistens am besten, ihn = Null, d. h. den Stoss als unelastisch anzunehmen. Denn wenn auch die Dauer der ersten Stossperiode in Folge der verhältnissmässig grossen Fortpflanzungsgeschwindigkeit des Impulses ausreicht, um in allen Punkten beider Körper Geschwindigkeitsänderungen von endlicher Grösse hervorzubringen, indem an der Stelle und im Sinne des Stosses ihre Geschwindigkeiten einander gleich = v werden, während die entsprechenden Geschwindigkeiten der übrigen Punkte des gestossenen Körpers durch seine Gestalt und Stützungsweise, des stossenden durch seine Bewegungsart mit Rücksicht auf die wieder eingetretene relative Ruhe seiner sämmtlichen Punkte bestimmt sind, so ist diese Zeitdauer doch zu klein, als dass unterdessen alle Massenelemente auch Ortsveränderungen von messbarer Grösse erfahren könnten. Die Wirkung der verlorenen lebendigen Kraft L beschränkt sich deshalb fast ausschliesslich auf die Erzeugung von Wärme (Molekularbewegungen) und von relativen Verrückungen der materiellen Punkte in den der Berührungsstelle zunächst liegenden Theilen beider Körper, deren Massen so klein sind, dass ihre Trägheitskräfte auch bei den sehr grossen Beschleunigungen bewältigt werden können, womit diese Verrückungen während der sehr kleinen Zeitdauer vor sich gehen müssen. Entsprechend den kleinen Räumen, über die sie sich erstrecken, sind sie dann aber selbst um so bedeutender, nur kleineren Theiles elastische, grösseren Theiles bleibende Deformationen bedingend, insbesondere Verdichtungen der Körpersubstanz zunächst der Berührungsstelle, die in der folgenden zweiten Stossperiode nicht wieder rückgängig werden.

Mit dieser Voraussetzung eines unelastischen Stosses vermeidet man zugleich eine Schwierigkeit, die darin besteht, dass anderen Falles im weiteren Verlaufe des Stosses die Körper sich trennen und deshalb noch nachfolgende Stösse in Betracht gezogen werden müssten, sofern nicht etwa der stossende Körper aufgefangen wird, bevor er einen neuen Stoss auszuüben im Stande ist. Uebrigens beschränkt sich natürlich der hier in Rede stehende Arbeitsverlust L auf einen Stoss im gewöhnlichen Sinne des Wortes, d. h. zwischen zwei ursprünglich von einander unabhängigen getrennten Körpern; er findet nicht statt, wenn dieselben, fest zusammenhängend, gewissermaassen nur Theile eines einzigen Körpers sind, wie z. B. bei dem im weiteren Sinne auch so zu nennenden Stosse, den der Schwungring eines Schwungrades auf dessen Arme ausübt, wenn die Welle durch ein Hinderniss plötzlich in ihrer Bewegung gehemmt wird.

242. — Das als lebendige Kraft übrig gebliebene Arbeitsvermögen, nämlich nach (660) bei Voraussetzung eines ruhend gestützten gestossenen Körpers:

$$W = \frac{1}{2} mc^2 - L = \frac{1}{2}(m + m_1) v^2 = \frac{1}{2} \frac{m^2}{m + m_1} c^2 \quad . \quad (661)$$

wird nun aber, indem beide Körper in gegenseitiger Berührung ihre Bewegung fortsetzen, bis mit dem Eintritte momentaner Ruhe die grösste Deformation in allen Theilen erreicht ist, nicht nur vom gestossenen

Körper in sich aufgenommen, sondern auch von dessen Widerlagern sowie vom stossenden Körper, und in der zutreffenden Berücksichtigung dieser letzteren Antheile, die von W in Abzug zu bringen sind, um die gesuchte Deformationsarbeit A des gestossenen Körpers zu erhalten, besteht eine weitere Schwierigkeit des Rechnungsverfahrens.

Die Deformation des stossenden Körpers entspricht dem Gleichgewichte zwischen den Trägheitskräften seiner Massenelemente und dem vom anderen Körper ausgeübten Gegendrucke. Die dazu verwendete Arbeit kann zwar unter Umständen leicht ausgedrückt, indessen meistens als durch das vernachlässigte Arbeitsvermögen λL aufgewogen betrachtet werden, wenn der stossende Körper im Vergleich mit dem gestossenen klein ist.

Grössere Schwierigkeit verursacht die Nachgiebigkeit der Widerlager, die einen um so grösseren Theil der ganzen disponiblen Arbeit in sich aufnehmen, je grösser die Stützflächen und je weniger sie von der unmittelbar gestossenen Körperstelle entfernt sind, je kleiner überhaupt der gestossene Körper ist. Dieser Theil kann z. B. verhältnissmässig gering sein bei einem langen Seile, das einerseits befestigt ist und andererseits stossweise belastet wird; dagegen ist er bedeutend für ein auf einem Ambos als Widerlagskörper gehämmertes Arbeitsstück, ja vielleicht noch bedeutend für den als gestossenen Körper betrachteten Ambos in Beziehung auf sein Fundament, worauf er mit einer grossen Grundfläche ruht.

Die Schwierigkeit wächst, wenn die Widerlager, wie es streng genommen nöthig ist, im weitesten Sinne aufgefasst werden, in dem sie mit ihren eigenen Widerlagskörpern in letzter Reihe den ganzen Erdkörper umfassen. Um in diesem Sinne ihren Einfluss zu berücksichtigen, müsste man im Stande sein, das Gesetz zu ermitteln, nach welchem sich in Folge eines auf einen begrenzten Theil der Oberfläche eines unbegrenzten Körpers ausgeübten Druckes die Spannungen im Inneren desselben verbreiten. In Ermangelung solcher Kenntniss sieht man sich meistens genöthigt, den Einfluss der Nachgiebigkeit der Widerlager unberücksichtigt zu lassen und sich mit der allgemeinen Bemerkung zu begnügen, dass dadurch die Anstrengung des gestossenen Körpers in einem nicht näher nachweisbaren Grade zu gross gefunden wird.

243. — Besondere Erwähnung verdient eine Stosswirkung, die darin besteht, dass ein Körper plötzlich der Einwirkung der ihn belastenden Kräfte überlassen wird, ohne dass dabei ein Stoss im gewöhnlichen Sinne stattfände, bei welchem zwei ursprünglich getrennte Körper mit einer gewissen relativen Normalgeschwindigkeit zusammentreffen; wenn vielmehr auch im vorliegenden Falle die Belastung des gegebenen Körpers durch einen anderen geschieht, so waren doch beide von Anfang an in gegenseitiger Berührung und relativer Ruhe, und es wird nur der belastende Körper plötzlich der Einwirkung der an ihm wirkenden Kräfte überlassen. Dieser Fall findet z. B. statt, wenn ein Gewicht, wodurch eine vertical stehende Säule von oben belastet werden soll, in Berührung mit ihrer oberen Fläche plötzlich losgelassen wird, nachdem es bis dahin unabhängig von der Säule unterstützt war; oder wenn das eine Röhre oder ein sonstiges ringsum geschlossenes Gefäss ganz erfüllende Wasser, das anfangs nur vermöge seines eigenen Gewichtes einen unwesentlichen Druck auf die Gefässwand ausübte, durch Oeffnung eines Schiebers etc. plötzlich mit einer darüber stehenden Wassersäule in Communication gesetzt wird u. s. w.

In allen diesen Fällen ist die Anstrengung des belasteten Körpers doppelt so gross wie bei ruhiger Belastung durch dieselben Kräfte. Im Zustande ruhigen Gleichgewichtes ist nämlich der auf irgend einen Punkt der Körperoberfläche ausgeübte Druck P der entsprechenden Verrückung p des gedrückten Punktes im Sinne des Druckes proportional, falls die Deformation noch als elastisch gelten kann, so dass der stetig von Null an gewachsene Druck die Arbeit $\frac{Pp}{2}$ verrichtet hat, die der Deformationsarbeit A gleich ist. Bei plötzlicher Belastung wurde aber diese Arbeit dadurch geleistet, dass der Angriffspunkt einer constanten äusseren Kraft P_1 den Weg p im Sinne von P_1 durchlief, und aus der Gleichung $\frac{Pp}{2} = P_1 p$ ergiebt sich sonach: $P = 2P_1$, d. h. die ruhige Belastung doppelt so gross wie die derselben Deformationsarbeit entsprechende plötzlich zur Wirkung kommende Last.

Kann der Körper, wenn die plötzlich hergestellte Belastung demnächst andauert, dem empfangenen Antriebe frei folgen, so wird er in Schwingungen versetzt, wobei seine Anstrengung in den äussersten Lagen abwechselungsweise = Null und eben doppelt so gross wie bei ruhiger Belastung (im Gleichgewichtszustande) ist.

A. Arbeit zur Längenänderung eines stabförmigen Körpers.

244. — Von technischem Interesse sind namentlich die Deformationsarbeiten stabförmiger Körper, insbesondere die Ausdrücke der zur Längenänderung, zur Biegung oder zur Verdrehung gerader stabförmiger Körper aufzuwendenden Arbeiten. Hier handelt es sich um den ersten dieser Fälle. —

Wenn ein gerader stabförmiger Körper nach der Richtung seiner Axe, die als x-Axe angenommen sei, gezogen oder gedrückt wird, so sind ausser σ_x alle übrigen in Nr. 237 genannten Spannungen = Null. Mit $\sigma_x = \sigma$, $\varepsilon_x = \varepsilon$ und $\sigma = E\varepsilon$, unter E den Elasticitätsmodul nach der Axrichtung verstanden, hat man folglich nach (657):

$$A = \frac{E}{2}\int \varepsilon^2 dV = \frac{1}{2E}\int \sigma^2 dV \quad . \; . \; . \; . \quad (662).$$

Insbesondere für einen prismatischen Stab, der nur an den Enden von entgegengesetzt gleichen längs seiner Axe wirkenden Kräften angegriffen wird, sind ε und σ constant, ist also

$$A = \frac{E\varepsilon^2}{2} V = \frac{\sigma^2}{2E} V \quad . \; . \; . \; . \; . \; . \quad (663).$$

Die Arbeit, die ein solcher Stab bis zu einer zugelassenen Dehnung oder Spannung durch seine Dehnungsarbeit in sich aufzunehmen vermag, ist seinem Volumen und übrigens dem Quadrat jener zugelassenen Dehnung oder Spannung proportional.

Ist der prismatische Stab, dessen Länge $= l$, Querschnitt $= F$ und specifische Masse $= \mu$ sei, am einen Ende festgehalten, während er am anderen gestossen wird, so ist seine auf letzteres reducirte Masse (Nr. 240): $m_1 = \frac{1}{3} M$, unter M seine wirkliche Masse verstanden. Denn die Verrückungen seiner Querschnitte sind im Gleichgewichtszustande des Stabes proportional ihren Entfernungen x vom festgehaltenen Ende, und wenn also diesen nach Nr. 240 auch die durch den Stoss empfangenen Geschwindigkeiten der Massenelemente proportional gesetzt werden, so ist die lebendige Kraft des in der Entfernung x vom gestützten Ende befindlichen Massenelementes $\mu F dx$ ebenso gross wie die einer Masse $= \frac{x^2}{l^2} \mu F\, dx$, die sich am gestossenen Stabende befindet, somit

$$m_1 = \int_0^l \frac{x^2}{l^2} \mu F dx = \frac{1}{3} \mu F l = \frac{1}{3} M \quad . \quad . \quad (664).$$

Wenn also der Stoss auf diesen Stab von einer ihn im Sinne seiner Axe mit der Geschwindigkeit c treffenden Masse m ausgeübt würde, so wäre nach (661):

$$W = \frac{1}{2} \frac{m^2}{m + \frac{1}{3} M} c^2$$

die zur Deformation theils des Stabes selbst, theils seines Widerlagers am gestützten Ende verwendbar bleibende Arbeit, falls der Stoss als nur in solchem Grade elastisch vorausgesetzt werden dürfte, dass der stossende Körper durch seine Deformation die ganze Arbeit

$$\lambda L = \frac{\lambda}{2} \frac{mM}{3m + M} c^2 \text{ nach (660)}$$

in sich aufnehmen kann, um welche in jenem Ausdrucke von W, indem er einen ganz unelastischen Stoss voraussetzt, der Arbeitsverlust (die in Wärme und bleibende Molekulararbeit verwandelte lebendige Kraft) zu gross gerechnet wurde.

Uebrigens kann auch die Deformationsarbeit des stossenden Körpers leicht ausgedrückt werden, wenn er ebenso wie der andere prismatisch und im Sinne seiner (mit der dieses anderen zusammenfallenden) Axe in Bewegung ist. Denn dann nimmt im Zustande seiner grössten Deformation, wobei wegen relativer Ruhe seiner Massenelemente deren Verzögerungen gleich gross sind, seine specifische Zusammendrückung proportional dem Abstande x von der freien Hinterfläche bis zur aufstossenden Vorderfläche zu, und wenn an dieser die (hier negative) Dehnung mit ε und die entsprechende (gleichfalls negative) Spannung mit σ bezeichnet wird, so ist nach (662) mit $\frac{x}{l} \varepsilon$ statt ε und $dV = F dx$:

$$A = \frac{E}{2}\int_0^l \frac{x^2}{l^2}\varepsilon^2 F dx = \frac{E}{2}\frac{Fl\varepsilon^2}{3} = \frac{E\varepsilon^2}{6} V = \frac{\sigma^2}{6E} V \quad (665),$$

d. i. nach (663) $^1/_3$ so gross, als ob die grösste Zusammendrückung dieses stossenden prismatischen Körpers gleichmässig in seiner ganzen Länge stattfände. Indem das Product $F\sigma$ der gegenseitige Druck zwischen beiden Körpern bei ihrer grössten Deformation und somit = dem entsprechenden (hier aber auf alle Querschnitte sich beziehenden) Product für den gestossenen Körper ist, ergiebt sich, wenn für letzteren zum Unterschiede die Grössen E, F, l, V, A mit E_1, F_1, l_1, V_1, A_1 bezeichnet werden, das Verhältniss der Deformationsarbeiten beider:

$$\frac{A}{A_1} = \frac{V}{6EF^2} : \frac{V_1}{2E_1F_1{}^2} = \frac{l}{3EF} : \frac{l_1}{E_1F_1} = \frac{1}{3}\frac{E_1}{E}\frac{F_1}{F}\frac{l}{l_1} \quad (666).$$

245. — Bei variablem Querschnitte F des an den Enden von entgegengesetzt gleichen Kräften axial angegriffenen stabförmigen Körpers sind auch ε und σ von einem zum anderen Querschnitte veränderlich und zwar demselben umgekehrt proportional:

$$\frac{\varepsilon}{\varepsilon_0} = \frac{\sigma}{\sigma_0} = \frac{F_0}{F},$$

unter ε_0 und σ_0 die Werthe von ε und σ im Querschnitte F_0 verstanden. Mit $dV = Fdx$ ist dann nach (662) die Deformationsarbeit:

$$A = \frac{E\varepsilon_0{}^2}{2} F_0{}^2 \int \frac{dx}{F} = \frac{\sigma_0{}^2}{2E} F_0{}^2 \int \frac{dx}{F} \quad . \quad . \quad . \quad (667),$$

wobei die Integrale über die ganze Länge l des Körpers auszudehnen sind.

Ist insbesondere F eine ganze algebraische Function zweiten Grades des Abstandes x von einem in der Axe angenommenen festen Punkte:

$$F = a + bx + cx^2,$$

unter welcher Voraussetzung alle Umdrehungskörper, entstanden durch Umdrehung einer von einer Linie zweiten Grades begrenzten ebenen Fläche um eine ihrer Hauptaxen, sowie auch namentlich alle Prismoide begriffen sind, d. h. Körper, die dadurch entstanden gedacht werden können, dass ein veränderliches ebenes Vieleck so, dass seine Eckpunkte in beliebigen Geraden bleiben, parallel einer Ebene sich fortbewegt, so ist, jenachdem

$$\varDelta = 4ac - b^2$$

positiv oder negativ ist,

$$\int \frac{dx}{F} = \left\{ \begin{array}{l} \dfrac{2}{\sqrt{\varDelta}}\left(arctg\,\dfrac{b+2cl}{\sqrt{\varDelta}} - arctg\,\dfrac{b}{\sqrt{\varDelta}}\right) \\ \dfrac{1}{\sqrt{-\varDelta}}\, ln\left(\dfrac{b-\sqrt{-\varDelta}+2cl}{b+\sqrt{-\varDelta}+2cl}\,\dfrac{b+\sqrt{-\varDelta}}{b-\sqrt{-\varDelta}}\right) \end{array} \right\} \quad (668).$$

Die Constanten a, b, c, $\varDelta$ können dabei durch die Endflächen F_0, F_1 und durch den mittleren Querschnitt F ausgedrückt werden. Wird nämlich x von der Endfläche F_0 aus gerechnet, so sind F_0, F und F_1 die den Entfernungen $x=0$, $\frac{l}{2}$ und l entsprechenden Querschnitte, ist also

$$a=F_0,\quad a+b\frac{l}{2}+c\frac{l^2}{4}=F,\quad a+bl+cl^2=F_1,$$

woraus man findet:

$$\left.\begin{aligned} a=F_0,\ b=\frac{-3F_0+4F-F_1}{l},\ c=2\frac{F_0-2F+F_1}{l^2} \\ \varDelta=\frac{1}{l^2}[4F_0F_1-(4F-F_0-F_1)^2]\quad . \quad . \end{aligned}\right\}(669).$$

Zu den Prismoiden gehören u. A. die pyramidalen Körper; für solche ist:

$$\sqrt{F}=\frac{\sqrt{F_0}+\sqrt{F_1}}{2},\ \text{also}\ 4F=F_0+F_1+2\sqrt{F_0F_1},\ \varDelta=0.$$

Das dann zunächst in der unbestimmten Form $\frac{0}{0}$ erscheinende Integral (668) ergiebt sich nach bekannter Methode:

$$\int\frac{dx}{F}=\frac{l}{\sqrt{F_0F_1}},$$

übrigens auch unmittelbar daraus, dass, wenn F_0 die kleinere Endfläche und h ihre Entfernung von der (idealen) Spitze oder die Höhe der Ergänzungspyramide bedeutet, ein beliebiger Querschnitt:

$$F=\frac{(h+x)^2}{h^2}F_0$$

und somit

$$\int\frac{dx}{F}=\frac{h^2}{F_0}\int\frac{dx}{(h+x)^2}=\frac{h^2}{F_0}\left(\frac{1}{h}-\frac{1}{h+l}\right)$$
$$=\frac{l}{F_0}\frac{h}{h+l}=\frac{l}{F_0}\sqrt{\frac{F_0}{F_1}}=\frac{l}{\sqrt{F_0F_1}}$$

ist. Damit wird nach (667):

$$A=\frac{E\varepsilon_0^2}{2}lF_0\sqrt{\frac{F_0}{F_1}}=\frac{\sigma_0^2}{2E}lF_0\sqrt{\frac{F_0}{F_1}}\quad . \quad . \quad (670).$$

Mit F_0 als kleinerer Endfläche sind ε_0 und σ_0 die grössten Werthe von ε und σ, also maassgebend für die Arbeitsgrösse, die der Körper durch seine Ausdehnung oder Zusammendrückung ohne Gefahr einer übermässigen Anstrengung in sich aufnehmen kann, und man erkennt aus der Vergleichung von (670) mit (663), dass mit Rücksicht hierauf die Zugabe an Masse, nämlich die Vergrösserung des Querschnittes nach dem anderen Ende hin nicht nur unnütz, sondern sogar schädlich sein würde, indem A bei gleichen Werthen von l und ε_0 im Verhältnisse $\sqrt{F_0}:\sqrt{F_1}$ kleiner wäre, als bei constantem Querschnitte F_0.

In gewissem Sinne gehört hierher auch der Fall eines Widerlagers von unbegrenzter Ausdehnung, gegen das sich ein gestossener Körper stützt, z. B. der Ambos eines Dampfhammers resp. das Holzfundament desselben gegen den Erdboden. In solchem Falle erstreckt sich die Stosswirkung auf einen Theil des Widerlagskörpers von unbestimmter Länge (Höhe) l, dessen Querschnitt von der Stützfläche F_0 aus nach irgend einem Gesetze bis F_1 zunimmt. Nimmt man an, dieser Körpertheil habe eine pyramidale Form, und bezeichnet mit h die Höhe der Ergänzungspyramide, so ist

$$\sqrt{\frac{F_0}{F_1}} = \frac{h}{h+l} = \frac{h}{l}, \text{ wenn } l \text{ viel} > h$$

ist. Würde also dieser Körpertheil nur comprimirt, so wäre nach (670):

$$A = \frac{\sigma_0^2}{2E} F_0 h$$

die von ihm aufgenommene Arbeit, und wenn auch in Wirklichkeit hier die Deformation nicht ohne Verschiebungen stattfinden kann, so ist doch durch solche Betrachtung wenigstens ersichtlicher geworden, wie es zugeht, dass eine unendlich grosse Widerlagsmasse nur eine endliche Arbeit in sich aufnimmt, obschon die Stützfläche eine Verrückung von endlicher Grösse erleidet. —

Ist μ die specifische Masse des Körpers, der mit der Endfläche F_1 gestützt und an der anderen F_0 gestossen wird, so ergiebt sich seine auf letztere Endfläche reducirte Masse m_1 nach Nr. 240 durch die Erwägung, dass die Geschwindigkeiten, welche die in den Entfernungen x und l von F_1 liegenden Querschnitte F und F_0 durch den Stoss empfangen, sofern sie ihren Verrückungen im Gleichgewichtszustande des deformirten Körpers proportional gesetzt werden, sich

$$= \int_0^x \varepsilon\, dx : \int_0^l \varepsilon\, dx = \int_0^x \frac{dx}{F} : \int_0^l \frac{dx}{F}$$

verhalten. Danach ist mit den Bezeichnungen:

$$X = \int_0^x \frac{dx}{F} \quad \text{und} \quad L = \int_0^l \frac{dx}{F}$$

$$m_1 = \mu \int_0^l F \left(\frac{X}{L}\right)^2 dx \quad \ldots \ldots \quad (671).$$

Insbesondere für den pyramidalen Körper ist nach Obigem:

$$\frac{X}{L} = \frac{x}{\sqrt{FF_1}} : \frac{l}{\sqrt{F_0 F_1}} = \frac{x}{l}\sqrt{\frac{F_0}{F}},$$

also

$$m_1 = \frac{\mu F_0}{l^2} \int_0^l x^2\, dx = \frac{1}{3} \mu F_0 l,$$

nach (664) ebenso gross wie für einen prismatischen Körper von gleicher Länge l und vom Querschnitte F_0. Die Masse des pyramidalen Körpers ist

$$M = \frac{1}{3}\mu(F_0 + \sqrt{F_0 F_1} + F_1)l$$

und deshalb auch:

$$m_1 = \frac{1}{3}\mu F_0 l = \frac{F_0}{F_0 + \sqrt{F_0 F_1} + F_1} M \quad . \quad . \quad (672).$$

246. — Als Beispiel der Anstrengung eines stabförmigen Körpers durch seine Dehnungsarbeit werde die Spannung eines Förderseiles beim Anlassen der Maschine betrachtet. Wenn nämlich, nachdem das Förderseil eines Schachtes oder einer Strecke an das ruhende Fördergefäss angeschlagen resp. der beladene Wagen auf die am Seile beständig befestigte Förderschale aufgefahren ist, die Maschine angelassen wird, so stellt sich in dem Anfangs schlaffen Seile eine schnell, aber stetig wachsende Spannung her, die demnächst wieder abnimmt und nach einer Reihe von Spannungsoscillationen mehr und mehr die dem Zustande ruhiger Belastung entsprechende Grösse dauernd annimmt. Der Vorgang ist nicht einem Stosse im gewöhnlichen Sinne zu vergleichen, und es ergiebt sich vielmehr die Maximalspannung am deutlichsten durch die folgende Ueberlegung, bei der mit

$\frac{P}{g}$ die in Bewegung zu setzende träge Masse,

P_1 der Widerstand im Beharrungszustande (bei einem seigeren Schachte $=$ dem Gewichte P der belasteten Förderschale, sonst aber $< P$),

c die Peripheriegeschwindigkeit der Seiltrommel,

l die Länge, F der Querschnitt, E der Elasticitätsmodul des Seiles bezeichnet sei. Nach der Zeit t, von dem Augenblicke an gerechnet, in welchem das Seil gerade gestreckt, aber noch nicht gespannt ist (abgesehen von seinem eigenen Gewichte, das überhaupt hierbei einstweilen ausser Betracht bleiben soll), habe das Fördergefäss den Weg s zurückgelegt und sei die totale Spannung des Seiles $= S$ geworden; dann ist:

$$\frac{P}{g}\frac{d^2 s}{dt^2} = S - P_1 .$$

In demselben Augenblicke hat sich das Seil um $ct - s$ verlängert und ist deshalb:

$$S = \frac{ct - s}{l} EF = \frac{ct - s}{\lambda} P, \text{ wenn } \lambda = \frac{Pl}{EF} \quad . \quad . \quad (673)$$

gesetzt wird; dieses λ ist die der Zugkraft P entsprechende Verlängerung des Seiles. Hiernach ist auch:

$$\frac{1}{g}\frac{d^2 s}{dt^2} = \frac{ct - s}{\lambda} - \frac{P_1}{P}$$

oder

$$\frac{d^2 s}{dt^2} = \frac{g}{\lambda}(ct - s - \lambda_1), \text{ wenn } \lambda_1 = \frac{P_1}{P}\lambda = \frac{P_1 l}{EF} \quad . \quad (674)$$

$=$ der der Zugkraft P_1 entsprechenden Verlängerung des Seiles gesetzt wird.

Setzt man zur Integration dieser Differentialgleichung:

$$\frac{d^2 s}{dt^2} = \frac{g}{\lambda}(ct - s - \lambda_1) = y,$$

so folgt $$\frac{d^2 y}{dt^2} = -\frac{g}{\lambda}\frac{d^2 s}{dt^2} = -\frac{g}{\lambda}y$$

mit dem bekannten Integral:

$$y = a \sin\left(t\sqrt{\frac{g}{\lambda}}\right) + b \cos\left(t\sqrt{\frac{g}{\lambda}}\right),$$

unter a und b näher zu bestimmende Constante verstanden, also

$$s = ct - \lambda_1 - \frac{\lambda}{g}y = ct - \lambda_1 + A \sin\left(t\sqrt{\frac{g}{\lambda}}\right) + B \cos\left(t\sqrt{\frac{g}{\lambda}}\right)$$

mit $A = -\frac{\lambda}{g}a$ und $B = -\frac{\lambda}{g}b$. Daraus folgt:

$$\frac{ds}{dt} = c + A\sqrt{\frac{g}{\lambda}} \cos\left(t\sqrt{\frac{g}{\lambda}}\right) - B\sqrt{\frac{g}{\lambda}} \sin\left(t\sqrt{\frac{g}{\lambda}}\right)$$

und sind die Constanten A, B dadurch bestimmt, dass

$$t = \frac{\lambda_1}{c}, \quad s = 0, \quad \frac{ds}{dt} = 0$$

zusammengehörige Werthe sein müssen, weil die Bewegung des Fördergefässes in dem Augenblicke beginnt, in welchem das Seil die totale Spannung P_1 erlangt und somit um λ_1 sich gestreckt hat. Mit der abgekürzten Bezeichnung

$$\alpha = \frac{\lambda_1}{c}\sqrt{\frac{g}{\lambda}}$$

müssen also A und B den Gleichungen entsprechen:

$$A \sin\alpha + B \cos\alpha = 0$$

$$A \cos\alpha - B \sin\alpha = -c\sqrt{\frac{\lambda}{g}},$$

woraus $$A = -c\sqrt{\frac{\lambda}{g}} \cos\alpha \text{ und } B = c\sqrt{\frac{\lambda}{g}} \sin\alpha,$$

somit $$s = ct - \lambda_1 - c\sqrt{\frac{\lambda}{g}}\left[\sin\left(t\sqrt{\frac{g}{\lambda}}\right)\cos\alpha - \cos\left(t\sqrt{\frac{g}{\lambda}}\right)\sin\alpha\right]$$

$$= ct - \lambda_1 - c\sqrt{\frac{\lambda}{g}} \sin\left(t\sqrt{\frac{g}{\lambda}} - \alpha\right)$$

folgt, und dann nach (673) mit Einsetzung des Werthes von α:

$$\frac{S}{P} = \frac{ct - s}{\lambda} = \frac{\lambda_1}{\lambda} + \frac{c}{\sqrt{g\lambda}} \sin\left[\left(t - \frac{\lambda_1}{c}\right)\sqrt{\frac{g}{\lambda}}\right] \quad (675).$$

Das Maximum der Seilspannung S tritt hiernach periodisch ein, so oft der *Sinus* $= 1$ wird, also nach den Zeiten:

$$t = \frac{\lambda_1}{c} + (4n+1)\frac{\pi}{2}\sqrt{\frac{\lambda}{g}} \text{ mit } n = 0,\ 1,\ 2,\ 3\ \ldots .$$

und es entspricht der Gleichung: $\frac{S}{P} = \frac{\lambda_1}{\lambda} + \frac{c}{\sqrt{g\lambda}}$ . . . (676).

Die dabei ausser Acht gebliebenen Nebenwiderstände haben freilich zur Folge, dass thatsächlich diese Maximalspannungen, immer kleiner werdend, sich der Grenze P_1 nähern, doch sind sie für das erste Maximum, $n = 0$ entsprechend, noch unerheblich, so dass dieses absolute und für die Anstrengung des Seiles maassgebende Maximum von S als hinlänglich genau durch (676) bestimmt zu betrachten ist. Bis zum Eintritte dieser grössten Spannung hat das Seil nach (663) die Arbeit:

$$A = \frac{(S:F)^2}{2E} Fl = \frac{S^2 l}{2EF}$$

in sich aufgenommen, oder mit Rücksicht auf (673) und (676) die Arbeit:

$$A = \frac{S^2\lambda}{2P} = \frac{P\lambda}{2}\left(\frac{\lambda_1}{\lambda} + \frac{c}{\sqrt{g\lambda}}\right)^2 \quad . \quad . \quad . \quad (677).$$

Bei horizontaler Streckenförderung sind P_1 und λ_1 verhältnissmässig klein, und ist also

$$A \text{ nur wenig} > P\frac{c^2}{2g}.$$

Für einen seigeren Schacht dagegen als den ungünstigsten Fall ist $P_1 = P$, $\lambda_1 = \lambda$, also:

$$\left.\begin{aligned} A &= \frac{P\lambda}{2}\left(1 + \frac{c}{\sqrt{g\lambda}}\right)^2 = P\left(\frac{\lambda}{2} + c\sqrt{\frac{\lambda}{g}} + \frac{c^2}{2g}\right) \\ \text{und } \frac{S}{P} &= 1 + \frac{c}{\sqrt{g\lambda}} = 1 + c\sqrt{\frac{1}{g}\frac{EF}{Pl}} \end{aligned}\right\} \quad . \quad (678).$$

Der Ueberschuss der beim Anlassen der Maschine grössten über die dem Beharrungszustande entsprechende Seilspannung ist proportional der Geschwindigkeit, mit der die Maschine angelassen wird, und umgekehrt proportional der Quadratwurzel aus der Seillänge.

Um noch das bei vorstehender Rechnung ausser Betracht gebliebene Seilgewicht $= pl$ nachträglich wenigstens als dauernde Belastung im Falle des seigeren Schachtes zu berücksichtigen, ist S um pl und analog (665)

$$A \text{ um } \frac{(pl:F)^2}{6E} Fl = \frac{p^2 l^3}{6EF}$$

zu vergrössern, da es sich hier wie dort um eine proportional der Entfernung vom einen (hier dem oberen) bis zum anderen Ende wachsende Spannung handelt. Die mit Rücksicht hierauf corrigirte grösste Seilspannung ist nach (678):

$$S = P + pl + c\sqrt{\frac{EF}{g}\frac{P}{l}}$$

und kann darin für Seile von Stahl- oder Eisendraht, bestehend aus n Drähten von d Millimeter Durchmesser, das Eigengewicht pro 1 Meter Länge:

$$p = 0{,}0075\, nd^2 \text{ Kgr.}$$

gesetzt werden. Der Elasticitätsmodul E ist hier etwas kleiner, als für einen massiven Stahl- oder Eisenstab, da die Dehnung des Seiles, indem sie zum Theil dadurch verursacht wird, dass die gewundenen Drähte mehr gerade gestreckt werden, etwas grösser ist, als für einen massiven Stab von gleichem Querschnitte $F = \frac{\pi}{4} nd^2$ Quadratmillimeter. Setzt man etwa

$$\frac{EF}{g} = \frac{E}{g}\frac{\pi}{4} nd^2 = 1296\, nd^2 = (36)^2\, nd^2,$$

mit $g = 9{,}81$ entsprechend $E = 16190$ Kgr. pro Quadratmillim., d. i. etwa 0,8 des einem einzelnen geraden Stahl- oder Eisendrahte zukommenden Werthes, so wird

$$S = P + pl + 36\, c \sqrt{nd^2 \frac{P}{l}}$$

und ergiebt sich mit $nd^2 = \frac{P + pl}{k}$ das Verhältniss, in welchem die Seilspannung beim Anlassen der Maschine grösser als bei ruhiger Belastung ist:

$$\frac{S}{P + pl} = 1 + \frac{36\, c}{\sqrt{kl\left(1 + \frac{pl}{P}\right)}} \quad . \quad . \quad . \quad . \quad (679).$$

Erfahrungsmässig ist die Zugfestigkeit eines Seiles von gutem und ungeglühtem

Gussstahldraht $= 90\, nd^2$ Kgr.
Eisendraht $= 45\, nd^2$ Kgr.

anzunehmen, so dass bei zehn- bis sechsfacher Sicherheit für ruhige Belastung

des Gussstahldrahtseiles: $k = 9$ bis 15
des Eisendrahtseiles: $k = 4{,}5$ bis $7{,}5$

gesetzt werden kann. Ersteres gestattet somit ein halb so grosses Seilgewicht und eine im Verhältnisse $\sqrt{2} : 1$ grössere Peripheriegeschwindigkeit c der Seiltrommel beim Anlassen der Maschine, als das Eisendrahtseil, wenn die Seilspannung des Beharrungszustandes und das Maximum derselben beim Anheben der Förderschale in beiden Fällen dieselben Verhältnisse zur Zugfestigkeit haben sollen.

Schliesslich ist zu bemerken, dass ein elastisches Verbindungsglied zwischen Fördergefäss und Seil (Stahlfeder oder Kautschukpuffer) von solchen Dimensionen, dass es um ebenso viel durchgebogen resp. zusammengedrückt wie eine Seillänge $= l_1$ bei gleicher Belastung ausgedehnt wird, dieselbe (die Anstrengung beim Anheben vermindernde) Wirkung hat, als ob das Förderseil um l_1 Meter länger, als es wirklich ist, mit dieser Länge aber gewichtslos wäre. In den Ausdrücken (673) und (674) von λ und λ_1 ist also dann $l+l_1$ für l, statt der Gleichung (679) aber zu setzen:

$$\frac{S}{P+pl}=1+\frac{36\,c}{\sqrt{k(l+l_1)\left(1+\frac{pl}{P}\right)}} \quad . \quad . \quad (680).$$

247. — Ein Dampfhammer habe das Gewicht Q und werde als ein prismatischer Körper vorausgesetzt mit dem Querschnitte F und der Länge l; der Elasticitätsmodul sei $=E$.

Der Ambos (die Chabotte) sei von pyramidaler Form; obere (kleinere) Endfläche $=F_0$, untere $=F_1$, Höhe $=l_1$, Gewicht $=Q_1$, Elasticitätsmodul $=E_1$. Er ruhe auf einer Holzunterlage, die auf der Basis F_2 in der Höhe l_2 prismatisch aufgebaut ist; das Gewicht dieses Holzkörpers sei $=Q_2$, der Elasticitätsmodul $=E_2$ nach der Richtung l_2, d. h. normal gegen die Faserrichtung der horizontal liegenden Balken.

Gesucht wird der auf den Ambos, die Unterlage und den Erdboden ausgeübte Druck beim Niederfallen des Hammers von der Höhe h, gerechnet bis zur oberen Fläche des durch den Schlag zusammengedrückten, auf dem Ambos liegenden Arbeitsstückes.

Nimmt man an, dass der Stoss im engeren Sinne nur zwischen Hammer und Ambos stattfindet, dass also in dem Augenblicke, in welchem die Geschwindigkeiten aller horizontalen Schichten des Hammers bis auf die Geschwindigkeit reducirt worden sind, welche die oberste Ambosschicht gleichzeitig erlangt hat, der Geschwindigkeitsimpuls sich nur gerade durch den Ambos hindurch bis zu seiner Grundfläche F_1 erstreckt, so ist bei Voraussetzung eines unelastischen Stosses, welche Voraussetzung besonders bei dem Vorhandensein eines den Schlag unmittelbar empfangenden weichen Arbeitsstückes zutrifft, das nach Abzug des Verlustes L (660) als lebendige Kraft übrig bleibende Arbeitsvermögen nach (661) und (672)

$$\text{mit } m=\frac{Q}{g},\quad m_1=\varrho M=\varrho\,\frac{Q_1}{g},\quad \frac{c^2}{2g}=h:$$

$$W=\frac{Q^2}{Q+\varrho Q_1}\,h \text{ mit } \varrho=\frac{F_0}{F_0+\sqrt{F_0F_1}+F_1} \quad . \quad (681).$$

Während die Arbeit L vorzugsweise zu bleibender Deformation (und Erwärmung) des Arbeitsstückes verbraucht wurde, comprimirt die Arbeit W den Hammer, den Ambos, die Holzunterlage und bis zu gewisser Tiefe auch den Erdkörper; von dieser letzteren Wirkung werde indessen in Ermangelung genügender Anhaltspunkte zu ihrer Beurtheilung abstrahirt. Sind dann A, A_1 und A_2 die von den drei erstgenannten Körpern im Augenblicke grösster Compression aufgenommenen Deformationsarbeiten, und ist dabei P der ihnen entsprechende Druck in allen Horizontalschnitten von der Basis der Holzunterlage bis zur oberen Ambosfläche (von hier bis zum oberen Ende des Hammers nimmt der Druck allmählich bis Null ab), so ergiebt sich beziehungsweise nach (665) (670) (663):

$$A = \frac{P^2 l}{6EF}, \quad A_1 = \frac{P^2 l_1}{2E_1 \sqrt{F_0 F_1}}, \quad A_2 = \frac{P^2 l_2}{2E_2 F_2}$$

und hat man also für P die Gleichung:

$$\frac{P^2}{2}\left(\frac{l}{3EF} + \frac{l_1}{E_1\sqrt{F_0 F_1}} + \frac{l_2}{E_2 F_2}\right) = \frac{Q^2 h}{Q + \varrho Q_1} \quad . \quad (682).$$

Die Arbeit der Schwerkraft $(Q + Q_1 + Q_2)$, die der mit der Compression verbundenen Senkung des gemeinsamen Schwerpunktes aller drei Körper entspricht, kann ohne Zweifel als reichlich aufgewogen betrachtet werden durch die vernachlässigte Arbeit, die zur Compression und Erschütterung des Erdbodens verwendet wird, und welche trotzdem zur Folge haben kann, dass P durch Gleichung (682) noch wesentlich zu gross gefunden wird. Uebrigens ist natürlich der gesuchte Maximaldruck auf die Holzunterlage noch um Q_1, auf den Erdboden um $Q_1 + Q_2$ (als den schon vor dem Hammerschlage vorhanden gewesenen Druck) grösser als P.

Bei gegebenen Verhältnissen von l, l_1, l_2, F, F_0, F_1, F_2 ist P proportional $\sqrt{Qh}$.

B. Biegungsarbeit stabförmiger Körper.

248. — Ein gerader stabförmiger Körper sei auf irgend eine Weise gestützt oder eingeklemmt und durch äussere Kräfte belastet, deren Richtungslinien die als x-Axe angenommene Stabaxe schneiden. Bei Vernachlässigung der Schubkräfte und der durch die unmittelbare Wirkung des Druckes auf die Oberfläche bedingten Pressung sind dann wieder ausser σ_x alle übrigen in Nr. 237 genannten Spannungen = Null, und erhält man wie in Nr. 244 mit $\sigma_x = \sigma$, $\varepsilon_x = \varepsilon$ und $\sigma = E\varepsilon$ die der Biegung entsprechende Deformationsarbeit:

$$A = \frac{1}{2E}\int \sigma^2 dV \quad . \quad . \quad . \quad . \quad . \quad . \quad . \quad (662).$$

Wenn insbesondere die Richtungslinien der äusseren Kräfte in einer Symmetrieebene des Körpers liegen und die Stabaxe rechtwinkelig schneiden, so ist, unter

M das Spannungsmoment = dem Moment der äusseren Kräfte,
J das Trägheitsmoment eines Querschnittes in Bezug auf die Biegungsaxe,
dF einen im Abstande η mit der letzteren parallelen Flächenstreifen des Querschnittes

verstanden, mit $dV = dF\,dx$ und $\sigma = \frac{M\eta}{J}$ nach Gleichung (81):

$$A = \frac{1}{2E}\int \frac{M^2}{J^2}\,dx \int \eta^2 dF = \frac{1}{2E}\int \frac{M^2}{J}\,dx \quad . \quad (683),$$

das Integral auf die ganze Länge des Stabes bezogen.

In der Regel handelt es sich um die Biegungsarbeit, die einer gegebenen Maximalspannung = k entspricht, während nur die Art der Belastung (die Angriffsweise und das Grössenverhältniss der äusseren Kräfte) gegeben ist. Durch eine der äusseren Kräfte $= P$ lassen sich dann alle übrigen und somit auch $k = max \frac{Me}{J}$, unter e den grössten Absolutwerth von η für den betreffenden Querschnitt verstanden, ausdrücken, wonach durch Elimination von P die Biegungsarbeit A gefunden wird als Function von k und den Elementen, durch die das Material und die Dimensionen, sowie die Art der Stützung resp. Einklemmung und der Belastung des Stabes gegeben sind.

249. — Erfährt der Stab nur an einer Stelle C einen äusseren Druck, z. B. in Folge eines transversalen Stosses, so kann man bemerken, dass die elementare Biegungsarbeit δA, die dem unendlich kleinen Zuwachs δp der Durchbiegung p bei C entspricht, natürlich der Arbeit $P\delta p$ des der augenblicklichen Durchbiegung p im Gleichgewichtszustande entsprechenden äusseren Druckes P gleich sein muss, und indem nach den betreffenden Gesetzen des zweiten Abschnittes (unter **A**, II, Biegungselasticität) p und P, P und k in bekannten Verhältnissen einander proportional sind, erhält man sofort auch

$$A = \int_0^p P\delta p \text{ in bekanntem Verhältnisse proportional } k^2.$$

Insbesondere für einen prismatischen Stab (Querschnitt $= F$, Länge $= l$) ist p ein Ausdruck von der Form:

$$p = \alpha \frac{P}{EJ} l^3, \quad \text{somit } A = \frac{\alpha l^3}{EJ} \int_0^P P\delta P = \alpha \frac{P^2 l^3}{2EJ}$$

oder mit $max\, M = \beta Pl$, also $k = \frac{e}{J} max\, M = \beta Pl \frac{e}{J}$:

$$A = \frac{\alpha l^3}{2EJ} \frac{k^2 J^2}{\beta^2 l^2 e^2} = \frac{k^2}{2E} \frac{\alpha}{\beta^2} \frac{Jl}{e^2}$$

oder endlich mit $J = \gamma F e^2$ und $Fl = V$:

$$A = \frac{k^2}{2E} \frac{\alpha\gamma}{\beta^2} V \quad \ldots\ldots\ldots \quad (684).$$

Dabei sind die Coefficienten α und β von der Stützungsart des Stabes und von der Angriffsstelle des äusseren Druckes abhängig, während γ durch die Querschnittsform bestimmt ist.

Ist z. B. der Stab am einen Ende befestigt, am anderen, freien Ende angegriffen, so ist nach Nr. 50:

$$\alpha = \frac{1}{3}, \quad \beta = 1, \quad \text{also } \frac{\alpha}{\beta^2} = \frac{1}{3};$$

ist er beiderseits gestützt und in den Entfernungen a, b von den Stützen angegriffen, so ist nach Nr. 61:

$$\alpha = \frac{1}{3} \frac{a^2 b^2}{l^4}, \quad \beta = \frac{ab}{l^2}, \quad \text{also } \frac{\alpha}{\beta^2} = \frac{1}{3}$$

für jedes Verhältniss $\frac{a}{b}$; ist er beiderseits unter den Richtungswinkeln = Null eingeklemmt und in den Abständen a, b von den Enden angegriffen, so ist, wenn $a \gtreqless b$ ist, nach Nr. 57:

$$\alpha = \frac{1}{3}\frac{a^3 b^3}{l^6}, \quad \beta = \frac{ab^2}{l^3}, \quad \text{also} \quad \frac{\alpha}{\beta^2} = \frac{1}{3}\frac{a}{b}.$$

Was γ betrifft, so ist z. B.

für den rechteckigen Querschnitt: $\gamma = \frac{1}{3}$,

für den kreisförmigen oder elliptischen Querschnitt: $\gamma = \frac{1}{4}$,

für den ringförmigen Querschnitt (r_1 innerer, r äusserer Radius):

$$\gamma = \frac{\frac{\pi}{4}(r^4 - r_1^4)}{\pi(r^2 - r_1^2)r^2} = \frac{1}{4}\left(1 + \frac{r_1^2}{r^2}\right).$$

250. — Wenn die Arme eines Zahnrades oder Schwungrades nach Nr. 75 so gestaltet sind, dass bei relativer Verdrehung des Radkranzes gegen die Nabe die Maximalspannung in beiden Endquerschnitten jedes Armes gleich gross ist, so sei die Biegungsarbeit $= A$ zu bestimmen, die ein solcher Arm bei gegebenen Dimensionen bis zur Maximalspannung k in sich aufnehmen kann.

Unter Beibehaltung der Buchstabenbezeichnungen von Nr. 75 ist mit Bezug auf Fig. 27

$$\text{der Winkel } B_1CB = \frac{l}{a}\beta,$$

$$\text{also der Bogen } B_1B = p = (l+a)\frac{l}{a}\beta.$$

Wegen $-\alpha = \frac{l+a}{a}\beta$ ist aber nach (173):

$$\beta = -(A)\frac{l}{EJ}\frac{2(1-n)-(1+n)\ln\frac{1}{n}}{\left[(1-n)(3n-1)-2n^2\ln\frac{1}{n}\right]\frac{l+a}{a}-n\left(1-n^2-2n\ln\frac{1}{n}\right)}$$

$$= -(A)\frac{l}{EJ}\frac{2(1-n)-(1+n)\ln\frac{1}{n}}{\left[(1-n)(3n-1)-2n^2\ln\frac{1}{n}\right]\frac{l}{a}+(1-n)(3n-1)-n(1-n^2)}$$

oder wegen

$$(1-n)(3n-1)-n(1-n^2) = (1-n)(2n-1-n^2) = -(1-n)^3$$

$$\text{und } -(A) = \frac{Pl}{1+n^2} \text{ nach Nr. 75,}$$

unter P hier $\left(\text{statt } \frac{P}{z} \text{ in Nr. 75}\right)$ die den einzelnen Arm biegende, bei B im Sinne des Umfanges wirkende Kraft verstanden, ferner mit den Bezeichnungen:

$$f(n) = 2(1-n) - (1+n)\, ln \frac{1}{n}$$

und

$$\varphi(n) = (1-n)(3n-1) - 2n^2\, ln \frac{1}{n}:$$

$$\beta = \frac{Pl^2}{(1+n^2)EJ} \frac{f(n)}{\frac{l}{a}\varphi(n) - (1-n)^3}.$$

Hiernach ist $p = (l+a)\frac{l}{a}\beta = \frac{Pl^3}{(1+n^2)EJ} \frac{(l+a)f(n)}{l\varphi(n) - a(1-n)^3}$

und die Biegungsarbeit eines Armes = der Arbeit, die dem Wege $B_1 B = p$ des Angriffspunktes jener biegenden Kraft bei ihrem stetigen Wachsen von Null bis P entspricht,

$$A = \int_0^P P\delta p = \frac{P^2 l^3}{2(1+n^2)EJ} \frac{(l+a)f(n)}{l\varphi(n) - a(1-n)^3}.$$

Indem aber der Maximalspannung k nach (177) die Kraft

$$P = (1+n^2)\frac{k}{l}\frac{J}{e}$$

entspricht, ist schliesslich mit $J = \gamma F e^2$:

$$A = \frac{k^2}{2E}\frac{Jl}{e^2}(1+n^2)\frac{(l+a)f(n)}{l\varphi(n) - a(1-n)^3}$$

$$= \frac{k^2}{2E}\gamma Fl(1+n^2)\frac{(l+a)f(n)}{l\varphi(n) - a(1-n)^3} \quad . \quad . \quad (685).$$

Ist z. B. das Verjüngungsverhältniss $n = 0{,}7 \qquad \frac{2}{3}$

für $l = 2{,}68a \qquad 3{,}96a$ nach (175),

so ergiebt sich aus (685): $A = 0{,}439 \qquad 0{,}453 \,.\, \frac{k^2}{2E}\gamma Fl.$

Im Durchschnitt kann gesetzt werden:

$$A = 0{,}45\frac{k^2}{2E}\gamma Fl \quad . \quad . \quad . \quad . \quad . \quad . \quad . \quad (686)$$

und mit $\gamma = \frac{1}{3}$ für Arme von rechteckigem Querschnitte:

$$A = 0{,}15\frac{k^2}{2E}Fl \quad . \quad . \quad . \quad . \quad . \quad . \quad . \quad (687).$$

251. — Ist der Stab als ein Körper von gleichem Widerstande (Nr. 76) gestaltet, ist nämlich

$$\frac{Me}{J} = k$$

für alle Querschnitte gleich, so ist nach (683) mit $J = \gamma F e^2$:

$$A = \frac{1}{2E} \int \frac{M^2}{J} dx = \frac{k^2}{2E} \int \frac{J}{e^2} dx = \frac{k^2}{2E} \gamma V \quad . \quad (688),$$

also unabhängig von der Art der Unterstützung und Belastung bei gegebener Querschnittsform proportional dem Volumen. So können z. B. zwei Stahlfedern mit rechteckigen Querschnitten, von denen die eine nach Nr. 77 (Fig. 29) als parabolische, die andere nach Nr. 78 als Dreiecksfeder gestaltet ist, bei gleichem Volumen V und gegebener Maximalspannung k dieselbe Arbeit A in sich aufnehmen, und zwar mit $\gamma = \frac{1}{3}$:

$$A = \frac{k^2}{6E} V,$$

insbesondere mit $k = 6000$ und $E = 2\,000\,000$:

$$A = 3\,V \text{ Centimeter-Kilogramm},$$

falls V in Cubikcentimetern ausgedrückt ist.

Ebenso wie die Dreiecksfeder verhält sich auch eine aus mehreren auf einander gelegten und in der Mitte durch eine Fassung zusammengehaltenen Stahlschienen gebildete Schichtfeder (Nr. 78), wie sie bei Eisenbahnfahrzeugen gebräuchlich sind, und ist es dabei hinsichtlich der bis zu gegebener Maximalspannung aufzunehmenden Biegungsarbeit einerlei, ob eine solche Feder bei gegebenem Volumen länger oder kürzer, aus vielen dünneren oder aus wenigen dickeren Schichten zusammengesetzt, ob sie also nach Nr. 78 mehr oder weniger biegsam ist.

252. — Wenn auf den geraden stabförmigen Körper ein Stoss ausgeübt wird durch eine Masse m, die ihn senkrecht zur Axe mit der Geschwindigkeit c trifft, so ist zur Berechnung des Arbeitsvermögens

$$W = \frac{1}{2} \frac{m^2}{m + m_1} c^2,$$

das nach (661) bei Voraussetzung eines unelastischen Stosses übrig bleibt und vorzugsweise zur Biegung des getroffenen Stabes verwendet wird, die Kenntniss seiner auf den Stosspunkt reducirten Masse m_1 erforderlich. Dieselbe ist nach der Annahme in Nr. 240:

$$m_1 = \mu \int \frac{z^2}{\delta^2} F dx,$$

wenn μ die specifische Masse des Stabes und z diejenige Durchbiegung eines beliebigen Punktes der elastischen Linie bedeutet, welche im Gleichgewichtszustande der Durchbiegung δ ihres in der Stosslinie liegenden Punktes entspricht.

Insbesondere für einen prismatischen Stab vom Querschnitte F, von der Länge l und Masse $M = \mu F l$ ergiebt sich,

1) wenn er am einen Ende befestigt ist und am anderen, freien Ende gestossen wird, wegen

$$z = \frac{P}{EJ} \frac{x^2 (3l - x)}{6} \text{ und } \delta = \frac{P}{EJ} \frac{l^3}{3}$$

nach Nr. 50, also $\frac{z}{\delta} = \frac{x^2(3l - x)}{2l^3}$:

$$m_1 = \frac{\mu F}{4l^6} \int_0^l x^4 (9l^2 - 6lx + x^2)\, dx = \frac{33}{4 \cdot 35} M = 0{,}236\, M \quad (689);$$

2) wenn er beiderseits gestützt ist und in den Entfernungen a, b von den Enden gestossen wird, nach Nr. 60 mit

$$z = \frac{P}{EJ} \left[\frac{ab(a+2b)}{6l} x - \frac{b}{6l} x^3 \right] \text{ und } \delta = \frac{P}{EJ} \frac{a^2 b^2}{3l}$$

$$\frac{z}{\delta} = \frac{1}{2a^2 b} [a(a+2b)x - x^3]$$

$$m_1 = \mu F \left\{ \frac{1}{4a^4 b^2} \int_0^a [a^2 (a+2b)^2 x^2 - 2a(a+2b) x^4 + x^6]\, dx \right.$$

$$\left. + \frac{1}{4a^2 b^4} \int_0^b [b^2 (b+2a)^2 y^2 - 2b(b+2a) y^4 + y^6]\, dy \right\}$$

$$= \frac{M}{3 \cdot 35} \left(35 + 14 \frac{a^3 + b^3}{abl} + 2 \frac{a^5 + b^5}{a^2 b^2 l} \right) \quad . \quad (690),$$

z. B. für $a = b = \frac{l}{2}$: $m_1 = \frac{17}{35} M = 0{,}486\, M$ . . . . . (691);

3) wenn er beiderseits unter den Richtungswinkeln = Null eingeklemmt ist und in den Abständen a, b von den Enden gestossen wird, nach Nr. 55 mit

$$z = \frac{P}{EJ} \left[\frac{ab^2}{l^2} \frac{x^2}{2} - \frac{(3a+b)b^2}{l^3} \frac{x^3}{6} \right] \text{ und } \delta = \frac{P}{EJ} \frac{a^3 b^3}{3l^3}$$

$$\frac{z}{\delta} = \frac{1}{2a^3 b} [3a(a+b)x^2 - (3a+b)x^3]$$

$$m_1 = \mu F \left\{ \frac{1}{4a^6 b^2} \int_0^a [9a^2 (a+b)^2 x^4 - 6a(a+b)(3a+b) x^5 \right.$$

$$+ (3a+b)^2 x^6]\, dx$$

$$+ \frac{1}{4a^2 b^6} \int_0^b [9b^2 (a+b)^2 y^4 - 6b(a+b)(3b+a) y^5$$

$$\left. + (3b+a)^2 y^6]\, dy \right\}$$

$$= \frac{M}{4 \cdot 35} \left(33 + 16 \frac{a^3 + b^3}{abl} + 3 \frac{a^5 + b^5}{a^2 b^2 l} \right) \quad . \quad . \quad (692),$$

z. B. für $a = b = \frac{l}{2}$: $m_1 = \frac{13}{35} M = 0{,}371\, M$ . . . . . (693).

253. — Wenn es sich darum handelt, einen geraden stab- oder bandförmigen Körper (Länge $=l$) auf einen Cylinder aufzuwickeln, so kann die dazu erforderliche Biegungsarbeit nach (662):

$$A=\frac{1}{2E}\int\sigma^2 dV=\frac{E}{2}\int\varepsilon^2 dV$$

gesetzt werden, und dabei, unter r den (bis zur Mittellinie des aufgewickelten Körpers gerechneten) Radius des Cylinders verstanden,

$$\varepsilon=\frac{\eta}{r},\quad dV=ldF,$$

da in allen Punkten eines elementaren Bandstreifens, dessen Querschnitt ein der Biegungsaxe im Abstande η paralleler Flächenstreifen dF des constanten Querschnittes F ist, dieselbe Dehnung ε stattfindet. Damit wird:

$$A=\frac{El}{2r^2}\int\eta^2 dF=\frac{EJl}{2r^2}\quad\ldots\ldots\quad(694).$$

Wenn z. B. ein die Zugkraft P ausübendes Seil auf eine Trommel gewunden wird, so ist die der aufgewundenen Seillänge l entsprechende Arbeit dieser Kraft $=Pl$, also der verhältnissmässige Arbeitsverlust durch den Biegungswiderstand (die sogenannte Steifigkeit des Seiles):

$$\frac{A}{Pl}=\frac{EJ}{2Pr^2}.$$

Derselbe giebt sich durch eine gewisse Absperrung $=a$ des Seiles an der Aufwickelungsstelle zu erkennen, wofür man hat:

$$\frac{Pl+A}{Pl}=\frac{r+a}{r};\quad a=\frac{EJ}{2Pr}\quad\ldots\ldots\quad(695).$$

Wird das Seil über eine Leitrolle geführt, so wird (vollkommene Elasticität vorausgesetzt) die bei der Aufwickelung aufgewendete Biegungsarbeit bei der Abwickelung wieder ausgegeben, indem auch hier die Absperrung a wieder eintritt.

Wenn die Versuche lehren, dass der Steifigkeitswiderstand von Seilen anderen Gesetzen folgt, die nur eine empirische Bestimmung zulassen, so liegt der Grund hauptsächlich in ihrer discontinuirlichen Beschaffenheit, die eine gegenseitige Verschiebung der einzelnen Fäden oder Drähte und in Folge dessen einen Reibungswiderstand bedingt, der anderen Gesetzen folgt wie der Biegungswiderstand eines stetigen Stabes, und welcher auch nicht nur bei der Biegung des geraden, sondern nicht minder bei der Geradestreckung des gebogenen Seiles überwunden werden muss.

C. Arbeit zur Verdrehung eines stabförmigen Körpers.

254. — Wenn ein prismatischer stabförmiger Körper (Länge $=l$, Querschnitt $=F$) um seine als x-Axe angenommene Axe verdreht wird, so sind alle in Nr. 237 genannten Spannungen $=$ Null ausser τ_y und τ_z, letztere aber gleich für gleich gelegene Punkte aller Querschnitte. Ist also das Material des Stabes isotrop oder wenigstens der Art homogen, dass es gleich beschaffen ist nach allen Richtungen, die mit der Stabaxe gleiche Winkel bilden, so ergiebt sich die Deformationsarbeit nach (657) mit

$$\tau_y = G\gamma_y, \ \tau_z = G\gamma_z, \ \tau_y^2 + \tau_z^2 = \tau^2, \ dV = l dF:$$

$$A = \int dV \frac{\tau_y^2 + \tau_z^2}{2G} = \frac{l}{2G}\int \tau^2 dF \quad . \quad . \quad . \quad (696).$$

Dabei ist $dF = dy\,dz$, während für bestimmte Fälle τ^2 als Function von y und z nach früher entwickelten Formeln (Nr. 88—93) ausgedrückt werden kann.

Auch kann man jene Gesetze der Drehungselasticität gerader stabförmiger Körper noch unmittelbarer verwerthen, indem man, unter M das die Drehung bewirkende Kraftmoment und unter ϑ den specifischen Drehungswinkel (Nr. 87) verstanden, analog dem in Nr. 249 zur Bestimmung der Biegungsarbeit eingeschlagenen Verfahren setzt:

$$A = \int_0^{\vartheta} M \delta(l\vartheta)$$

oder mit $\vartheta = \omega \frac{M}{G}$: $A = \frac{l\omega}{G}\int M\delta M = \frac{M^2}{2G} l\omega \quad . \quad . \quad . \quad . \quad (697).$

Mit Rücksicht auf die bekannte Beziehung zwischen M und der grössten Schubspannung $t = max\,\tau$ erhält man hieraus die Arbeit, die bei gegebener Anstrengung ein prismatischer Stab durch seine Verdrehung in sich aufzunehmen vermag, oder auch allgemeiner ein stabförmiger Körper, der in allen seinen gleichen Querschnitten durch ein gleich grosses Kraftmoment um seine (nicht nothwendig gerade) Mittellinie verdreht wird.

Ist der Querschnitt eine Ellipse mit den Halbaxen b und c ($b \overline{\overline{<}} c$), so ergiebt sich mit

$$t = \frac{2}{\pi}\frac{M}{b^2 c} \text{ nach (229) und } \omega = \frac{1}{\pi}\frac{b^2 + c^2}{b^3 c^3} \text{ nach (242):}$$

$$A = \frac{t^2}{2G}\frac{\pi}{4}\frac{b}{c}(b^2 + c^2) l = \frac{t^2}{2G}\frac{b^2 + c^2}{4c^2} V \quad . \quad (698),$$

insbesondere mit $b = c$ für einen kreisförmigen Querschnitt:

$$A = \frac{1}{2}\frac{t^2}{2G} V \quad . \quad . \quad . \quad . \quad . \quad . \quad . \quad (699).$$

Für einen rechteckigen Querschnitt mit den Seiten $2b$ und $2c$ ($b \overline{\overline{<}} c$) folgt aus (697) mit

$$t = \frac{9}{16}\frac{M}{b^2 c} \text{ nach (236) und } \omega = \frac{9}{32}\frac{b^2 + c^2}{b^3 c^3} \text{ nach (245):}$$

$$A = \frac{t^2}{2G}\frac{8}{9}\frac{b}{c}(b^2 + c^2) l = \frac{t^2}{2G}\frac{2}{9}\frac{b^2 + c^2}{c^2} V$$

oder besser nach Nr. 98:

$$A = \frac{t^2}{2G}\frac{4}{27} n \frac{b^2 + c^2}{c^2} V$$

mit $n = 1{,}2$ bis $1{,}5$ für $\frac{c}{b} = 1$ bis ∞. Mit dem Mittelwerthe $n = 1{,}35$ ergiebt sich:

$$A = \frac{t^2}{2G} \frac{b^2 + c^2}{5c^2} V \quad \ldots \ldots \quad (700).$$

255. — Für ein isotropes Material ist mit

$$t = \frac{m}{m+1} k \text{ (Nr. 86) und } G = \frac{1}{2} \frac{m}{m+1} E \text{ (Nr. 22):}$$

$$\frac{t^2}{2G} = \frac{2m}{m+1} \frac{k^2}{2E} = \frac{20}{13} \frac{k^2}{2E} \text{ für } m = \frac{10}{3} \quad . \; . \quad (701),$$

also z. B. die Verdrehungsarbeit eines Stabes von kreisförmigem Querschnitte nach (699):

$$A = \frac{10}{13} \frac{k^2}{2E} V \quad \ldots \ldots \quad (702),$$

während nach Nr. 251 die Biegungsarbeit eines als Körper von gleichem Widerstande gestalteten Stabes von rechteckigem Querschnitte nur

$$A = \frac{1}{3} \frac{k^2}{2E} V$$

ist. Bei gleichem Volumen und gleicher Anstrengung kann also ein cylindrischer Stab durch seine Verdrehung eine $\frac{30}{13} = 2{,}3$ mal so grosse Arbeit in sich aufnehmen, als ein Stab von rechteckigem Querschnitte im günstigsten Falle durch seine Biegung, und ist danach u. A. die principielle Vortheilhaftigkeit der Wendt'schen Torsions-Wagenfedern*) im Vergleich mit den üblichen Schichtfedern (Nr. 78 und 251) zu ermessen.

Noch grösser bei gegebenen Werthen von V und t resp. k ist die Verdrehungsarbeit eines hohlen cylindrischen Stabes. Für einen solchen (äusserer Radius $= r$, innerer $= r_1$) ist nämlich nach (699):

$$A = \frac{1}{2} \frac{t^2}{2G} \pi r^2 l - \frac{1}{2} \frac{\left(\frac{r_1}{r} t\right)^2}{2G} \pi r_1^2 l = \frac{t^2}{2G} \frac{r^2 + r_1^2}{2r^2} V$$

oder nach (701) mit $m = \frac{10}{3}$:

$$A = \frac{10}{13} \frac{r^2 + r_1^2}{r^2} \frac{k^2}{2E} V \quad \ldots \ldots \quad (703).$$

Mit wachsendem Verhältnisse $\frac{r_1}{r}$ nähert sie sich der Grenze:

$$A = \frac{20}{13} \frac{k^2}{2E} V$$

---

*) Zeitschrift des Vereins deutscher Ingenieure, 1875, Seite 156.

und wird somit selbst grösser, als die Dehnungsarbeit (663) eines aus demselben Material bestehenden prismatischen Stabes bei gleichen Werthen von V und k.

256. — In Nr. 245 hatte sich ergeben, dass das zur Längenänderung eines stabförmigen Körpers bis zu einer gewissen Anstrengung desselben verwendbare Arbeitsvermögen unter übrigens gegebenen Umständen um so kleiner ist, je mehr die Querschnitte des Körpers verschieden sind, indem es dann sogar kleiner ist, als wenn der Querschnitt constant seiner kleinsten Grösse gleich wäre. Aehnlich und zwar in noch höherem Grade verhält es sich in Betreff der Verdrehungsarbeit, so dass es rathsam ist, bei Wellen, die Stosswirkungen ausgesetzt sind, alle Querschnittsänderungen (Wellenhälse mit verkleinertem Durchmesser zur Lagerung u. s. w.) möglichst zu vermeiden, um sie zur Aufnahme eines möglichst grossen Arbeitsvermögens ohne übermässige Anstrengung geeignet zu machen.

Ist l die Länge einer solchen Welle, so ist ihre der grössten Schubspannung t entsprechende Verdrehungsarbeit nach (699) bei constantem Durchmesser $2r$:

$$A = \frac{1}{2}\frac{t^2}{2G}\pi r^2 l$$

und bei constantem Durchmesser $2r_1 = \alpha \,.\, 2r$:

$$A_1 = \frac{1}{2}\frac{t^2}{2G}\pi r_1^2 l = \alpha^2 A.$$

Wäre aber die Welle bei übrigens dem Durchmesser $2r$ nur auf einer gewissen Länge l_1 bis zum kleineren Durchmesser $2r_1 = \alpha \,.\, 2r$ abgedreht, so ständen (bei gleicher Grösse des Drehungsmomentes M in allen Querschnitten) die Schubspannungen τ und τ_1 in den Entfernungen r und r_1 von der Axe nach Gleichung (230) in Nr. 90 in der Beziehung:

$$\tau r^3 = \tau_1 r_1^3,$$

so dass τ_1 die $= t$ zu setzende Maximalspannung und $\tau = \alpha^3 t$, folglich das zur Verdrehung verwendbare Arbeitsvermögen:

$$A_2 = \frac{1}{2}\frac{(\alpha^3 t)^2}{2G}\pi r^2 (l - l_1) + \frac{1}{2}\frac{t^2}{2G}\pi r_1^2 l_1$$

$$= \left[\alpha^6 + (\alpha^2 - \alpha^6)\frac{l_1}{l}\right] A$$

wäre, wofür, wenn l_1 viel $< l$ ist, gesetzt werden kann:

$$A_2 = \alpha^6 A = \alpha^4 A_1 \quad \ldots\ldots \quad (704).$$

Während also durch stellenweise Verdünnung einer Transmissionswelle im Verhältnisse α das bei gegebener Anstrengung durch sie übertragbare Kraftmoment M im Verhältnisse α^3 kleiner wird, fällt das zu ihrer Verdrehung verwendbare Arbeitsvermögen gar im Verhältnisse α^6 kleiner aus, z. B. nur halb so gross für $\alpha = 0{,}89$.

D. Deformationsarbeit plattenförmiger Körper.

257. — Als Beispiel werde hier ein Hohlcylinder betrachtet, der durch einen an der inneren und äusseren Cylinderfläche gleichförmig vertheilten Normaldruck belastet und deformirt wird, während er an den Enden offen und frei, somit sein Verhalten in allen Querschnitten gleich ist; l sei die Länge, r_1 der innere, r_2 der äussere Radius, p_1 der innere, p_2 der äussere Druck auf die Einheit der Oberfläche. Wenn dann die Richtungen der x, y, z so angenommen werden wie in Nr. 198, so sind die Spannungscomponenten σ_x, τ_x, τ_y, τ_z in jedem Punkte = Null, und sind in der Entfernung z von der Axe des Hohlcylinders die Normalspannungen σ_y und σ_z beziehungsweise im Sinne des Umfanges und des Radius:

$$\sigma_y = a + \frac{b}{z^2}, \quad \sigma_z = a - \frac{b}{z^2} \text{ nach (535)}$$

$$\text{mit } a = \frac{p_1 r_1^2 - p_2 r_2^2}{r_2^2 - r_1^2}, \quad b = (p_1 - p_2) \frac{r_1^2 r_2^2}{r_2^2 - r_1^2} \text{ nach (537).}$$

Nach (659) und mit $dV = l \,.\, 2\pi z\, dz$ ist also die Deformationsarbeit:

$$A = \frac{1}{2E} \int_{r_1}^{r_2} \left(\sigma_y^2 + \sigma_z^2 - \frac{2}{m} \sigma_y \sigma_z\right) dV$$

$$= \frac{\pi l}{E} \int_{r_1}^{r_2} \left[2a^2 + \frac{2b^2}{z^4} - \frac{2}{m}\left(a^2 - \frac{b^2}{z^4}\right)\right] z\, dz$$

$$= \frac{2\pi l}{E} \int_{r_1}^{r_2} \left(\frac{m-1}{m} a^2 + \frac{m+1}{m} \frac{b^2}{z^4}\right) z\, dz$$

$$= \frac{2\pi l}{E} \left[\frac{m-1}{m} a^2 \frac{r_2^2 - r_1^2}{2} + \frac{m+1}{m} \frac{b^2}{2} \left(\frac{1}{r_1^2} - \frac{1}{r_2^2}\right)\right]$$

oder mit $V = \pi (r_2^2 - r_1^2) l$:

$$A = \frac{V}{E} \left(\frac{m-1}{m} a^2 + \frac{m+1}{m} \frac{b^2}{r_1^2 r_2^2}\right) \quad . \quad . \quad . \quad (705).$$

Insbesondere bei innerem Ueberdruck, während aussen der Atmosphärendruck herrscht, ist mit $p_2 = 0$ und $p_1 = p$ (Nr. 199):

$$a = \frac{p r_1^2}{r_2^2 - r_1^2} \text{ und } b = a r_2^2,$$

also
$$A = a^2 \frac{V}{E} \left(\frac{m-1}{m} + \frac{m+1}{m} \frac{r_2^2}{r_1^2}\right)$$

$$= \frac{p^2}{E} \frac{r_1^2}{r_2^2 - r_1^2} \frac{(m-1) r_1^2 + (m+1) r_2^2}{m (r_2^2 - r_1^2)} V \quad . \quad (706).$$

Die grösste Dehnung findet an der Innenfläche im Sinne des Umfanges statt, und wenn sie $=\frac{k}{E}$ gesetzt wird, also $max\,(E\varepsilon_y)=k$, so ist nach (541):

$$p=k\frac{m(r_2^2-r_1^2)}{(m-1)r_1^2+(m+1)r_2^2}.$$

Durch die Substitution dieses Ausdruckes von p in (706) ergiebt sich die Arbeit, die der Hohlcylinder bis zur Maximalanstrengung k in sich aufzunehmen vermag:

$$A=\frac{k^2}{E}\frac{mr_1^2}{(m-1)r_1^2+(m+1)r_2^2}V \quad . \quad . \quad (707).$$

Bei kleiner Wandstärke $h=r_2-r_1$ kann auch mit Vernachlässigung von $\left(\frac{h}{r_1}\right)^2$ gegen 1 gesetzt werden:

$$\left(\frac{r_2}{r_1}\right)^2=\left(1+\frac{h}{r_1}\right)^2=1+2\frac{h}{r_1}$$

$$\frac{mr_1^2}{(m-1)r_1^2+(m+1)r_2^2}=\frac{m}{2m+2(m+1)\frac{h}{r_1}}$$

$$=\frac{1}{2}\left(1-\frac{m+1}{m}\frac{h}{r_1}\right),$$

also

$$A=\frac{k^2}{2E}\left(1-\frac{m+1}{m}\frac{h}{r_1}\right)V \quad . \quad . \quad . \quad . \quad (708).$$

258. — Wenn das in einer Röhre mit der Geschwindigkeit c fliessende Wasser plötzlich in seiner Bewegung gehemmt wird, so sucht es nach allen Seiten in radialer Richtung auszuweichen und übt auf die Röhre einen Stoss aus. Der Verlust an lebendiger Kraft in der ersten Periode dieses Stosses, d. h. bis zu dem Augenblicke, in welchem die radiale Geschwindigkeit der inneren Röhrenfläche der entsprechend verkleinerten Wassergeschwindigkeit gleich geworden ist, verbleibt dem Wasser als eine äquivalente Wärmemenge, und das als lebendige Kraft übrig gebliebene Arbeitsvermögen:

$$W=\frac{Q^2}{Q+\varrho Q_1}\frac{c^2}{2g} \text{ nach (661)},$$

unter Q das Gewicht der Wassersäule,
Q_1 das Gewicht der Röhre von gleicher Länge l,
ϱQ_1 das auf die Innenfläche reducirte Gewicht Q_1
verstanden, wird wegen der geringen Zusammendrückbarkeit des Wassers fast ausschliesslich auf die Deformation der Röhre verwendet. Wenn von letzterer wie in voriger Nummer angenommen wird, dass die ihr entsprechende Zusammenziehung nach der Länge und Erweiterung in allen Querschnitten ohne wesentliches äusseres Hinderniss geschehen könne, und wenn ζ und ζ_1 die radialen Verrückungen der materiellen Punkte in den Abständen z und r_1 von der Axe sind, endlich q_1 das specifische Ge-

wicht (Gewicht der Volumeneinheit) der Röhre ist, so ergiebt sich der Reductionscoefficient ϱ aus der Gleichung:

$$\varrho Q_1' = \int_{r_1}^{r_2} q_1 \, l \, . \, 2\pi z \, dz \left(\frac{\zeta}{\zeta_1}\right)^2$$

mit $Q_1 = q_1 \, l\pi (r_2^2 - r_1^2)$ und mit Rücksicht darauf, dass nach (534) und (536) in Nr. 198:

$$\frac{\zeta}{\zeta_1} = \frac{\frac{b}{2} z + \frac{c}{z}}{\frac{b}{2} r_1 + \frac{c}{r_1}} = \frac{\frac{m-1}{m} A z + \frac{m+1}{m} \frac{B}{z}}{\frac{m-1}{m} A r_1 + \frac{m+1}{m} \frac{B}{r_1}}$$

oder, wenn nach Nr. 199: $p_2 = 0$, also $B = A r_2^2$ gesetzt wird,

$$\frac{\zeta}{\zeta_1} = \frac{(m-1) z + (m+1) \frac{r_2^2}{z}}{(m-1) r_1 + (m+1) \frac{r_2^2}{r_1}}$$

ist. So findet man:

$$\varrho = \frac{r_1^2}{2} \frac{(m-1)^2 r_1^2 + (m-1)(5m+3) r_2^2 + 4(m+1)^2 \frac{r_2^4}{r_2^2 - r_1^2} \ln \frac{r_2}{r_1}}{[(m-1) r_1^2 + (m+1) r_2^2]^2},$$

welcher Ausdruck sich durch Reihenentwickelung vereinfacht zu

$$\varrho = 1 - \frac{1}{m} \frac{h}{r_1} \quad . \quad . \quad . \quad . \quad . \quad . \quad . \quad (709),$$

wenn $\frac{h}{r_1} = \frac{r_2 - r_1}{r_1}$ ein kleiner Bruch ist, dessen zweite Potenz gegen 1 vernachlässigt wird.

Ist nun q das specifische Gewicht des Wassers und $\frac{q_1}{q} = \delta$ die Dichtigkeit der Röhrenwand, so ist auch:

$$W = \frac{(\pi r_1^2 l)^2}{\pi r_1^2 l + \varrho \delta \pi (r_2^2 - r_1^2) l} q \frac{c^2}{2g} = \frac{\pi r_1^4 l}{r_1^2 + \varrho \delta (r_2^2 - r_1^2)} q \frac{c^2}{2g}$$

und die Gleichung $W = A$ liefert mit dem Ausdrucke (707) von A:

$$\frac{k^2}{E} = \frac{1}{m} \frac{r_1^2}{r_2^2 - r_1^2} \frac{(m-1) r_1^2 + (m+1) r_2^2}{r_1^2 + \varrho \delta (r_2^2 - r_1^2)} q \frac{c^2}{2g} \quad (710).$$

Sofern den Grössen k und E das Centimeter als Längeneinheit zu Grunde liegt, bedeutet hier $q = 0{,}001$ Kgr. das Gewicht von einem Cubikcentimeter Wasser und $\frac{c^2}{2g}$ die Geschwindigkeitshöhe in Centimetern. Wird aber letztere in Metern, also mit $g = 9{,}81$ auch c in Metern pro Secunde ausgedrückt, so ist zu setzen:

$$q \frac{c^2}{2g} = 0{,}1 \frac{c^2}{2 \, . \, 9{,}81} = \frac{c^2}{196{,}2}.$$

Uebrigens ist es nicht blos das Arbeitsvermögen W, wodurch die resultirende Anstrengung der Röhre verursacht wird; denn indem der hydraulische Druck bei der Hemmung der Bewegung plötzlich in den grösseren hydrostatischen Druck übergeht, wird dadurch allein schon ein Werth von k bedingt, der nach Nr. 243 doppelt so gross ist wie derjenige, welcher der ruhigen Belastung durch den Ueberschuss des hydrostatischen über den hydraulischen Druck entsprechen würde, und welcher sich sonach zu demjenigen summirt, der in Folge des hydraulischen Druckes bei der Strömungsgeschwindigkeit c des Wassers in der Röhre schon vorhanden war, sowie zu demjenigen, der ausserdem durch das Arbeitsvermögen W verursacht wird.

259. — Es seien z. B. bei einer g u s s e i s e r n e n W a s s e r l e i t u n g s r ö h r e:

die Radien $r_1 = 10^{cm}$, $r_2 = 11^{cm}$, also die Wandstärke $h = 1^{cm}$,

so ist für einen hydrostatischen Ueberdruck von $p = 4$ Kgr. pro Quadratcentimeter (nahe 4 Atmosphären) nach (541) mit $m = \frac{10}{3}$ die Anstrengung nur:

$$k = \frac{(m-1)r_1^2 + (m+1)r_2^2}{m(r_2^2 - r_1^2)} p = 43 \text{ Kgr. pro Quadratcentim.,}$$

und wenn auch jener hydrostatische Druck ganz plötzlich in der Röhre einträte, so würde doch die entsprechend grössere, jedenfalls aber höchstens doppelt so grosse Anstrengung noch immer so gering sein, dass sie ohne Gefahr durch plötzliche Hemmung der Wasserbewegung einer erheblichen Zunahme fähig wäre. Sollte dadurch eine zusätzliche Anstrengung von höchstens $k = 500$ Kgr. pro Quadratcentim. verursacht werden, so würde mit $m = \frac{10}{3}$, also

$$\varrho = 1 - 0{,}3 \, . \, 0{,}1 = 0{,}97 \text{ nach (709),}$$

ferner mit $E = 1\,000\,000$, also $\frac{k^2}{E} = 0{,}25$

und mit $\delta = 7{,}2$ aus Gleichung (710) folgen:

$$c < 3{,}34 \text{ Mtr. pro Secunde.}$$

Dabei ist die Deformationsarbeit nach Gleichung (707):

$$A = 0{,}25 \frac{m r_1^2}{(m-1)r_1^2 + (m+1)r_2^2} \pi (r_2^2 - r_1^2) l = 7{,}256\, l$$

und der specifische Druck im Zustande grösster Deformation nach Gleichung (541):

$$p = 500 \frac{m(r_2^2 - r_1^2)}{(m-1)r_1^2 + (m+1)r_2^2} = 46{,}2 \text{ Kgr. pro Quadratcentim.}$$

Sollte das Wasser mit einer Geschwindigkeit $c > 3{,}34$ Mtr. in der Röhre fliessen, und doch bei plötzlicher Hemmung dieser Bewegung nur das der zusätzlichen Anstrengung $k = 500$ entsprechende Arbeitsvermögen $A = 7{,}256\, l$ zur Deformation der Röhre verbraucht werden, so müsste der

Rest $A_0 = W - A$ des jetzt im Verhältnisse $\left(\frac{c}{3,34}\right)^2$ grösseren Arbeitsvermögens W eine anderweitige Deformationsarbeit verrichten, insbesondere z. B. zur Compression der Luft in einem mit der Röhre zu verbindenden Windkessel verwendet werden. Das Luftvolumen des letzteren $= V_0$, gemessen bei dem Drucke $p_0 = 4 + 1 = 5$ Kgr. pro Quadratcentim., müsste eine solche Grösse haben, dass seine Compression bis zum Drucke $p = 46,2 + 1 = 47,2$ die Arbeit A_0 erfordert. Nach einem bekannten Ausdrucke für die Compressionsarbeit der Luft müsste also

$$A_0 = \frac{p_0 V_0}{n-1}\left[\left(\frac{p}{p_0}\right)^{\frac{n-1}{n}} - 1\right]$$

sein mit $p_0 = 5$, $p = 47,2$ und $n = 1,41$, also

$$A_0 = 11,2\, V_0.$$

Z. B. für $c = 5$ Mtr. pro Sec. wäre:

$$W = \left(\frac{5}{3,34}\right)^2 A = 2,241\, A$$

$$A_0 = 1,241\, A = 1,241 \,.\, 7,256\, l = 9,005\, l,$$

und es müsste also das Luftvolumen des Windkessels (resp. der etwa an verschiedenen Stellen mit der Röhre verbundenen mehreren Windkessel), gemessen bei dem in der Röhre im Ruhezustande herrschenden hydrostatischen Drucke, pro 1 Meter Röhrenlänge ($l = 100^{cm}$) betragen:

$$V_0 = \frac{900,5}{11,2} = 80,4 \text{ Cubikcentim.},$$

abgesehen von der Deformationsarbeit des Windkessels selbst.

260. — Die Berechnung der Deformationsarbeit eines Dampfkessels ist von Interesse zur Beurtheilung seiner Anstrengung in Folge eines Arbeitsvermögens, das durch plötzliche, von irgend einer Ursache (Siedeverzug des Wassers, Benetzungsverzug des Blechs etc.) herrührende Dampfentwickelung im Inneren des Kessels zu seiner Deformation disponibel werden kann. Freilich wäre solche Berechnung ein Problem von erheblicher Schwierigkeit, wenn dabei die thatsächliche Deformationsart der Kesselwand genau berücksichtigt werden sollte, selbst für den einfachsten Fall eines cylindrischen Kessels ohne Feuerrohr, wie er in Nr. 203—209 hinsichtlich seiner Deformation und Anstrengung untersucht wurde und auch hier vorausgesetzt werden soll mit den Bezeichnungen: Länge $= l$, Durchmesser $= d$, Blechdicke $= h$. Bei der problematischen Natur jener angedeuteten Ursachen plötzlicher Deformation und event. Sprengung eines Dampfkessels handelt es sich indessen hier nur um eine ungefähre Schätzung der Deformationsarbeit, um so mehr, als auch thatsächlich die Art einer plötzlich durch örtlichen Stoss oder wenigstens örtliche Drucksteigerung verursachten Deformation erheblich von der im Gleichgewichtszustande einer gleichförmigen Belastung entsprechenden verschieden sein mag.

Wenn sonach hier die einfache Annahme zu Grunde gelegt wird, dass der Kessel (sein cylindrischer Theil bei Abstraction von den Böden) im Sinne der Länge gleichförmig ausgedehnt und in allen Querschnitten gleichmässig erweitert wird, und wenn

σ_x die constante Spannung nach der Längenrichtung,

σ_y die constante Spannung nach der Umfangsrichtung

bedeutet, so ist bei Abstraction von der radialen Spannung σ_z, die bei der verhältnissmässig kleinen Wanddicke hier von nur nebensächlicher Bedeutung ist, nach Gleichung (659) die Deformationsarbeit:

$$A = \frac{V}{2E}\left(\sigma_x^2 + \sigma_y^2 - \frac{2}{m}\sigma_x\sigma_y\right) = \frac{\pi dhl}{2E}\left(\sigma_x^2 + \sigma_y^2 - \frac{2}{m}\sigma_x\sigma_y\right)$$

oder, wenn p den dem Zustande grösster Deformation entsprechenden inneren Ueberdruck pro Flächeneinheit bedeutet, wegen

$$\sigma_x . \pi dh = p\frac{\pi d^2}{4}, \quad \text{also } \sigma_x = \frac{d}{4h}p$$

$$\sigma_y . 2hl = pdl, \quad \text{also } \sigma_y = \frac{d}{2h}p = 2\sigma_x:$$

$$A = \frac{\pi dhl}{2E}\left(5 - \frac{4}{m}\right)\sigma_x^2 = \frac{\pi}{32}\left(5 - \frac{4}{m}\right)\frac{ld^3}{h}\frac{p^2}{E}$$

oder mit $m = \frac{10}{3}$ und $J = \frac{\pi d^2}{4} l =$ dem Inhalte des Kessels:

$$A = 0{,}475\, J \frac{d}{h}\frac{p^2}{E} \quad . \quad . \quad . \quad . \quad . \quad . \quad (711).$$

Ist n die dem Ueberdrucke p entsprechende Atmosphärenzahl, also $p = 10333\, n$ bei Voraussetzung des Meters als Längeneinheit und des Kilogramms als Krafteinheit, so folgt auch mit $E = 1750\,000 . 10^4$:

$$A = \frac{0{,}475 . (10333)^2}{1750\,000 . 10^4} J\frac{d}{h}n^2 = 0{,}0029\, J\frac{d}{h}n^2 \quad . \quad (712)$$

oder endlich, wenn n_0 den normalen Dampfüberdruck in Atmosphären bedeutet, für den der Kessel bestimmt ist, mit

$$\frac{h}{d} = 0{,}0012\, n_0 + 0{,}002 \text{ nach Gleichung (570):}$$

$$A = \frac{2{,}9\, n^2}{1{,}2\, n_0 + 2} J \quad . \quad . \quad . \quad . \quad . \quad . \quad (713).$$

Die jener Gleichung (570) für $\frac{h}{d}$ entsprechende Anstrengung des Kesselbleches ist nach der Entwickelung in Nr. 209 bei n_0 Atmosphären Ueberdruck

$$= 650\frac{1{,}2\, n_0}{1{,}2\, n_0 + 2} = \frac{780\, n_0}{1{,}2\, n_0 + 2} \text{ Kgr. pro Quadratcentim.,}$$

also bei n Atmosphären Ueberdruck $= \frac{780\, n}{1{,}2\, n_0 + 2}$.

Nimmt man an, dass bei einer Anstrengung $= 4 . 780 = 3120$ Kgr. pro Quadratcentim. die Sprengung des Kessels an irgend einer schwachen

Stelle (längs einer Nietreihe) erfolgen wird, so ist also der entsprechende Ueberdruck:

$$n = 4\,(1{,}2\,n_0 + 2) \text{ Atmosphären}$$

und somit nach Gleichung (713) die Deformationsarbeit im Augenblicke der Explosion:

$$A_1 = 46{,}4\,(1{,}2\,n_0 + 2)\,J.$$

Da sie im normalen Zustande schon $A_0 = \frac{2{,}9\,n_0^2}{1{,}2\,n_0 + 2}\,J$ war, so bedarf es also zur Sprengung des Kessels noch einer zusätzlichen Arbeit:

$$A_1 - A_0 = \frac{46{,}4\,(1{,}2\,n_0 + 2)^2 - 2{,}9\,n_0^2}{1{,}2\,n_0 + 2}\,J \quad . \quad (714)$$

Meterkilogramm, wenn J in Cubikmetern ausgedrückt ist.

Z. B. für $n_0 =$ 2 4 8 Atm.
findet man $A_1 - A_0 = 202\,J$ $309\,J$ $522\,J$.

261. — Unter der Explosion eines Dampfkessels wird eine solche plötzlich eintretende Zerstörung desselben verstanden, wobei er nicht nur platzt, sondern in Stücke zerrissen und diesen eine so grosse lebendige Kraft ertheilt wird, dass sie entweder auf grosse Entfernungen fortgeschleudert werden oder bei dem Vorhandensein eines Hindernisses auf letzteres eine entsprechend grosse zerstörende Wirkung ausüben. Die unmittelbare Ursache einer solchen Explosion, nämlich der sie charakterisirenden beträchtlichen äusseren Arbeit ist nur in einem äquivalenten inneren Arbeitsvermögen zu suchen, das sich in äusseres umsetzt, insbesondere also in der Wärme des Kesselwassers, die eine massenhafte Verdampfung desselben zur Folge hat, wenn durch einen weiten Riss im oberen Kesseltheile eine schnelle Ausströmung und Druckabnahme des Dampfes bewirkt wird.

Als mittelbare Explosionsursache, d. h. als Ursache der Entstehung eines solchen Risses, ist, abgesehen von schadhaften Zuständen des Kessels, von Constructionsfehlern, vom Glühendwerden des Bleches wegen seiner Bedeckung mit Kesselstein und wegen Wassermangel etc. vor Allem ein Zustand angenommen worden, der bei grosser Ruhe, insbesondere während einer Arbeitspause bei geschlossenem Dampfventil und unterbrochener oder wenigstens stark ermässigter Feuerung im Kessel eintreten kann, insofern die in kleinerem Maassstabe angestellten Beobachtungen Dufour's über diesen als Siedeverzug bezeichneten Zustand, bestehend in einer relativen Ueberhitzung des Wassers (verglichen mit der dem Dampfdrucke entsprechenden Sättigungstemperatur) auf die Verhältnisse eines Dampfkessels übertragbar sind. Wenn nämlich ein unter den angeführten Umständen befindlicher Dampfkessel langsam erkaltet, und zwar im Dampfraume, wo die Kesselwand zum Theil mit der äusseren Luft in Berührung ist, schneller, als im Wasserraume, wo durch die Einwirkung des heissen Mauerwerkes und durch die grosse specifische Wärme des Wassers die Abkühlung verlangsamt wird, so nimmt in dem Maasse, wie der Dampf bei seiner Erkaltung theilweise condensirt wird, sein Druck ab, so dass in Folge dessen unter gewöhnlichen Umständen das

Sieden trotz mangelnder Wärmemittheilung zum Wasser stetig fortdauern würde. Wenn aber bei grosser Ruhe des luftfreien Wassers und bei dem Fehlen von Spitzen und Kanten als Ansatzpunkten zur Begünstigung der Dampfentwickelung ein Siedeverzug eintritt, welcher, wenn er durch eine Erschütterung, insbesondere z. B. beim Wiederanlassen der Maschine gestört wird, eine plötzliche Verdampfung in der ganzen Wassermasse zur Folge hat, so ist es denkbar, dass die damit verbundene stossweise Inanspruchnahme des Kessels ein merkliches Erzittern (das sogenannte Tanzen) oder gar einen Riss desselben verursacht. In der That ist es beobachtet worden, dass während eines solchen Erkaltungsprocesses eines Dampfkessels mehrmals das Manometer nach langsamem Sinken plötzlich wieder stieg (vermuthlich in Folge vorübergehender Siedeverzüge geringeren Betrages), sowie auch Kesselexplosionen besonders häufig dann erfolgt sind, wenn nach längerem Stillstande das Absperrventil schnell geöffnet wurde; letzteres mochte dann nicht nur die plötzliche Aufhebung eines schon eingetretenen Siedeverzuges, sondern auch vorher eine Steigerung desselben bewirkt haben in Folge der schnellen Dampfausströmung, die in solchem Falle durch den Umstand erhöht wird, dass auch in dem ganzen zur Maschine führenden Rohre der Dampf durch Abkühlung grossentheils condensirt worden war.

Ob ein Siedeverzug von wenig Graden die Sprengung des Kessels in der That verursachen könne, mag durch Vergleichung des ihm entsprechend zur Deformation des Kessels verwendbar werdenden Arbeitsvermögens mit der in voriger Nummer berechneten Sprengungsarbeit (714) geprüft, zuerst aber der Vorgang selbst in nähere Betrachtung gezogen werden. Angenommen es sei t_0 die Temperatur des Wassers, p_0 der entsprechende Druck gesättigten Dampfes, der Druck im Dampfraume über dem Wasser aber sei bis $p_1 < p_0$ gesunken. Bei Störung dieses instabilen Zustandes erfolgt dann eine plötzliche massenhafte Verdampfung, und da wegen der Cohäsion und Trägheit des Wassers diese grosse Dampfmenge nicht schnell genug durch das übrige Wasser aufsteigen kann, wird dasselbe empor gehoben und auch nach den anderen Seiten fortgedrängt, insoweit es die Nachgiebigkeit der Kesselwände zulässt. Der sich entwickelnde Dampf hat zunächst die der Temperatur t_0 entsprechende Pressung p_0; indem aber im Verlaufe der Verdampfung die Temperatur des Wassers und entsprechend auch die Pressung des aus ihm sich entwickelnden Dampfes abnimmt, die des oberen Dampfes dagegen im Verlaufe der Wassererhebung durch Compression wächst, so tritt ein Augenblick ein, in welchem beide Pressungen gleich gross geworden sind, etwa $= p$. Bis zu diesem Augenblicke wurde die nach oben, nach unten und seitwärts fortgetriebene Wassermasse beschleunigt durch einen Ueberdruck, der pro Flächeneinheit von $p_0 - p_1$ bis Null abnahm, und man findet das Arbeitsvermögen, das bis zu diesem Augenblicke als lebendige Kraft $= L$ dem Wasser mitgetheilt wurde, durch Multiplication des Mittelwerthes jenes veränderlichen Ueberdruckes mit dem Volumen des im Wasser gebildeten $=$ der Volumenverminderung des darüber befindlichen Dampfes.

Wäre letzterer, dessen Anfangsvolumen $= \alpha J$ sei, unter J wie in voriger Nummer den Kesselinhalt verstanden, durch eine Scheidewand vom

Wasser getrennt, so würde er bei seiner plötzlichen Compression überhitzt werden, und wenn auch wegen ebenso plötzlicher Verdampfung der obersten Wasserschicht und ungehinderter Verbreitung dieses Dampfes im oberen Kesselraume jene Ueberhitzung vermindert oder ganz verhindert werden mag, so wird doch die fragliche Volumenverminderung kaum dadurch beeinflusst, so dass sie*)

$$= \alpha J \left[1 - \left(\frac{p_1}{p}\right)^{\frac{3}{4}}\right]$$

gesetzt werden kann. Wenn also zum Zwecke der beabsichtigten Näherungsrechnung der mittlere Unterschied des Dampfdruckes im Inneren des Wassers und über demselben einfach = dem arithmetischen Mittel des Anfangs- und Endwerthes dieser Druckdifferenz, d. h. $= \frac{p_0 - p_1}{2}$ gesetzt wird, so folgt

$$L = \alpha J \left[1 - \left(\frac{p_1}{p}\right)^{\frac{3}{4}}\right] \frac{p_0 - p_1}{2}.$$

Eine genauere Berechnung von L ist schon deshalb ohne Nutzen, weil die Voraussetzung, es habe bis zum Augenblicke des im ganzen Kessel gleichen Zustandes (p, t) noch gar keine Dampfblase die darüber stehende Wasserschicht durchbrochen, nur einem idealen Verlaufe des in Rede stehenden Vorganges entspricht.

Was endlich die Pressung p betrifft, so ist sie streng genommen durch die Bedingung bestimmt, dass die im Kessel enthaltene Wärmemenge um einen Betrag = dem Wärmeäquivalent von L im Endzustande (p, t) kleiner, als im Anfangszustande sein muss; indem aber dieser Wärmewerth von L stets ein nur sehr kleiner Theil der im Kesselwasser enthaltenen Wärme ist, lässt sich erwarten und wird es durch eine Proberechnung**) des Verfassers bestätigt, dass p hinlänglich wenig $< p_0$ ist, um ohne in Betracht kommenden Fehler $p = p_0$ setzen zu können. Dadurch wird schliesslich:

$$L = \alpha J \left[1 - \left(\frac{p_1}{p_0}\right)^{\frac{3}{4}}\right] \frac{p_0 - p_1}{2}$$

oder mit $p_0 = 10333\ m_0$ und $p_1 = 10333\ m_1$, wo m einen in Atmosphären ausgedrückten totalen Dampfdruck bedeutet, also $m = n + 1$ ist, unter n wie in voriger Nummer den Ueberdruck in Atmosphären verstanden:

$$L = \frac{10333}{2} \left[1 - \left(\frac{m_1}{m_0}\right)^{\frac{3}{4}}\right] (m_0 - m_1)\, \alpha J.$$

Sofern $m_0 - m_1 = \Delta m$ ziemlich klein im Vergleich mit m_0 ist, kann auch

*) Grashof, theoretische Maschinenlehre, Bd. I, § 41, Gl. (15).

** Zeitschrift des Vereins deutscher Ingenieure, 1867, S. 768.

$$1-\left(\frac{m_1}{m_0}\right)^{\frac{3}{4}}=1-\left(1-\frac{\Delta m}{m_0}\right)^{\frac{3}{4}}$$
$$=1-\left[1-\frac{3}{4}\frac{\Delta m}{m_0}-\frac{3}{32}\left(\frac{\Delta m}{m_0}\right)^2\right]$$
$$=\frac{3}{4}\frac{\Delta m}{m_0}\left(1+\frac{1}{8}\frac{\Delta m}{m_0}\right)$$

gesetzt werden, also:

$$L=3875\frac{(\Delta m)^2}{m_0}\left(1+\frac{1}{8}\frac{\Delta m}{m_0}\right)\alpha J \quad . \quad . \quad (715).$$

Von dieser lebendigen Kraft geht als solche durch den fast unelastischen Stoss des Wassers gegen die Kesselwand ein Theil verloren (durch Umsetzung in inneres Arbeitsvermögen), und kann das dann übrig bleibende äussere Arbeitsvermögen nach (661):

$$W=\frac{M}{M+M_1}L$$

gesetzt werden, wenn M die Masse des stossenden Wassers und M_1 die des gestossenen Kessels bedeutet. Da das Volumen des Wassers $=(1-\alpha)J$ und die Dichte des Eisenblechs nahe $=7,75$ ist, so wäre

$$\frac{M_1}{M}=\frac{7,75\,\pi\,d\,h\,l}{(1-\alpha)\frac{\pi d^2}{4}l}=\frac{31}{1-\alpha}\frac{h}{d}$$

bei Abstraction von den Kesselböden und der Massenvermehrung an den Nietstellen, mit Rücksicht auf welche Umstände indessen und weil auch die Stosswirkung sich bis zu gewissem Grade in die Stützen des Kessels hinein erstreckt,

$$\frac{M_1}{M}=\frac{40}{1-\alpha}\frac{h}{d}$$

gesetzt werde, oder mit $\frac{h}{d}=0,0012\,n_0+0,002$ nach (570):

$$\frac{M_1}{M}=\frac{0,048\,n_0+0,08}{1-\alpha}.$$

Dadurch wird $W=\frac{M}{M+M_1}L=\frac{(1-\alpha)L}{1,08+0,048\,n_0-\alpha}$

$$=\frac{(1-\alpha)L}{1,032+0,048\,m_0-\alpha} \quad . \quad (716).$$

Insbesondere für $\alpha=0,4$ ist nach (715) und (716):

$$L=1550\frac{(\Delta m)^2}{m_0}\left(1+\frac{1}{8}\frac{\Delta m}{m_0}\right)J$$

$$W=\frac{0,6\,L}{0,632+0,048\,m_0}=\frac{930}{0,632+0,048\,m_0}\frac{(\Delta m)^2}{m_0}\left(1+\frac{1}{8}\frac{\Delta m}{m_0}\right)J.$$

Dieses Arbeitsvermögen W wird nun zwar nicht ganz zur Deformation des Kessels verwendet werden, sondern ein namhafter Theil davon als lebendige Kraft dem Wasser verbleiben, indem es nach dem Anprall gegen die Kesselwand eine unregelmässig wirbelnde Bewegung behält; weil aber andererseits die Anstrengung des Kessels insofern eine grössere sein kann, als der Wasserstoss örtlich concentrirt stattfindet, so mag angenommen werden, dass zu der hier vorausgesetzten gleichmässigen Deformation des Kessels das ganze Arbeitsvermögen W verwendet wird. Aus der Gleichung $W = A_1 - A_0$ (Nr. 260) ergiebt sich dann im Falle $\alpha = 0{,}4$ als erste Annäherung:

$$\Delta_1 m = \sqrt{\frac{0{,}632 + 0{,}048\, m_0}{930}\, m_0 \frac{A_1 - A_0}{J}}$$

und damit der corrigirte Werth:

$$\Delta m = \frac{\Delta_1 m}{\sqrt{1 + \frac{1}{8}\frac{\Delta_1 m}{m_0}}} = \Delta_1 m \left(1 - \frac{1}{16}\frac{\Delta_1 m}{m_0}\right) \qquad (717).$$

Schliesslich ist die der Sprengung des Kessels entsprechende relative Ueberhitzung des Wassers

$$\Delta t = t_0 - t_1,$$

unter t_0 und t_1 die den Pressungen m_0 und m_1 ($= m_0 - \Delta m$) Atm. entsprechenden Temperaturen gesättigten Wasserdampfes verstanden.

Aus (717) folgt z. B. für

	$m_0 =$ 3	5	9
also für	$n_0 =$ 2	4	8
und nach Nr. 260:	$\frac{A_1 - A_0}{J} =$ 202	309	522
	$\Delta m =$ 0,70	1,19	2,28
	$m_1 =$ 2,30	3,81	6,72
	$t_0 =$ 133,9	152,2	175,8
	$t_1 =$ 125,1	142,2	163,7
	$\Delta t = t_0 - t_1 =$ 8,8	10,0	12,1.

Die Explosion des fehlerfreien Kessels könnte also durch einen Siedeverzug von 9 bis 12 Grad C. verursacht werden, während Dufour dergleichen bis zu 30 Grad beobachtet hat, allerdings unter Umständen, deren Realisirbarkeit bei Dampfkesseln zweifelhaft ist.

Druck von Oskar Bonde in Altenburg.